柴油机活塞环-气缸套摩擦学

Tribology in Piston Ring-Cylinder Liner System of Diesel Engine

王增全　徐久军　著

科学出版社
北京

内 容 简 介

本书聚焦高强化柴油机活塞环-气缸套摩擦副的摩擦学问题，围绕活塞环与气缸套摩擦学系统特性，重点阐述了活塞环与气缸套摩擦磨损试验方法及其典型配对副的摩擦磨损规律与机制，提出了常见活塞环与气缸套的拉缸机制和试验评价方法；针对摩擦副运动过程中存在的局部薄膜润滑状态，将薄膜润滑概念融入流体动压润滑模型，丰富了非稳态和混合润滑状态的模拟方法。

本书内容取材于作者团队长期从事该领域的研究成果，目的是促使摩擦学基础研究成果更好地应用于工程设计。本书可作为柴油机及气缸套和活塞环零部件设计、制造及摩擦磨损性能研究领域工程技术人员的参考书，也可作为相关学科专业研究人员和研究生的参考书。

图书在版编目(CIP)数据

柴油机活塞环-气缸套摩擦学 = Tribology in Piston Ring-Cylinder Liner System of Diesel Engine / 王增全，徐久军著. —北京：科学出版社，2021.4

ISBN 978-7-03-067416-6

Ⅰ. ①柴…　Ⅱ. ①王…　②徐…　Ⅲ. ①柴油机–气缸–活塞环–摩擦–研究　Ⅳ. ①TH423.2

中国版本图书馆 CIP 数据核字(2020)第 255458 号

责任编辑：吴凡洁　赵晓廷 / 责任校对：王萌萌
责任印制：吴兆东 / 封面设计：蓝正设计

科 学 出 版 社 出版
北京东黄城根北街 16 号
邮政编码：100717
http://www.sciencep.com

北京建宏印刷有限公司 印刷
科学出版社发行　各地新华书店经销
*
2021 年 4 月第　一　版　开本：787×1092 1/16
2021 年 4 月第一次印刷　印张：25 1/2
字数：590 000

定价：238.00 元

(如有印装质量问题，我社负责调换)

前　言

柴油机活塞环与气缸套摩擦副的主要功能是在活塞往复运动过程中对高温、高压燃气进行密封，其摩擦表面不但承受高温、高压冲击作用，而且温度、载荷和速度呈周期性变化，工况条件非常恶劣，影响因素多且十分复杂。摩擦功耗、抗拉缸性能和磨损率是衡量其经济性、可靠性和寿命的关键参数。

摩擦学是一门数学、物理学、化学、材料科学、力学等多学科交叉的学科。其中，基于流体润滑理论的数学模拟方法基本上可满足活塞环-气缸套摩擦副润滑设计的要求；但随着柴油机强化程度的不断提高，作用在活塞环-气缸套摩擦副的热、机载荷急剧增加，润滑油膜的减薄甚至破坏，将导致摩擦副处于混合润滑、边界润滑或者干摩擦状态，此时基于流体润滑理论的数学模拟结果偏差变大，甚至无法使用，越来越需要摩擦磨损试验数据的支撑。尽管相关试验研究众多，但处于“试验链”不同节点的试验方法之间参数关联性弱、试验模拟性低，试验结果对设计的指导作用不够。本书是专门研究柴油机活塞环-气缸套摩擦副的摩擦学专著，主要有三个特点：一是突出活塞环与气缸套摩擦磨损试验的模拟性，建立摩擦磨损模拟试验方法，力求搭建摩擦学应用基础研究与工程设计的桥梁；二是采用试样模拟性试验方法研究目前车船用柴油机常用及有应用潜力的典型活塞环与气缸套配对副的摩擦、磨损和拉缸规律，并从金属学的角度，把活塞环和气缸套摩擦副看作由“相”或者“组织”构成的非均质材料，来讨论摩擦磨损机理，为活塞环和气缸套材料的耐磨减摩设计提供理论依据；三是将薄膜润滑概念融入流体动压润滑模型，丰富了非稳态和混合润滑状态的数学模拟方法。

本书共 7 章。第 1 章重点论述柴油机高强化发展对摩擦磨损和润滑技术研究的潜在需求。第 2 章从内容的完整性出发，简要介绍摩擦、磨损和润滑的基本概念和理论，同时列举典型的柴油机活塞环-气缸套磨损故障案例，为非摩擦学领域的工程技术人员提供参考。第 3 章重点参考契可斯提出的摩擦学系统观点、谢友柏有关摩擦学系统的分析方法、赵源关于摩擦学系统复杂性和磨损试验模拟性思想以及严立关于磨损试验和表面分析方法等相关著述思想，明确活塞环与气缸套摩擦磨损试验的模拟准则，提出活塞环-气缸套摩擦磨损试验方法。第 4 章和第 5 章采用活塞环-气缸套试样模拟性试验方法，研究车船柴油机常用的和应用新材料及新表面处理技术的典型活塞环-气缸套配对副的摩擦磨损和拉缸规律，侧重从金属学角度分析其摩擦磨损机理，提出控制摩擦磨损的思路。第 6 章介绍零部件试验、单缸和多缸柴油机台架试验的三个应用案例，说明活塞环-气缸套零部件的磨损性能验证流程和方法，完整体现了实验室“试验链”的关键节点。第 7 章针对活塞环-气缸套摩擦副在上止点附近运动过程中存在的局部薄膜润滑状态，将薄膜润滑概念融入流体动压润滑模型，丰富了非稳态和混合润滑状态的模拟方法。

本书以中国北方发动机研究所承担的国防 973 项目研究成果为基础，汇集了中国北方发动机研究所和大连海事大学在活塞环与气缸套摩擦磨损试验方法研究、试验平台研制、摩擦磨损及拉缸规律和机理研究等方面的成果。本书的有关内容还得到工信部基础科研专项、国家自然科学基金面上项目、青年项目等的支持，以及多家柴油机、活塞环和气缸套设计制造单位的帮助和支持，作者表示衷心的感谢。

本书撰写工作得到了朱新河、严志军、吴波、王建平、沈岩、黄若轩和刘德良，以及中国北方发动机研究所和大连海事大学相关人员的帮助，在此一并表示感谢。

由于柴油机活塞环与气缸套的摩擦学特性十分复杂，限于作者水平，书中难免存在不足之处，恳请读者给予指正。

作　者

2021年1月

目　录

第1章　绪　　论

1.1　柴油机高强化发展对摩擦磨损控制技术的潜在需求

高强化是当今世界军用和民用车辆柴油机技术发展的一个必然趋势，通过高强化技术，能够在提高柴油机动力性的同时实现小型化和轻量化。军用车辆柴油机高强化重点关注装备的高机动性、轻量化和快速部署等需求，而民用车辆柴油机高强化重点关注污染物排放，以实现节能减排。

一般柴油机与汽油机均是通过提高平均有效压力 P_e 或转速 n 进行强化的。但柴油机与汽油机略有不同，柴油机是高平均有效压力 P_e 和高转速 n 兼顾，而汽油机往往偏重于高转速。一般情况下，高强化柴油机的 P_e 高达 2～3MPa，而汽油机只有 0.6～1.2MPa；一般高强化高速柴油机的 n 为 2000～5000r/min，而车用汽油机为 4000～6000r/min；一般高强化高速柴油机的活塞平均速度 C_m（与转速和行程成正比）为 11～13m/s，个别特殊柴油机达到 15.4m/s，而汽油机一般为 18～20m/s。因此，尽管一些柴油机的升功率比汽油机低，但其平均有效压力较高，相应作用在活塞和活塞环上的热-机载荷往往比汽油机大。

柴油机强化程度一般用升功率 P_L（单位为 kW/L）或强化系数 $P_e \cdot C_m$（单位为 MPa·m/s）来评价。强化的结果往往带来体积和重量的减小，因此，针对重量和体积又增加了单位功率重量 M_0（单位为 kg/kW）和单位功率体积 V_0（单位为 m^3/kW）的评价指标[1]。

柴油机升功率的表达式为

$$P_L = P_e \cdot n / (30\tau) \tag{1.1}$$

式中，P_e 为标定工况下的平均有效压力，MPa；n 为标定转速，r/min；τ 为行程数，对四行程：τ=4，对二行程：τ=2。

可见，升功率 P_L 是从柴油机有效功率的角度对其气缸工作容积的利用率做出的总体评价，它与 P_e 和 n 的乘积成正比，P_L 值越大，柴油机的强化程度越高，发出一定功率所需要的柴油机体积越小。因此，不断提高 P_e 和 n 的水平以获得更强化、更轻巧、更紧凑的柴油机，一直是内燃机发展的目标，特别是军用动力追求的目标。一般重卡柴油机的升功率仅为 24～36kW/L，而同期德国 MTU 公司研发的坦克柴油机升功率已达 92kW/L；一般重卡柴油机单位功率重量为 2～4kg/kW，而同期德国 MTU 坦克柴油机单位功率重量在 1kg/kW 以下。可见，重卡和坦克柴油机的强化程度和单位功率重量存在较大差异。船用柴油机差别更大，国际最先进的德国 MTU 公司 MTU4000、MTU8000、MAN28/33D 船用柴油机单位功率重量可达 4.9～5.8kg/kW。

柴油机平均有效压力 P_e 是指柴油机单位气缸工作容积在一个循环中能发出的有效功，平均有效压力 P_e 值反映了柴油机单位气缸工作容积输出扭矩的大小[2]。与类似的车用柴油机进行对比，目前重卡柴油机的平均有效压力为 1.6～2MPa，为实现更高的燃烧效率，该压力值仍在不断往更高的水平发展，未来规划目标更是达到 3MPa，而德国 MTU 公司坦克柴油机的平均有效压力已达 2.6MPa。

转速 n 代表了单位时间内每个气缸做功的次数，与转速成正比的指标为活塞平均速度 C_m，提高柴油机转速可提高柴油机的功率输出，是表征活塞式柴油机工作强度的重要参数。提高转速，柴油机的单位功率重量和单位体积重量也随之降低，因此它是提高柴油机功率、减少重量和体积的有效措施。但转速和活塞平均速度的提高，不仅会带来燃烧恶化、充气效率降低等性能提升障碍，更会带来摩擦磨损加剧、机械效率降低及零部件使用寿命和可靠性降低的问题。因此，21 世纪初，出于寿命和效率的考虑，一些民用车辆柴油机普遍采用降转速设计(down speeding)，例如，目前重卡柴油机的转速一般为 1900～2100r/min，活塞平均速度一般为 10～12m/s, 而同期德国 MTU 坦克柴油机的转速已高达 4250r/min，活塞平均速度高达 15.4m/s。

在船用柴油机领域，一般采用强化系数($P_e \cdot C_m$)进行评价。国外先进的 MTU4000、MTU8000、MAN28/33D 等舰船柴油机强化系数已经达到 32MPa·m/s 以上，而同期德国 MTU 坦克柴油机强化系数已高达 40MPa·m/s，而我国 20 世纪 80 年代引进生产许可证的 PA6、MTU956、MTU396、TBD620 等舰船柴油机强化系数只有 25MPa·m/s。

德国 MTU 公司 MT890 系列柴油机作为目前强化程度最高的军用柴油机，其 P_L 达到 92kW/L，标定转速为 4250r/min，平均有效压力为 2.6MPa，活塞平均速度为 15.4m/s，单位体积功率为 1200～1360kW/m^3，单位功率重量小于 1kg/kW，在高强化方面代表了当今世界的最高水平。

柴油机实现高强化的技术途径是通过高转速和高平均有效压力，但高强化柴油机的摩擦磨损问题将更加突出。因此，高强化柴油机对摩擦磨损控制技术，特别是活塞环-气缸套摩擦副的摩擦磨损控制技术提出了更高的要求。

1.2 高强化柴油机的发展现状与趋势

在军用车辆柴油机方面，世界各国根据对未来战争的预测和各自的国情，对未来坦克(或称战斗系统)柴油机的发展形成了不同的技术路线。但其共同特点是与现役的第三代主战坦克相比，体积和重量都有不同程度的减小。因此，为满足未来战争高机动性和快速部署的要求，大幅度提高柴油机的强化程度对坦克装甲车辆具有极为重要的意义[3]。

在各军事强国中，德国、美国、俄罗斯和乌克兰的坦克装甲车辆柴油机技术各具特色，能够反映不同技术水平、经济实力和工业基础对高强化柴油机技术的影响，发展趋势代表了世界先进柴油机技术的发展方向。

1. 德国

德国 MTU 公司始终坚持坦克柴油机的高强化技术路线，是当今世界最有力的动力技术推动者和领军者。德国从豹Ⅰ MB837 坦克柴油机、豹Ⅱ MB873 坦克柴油机、欧洲动力装置 MT883 坦克柴油机到 2003 年推出的 MT890 高功率密度坦克柴油机，在功率保持 1103kW 不变的前提下，通过核心关键技术的突破，气缸直径不断缩小(由 165mm、144mm 到 110mm)，转速不断提高(由 2200r/min、2600r/min、3000r/min 到 4250r/min)，升功率不断强化(从 16.3kW/L、23.2kW/L、43.9kW/L 到 92kW/L)，柴油机体积功率和重量功率均达到世界领先水平。MTU 公司 MT890 系列柴油机当前产品的升功率指标为 92kW/L，并持续开展更高功率密度的研究。图 1.1 和图 1.2 分别是德国第一代坦克柴油机到第四代坦克柴油机在功率不变前提下的整机及横断面对比图[4,5]。

(a) 德国豹Ⅰ MB837坦克柴油机
(升功率为16.3kW/L、标定转速为2200r/min)

(b) 德国豹Ⅱ MB873坦克柴油机
(升功率为23.2kW/L、标定转速为2600r/min)

(c) 德国欧洲动力装置MT883坦克柴油机
(升功率为43.9kW/L、标定转速为3000r/min)

(d) 德国MT890高功率密度坦克柴油机
(升功率为92kW/L、标定转速为4250r/min)

图 1.1 德国坦克柴油机整机外观对比图

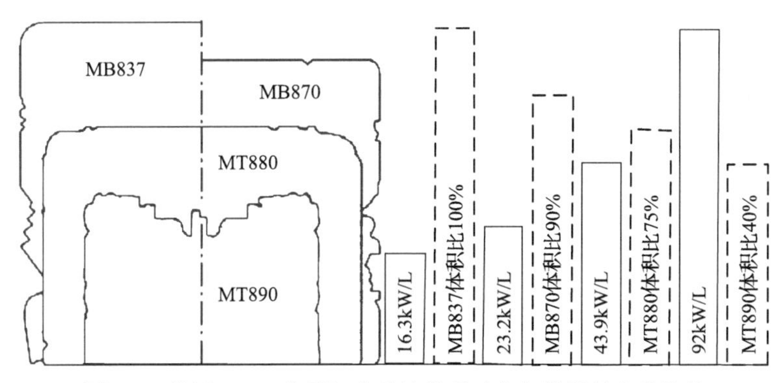

图 1.2 德国 MTU 公司坦克柴油机升功率与体积的变化趋势

在技术引领方面，在豹Ⅱ坦克还在应用MB873柴油机时，德国就向美国和欧洲联盟(简称欧盟)推出了MT880系列柴油机，而后又推出了MT890系列高强化柴油机(系列化型谱与应用目标见表1.1)。MTU技术的跨越发展和领先地位推动了美国、法国等发达国家选用其产品，特别是MT890系列柴油机已应用于美国陆军FCS、MGV、NLOS-C样车、德国GEFAS4×4轮式装甲车、美国地面战车(ground combat vehicle，GCV)、德国美洲狮步兵战车和德国、英国、荷兰等国联合研制的拳击手(Boxer)装甲车等。

表1.1 德国MTU公司MT890系列柴油机主要技术参数

MT890系列	柴油机型号	缸数及排列方式	缸径/行程/(mm/mm)	电传动标定功率/(kW/(4250r/min))	机械传动标定功率/(kW/(3800r/min))
轻型和中型装甲车辆	4R 894	4R	115/107	410	360
	5R 895	5R	115/107	512	450
	6V 890	6V 90°	109/107	552	480
重型装甲车辆	8V 891	8V 90°	109/107	740	640
	10V 892	10V 90°	109/107	920	800
	12V 893	12V 90°	109/107	1100	960

2. 美国

美军主战坦克最初采用风冷柴油机，到第三代坦克多方案竞标，最后以泰莱达因·大陆汽车公司AVCR1360风冷柴油机和莱康明公司AGT1500燃气轮机双方案竞标方式进行决策，最终M1系列主战坦克选择了AGT1500燃气轮机配X-1100液力机械综合传动方案。除主战坦克外，其他装甲车辆一直采用水冷柴油机，形成柴油机与燃气轮机并存的局面。但随着德国MTU公司MT890系列柴油机的研制成功，高强化柴油机逐步占据美军装甲车辆动力的主导地位。

2002年美军未来作战系统(future combat systems，FCS)计划由德国MTU公司MT890高强化柴油机、英国里卡多-美国康明斯联合研发的TRC柴油机和美国霍尼韦尔LV50燃气轮机参与动力竞标，德国Renk公司、美国Allision公司参与传动装置竞标，最终选定了德国MTU公司的MT890系列柴油机和Renk公司的HSWL系列液力机械综合传动装置，从而开启了运用高强化柴油机的新时代。

2009年美国新一代地面战斗车辆计划实施的第一阶段，英国BAE系统公司和美国通用动力公司分别进行动力传动装置技术演示。BAE系统公司采用了德国MTU883柴油机配奎奈蒂克公司“E-X-Drive”电传动装置方案；通用动力公司选择了MTU893柴油机配HSWL295TM液力机械传动方案，进一步强化了高强化柴油机的地位和作用。

2011年，美国陆军坦克机动车辆研发与工程中心提出，在21世纪上半叶将验证标定转速为6000r/min、升功率为149kW/L、指示热效率为48%、比散热率为0.6的高速燃烧、高强化柴油机技术(图1.3)。同时报告在对未来动力的功能及功率需求进行分析的基础上，还提出：就陆用车辆机动性而言，1103kW已经可以满足需求，而对于高能武器(高能激光、电磁炮/电热化学炮、高能微波武器、电磁装甲等)，其脉冲功率需求可能高达

5000kW，需要适当提高柴油机功率，配合采用储能飞轮、超级电容及高效电池等储能技术予以满足。

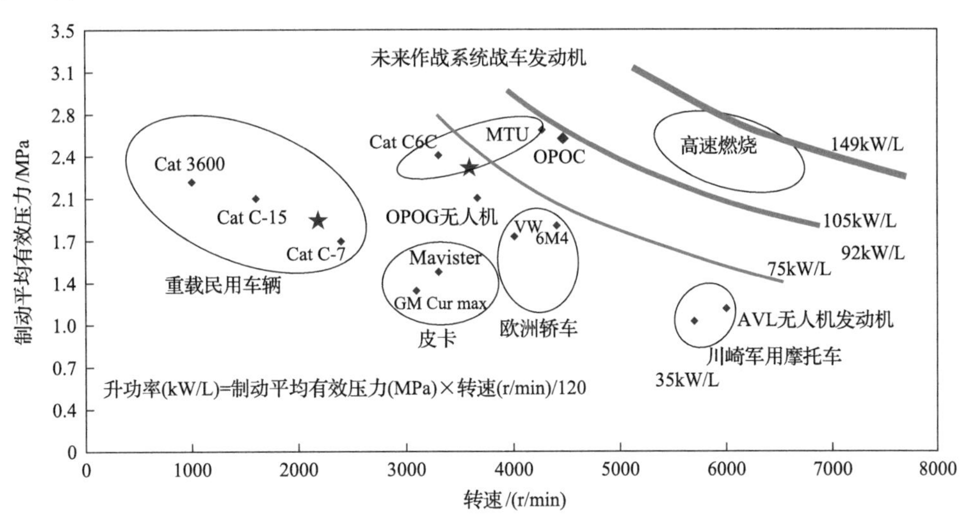

图 1.3　美国未来作战系统柴油机强化发展路线图

3. 俄罗斯

俄罗斯坦克以柴油机为主，并保持柴油机与燃气轮机并行。

俄罗斯 T72、T80UD、T90 和 T14 坦克采用了柴油机作为动力。柴油机技术在 B2 航空柴油机的基础上不断改进和提高，依靠其材料与工艺技术的进步，不断提高柴油机强化程度和功率密度，并始终保持了系统集成优化的高紧凑和轻量化特色。图 1.4 是俄罗斯坦克柴油机集成优化和功率强化发展路线图，在第一代非增压基础上，二代动力采用了机械增压和废气涡轮增压，最新第三代动力采用了 X 形布置结构，柴油机升功率由 9.8kW/L 逐步提高到 14.7kW/L、21.1kW/L 和 25.5kW/L。

(a) 俄罗斯382kW一代坦克柴油机
(升功率为9.8kW/L、标定转速为2000r/min)

(b) 俄罗斯574kW二代机械增压坦克柴油机
(升功率为14.7kW/L、标定转速为2000r/min)

(c) 俄罗斯824kW二代涡轮增压坦克柴油机
(升功率为21.1kW/L、标定转速为2000r/min)

(d) 俄罗斯883kW三代坦克柴油机
(升功率为25.5kW/L、标定转速为2100r/min)

图 1.4 俄罗斯坦克柴油机

俄罗斯 T80、T80U 和 T-95“黑鹰”坦克采用了燃气轮机作为动力。燃气轮机技术是依托其航空工业基础，针对坦克使用特制的专用 ГТД-1250 燃气轮机，之后对其功率、燃油经济性等进行了多次强化和完善。

4. 乌克兰

1955 年苏联开始研制 TD 系列二冲程水平对置活塞坦克柴油机，到 1985 年，开发出 6TD-2，标定功率达到 883kW，用于 T80UD 坦克和乌克兰 T-84 坦克及 T-72AM 坦克。之后，乌克兰经过近 50 年的持续改进和发展，在水平对置活塞二冲程柴油机开发方面独树一帜，使其成为当今世界最具特色、体积最小的坦克动力装置。它针对二冲程柴油机油耗高、排温高的缺点，采用了动力涡轮和废气引射冷却技术，充分利用了其排气能量，实现了能量回收利用，使柴油机燃油消耗率和系统效率达到了四冲程柴油机相当的水平；针对废气引射冷却所带来的高背压(最大排气背压 34.3kPa)，采用机械-涡轮联合增压技术予以克服；通过最优的系统集成与创新，使该柴油机具有较高的功率密度(50～60kW/L)和较小的散热量(没有气缸盖，冷却液散热量比常规柴油机减少了 30%)，进而该动力装置具有当今世界最小的动力舱体积($3.2m^3$)。图 1.5 为乌克兰 6TD 坦克柴油机外观。表 1.2 列出了该柴油机主要技术参数。

图 1.5 乌克兰 6TD 坦克柴油机
升功率为 54kW/L、标定转速为 2600r/min

表 1.2 乌克兰 6TD 系列柴油机主要技术参数

技术参数	6TD-1	6TD-2	6TD-2E
主战坦克	T-80UD	T-84、阿力-哈立德	
标定功率/kW	735	883	883
转速/(r/min)	2800	2600	2600
气缸直径/mm	120	120	120
活塞行程/mm	2×120	2×120	2×120
平均有效压力/MPa	0.99	1.27	1.27
活塞平均速度/(m/s)	11.2	10.4	10.4
体积/m^3	0.89		
重量/kg	1180		

5. 中国

在高强化柴油机技术领域，经过 60 多年的发展，我国坦克装甲车辆动力技术走过了引进仿研、改进提高到自行研制的发展历程，自主研发的 150 系列柴油机包含 V6、V8 和 V12 三种机型，功率覆盖 404～1176kW，升功率达到 34kW/L，并在不断提高柴油机的功率密度。图 1.6 为我国坦克柴油机的发展路线图。表 1.3 为我国坦克柴油机主要技术参数。

(a) 中国382kW一代坦克柴油机
(升功率为10kW/L、标定转速为2000r/min)

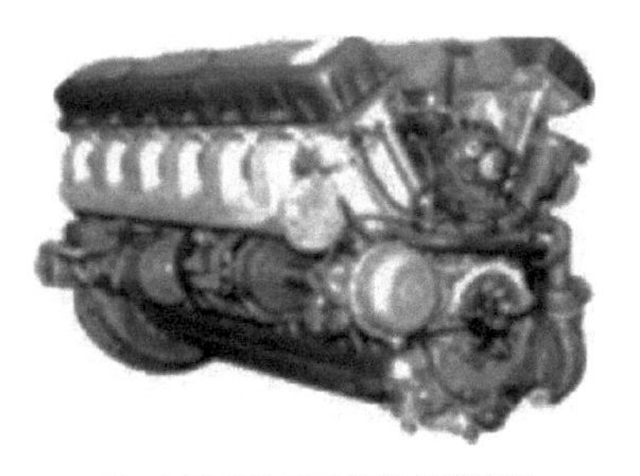

(b) 中国588kW二代坦克柴油机
(升功率为15kW/L、标定转速为2000r/min)

(c) 中国404~1176kW三代坦克装甲车辆柴油机
(升功率为24~34kW/L、标定转速为2200r/min)

图 1.6 中国坦克柴油机

表 1.3　中国坦克柴油机主要技术参数

技术参数	一代坦克柴油机	二代坦克柴油机	三代坦克柴油机	新型高强化柴油机
标定功率/kW	382	588	404～1176	400～2000
活塞平均速度/(m/s)	12	12	12	>15
最高燃烧压力/MPa	9	13	15	>20

在民用动力方面，世界各国为应对大气污染，制定了越来越严格的排放法规。例如，欧Ⅵ及 EPA2010 排放法规将 NO_x 排放限值进一步降低 50%～90%，国Ⅵ排放法规把 NO_x 排放限值相对国Ⅴ降低 80%，PM 限值相对国Ⅴ降低 50%以上。

此外，欧Ⅵ之后，全球将焦点定位在 CO_2 排放方面，欧洲、美国、日本和中国都出台了油耗法规或者宣言。例如，美国油耗法规 Phase I 于 2014 年开始实施，到 2025 年，每 5 年柴油机油耗约降 5%；欧洲暂未发布油耗法规，但根据欧洲整车 OEMs2020 宣言，2020 年相对 2005 年油耗降低 20%，其中柴油机油耗下降 7%；我国油耗法规提出了四阶段柴油机油耗降低目标，重型柴油机油耗目标为每 5 年降低 5%。

不断提高的排放法规和油耗法规限制，对柴油机技术提出了新的挑战，热效率的提高成为表征柴油机发展阶段的标志，相应地最高燃烧压力也不断提高。

为了应对最高燃烧压力提高后柴油机的使用寿命问题，民用车辆柴油机通常采用结构、冷却、材料和工艺等方面的技术方案，实现最高燃烧压力达 23MPa、150×10^4km 寿命目标。但是当最高燃烧压力增加到 25MPa 后，还将面临“精圆”控制、摩擦与磨损、高应力与温度负载、高压燃气动态密封等四大挑战。

同时，柴油机节能技术正在引领未来柴油机的发展，图 1.7 列出了未来十年不同节能技术对降低油耗的贡献，但这些技术的运用还要考虑市场化实现的可行性。从市场化可行性的角度选择，应首先突破的节能技术有提高最高燃烧压力技术、进气增压技术、燃油喷射技术、低摩擦技术和智能附件技术，尽管混合动力和废气能量回收具有最高的降低油耗的潜力，但目前市场化可行性尚需研究。

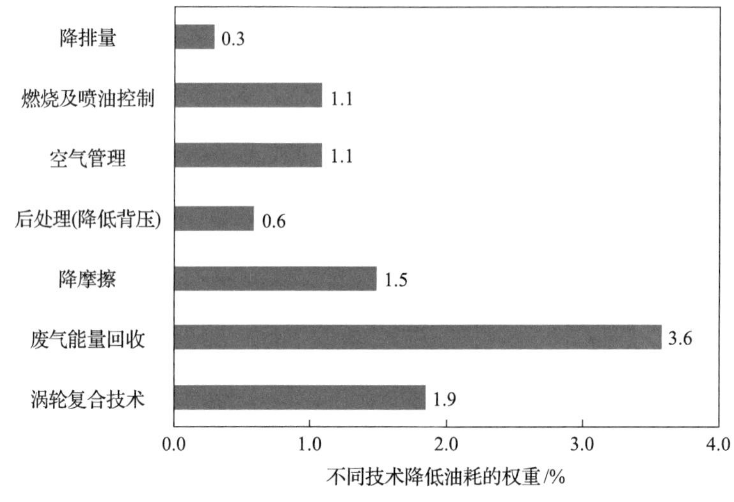

图 1.7　不同技术降低油耗的权重

由此可见，军用车辆柴油机和民用车辆柴油机的设计目标与需求有着根本的不同，前者追求满足作战需求的体积小、重量轻、输出功率大等要求，后者注重满足排放法规和油耗法规所限制的低污染物排放、低油耗等要求。但是，从设计技术上，两者又有机地统一到一起，两者的不同需求，都是通过高燃烧压力技术和节能技术实现的。区别是，民用动力可在中速范围解决高燃烧压力条件下的节能问题，而军用动力需要在高转速及高燃烧压力条件下开展节能设计，相对于民用动力，需要解决更复杂的技术问题。

高燃烧压力和节能设计均面临一个共同的技术需求——摩擦磨损控制技术，实现低磨损、长寿命、低摩擦、低能耗、高机械效率。图 1.8 描绘了民用动力低摩擦技术的发展途径和目标规划，到 2020 年，通过“精圆”结构/低弹力活塞环设计、可变机油泵、表面涂层技术等实现降摩擦 20%，预计到 2025 年，通过离合式电控附件、节能机油、超精加工等技术再降摩擦 15%。当燃油消耗与摩擦降低呈线性关系时，摩擦降低 35%，相应地节能 4%。

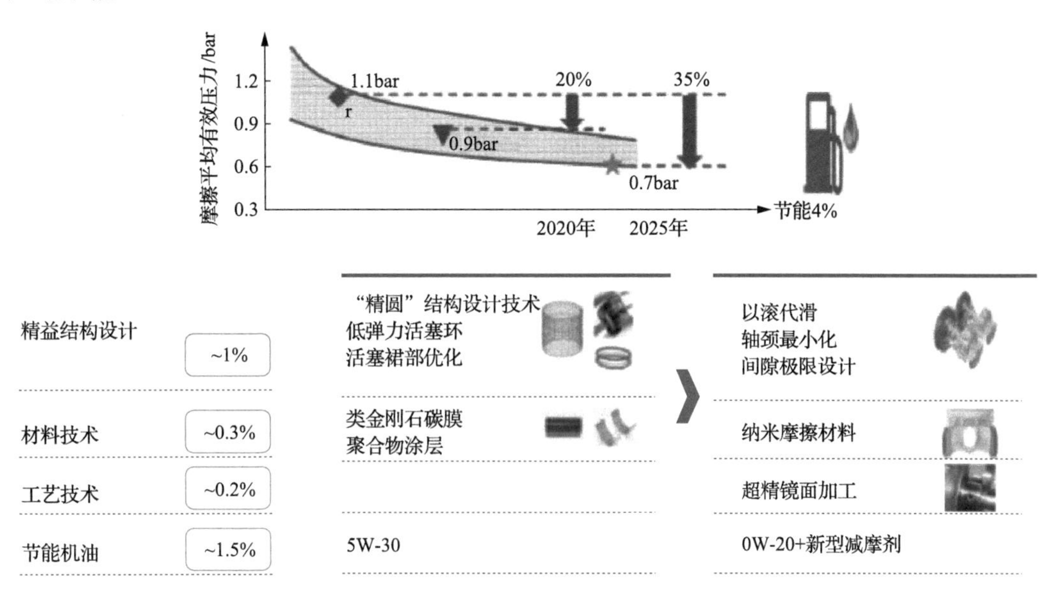

图 1.8 民用动力低摩擦技术的发展途径和目标规划（1bar=0.1MPa）

试验表明，在柴油机总摩擦损失中，活塞环组的摩擦损失占 40%～55%[6,7]，降低活塞环组的摩擦功耗是柴油机降低摩擦的重点。

1.3 高强化柴油机活塞环-气缸套的摩擦磨损问题

针对高强化四冲程柴油机典型燃烧压力和转速范围，作者团队采用数值仿真方法得到的第Ⅰ道环总摩擦力及其流体摩擦分量和微凸体摩擦分量随曲柄转角的变化。由图 1.9 可见，在压缩行程和做功行程上止点附近区域，摩擦力以微凸体摩擦为主导，是摩擦力最大、对应磨损最严重的区域，拉缸一般从这个区域开始；其他区域以流体摩擦为主导，微凸体摩擦接近零，也就是几乎不发生磨损。为了控制活塞环-气缸套摩擦副的摩擦和磨损，上止点附近区域应控制微凸体摩擦和磨损，从表面微结构、材料、润滑油添加剂及改善润滑特性等方面着手，其他区域应控制流体摩擦，从润滑油特性、配副几何尺寸、微结构等方面着手。

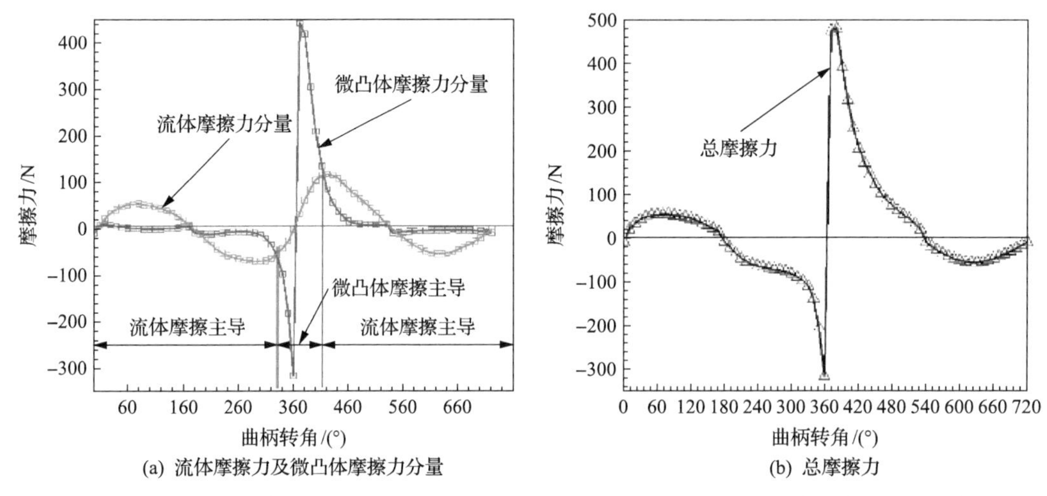

图 1.9 第Ⅰ道环摩擦力随曲柄转角的变化(最高燃烧压力为 22MPa，转速为 4000r/min)

作者团队数值模拟研究结果还表明，转速增加主要影响流体摩擦功耗(图 1.10(a))，转速从 3000r/min 增大到 4000r/min，在一个循环周期的总摩擦功耗中，微凸体摩擦功耗增加 3.8%，流体摩擦功耗增加 62.6%，而且全行程摩擦功耗均显著增大。

而载荷增加主要影响微凸体摩擦功耗，相应地影响磨损，见图 1.10(b)，最高燃烧压力从 14MPa 增大到 22MPa，总摩擦功耗中，微凸体摩擦功耗增加了 30%，流体摩擦功耗增加了 6%，而且主要发生在压缩行程的后段和做功行程的前段，其他行程摩擦功变化不大。

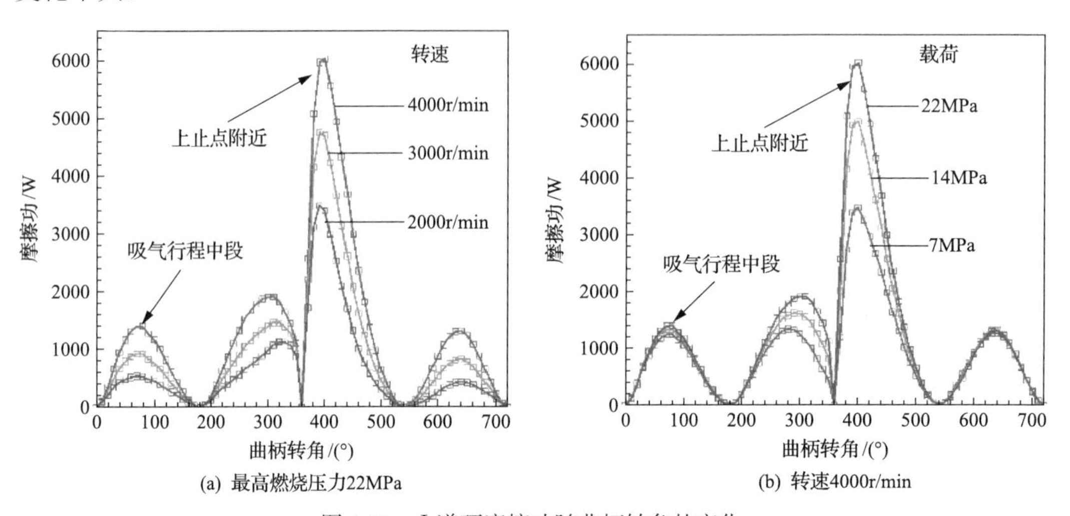

图 1.10 Ⅰ道环摩擦功随曲柄转角的变化

在工程实际中同样存在这样的典型案例。例如，传统汽油机转速可达6000r/min，但最高燃烧压力低，不到同功率柴油机的1/3，采用低黏度润滑油即可解决流体摩擦功耗问题，且保证了压缩及做功行程上止点附近微凸体润滑要求；一般高强化民用柴油机的最大燃烧压力可达23MPa，但转速较低，一般不超过2100r/min，通常为1500r/min左右，采用高黏度润滑油即可解决润滑与磨损问题，且摩擦功耗无明显增加。

高强化军用车辆柴油机的典型特征：一是高转速，目前最高转速已超过4250r/min，活塞平均速度C_m高达15.4m/s，二是高燃烧压力，平均有效压力P_e达到2.6MPa以上，如表1.4所示。单纯采用现有的润滑技术已不能同时解决磨损寿命与摩擦功耗问题，导致摩擦功耗显著提高、磨损寿命急剧下降甚至严重拉缸等可靠性问题。例如，当柴油机转速从2600r/min提升到4200r/min，未采取减摩措施时，机械效率从84%降低到69%，下降明显，而国外同等水平柴油机的机械效率已经达到82%。图1.11是某型高强化柴油机发生的拉缸故障，活塞裙部和头部表面拉伤、磨损严重，缸套内表面拉缸严重，活塞环槽过热变色，除油环外其余活塞环卡死在活塞环槽中，活塞环均有不同程度的损伤。

表1.4 军用动力活塞环与气缸套配对副

机型	标定功率/kW	最高燃烧压力/MPa	标定转速/(r/min)	平均有效压力/MPa	活塞平均线速度/(m/s)	气缸套(基体材料+表面处理工艺)	活塞环(基体材料+涂层)
12150系列柴油机	382	13	2000	0.5～0.6	12～13	38CrMoAl(A)+氮化	1、2环：球墨铸铁基体+松孔镀铬 油环：耐磨铸铁
新150系列柴油机	404～1200	13～15	2200	1.3～1.9	12～13	38CrMoAl(A)+氮化	1、2环：球墨铸铁基体+喷钼 3环：球墨铸铁+磷化
新型高强化柴油机	400～1200	18～25	3000～4600	2～3	13～16	38CrMoAl(A)+氮化+平台网纹	球墨铸铁+喷钼
FL413/513系列柴油机	404～440	13～15	2300～2500	1.0～1.2	10～11	高磷铸铁+平台网纹	1环：球墨铸铁+喷钼 2环：灰口铸铁+镀铬 3环：灰口铸铁+镀铬
132系列柴油机	300～440	15.5	2100	1.4～2.1	10.2	Cr-Mo合金铸铁+内孔表面平顶研	1环：球墨铸铁+CCIP+磷化 2、3环：合金铸铁+镀铬+磷化
	650	17.5	2500	1.8	12.1	合金铸铁+平顶研	

图1.11 某型高强化柴油机拉缸故障

根据现有的摩擦学理论，基于雷诺方程的流体润滑理论及多年来研究成果的应用，基本能够实现活塞环-气缸套摩擦副在流体润滑状态的模拟，具体方法可参考相关著述[8]，本书不专门提及。

而对于压缩和做功行程的上止点附近微凸体接触的区域，尽管已经有了大量的理论成果，但对工程设计的指导作用有限，尚停留于试验科学的阶段，需要针对不同的摩擦副，在摩擦磨损和润滑机理、模拟试验方法、摩擦磨损规律等方面，开展系统的研究工作，形成针对性的摩擦学设计基础数据、规范和方法，用于指导活塞环-气缸套摩擦副设计。

柴油机经过了百年的发展，活塞环-气缸套摩擦副已经形成了比较成熟的配对模式，特别是近几十年来，强化程度不断提高，促进了气缸套和活塞环技术的快速进步。随着强化程度的进一步提高，对活塞环和气缸套的配对必将提出进一步的要求，表 1.4 为现有的不同强化程度军用动力活塞环与气缸套的配对情况。

参 考 文 献

[1] 周龙保, 刘巽俊, 高宗英. 内燃机学[M]. 2 版. 北京: 机械工业出版社, 2005.

[2] 魏春源, 张卫正, 葛蕴珊. 高等内燃机学[M]. 北京: 北京理工大学出版社, 2001.

[3] 张玉申. 高功率密度柴油机及其关键技术[J]. 车用发动机, 2004, 3(151): 5-7.

[4] 任继文, 吴建全, 张然治, 等. 未来战斗系统与高功率密度柴油机[J]. 车用发动机, 2002, 4(140): 1-5.

[5] 任惠民, 任继文, 吴建全, 等. 现代军车动力的经典——890 系列柴油机[J]. 车用发动机, 2006, 5(165): 1-6.

[6] Taylor C M. Lubrication regimes and the internal combustion engine[J]. Tribology Series, 1993, 26: 75-87.

[7] Richardson D E. Review of power cylinder friction for diesel engines[J]. Journal of Engineering for Gas Turbines and Power, 2000, 4(122): 506-519.

[8] 温诗铸, 黄平. 摩擦学原理[M]. 4 版. 北京: 清华大学出版社, 2012.

第 2 章 柴油机活塞环与气缸套摩擦学基础

活塞环和气缸套是柴油机关键摩擦副之一，活塞环和气缸套之间摩擦功占柴油机总机械损失的 40%～55%，在柴油机使用过程中常常因活塞环或气缸套磨损而失效。对于高速高载荷柴油机，也可能会因活塞环和气缸套摩擦副的磨损造成摩擦功耗大幅增加及寿命降低。因此，有必要了解摩擦学基本原理以及活塞环和气缸套摩擦学系统的特性，为进一步开展该摩擦副的减摩抗磨技术研究提供指导。

2.1 摩擦学概述

20 世纪 60 年代，英国教育科学研究部发表《关于摩擦学教育和研究的报告》(即著名的 Jost 报告)，报告中首次提出“Tribology(摩擦学)”一词，并将其定义为“关于摩擦过程的科学”[1]。此后，摩擦学受到世界各国教育科学研究部门和工业界的普遍重视，迅速发展成为一门独立的学科。

摩擦学包括摩擦、磨损与润滑三个方面的内容。摩擦、磨损现象极其普遍。据估计，世界上有 1/3～1/2 的能源消耗在摩擦上，大约有 4/5 的摩擦副零件是由于磨损超过限度而报废的。机械摩擦影响整机的效率，而磨损则影响它们的寿命。因此，如果能够减少无用摩擦和控制磨损速度，将减少设备维修和零件更换带来的费用，并且提高整机的效率，大大降低能量消耗。润滑是降低摩擦和控制磨损最有效的措施，同时还具有冷却、密封、降噪、清洁和防腐蚀等作用。一些发达国家早年的统计数据表明，如果充分运用当时已有的润滑技术，则每年可节约十几亿甚至上千亿美元；Jost 报告曾提出，20 世纪 60 年代英国的各企业若能重视润滑问题，则每年至少可以节约五亿多英镑。由此可见，润滑在节约资金、节省资源方面起着重要作用。

针对摩擦学系统，应该采用系统理论和分析方法来进行综合研究。20 世纪 70 年代，Czichos(德国)开始对摩擦学系统研究方法开展研究[2]。2001 年，谢友柏[3]提出了摩擦学系统相关的三个特性(公理)，即摩擦学行为是系统依赖的；摩擦学元素特性是时间依赖的；摩擦学行为是多学科行为之间强耦合的结果。此外，也有学者提出摩擦学过程具有不确定性，尝试运用可靠性方法[4]、模糊理论方法等对摩擦学系统开展研究。

2.2 摩　　擦

2.2.1 摩擦的定义和分类

在外力作用下摩擦副产生相对运动或相对运动的趋势时，接触表面产生切向阻力以阻止运动或运动趋势的现象称为摩擦。摩擦对机械设备存在有利和不利两方面作用。在多数情况下是不利的，例如，机器运转时的摩擦，造成能量的无益损耗，降低了机械效率。在某些情况下又需要适当增大摩擦，如离合器等。

摩擦按照表面之间运动状态可以分为静摩擦和动摩擦；按照运动形式可以分为滑动摩擦和滚动摩擦；按照润滑状态可以分为干摩擦、边界摩擦、流体摩擦和混合摩擦（图 2.1）。

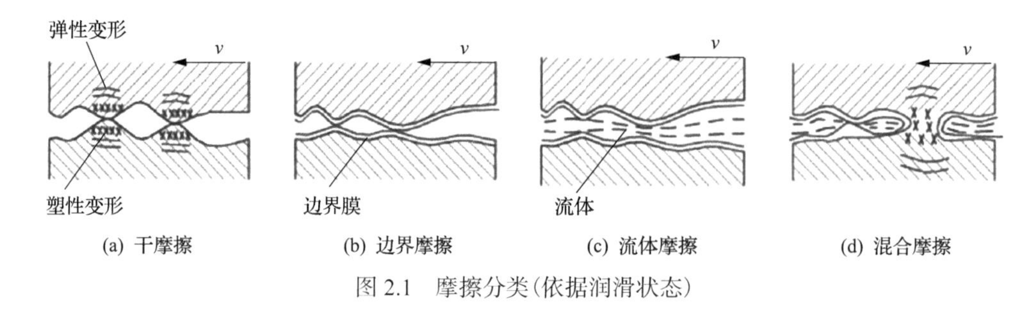

图 2.1 摩擦分类（依据润滑状态）

(1) 干摩擦。干摩擦状态下，摩擦副表面不存在任何润滑油，摩擦副表面直接接触，导致微凸体塑性变形。产生塑性变形的微凸体可发生局部冷焊，随着摩擦副的进一步相对运动，焊点被剪断。这种摩擦形式的摩擦系数高，可以达到 0.1～1.5，一般内燃机摩擦副应尽量避免干摩擦状态的存在。

(2) 边界摩擦。当在摩擦副的表面间存在一层极薄边界膜时的摩擦，称为边界摩擦。边界膜的厚度虽然很小（如 0.1μm），但仍可使摩擦系数大大降低（0.05～0.5）。边界膜与材料基体的结合形式有物理吸附、化学吸附和化学反应三种形式。传递较大扭矩的齿轮摩擦副，以及爆发行程上止点附近的活塞环-气缸套摩擦副，通常处于边界摩擦状态。

(3) 流体摩擦。流体摩擦状态下，摩擦副表面有一层由边界膜和流体膜组成的润滑膜，摩擦表面不直接接触，这种摩擦形式的摩擦系数最小。柴油机在正常运行工况条件下的主轴与轴瓦之间、连杆大端轴承与连杆瓦之间以及活塞环-气缸套摩擦副的大部分行程范围通常处于流体摩擦状态。

(4) 混合摩擦。混合摩擦是多种摩擦形式同时存在的摩擦现象。混合摩擦包括半干摩擦、半流体摩擦等形式。

为了保证柴油机中活塞环-气缸套摩擦副在大部分范围处于流体摩擦状态，要求采用合理的润滑方式。活塞环-气缸套的润滑一般有飞溅润滑和注油润滑两种形式。一般中高速四冲程柴油机大多采用飞溅润滑；大型二冲程低速十字头式柴油机大多采用注油器将气缸润滑油通过气缸内壁的注油孔注入活塞与缸套之间进行润滑。

2.2.2 摩擦原理

15 世纪中叶，Vinci 发现了摩擦力 F 与载荷 N 成正比的现象。17～18 世纪，Amontons 和 Coulomb 依据试验结果，总结并提出摩擦定律（库仑定律）——对于宏观的、具有屈服强度的非黏性材料，在界面没有介质影响的干摩擦条件下，存在以下三条规律：摩擦力的大小与法向压力成正比，与名义接触面积无关；静摩擦系数大于动摩擦系数；摩擦力的方向与相对滑动的方向相反，大小与滑动速度无关。

然而上述结论只是粗略的经验规则，随着研究的深入，人们对以上规律提出异议，因为实际上存在很多不服从以上规律的摩擦现象。同时，还发现摩擦过程存在其他一些现象，例如，静止接触时间越长则静摩擦系数越大，滑动摩擦不是连续发生而是存在跃动，静摩擦存在预位移等。为了解释上述摩擦现象和规律，人们提出了多种摩擦理论，其中常见的摩擦理论包括机械啮合理论、分子理论和黏着理论。

1734 年，英国学者 Desaguliers(1683～1744 年)提出了分子作用理论。其基本思想是，固体间接触时，部分存在分子间作用力；当表面滑动时，分子的接触被断开，前后的势能差导致了摩擦力的存在。根据分子理论，摩擦力大小与接触面积成正比，与粗糙程度成负相关。

1785 年，法国 Coulomb 继前人的研究，用机械啮合概念解释干摩擦，提出机械啮合理论。机械啮合理论认为摩擦是由表面粗糙单体的机械啮合作用引起的。依据机械啮合理论，越光滑的表面，其摩擦系数越小。用这种理论可以解释一般情况下粗糙的表面摩擦力比光滑的表面大的原因。但实际摩擦副也存在与此相悖的现象——对于两个极度光滑的金属表面，反而会使摩擦力增加；而且这个理论很难解释预位移、跃动以及静摩擦系数随时间增加等现象。

1945 年，Bowden 和 Tabor 结合上面两种理论，提出了黏着理论。依据黏着理论，因为表面粗糙，所以实际接触面积 A 只占表观接触面积的一小部分；它的大小取决于法向压力 W 和摩擦副材料的屈服强度 $P(P=W/A)$，与表面粗糙度的关系不大，并且与表观接触面积的大小没有关系。当接触区域应力大于 P 时，接触区材料发生屈服，接触面积变大，其大小与法向压力相关。在摩擦副滑动过程中，存在着变形和滑动的耦合作用，塑性变形伴随着放热，当局部温度足够高时，接触区域会发生黏着。当接触表面相对运动时，黏着点的撕裂形成动摩擦力。

如果实际接触面积为 A，黏着点剪切强度为 s，那么剪断接触点所需的力就是摩擦力 (F)，即 $F=A\cdot s$。因为 A 与接触面间的法向压力和材料的屈服强度 P 相关，而与物体的名义接触面积无关，所以如果给定任一对表面的剪切强度 s，那么摩擦力 F 也将与法向压力成正比，而与物体的大小(名义接触面积)无关。

摩擦力受黏着接触点剪切强度 s 的影响很大。任何一种污染物，如金属氧化物或润滑脂膜，都会减少或者避免接触点的黏结作用而使接触点强度减弱。例如，放置在空气中的表面，通常覆盖有氧化膜、气体吸附层和水蒸气层，当两个表面在空气中接触时，这些表面膜起到分隔接触表面的作用，从而减少或者避免表面的黏结作用。

摩擦力是由包括黏着与犁沟效应在内的多种效应叠加形成的。虽然黏着理论模型解释了局部接触位置的黏着效应，但摩擦中的犁沟效应仍然存在。为进一步提高黏着模型与试验结果的符合程度，有学者提出修正黏着模型(如考虑犁沟效应、污染物效应和接触点增长效应等)。针对干摩擦条件下摩擦力的产生机理，存在不同摩擦理论解释，提出了各种摩擦模型，但总体而言，没有普遍适用的摩擦理论模型，其理论尚有待完善。

2.3 磨　　损

2.3.1 磨损的定义和评价指标

物体表面相对运动时，由于机械的和化学的过程，而引起摩擦表面物质逐渐损耗或产生残余变形等缺陷，称为磨损(wear)。通常情况下磨损是不希望出现的，它可使机械零件丧失精度，降低使用寿命与可靠性。但在某些情况下，如对于零件磨削加工和摩擦副磨合过程，适度的磨损是有益的。

由磨损引起的材料损失的量称为磨损量。磨损评价指标一般包括以下几种：

(1) 重量磨损量(失重)或磨损率；

(2) 体积磨损量或磨损率；

(3) 尺寸减小量或磨损率；

(4) 几何形状(直线度、平面度、圆度和圆柱度等)变化量；

(5) 磨损产物(磨损下来的磨粒)数量变化。

在标注某摩擦副材料的磨损量的同时，需要指明其运转持续时间或滑动距离，以及载荷、润滑和温度等条件，以便于和其他试验结果进行对照分析。摩擦副材料的磨损量可以通过各种类型的磨损试验机(如材料万能磨损试验机等)获得。重量磨损量通过电子天平测量试验前后试样的重量差获得。体积磨损量、尺寸减小量或者几何形状变化量可以通过形貌测量仪等测量精度符合要求的仪器，测量试验前后试样的尺寸及形状变化得到。磨损的产物数量变化可以采用对收集的磨粒称重或计数等方法进行测量。

2.3.2 磨损规律

机械零件从开始使用至失效，通常经历以下三个磨损阶段(图 2.2)。

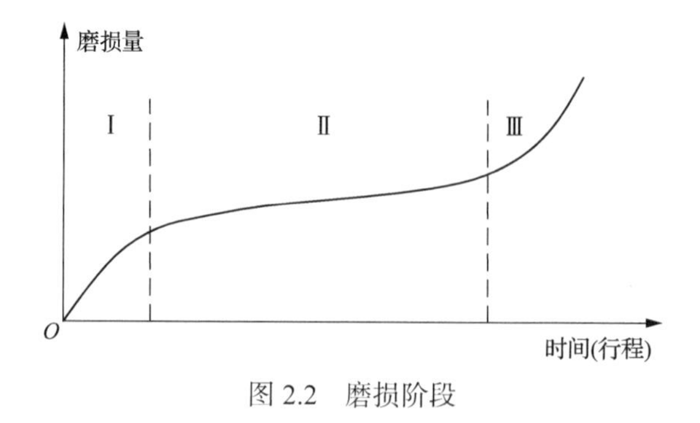

图 2.2 磨损阶段

(1) 磨合阶段(阶段Ⅰ)：机械加工后的摩擦副表面存在微凸体，微凸体在初始阶段变形和磨平，故此阶段摩擦副的磨损率较大。随着磨损的持续进行，微凸体逐渐被磨平后，表面摩擦力和磨损率一般均有下降趋势(累积磨损量增加速度减小)，表面摩擦磨损逐渐过渡到正常使用的状态，这一过程称为磨合。

(2)稳定磨损阶段(阶段Ⅱ)：摩擦副表面经过磨合而达到稳定粗糙度，磨损率降低至稳定的较小数值，此阶段是摩擦副的正常服役时间(或称为使用寿命期)。一般根据设计不同，稳定磨损阶段能延续很长时间，如几年或更长。

(3)急剧磨损阶段(阶段Ⅲ)：经长期使用后，摩擦副表面材料的疲劳损伤不断累积，同时磨损使得零件配合尺寸或形貌显著改变，并导致摩擦条件急剧恶化，如振动、冲击和温度加剧，因此磨损量急剧增加，此磨损阶段的出现预示零件将因磨损加剧而快速失效。摩擦副在使用时，应该避免在急剧磨损阶段工作，当出现急剧磨损现象时，必须及时对零件进行更换、调整或者修复，以免造成继发的其他破坏。

柴油机活塞环-气缸套在稳定磨损阶段的耐磨性是影响柴油机使用寿命的重要因素。一般柴油机气缸套的磨损量只要在允许的范围之内即可视为正常状态，一般船舶轮机最大磨损量可达气缸套内径的0.4%～0.8%[5]，而车用柴油机随着排放法规的日益严格，其气缸套内径允许磨损量只有其四分之一以内。气缸套正常磨损的磨损率较低，一般为0.01～0.08mm/1000h。活塞环-气缸套的累积磨损和工况改变交互作用可能会触发异常磨损，磨损率则可达到 10～15mm/1000h[6]，进入急剧磨损阶段。Chun[7]对活塞环-气缸套磨损量进行实时监控，发现柴油机运行1583h后磨损量发生突增。他认为原因是活塞环-气缸套磨损量不断增大，导致活塞环闭口间隙变大，引起窜气及油耗增大，使得摩擦副温度异常升高和润滑膜的成膜条件恶化，从而触发磨损量突变。当异常磨损发生时，往往很快造成零件整体性能失效(如活塞环失弹、断裂等)，据统计，活塞环总磨损量的90%往往是几小时的异常磨损造成的[8]。

2.3.3 磨损机理

目前，公认的主要磨损机理有黏着磨损、磨粒磨损、疲劳磨损和腐蚀磨损四种，除此之外还有浸蚀磨损和微动磨损这两种特殊的磨损类型。不同磨损类型有不同的磨损特性和外观表现。

1. 黏着磨损

黏着磨损(adhesive wear)是摩擦副的两表面在法向力和切向力的联合作用下，产生金属与金属的直接接触和塑性变形，从而经历黏着(冷焊)、剪切撕脱和再黏着的循环过程。从微观角度解释其机理是，高接触应力造成表面膜破坏，使洁净的金属接触部分由于分子吸引及摩擦热的联合作用而产生黏着，运动中界面附近出现剪切撕脱现象并可能伴随一部分分子的转移。油润滑的金属表面在油膜破裂后可能发生黏着，无油表面在表面膜失效后金属可能直接黏着。

黏着磨损使摩擦副表面的几何形状发生变化。按照摩擦表面损伤程度，黏着磨损可划分为轻微磨损、涂抹、擦伤、划伤和咬死五类。黏着磨损与其他磨损形式的很大不同在于，其他磨损形式一般都需要一些时间来扩展或达到临界破坏值，而严重黏着磨损则可能发生得非常突然，这主要发生在滑动摩擦副之间缺乏润滑剂，或润滑膜因受到过大负荷或过高温度而破坏时。严重时，机械系统中运动零件的“咬死”将导致灾难性失效，如轴承抱死、剧烈磨损等。

影响黏着磨损的主要因素有以下几方面。

(1)材料性质的影响。脆性材料的抗黏着能力比塑性材料高，塑性材料常常黏着破坏。互溶性大的材料所组成的摩擦副黏着倾向大，互溶性小的材料所组成的摩擦副黏着倾向小，应避免使用同种金属或互溶性大的金属组成摩擦副。金属与非金属材料(细石墨、塑料等)组成的摩擦副，比金属组成的摩擦副黏着倾向小。从金相结构上看，多相金属的黏着倾向比单相金属小；金属中化合物相的黏着倾向比单相固溶体小；碳化物多的合金黏着倾向性小；不连续组织比连续组织的黏着倾向性小，故碳钢的黏着倾向比单相的奥氏体不锈钢或纯铁小。

(2)工作条件的影响。在乏油、边界润滑甚至干摩擦条件下工作的钢质摩擦副比在有充分润滑条件下工作的摩擦副更容易产生黏着磨损。当载荷超过材料硬度的 1/3 时，磨损急剧增加，严重时咬死。因此，设计中选择的许用压力必须低于材料硬度的 1/3。在法向压力一定的情况下，钢铁材料黏着磨损随滑动速度的增加而增加，在达到某一极大值后，又随滑动速度的增加而减少。摩擦表面的温度升高会导致硬度降低，使黏着可能性增大；温度升高还会使润滑油黏度下降，润滑效果降低；此外，在高温条件下润滑油氧化、分解的速度加快，当超过某一极限时，润滑油因变质而失去润滑作用。

减少黏着磨损的措施有很多，其中对于多数机械而言，搞好润滑是减少黏着磨损最有效、最经济的方法。此外，控制摩擦表面的温度，或对金属表面进行化学处理(硫化、磷化、氮化)也是预防黏着磨损的有效措施。需要注意的是，适当提高表面光洁度可以预防黏着磨损，但对一些特别光滑的表面，因可能得不到充分的润滑，发生黏着磨损的可能性反而增加。

黏着磨损是活塞环和气缸套摩擦副常见的磨损失效形式之一。产生活塞环-气缸套严重黏着磨损的原因包括材料匹配性能不佳、零件配合不当、供油不充分、润滑条件差、高温高载荷、冲击严重等，这些因素均可造成摩擦副之间难以正常形成油膜，从而诱发严重黏着磨损。例如，李奇等[9]在研究表面电镀 Cr 的 65Mn 钢活塞环材料与 42MnCr52 合金钢缸套材料组成摩擦副的磨损试验中发现，材料匹配性能较差，导致较严重的黏着磨损。轻微的黏着磨损会使活塞环和气缸套局部位置出现划痕和少量材料脱落；当比较严重时，会造成成片区域因黏着-撕脱而留下拉毛表面(不规则边缘的沟痕、皱折)和较多的材料局部剥离；最严重时，材料大片剥离、拉伤，还会发生“拉缸”、“咬死”或“抱缸”等事故。黏着磨损较容易发生在气缸套上部靠近第一道活塞环的上止点位置处，因为在此处活塞环-气缸套摩擦副相对运动速度为零或较低。图 2.3 为某型高强化柴油机发生严重黏着磨损(拉缸故障)后的气缸套，可以看到气缸套内壁表面有严重的拉伤痕迹。图 2.4 为某型高强化柴油机发生明显黏着磨损的活塞环，图 2.4(a)中各活塞环被紧紧卡在活塞环槽中，活塞本体与缸套之间黏结拉伤严重，有铝基体材料剥落；图 2.4(b)中活塞环外型面有大片严重擦伤痕迹，并带有局部镀层脱落，对应缸套内表面也磨损较重。

图 2.3　气缸套的拉缸现象

(a) 活塞组件表面磨损

(b) 活塞环外型面的黏着磨损

图 2.4　活塞环的黏着磨损现象

2. 磨粒磨损

摩擦副较软的表面与同它相匹配的另一表面上硬微凸体或与界面之间硬的颗粒相互摩擦，从而引起表面损伤或材料损失的现象称为磨粒磨损(abrasive wear)，又称为磨料磨损。在缺少润滑的条件下，这些硬微凸体或硬颗粒划过较软表面，会产生切削或刮擦作用，引起材料表面破坏、分离出磨屑或形成表面划伤的磨损。磨粒磨损是一种非常普遍的磨损形式，其危害性很大，据统计约占磨损总数的一半。在工程机械、运输机械中，许多零件因工作条件恶劣，与泥沙、矿石、灰渣等直接接触而发生摩擦，产生不同形式的磨粒磨损。在越野环境下行驶的装甲战车由于空气中的含尘量高达 $0.2g/m^3$，极易因空气滤击穿或短路造成磨粒磨损甚至拉缸。

磨粒磨损是硬质微凸体或磨料颗粒对表面机械作用的结果。针对磨粒磨损机理的假说主要有以微量切削为主的假说、以疲劳破坏为主的假说、以压痕破坏为主的假说以及断裂起主要作用的假说等。

磨粒磨损在很大程度上与磨粒的相对硬度、形状、大小、固定程度以及在载荷作用下磨粒与被磨表面的力学性能有关。按摩擦表面所受的应力和冲击的大小，磨粒磨损有凿削式、高应力碾碎式和低应力擦伤式等三种形式。按摩擦表面的数目，磨粒磨损分为两体磨粒磨损和三体磨粒磨损。磨粒的来源有外界砂尘、切屑侵入、流体带入、表面磨损产物、材料组织的表面硬点及夹杂物等。

影响磨粒磨损的主要因素有以下方面。

(1)材料性质的影响。对于钢铁材料，适当增加材料硬度有利于提高耐磨粒磨损能力，因而具有高硬度的显微组织如渗碳体、马氏体，具有较高的耐磨粒磨损性能，而铁素体的硬度和强度都很低，所以通常耐磨粒磨损能力较差。纯金属及未经热处理的钢，其抗磨粒磨损的耐磨性与它们的自然硬度成正比；经过热处理的钢，其耐磨性也随硬度的增加而增加，但比未经处理的钢，增加速度要缓慢一些。钢中的碳及碳化物形成元素含量越高，则耐磨性也越强。某些材料如高锰钢在较大冲击负荷下，表面会因加工硬化而使硬度提高，使其具有较高的磨粒磨损抗力。

(2)磨粒的影响。为了减少磨粒磨损，金属的硬度 H_m 应为磨粒硬度 H_a 的 1.3 倍，即 $H_m=1.3H_a$ 时为最佳，如果继续提高材料的硬度，则效果不显著。一般金属的磨损量随磨粒平均尺寸的增大而增加，到某一临界值后，磨损量便保持不变，即磨损与磨粒的尺寸无关。

减少磨粒磨损一般从两方面采取措施，一是防止或减少磨粒进入摩擦表面之间；二是增强零件的抗磨粒磨损性能。

柴油机活塞环与气缸套的磨粒磨损是气缸套磨损的常见形式。在正常服役期，除了有二体磨损，活塞环与气缸套摩擦磨损形成的磨屑、空气系统携带的硬质颗粒及燃油不完全燃烧形成的积炭等，均可使摩擦副形成三体摩擦。轻微的磨粒磨损会在气缸套内壁沿活塞运动方向产生微细的、长短不一的直线形擦痕，活塞环表面也会出现轻微擦伤痕迹；但如果出现严重的磨粒磨损，气缸套内壁会出现较深的刮伤、沟槽，活塞环外型面有明显刮痕或亮带磨出。当空气或燃烧产物(如严重积炭)中含有大量硬质颗粒时，气缸套的中上部(尤其是活塞上止点第一道气环所对应的气缸壁处)磨损量最大；而如果润滑油中聚集较多杂质，则气缸套的中下部(尤其是活塞下止点第一道油环所对应的气缸壁处)也会出现较严重磨损。

为提高活塞环与气缸套的抗擦伤性，一般通过表面镀铬、喷钼等方法来提高耐擦伤性能[10]。Herbst-Dederichs[11]针对不同活塞环涂层制备工艺比较发现，复合电镀层、APS 涂层、HVOF 涂层、PVD 涂层的抗擦伤性能逐渐增强。图 2.5 为某型高强化柴油机气缸套发生较严重的磨粒磨损，可以看到气缸套内明显的直线形刮伤痕迹，活塞运动到上止点时第一道气环所对应的气缸套内壁表面的磨损量最大。图 2.6 为某型高强化柴油机发生明显磨粒磨损的活塞环，可以看到活塞环外型面有亮带磨出，局部表面有轻微擦伤痕迹，在圆周方向梯形环开口部位两侧的磨损量最大。

3. 疲劳磨损

疲劳磨损(fatigue wear)是循环接触应力周期性地作用在摩擦表面上，使材料疲劳而引起材料微粒脱落的现象。摩擦表面微凸体在磨合期会产生大的塑性变形和循环接触应力，在不发生黏着的前提下，因低周疲劳而快速产生磨屑；磨合后形成的平衡接触则承受循环接触应力作用，磨屑的产生由高周疲劳机制控制，即通常所说的疲劳磨损。

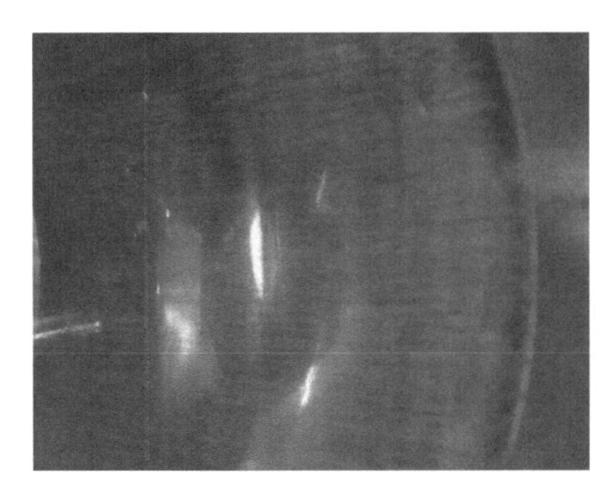

图 2.5 气缸套的磨粒磨损现象

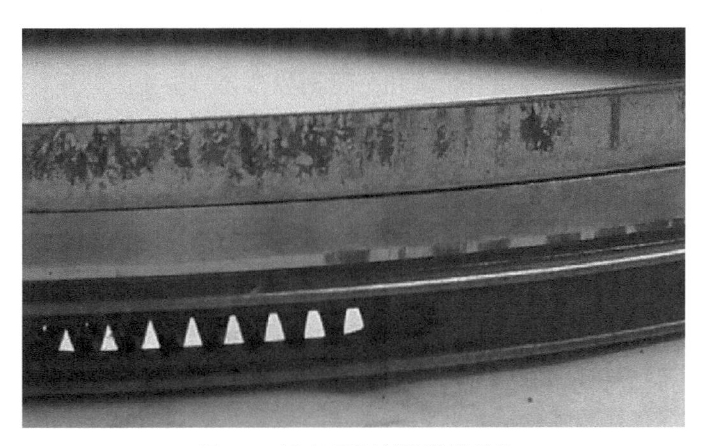

图 2.6 活塞环的磨粒磨损现象

目前对疲劳磨损机理的解释有最大剪应力理论、微观点蚀磨损理论、油楔理论和剥层磨损理论等。下面简要介绍最大剪应力理论。最大剪应力理论认为裂纹是从接触表层下产生的。静弹性接触的赫兹理论表明，最大压应力发生在表面，而最大单向切应力则发生在表面下方一定深度处，如图 2.7 所示。该处塑性变形最剧烈，在周期载荷作用下的反复变形使材料局部弱化，以致在最大剪应力处首先出现裂纹，并沿最大剪应力方向扩展到表面，最后形成疲劳破坏，以颗粒形式分离出来，并在摩擦表面留下痘斑，称为点蚀；或以鳞片状从表面脱落下来，称为剥落。

疲劳磨损通常要经过较长的潜伏期后才出现剥蚀或剥落的磨屑。它表现为受交变负荷作用时，裂纹的逐渐形成和扩展，最后脱落成颗粒状或片状磨屑，在表面留下一些麻点和坑穴。疲劳磨损的磨损量小，通常在潜伏期里磨损还达不到可测出的程度，因而疲劳磨损常常难以被及时发现。表面疲劳现象具有很强的随机性，即使在相同条件下同一批试件得到的疲劳磨损寿命之间相差也可能很大。

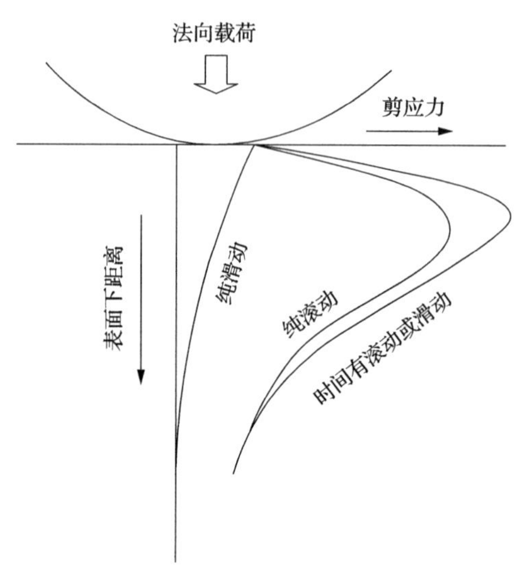

图 2.7 剪应力随表面下距离的变化关系

很多工程零件如滚动轴承、齿轮副和凸轮副等都会产生疲劳磨损。疲劳磨损是决定滚动轴承使用寿命的主要原因，当滚动轴承由于疲劳磨损出现麻点坑时，即预示其使用寿命即将终结。齿轮及凸轮-挺杆摩擦副也可能因疲劳磨损出现麻点坑而失效。在流体动力润滑的轴承中，油膜能传递交变机械应力，因此疲劳磨损也是其主要失效形式之一。此外，在冲击负荷下摩擦副表面也会出现疲劳磨损。表面疲劳还是材料气蚀和流体浸蚀的主要损坏机理。

影响疲劳磨损的主要因素有以下方面。

(1) 材料性质的影响。降低表面粗糙度有利于延长接触疲劳寿命，例如，表面硬度越高的轴承、齿轮等往往必须降低表面粗糙度。一般来说，当表层在一定深度范围内存在适当的残余压应力时，不仅可提高弯曲、扭转疲劳抗力，还能提高接触疲劳抗力。通过适当的表面处理技术调整表层硬度和硬度分布，可改善抗疲劳磨损能力，例如，采用高碳钢淬火或渗碳钢表面渗碳淬火。

(2) 工作条件的影响。接触应力对疲劳磨损有显著的影响，必须确保摩擦副在合理负荷条件下工作。润滑油的黏度越高，抗疲劳磨损的能力就越强。润滑油中适当加入某些添加剂(如极压添加剂或微纳米固体添加剂)，则因在接触表面层形成固体润滑薄膜，能提高抗疲劳磨损性能。

一般而言，合理设计和制造的柴油机气缸套较少出现大面积的严重疲劳磨损问题。产生局部疲劳磨损的原因可能是：基体材料选用不合理和制备质量差，表面镀层或涂层结合强度不高，受载荷或冲击较大等。例如，在一些大冲程十字头式柴油机中，十字头的摇摆、气缸摩擦副的长期使用而导致磨损，使得间隙增大；而间隙增大又会加剧活塞与气缸套的反复撞击，造成严重的疲劳磨损。更多情况是当摩擦副表面出现黏着磨损和磨粒磨损时，也会造成局部表面反复的塑性变形，最后材料因疲劳断裂而形成磨粒。疲劳磨损后材料局部会出现凹坑，且表面留有疲劳扩展痕迹。对于无涂层活塞环，疲劳磨损往往与基体表面抗疲劳韧性有关；对于有涂层活塞环，疲劳磨损往往与涂层韧性、与活塞环基体结合强度相关。在对涂层进行台架测试时，Rastegar 等[12]发现韧性好的涂层抗疲劳磨损的能力明显提高。当涂镀层韧性、与活塞环基体结合强度较差时，更容易发生疲劳磨损。

4. 腐蚀磨损

腐蚀磨损(corrosive wear)又常称为摩擦化学磨损(tribo-chemical wear)或化学磨损，是在摩擦促进作用下，摩擦副的一方或双方与中间物质或环境介质中的某些成分发生化学或电化学作用而产生磨损的过程。单纯的腐蚀现象不能定义为腐蚀磨损，只有当腐蚀现象与机械磨损过程相结合时才可定义为腐蚀磨损。

腐蚀磨损由于介质的性质、介质作用在摩擦面上的状态以及摩擦材料性质的不同而出现的状况也不一样。常见的腐蚀磨损有以下两大类。

(1)氧化磨损。与空气中的氧作用形成氧化磨损是最常见的一种腐蚀磨损形式。当生成的氧化膜与基体结合牢固时，它起到保护作用，可提高摩擦副的减摩、耐磨性能。若在摩擦过程中，氧化膜被磨掉，摩擦表面与氧化介质反应又形成新的氧化膜，然后又被磨掉，如此循环往复，这就是氧化磨损。钢铁材料氧化磨损的最显著特征是在摩擦表面沿滑动方向呈均细的磨痕，磨损后产生红褐色片状的 Fe_2O_3 或灰黑色丝状的 Fe_3O_4 磨屑。

(2)特殊介质腐蚀磨损。当摩擦副与酸、碱、盐等特殊介质发生化学腐蚀作用而造成的磨损称为特殊介质腐蚀磨损。特殊介质腐蚀磨损机理与氧化磨损相似，但磨损速度一般较快，摩擦表面遍布点状或丝状磨蚀痕迹，一般比氧化磨损痕迹深。例如，柴油机使用的燃油中含有硫，则燃烧时，硫将生成二氧化硫或三氧化硫，这些硫氧化物和水蒸气反应会生成亚硫酸或硫酸，对气缸套产生强烈的腐蚀，使磨损量显著增加。研究表明，当柴油中含硫量由 0%提高到 1%时，气缸套磨损将增加 3 倍；含硫量提高到 1.3%时，其磨损增加 6 倍。

事实上，腐蚀磨损过程与极压添加剂通过生成化学反应膜来防止磨损的过程是同一现象的两个方面。其共性之处是发生了化学反应，差别在于反应产物是保护表面、防止磨损，还是促使表面脱落。化学生成物质的形成速度与被磨掉速度之间的相对大小，将产生不同的结果。

为了减少腐蚀磨损，一般从以下方面采取措施。①提高摩擦副材料的耐腐蚀能力，例如，海水环境下的摩擦副应该选用耐海水腐蚀不锈钢或其他耐腐蚀材料(如非金属材料)；②当摩擦副容易进入酸性腐蚀物质时，在润滑介质中加入能中和酸性物质的添加剂，能显著减少摩擦副腐蚀磨损；③通过密封等手段，将摩擦副和腐蚀环境进行隔离。

腐蚀磨损也是柴油机活塞环-气缸套摩擦副常见的磨损形式之一。柴油机燃烧会产生酸性气体，经过水蒸气化合生成硫酸、碳酸和硝酸等物质，当酸性物质凝附在活塞环及气缸套上时，就会因化学和电化学反应而形成金属腐蚀物。这些金属腐蚀物很容易在活塞环-气缸套摩擦过程中被剥离，暴露出新鲜的金属表面又重新被腐蚀，如此循环往复导致腐蚀磨损。严重的腐蚀磨损会显著加速气缸套的磨损过程。一般频繁冷启动或燃油含硫量过高时，腐蚀磨损更严重，局部磨损量会比正常磨损大数倍。一般气缸套上部容易产生高温腐蚀磨损(如由燃烧产物中 V、Na 造成)，表面上可能观察到较疏松的细小蚀孔；

气缸套下部温度低于 55℃时，容易产生低温腐蚀磨损(由燃烧产物中酸性产物造成)。国内装甲车辆柴油机采用 38CrMoAl(A)氮化气缸套，在生产过程中曾发生过两次典型的腐蚀磨损。一次是国内某装备在完成整车出厂试验后，柴油机在未采取任何措施的前提下在潮湿的库房存放半年后，造成批量柴油机的气缸套发生斑状锈蚀和异常磨损；另一次是由于采用了不合格的润滑油，短时间内连续两次发生气缸套斑状锈蚀和异常磨损。李奇等[9]研究发现，在失效气缸套上止点处的内壁表面有明显的点蚀坑的痕迹，他认为点蚀坑是由腐蚀磨损造成的。氧化磨损也是一种特殊的气缸套腐蚀磨损现象，例如，有研究发现铸铁气缸套与钼环对磨后，气缸套表面发生明显的氧化层增厚现象[13]。

5. 其他磨损形式

除上述四种基本磨损类型外，还有微动磨损和浸蚀磨损两种特殊的磨损形式。

(1)微动磨损。指在金属表面间由于小振幅剪切振动而产生的一种复合形式的磨损。微动磨损的机理是：摩擦表面间的法向压力使表面上微凸体产生塑性变形，并发生黏着；微振幅剪切振动使黏合点被剪断成为磨屑，露出基体金属表面；磨屑和露出金属表面接着被氧化；被氧化的磨屑因不易逃逸而留在接合面上，在磨损过程中起着磨粒的作用，使摩擦表面形成麻点或纹形疤痕；表面麻点或疤痕形成应力源，在振动交变应力作用下，疲劳裂纹扩展，最终导致表面完全破坏。由此可见，微动磨损是黏着、腐蚀、磨粒、疲劳磨损复合作用的结果。微动磨损经常发生在过盈配合的接合面、链传动的链节处、摩擦离合器中摩擦片的接合面和受振动影响的连接螺纹结合面等。根据被氧化磨屑的颜色，往往可以断定是否发生微动磨损，如被氧化的铁屑呈红色、被氧化的铝屑呈黑色。当微动磨损严重时，将显著降低接触表面层的质量，如表面变粗、表面层内出现微观裂纹等。

(2)浸蚀磨损。浸蚀磨损是固体表面和连续流体或携带固体粒子的流体相互作用形成的磨损。浸蚀磨损包括气蚀磨损和冲蚀磨损两种形式。有时将气蚀(穴蚀)归至一种腐蚀类型。如果流体夹带尘埃、砂粒、矿物粉末等固体颗粒，以一定的角度和速度冲击固体表面引起的磨损称为冲蚀磨损如水泵、水轮机、气力输送管道、火箭尾部喷管等产生的磨损。

需要强调的是，通常机械磨损是若干种磨损类型同时存在、相互交织、综合作用的结果。当多种磨损形式共存时，可能因某一两种因素起主导作用，而将其归于某种磨损类型。几种磨损形式之间可能相互促进，也可能相互制约。例如，柴油机气缸套严重腐蚀磨损可能形成大量的磨粒，从而促进磨粒磨损。但少量腐蚀磨损的存在，对表面的黏着磨损存在一定的制约(一些极压抗磨添加剂就是利用此原理提高摩擦副在极压条件下的抗磨性的)。李奇等[9]研究某柴油机使用 500h 以后磨损失效的气缸套时，发现在上止点处的气缸套材料表面有明显的犁削、脱落和点蚀坑的痕迹，根据扫描电子显微镜-能谱仪检测分析结果，认为这是三体磨粒磨损、黏着磨损、腐蚀磨损综合作用的结果。与气缸套磨损相似，活塞环也存在多种磨损形式共存现象，活塞环总磨损量主要取决于其中最严重的磨损形式。磨损形式之间的强耦合性，往往给摩擦副磨损机制的辨识、预测和状态调控带来一定的困难。

因为气缸套磨损往往是多种磨损形式共存，所以当特定磨损机制占主导时，会产生沿轴向气缸套的磨损量分布呈现不同形式，如图 2.8 所示。

(1) 正常情况下，如图 2.8 (a) 所示，气缸套的最大磨损部位出现在气缸套上部，通常是活塞位于上止点时第Ⅰ道、第Ⅱ道活塞环对应的气缸套内壁处，并沿缸壁向下磨损量逐渐减小。正常工作表面清洁光滑，无明显划痕。根据气缸套材质的不同，其磨损率为：铸铁气缸套＜0.1mm/1000h，镀铬气缸套为 0.01～0.03mm/1000h，对于四冲程机，气缸套内壁沿柴油机横向的磨损量相对大于纵向磨损量。

(2) 异常情况下，图 2.8 (b) 表示来自空气和燃烧产物带来的磨粒造成的异常磨粒磨损时的磨损量分布；图 2.8 (c) 表示润滑油中磨粒造成的异常磨粒磨损时的磨损量分布；图 2.8 (d) 表示以上两种情况复合时的磨损量分布；图 2.8 (e) 表示活塞在上止点时第Ⅰ道活塞环所对应的位置发生黏着磨损时的磨损量分布；图 2.8 (f) 和 (g) 表示发生典型的腐蚀磨损时的磨损量分布。

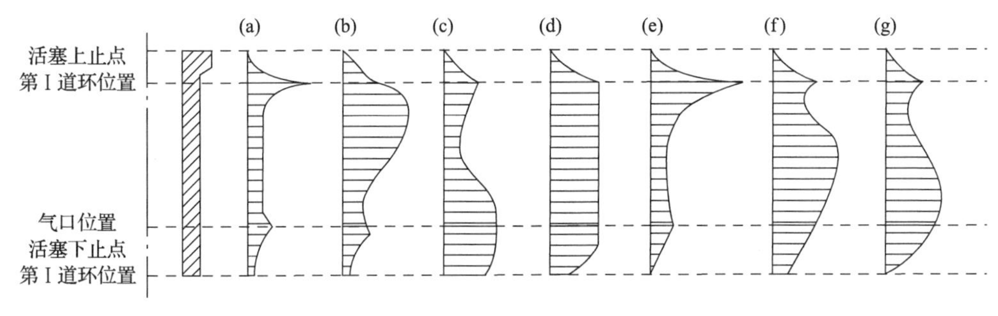

图 2.8　气缸套轴向截面磨损量示意图

6. 磨合期的磨损

摩擦副在制造或维修后，首先要磨合。磨合 (running-in) 就是让摩擦副从较低负荷条件逐渐过渡到正常工作条件的过程。

磨合的目的是实现摩擦副表面良好接触，防止早期过度磨损。一个加工后崭新的摩擦副表面总存在比较尖锐的微凸体尖峰，或者是由加工和装配等原因带来的接触问题。通过磨合，可以减小零件表面微凸体尖峰、加工痕迹和形状误差的影响，实现摩擦副表面均匀接触，形成稳定的润滑油膜，降低后续正常使用中出现黏着磨损的概率。

在磨合期，活塞环表面和气缸套表面之间综合粗糙度值一般较大，摩擦副局部表面并没有完全被润滑剂分开，导致微凸体相互接触，处于典型二体磨损状态。磨合开始阶段摩擦系数较大，随着磨合的进行，接触的微凸体逐渐被磨平，磨削量逐渐降低，摩擦系数减小且倾向平稳，Ma 等[14]发现，活塞环在磨合期第一小时的磨损量是随后两小时的 12 倍。

实现良好磨合的措施有以下几种。

(1) 选择合理的摩擦副材料和加工参数。不同摩擦副材料的磨合特性不同，硬度过高的摩擦副通常需要更长的时间磨合。可以采用表面涂覆和改性方法提高磨合性，例如，采用涂镀和喷钼等工艺。摩擦表面应具有最佳的初始粗糙度，以便在短期内完成磨合过程。粗糙度过大容易造成磨合过程的过度磨损；粗糙度过小也难以快速实现表面的良好贴合。

(2)保证合适的润滑条件。磨合时应尽量采用专用的磨合剂，确保磨合过程既能保护表面不会过度磨损，同时又能加快磨合的速度。例如，有文献介绍低速船用柴油机磨合时可以采用较低总碱值的磨合油，或在润滑油加入纳米添加剂来提高磨合质量和效率。磨合过程中应保证润滑系统的润滑压力正常或略高，控制润滑油温度不要太高。

(3)制定科学合理的磨合程序。遵循科学合理的程序，能有效避免磨合期间出现异常磨损，并提高磨合效率。一般磨合过程中采用分级磨合方法，即转速由低至高，负荷由小到大。同时要合理分配分级磨合各阶段的时间。

2.4 润 滑

2.4.1 润滑理论发展简史

人类在很久以前就认识到流体润滑对减少摩擦磨损的作用。中文的“润滑”一词最早出现在西汉的《淮南子·原道训》中：“夫水所以能成其至德於天下者，以其淖溺润滑也”。

1883 年，Tower 在对火车轮轴的滑动轴承进行试验时，初次发现轴承中润滑油膜具有很高的流体压力，继而发现和揭示了流体动压润滑现象。1886 年，Reynolds[15]在 Tower 试验的基础上，运用黏性流体力学推导出雷诺(Reynolds)方程，揭示了润滑膜在流体动压润滑条件下的承载机理，为流体润滑理论的研究奠定了基础。

1919 年，Hardy 等[16,17]提出边界润滑状态这一概念，其边界润滑模型如图 2.9 所示。此后，Bowden 等[18]、Kingsbury[19]、Homola 等[20]对此开展了大量的研究工作。

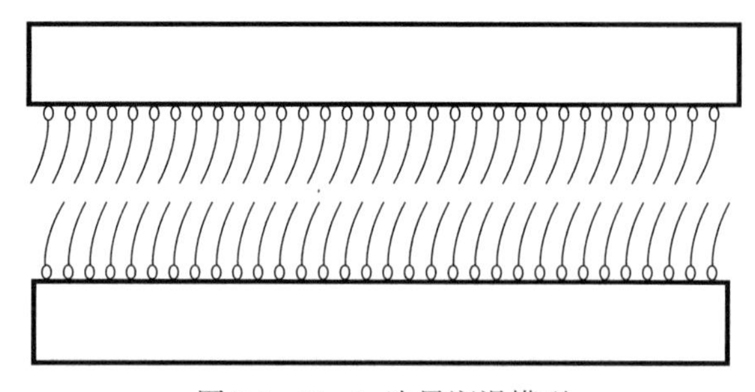

图 2.9 Hardy 边界润滑模型

1949 年，Grubin 等[21]将雷诺流体润滑理论和赫兹 Hertz 弹性接触理论相耦合，求解线接触等温弹流润滑问题，从而揭示弹性流体动压润滑机理。20 世纪 50 年代，Dowson 等[22,23]、80 年代杨沛然和温诗铸等[24-26]均对弹流润滑理论进行了大量研究。

20 世纪 90 年代初，Johnston 等[27]通过试验发现，当膜厚小于 15nm 时，膜厚随速度的变化规律偏离弹流润滑理论，认为理论上在边界润滑状态与弹流润滑状态之间应存在一种过渡状态。温诗铸[28,29]、Tichy[30]将处在流体膜与边界膜之间过渡的油膜润滑状态定义为薄膜润滑状态。

Reynolds 提出润滑方程已有一个多世纪，润滑理论日益完善，研究的润滑膜厚度从 100μm 量级以上发展到 0.005～0.01μm 量级，研究范围由宏观进入微观，由静态进入动态，由定性进入定量，并显示多学科交叉的特点。

2.4.2　润滑状态分类

润滑是通过在相互运动的摩擦表面之间形成润滑膜(液体或气体组成的流体膜或者固体膜)，以达到减小摩擦表面阻力和磨损的目的。

目前，判定摩擦副所处的润滑状态主要有以下几种方法。一是利用摩擦系数，即通过 Stribeck 曲线(Stribeck 曲线表示 Stribeck 数 S 和摩擦系数 f 之间的对应关系，其中 Stribeck 数 S 定义为表面间相对剪切速度 V 和润滑油动力学黏度 η 的乘积，然后除以表面间的法向载荷 P)对摩擦副润滑状态进行判定。Dowson[31]在线接触弹流润滑的计算结果上，根据 Stribeck 曲线变化规律，将润滑状态划分为边界润滑、混合润滑、弹流润滑、流体动压润滑等四种状态(图 2.10)。二是利用润滑油膜的厚度与摩擦副的综合表面粗糙度的比值，即膜厚比 h/Ra(其中，h 为油膜厚度，Ra 为接触表面粗糙度)，对摩擦副润滑状态进行判定。图 2.11 为油膜厚度与摩擦副表面粗糙度的典型值。另外，雒建斌等[32]提出，润滑状态的判断标准不仅应包括 h/Ra，还应将润滑剂分子的大小作为参考，他提出应同时以 h/Ra 和 h/R_g 来作为判断润滑状态的依据(其中，R_g 是润滑剂分子的有效半径，h/R_g 表示分子层数)，并通过试验分析给出了润滑状态划分图，如图 2.12 所示。

依据以上判定方法，综合考虑摩擦副润滑方式，一般将润滑状态划分为流体动压润滑、流体静压润滑、弹性流体动压润滑、薄膜润滑、边界润滑、干摩擦等基本状态，以及它们之间的复合形式——混合润滑状态。

表 2.1 给出了各个润滑状态的基本特征[15,33]。

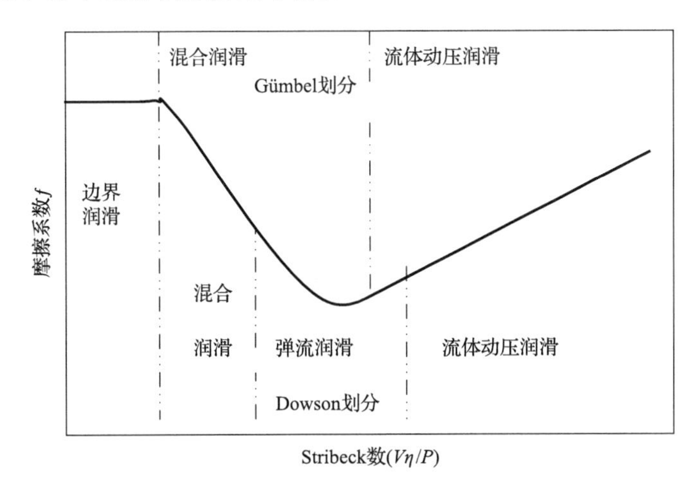

图 2.10　润滑状态划分图

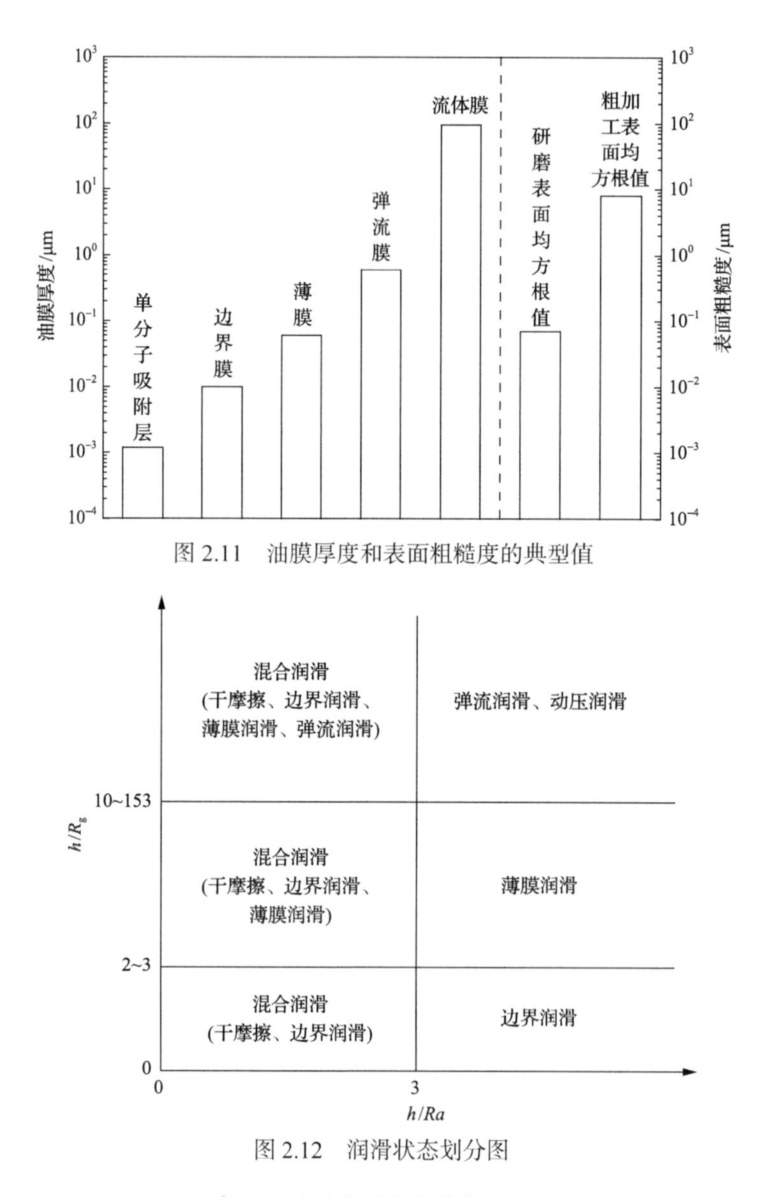

图 2.11　油膜厚度和表面粗糙度的典型值

图 2.12　润滑状态划分图

表 2.1　各个润滑状态的基本特征

润滑状态	典型膜厚	润滑膜形成方式	应用
液体静压润滑	1～100μm	通过外部压力将流体送入摩擦表面之间，强制形成润滑膜	各种速度下的面接触摩擦副，如滑动轴承、导轨等
流体动压润滑	1～100μm	由摩擦表面的相对运动所产生的动压效应形成流体润滑膜	中高速下的面接触摩擦副，如滑动轴承
弹流润滑	0.1～1μm	与流体动压润滑相同，考虑微凸体和表面弹性变形的影响	中高速下点线接触摩擦副，如齿轮、滚动轴承等
薄膜润滑	10～100nm	与流体动压润滑相同，考虑类固化、剪切稀化等效应	低速下的点线接触、高精度摩擦副
边界润滑	1～50nm	润滑油分子与金属表面产生物理或化学作用而形成润滑膜	低速重载条件下的高精度摩擦副
干摩擦	1～10nm	表面氧化膜、气体吸附膜等	无润滑或自润滑的摩擦副

1. 流体静压润滑

流体静压润滑的原理是通过外部的压力将加压后的流体送入摩擦表面之间，利用流体的静压力来平衡摩擦副的法向外载荷，从而强制在摩擦副之间形成润滑膜。这种润滑状态可应用于各种速度下的面接触摩擦副，常见的实例有静压润滑的导轨和滑动轴承，其典型的润滑膜厚度为 1～100μm。

2. 流体动压润滑

依靠运动副两个表面的形状，在相对运动时产生收敛形油楔，形成具有足够压力的流体膜，从而将两个表面分隔开，这种润滑状态称为流体动压润滑。对于流体动压润滑的研究可以追溯到 1883 年，Tower 在试验中发现了火车轮轴滑动轴承中的油膜存在很高的流体压力[34,35]。1886 年，Reynolds[15]推导出了雷诺方程，不仅解释了 Tower 发现的流体动压现象的形成机理，更一举奠定了流体润滑研究的理论基础。1904 年，Sommerfeld[36]求出了针对无限长圆柱轴承的雷诺方程的解析解。1954 年，Ocvirk[37]得到了无限短圆柱轴承的雷诺方程的解析解。随着数值计算和计算机技术的发展，利用有限差分和有限元等方法，人们可得到各种结构和工况条件下雷诺方程的数值解。

一个典型等温条件下的雷诺方程如下：

$$\frac{\partial}{\partial_x}\left(\frac{\rho h^3}{\eta}\frac{\partial p}{\partial x}\right)+\frac{\partial}{\partial_y}\left(\frac{\rho h^3}{\eta}\frac{\partial p}{\partial y}\right)=6(u_1+u_2)\frac{\partial(\rho h)}{\partial x}+6(v_1+v_2)\frac{\partial(\rho h)}{\partial y}+12\frac{\partial(\rho h)}{\partial t} \tag{2.1}$$

式中，ρ 为润滑油密度；η 为润滑油动力学黏度；h 为油膜厚度；p 为接触压力；u、v 为摩擦副相对运动速度；t 为时间。雷诺方程的左端项表示润滑油膜压力随着 x、y 坐标的变化，右端项则表示产生油膜压力的各种效应(如动压效应、伸缩效应、变密度效应、挤压效应)。动压效应和挤压效应通常是形成润滑油膜压力的两个主要因素。流体动压润滑机理可以概括为摩擦表面产生的相对运动把黏性流体带入楔形的间隙中，通过动压效应使润滑油膜产生压力来承受外载荷。中高速下的面接触摩擦副就是利用流体动压润滑原理来工作的，典型的流体动压润滑膜厚度为 1～100μm。

3. 弹性流体动压润滑

1949 年，Grubin[21]将相应的雷诺流体润滑理论和特定条件下赫兹弹性接触理论相耦合，求解线接触等温弹流润滑问题。随着弹性流体动压润滑(简称弹流润滑)理论的提出，人们逐渐认识到在混合润滑状态和流体动压润滑结合区域，需要考虑接触表面弹性变形以及流体黏压效应等因素，才能更加准确地反映其润滑状态。1959 年，英国 Leeds 大学的 Dowson 等[22,23]将逆解法应用到等温线接触副稳态弹流润滑问题的研究中，并由此归纳出了著名的 Dowson-Higgison 最小膜厚公式。20 世纪 80 年代，Yang 等[24,25]利用 Ree-Eyring 流变模型对非稳态热弹流润滑理论进行了研究。刘晓玲等[26]在有限长线接触热弹流润滑的研究中利用多重网格法推导出了有限长滚子线接触热弹流润滑的完全数值解。

弹性流体动压润滑理论（简称为弹流润滑理论）与经典的润滑理论不同，弹流润滑状态下压力较大，通常出现在中高速下的点线接触摩擦副中，膜厚通常在 0.1～1μm 量级。因为摩擦副的载荷作用点集中，所以弹流润滑的计算过程中通常需要考虑接触表面的弹性变形和润滑剂的黏压效应等因素影响。现代弹流润滑理论已经基本形成了综合考虑润滑剂非牛顿特性、表面形貌及变形效应、热效应、时变效应等因素的相对完善的体系，研究方向也在向着更为接近摩擦副实际工作条件的方向发展。基于雷诺方程的弹性流体动压润滑模型通常包括雷诺方程、弹性变形方程、黏度与压力的关系方程、密度与压力的关系方程以及力的平衡方程等。这些方程互相耦合，使求解的难度大大增加，所以需要采用更有效的求解方法，如多重网格法。

4. 薄膜润滑

20 世纪 90 年代，Spikes 等[38]利用垫层法，Johnston 等[27]通过垫层与光谱分析结合的方法，分别测出了随工况参数变化的纳米级润滑油膜厚度，并提出了超薄膜润滑（ultra-thin film lubrication）的概念。1989 年，雒建斌等[39]以模糊理论为基础，根据摩擦系数和膜厚的划分范围，提出存在于弹流润滑与边界润滑之间的这一空白区是一个交互着质变与量变的过渡润滑状态。1993 年，Wen[29]、Tichy[30]在第一届国际摩擦学大会上称其为薄膜润滑状态，对应润滑油膜厚度为 10～100nm[40]。

目前对于薄膜润滑的定义存在两种观点：一种观点[21,41-44]依据润滑机理将薄膜润滑定义为一种独立的润滑状态；另一种观点[38,45,46]将薄膜润滑作为边界润滑的延伸归入边界润滑范畴，有时又认为是弹流润滑的发展。但从本质上来说，薄膜润滑是一个独立存在的润滑形式，它具有不同于弹流润滑和边界润滑的润滑特性和作用机理。对薄膜润滑的研究有助于进一步完善润滑的理论体系，解释不同润滑状态之间的联系。

为从机理上解释薄膜润滑的特性，国内外学者先后提出了富集分子模型和有序分子模型。

1996 年，Smeeth 等[47]提出了富集分子模型。他们认为润滑油分子在固体表面附近形成了一层富集的高黏度的高分子吸附膜。该模型的不足之处是没有考虑到润滑油分子在固体表面的物理性能具有时间效应。

1996 年，Luo 等[48]建立了薄膜润滑动态物理模型，即有序分子模型，如图 2.13 所示。他们认为，在薄膜润滑状态下，润滑油膜由三种结构性能不同的膜组成，即吸附膜、有序液体膜和黏性液体膜。吸附膜靠近摩擦表面，包括静态接触时形成的吸附膜和润滑过程中部分有序液体膜因剪切作用转变而成的吸附膜，它具有边界润滑特征。黏性液体膜位于润滑膜中央，是在流体动压效应作用下形成的，因而具有弹流润滑特征。有序液体膜介于吸附膜与黏性液体膜之间，是由于液体分子在摩擦过程中受到剪切作用和表面能作用促使分子有序排列而形成的，它兼有吸附膜和液体膜两者的性质。Ehara 等[49]通过试验验证了有序分子模型的合理性。

随着研究的进行和现代工业科技的进步，人们越来越发现对于薄膜润滑的深入研究至关重要，对薄膜润滑理论和规律的认识将会不断深入与完善。

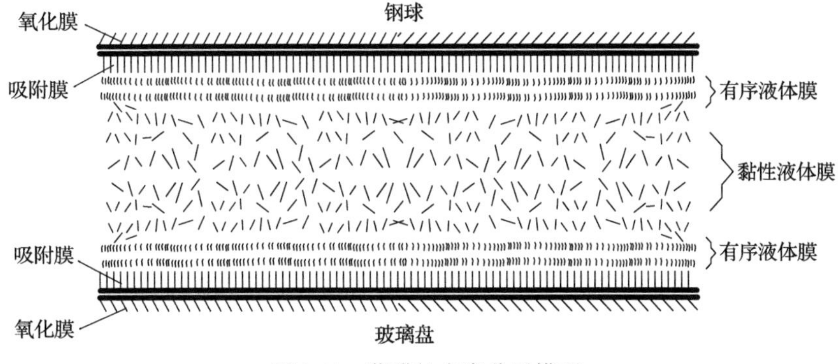

图 2.13 薄膜的有序分子模型

5. 边界润滑

1919 年，Hardy 等[16,17]提出了边界润滑状态这一概念。边界润滑膜的本质是由于润滑油添加剂中的元素经过物理或化学作用，在金属表面形成具有润滑作用的吸附膜。针对边界润滑问题，Bowden 等[18]、Kingsbury[19]、Homola 等[20]开展了大量研究工作。在边界润滑条件下，润滑剂(油)膜厚接近润滑剂的分子尺度，边界润滑膜的特性主要是由摩擦副表面和润滑剂的物理化学性能决定的。根据边界润滑膜的形成机理不同，可以将边界润滑膜分为氧化膜、化学反应膜、摩擦聚合物膜、化学吸附膜和物理吸附膜。目前很多不同功能的减摩耐磨润滑添加剂，就是针对不同边界润滑膜的形成机理研发出来的。

边界润滑状态通常出现在低速重载的摩擦副中，其典型的润滑膜厚度为 1～50nm。与干摩擦状态相比，边界润滑状态下的摩擦系数和磨损要小很多，其典型的摩擦系数在 0.1 左右。如果油膜受表面挤压而破裂，而周围的润滑剂难以及时补充，则表面之间的摩擦系数可能接近 0.4。

在摩擦副的实际工作过程中，启动、停车、超负载运行以及制造装配误差等原因，边界润滑膜容易发生破裂，因此摩擦表面之间能否形成稳定的边界润滑状态的关键是边界润滑膜的形成和破裂是否能够达到平衡。学者提出了多种边界润滑模型，这些模型主要有机械模型、物理化学模型和机械化学反应膜模型三种类型。有学者认为，应该综合考虑这三个方面的影响，建立一个综合的边界润滑模型。这个综合的边界润滑模型应该对润滑剂的温度与黏度、润滑剂的活化能、摩擦表面的弹性模量和硬度等参数的时变性进行系统的研究[50]。边界润滑的研究也促使摩擦化学等研究方向得到了发展。

6. 干摩擦

干摩擦状态指的是无润滑或只依靠自润滑剂润滑的摩擦副，通过在摩擦表面形成表面氧化膜或者气体吸附膜等方式进行润滑的状态，其典型的润滑膜厚度为 1～10nm。干摩擦状态下的摩擦系数通常要比边界摩擦状态下的摩擦系数大几倍到几十倍，而磨损率则可以达到 10^5 倍[51]。

7. 混合润滑

混合润滑条件往往针对具有较大粗糙度值的摩擦副，此时润滑状态比较复杂。摩擦副表面局部微凸体波谷位置有完整油膜存在，局部处于流体润滑状态；而波峰处由边界膜分割表面，局部处于边界润滑状态；但当边界润滑破裂时，也可能产生局部摩擦副材料的直接接触。在混合润滑条件状态下，摩擦系数取值范围较大，从 0.05(接近流体动压润滑状态)到 0.4(当局部油膜破裂时，产生金属之间的直接接触)。Dowson[31]认为当润滑膜的厚度在 30nm 附近时，润滑状态将变为混合润滑。在实际工程问题中，混合润滑状态普遍存在，但对其研究还不够充分。

温诗铸等[52]于 1992 年针对粗糙表面混合润滑提出了以下构想：

(1)混合润滑状态由不同膜厚为主的边界润滑、薄膜润滑和弹流润滑组成；各种润滑膜的形成机理、润滑特性和失效准则各不相同。

(2)整体润滑特性是各种润滑膜特性的综合表现；各种润滑膜在接触区所占的比例和分布情况与表面形貌和运行工况有关，且随时间而变化。因此，混合润滑特性具有时变性。

(3)相对于全膜润滑而言，混合润滑的膜厚较小，通常伴随表面磨损。

8. 非稳态条件下的润滑

对于摩擦副，非稳态条件是指载荷、速度的大小或方向，以及温度的高低等随时间发生变化的工况。非稳态条件下，对于流体润滑状态下的摩擦副，其油膜厚度会随时间变化；当非稳态因素变化更加剧烈时，也可能会导致摩擦副润滑状态随时间发生变化。1962 年，Christensen[53]针对纯挤压、等温条件，对润滑油膜进行了模拟研究；1973 年，Lee 等[54]基于弹流模型对挤压问题的非稳态特性进行了研究。目前针对非稳态条件下摩擦副润滑状态的理论研究依旧是润滑状态研究的重点[55-57]，如研究往复运动工况下等温动压润滑、弹流润滑[58]、热弹流润滑[59]等。有关实际非稳态工况下摩擦副的润滑模拟也取得了较为可观的成果，以内燃机活塞环-气缸套摩擦副为例，已经能够综合考虑载荷与速度变化、润滑表面粗糙度、缸套圆周方向上的变形、润滑油膜的气穴效应、活塞环组的燃气泄漏及润滑油的变黏度和变密度效应、活塞环组-润滑油膜-气缸套耦合系统三维非稳态传热等多种因素的影响，实现较完善的三维动压润滑及弹流润滑模拟[60]。

2.4.3 油膜厚度测试方法

为对润滑机理进行系统深入的研究，除测量摩擦系数外，还经常要测量油膜厚度。但目前针对判断润滑状态的重要参数——油膜厚度的实时和精确测量方面还存在一些难度。近三十年，薄膜润滑理论提出后，国内外学者对这一润滑状态的膜厚测量、成膜机理、基本特征等方面进行了大量研究工作，并取得了很大进展。经过多年的试验研究，现有的油膜厚度测量方法可归纳为表 2.2[61]。

表 2.2 油膜厚度测量方法

测量方法	原理
光干涉法	将光干涉原理用于油膜厚度的测量，其测量分辨率能够达到纳米量级，同时该方法能直观地观测两摩擦副接触表面各处的油膜厚度分布，可反映表面的弹性变形
电阻法	能利用接触区的电阻与油膜厚度关系，获得接触区油膜厚度。电阻法是定性分析弹流润滑，尤其是部分膜弹流润滑状态及薄膜润滑状态的有效测试方法
电容法	测量油膜电容值来获得膜厚值，测量的是平均膜厚。电容法装置简单、测试容易，是弹流润滑中有效的膜厚测量方法
声发射法	金属中发生微凸体碰撞及弹塑性变形时会导致声发射波的产生，声发射法主要测量声发射波来反映润滑状态。声发射法的优点在于动态、无损，而且被测试件不需要进行绝缘处理，但抗干扰能力较差，易受工况条件影响，声发射特征和润滑状态对应关系较难确定
激光(光纤)测距法	主要测量油膜厚度改变导致的摩擦副间隙位移量变化。激光位移传感器利用激光的高方向性、高单色性和高亮度等优点实现非接触测量。一般采用三角法来测量，精度可达 1μm。该方法的测量范围大、抗电磁干扰能力强。但传感器安装可能会影响摩擦副之间的润滑状态[62]
放电电压法	润滑剂的纯洁度对放电电压有较大影响，无法对润滑油膜厚度的大小进行定量反映
电容分压器法	将润滑膜看作电阻和电容的并联，当润滑状态从部分膜润滑过渡到全膜润滑时，这种方法可监测润滑状态的转化过程
阻容振荡法	以文氏振荡器的自激振荡原理为基础，在全膜润滑状态下测量振荡频率，然后以“频率-电容-膜厚”标定曲线为参照，换算成油膜厚度的大小
X 射线法	让钼 X 平行光束通过约 0.75mm 的窄缝、穿过两圆盘之间的油膜，最后由计数器统计穿过油膜的 X 射线量，然后把计数器的输出值由相应的标定曲线换算出油膜厚度
磁阻法	将励磁线圈和检测线圈分别安装在待测的两个接触体上，使得接触区中的润滑油膜成为励磁线圈和检测线圈构成的磁路中的一部分，其磁阻在整个磁路中占有较大比例。将一振荡器与检测线圈相连，间隙耦合磁通的变化会导致振荡频率的变化，最后通过检测频率就可以测出两待测接触体间的油膜厚度
应变测量法	其适用范围有一定局限性，测量原理上需要摩擦副(轴承)必须能通过承受一定预载荷以产生可测量的变形量，通常用于测量球轴承的弹流润滑膜厚度
超声波法	这是一种无损探测方法，通过特殊设备从摩擦副外部向内部发射超声波，根据反射与透射波的能量分析来判断油膜厚度
电涡流法	该方法利用电涡流位移测量原理测量油膜厚度，理论测量精度为 1μm，测量简便易行，但要求测试摩擦副为导体，需要事先对油膜厚度进行标定，传感器安装可能会影响摩擦副之间的润滑状态
噪声及振动信号测试法[63]	依据振动或噪声的强弱判断油膜建立情况，能够实现润滑状态的无损检测，但由于受影响的因素多，难以定量测量油膜的厚度
激光诱导荧光法	该方法通过标定把荧光信号转化为油膜厚度，是一种先进的测量微米级油膜厚度的方法。但需要在润滑油膜中加入荧光剂，测试要求试样为石英材料[64]

以上提到的各种油膜厚度测量方法各有利弊，例如，目前广泛采用光干涉法来实现薄膜润滑膜厚高精度测量，但光干涉法膜厚测量范围通常在微米尺度以下。电参数测量法的不足之处在于测量时易受到外界干扰，如温度、材料、润滑介质、表面形貌等因素都会对测量结果产生较大影响，而且难以对状态转化阈值进行定量分析，尤其是电参数测量法的测试结果的准确性在很大程度上还取决于油膜厚度是否合适(否则会影响测量灵敏度)。声发射法、噪声及振动信号测试法等都属于无损检测方法，这类方法具有简单、方便、无需绝缘等优点，但是对其特征信号的提取和分析过程比较复杂。因此，测试润滑状态比较复杂的摩擦副之间的油膜厚度，可以选用几种测量方法互相补充。

参 考 文 献

[1] 温诗铸, 黄平. 摩擦学原理[M]. 3 版. 北京: 清华大学出版社, 2008.

[2] Czichos H. 摩擦学——对摩擦润滑和磨损科学技术的系统分析[M]. 刘仲华, 等译. 北京: 机械工业出版社, 1984.

[3] 谢友柏. 摩擦学的三个公理[J]. 摩擦学学报, 2001, 21(3): 161-166.

[4] 严立, 余宪海. 内燃机磨损及可靠性技术[M]. 北京: 人民交通出版社, 1992.

[5] 程东. 轮机维护与修理(英文版)[M]. 大连: 大连海事大学出版社, 2013.

[6] 杨极, 杨贵恒, 张寿珍. 内燃机气缸套异常磨损机理及其预防对策研究[J]. 内燃机, 2007, (2): 15-18.

[7] Chun S M. Simulation of engine life time related with abnormal oil consumption[J]. Tribology International, 2011, 44(4): 426-436.

[8] 张家玺, 高群钦, 朱均. 内燃机缸套-活塞环摩擦学研究回顾与展望[J]. 润滑与密封, 1999, (5): 26-29.

[9] 李奇, 王宪成, 何星, 等. 高功率密度柴油机缸套-活塞环摩擦副磨损失效机理[J]. 中国表面工程, 2012, (4): 36-41.

[10] Uyulgan B, Cetinel H, Ozdemir I, et al. Friction and wear properties of Mo coatings on cast-iron substrates[J]. Surface & Coatings Technology, 2003, 174(17-18): 1082-1088.

[11] Herbst-Dederichs C. Thermal spray solutions for diesel engine piston rings[C]//Thermal Spray 2003: Advancing the Science and Applying the Technology, Orlando, 2003: 129-138.

[12] Rastegar F, Richardson D E. Alternative to chrome: HVOF cermet coatings for high horse power diesel engines[J]. Surface & Coatings Technology, 1997, 90(1-2): 156-163.

[13] Becker E P, Ludema K C. A qualitative empirical model of cylinder bore wear[J]. Wear, 1999, 225: 387-404.

[14] Ma Z, Henein N A, Bryzik W, et al. Break-in liner wear and piston ring assembly friction in a spark-ignited engine[J]. Tribology Transactions, 1998, 41(4): 497-504.

[15] Reynolds O. On the theory of lubrication and its application to Mr. Beauchamp tower's experiments, including an experimental determination of the viscosity of olive oil[J]. Philosophical Transactions of the Royal Society of London, 1886, (177): 157-234.

[16] Hardy W B, Hardy J K. Note on static friction and on the lubricating properties of certain chemical substances[J]. The London, Edinburgh, and Dublin Philosophical Magazine and Journal of Science, 1919, 38(223): 32-48.

[17] Hardy W B, Doubleday I. Boundary lubrication—The paraffin series[J]. Proceedings of the Royal Society of London, Series A, Containing Papers of a Mathematical and Physical Character, 1922, 100(707): 550-574.

[18] Bowden F P, Tabor D. The Friction and Lubrication of Solids[M]. Oxford: Oxford University Press, 2001.

[19] Kingsbury E P. Some aspects of the thermal desorption of a boundary lubricant[J]. Journal of Applied Physics, 1958, 29(6): 888-891.

[20] Homola A M, Israelachvili J N, Gee M L, et al. Measurements of and relation between the adhesion and friction of two surfaces separated by molecularly thin liquid films[J]. Journal of Tribology, 1989, 111(4): 675-682.

[21] Grubin A N, Vinogradova I E. Investigation of the contact of machine components[C]//Ketova Kh F. Central Scientific Research Institute for Technology and Mechanical Engineering, Moscow, Book No. 30, (DSIR Translation No. 337), 1949.

[22] Dowson D, Higginson G R. A numerical solution to the elastohydrodynamic problem[J]. Journal of Mechanical Engineering Science, 1959, 1(1): 6-15.

[23] Dowson D, Higginson G R. New roller-bearing lubrication formula[J]. Engineering (London), 1961, 192: 158-159.

[24] Yang P R, Wen S Z. The behavior of transient thermal elastohydrodynamically lubricated line contacts, using the Eyring model[C]//Proceedings of the Japan International Tribology Conference, Nagoya, 1990: 307-312.

[25] Yang P R, Wen S Z. The behavior of non-Newtonian thermal EHL film in line contacts at dynamic loads[J]. Journal of Tribology, 1992, 114(1): 81-85.

[26] 刘晓玲, 杨沛然. 有限长滚子线接触热弹流润滑分析[J]. 摩擦学学报, 2002, 22(4): 295-299.

[27] Johnston G J, Wayte R, Spikes H A. The measurement and study of very thin lubricant films in concentrated contacts[J]. Tribology Transactions, 1991, 34(2): 187-194.

[28] 温诗铸. 从弹流润滑到薄膜润滑-润滑理论研究的新领域[J]. 润滑与密封, 1993, 6: 48-56.

[29] Wen S Z. On thin film lubrication[C]//Proceedings of the 1st International Symposium on Tribology, Beijing, 1993: 30-37.

[30] Tichy J A. Thin film lubrication[C]//Proceedings of the 1st International Symposium on Tribology, Beijing, 1993, 1: 48.

[31] Dowson D. Transition to boundary lubrication from elastohydrodynamic lubrication// Ling F F, Klaus E E, Fein R S. Boundary Lubrication-An Appraisal of World Literature[M]. New York: ASME Research Committee on Lubrication, 1969: 229-240.

[32] 雒建斌, 沈明武, 史兵, 等. 薄膜润滑与润滑状态图[J]. 机械工程学报, 2000, 36(7): 15-21.

[33] 温诗铸. 摩擦学原理[M]. 北京: 清华大学出版社, 2008.

[34] Tower B. First report on friction experiments[J]. Proceedings of the Institution of Mechanical Engineers, 1883, 34(1): 632-659.

[35] Dowson D. Friction and traction in lubricated contacts. Fundamentals of Friction: Macroscopic and Microscopic Processes[M]. Berlin: Springer, 1992: 325-349.

[36] Sommerfeld A. Zur hydrodynamischen theorie der schmiermittelreibung[J]. Zeitschrift für Math U Phys, 1904, 50(1-2): 97-155.

[37] Ocvirk F W. Short-bearing approximation for full journal bearings[J]. National Advisory Committee for Aeronautics, 1952.

[38] Spikes H A, Gao G T. Paper XI (i) Properties of ultra-thin lubricating films using wedged spacer layer optical interferometry[C]//Tribology Series, Interface Dynamics: Proceedings of the 14th Leeds-Lyon Symposium on Tribology. Amsterdam: Elsevier, 1987, 12: 275-279.

[39] 雒建斌, 严崇年. 润滑理论中的模糊观[J]. 润滑与密封, 1989, 1(4): 16-23.

[40] Wen S Z. On thin film lubrication[J]. Lubrication Science, 1996, 8(3): 275-286.

[41] Luo J B, Wen S Z, Sheng X Y, et al. Substrate surface energy effects on liquid lubrication film at nanometer scale[J]. Lubrication Science, 1998, 11: 23-36.

[42] Hu Y Z, Granick S. Microscopic study of thin film lubrication and its contributions to macroscopic tribology[J]. Tribology Letter, 1998, 5(l): 81.

[43] Tichy J A. A porous media model for thin film lubrication[J]. ASME Transactions, Journal of Tribology, 1995, 117: 16-21.

[44] Tichy J A. Modeling of thin film lubrication[J]. Tribology Transactions, 1995, 38(l): 108-118.

[45] Spikes H A, Ratoi M. Molecular scale liquid lubricating films[C]//26th Leeds-Lyon Symposium on Tribology, Leeds, 1999.

[46] Anghel V, Bovington C, Spikes H A. Thick-boundary-film formation by friction modifier additives[J]. Lubrication Science, 1999, 11(4): 313-335.

[47] Smeeth M, Spikes H A, Gunsel S. The formation of viscous surface films by polymer solutions: Boundary or elastohydrodynamic lubrication[J]. Tribology Transactions, 1996, 39(3): 720-725.

[48] Luo J B, Wen S Z. Mechanism and characteristics of thin film lubrication at nanometer scale[J]. Science in China (Series A), 1996, 39(12): 1312-1322.

[49] Ehara T, Hirose H, Kobayashi H, et al. Molecular alignment in organic thin films[J]. Synthetic Metals, 2000, 109: 43-46.

[50] 汪久根, 张建忠. 边界润滑膜的形成与破裂分析[J]. 润滑与密封, 2005, 6: 4-8.

[51] Heinicke G. Tribochemistry[M]. Berlin: Akademie Verlag, 1984.

[52] 温诗铸, 黄平. 摩擦学原理[M]. 2版. 北京: 清华大学出版社, 2002.

[53] Christensen H. The oil film in a closing gap[J]. Proceedings of the Royal Society of London, Series A, Mathematical and Physical Sciences, 1962, 266(1326): 312-328.

[54] Lee K M, Cheng H S. The pressure and deformation profiles between two normally approaching lubricated cylinders[J]. Journal of Lubrication Technology, Transactions of the ASME, 1973, 95(3): 308-320.

[55] 张建军, 杨沛然. 变卷吸速度的点接触热弹流润滑分析[J]. 润滑与密封, 2007, 32(1): 62-67.

[56] 苏永琳, 杨沛然, 王成焘. 变速变载变曲率时变等温线接触弹流润滑分析[J]. 润滑与密封, 2008, 33(3): 21-25.

[57] 吕宏强. 高精度线接触时变弹流润滑问题的数值模拟研究[J]. 摩擦学学报, 2008, 28(4): 351-355.
[58] 孙浩洋, 陈晓阳, 王文, 等. 摆动工况下有限长线接触弹流润滑研究[J]. 摩擦学学报, 2006, 26(3): 247-251.
[59] 杨志强, 王静, 杨沛然. 线接触往复运动的热弹流润滑特性研究[J]. 润滑与密封, 2008, 33(2): 9-12.
[60] Ye X M, Chen G H, Jiang Y K, et al. Numerical investigation of the EHL performance and friction heat transfer in piston and cylinder liner system[J]. SAE Technical Papers, 2004, 39(3): 269-279.
[61] 刘志全, 葛培琪, 李威, 等. 弹流膜厚的测试方法及其特点[J]. 机械工程师, 1996, 2: 40-41.
[62] 施慧杰, 吴青, 袁成清. 应用 RIM—FOS 测量柴油机缸套-活塞环油膜厚度的可行性分析[J]. 润滑与密封, 2007, 32(5): 157-159.
[63] 谭佳丰, 傅攀. 机械设备摩擦噪声的信号测试与处理[J]. 中国测试技术, 2006, 32(3): 45-47.
[64] 任德君. 新型光纤式油膜厚度探测系统的研究[J]. 上海大学学报(自然科学版), 2000, 6(4): 363-366.

第3章　活塞环-气缸套摩擦磨损试验技术

要研究摩擦学的理论、确定各种因素对摩擦磨损性能的影响、研究新的耐磨减摩及摩阻材料、评定各种耐磨表面的摩擦磨损性能，必须掌握摩擦磨损试验技术。一般包括摩擦磨损试验装置、摩擦磨损试验方法及摩擦磨损参数测试分析技术三个方面。

柴油机活塞环和气缸套起到滑动密封的作用，也是工作条件最为复杂的摩擦副，其摩擦、磨损行为不但受到活塞环与气缸套结构设计、材料选配及加工工艺的影响，同时受到各种工况条件的影响，并且还会受到各种随机和伴生的中间因素影响，即活塞环和气缸套的摩擦磨损行为受系统因素的综合影响。因此，研究活塞环和气缸套的摩擦磨损性能，需要先系统地分析各影响因素的内在机制，充分考虑摩擦磨损试验的模拟性，根据模拟准则确定合理有效的试验方法。

3.1　活塞环-气缸套摩擦磨损试验的分类

根据开展试验的环境特点，柴油机活塞环与气缸套摩擦磨损试验可分为实验室试验和使用试验两大类。根据试验平台及试验件形式，实验室试验又可分为试样试验、零部件试验、单缸柴油机台架试验和多缸柴油机台架试验四种。其中单缸柴油机台架经改制后，又可在线测量活塞环组与气缸套之间的摩擦力、油膜厚度等专项性能。试样试验是从活塞环和气缸套的毛坯或者零件取样，加工成结构形状比较简单、尺寸较小的试样开展的摩擦磨损试验，在活塞环和气缸套的摩擦磨损研究中比较常用。根据与柴油机台架工况的模拟性，试样试验又可以分为一般性试验和模拟性试验两种，详见表3.1。

1. 试样一般性试验

试样一般性试验是在活塞环和气缸套开发初期，为了加快开发进程，缩短试验周期，降低试验成本，通常从活塞环或者气缸套的毛坯或者零件取样，按照通用的摩擦磨损试验机要求，加工成标准的形状和尺寸，利用通用摩擦磨损试验机所能提供的试验参数开展试验，不强调对活塞环和气缸套实际工况条件、表面形貌和接触面形状等特性的模拟，甚至选择与不同的材料配对。一般没有固定的试验方法和试验机，试验条件往往被理想化。由于影响摩擦磨损的因素较多，某一因素稍有变动，就可能因磨损机理的变化导致磨损量发生显著变化。因此，这种试验结果与实际情况会有较大的差别。

试样一般性试验主要用于研究基体材料或者表面改性层的摩擦磨损机理、规律、材料的相对耐磨性、影响摩擦磨损的各种参数之间的关系等。这样的试验方法重复性好、试验周期短，可以在短时间内进行多参数和重复的试验验证，运用得当时，可快速筛选

表 3.1 活塞环-气缸套摩擦磨损试验分类

试验分类			试验件形式	试验平台	试验目的	优点	缺点	备注
实验室试验	试样试验	一般性试验	试样形状尺寸匹配试验机	通用摩擦磨损试验机	材料摩擦磨损机理一般规律	试验条件易控制、结果重复性好、试验周期短、成本低	试验条件单一，模拟性差	材料及表面改性技术常用
		模拟性试验	含活塞环和/或气缸套工作表面特征	试验机匹配试验目的需要的试样形状尺寸，并模拟典型工况	零部件摩擦学性能快速评价	同上，保留零件的表面特征、接触特征，模拟实际工况	实际工况的确切模拟比较困难	常用但规范性不够
	零部件试验		活塞环气缸套零件	用真实零件、模拟典型工况的试验机	零部件摩擦学性能快速评价	同上，采用真实的零部件，可获得更多信息	同上，试验平台更复杂	使用较少
	单缸柴油机台架试验	专项性能台架试验	活塞环气缸套零件	改制的单缸柴油机	发火或者倒拖状态下的摩擦磨损性能	接近真实工况，且台架工况条件可控	试验设备的技术性强，维护成本高	浮动缸套、透明缸套等单缸发动机用于专项测试
		综合工况台架试验	活塞环气缸套零件	单缸柴油机台架	可靠性耐久性考核	接近真实工况，且台架工况条件可控	零件的影响因素复杂，试验周期长，成本高	柴油机设计用
	多缸柴油机台架试验		活塞环气缸套零件	多缸柴油机台架	可靠性耐久性验证	接近真实工况，且台架工况条件可控	零件的影响因素复杂，试验周期长，成本高	柴油机设计制造用
使用试验			活塞环气缸套零件	装备柴油机产品的车船	在使用条件下综合性能考核	完全真实工况	影响因素十分复杂，周期更长，成本更高	柴油机设计定型用

出相对性能更好的候选材料和表面处理工艺。但是由于试验条件过于理想化，试验结果只反映了气缸套和活塞环的材料特性，不能反映零部件表面轮廓、网纹等特征，工况条件的模拟性不够，配对性考虑不足，试验结果常常不能反映摩擦副的真实特性，难以直接用于活塞环与气缸套的工程设计中。

已经商品化的摩擦磨损试验机大多可用于活塞环和气缸套材料一般性的摩擦磨损试验，按摩擦副的接触形式，可分为点接触、线接触和面接触[1]；按摩擦副的运动方式，可分为滑动和滚动，或者单向运动和往复运动，如图 3.1 所示。常见的摩擦磨损试验机有环-块、销-盘等摩擦磨损试验机，近年来多功能磨损试验机快速发展，不但集成了往复运动功能，还有可拆卸式多功能模块，甚至集成了形貌、成分等在线检测功能，使摩擦磨损机理和规律的研究能力得到大幅度提升。

2. 试样模拟性试验

材料的摩擦磨损性能并不像材料强度和硬度等是材料的固有特性，而是在一定使用条件下，材料本身与对偶材料的机械、物理和化学等特性的综合表现，因此还需要有模拟性试验。模拟性试验是从活塞环或者气缸套的成品零件上取样，并保留活塞环和气缸套滑动接触面的初始特征，能保持其实际配对形式和接触状态，试样尺寸和形状满足模

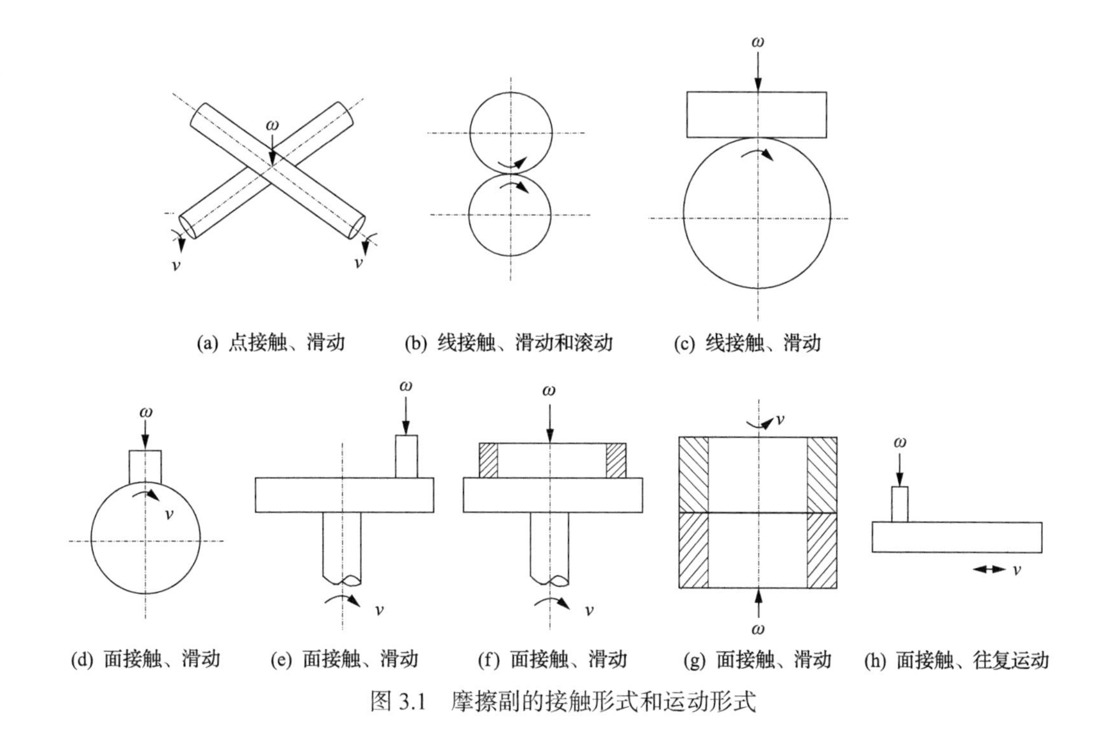

图 3.1　摩擦副的接触形式和运动形式

拟实际运动形式的需要，采用专用工装，在专用的活塞环-气缸套摩擦磨损试验机上进行试验，强调模拟活塞环和气缸套的典型实际工况条件，保证相同的磨损机理。因此，合理确定模拟准则的试样模拟性试验甚至可以作为活塞环或者气缸套批量投产、配机选型或者多批次产品性能稳定性的快速评价手段，一定程度上达到替代零部件试验的效果，甚至试验所得的数据可以直接用于工程设计。

由于不同试验目的和试验机对模拟性的要求不同，试样模拟性试验也多种多样。在接触形式上，摩擦副一方可在零件取样，而另一方采用标准试样；在模拟条件方面，可模拟部分工况条件，而忽略其他条件等。

活塞环-气缸套模拟试验所需要的往复行程较大，为了加速磨损，需要的载荷也较高，而且往复运动会使试验机运动机构损耗较快，所以满足模拟性要求的商品化往复摩擦磨损试验机很少。图 3.2 为一种相对稳定的可用于研究活塞环-气缸套摩擦磨损性能的往复摩擦磨损试验机[2-6]，该试验机充分考虑了活塞环-气缸套摩擦副的接触表面特征和工况条件，对置双工位可使试验机在较高转速、较大行程条件下保持往复运动的平稳性，其典型行程为 30mm，平稳运行转速可在 1000r/min 左右，载荷可在 2000N 左右，且上述三个参数可在较大范围调整。

试验机加载系统见图 3.3，采用手动或者电动驱动的螺杆施加法向载荷，载荷通过缓冲板簧、压力传感器和自定位组合模块传递给活塞环样件，作用在气缸套样件表面，其接触形式见图 3.4。多片串联板式弹簧可降低加载机构的弹性系数，对载荷缓冲能力好，可提高往复运动过程中的载荷稳定性；采用直线轴承导向，减少法向载荷传递损失，提高加载精度。气缸套样件的下表面为弧形，可以自调心，保证气缸套、活塞环试样在圆

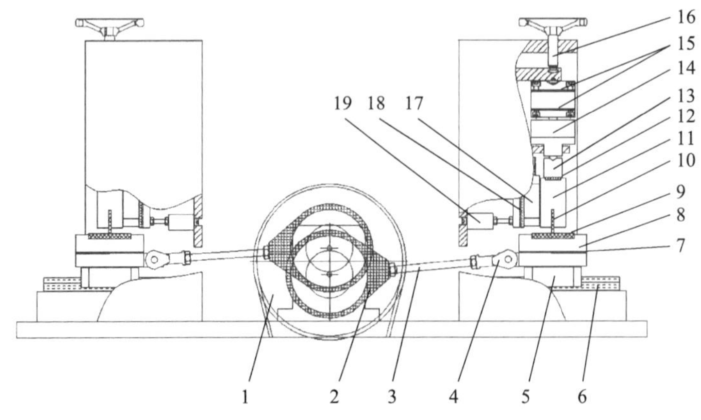

(a) 对置往复摩擦磨损试验机原理图

1-带轮；2-偏心轮；3-连杆；4-关节轴承；5-滑块；6-导轨；7-隔热板；8-加热块；9-气缸套试样；10-活塞环试样；11-活塞环夹具；12-滚针；13-自调心压块；14-压力传感器；15-板簧；16-螺杆；17-滑块；18-导轨；19-摩擦力传感器

(b) 24台一组对置往复摩擦磨损试验机

图 3.2 对置往复摩擦磨损试验机

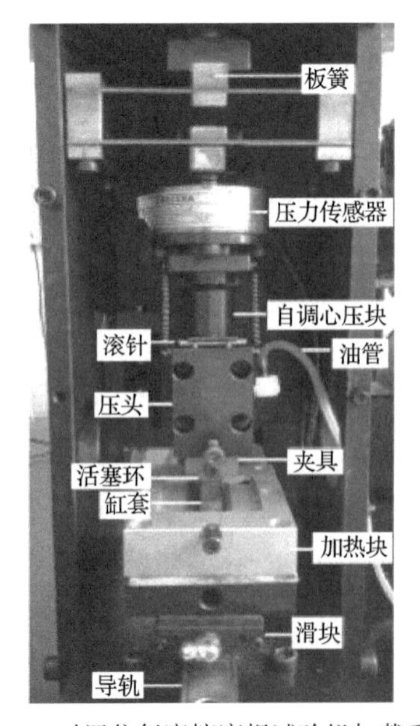

图 3.3 对置往复摩擦磨损试验机加载系统

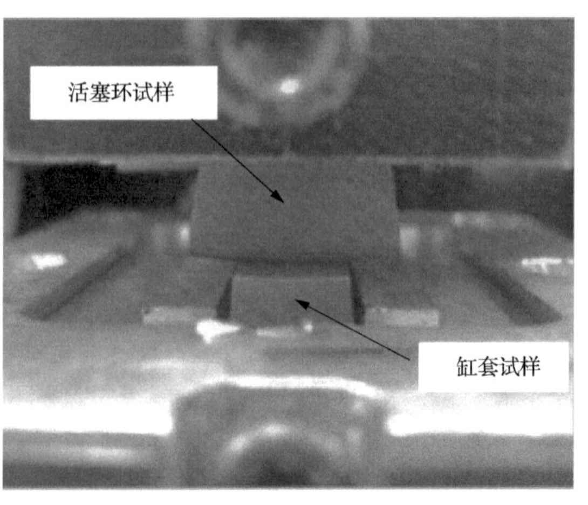

图 3.4 气缸套和活塞环试样接触形式

周方向的均匀接触。采用铝合金制备气缸套试样夹具，内部钻孔安装加热器，热导率高、密度低，有利于高效传热和减少往复惯性力，采用热电偶测量气缸套试样底部温度。采用铰链式框架结构测量静止件(活塞环试样)摩擦力，灵敏度高，避免运动件惯性对摩擦力的干扰。采用行星式多路同轴流体输送泵[7]供给润滑油，流量稳定，流量调节范围宽。

图 3.5 为不同润滑状态下一个往复周期的摩擦力信号。对于正常润滑时的摩擦力曲线，止点附近摩擦力最大，行程中部摩擦力平稳；而拉缸过程的摩擦力曲线，摩擦力整体变大，行程中间摩擦力呈波浪状。

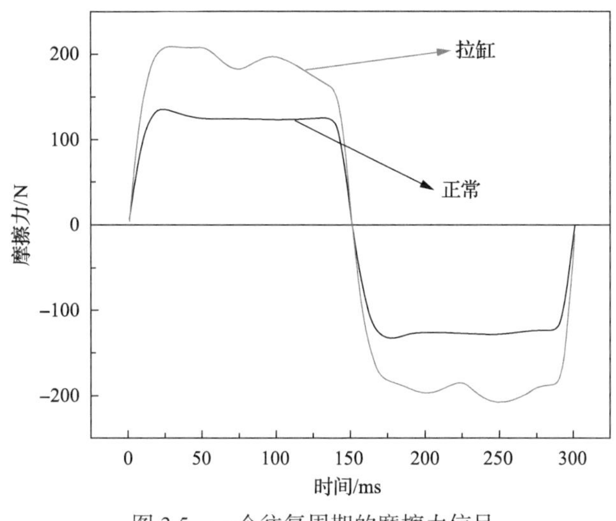

图 3.5　一个往复周期的摩擦力信号

3. 零部件试验

零部件试验是活塞环和气缸套新产品在装机前的必要考核环节，该试验方法的工况条件可控，不但可以测得摩擦系数、磨损量等参数，还可以评价活塞环或气缸套的更多设计参数，有时能给出比试样试验更多的信息。该方法试验结果的重复性较好，精度高、试验费用较低、周期较短、模拟性好，有利于加快产品研发进程，但与试样模拟性试验相比，其复杂性更高、通用性降低。

很多回转运动的零件已经有比较成熟的零部件级摩擦磨损试验机，如齿轮磨损试验机、滑动或滚动轴承试验机、制动器摩擦磨损试验机、凸轮挺杆磨损试验机等，由于活塞环-气缸套摩擦副为往复直线运动，而且加载形式复杂，至今尚没有商品化的摩擦磨损试验机。目前在活塞环和气缸套零件级别开展摩擦磨损试验的试验机主要为径向膨胀加载摩擦磨损试验机(图 3.6)。试验机采用实际使用的活塞环和气缸套为试验件，摩擦副接触状态、往复运动形式、接触面载荷、温度、润滑等条件与柴油机基本一致，其关键技术是采用径向膨胀加载装置[8]实现活塞环与气缸套接触面的加载，原理如图 3.7 所示。

图 3.6　活塞环-气缸套零部件摩擦磨损试验机

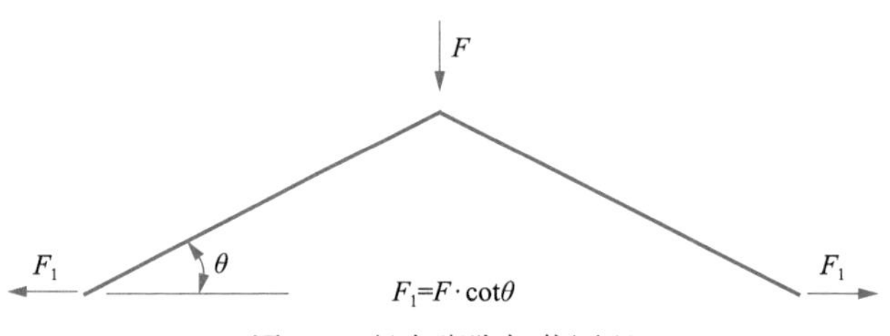

图 3.7　径向膨胀加载原理

当试验机的转速为 200r/min、温度为 100℃、膨胀载荷 F 为 40000N 时，一个往复循环摩擦力随曲柄转角的变化见图 3.8。由图可以看出，摩擦力变化规律反映了活塞环-气缸套在相对运动过程中的实时变化。该试验机能够为气缸套、活塞环配对副及润滑油选材和性能优化提供模拟性更好、相对快速、准确的评价手段。

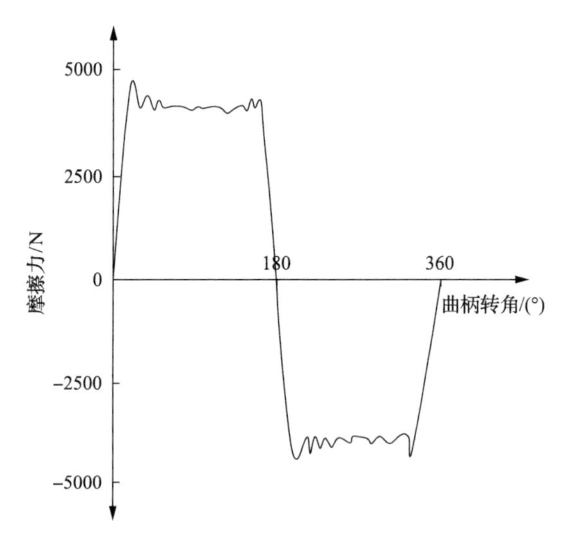

图 3.8　活塞环-气缸套零部件磨损试验机实测摩擦力曲线

4. 柴油机专项性能台架试验

为了评价在发火或者倒拖条件下柴油机活塞环-气缸套摩擦副的摩擦、磨损和润滑[9]性能，采用浮动气缸套、透明气缸套等发动机台架，测量活塞环与气缸套之间的润滑油膜厚度、活塞环组与气缸套间的摩擦力等实时状态参数。

图 3.9 为可变倾斜角度的透明气缸套柴油机台架[10,11]，主要结构为单缸柴油机，气缸套改为石英玻璃，移除缸盖，加长连杆，采用电动机倒拖，驱动活塞组件在透明气缸套内往复运动，试验平台可 90°旋转。润滑油中加入罗丹明 640 荧光染料，采用荧光诱导法测量活塞环与气缸套之间的润滑油膜厚度[12]。

(a) 透明气缸套及活塞环环组

(b) 不同倾斜角度

图 3.9 透明气缸套倒拖柴油机台架

表 3.2 为气缸套水平放置，活塞环处于自由张紧状态，润滑油温度为 125℃，不同倒拖转速下高建二冲程柴油机活塞的Ⅰ～Ⅴ道活塞环的油膜厚度。第Ⅰ道活塞环为梯形桶面环，第Ⅱ、Ⅳ道活塞环为矩形环，第Ⅲ道活塞环为外阶梯环，第Ⅴ道活塞环为内撑弹簧刮油环。

表 3.2 不同转速下第Ⅰ～Ⅴ道活塞环的油膜厚度

活塞环	不同转速下的油膜厚度/μm			
	200r/min	400r/min	600r/min	800r/min
第Ⅰ道活塞环	12.75	17	21.25	17
第Ⅱ道活塞环	12.75	17	21.25	25.5
第Ⅲ道活塞环	17	21.25	34	42.5
第Ⅳ道活塞环	12.75	17	29.75	34
第Ⅴ道活塞环	12.75	17	21.25	29.75

图 3.10 为在发火状态下在线测量活塞环组-气缸套摩擦力(或摩擦功)的浮动气缸套单缸柴油机台架[13-17]，用于研究活塞组件结构、气缸套表面结构和润滑油性能对摩擦功的影响规律。该台架有三个关键技术，一是气缸套与气缸盖之间的浮动密封，二是摩擦

力的测量，三是活塞侧推力的平衡。

图 3.10 浮动气缸套单缸柴油机台架

图 3.11 为浮动气缸套单缸柴油机台架在点火状态下测得的典型摩擦力曲线(三个做功周期)，其工况条件为空载，转速为 1600r/min。

(1)进气冲程活塞环组向下运动，对气缸套产生向下的摩擦力，使连接气缸套底部和缸体的压力传感器受压应力，因此产生负值信号。由于活塞行程中段速度较大，此时的摩擦力反映了润滑油在流体动压润滑条件下的摩擦性能。活塞达到下止点位置时速度为零，因此该位置摩擦力也为零。

(2)换向后进入压缩冲程，此过程中活塞环组向上运动，对气缸套产生向上的摩擦力，压力传感器受拉应力，因此产生正值信号。随着气体压缩，活塞环的背压逐渐升高，摩擦力也相应增加。

(3)随后在上止点附近位置发火，燃气推动活塞下行，其爆发压力导致活塞环的背压激增，因此摩擦力也达到了整个做功周期的最大值。

(4)燃气做功结束后，活塞环组再次向上运动，排出废气。

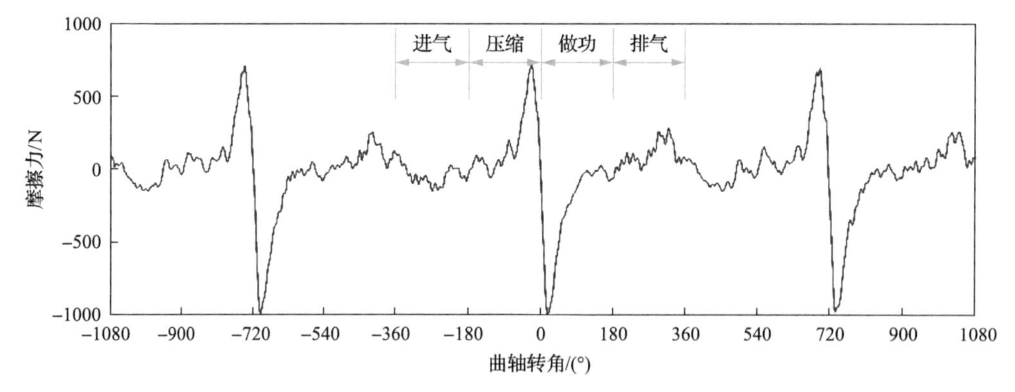

图 3.11 由浮动气缸套柴油机台架测得的典型摩擦力曲线

图 3.12 为该试验机在相同工况、不同润滑油条件下测得的活塞环组-气缸套摩擦力曲线(转速为 1800r/min，空载)，润滑油分别为 0W-20、5W-30 和 5W-40。由图可知随着润滑油黏度的增加，无论止点位置还是行程中段的摩擦力都相应增大。

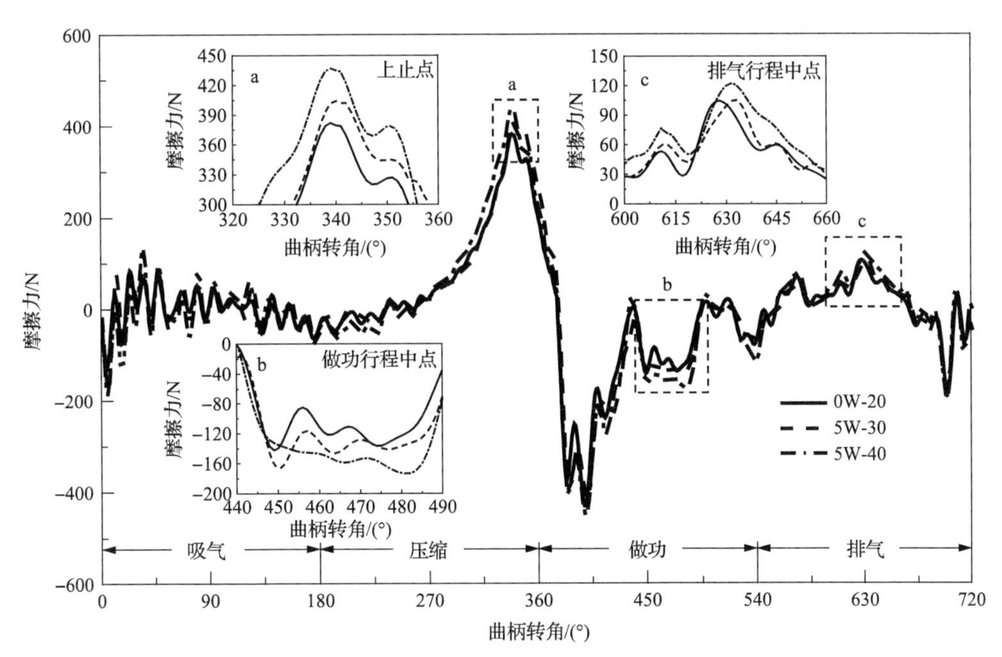

图 3.12 不同润滑油对活塞环组-气缸套摩擦力曲线的影响

5. 单缸/多缸柴油机台架试验

活塞环或者气缸套经试样或者零部件摩擦磨损试验评价后，一般先采用单缸柴油机对活塞环和气缸套的摩擦磨损及可靠性进行考核，通过后在多缸柴油机台架上进行耐久性和可靠性验证。由于活塞环和气缸套是在真实的发火工作条件下进行摩擦和磨损，试验结果最大限度接近实际工况，而且实验室内的试验环境可控，试验结果的稳定性比使用条件好。但是与试样试验或者零部件试验相比，试验周期长，试验过程中柴油机的曲轴、连杆、活塞销、配气机构等运动部件都会产生不同程度的磨损，陪试件成本高。台架试验也不适合于研究摩擦磨损的机理，它主要是对活塞环和气缸套的材料、结构形式和加工工艺等进行应用性考核。因此，台架试验可以校验试样试验或零部件试验结果的可靠性，也可检验产品质量是否达到规定的技术要求。

典型的单缸柴油机台架见图 3.13，该机的功率覆盖范围为 300kW 以下，整机包括进排气模拟装置及控制系统、自动恒温油水温控系统、缸内燃烧分析与排放检测装置，能够开展多种工况条件下柴油机供油系统、燃烧系统的性能分析与匹配设计验证试验，对

(a) 排气模拟及后处理系统

(b) 进气模拟及控制系统

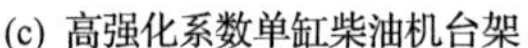

(c) 高强化系数单缸柴油机台架

(d) 低强化系数单缸柴油机台架

图 3.13　单缸柴油机台架

活塞环-气缸套的配副特性和可靠性进行接近真实工况的试验考核。

图 3.14 为多缸柴油机试验台，它能进行 50～2000kW 柴油机的常规性能试验、耐久性考核试验及特种性能试验，还可以对活塞环-气缸套摩擦副进行真实工况条件下的实机考核与验证。

图 3.14　多缸柴油机试验台

6. 使用试验

使用试验是在现场条件下进行的，目的有两个：一是对实机进行监测，了解其运行可靠性和确定必须的检修方案；二是对新开发的机器设备或某一部分零件的耐磨性进行实机考核，为后续进一步优化做准备。在实际运转条件下所进行的摩擦磨损试验所得的数据资料比较真实可靠，往往是最终评定的依据。但这种试验有许多缺点和困难之处：①在摩擦磨损多因素综合影响过程中，使用试验无法改变某一参数而保持其他参数不变，即无法确定单个因素对摩擦磨损性能的影响规律；②一些对摩擦磨损来说很重要的参数难以测量，或者无法测量，可测量的参数往往精度也不高；③使用试验中常遇到一些偶然因素，因而所得到的结果通常只说明一个具体特例，难以复制到其他相似的场合中去；

④试验周期长，需要消耗较大的人力和物力。因此，一种新产品的开发，直接进入使用试验是不合适的，通常要先进行一系列实验室试验。随着摩擦学测试技术的快速发展，目前这种试验已不常用。

上述几种类型的试验各有特点，在新产品的摩擦磨损性能研究中，通常首先在实验室进行充分的试样试验或零部件试验，然后单缸机和多缸机考核验证，最后进行使用试验，必要时利用改制的单缸柴油机台架进行专项性能验证，从而构成一个“试验链”，这样可抓住主要问题，优化试验环节，减少试验时间，降低试验成本，提高产品成功率。

3.2　活塞环-气缸套摩擦磨损试验的模拟问题

3.1 节介绍的各种类型活塞环-气缸套摩擦磨损试验研究的对象是活塞环与气缸套这两个零件，以及润滑油——介于摩擦副中间会变形的材料，研究的目的是获得其摩擦、磨损和润滑性能，以判断其是否满足使用条件要求。但它们所采用的试验件(试样/零件)和试验平台不同，与最终使用场合的相似程度也不同，如图 3.15 所示，这就提出了摩擦磨损试验的模拟问题。

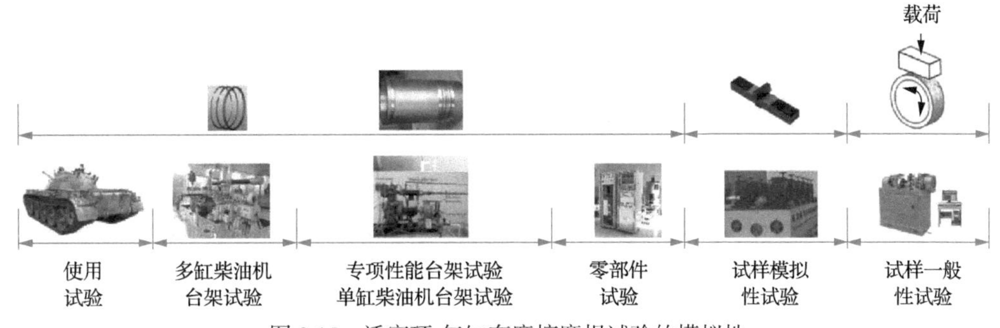

图 3.15　活塞环-气缸套摩擦磨损试验的模拟性

模拟试验是先依照原型的主要特征创设一个相似的模型，然后在实验室里通过模型来间接研究原型。根据模型和原型之间的相似关系，模拟试验可分为物理模拟和数学模拟两种。一般应尽量使用数学模拟，但在无法建立数值计算模型时，只能使用物理模拟。对于磨损问题目前还没有可用的数学模型，3.1 节介绍的各级别活塞环-气缸套摩擦磨损试验，都属于物理模拟。但是，这些摩擦磨损试验的模拟性有着明显的差异，台架试验都使用实际的活塞环和气缸套零件，只是不同程度的工作条件简化。多缸机台架试验忽略了使用试验的随机载荷、搭载平台特性和现场环境的影响，而是采用特定的载荷谱在实验室可控环境下进行试验；单缸柴油机台架试验在多缸机台架试验的基础上，进一步忽略了多缸之间的相互影响，如果采用单缸倒拖方式，还忽略了缸内燃气对活塞环、气缸套及润滑油的影响。零部件试验仍采用活塞环和气缸套零件为摩擦副，采用相同的润滑油，但忽略了高温燃气条件和缸体变形，单独模拟和控制与燃气相关的载荷、温度等工况条件，使这些条件与实际工作条件相同或者相似，并且试验平台和试验过程得到简化；试样模拟性试验不是使用完整的活塞环和气缸套零件作为试验件，而是从其典型部位取样，保留摩擦表面的原始特征，忽略活塞环与气缸套在圆周方向变形和接触的不均匀性，使用比零部件试验进一步简化的专用往复摩擦磨损试验机进行试验，达到与零部件试验相近的模拟结果；试样一般性试验是根据所选用的标准试验机对试样形状和尺寸的要求，从活塞环和气缸套零件或者毛坯切取试样加工，比试样模拟性试验进一步忽略了更多的因素，是各种摩擦磨损试验中模拟性最低的，尽管有时也具有一定的模拟性。

由此可见，几种实验室环境下柴油机台架试验的模拟性是比较确定的，主要受到试验方案和所采用载荷谱的影响；而试样试验和零部件试验需要模拟柴油机的什么条件、如何模拟，对试验结果均会产生显著影响。所以，本章以单缸柴油机台架为模拟原型，重点介绍活塞环和气缸套在试样试验和零部件试验条件下摩擦磨损行为的模拟问题，以使试样试验和零部件试验与单缸机试验的模拟性好，保证活塞环和气缸套在采用单缸柴油机台架考核前的试验结果充分、有效，使摩擦磨损“试验链”的关键节点能够可靠衔接。

但是，在工作状态下，影响柴油机活塞环-气缸套摩擦磨损的因素多样、过程复杂，目前还没有成熟的摩擦磨损试验的模拟准则。本节先分析摩擦磨损过程的复杂性，然后明确摩擦磨损试验应模拟的条件，最后提出活塞环-气缸套摩擦磨损试验的模拟准则。

3.2.1 摩擦磨损过程的复杂性

摩擦磨损过程的复杂性体现在磨损特性不是摩擦副材料的固有特性，而是摩擦学系统的特性[18]。契可斯首先运用系统分析方法来描述摩擦学系统[19]，针对活塞环-气缸套摩擦学系统特点，表示为图 3.16 所示的形式，系统结构分解为基本构成单元——元素{A}、各元素的性质{P}及元素之间的关系{R}，采用传递函数{F}来描述系统输入和系统输出之间的关系{X}→{Y}，即系统的功能，并将有关的影响因素进行概括和分类，运用到磨

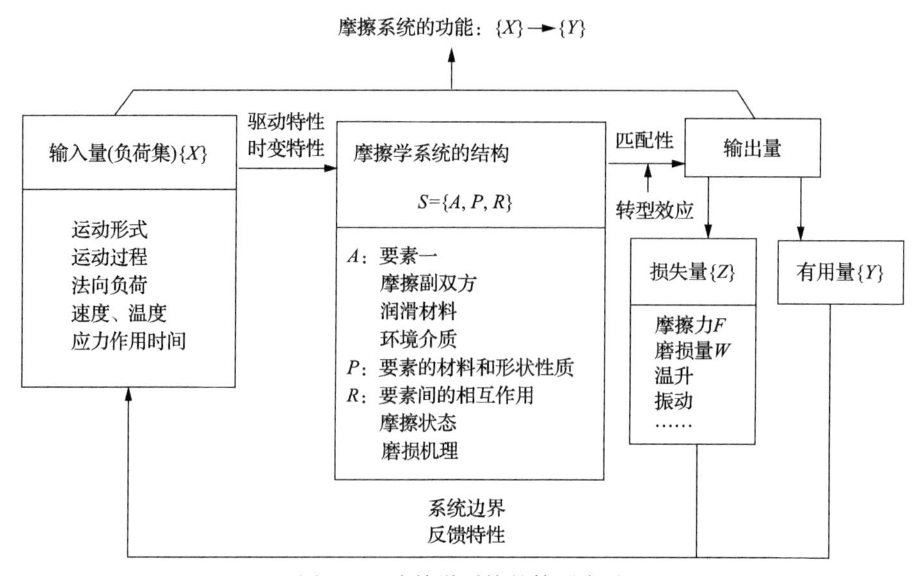

图 3.16 摩擦学系统的简要表示

损分析中，为确定实验室条件下磨损试验的模拟准则提供了一个系统性的分析方法。谢友柏[18]指出摩擦学中实际存在三个公理，即摩擦性行为是系统依赖的、摩擦学元素的特性是时间依赖的、摩擦学行为是多个学科行为之间强耦合的结果，进一步说明了摩擦学系统的复杂性。

参照契可斯关于摩擦学系统的描述，可以在较低级别描述柴油机活塞环-气缸套摩擦学系统，见图3.17。该系统以活塞环-气缸套-润滑油三元素构成的边界划定摩擦学系统，系统的主要功能是对高压燃气的滑动密封，同时完成传热和刮油布油等辅助功能，辅助实现热能推动活塞做功。在滑动密封过程中，受到高压高温燃气带来的压力、温度、滑动速度及磨粒等工作条件的驱动，产生摩擦和磨损。摩擦决定该系统的机械效率，磨损决定寿命，严重磨损(拉缸)决定了可靠性，润滑可以减少摩擦、抑制磨损，阻止向拉缸转化。因此，活塞环与气缸套的摩擦、磨损和润滑，构成了完整的摩擦学系统行为。该系统中，活塞环和气缸套的摩擦磨损除了受活塞环、气缸套和润滑油这三个元素原始性质的影响外，还取决于它们相互作用后表面及本体发生变化后的性质，以及三元素相互作用过程的运转参数(相对运动速度、压力、温度和作用时间等)，这是一个复杂的动态系统，赵源等[20]从匹配特性、驱动特性、反馈特性和时变特性等四个维度描述一般意义的摩擦学系统的复杂性，对于活塞环-气缸套摩擦学系统，其复杂性更加特殊，同时具有转型效应。

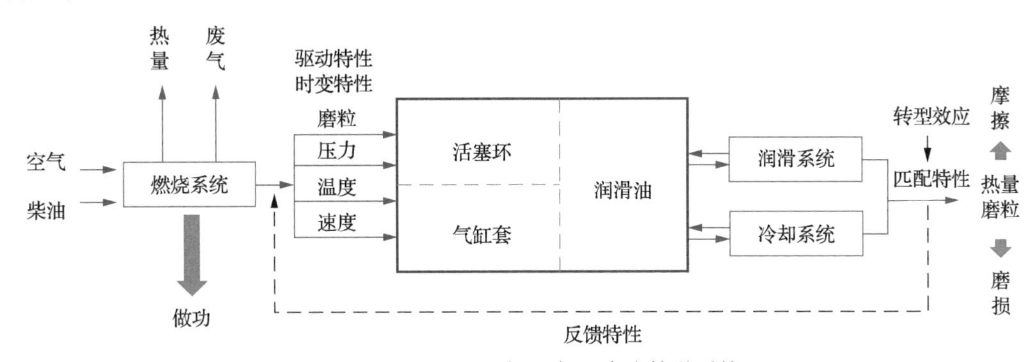

图3.17 柴油机活塞环-气缸套摩擦学系统

1. 匹配特性

在给定的工况条件下，对同样的运转时间，同一材料或者零件与不同材料或者不同工艺制造的零件进行匹配时，会表现出不同的摩擦磨损特性，这就是匹配特性(配对性)。因此，不能单方面地说某种材料或某种润滑剂耐磨减摩，而只能说某种材料或者零件与特定配对材料或者零件及中间介质(润滑剂)组成的摩擦副在何种输入参数下摩擦时的摩擦学性能，否则，可能会产生与使用条件下相反的结果，导致选材错误。

例如，采用物理气相沉积(PVD)法制备的CrN活塞环，在温度为150℃、转速为200r/min、载荷范围为20～100MPa、使用SAE 10W-40 CF-4专用润滑油的条件下，分别与铸铁气缸套和镀铬气缸套配对时，表现出的摩擦磨损特性有明显差异，见图3.18[21]。其共同特征是随着载荷增大，两种配对副的摩擦系数均先降低后升高；但与铸铁气缸套配对时，摩擦系数更小(图 3.18(a))、活塞环的磨损量更低(图 3.18(b))。所以，从摩擦系数和活塞环的磨损看，PVD 活塞环与铸铁气缸套的匹配特性更好。而由图 3.18(c) 和图 3.18(d) 可见，镀铬气缸套的磨损更小、抗拉缸性能更好，此时与镀铬气缸套的匹配性反而更好。

因此，应从摩擦系数、摩擦副双方的磨损量和抗拉缸性能等多个角度，综合判断活塞环和气缸套的摩擦磨损匹配特性，而不是单纯根据配对副的一方或者某一个参数的好坏来简单决定。

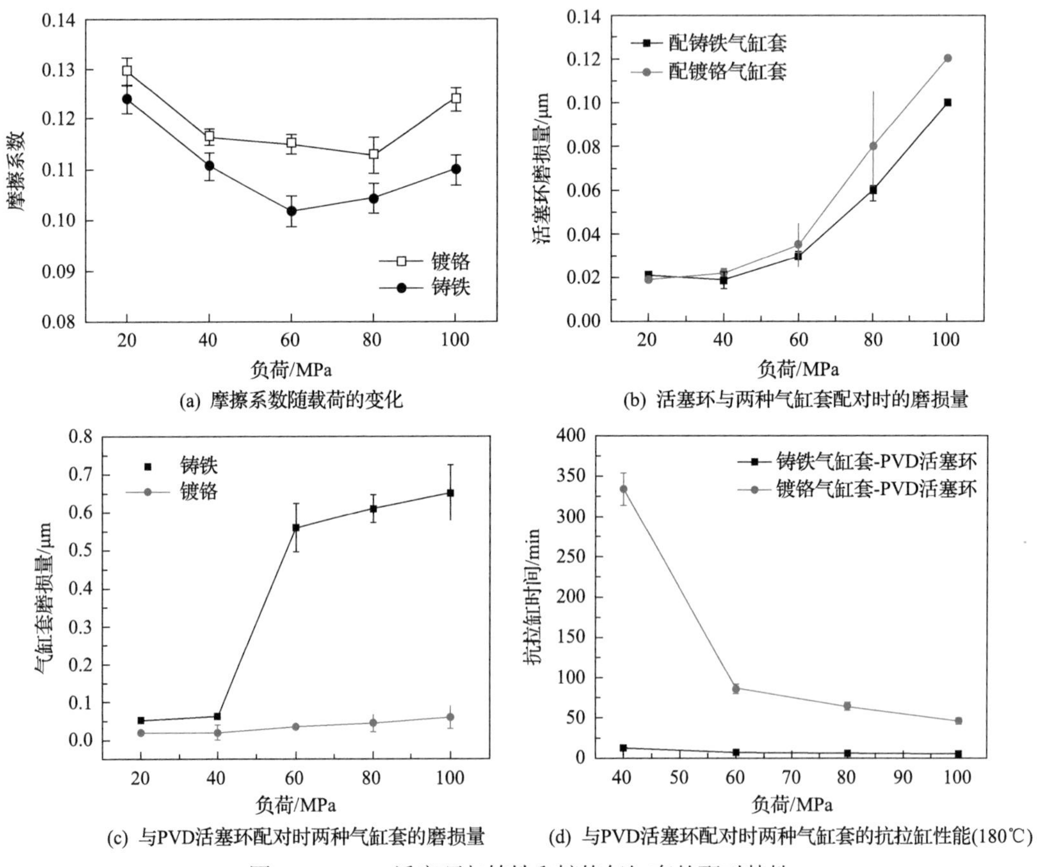

图 3.18 PVD 活塞环与铸铁和镀铬气缸套的配对特性

2. 驱动特性

工况条件是活塞环与气缸套相互作用的原动力(输入驱动)，它影响活塞环、气缸套和润滑油相互作用的过程，它的影响是综合效应，具体体现在以下方面。

同一工况参数的变化会引起活塞环-气缸套摩擦磨损特性的变化。图 3.18 中随着载荷的增加，PVD 活塞环的磨损量呈指数规律增大，而铸铁气缸套的磨损量在 40～60MPa 范围先迅速增大后稳定在高磨损率状态，镀铬气缸套的抗拉缸时间随着载荷的增加而迅速缩短。图 3.19[22]为铸铁气缸套与喷钼活塞环在不同载荷和温度下的抗拉缸性能，当试验载荷为 40MPa 时，随着温度升高，摩擦副的抗拉缸时间快速下降；当温度为 180℃时，载荷对抗拉缸时间的影响也十分明显。可见，载荷和温度对配对副的磨损和拉缸都具有很强的驱动特性。

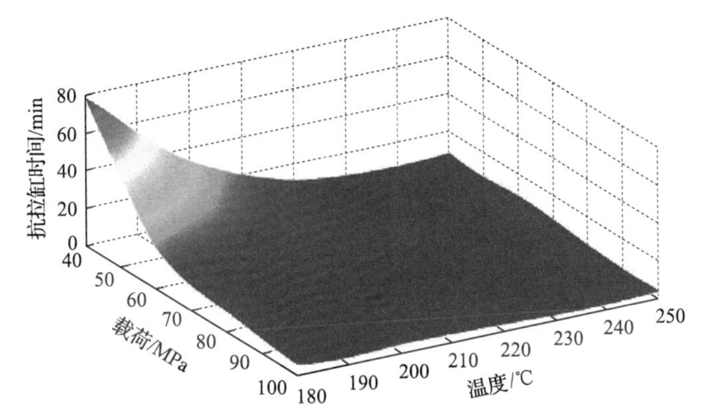

图 3.19 载荷和温度对铸铁气缸套/喷钼活塞环的抗拉缸性能的驱动作用

不同工况参数通常联合作用，影响活塞环-气缸套摩擦副的磨损过程和特性，图 3.19 中载荷和温度的联合作用，驱动拉缸的快速发生。

3. 时变特性

在摩擦过程中，活塞环、气缸套的表面性质以及润滑油的性质都在不断改变，其接触特性也在不断变化，继而活塞环与气缸套的摩擦磨损特性也在不断变化。同时磨屑和摩擦热也不断变化，反馈至工况条件的参数随之变化。

例如，活塞环-气缸套的正常磨损一般可分为三个阶段，如图 3.20 中的曲线①所示[23]。在磨合阶段(图 3.20*oa* 段)，初始的摩擦表面只有少数微凸体发生接触，实际接触面积小，接触应力大，而后微凸体发生碎裂或者变形，表面逐渐“磨平”。随着实际接触面积逐渐增大并发生冷作硬化，磨损速度减缓，进入稳定磨损阶段(图 3.20*ab* 段)。

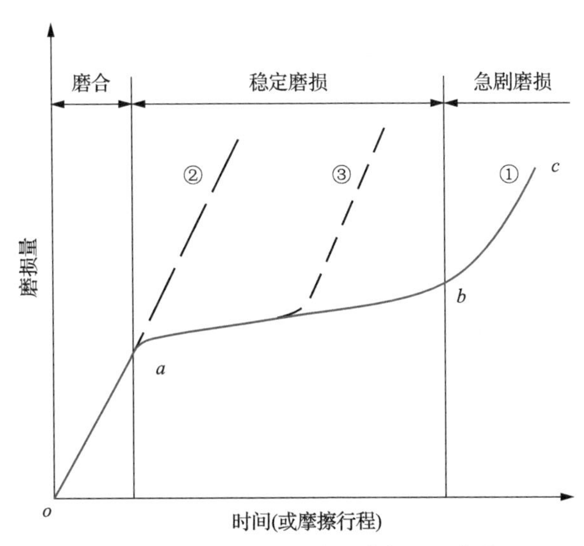

图 3.20 活塞环-气缸套的磨损过程曲线

在稳定磨损阶段(图 3.20*ab* 段)，摩擦学过程相对稳定，磨损率很小，也就是说，摩擦表面建立起弹性接触条件，而且摩擦副表面形成了由极压添加剂反应形成的固体膜。

在急剧磨损阶段(图 3.20*bc* 段)，表面疲劳累积，导致急剧磨损；或是表面持油能力下降，不能形成连续油膜，造成金属的黏着磨损；也可能是由磨粒引起急剧磨损。

如果磨合不当，如负荷过大，会引起剧烈的黏着磨损，如图 3.20 中的曲线②所示，摩擦副进入稳定磨损状态的时间将会延迟或者早期失效。有时在稳定磨损阶段，温度上升或接触面积、润滑油性能、载荷或滑动速度变化，使得润滑状态转变而破坏了稳定磨损状态，使正常磨损曲线转向曲线③。

可见，在摩擦过程中，由于自身性质的变化或者随机因素的干扰，活塞环、气缸套摩擦副会表现出强烈的时变特性。

图 3.21 为润滑油工作时间对 CKS 活塞环与 CuNiCr 合金铸铁气缸套配对副抗拉缸时间的影响。结果表明，旧油经长时间使用之后，油中抑制拉缸的有效成分逐渐消耗，这说明润滑油具有典型的时变特性。

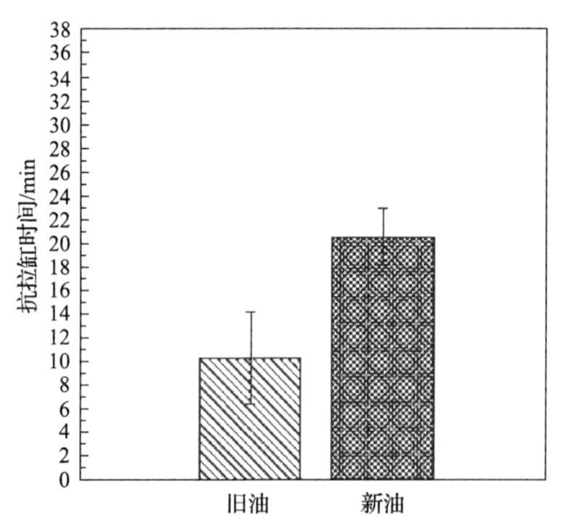

图 3.21 润滑油工作时间对活塞环-气缸套抗拉缸性能的影响

44MPa、190℃、200r/min，CKS 活塞环与 CuNiCr 合金铸铁气缸套

4. 反馈特性

活塞环与气缸套摩擦磨损过程的输出主要是磨粒和摩擦热。磨粒在滤除之前，会成为新的输入条件进入摩擦副；摩擦热形成瞬时温度，与摩擦副表面的本体温度叠加，使摩擦副表面温度升高。摩擦热与磨粒共同作用，影响活塞环与气缸套原有的摩擦磨损特性，继而影响摩擦副的匹配特性和工况条件的驱动特性。

5. 转型效应

对于活塞环-气缸套摩擦副，经充分磨合进入稳定磨损阶段后，实际接触面积增大，接触区域的破坏形式趋于一致，总体上疲劳磨损处于主导地位。如图 3.22 所示，表面下的最大接触应力区域首先发生疲劳，裂纹沿着表面扩展最终形成片状磨屑。但局部润滑条件的变化、瞬间摩擦热的增加、环境及工况条件的变化等，可能诱发局部黏着、磨粒磨损加重，从而改变主导磨损形式，磨损机制发生转型，即转型效应。

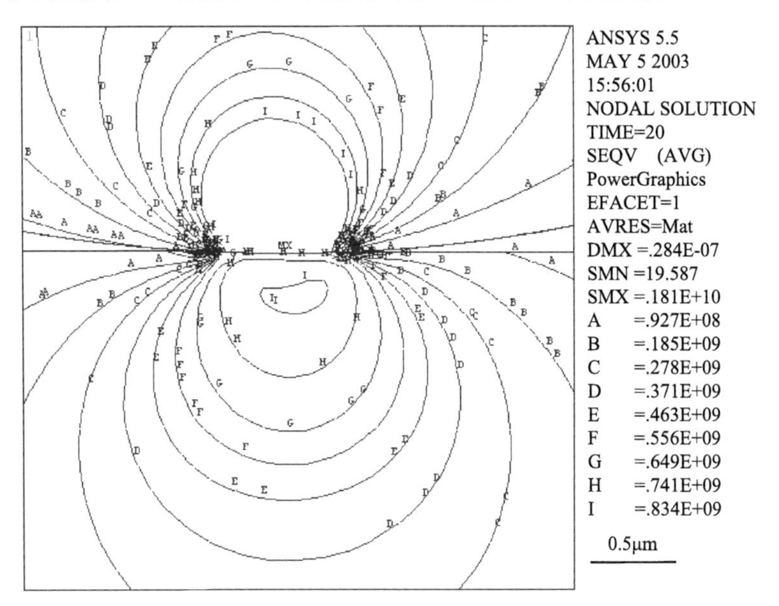

图 3.22 摩擦副表面接触应力分布

拉缸具有典型的磨损转型效应的特点，如图 3.23 所示，当磨合后停止供油时，残余油膜消耗到一定程度，摩擦力急剧升高，此时摩擦副局部发生黏着，并且黏着区域快速扩大，也就是发生了拉缸。有时这种转型是可逆的，恢复供油后，摩擦副表面可重新建立新的平衡状态，见图 3.23，从黏着磨损转型到疲劳磨损。

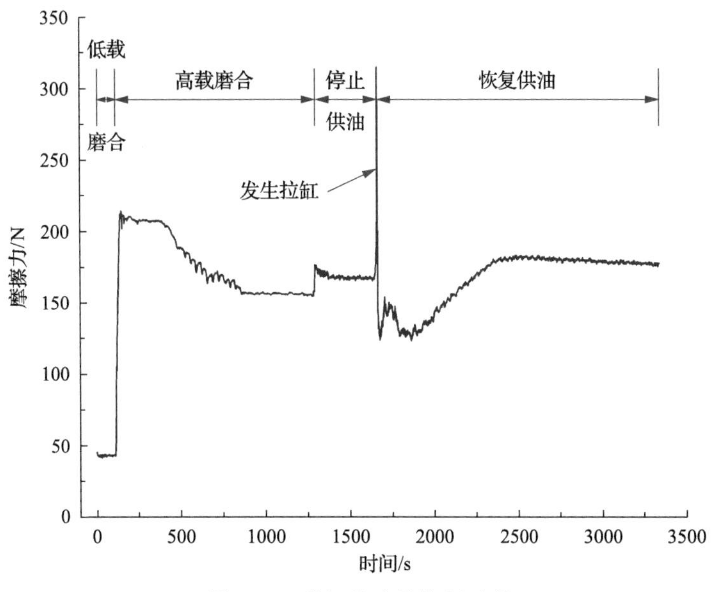

图 3.23 拉缸发生及恢复过程

由此可见，摩擦磨损过程是十分复杂的，任何实验室试验都是在特定条件下完成的，其试验结果只代表此特定条件的摩擦磨损特性，这对于利用实验室结果对工程中摩擦副使用寿命和可靠性进行设计带来很大困难。对此，同一级别的试验，需要建立规范的试验方法，来解决摩擦磨损数据的重现性和可比性问题；但一个级别的摩擦磨损数据不能简单地扩展到其他不同条件，也不能简单地用于工程设计。不同模拟级别的试验，需要合理建立摩擦磨损试验的模拟准则，来解决试验条件与实际工程条件的关联问题，以便更好地将试验结果用于解决工程实际问题。

3.2.2 活塞环-气缸套摩擦磨损试验的模拟准则

由于活塞环-气缸套摩擦学系统的复杂性，目前建立定量模拟准则的条件还不具备，难以准确描述影响其摩擦磨损特性的主要因素。根据前面对摩擦学系统结构的概括和分类，下面首先分析各影响因素对摩擦磨损的影响机制，然后确定磨损试验应遵循的定性模拟准则。

1. 活塞环-气缸套摩擦磨损的影响因素分析

1) 材质

活塞环和气缸套材料是决定其摩擦磨损性能的内在因素，材料技术的发展，使其摩擦磨损性能也不断提高。

最早的柴油机活塞环为普通灰铸铁，无表面处理，后来发展为硼磷铸铁，在大功率低速柴油机中使用至今。半个多世纪前，镀铬活塞环开始使用，与无表面处理的活塞环比较，其耐磨性、耐黏着性能有了飞跃的发展。20 世纪 80～90 年代，随着中高速大功率柴油机的发展，喷钼活塞环得到大面积应用。进入 21 世纪后，柴油机强化系数不断提高，铬基陶瓷复合镀(CKS、CCC)活塞环逐步取代喷钼活塞环，铬基金刚石复合镀(GDC、CDC)活塞环和 PVD 制备 CrN 涂层活塞环也开始应用。近年来，金刚石涂层(DLC)活塞环制备技术也取得了快速的发展，多种新的活塞环表面涂层制备技术也在不断发展中。

气缸套材料也在不断发展之中，一般采用合金强化的灰口铸铁。为了提高强度和耐磨性，等温淬火气缸套、铸态贝氏体气缸套、铌铸铁气缸套及硼铌铸铁气缸套也曾得到重视。镀铬气缸套曾经大量使用，但受环保限制，正在被逐步替代。高硅铝合金气缸套具有特殊的双滑磨面结构，热导率高，具有特殊的摩擦学性能，在特定工况条件下表现出很大的应用潜力，但因铝合金强度和弹性模量较低，硅颗粒脆性大，限制了其在高燃烧压力条件下使用。军用动力受到结构紧凑性和高强化约束，铸铁气缸套难以满足有限壁厚、高燃烧压力条件下的强度和疲劳性能要求，往往选用 38CrMoAl 氮化气缸套或 40Cr 钢表面松孔镀铬气缸套。船用气缸套可采用多元合金强化的灰口铸铁，也有采用球墨铸铁。在特殊条件下，例如，斯特林发动机，使用双相不锈钢氮化气缸套。

因此，研究活塞环和气缸套的摩擦磨损性能时，试验件的材料必须与实际零件相同。这包括两层含义：一是化学成分相同；二是组织结构相同。对于表面改性摩擦副，上述两个条件一般可以同时满足，但在有些条件下两者很难同时得到满足。例如，离心铸造的铸铁气缸套在冷却时，厚度方向的温度梯度大，而铸铁组织对冷却速度敏感，尽管成分不变，但厚度方向的石墨形态和基体组织会产生显著差异，其摩擦磨损性能也发生变化。

2) 接触面几何形状

活塞环表面一般为桶形结构，有利于形成流体动压润滑效应，强化润滑，对摩擦磨损和机油耗有重要作用；活塞环表面形貌、环高、弹力等参数也对活塞环的综合性能有重要影响。当活塞环表面材料硬度较高时，桶形面的粗糙度对摩擦磨损和拉缸性能有显著的影响。

气缸套内孔表面一般经平台珩磨形成网纹和平台，平台作为支撑面，可大大提高承载能力，缩短磨合时间，减少磨合期拉缸倾向；不同深浅结构组合的珩磨纹理，在磨合期和工作期均可承担储油、润滑作用。镜面珩磨也是一种在实际中得到应用的钢质气缸套表面加工工艺，但其抗拉缸性能尚有不同观点。对铸铁类气缸套表面进行滑研处理，可得到复合多孔表面结构，有效改善气缸套的润滑能力和抗拉缸性能。珩磨后复合激光网纹淬火的工艺可有效提高耐磨性，在20世纪末曾得到应用，但工艺稳定性控制难度大，处理不当会导致机油耗高，目前很少使用。一般认为在气缸套表面制备微织构可改善润滑性能，这种技术正在发展中。

为评价活塞环与气缸套的摩擦磨损性能，试验件的接触面几何形状应该与实际零件相同，以提高摩擦磨损试验的模拟性。

3) 接触状态

摩擦磨损试验对摩擦副的接触状态十分敏感，接触状态决定了接触应力的分布，而在名义压强相同的情况下，磨损率与真实接触面积上的应力分布有密切的关系。接触应力的改变，将影响局部摩擦温度及边界膜的形成和移除等，使试验的模拟性发生变化。桶形结构的活塞环表面改善了活塞环与气缸套的接触状态，可避免过大的应力集中。因此，试验过程中活塞环-气缸套的接触状态应与实际工作状态相同。

4) 运动形式

往复运动形式的典型特征是，在一个行程内速度在零与最大值之间周期变化，同时载荷在速度为零附近处达到最大值，导致润滑状态和摩擦磨损行为均处于非稳定状态。这与稳态的旋转运动有根本的差别，需要选用往复运动形式，以保持与实际运动形式一致。

5) 速度

配对副的相对滑动速度也很重要，速度与摩擦功率相关，而摩擦功率与摩擦表面的热负荷相关。同样的摩擦副，在相同载荷下，速度越快，摩擦功率越大，表面温升越高。因此，需要保持单位接触面积上的摩擦功率不变，使模拟试验的热负荷与实际摩擦系统相同。但是，在热负荷相同条件下，材料表面的应力状况也可能有很大的差别。例如，假设摩擦系数 f 不变，则摩擦功率大小就取决于比压 p 与速度 v 的乘积，即单位面积的摩擦功率为 $p_R = fpv$，同样大小的摩擦功率，可由高比压 p 和低速度 v 相乘得到，或者相反由低比压 p 和高速度 v 相乘得到。对于第一种情况，剪应力较高，它对塑性变形和裂纹的形成起着关键性的作用。由于速度较低，材料处于相对可塑状态。在第二种情况下，剪应力较低，材料状况不大可塑。因此，在这两种情况下磨屑形成的机理不同。此外，滑动速度也影响润滑油膜厚度，速度提高，摩擦副间的流体动压效应得到加强，磨损下降；相应的，速度降低，虽有利于形成边界润滑状态，但降低了磨损试验的效率。因此，对于变速的往复运动形式，应以上止点附近、最大燃烧压力时的线速度为模拟对象，实现润滑状态和磨损机理相同。

6) 润滑油

润滑油是活塞环-气缸套摩擦学系统的重要元素，或者称为除活塞环和气缸套外的第三种材料，其黏度对流体膜形成能力有重要的影响，而黏温特性、添加剂种类和添加剂含量对活塞环-气缸套摩擦副的摩擦磨损行为也有重要影响。对高强化柴油机，润滑油的基础油分子结构、黏温黏压性能、极压添加剂等对润滑油性能有不可忽视的影响。润滑油中的杂质及其他添加剂，有时会破坏润滑油的耐磨性能。必须针对特定应用对象，选择相同的润滑油进行实验室磨损试验，否则，试验用不同的润滑油可能得出相反的结论。

7) 润滑状态

润滑状态对磨损形式有直接的影响，活塞环-气缸套摩擦副在最大燃烧压力时的润滑状态一般认为是边界润滑状态，也是磨损最大的位置。在实验室开展试样试验或零部件试验时，应控制载荷、温度、速度等工况条件，使润滑状态与柴油机气缸套磨损最大位置的润滑状态相同。

8) 载荷

活塞环、气缸套和润滑油间力的相互作用关系如图 3.24(a)所示，主要有两种力，一是高压燃气作用在活塞环背面，在活塞环与气缸套滑动表面间形成法向力；二是气缸套与活塞环的相对运动产生摩擦力，并转化为摩擦热，降低了更高级别系统的机械效率。同时，动态的燃气压力激励活塞环和气缸套产生复杂的变形和振动。分布在活塞环-气缸套摩擦副表面的润滑油按照流体动压原理形成不同润滑状态的油膜。

载荷主要指活塞环与气缸套之间的法向力，一般采用活塞环在气缸套表面的投影面积(名义接触面积)计算压强。加速磨损可以通过增大载荷来实现，但过高的载荷将改变润滑状态，即由边界润滑状态向干摩擦转化，诱发磨损转型效应，导致试验模拟性失效。因此，试验中施加的载荷，必须控制在润滑状态不发生转化的范围内。

9) 温度

活塞环、气缸套和润滑油间热的相互作用关系如图 3.24(b)所示，主要有两种热的来源，一是高温燃气加热活塞环和气缸套，提高了摩擦副表面的基础温度；二是摩擦热传递给活塞环和气缸套，进一步提高了摩擦副的表面温度。在摩擦副中间的润滑油也在这两种热的作用下升温。

活塞环与气缸套的表面温度是燃气加热气缸套和活塞通过活塞环向气缸套传热复合作用的结果，在热流方向表现出大温度梯度；同时因为柴油机燃烧室间歇工作，活塞环往复运动，所以活塞环和气缸套受到的热负荷是非稳定的，表面的温度也是动态的。摩擦副表面的瞬间高温会提高材料的黏着倾向，润滑油中的基础油、油性剂和极压剂等添加剂的性质对温度敏感。这些因素综合作用的结果，使摩擦副局部产生黏着，也就决定了摩擦状态的转变和摩擦磨损行为。因此，评价活塞环-气缸套的摩擦磨损行为，无论是动态温度场，还是静态温度场，必须首先保证试验件的表面温度与实际零件磨损位置的表面温度相同。

10）磨粒

活塞环-气缸套摩擦学系统内的材料流动路径及相互转化关系如图 3.24(c)所示，其中的磨屑是磨损的产物，是上述力和热作用于活塞环和气缸套摩擦副的结果。

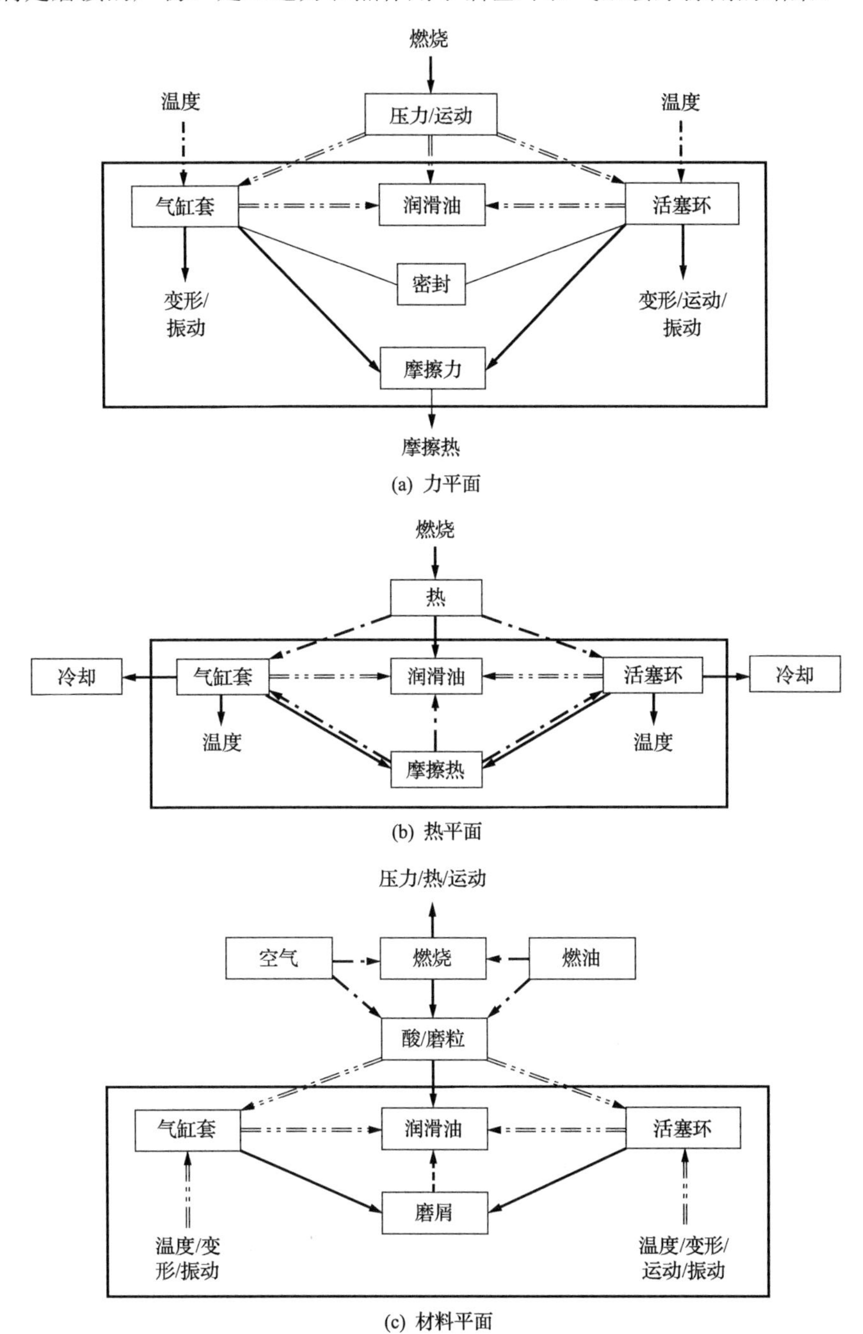

图 3.24 气缸套-活塞环摩擦学系统元素间的关系

═··► 作用于；——► 生成；—·—► 传递(流动)；---► 反馈；

—— 三元素(缸套、活塞环、润滑油)摩擦学系统包络线

在柴油机空滤和油滤工作状态正常时，透过滤器的微小磨粒对摩擦副的磨损一般影响不大；燃烧产生的积炭有时会进入摩擦副成为磨粒，当积碳较轻时，对磨损影响不大；磨损产生的磨屑进入润滑油，在润滑油滤器滤除之前，在一定程度上起到磨粒的作用，表现出反馈特性。因此，在试验机磨损试验中，可不额外考虑磨粒。

11)磨损试验的加速

在实验室采用试验机进行磨损试验，其试验时间应尽量短，但是试验时间缩短可能导致磨损量小到通常的测量手段无法感知磨损量，但也不能为缩短试验时间而片面地强化试验条件。试验表明，强化载荷是缩短试验时间的有效手段，但载荷过大会引起磨损机理发生改变，此时的试验结果不能用于实际工程系统。对不同的摩擦副和润滑条件，发生磨损机理转变的最大载荷也有很大差别。

缩短试验时间还有两条途径，一条途径是采用先进的测试技术，使测量感量提高，以便在短时间磨损的结果能较精确地得到反映；另一条途径是用连续运转方式来代替间歇磨损方式，例如，活塞环的外圆面受最高燃烧压力产生的摩擦负荷作用的时间仅占柴油机实际运转时间的很小比例，采用连续加载的往复式运动模拟试验系统，可以将试验时间大幅度缩短。

2. 摩擦磨损试验的模拟准则

上述的影响因素可分为三类，第一类是与滑动密封功能相关的参数，即往复滑动运动形式；第二类为系统结构相关的参数，即活塞环与气缸套的表面材料性质、表面几何形状、接触状态以及上止点附近的润滑状态和润滑油性质；第三类为系统输入相关的参数，即燃烧压力、气缸套表面滑动密封区域的温度、滑动速度，其中，运行时间是一个重要的影响磨损的变量。

在柴油机实际工作过程中，这些参数本身的变化是十分复杂的，在实验室采用试验机进行试验时，其中的部分参数需要进行简化。但是，哪些参数必须与实际机器系统的参数一致，哪些可以不一致，需要具体分析，一般应充分考虑以下三个准则：一是模拟系统与实际系统应密切关联，二是最大限度强化磨损条件缩短试验时间，三是磨损机理必须相同以保证试验结果的有效性。

第一条准则为系统关联准则，即模拟系统应当在运动形式、系统结构和工况条件等方面与实际系统相互关联，即应相同或者相似(有约束条件的相同或者不同)，典型参数的关联关系如表 3.3 所示。

表 3.3 模拟系统与实际系统的关联关系

摩擦系统的参数		模拟系统的参数必须与实际系统相同	模拟系统的参数可与实际系统相似	备注
系统结构	试验件的材料性质	✓	—	—
	试验件的表面状态	✓	—	—
	接触状态	✓	—	—
	润滑油性质	✓	—	视为一个元素

续表

摩擦系统的参数			模拟系统的参数必须与实际系统相同	模拟系统的参数可与实际系统相似	备注
运动形式	往复滑动		✓	—	—
工况条件	载荷		—	✓	可在磨损机理相同的极限载荷范围内强化
	速度	线速度	✓	—	应在磨损机理相同的速度范围内相近
		频率	—	✓	应在磨损机理相同的速度范围内加快
	表面温度		✓	—	—
	润滑状态		✓	—	与磨损机理相关
	环境介质		✓	—	实验室可忽略
	试验时间		—	✓	在磨损量可准确测量的前提下应缩短

第二条准则为极限强化准则。为了评定在边界润滑条件下活塞环和气缸套的耐磨特性，不是使试验件处于流体摩擦状态，因为此时的摩擦副被油膜分离开，不会发生磨损，而特意使试验件处于较恶劣的润滑状态(模拟活塞环上止点附近较高的压力和较低的速度)，形成边界摩擦。在这种状况下，活塞环与气缸套之间的磨损行为得到强化，摩擦磨损特性可以得到充分的反映。但另外，强化条件需要控制一定限度，防止因磨损机理转型而导致拉缸；对于评价活塞环和气缸套的抗拉缸性能，则需要确定发生磨损机理转变的极限条件。按这个准则进行试验，有利于对新材料和新的表面处理工艺进行评定，也可以评定润滑油及其添加剂性能，以及优化表面轮廓和表面加工工艺。

第三条准则为机理相同准则。这条准则与上面的准则是关联的，根据这个准则，应选择适当的磨损试验条件，使某一种磨损机理起支配性作用，并且这个机理与实际零件的磨损机理应是相同的。例如，为了评价零件的抗黏着磨损能力，则宜将试件在真空条件下进行磨损试验，因为此时可以避免产生氧化反应层而降低黏着作用。选择合适的系统结构(如选用表面光滑的配对件)和负荷，也可避免试验中同时出现磨粒磨损和表面疲劳现象。若要试验零件的抗疲劳磨损能力，则可以将试件处于滚动摩擦下工作，而且负荷有一定的脉冲性(如 Amsler 试验)。摩擦副处于一定硬度的磨粒中，并在一定的负荷作用下进行试验，即可模拟磨粒磨损。

磨损机理是否相同，可以从两个系统磨损表面的相似性来判断。例如，将实机零件表面磨损痕迹在光学显微镜或者电子显微镜下拍摄得到的图形，与模拟试验所得到的试样表面相应图形作对比，如果两者相似，则可以认为模拟是成功的。近年来，由于磨粒分析技术得到迅速发展，这种技术也可以用来评价模拟试验的近似程度。

对于活塞环-气缸套摩擦副，磨损主要发生在上止点附近。在正常工作条件下的磨损形式通常以疲劳磨损为主黏着磨损等多种磨损形式并存。因此，为了获得活塞环-气缸套摩擦副在稳定工况条件下的摩擦磨损性能，磨损形式模拟应以边界润滑状态下的疲劳磨损为主。为获得活塞环和气缸套摩擦副的抗拉缸性能，可设计试验条件，使疲劳磨损向黏着磨损过渡(边界润滑向干摩擦过渡)。

3.3 活塞环-气缸套摩擦磨损试验方法

在实际使用中，柴油机活塞环-气缸套的摩擦学问题主要有三个，一是与使用寿命相关的磨损问题，二是与可靠性相关的拉缸问题，三是与功耗相关的摩擦问题。因此，在新产品进行单缸柴油机台架考核前，应采用试样试验或零部件试验进行系统的摩擦、磨损和抗拉缸性能评价。

本节根据磨损试验的三条模拟准则，从系统结构关联方法、工况条件关联方法、运动形式关联方法、磨损机理转型效应模拟方法、磨合与供油方法等几个方面，描述摩擦磨损模拟试验方法，最后通过单缸柴油机台架试验验证模拟试验的可靠性。

3.3.1 系统结构关联方法

系统结构参数包括活塞环和气缸套的材料、表面状态和接触状态，以及润滑油的性质，根据摩擦磨损试验的第一条模拟准则，这些参数都应该严格相同。润滑油性质相同比较容易实现，但是其他三个参数的实现方法有多种途径。

(1)使用相同的活塞环和气缸套零件，用零部件试验机进行摩擦磨损试验。活塞环和气缸套零件如图 3.25 所示，可采用图 3.6 所示的零部件摩擦磨损试验机。

图 3.25 活塞环和气缸套

(2)在活塞环和气缸套零件的典型部位取样，用往复摩擦磨损试验机进行试验。气缸套试样的取样方式如图 3.26(a)和(b)所示，试样宽度一般为活塞环高度的 3 倍以内，大缸径活塞环可减小到 1 倍，对应气缸套的圆周方向；最小试样长度应满足往复行程至少为活塞环高度的 3 倍，一般应为 5 倍左右，对应气缸套的轴向。取样位置应为第 I 道环上止点附近。如果气缸套在轴向没有明显的性能差异，可连续取样。活塞环试样的取样方式如图 3.26(c)所示，尽管开口活塞环各处曲率半径存在差异，但由于气缸套试样宽度较窄，活塞环与气缸套试样的接触长度较小，活塞环不同位置的曲率半径差异可以忽略。同时，为了便于调整试样，活塞环试样圆周方向的长度应不低于气缸套试样宽度的 2 倍。

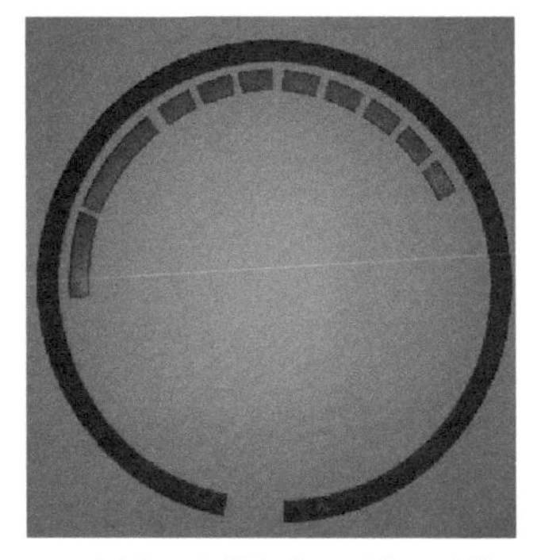

(a) 气缸套取样方式　(b) 气缸套试样　(c) 活塞环取样方式及活塞环试样

图 3.26　气缸套和活塞环试样切割方式

(3)采用气缸套零件与活塞环试样配对，或者采用活塞环零件与气缸套试样配对。

对于其他的取样和配对方式，例如，气缸套零件或者试样与标准试样配对、活塞环零件或者试样与标准试样配对、标准试样与标准试样配对等，由于不能满足系统结构参数相同的模拟准则，一般不宜选用。

3.3.2　工况条件关联方法——稳态磨损控制及极限强化方法

由摩擦磨损试验的第一条模拟准则可知，最基本的工况条件是载荷、温度和速度，其中速度与润滑状态密切相关，载荷与极限强化密切相关，试验时间由载荷、温度和速度的耦合结果决定，又同时受磨损测量感量的限制。在实验室条件下，可以忽略环境因素的影响。

1. 载荷与极限强化

柴油机活塞环与气缸套之间的载荷一般指的是柴油机的最大燃烧压力，但受磨损试验时间和成本的限制，在实际的最大燃烧压力下进行磨损试验需要很长的试验时间，因此需要对磨损试验进行加速。

强化载荷是加速磨损的主要手段，载荷过小不利于加速磨损，载荷过大可能改变磨损机制，一般可在较宽的范围内选取。图 3.27 为硼磷铸铁气缸套分别与喷钼、PVD、CKS 三种不同表面改性的活塞环配对时，载荷对气缸套磨损的影响(磨损时间为 24h)。在图中载荷范围内，摩擦副均处于正常磨损状态。但载荷较低时，气缸套的磨损量很小，难以区分三种配对副的耐磨性差异；载荷超过 40MPa 后，与三种活塞环配对时气缸套的磨损量均迅速增大，且磨损量差别开始显现。因此，这三种配对副加速磨损试验的载荷可取 60～100MPa。

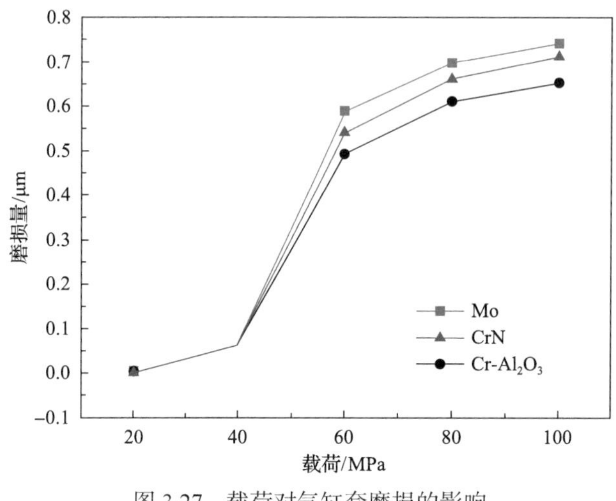

图 3.27　载荷对气缸套磨损的影响

另一种加速磨损的手段是采用恒载荷试验。与柴油机中活塞环需要经过两个往复周期才产生一次比较明显的磨损相比，恒载荷试验在活塞环的每个往复周期，气缸套在止点附近均经历了两次磨损，相当于 4 倍强化，而活塞环在恒定载荷下持续磨损，强化程度更大。

2. 温度

温度主要影响润滑油黏度，以及气缸套和活塞环的本体温度，温度越高，润滑状态向边界润滑和干摩擦转化的倾向越大，配对副的磨损量越大。试验温度应与第 I 道气环上止点位置的气缸套表面温度相同。一般该温度很难直接获得，可参考仿真计算结果，确定一个可覆盖实际温度的温度范围。

3. 速度与润滑状态和磨损机理

对于往复运动摩擦副，速度与行程和往复频率(转速)相关，最终影响瞬时线速度，线速度影响润滑状态。柴油机的转速一般比磨损试验机的转速高，但考虑恒力加载，相当于磨损频率得到 4 倍强化，故试验机转速为 500r/min，可近似模拟柴油机 2000r/min 的磨损频率。

图 3.28 为采用对置往复摩擦磨损试验机(行程 30mm)得到的转速与摩擦系数的关系[24]，当转速在 100～1000r/min(最大相对滑动线速度为 0.157～0.787m/s)时，载荷为 10～30MPa，摩擦系数随转速变化不大，总体处于 0.14～0.16，一般认为此时摩擦副处于边界润滑状态；当转速超过 1000r/min(最大线速度为 1.575m/s)时，摩擦系数随转速的升高迅速下降，润滑状态逐渐向流体动压润滑转化。

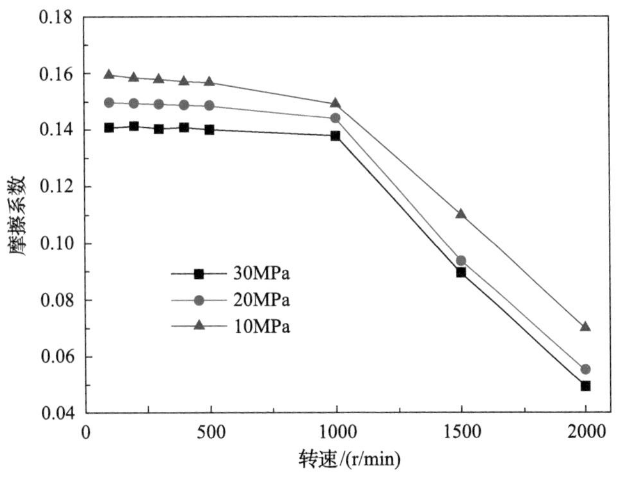

图 3.28 不同转速下摩擦系数变化规律

由于柴油机气缸套的磨损主要发生在上止点附近，此时活塞环的线速度较低，选择活塞环-气缸套试样级摩擦磨损试验机的转速范围为 100～500r/min，可模拟活塞环与气缸套在实际工作中的润滑状态，且达到快速磨损的目的。

为了进一步验证活塞环与气缸套之间摩擦系数与润滑状态的关系，同步采用接触电阻法进行检测。接触电阻法(electrical contact resistance，ECR)的原理是，润滑油与金属摩擦副的电阻率有着巨大的差别(矿物油的电阻率范围为 10^{11}～$10^{16}\Omega\cdot m$，而金属电阻率在 $10^{-4}\Omega\cdot m$ 左右)，通过测量摩擦副之间接触电阻，可以判断摩擦副的润滑状态，而且接触电阻法容易实现在线监测。

本书采用的接触电阻法电路如图 3.29 所示。其中，R_c 为接触电阻，R_0 为 1Ω 的限流电阻，E_0 为 1.3V 的恒压电源，U 为接触电压。

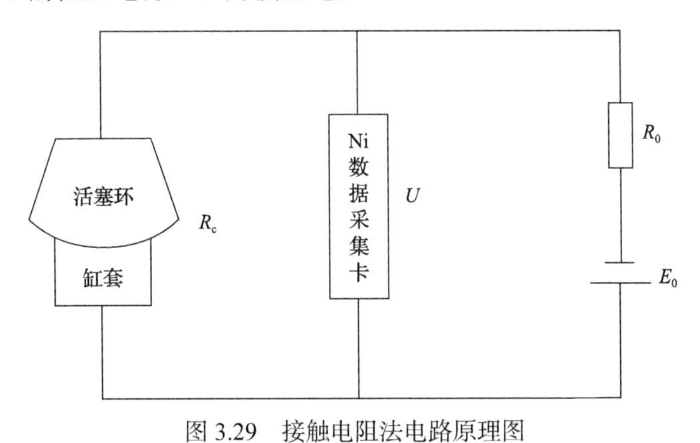

图 3.29 接触电阻法电路原理图

接触电阻与接触电压之间的关系如式(3.1)所示：

$$R_c = R_0\left(\frac{1}{E_0/U - 1}\right) \tag{3.1}$$

根据试验数据统计，当接触电阻 R_c=0.01Ω 时，油膜厚度 h_c≈0；当接触电阻 R_c=1MΩ 时，油膜厚度 $h_c≈3\sigma$；当接触电阻 0.01Ω＜R_c＜1MΩ 时，油膜厚度 0＜h_c＜3σ。由此可以建立膜厚比 λ 与接触电阻的关系[25]：

$$\lambda = h_c/\sigma = 0.16286(\ln R_c + 4.6052) \tag{3.2}$$

式中，h_c 为中心膜厚；σ 为当量粗糙度均方根值。

采用式(3.2)通过测量接触电阻 R_c，即可通过膜厚比 λ 判断润滑状态。

图 3.30 为 200r/min、100℃、5MPa 条件下一个往复周期的典型摩擦力和接触电压曲线。可见在往复行程止点稍滞后的位置，摩擦力出现最大值，同时接触电压出现最小值；在往复行程中段，摩擦力出现最小值，接触电压出现最大值。这是因为在往复运动止点附近滑动线速度低，油膜厚度最小，微凸体接触率最大，导致摩擦力最大，接触电压最小。根据式(3.2)，可计算出往复行程止点附近的最小膜厚比约为 0.8，处于边界润滑状态。根据流体动压润滑理论，随着载荷、温度的升高，润滑状态向边界润滑转移。因此，所有高于此载荷、温度的试验参数下开展的试验，活塞环-气缸套试样均处于边界润滑状态。

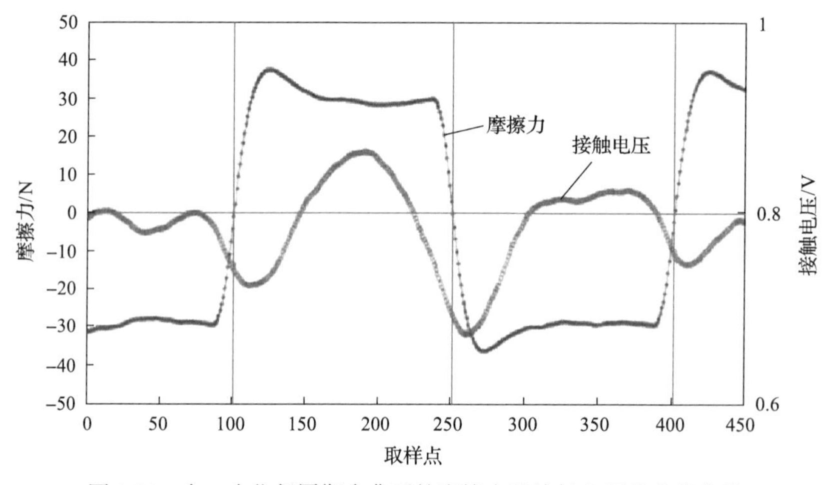

图 3.30 在一个往复周期内典型的摩擦力及接触电压的变化曲线

4. 试验时间

试验时间为摩擦副的磨损率与磨损量测量方法感量之间的平衡，一般通过试验确定。

3.3.3 运动形式关联方法

为了实现稳定的往复运动，且满足系统结构相同、工况条件相似的模拟准则，可采用两种试验平台来实现运动形式关联。

1. 试样模拟性试验平台

图 3.2 所示的对置往复摩擦磨损试验机是开展活塞环-气缸套试样摩擦磨损试验比较

合适的试验平台，其加载能力、活塞环样件工装和气缸套样件工装可满足缸径为 400mm 的高燃烧压力柴油机活塞环和气缸套摩擦磨损试验的需要，典型行程为 30mm，可根据具体试验要求进行调整，典型参数如表 3.4 所示。该试验机的加强型可测试缸径为 920mm 的柴油机活塞环和气缸套的摩擦磨损性能。

表 3.4　对置往复摩擦磨损试验机的典型性能参数

性能参数	单位	典型值(范围)
往复行程	mm	30
转速	r/min	10～3000
线速度	m/s	4.72(典型行程，max)
温度	℃	室温至 250
润滑油供给速率	滴/min(32 滴≈1mL)	0.5～100
法向压力	N	2000
摩擦力	N	500
摩擦力测量精度	—	<1%FS

2. 零部件试验平台

图 3.6 所示的活塞环-气缸套零部件摩擦磨损试验机可满足摩擦磨损试验的三个模拟准则，其内孔膨胀加载方法可适用于不同缸径的气缸套和活塞环，其典型性能参数见表 3.5。

表 3.5　活塞环-气缸套零部件摩擦磨损试验机的典型性能参数

技术参数	主要技术要求
试样特征	直接使用缸套、活塞环零件
试验件及运动规律	气缸套-活塞环零件原始表面；气缸套-活塞环试样往复相对运动，运动方式可以选，但至少满足正弦波和三角波两种运行形式
接触状态	在活塞环圆周面均匀接触，最大限度模拟实际工况
摩擦状态	试验机可以通过参数调整分别实现干摩擦、边界摩擦和流体动压润滑，并可以稳定控制在边界摩擦状态下模拟活塞环在上止点处的摩擦磨损状态
载荷	在活塞环背面圆周方向模拟气缸内的爆发压力均匀、稳定加载，并且加载系统可以在 300℃以下的温度下稳定、长期工作，可施加在气缸套-活塞环接触面的最大荷载不小于 100MPa
加载频率	最大频率为 50Hz，并可以同步在线连续调整
行程	最大往复行程可在 0～30mm 范围内在线连续可调
润滑方式	对供给的润滑油采用实际使用的刮油环刮油，实现与工作状态完全相同的润滑方式
润滑油温度	润滑油及气缸套-活塞环配对和摩擦界面的宏观温度可以在室温及 180℃连续可调可控，供试验时任意选择

3.3.4　磨损机理转型效应的模拟方法

拉缸是活塞环与气缸套之间的一种严重磨损形式，一般以黏着磨损机制为主，一旦发生，摩擦副快速失效，影响整机可靠性。在正常润滑条件下，拉缸一般不会发生，只有在供油不足，或者温度、载荷等工况条件组合破坏了润滑油膜，使上止点附近的润滑状态由混合润滑向边界润滑、干摩擦转化，导致摩擦副之间的局部黏着，进一步演化为拉缸。因此，抗拉缸性能试验是一种极端条件下的磨损模拟试验，其试验方法的关键在于如何通过控制润滑状态的转化，来模拟磨损机理的转型效应。

控制润滑状态通常有两种方法，一种是阶梯工况法，常用的是载荷级、温度级和速度级试验法，通过逐步强化工况条件，实现润滑状态的改变；另一种是油膜耗散法，停止供油后，摩擦副表面残存的润滑油逐渐消耗，实现润滑状态的改变。

1. 阶梯工况法

阶梯工况法是通常采用的极限强化试验方法，活塞环与气缸套试样的阶梯工况试验结果见图 3.31～图 3.33[22]。图 3.31 为典型的载荷级试验摩擦力曲线，随着载荷增大，摩擦力也阶梯增大，但没有发生拉缸现象。图 3.32 为典型的速度级试验摩擦力曲线，当转速小于 300r/min 时，转速对摩擦力的影响较小。图 3.33 为典型的温度级试验摩擦力曲线，随着温度的升高，止点附近的摩擦力有减小趋势，但变化不大。

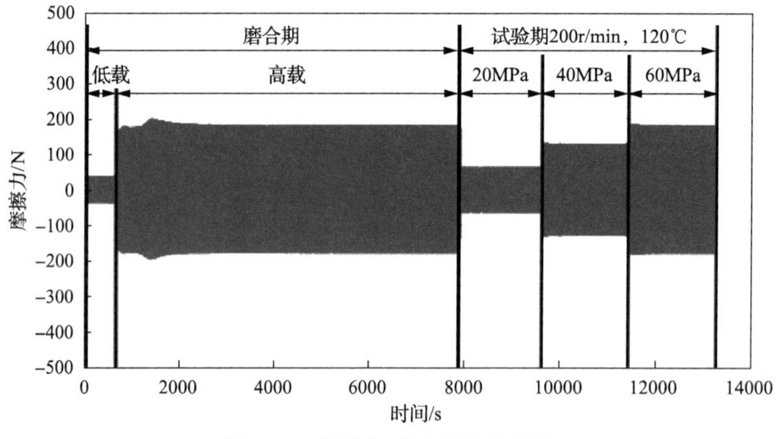

图 3.31 载荷级试验摩擦力曲线

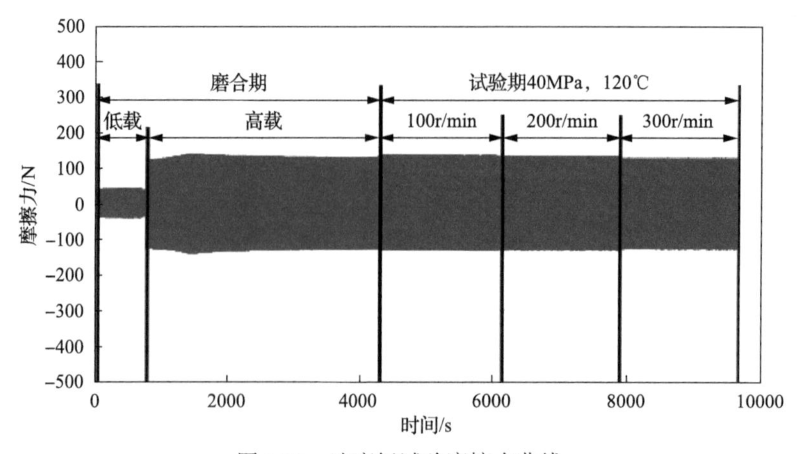

图 3.32 速度级试验摩擦力曲线

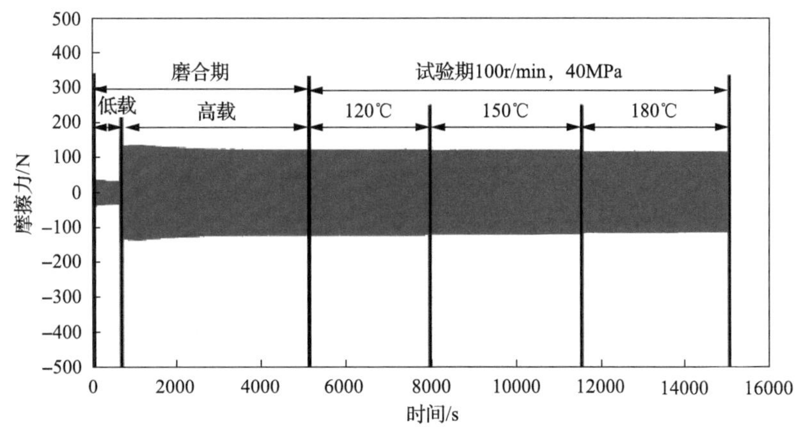

图 3.33 温度级试验摩擦力曲线

可见，在润滑油连续供给的条件下，温度、载荷、速度参数在相当宽的范围内阶梯变化，很难使活塞环-气缸套摩擦表面转化到干摩擦状态，难以实现拉缸过程的模拟。

2. 油膜耗散法

油膜耗散法是通过调整润滑油的供给实现润滑状态的控制，在磨合阶段，供油流量与磨损模拟试验相同，均采用过量供给润滑油的策略。区别是当磨合结束时，停止供给润滑油，保持当前的载荷、温度和转速继续运转，直到发生拉缸[22]。

试验载荷、温度和速度一般与磨损模拟试验相同，但对于不同摩擦副应进行适当调整，以提高试验结果的区分度，同时加快试验进程。

图 3.34 为铸铁气缸套与 PVD 活塞环油膜耗散法试验过程典型摩擦力曲线。在低载磨合阶段，摩擦力较小，在高载磨合阶段，摩擦力相应增大，累计磨合时间为 4200s，摩

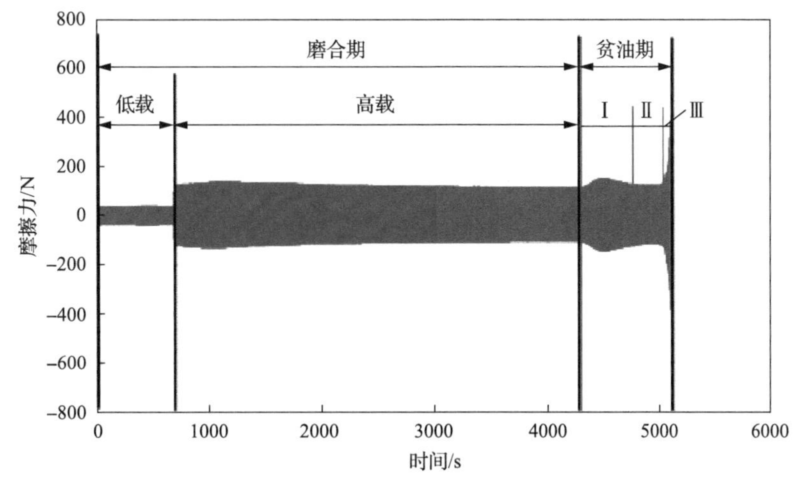

图 3.34 油膜耗散法试验过程中摩擦力曲线

试验载荷：40MPa；速度：200r/min；温度：180℃

擦力达到稳定，说明摩擦副表面进入稳定的接触状态。磨合结束后，停止供油，摩擦副表面残留的润滑油逐渐消耗，一般经历三个阶段。第一阶段，停止供油后，摩擦力逐渐增大，然后缓慢降低并趋于平稳，摩擦力比停止供油前稍高。该过程是贫油状态下摩擦副表面微凸体与油膜之间重新相互适应，达到再平衡的结果。第二阶段，润滑油膜在不断消耗过程中，摩擦副表面形成一层复杂的化学反应膜，维持摩擦副继续稳定运行。第三阶段，当表面反应膜局部破坏、摩擦副材料接触发生局部黏着以后，摩擦力快速增大并伴随着啸叫，拉缸发生。

油膜消耗的过程，就是摩擦表面摩擦状态发生转化的过程，可以有效地模拟高强化柴油机活塞环-气缸套的拉缸过程。相应地，磨合后停油至发生拉缸的时间长短，可以表征摩擦副的相对抗拉缸性能。抗拉缸时间的长短是摩擦副表面储油能力、边界膜消耗和材料抗黏着磨损能力的综合反映，是表征活塞环-气缸套摩擦副在不同工况下抗拉缸性能的重要指标。

图 3.35 为硼磷铸铁气缸套与三种活塞环配对时，载荷对抗拉缸性能的影响规律。当载荷较低时，不同配对副的抗拉缸性能的差别大，试验结果的区分度好，但总试验周期较长。当载荷较高时，不同配对副的抗拉缸性能差别变小，试验结果的区分度变差，但试验周期缩短。因此，对于常见的活塞环与气缸套的配对副材料和润滑介质，抗拉缸性能试验的载荷一般宜选取 40～60MPa。

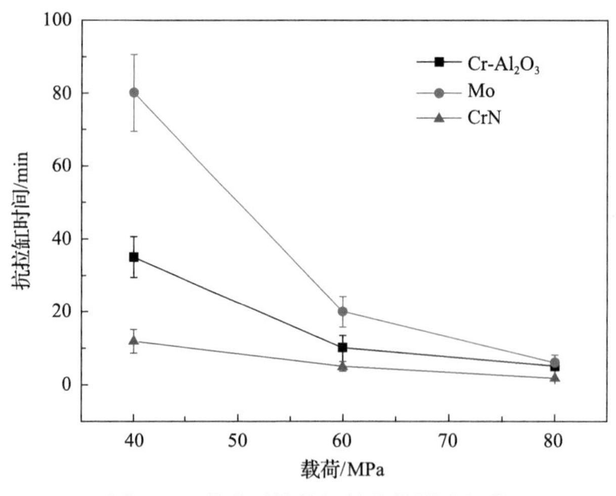

图 3.35 载荷对抗拉缸性能的影响规律

图 3.36 为油膜耗散法试验过程中，接触电阻(膜厚比)与摩擦力同步变化曲线，该曲线反映了油膜消耗过程中微凸体接触状况的变化，共同揭示了拉缸过程中摩擦副相互作用机制。

可见，采用油膜耗散法能够在可控的条件下获得从流体润滑到干摩擦各个润滑状态的转化过程，是进行抗拉缸试验的有效手段。

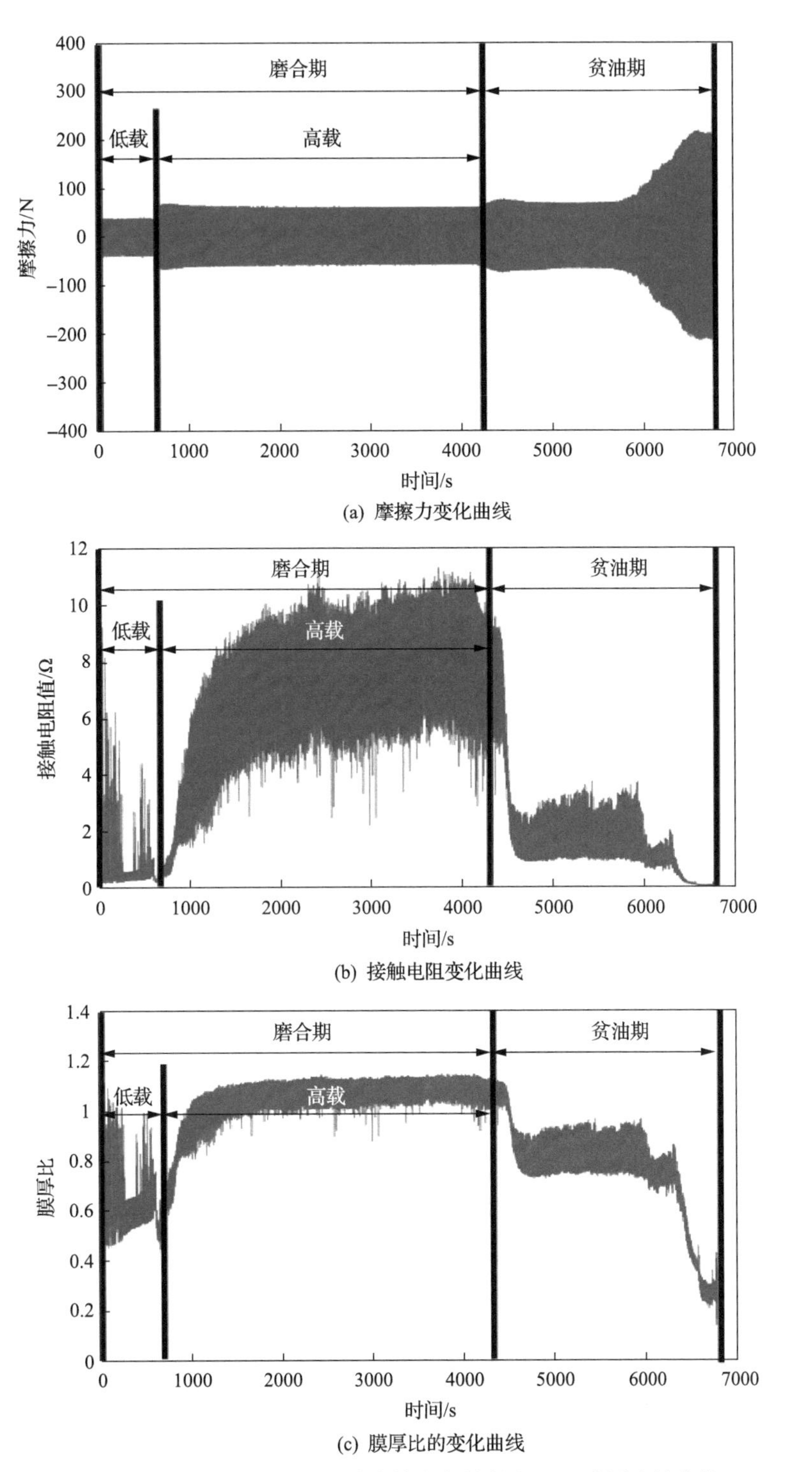

(a) 摩擦力变化曲线

(b) 接触电阻变化曲线

(c) 膜厚比的变化曲线

图 3.36 油膜消耗试验过程中摩擦力与接触电阻和膜厚比的变化

3.3.5 磨合与供油

1. 磨合

磨合一般从较低载荷开始，阶梯加载，获得与磨合载荷相匹配的接触状态。磨合过程中，开始时摩擦力较大，然后逐步减小并稳定，如图 3.37 所示。接触状态与工况条件相关，条件变化时，稳定状态会随之转移。一般选择试验方案中的最大载荷、最高温度和最低转速进行磨合。对于活塞环-气缸套摩擦磨损试验，磨合载荷一般从 5～10MPa 开始，逐步增加到试验方案的最大载荷，磨合时间一般根据摩擦力达到稳定的时间进行判断，通常在 3h 内可完成磨合。

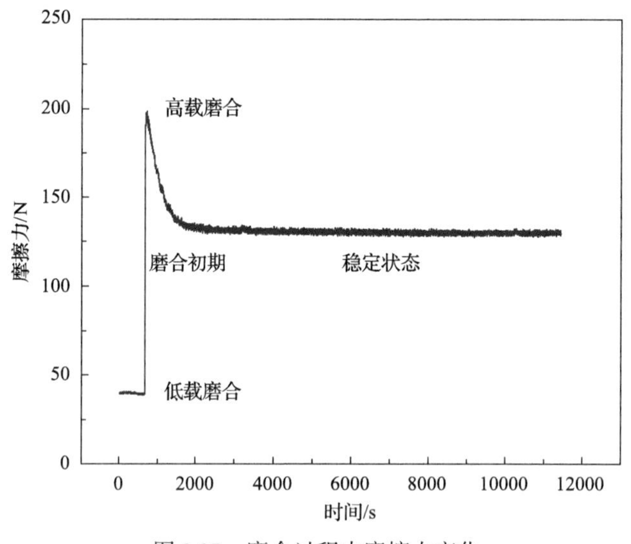

图 3.37 磨合过程中摩擦力变化

2. 润滑油供给

对于加速磨损模拟试验，在预设的温度和载荷下，通过调整转速，可模拟活塞环在上止点附近的边界润滑状态，实现加速磨损。这种控制润滑状态的方法，决定了试验过程中可以采用过量供给润滑油的策略，其好处有三方面：一是保证摩擦副表面始终处于润滑油的充分供给状态，多出的润滑油自动排出；二是排出的润滑油带走磨损产物，减轻反馈效应，缓解对后续磨损进程的干扰；三是可以保证批量试验过程中，润滑油供给的重复性和稳定性。试验表明，在试验起始阶段欠量供给润滑油，或者通过控制润滑油供给量来控制润滑状态的做法，尽管有一定促进磨损的作用，对加速磨损的模拟性会产生干扰。

3. 重复次数

由于摩擦磨损试验的复杂性，其试验结果的离散性大。一般需重复 4 次试验，保证至少3次试验结果相近，取3次结果的均值。若试验结果离散程度大，需要补充试验。另外，有润滑条件下的磨损试验，干扰因素的影响一般是加重了磨损，在筛选试验结果时需要特别重视。

3.3.6 单缸柴油机台架试验验证

选择三种CKS(铬基Al_2O_3陶瓷复合镀)活塞环，编号A、B和C，均为第Ⅰ道气环，其中A为通过了单缸柴油机台架耐久性和可靠性考核的参比活塞环，B和C为新开发的活塞环，性能未知。按照前面确定的摩擦磨损试验方法，在对置往复摩擦磨损试验机上，采用试样模拟性试验，评价这三种活塞环的抗拉缸性能和摩擦磨损性能，试验机行程为30mm，试验参数见表3.6和表3.7，每组试验重复4次。

表3.6 抗拉缸性能试验参数

试验程序	转速/(r/min)	温度/℃	载荷/MPa	时间/min
低载磨合	200	120	10	10
高载磨合	200	180	40	150
停油磨损	转速、温度、载荷保持不变，停止供油磨至拉缸			

表3.7 摩擦磨损性能试验参数

试验程序	转速/(r/min)	温度/℃	载荷/MPa	时间/h
磨合	200	180	10	3
磨损	200	180	80	21

试验结果见图3.38～图3.40，可见活塞环A的磨损量最小，活塞环C的磨损量比活塞环A的磨损量稍大，而活塞环B的磨损量最大，可达活塞环A的2倍。活塞环C的抗拉缸性能比活塞环A略有提高，活塞环B的抗拉缸性能最差，仅为活塞环A性能的四分之三。三种活塞环的摩擦系数非常接近。

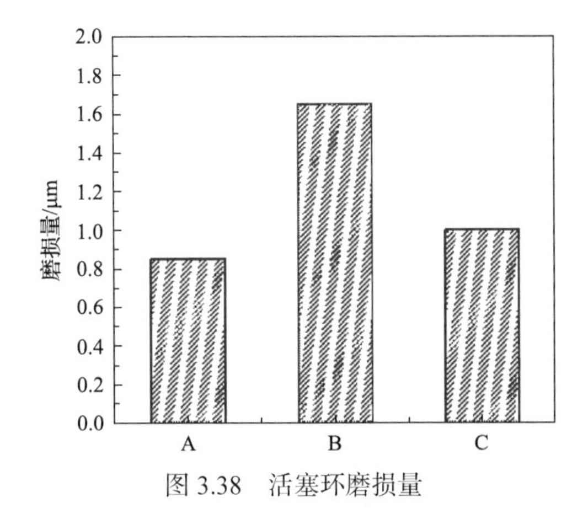

图3.38 活塞环磨损量

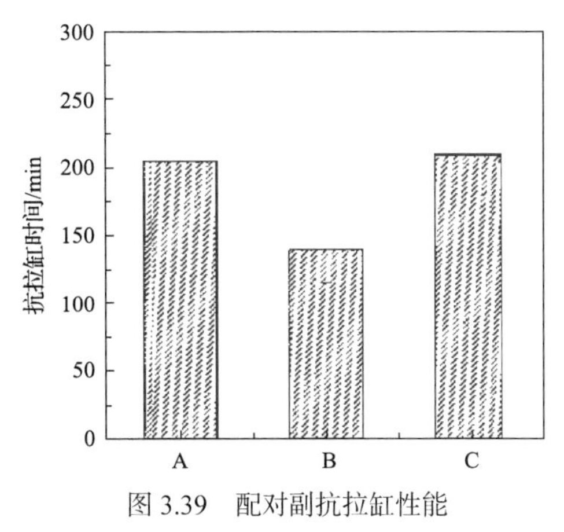

图3.39 配对副抗拉缸性能

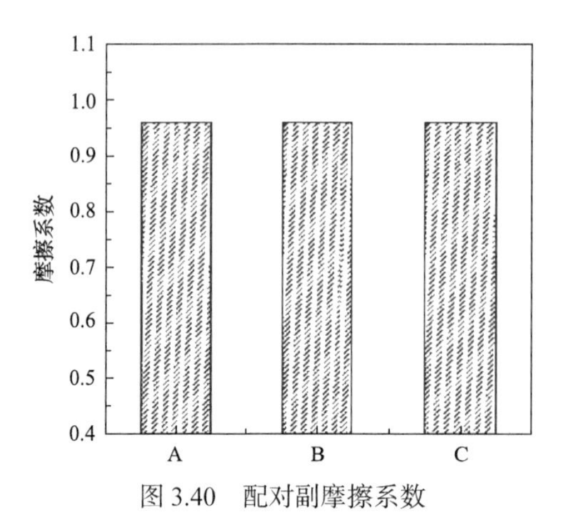

图 3.40　配对副摩擦系数

把活塞环 B 和 C 分别安装到单缸柴油机台架，采用动态载荷谱累计进行 300h 可靠性考核，每个考核周期为 8h，共 37.5 个周期。安装活塞环 C 的台架顺利完成考核试验，在考核过程中，未发生拉缸相关报警，考核完成后，拆卸下活塞环目测检查，见图 3.41，活塞环表面光亮均匀，磨损量极小，无可见擦伤。配对的气缸套表面状态见图 3.42，气缸套内表面珩磨网纹清晰完整，无明显可见的拉伤。

图 3.41　活塞环 C 单缸柴油机台架考核后的表面形貌

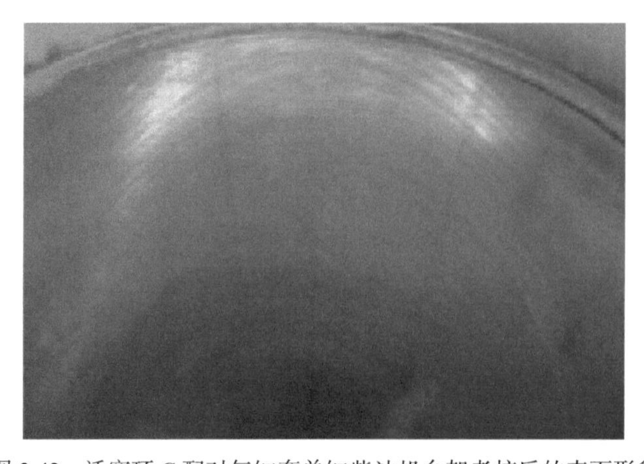

图 3.42　活塞环 C 配对气缸套单缸柴油机台架考核后的表面形貌

而安装活塞环 B 的单缸柴油机台架在磨合期发生拉缸，拉缸后的活塞环表面形貌见图 3.43，第 I 道气环磨损严重，表面有大面积拉伤且已变黑。配对气缸套表面的拉伤情况见图 3.44，表面均布明显的纵向擦伤痕迹，珩磨纹消失。

图 3.43　活塞环 B 单缸柴油机台架考核后的表面形貌

图 3.44　活塞环 B 配对气缸套柴油机台架考核后的表面形貌

通过对比试样模拟性试验和单缸柴油机台架试验的结果可知，在试样模拟性试验中耐磨性能和抗拉缸性能均较差的活塞环 B，在单缸柴油机台架试验中出现早期拉缸问题，磨损严重；而耐磨性与活塞环 A 相当、抗拉缸性能略好的活塞环 C 顺利通过了单缸柴油机台架考核。这说明本书建立的摩擦磨损试验方法模拟性好，获得的耐磨性能和抗拉缸性能与单缸柴油机台架考核结果具有良好的一致性。依据摩擦磨损的模拟试验方法，采用试样模拟性试验获得的评价结果，可用于活塞环-气缸套摩擦副的工程设计。

3.4　活塞环-气缸套摩擦磨损试验中的测试及表面分析

3.4.1　磨损试验参数测试

1. 温度

测量摩擦副表面温度的主要方法有热电偶法和远红外辐射测温法，但摩擦表面温度的精确测量很困难。

热电偶法原则上可以直接从摩擦界面上取得信息，但是这个信息可能受到摩擦副感应电动势等因素的影响。实际上需要在离界面不同距离处插入多个热电偶，利用这些测量值来推断摩擦界面的温度。但事实上，近界面处温度梯度很大，难以准确推断界面的温度值。尽管如此，热电偶法仍然是各级别摩擦磨损试验中最常用的测温方法。

远红外辐射测温是利用物体辐射强度随温度变化的物理现象测量温度，是一种非接触式测温。因为它与摩擦表面不接触，而且反应速度快，灵敏度高，所以有利于测量运动件表面温度，有利于测量摩擦温度的分布。不过这种方法只应用于摩擦副表面暴露的部分或者透明的偶件，仅用于专门设计的摩擦磨损试验装备，在实际中应用较少。

2. 摩擦系数

摩擦系数μ分为静摩擦系数μ_s和动摩擦系数μ_k（一般直接用μ表示），对于活塞环-气缸套摩擦副，一般主要测试动摩擦系数，通过测量摩擦力和法向压力获得。

一般采用力传感器测量摩擦力，主要有电阻应变式和压电式。由于这些传感器通常的工作温度应在75℃以下，所以其工作环境的温度应进行限制，当环境温度无法有效控制时，应选用高温传感器。一般情况下，电阻应变计式力传感器可以满足系统动态响应和结构刚度的要求，当系统对结构刚度或者动态响应频率有较高要求时，应选用压电式力传感器。

对于试样试验或者零部件试验，需要同时测量摩擦力和法向加载力的大小，但是对于单缸机台架，活塞环的被压是无法直接测量的，一般通过测量燃烧室缸压来估算，对于不发火的倒拖台架，则使用活塞环弹性张力；对于发火的浮动气缸套单缸机台架，可通过电阻应变式或压电式传感器测量。

3. 磨损量

(1)称重法。称重法就是用精密分析天平称量试样在试验前后的质量变化，获得质量磨损量。天平精度一般选用1/10000g，为保证称重精度，试件在称重前应当清洗干净并烘干，避免表面有玷污物或湿气而影响质量的变化。对于多孔性材料，如铸铁，在磨损过程中容易进入油污而不易清洗，误差大，不宜选用。此外，若试件质量变化小，也不宜用称重法，否则测量误差较大。这种方法简单，只要试验件质量较小，无论柴油机台架用的零件还是试样试验用的试样，均可采用。但质量较大的活塞环和气缸套则无法使用称重法。

(2)测长法。测长法是测量摩擦表面法向尺寸在试验前后的变化来确定磨损量，获得线磨损量或者体积磨损量。传统的测长仪有千分尺、千分表、万能工具显微镜、读数显微镜等，最大测量精度可达0.1μm数量级。现代的传感器测量位移的精度可达纳米级，容易实现二维或者三维尺度的测量，如轮廓仪、激光共聚焦显微镜。对于均匀磨损的内孔表面、外圆表面，尽管干扰因素较多，仍可采用自我参照进行测量；而平面的均匀磨损则受到磨损方向相对尺寸的影响，一般精度较低；如果同一表面有未磨损区域，则可作为基准线/面，测量精度较高，例如，采用轮廓仪扫描磨损区域，绘制出二维磨痕轮廓图，在轮廓线上找出未磨损区域为基准线，即可计算出磨损区域与未磨损区域的台阶高度，得到线磨损量。这种方法可根据情况用于测量活塞环和气缸套的零件或者试样。

激光共聚焦显微镜在垂直方向的分辨率可达纳米级，可获得磨损区域的三维轮廓，用来测量气缸套、活塞环试样的线磨损量，计算磨损区域的体积磨损量，把体积换算成质量可得质量磨损量，是一种高精度、高效率的测量方法。图3.45为活塞环试样已磨损区域和未磨损区域的三维形貌和线磨损量。但受到试样尺寸的限制，活塞环和气缸套零件无法采用激光共聚焦显微镜直接进行测量。

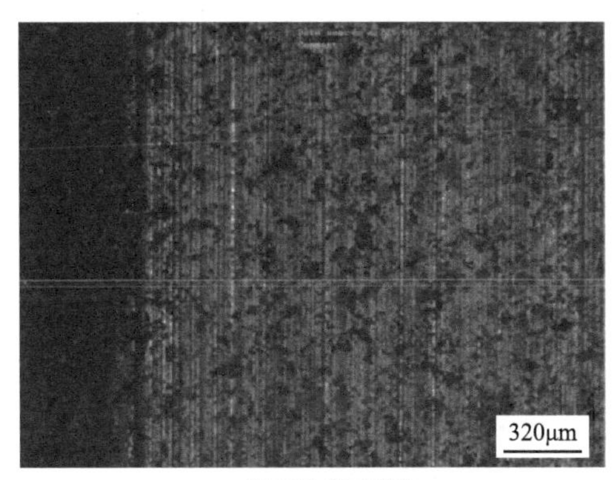

(a) 磨损后表面形貌

(b) 磨损后表面三维形貌

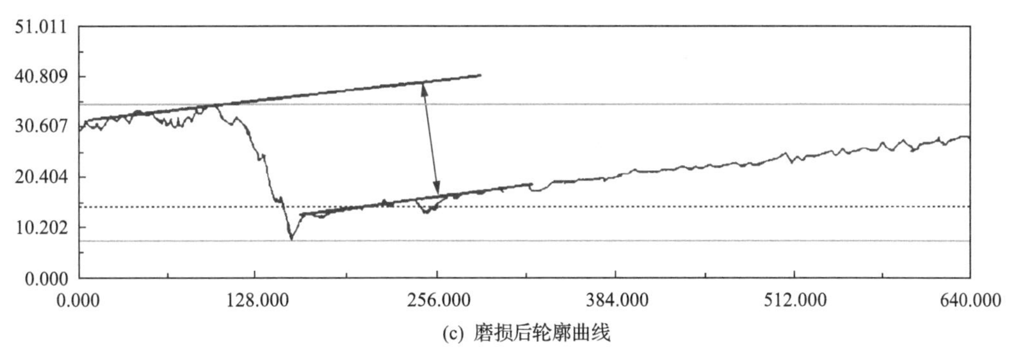

(c) 磨损后轮廓曲线

图3.45 活塞环磨损后表面形貌及轮廓曲线

为了便于测量，往往在摩擦表面上人为地做出测量基准，然后以此测量基准来度量摩擦表面的尺寸变化。测量基准是根据试件形状和尺寸，在不影响试验结果的条件下设置的，其形式有以下几种。

台阶式：在摩擦表面边缘上专门加工出台阶表面作为测量基准。

切槽式：在摩擦表面上专门加工出凹槽作为测量基准。

压印式：利用硬度压头，在试样表面压下凹痕，测量压痕尺寸在试验前后变化来计算磨损量。

(3) 原位测量法。以上测量磨损量的方法一般需要拆卸机器零件或者取出试样，当重复试验时，反复拆卸会改变试件的相对位置，破坏摩擦表面的磨合性。用在线原位测量法可以避免这方面的问题，能测出摩擦过程中的磨损量。

原位测量信号可以使用电感、激光、电容等多种物理量，其测量精度可到0.1μm甚至更高。设置一块作为测量基准的金属板，与试验件连成一体，传感器固定在磨损试验机基体上。当磨损使上试验件下沉时，传感器与基准板之间的间隙发生变化，传感器得到此位移信号，即获得磨损变化的情况。

无论试样试验、零部件试验还是柴油机台架试验，一般都有较强的振动，如果传感器固定不牢，振动干扰难以避免；而试验温度常常超出传感器的许可环境条件，测量精度难以保证；另外，温度带来的试验机结构的膨胀也影响测量精度。采用停机恒温原位测量法可以在很大程度上减少干扰因素的影响。

(4)放射性同位素法。先将试件进行放射性同位素活化处理，使其具有放射性，然后进行磨损试验，根据磨屑的放射计量或活化件放射性强度下降量或活化件金属转移量，换算出相应的磨损量。

这种方法测量精度很高，可达 10^{-5}～10^{-4}g，而且可以在不停止机器运转和不拆卸机器的情况下，确定零件的磨损或单独测定个别零件的磨损，以及自动记录零件磨损量变化，随时得到磨损的测量结果。

一般放射性同位素法存在人体安全问题，因此应当做好放射性防护措施。这一点往往成为推广应用此法的一个障碍。

放射性同位素测量技术中有一种“薄层微差法”，这种方法是将受磨损试验的零件放在回转加速器中，用加速质子、氘核或α粒子对表面进行放射性处理之后，随着磨损量的增加，放射线强度就不断减弱，从而可以确定质量损失量。由于活化深度很浅，受处理的零件的放射剂量很小，不需要采取复杂的放射性防护措施；而测量的灵敏度仍很高，这是它的优点。

(5)磨屑分析法。通过采集和分析磨屑可以对磨损进行测量。这种方法适用于测量具有循环润滑系统的机器中的某些零件的磨损。在某些情况下，仅仅通过采集磨屑就可以测定磨损。例如，磨屑检测器，就适用于这种测量。当金属磨屑在检测器的两电极之间聚集并联通时，就接通了电流，这表明磨损量已达到一个临界值。又如，铁磁性磨屑被吸到磁体的缝隙中，改变了磁通，从而也改变了次级电压，其变化量作为衡量磨屑质量多少的一个参数。关于磨屑的重要分析方法有光谱分析、铁谱分析等方法。

3.4.2 磨损表面微观分析方法

为了深入了解摩擦磨损的过程，研究其机理，就不能仅限于对磨损量的测量，而应当进一步对磨损粒子的形态、组成和结构，以及摩擦表面损伤本质进行分析，这就必须依赖于现代的表面分析技术。一些先进的技术，如光谱分析、放射性示踪原子分析、电子显微镜、图像分析、热谱图等大大促进了磨损机理的研究，尤其是揭示物质微观结构及其变化的各种表面分析工具的相继出现，如扫描电子显微镜、俄歇电子能谱仪、化学分析电子能谱仪、场离子显微镜、低能电子衍射、二次离子质谱仪、X 射线衍射仪等，使人们对磨损机理的认识更加深入，并可能用一些现代的科学理论，如能带理论、晶体结构理论、表面能和内聚能理论，来重新解释磨损历程。

针对不同的研究对象，应选用不同的分析方法。研究固体表面原子排列的微观结构时，主要采用衍射技术和扫描电子显微镜分析；研究表面原子的组分、分布、电子结构、原子状态等，主要采用能谱技术(表 3.8)。

表 3.8 磨损表面分析方法

分析项目	分析方法	分析项目	分析方法
表面几何结构：		表面原子状态：	
表面原子排列	高能电子衍射 (HEED) 低能电子衍射 (LEED) 场离子显微镜 (FIM)	原子组分、杂质	X射线光电子能谱 (XPS) 紫外光电子能谱 (UPS) 俄歇电子能谱 (AES) 离子探针显微分析 (IMA) 电子探针显微分析 (EPMA)
表面微观结构缺陷	场发射显微镜 (FEM) 扫描电子显微镜 (SEM) 低能电子衍射 (LEED) 场离子显微镜 (FIM) 场发射显微镜 (FEM)	原子价状态、结合状态	X射线光电子能谱 (XPS) 电子自旋共振 (ESR) 紫外光电子能谱 (UPS)
		原子能带结构	X射线光电子能谱 (XPS) 紫外光电子能谱 (UPS) 场发射显微镜 (FEM)

近代微观表面分析技术种类很多，其原理大多采用一个粒子源，激发产生具有一定能量的粒子，如光子、电子、离子以及中性粒子照射到试件表面上，激发表面发射出粒子，根据表面受激发射的粒子信息，判断表面的组织结构和成分。

此外，光学显微镜、激光共聚焦扫描显微镜(laser confocal scanning microscope，LCSM)、轮廓仪、圆度仪、显微硬度计等也是常用的表面分析工具。

参 考 文 献

[1] 徐久军, 朱峰, 王维伟, 等. 高差速旋转“面-面”接触磨损试验装置及试验方法[P]: CN201610414672.6. 2016-09-28.

[2] 徐久军, 林炳凤, 严立. 往复式高温高载摩擦磨损试验设备[P]: CN200520146140.6. 2007-01-02.

[3] 徐久军, 林炳凤, 严立. 一种缸套活塞环零部件摩擦磨损试验设备[P]: CN200520146126.6. 2007-01-02.

[4] 徐久军, 林炳凤, 严立. 一种缸套活塞环零部件摩擦磨损试验方法和设备[P]: CN200510136811.5. 2006-06-20.

[5] 徐久军, 林炳凤, 严立. 往复式高温高载摩擦磨损试验方法和设备[P]: CN200510136816.8. 2006-06-20.

[6] 朱峰. 对置往复式摩擦磨损试验机研制及其试验[D]. 大连: 大连海事大学, 2011.

[7] 徐久军, 朱峰, 王兴国, 等. 一种多路同轴流体输送泵及方法[P]: CN201210366254.6. 2013-02-06.

[8] 徐久军, 严立, 林炳凤. 一种径向弹性加载装置[P]: CN02281439.6. 2003-11-19.

[9] Chen W B, Liu D L, Xu J J, et al. Modeling of gas pressure and dynamic behavior of the piston ring pack for the two-stroke opposed-piston engine[J]. Journal of Tribology, 2019, 141(1): 012203.

[10] 刘洋. 缸套-活塞环组润滑油膜分布模拟试验研究[D]. 大连: 大连海事大学, 2016.

[11] 徐久军, 韩晓光, 杜凤鸣, 等. 缸套与活塞润滑油膜分布状态的测试装置及其测试方法[P]: CN201611115811.1. 2017-03-22.

[12] 韩晓光, 陈文滨, 袁晓帅, 等. 水平缸套发动机油膜分布状态在线测量技术研究[J]. 内燃机工程, 2018, 39(4): 23-28.

[13] 刘雨晨. 缸套分区冷却与浮动缸套摩擦力研究[D]. 大连: 大连海事大学, 2019.

[14] 徐久军, 刘雨晨, 王子淳, 等. 一种用于控制单缸柴油机缸套温度场的装置[P]: CN201920067703.4. 2019-09-30.

[15] 徐久军, 单英春, 韩晓光, 等. 一种缸套与活塞组件摩擦力的测试装置及方法[P]: CN201510034203.7. 2015-04-29.

[16] 徐久军, 刘雨晨, 王子淳, 等. 一种用于控制单缸柴油机缸套温度场的装置及其使用方法[P]: CN201910037205.X. 2019-04-26.
[17] 徐久军, 单英春, 韩晓光, 等. 缸套与活塞组件摩擦力的在线测试装置及测试方法[P]: CN201610427400.X. 2016-11-09.
[18] 谢友柏. 摩擦学的三个公理[J]. 摩擦学学报, 2001, 21(3): 161-166.
[19] 契可斯. 摩擦学: 对摩擦、润滑和磨损科学技术的系统分析[M]. 刘钟华, 等译. 北京: 机械工业出版社, 1984.
[20] 赵源, 高万振, 李健. 磨损研究及其方向[J]. 材料保护, 2004, 37(7): 18-34.
[21] 朱峰, 徐久军, 孙健, 等. 松孔镀铬缸套磨损机理研究[J]. 内燃机学报, 2017, 35(3): 274-279.
[22] 沈岩. 高强化柴油机缸套-活塞环摩擦状态转化机制研究[D]. 大连: 大连海事大学, 2014.
[23] 刘正林. 摩擦学原理[M]. 北京: 高等教育出版社, 2009.
[24] 朱峰. 缸套-活塞环强化磨损模拟试验规范与摩擦磨损性能研究[D]. 大连: 大连海事大学, 2018.
[25] 程礼椿. 电接触理论及应用[M]. 北京: 机械工业出版社, 1985.

第 4 章　气缸套材料与摩擦磨损

气缸套一般使用铸铁材料，其中以灰口铸铁为主，有时也使用球墨铸铁或蠕墨铸铁。传统铸铁气缸套的基体组织一般以珠光体为主相，其硬度、耐磨性均低于贝氏体，尤其下贝氏体具有很高的强度和韧性，因此贝氏体铸铁是较为理想的气缸套材料。早期通过等温淬火工艺获得贝氏体，但能耗大、周期长，后来添加 Ni、Cr、Mo、Cu 等合金元素，利用浇铸后的高温余热获得铸态贝氏体组织，既降低了成本，又提高了铸铁气缸套的综合性能。在灰口铸铁中添加磷、硼、镍、铬、铜等合金元素，并配合适当的冷却工艺，也可提高珠光体铸铁的硬度与耐磨性。常用于制备气缸套的合金灰口铸铁材料主要有以下几种。

(1) 磷铸铁。磷在低温下容易发生“冷脆”，一般认为是铸铁的有害元素。但加入磷元素后，铁液的流动性增强，磷与铁生成的磷化铁(Fe_3P)在铸铁中以共晶形式存在，可提高气缸套的耐磨性。当磷含量过大时，磷共晶呈连续网状，反而割裂基体，导致材料脆性增大、力学性能下降。一般磷含量为 0.4%～0.7%，快速冷却，可使磷共晶成为孤立或断续网状。

(2) 硼铸铁。硼在铁中的固溶度很低，小于 0.02%，过量部分以块状碳化物形式均匀分布于珠光体基体中。硼碳化物的显微硬度很高，磨合后在气缸套表面突出，成为承载的第一滑磨面；而凹陷的珠光体基体起到储存润滑油的作用，减少突出部分的磨损。这种结构使硼铸铁的耐磨性大幅度提高，延长气缸套的使用寿命。但硼含量提高增加了切削难度，使加工性能恶化。硼含量为 0.03%～0.06%时，材料的综合性能比较好。

(3) 铜铬铸铁。Cu 起到稳定珠光体、阻碍白口的作用，Cr 能减小断面敏感性，但提高铁水白口倾向，适量加入可提高气缸套强度、减小气缸套厚度、降低柴油机自重。Cr 含量在 0.15%～0.3%范围内、铜含量在 0.2%～0.4%范围内，能改善灰铸铁耐热性，促进石墨化、细化珠光体，提高抗拉强度和硬度。

此外，用于制备气缸套的合金铸铁还有铌铸铁、钒钛铸铁等多元合金强化的气缸套材料，其中钒钛铸铁的合金碳化物熔点高，可提高铸铁气缸套的热强度和热稳定性。

随着柴油机向小体积、大功率、轻量化方向发展，特别是坦克装甲车辆等高强化柴油机的气缸套往往采用合金钢基体材料匹配氮化或镀铬工艺。38CrMoAl(A)是一种典型的氮化钢，氮化后获得硬度高、耐磨性好的表面化合物层，扩散层较厚，基体强度高。40Cr 钢强度高，表面镀铬后，可兼顾强度和耐磨的需求。但钢质气缸套牺牲了部分导热性能。

高硅铝合金也是一种特定条件下的气缸套材料[1-9]。铝合金气缸套具有更好的导热性，并且高硅铝合金中细小且分布均匀的硬质点起到很好的耐磨与自润滑作用。由于摩擦系数小，柴油机中普遍使用铝合金活塞，而采用铝合金制备气缸套可以提高活塞与气缸套之间的配合精度，减少振动，降低柴油机噪声，因此铝合金成为重要的气缸套材料。

但与铸铁气缸套相比，铝合金还存在耐腐蚀性较差、提升柴油机功率时热负荷能力不足等问题，有待研究解决。

本章介绍几种典型气缸套材料的摩擦磨损性能。

4.1 硼磷铸铁气缸套的摩擦磨损

硼铸铁和磷铸铁都是耐磨性能优良的气缸套材料，但是在生产中，硼铸铁中一般都含有磷，因此硼磷铸铁是一种应用较多的气缸套材料。本节将介绍硼磷铸铁气缸套分别与喷钼、铬基陶瓷 Al_2O_3 复合电镀(CKS)和物理气相沉积(physical vapor deposition，PVD) CrN 三种活塞环配对时的摩擦磨损规律，并分析其磨损和拉缸机制[10,11]。

4.1.1 试验材料与试样

1. 气缸套

定制的气缸套样件内径为 110mm，壁厚为 8mm，外壁为光面，无凸肩。部分气缸套照片、典型缸套表面轮廓曲线及接触率曲线如图 4.1 和图 4.2 所示。

图 4.1 定制的 110mm 气缸套样件

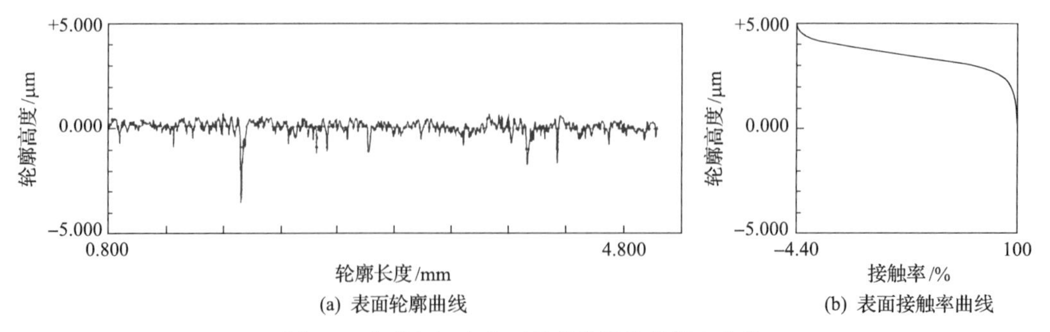

(a) 表面轮廓曲线 (b) 表面接触率曲线

图 4.2 典型气缸套表面轮廓曲线及接触率曲线

表 4.1 为硼磷铸铁气缸套的设计成分和实测成分，可见两者成分相近，但样件实测硼、磷、铬含量偏低。碳含量偏高的原因是与采用原子发射光谱测量方法有关。

表 4.1 气缸套设计成分与实测成分

	C	Si	Mn	S	P	Cr	B
设计成分/%	3.0～3.4	2.2～3.1	0.8～1.2	<0.1	0.2～0.4	0.2～0.4	0.05～0.08
实测成分/%	5.296	3.022	0.971	0.028	0.139	0.142	0.018

图 4.3 为气缸套内表面形貌。由图可知，珩磨纹总体上粗细相间，珩磨纹边缘有明显塑性变形，局部少量片状脱落，表面粗糙度 Ra=0.72μm。

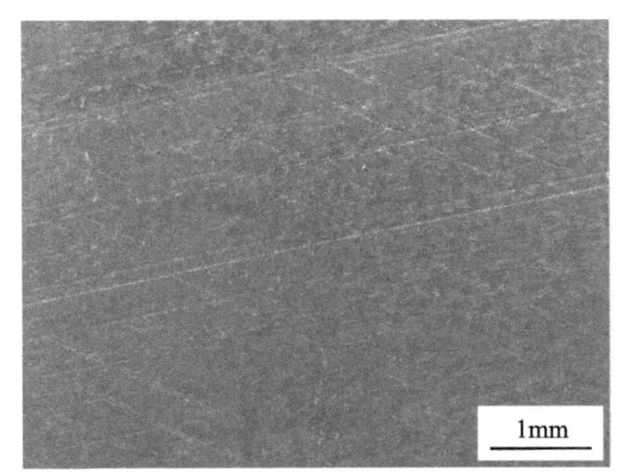

(a) 宏观形貌

(b) 低倍放大形貌

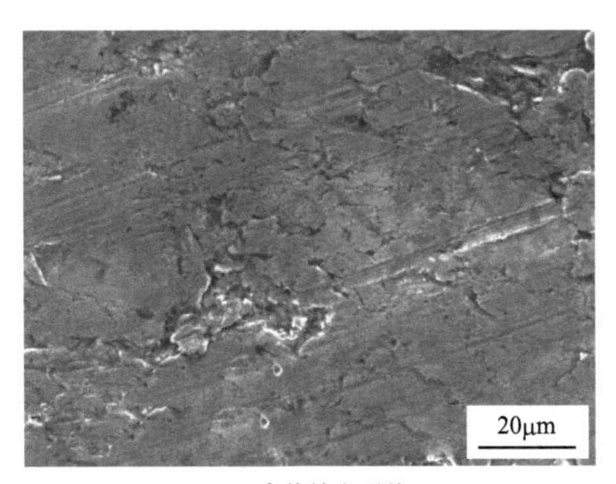

(c) 高倍放大形貌

图 4.3 硼磷铸铁气缸套内表面形貌

图 4.4 为横截面邻近内表面的组织，4%硝酸酒精溶液轻腐蚀。石墨呈菊花状，达到 JB/T 5082.1—2008 标准的 2～3 级。高倍下观察到基体组织为层片状珠光体结构。气缸套的宏观硬度为 192HB，珠光体硬度为 $168HV_{0.1}$。

气缸套试样的切割方法与 3.3 节相同。

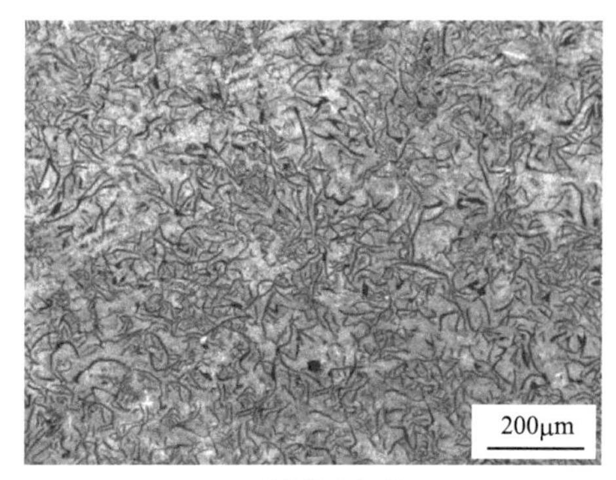

(a) 低倍放大组织

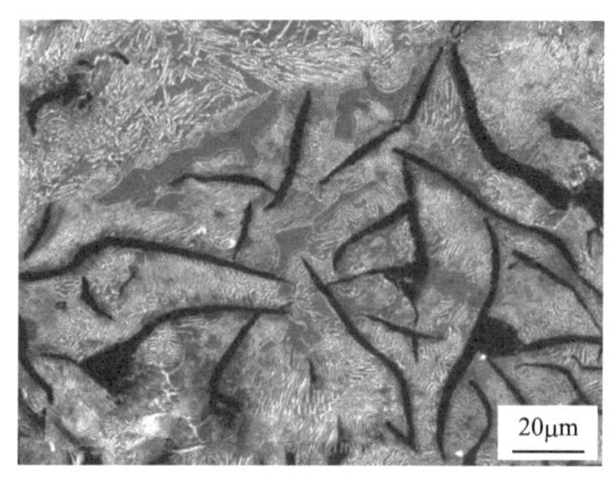

(b) 高倍放大组织

图 4.4 硼磷铸铁气缸套(邻近内表面)横截面组织

2. 活塞环

(1)喷钼活塞环。图 4.5 为喷钼活塞环表面形貌。由图可知，表面整体平滑，局部略粗糙。图 4.6 为横截面形貌及成分，由图可见喷钼层由深浅两种颜色构成，最大厚度约为 150μm。由能谱分析可知，浅色区域为纯 Mo，深色区域主要含 Ni、Cr，为高温自润滑 NiCr 合金。喷钼层硬度为 535$HV_{0.1}$。

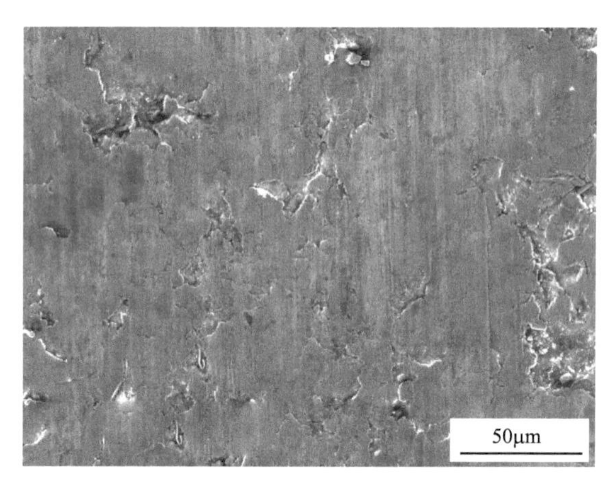

图 4.5 喷钼活塞环表面形貌

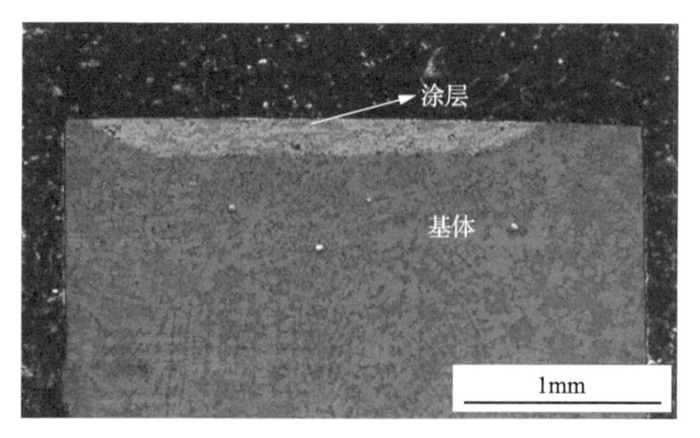

(a) 喷钼活塞环截面低倍形貌

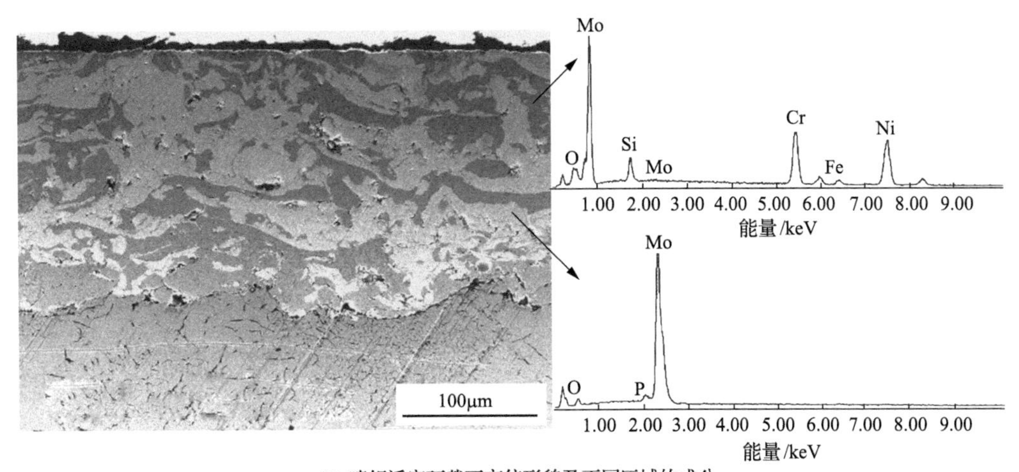

(b) 喷钼活塞环截面高倍形貌及不同区域的成分

图 4.6　喷钼活塞环截面 SEM 形貌与镀层成分

(2) CKS 活塞环。图 4.7 为 CKS 活塞环表面 SEM 形貌及硬质颗粒成分。由图可见，活塞环表面有细密网纹，由能谱分析可知，网纹缝隙中镶嵌 Al_2O_3 陶瓷颗粒。由截面形貌可知(图 4.8)，这些网纹垂直于镀层表面，断续分布于整个镀层，基体为片状石墨灰口铸铁。镀层厚度约为 60μm，镀层表面硬度为 $706HV_{0.1}$。

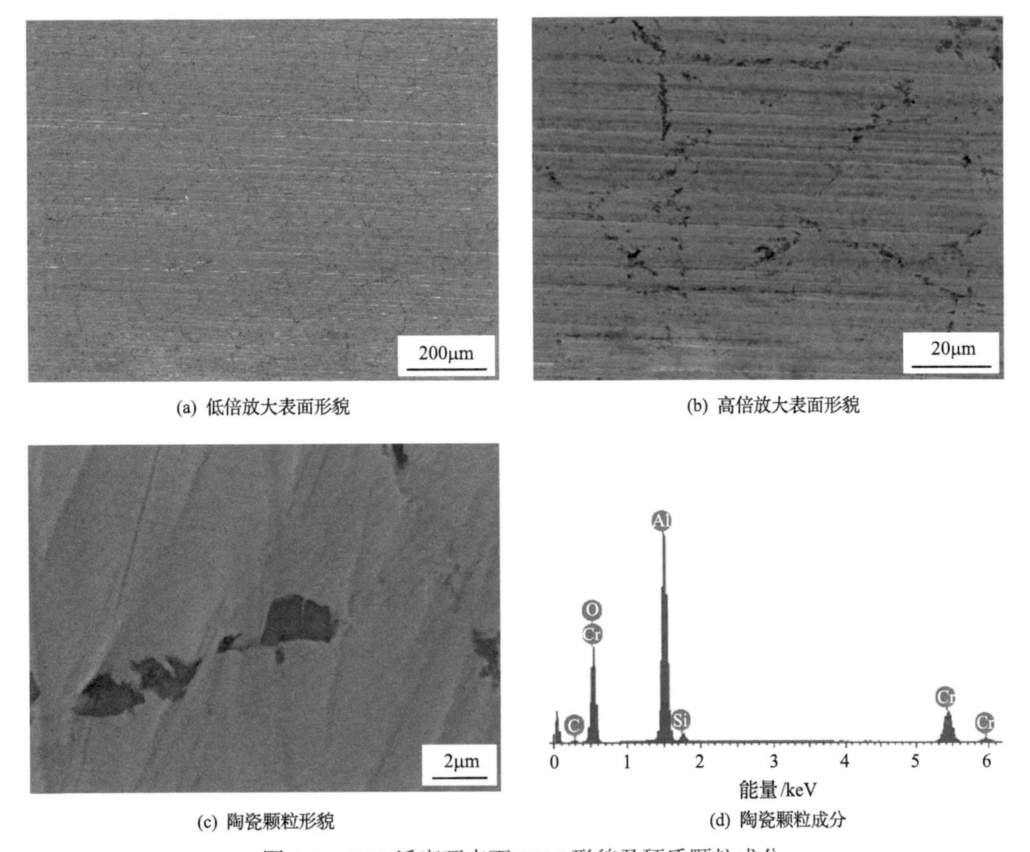

(a) 低倍放大表面形貌　(b) 高倍放大表面形貌

(c) 陶瓷颗粒形貌　(d) 陶瓷颗粒成分

图 4.7　CKS 活塞环表面 SEM 形貌及硬质颗粒成分

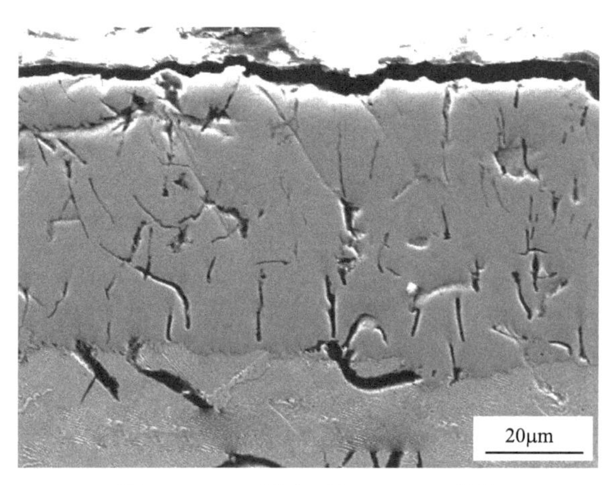

图 4.8　CKS 活塞环截面 SEM 形貌

(3)PVD 活塞环。图 4.9 为 PVD 活塞环表面 SEM 形貌。由图可知，其表面存在密集的细小凹坑。图 4.10 为 PVD 活塞环截面形貌及镀层成分。由图可知，镀层厚度约为 30μm，镀层与基体之间有铬过渡层，两侧均结合紧密。工作表面硬度为 $1106HV_{0.1}$。

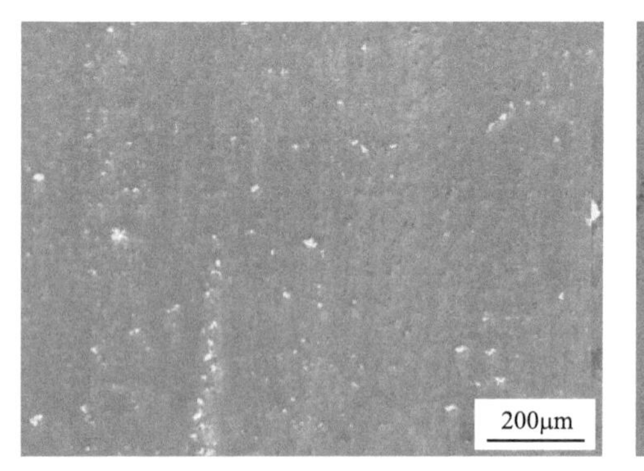

(a) 低倍放大形貌

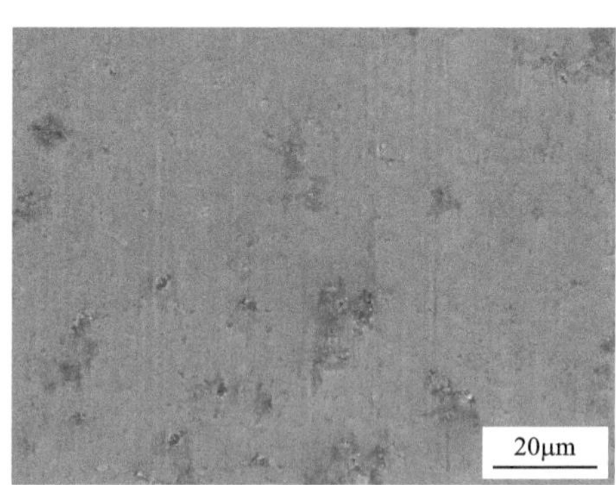

(b) 高倍放大形貌

图 4.9　PVD 活塞环表面 SEM 形貌

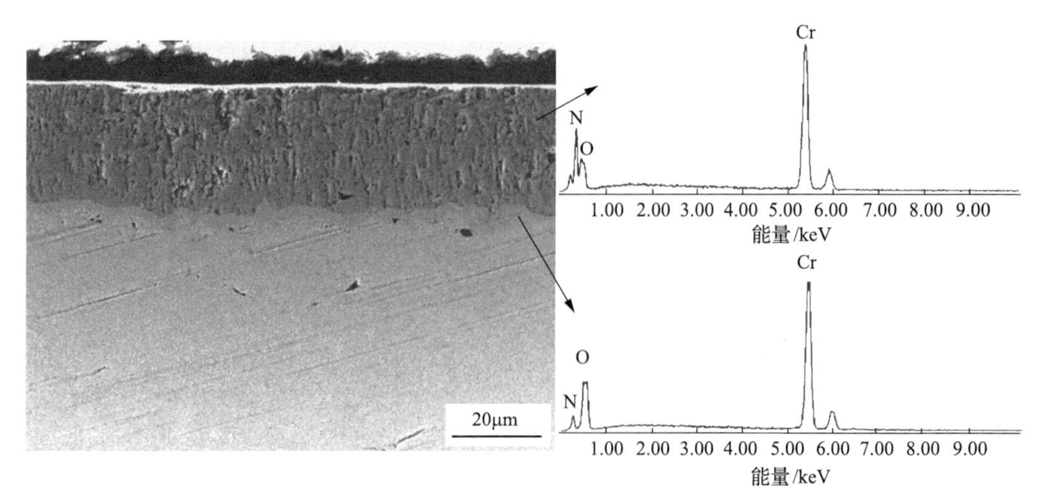

图 4.10　PVD 活塞环截面形貌及镀层成分

(4)活塞环的尺寸及工作面轮廓曲线。为保证活塞环各处的曲率半径与气缸套试样工作面相同，专门定制了圆形闭口活塞环，外径为 110mm，内径为 70mm，轴向高度为 3mm，见图 4.11(a)。活塞环外圆面为对称桶面结构，轮廓曲线与开口活塞环相同，见图 4.11(b)，桶面高度为 10μm。活塞环试样切割方法与 3.3 节相同。

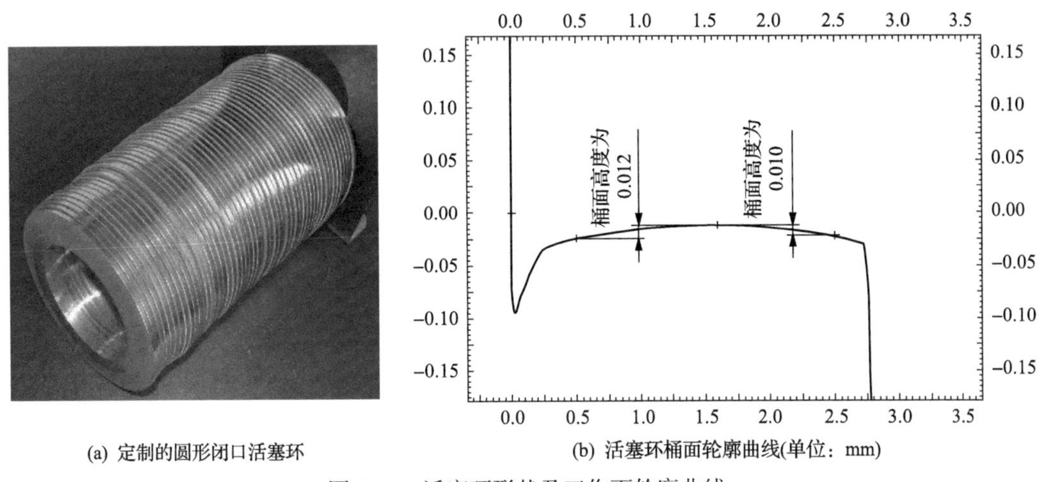

(a) 定制的圆形闭口活塞环

(b) 活塞环桶面轮廓曲线(单位：mm)

图 4.11 活塞环形状及工作面轮廓曲线

3. 润滑油

润滑油为 SAE 15W-40 CF-4，其理化性能检测结果如表 4.2 所示。

表 4.2 SAE 15W-40 CF-4 润滑油理化性能

分析项目	质量指标	实测值	试验方法
运动黏度(100℃)/(mm^2/s)	13.0～16.3	14.75	GB/T 265—1988
低温动力黏度(–25℃)/(mPa·s)	不大于 7000	5480	GB/T 6538—2010
低温泵送黏度(–30℃，在无屈服应力时)/(mPa·s)	不大于 60000	24350	GB/T 9171—1988
倾点/℃	不高于–30	–36	GB/T 3535—2006
闪点(开口)/℃	不低于 205	230	GB/T 3536—2008
水分(质量分数)/%	不大于痕迹	痕迹	GB/T 260—2016
机械杂质(质量分数)/%	不大于 0.01	<0.01	GB/T 511—2010
高温高剪切黏度(150℃，10^6s^{-1})/(mPa·s)	不小于 2.9	4.0	SH/T 0618—1995

4.1.2 试验方案

根据 3.3 节介绍的磨损模拟试验方法开展试验，试验参数如下：

1. 摩擦磨损性能试验

(1)试验转速：200r/min。

(2)试验温度：根据典型高强化柴油机燃烧室典型结构件温度场仿真分析结果，活塞环上止点附近气缸套表面温度为 150.6℃，同时考虑到更为恶劣的温度条件，适当扩大试验温度范围，取 120℃、150℃和 180℃三个温度开展试验。

(3) 试验载荷：典型的高强化柴油机的最大燃烧压力约为 20MPa，考虑在磨损形式不发生变化的前提下尽量强化磨损程度，在尽可能短的时间内获得明显可测的磨损量，根据以往经验，选用 20MPa、40MPa、60MPa、80MPa、100MPa 和 120MPa 六种载荷进行试验。

(4) 磨合工艺：10MPa 磨合 1h，然后加载到工作载荷，连续试验 23h 后停机。

(5) 采用全交试验方案，硼磷铸铁气缸套分别与 PVD 活塞环、喷钼活塞环和 CKS 活塞环配对，测量摩擦系数和磨损量。重复 3～5 次。

2. 抗拉缸性能试验

(1) 试验转速：200r/min。

(2) 试验温度：180～250℃。

(3) 试验载荷：40～100MPa。

(4) 磨合工艺：在充分供油条件下 10MPa 磨合 1h，然后加载到工作载荷再磨合 3h，然后停止供油。

(5) 采用 4 种温度、4 种载荷共 16 种工况条件的全交试验方案，硼磷铸铁气缸套分别与 PVD 活塞环、喷钼活塞环和 CKS 活塞环配对，测量从停止供油到发生拉缸的时间。重复 3～5 次。

4.1.3 硼磷铸铁气缸套的摩擦磨损性能

图 4.12 为部分磨损试样。图 4.13 和图 4.14 为部分磨损后的气缸套试样和活塞环试样表面宏观照片。由图可以看出，气缸套试样表面磨损均匀，活塞环试样工作面为桶面形状，磨损仅仅发生在桶面的中央部位，但沿着活塞环的圆周方向磨痕均匀，说明活塞环-气缸套试样的接触状态良好，保证了试验数据的可靠性。

以载荷、温度为变量，经曲面拟合，得到载荷和温度对硼磷铸铁气缸套分别与三种活塞环配对的摩擦系数影响规律，如图 4.15 所示。其共性特点为，随载荷增加，摩擦系

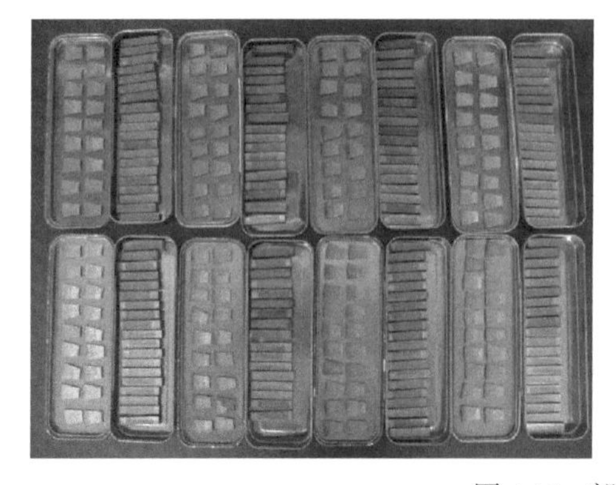

图 4.12 部分磨损试样

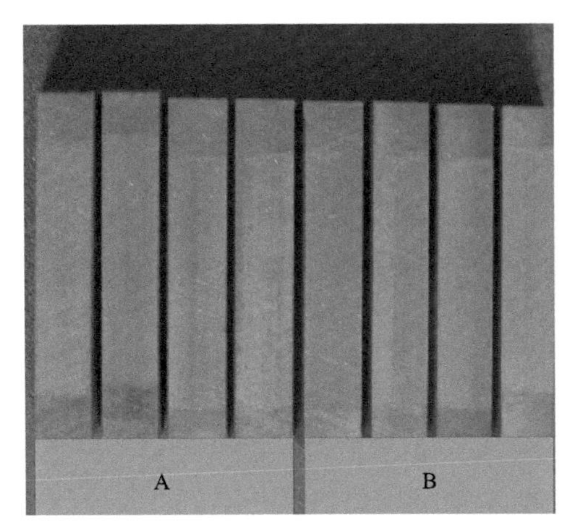

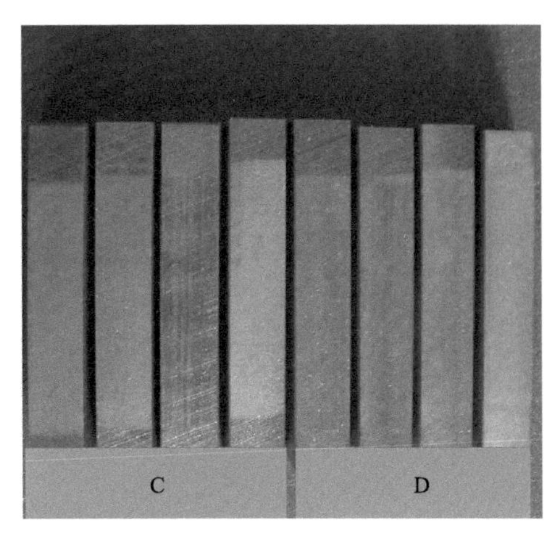

图 4.13 磨损试验后气缸套试样表面状态

A-20MPa；B-40MPa；C-60MPa；D-80MPa

图 4.14 磨损后活塞环试样表面宏观照片

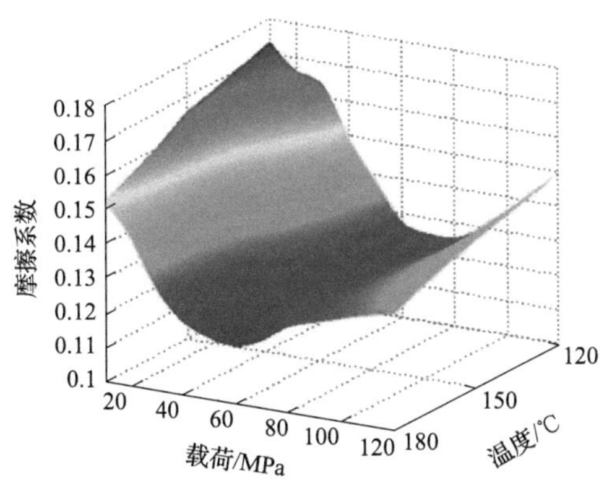

(a) 喷钼活塞环

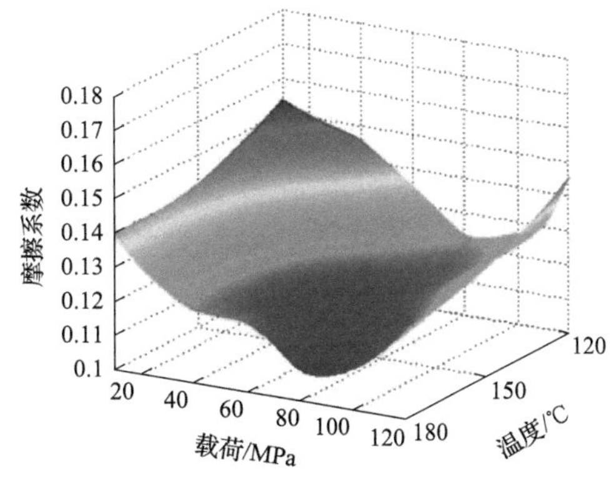

(b) CKS活塞环

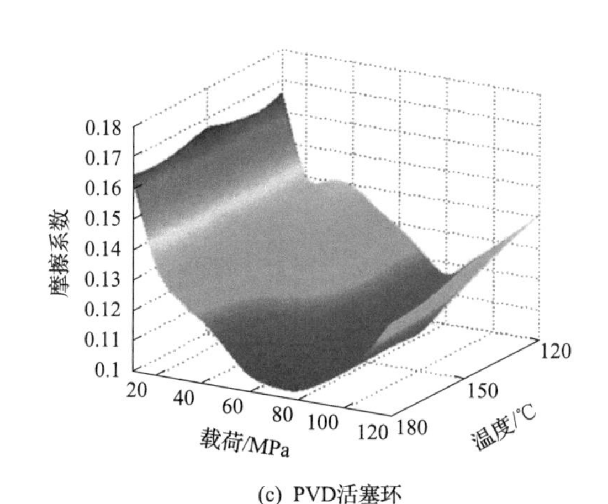

(c) PVD活塞环

图 4.15　载荷和温度对铸铁气缸套摩擦系数的影响规律

数先降低后增加，且下降幅度较大；随温度升高，摩擦系数也有下降的趋势，但下降幅度比载荷的影响要小得多。图 4.16 为温度为 150℃截面上载荷对摩擦系数的影响。由图可知，三种配对副在 150℃时摩擦系数随载荷呈现相同的规律，在试验载荷范围内，摩擦系数大小的顺序均保持喷钼活塞环＞PVD 活塞环＞CKS 活塞环的规律。

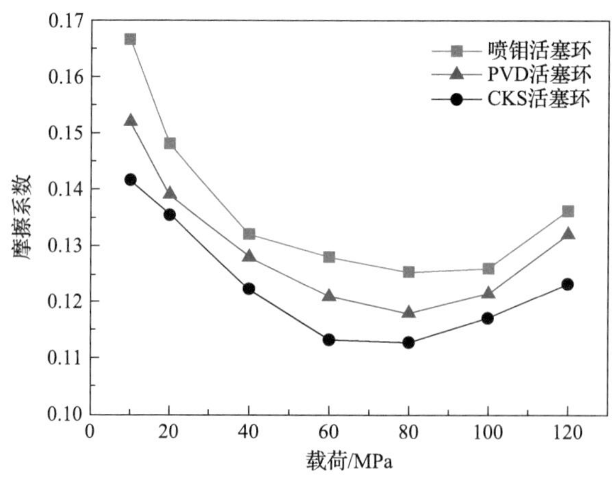

图 4.16　气缸套与三种活塞环配对的摩擦系数(150℃)

温度和载荷对硼磷铸铁气缸套分别与三种活塞环配对的磨损量的影响规律如图 4.17 所示。其共性特点为，在低载荷(20MPa)时磨损量极小，当载荷达到一定值时(40MPa)磨损量迅速增大，升至 60MPa 后又趋于稳定。随温度的升高，磨损量略有下降，在低于 60MPa 时，与三种活塞环配对的规律基本相同，但大于 60MPa 后，与不同活塞环配对时，气缸套的磨损量随温度的变化有所不同，但变化幅度均远远小于载荷的影响。与 CKS 活塞环配对时，气缸套的磨损量随温度升高缓慢下降；与 PVD 活塞环配对时，气缸套的磨损量几乎无明显变化；而与喷钼活塞环配对时，随着载荷进一步升高，温度对气缸套磨损的影响更加明显，温度升高磨损量下降较快。

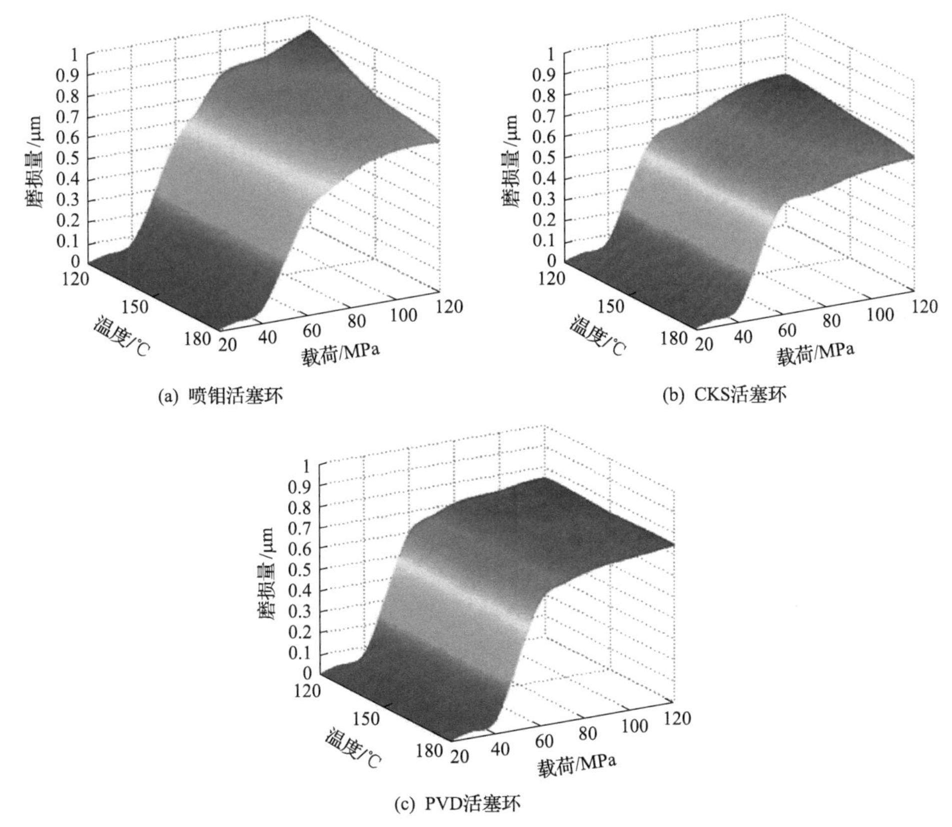

图 4.17 温度和载荷对铸铁气缸套磨损的影响规律

由图 4.18 可知，与 CKS 活塞环和 PVD 活塞环配对时，气缸套的磨损量在试验载荷范围内保持稳定的相对关系，与 CKS 活塞环配对的磨损量均较低。与喷钼活塞环配对时，气缸套的磨损量受载荷和温度的影响比较大，低于 60MPa 时，磨损量最低；大于 60MPa 后，磨损量增幅较大，且随温度降低，增幅进一步提高；180℃时，磨损量大于与 CKS 活塞环配对时的磨损量；150℃时，磨损量超过与 PVD 活塞环配对时的磨损量。

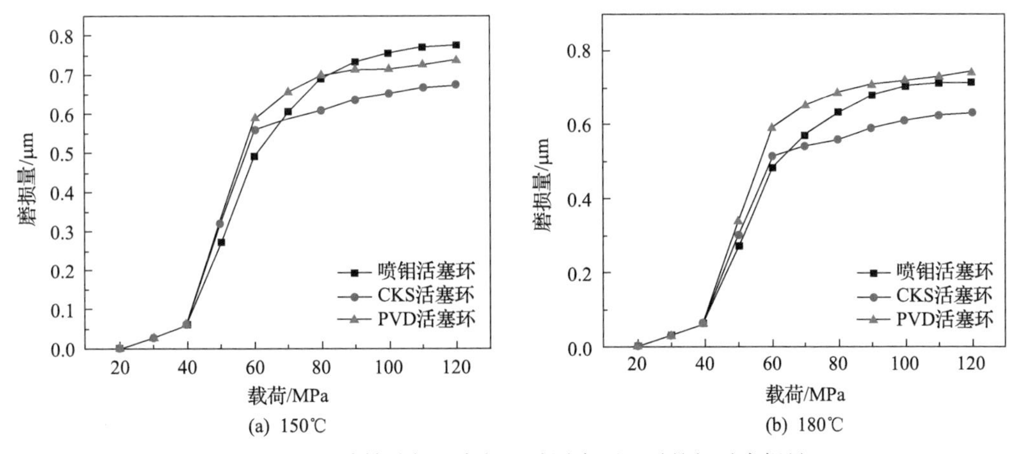

图 4.18 硼磷铸铁气缸套与三种活塞环配对的相对磨损量

图 4.19 为 20MPa 和 100MPa 时三种活塞环的磨损量。在 20MPa 时，PVD 活塞环和 CKS 活塞环的磨损量几乎相同，而喷钼活塞环磨损量可达 PVD 活塞环和 CKS 活塞环的 2.5 倍。当 100MPa 时，PVD 活塞环和 CKS 活塞环的磨损量与 20MPa 时的情况一样，仍然几乎相同，而喷钼活塞环磨损量大大增加，可达 PVD 活塞环的 13 倍左右。与 CKS 活塞环配对时，气缸套的磨损量最小。

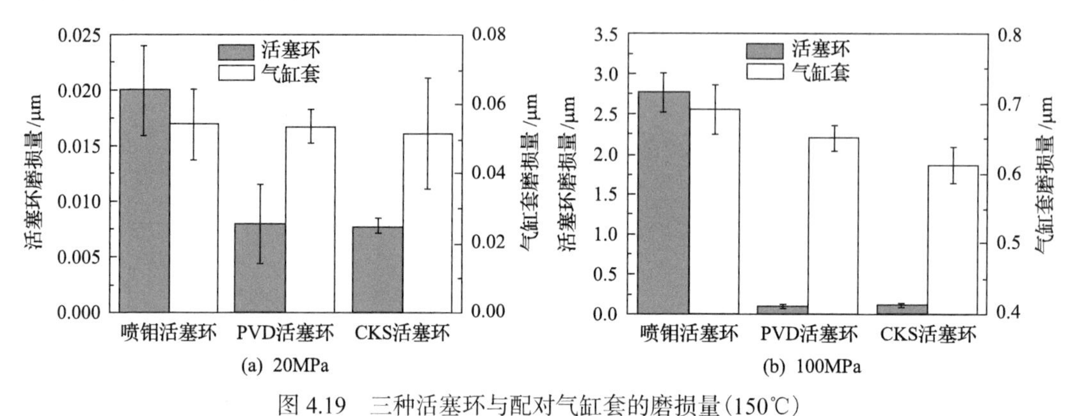

图 4.19　三种活塞环与配对气缸套的磨损量(150℃)

图 4.20 为 100MPa、150℃下，与 PVD 活塞环配对时，磨损时间对气缸套磨损的影响，随着磨损时间延长，气缸套的磨损量变化不大，且 24h 后，磨损量的增幅逐渐减小。这说明，在模拟试验条件下，8h 之内磨合基本结束，24h 后磨损率基本达到稳定。

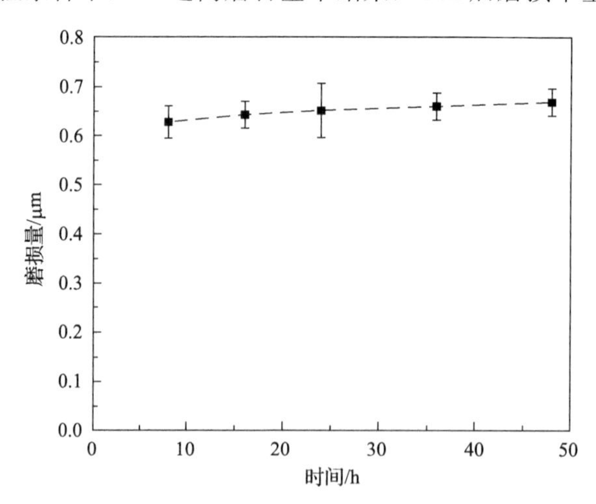

图 4.20　气缸套磨损量随磨损时间的变化(100MPa，150℃，PVD 活塞环)

4.1.4　硼磷铸铁气缸套的抗拉缸性能

根据油膜耗散法获得的摩擦力-时间曲线，如图 3.34 所示，获得从停止供油到发生严重黏着磨损的运行时间，绘制时间-载荷-温度曲面图，即可得到温度和载荷对不同配对副抗拉缸性能的影响，如图 4.21 所示。其共性规律是，在 40MPa 和 180℃附近的区域内，随载荷增大、温度升高，从停止供油到发生严重黏着磨损的运行时间迅速缩短，然后逐渐趋于稳定；而在较高的温度或者较大的载荷区域，发生黏着磨损的运行时间都很短。区别是，与不同活塞环配对时，其抗拉缸性能有明显的变化。由 180℃时载荷对三种配对副抗拉缸性能影响规律(图 4.22)和 40MPa 时温度对三种配对副抗拉缸性能影响规律(图 4.23)可知，在试验的载荷和温度范围内，硼磷铸铁气缸套与喷钼活塞环配对的抗拉缸性能均最好，与 PVD 活塞环配对时均最不好，而与 CKS 活塞环配对时介于两者之间。

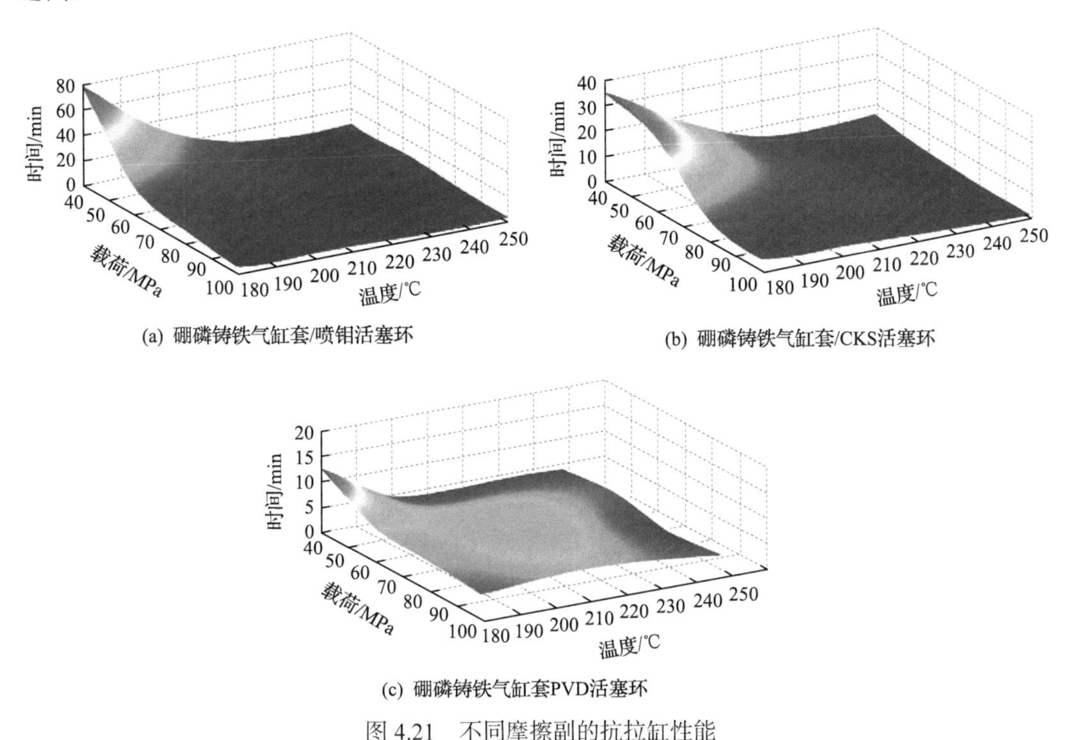

图 4.21　不同摩擦副的抗拉缸性能

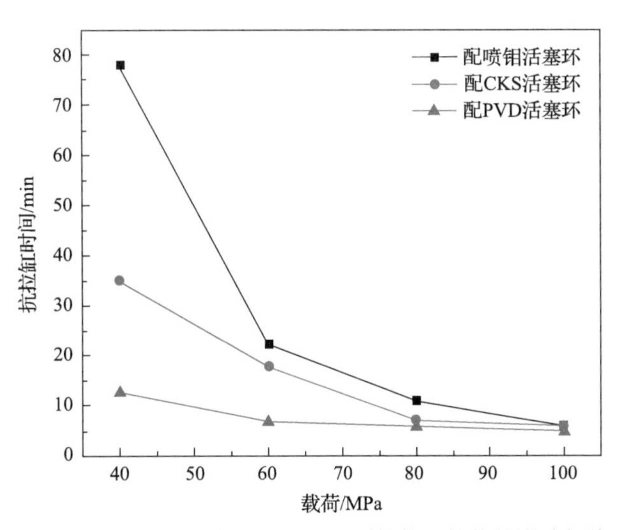

图 4.22　180℃时载荷对三种配对副抗拉缸性能的影响规律

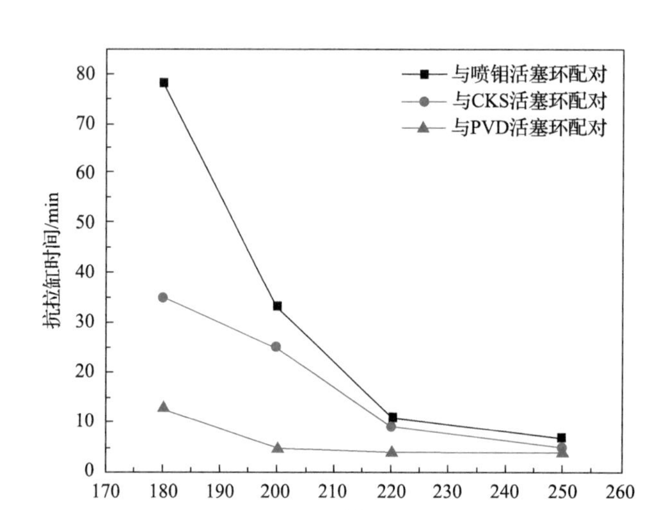

图 4.23 40MPa 时温度对三种配对副抗拉缸性能的影响规律

4.1.5 硼磷铸铁气缸套的磨损机理

1. 气缸套磨损表面形貌特征

1) 载荷对气缸套磨损表面形貌的影响

针对图 4.17 所示的磨损规律，选择 150℃时 20MPa、40MPa、60MPa、100MPa 四种载荷下的气缸套磨损试样进行表面形貌分析[12]。

20MPa 时气缸套磨损表面形貌如图 4.24 所示，表面的珩磨纹清晰可见。与喷钼活塞环配对的气缸套表面沿滑动方向有较多磨痕(图 4.24(a))；与 CKS 活塞环配对的气缸套表面磨损比较平滑，有少量塑性变形痕迹，沿着滑动方向有少量磨痕(图 4.24(b))；与 PVD 活塞环配对的气缸套表面最平滑，无明显可见的磨痕，可以看出表面凹坑及珩磨纹边缘有明显的塑性变形(图 4.24(c))。

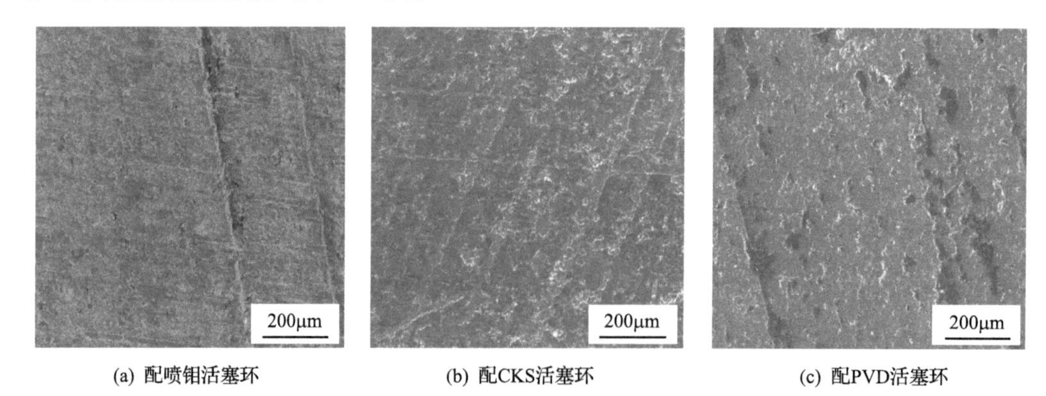

(a) 配喷钼活塞环　(b) 配CKS活塞环　(c) 配PVD活塞环

图 4.24 20MPa 时气缸套磨损表面形貌(SEM)

40MPa 时气缸套磨损表面形貌如图 4.25 所示，表面珩磨纹理已模糊(图 4.25(a))，承载平台局部发生严重塑性变形，变形物挤入珩磨纹，部分珩磨沟槽被完全填平(图4.25(b)、(c))，或者暂时储存变形物(图4.25(d))，随着磨损进行，沟槽被逐渐填满，或者被磨掉成为磨屑。

(a) 气缸套表面珩磨纹形貌　(b) 珩磨沟槽与表面变形

(c) 塑性变形局部填平珩磨沟槽　(d) 珩磨沟槽边缘的塑性变形

图4.25　40MPa时气缸套磨损表面形貌(SEM，配PVD活塞环)

60MPa时气缸套磨损表面形貌如图4.26所示，表面珩磨纹已经难以分辨，磨损表面十分平整，局部有少量凹坑。

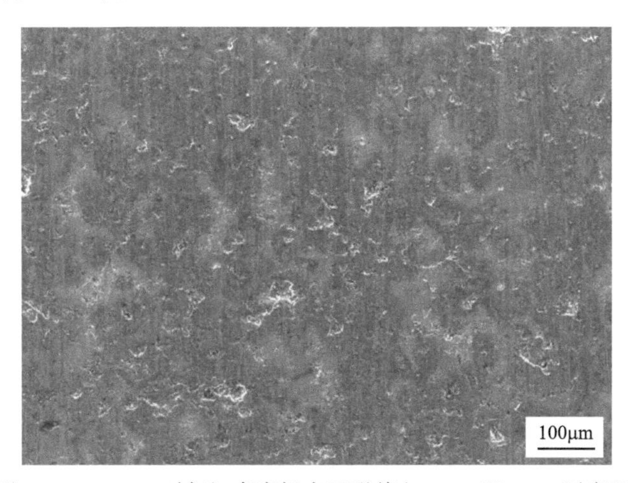

图4.26　60MPa时气缸套磨损表面形貌(SEM，配PVD活塞环)

由上述气缸套磨损表面形貌可知，随着载荷增大，气缸套表面塑性变形加重，从表面状态判断，与活塞环的贴合良好，无明显加剧磨损的痕迹。结合图 4.18 的磨损曲线可知，尽管在 40～60MPa 时磨损量快速增大，但总体变化很小，最大线磨损量在 1μm 以内，这说明承载表面的塑性变形是磨损的主要表现形状。当小于 40MPa 时，表面局部塑性变形即可形成稳定的承载表面，因此线磨损量十分微小。40MPa 应该是该硼磷铸铁气缸套的承载上限，当大于 40MPa 后，小平台表面微凸体已无法满足承载需求，为获得更大的承载面积，基体在法向载荷和摩擦力的联合碾压作用下进一步发生塑性流动，磨损量快速增大。当大于 60MPa 时，承载面积变大，加工硬化效应提高了接触面的承载能力，磨损也保持相对稳定。这说明硼磷铸铁气缸套与 PVD 活塞环、CKS 活塞环和喷钼活塞环配对时，总体表现出一致的特征。

100MPa 时气缸套磨损表面形貌如图 4.27 所示，与 20MPa 时的表面形貌相比，塑性变形特征明显增强。与喷钼活塞环配对的气缸套表面珩磨纹理已完全消失，表面有局部脱落点，以及随后产生的犁沟(图 4.27(a))。脱落点很可能是表面局部发生黏着现象，达到了喷钼活塞环的承载极限。同喷钼活塞环相比，与 CKS 活塞环和 PVD 活塞环配对的气缸套表面没有明显黏着及犁沟痕迹(图 4.27(b)和(c))，但沿着凹坑边缘向凹坑或者珩磨纹内部流动，珩磨纹或凹坑面积明显减小，摩擦副表面总体上处于良好的承载和接触状态。

2)磨损时间对表面形貌的影响

图 4.20 中不同磨损时间对应的气缸套表面形貌见图 4.28。磨损 8h，气缸套表面初始加工损伤层消失，有轻微塑性变形，变形区的边界尚可清晰辨认(图 4.28(a))。磨损 16h，

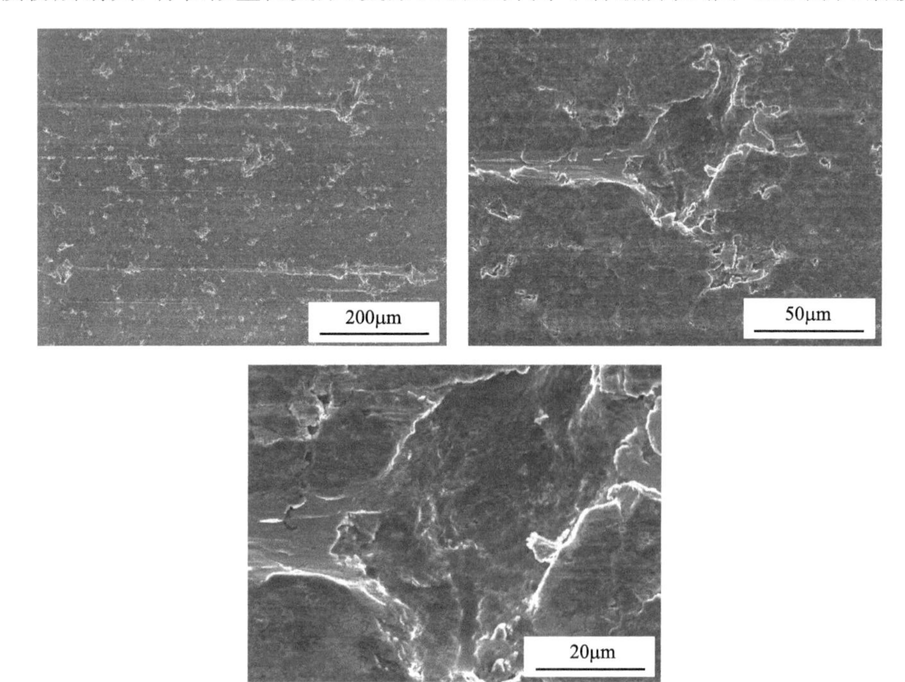

(a) 配喷钼活塞环

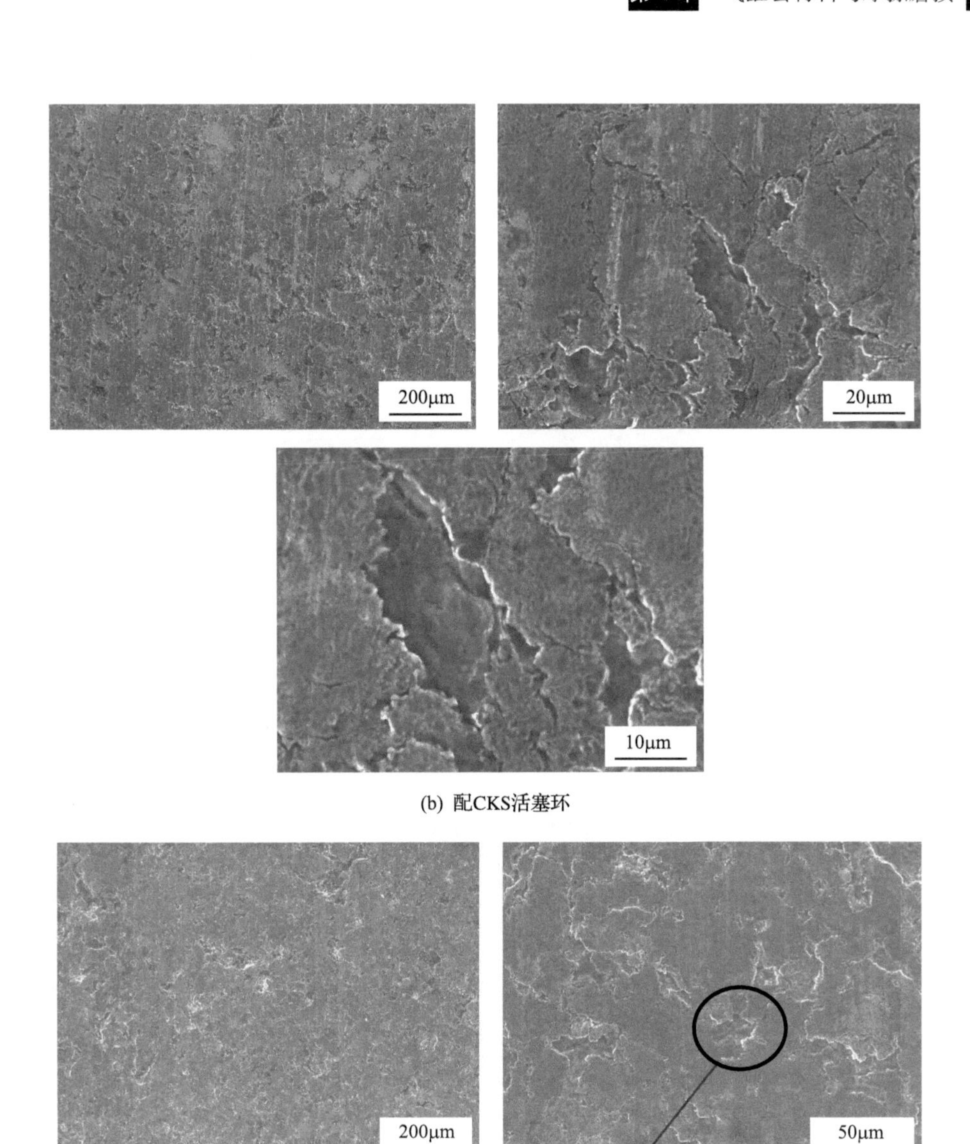

(b) 配CKS活塞环

(c) 配PVD活塞环

图 4.27 100MPa 时气缸套磨损表面形貌(SEM，150℃，200r/min)

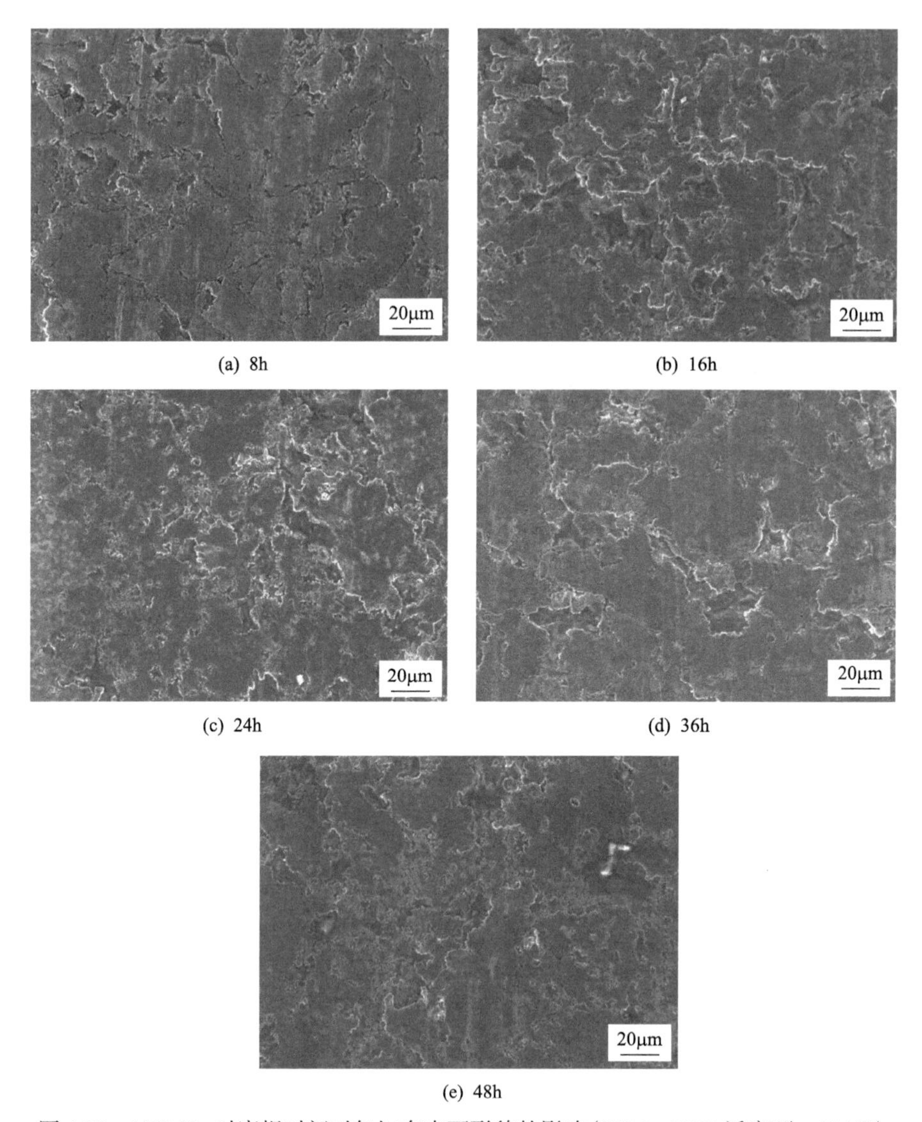

(a) 8h (b) 16h (c) 24h (d) 36h (e) 48h

图 4.28 100MPa 时磨损时间对气缸套表面形貌的影响(SEM，PVD 活塞环，150℃)

气缸套表面有明显塑性变形及较深的凹坑，数量较多(图 4.28(b))；磨损 24h，气缸套表面更加平整,连续平面区域变大,凹坑尺寸变小、变浅(图 4.28(c))；磨损 36h(图 4.28(d))、磨损 48h(图 4.28(e))时的表面状态与 24h 的基本相同，这说明，在磨损过程中，随着时间延长，承载平台面积逐渐变大，表面趋于稳定，磨损率也逐渐减小并稳定下来。

3)磨损表面成分

气缸套表面因碾压形成的塑性变形物形貌见图 4.29(a)，总体上呈片状，边缘很薄，有开裂迹象。能谱分析表明，塑性变形前缘以 Fe 为主，Zn、Ca 等润滑油添加剂成分含量较多(图 4.29(b))，说明气缸套表面发生塑性变形过程中，与润滑油添加剂发生了摩擦化学反应，形成了固体润滑膜。这说明在碾压过程中，添加剂起到了抑制了黏着的作用。

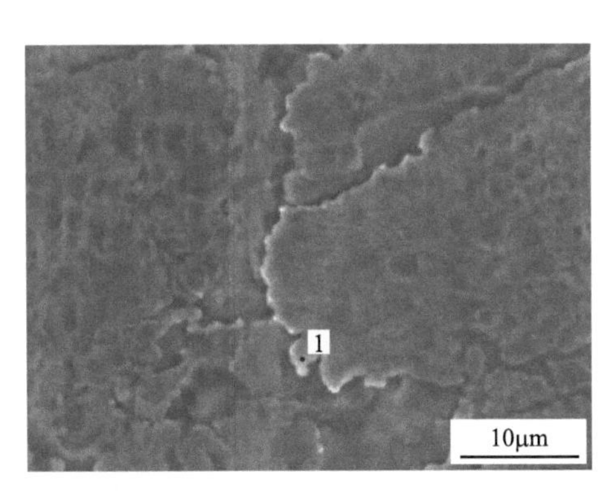

(a) 气缸套表面塑性变形区形貌

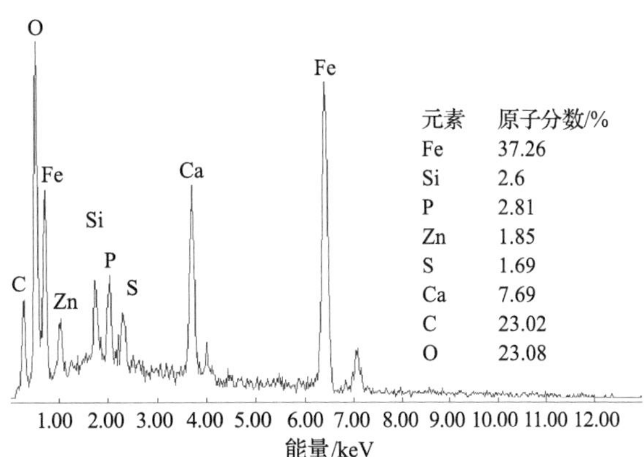

(b) 位置1处成分

图 4.29 100MPa 磨损 48h 气缸套表面 SEM 形貌及 EDS 成分(PVD 活塞环)

2. 硼磷铸铁气缸套表面塑性变形机制

气缸套磨损表面的典型形貌特征是因碾压形成层状塑性变形。而硼磷铸铁气缸套的组织由片状石墨、硬质相及片层状珠光体构成，在气缸套摩擦磨损过程中，这些相各自发挥了不同的作用。本节首先分析石墨和珠光体基体的变形机制，硬质相的作用在 4.2 节中进一步讨论。

1) 石墨

用于气缸套制造的硼磷铸铁，其石墨为片状结构，有一定的储存润滑油作用，磨损脱落后，又有固体润滑作用。由于石墨片割裂了珠光体基体，在气缸套表面因摩擦作用发生塑性变形时，石墨片起到了“三明治”夹层作用，导致珠光体基体塑性变形后形成片层结构(图 4.29)。

2) 珠光体

用于气缸套制造的硼磷铸铁，其珠光体由片状铁素体和片状渗碳体相间构成，在摩擦过程中，经历了复杂的形变和断裂过程，表现出三个典型特征。

第一个特征是瞬态变形。随着应变速率的增加，含珠光体组织的材料流变应力随之增大，变形后的硬度也随之提高[13]。

第二个特征是珠光体择优取向。在塑性变形区域，由于珠光体层片取向与应力轴向夹角不同，形变后的形态(图 4.30)和加工硬化率也有明显差别[14]。当珠光体层片取向与应力轴向夹角较小时，变形过程中，渗碳体始终与铁素体保持协调形变，珠光体团可通过旋转迅速调整取向，使层片取向平行于拉拔轴向，并率先形成〈110〉丝织构，有利于形变强化；当珠光体层片取向与应力轴向夹角较大时，变形过程中，珠光体层片通过弯折形变接近拉拔轴向，弯折、断裂的组织失去层片组织的特点，渗碳体断裂碎化，铁素体形成位错胞结构，使得后续形变困难，层片减薄缓慢，铁素体难以形成〈110〉丝织构，珠光体层片加工硬化率相对较低。

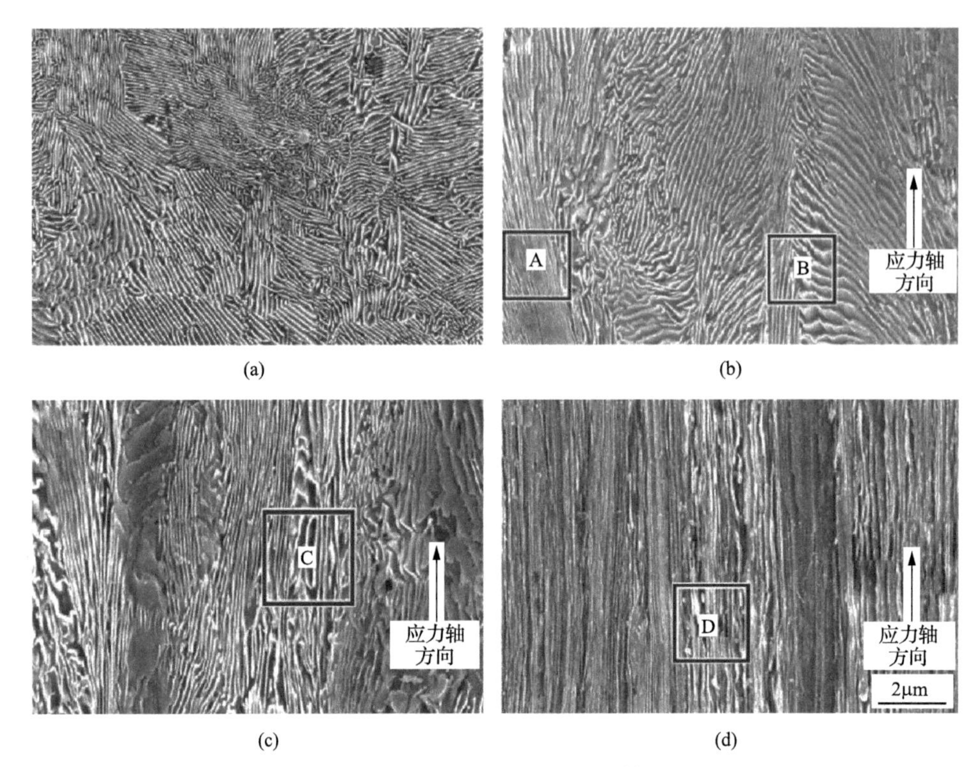

图 4.30 珠光体片取向与应力轴夹角对珠光体形变特征(SEM)

第三个特征是珠光体取向决定了裂纹萌生与扩展。珠光体中裂纹萌生与扩展方式取决于层片与拉伸轴的位向关系[15]。如图 4.31 所示，当珠光体层片平行拉伸轴时，裂纹在渗碳体和铁素体中交替萌生，垂直于层片扩展；当珠光体层片垂直于拉伸轴时，裂纹在铁素体中萌生，平行于层片扩展；当珠光体层片与拉伸轴斜交时，裂纹通过渗碳体和铁素体交替断裂而扩展；裂纹也可以在珠光体团边界萌生、扩展。不同取向的层片可使裂纹扩展方向发生偏转。裂纹扩展到一定程度，发生局部断裂后，即形成了磨屑。

3. 硼磷铸铁气缸套的磨损机制

根据上述摩擦磨损试验结果及磨损表面形貌和表面成分的分析，可把硼磷铸铁气缸套的磨损过程分为三个典型阶段。

第一阶段：去除加工损伤表层。图 4.3(c)为磨损前的初始形貌，表面分布深浅不同的珩磨纹，总体平整，但基体组织碎裂、脱落情况较重。由摩擦力曲线(图 3.37)可知，在磨合初期，摩擦力较大，随润滑油排出的磨屑量也较大，润滑油深黑色；对于 PVD 活塞环配硼磷铸铁气缸套，一般需要 20min 左右，摩擦力才大幅下降至相对稳定，磨屑排出量也随之减少。当磨损达到 8h 时，批量排出磨屑的过程基本结束。这一阶段中，细小磨屑参与的磨粒磨损占主导地位，气缸套表面形成完整组织，如图 4.28(a)，磨损率逐渐降低。

第二阶段：调整表面接触状态。随着磨损过程的进一步发展，摩擦界面的磨屑逐渐变得稀少，活塞环与气缸套之间通过边界润滑膜传递了高比压的压力和较大切向力，驱

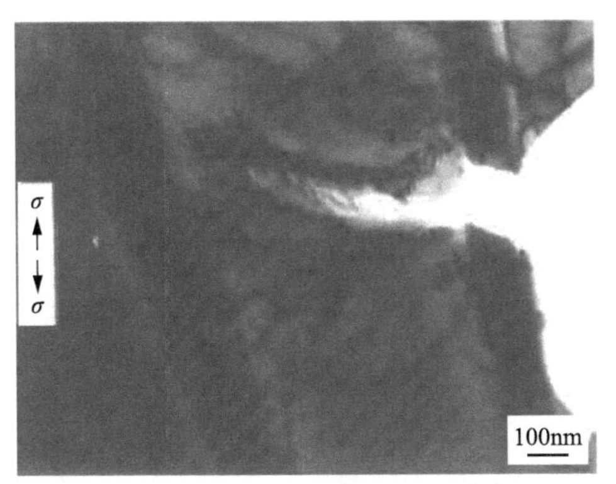

(a) 拉伸轴平行珠光体层片时的裂纹

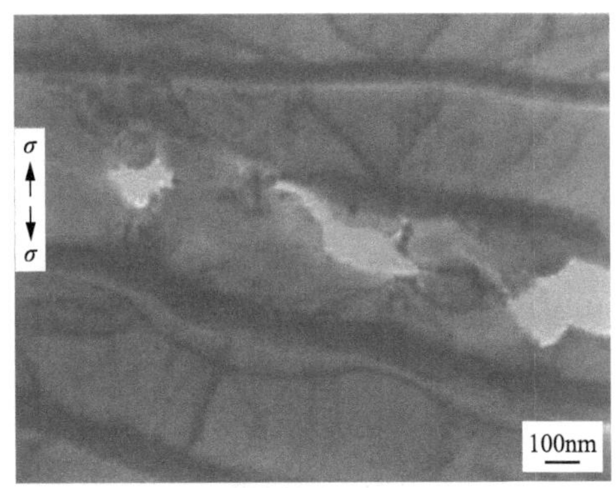

(b) 拉伸轴垂直珠光体层片时的裂纹

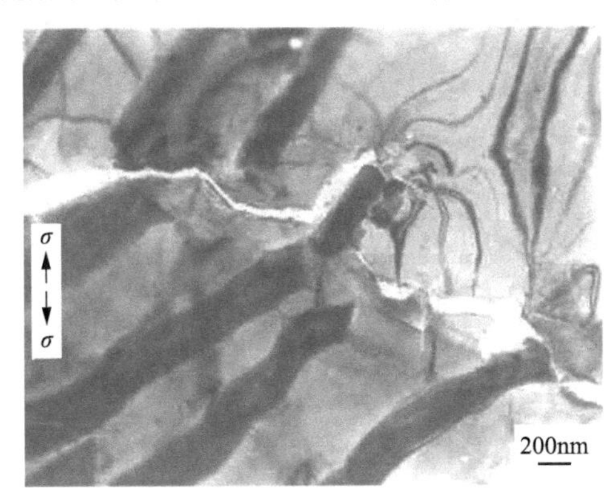

(c) 拉伸时珠光体团边界的裂纹

图 4.31 拉伸轴与珠光体片层取向对裂纹生成的影响[6]

动气缸套表层金属发生塑性流动。由于气缸套表面初期的凹坑较大，表层凸起部位变形量也较大。因珠光体拉伸变形、加工硬化和裂纹萌生与扩展机制的作用，以及石墨片和凹坑表面污染物的割裂作用，会产生较大尺寸的“三明治结构”片层，并撕裂、脱落，进一步留下凹坑，如图 4.28(b)。这一阶段，表层大比率塑性变形的疲劳磨损占主导地位，磨损率进一步降低。

第三阶段：进入稳定磨损。随着表面接触状态的不断调整，凸起部位和凹坑部位高度差逐渐减少，大尺寸厚片层的磨屑逐渐减少，进入到以 Hertz 应力诱导的疲劳磨损为主、塑性变形填平脱落的疲劳磨屑凹坑为辅的磨损过程，如图 4.28(c)～(e)，此时磨损率很低，进入到相对平衡的磨损状态。

对于喷钼活塞环，当载荷超过其临界值时，除了塑形变形，还有局部黏着和犁削现象。

4.1.6 硼磷铸铁气缸套的拉缸机理

1. 气缸套和喷钼活塞环拉缸表面形貌和成分

图 4.32 为与喷钼活塞环配对的硼磷铸铁气缸套拉缸初期的表面形貌和不同区域的成分[16,17]。异常磨损区域(拉缸区域)与正常磨损区域差别明显，正常磨损区域有少量珩磨

纹，表面平滑，有细小的沿滑动方向的磨痕；异常磨损区域表面粗糙，基体塑性变形严重，有从喷钼活塞环转移的钼元素，黏着撕裂及片层剥落明显，表面损伤严重，但没有S、P等润滑油添加剂成分，在正常磨损区域没有转移的活塞环成分，但存在S、P等润滑油添加剂的成分，这说明在异常磨损区域润滑膜失效，发生黏着后露出了新鲜表面。

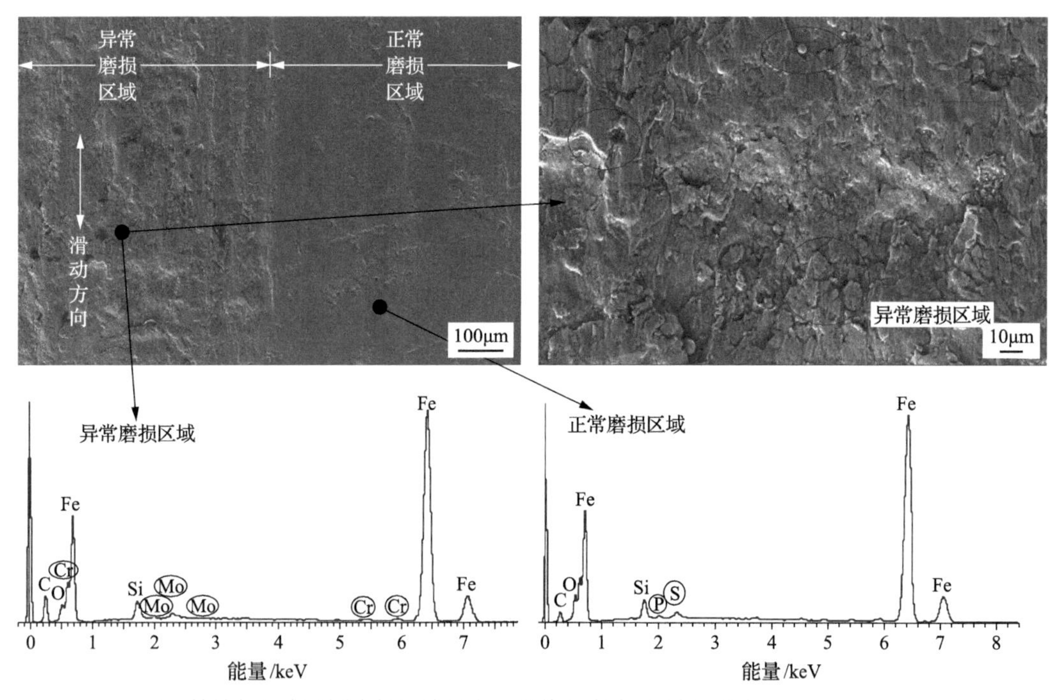

图 4.32 铸铁气缸套不同磨损区域的表面形貌和成分(配喷钼活塞环，60MPa，180℃)

图 4.33 为拉缸初期喷钼活塞环不同磨损区域的表面形貌和成分[16]。正常磨损区域只出现少量沿滑动方向的划痕，表面总体光滑，组织特征清晰，说明表面处于良好的配合状态；异常磨损区域有严重的塑性变形痕迹，表面粗糙。在正常磨损区域只出现少量 Fe 元素，在异常磨损区域 Fe 元素含量较高，说明在拉缸时，气缸套材料转移到活塞环表面。

2. 气缸套和 CKS 活塞环拉缸表面形貌和成分

图 4.34 为与 CKS 活塞环配对的硼磷铸铁气缸套发生拉缸时的表面形貌和成分[16]。异常磨损区域与正常磨损区域界限分明，正常磨损区域有可见少量珩磨纹，表面比较平滑，异常磨损区域沿滑动方向出现犁沟，珩磨纹消失，基体塑性变形严重，有明显的片层剥落痕迹，表面损伤严重。在正常磨损区域有 S、P 等润滑油添加剂成分，而在异常磨损区域为纯净的铸铁基体成分，既没有润滑油成分，也没有 CKS 活塞环表面成分，说明气缸套材料因黏着撕裂，露出新鲜表面，而活塞环材料没有向气缸套表面转移。

图 4.35 为拉缸初期 CKS 活塞环不同磨损区域的表面形貌和成分[16]。在异常磨损区域 CKS 活塞环表面有大量物质的黏着，由成分分析可知，黏附物以 Fe 为主，说明发生了从气缸套向活塞环表面的单向材料转移；而在正常磨损区域，也有 Fe 的存在，但含量

很小，说明在拉缸发生之前，气缸套材料向活塞环表面发生了轻微的材料转移。

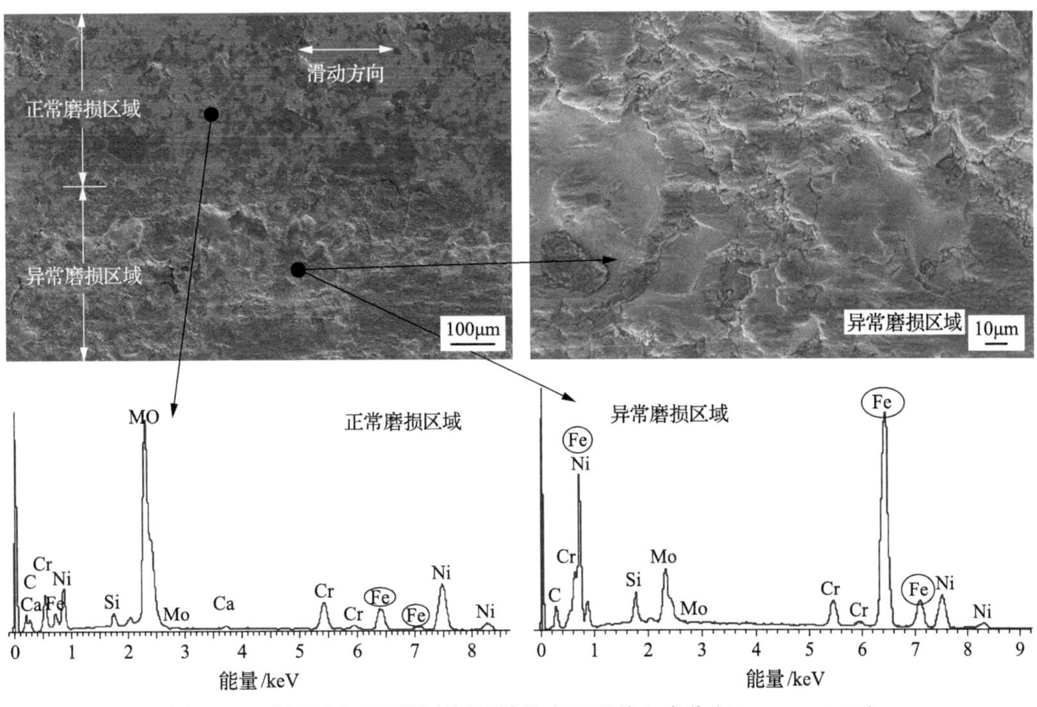

图 4.33　喷钼活塞环不同磨损区域的表面形貌和成分(60MPa，180℃)

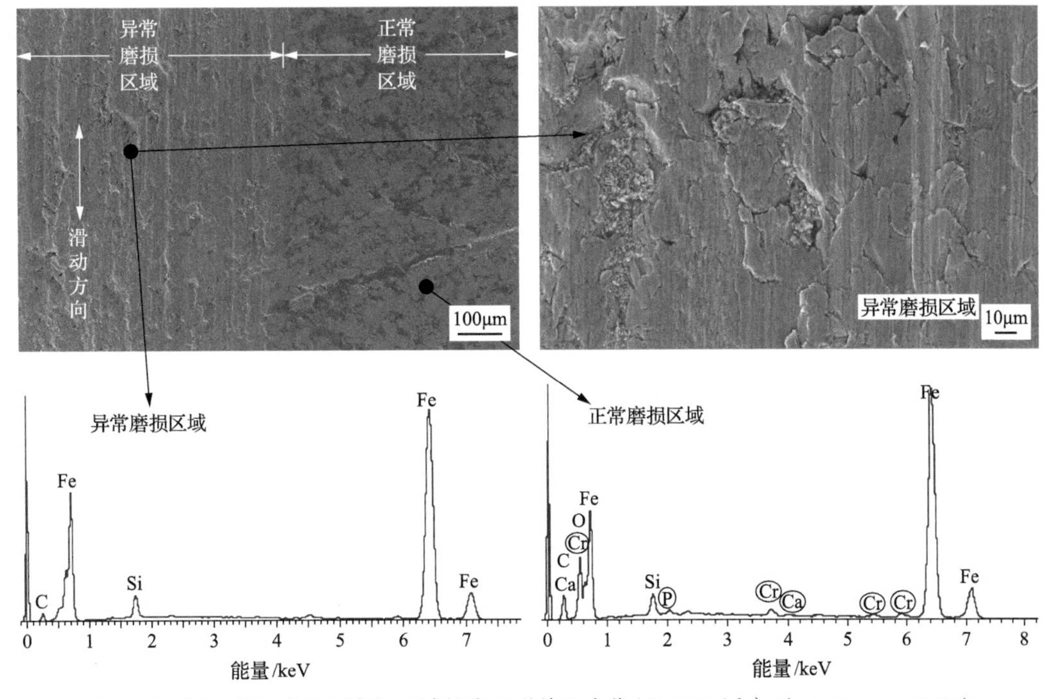

图 4.34　铸铁气缸套不同磨损区域的表面形貌和成分(配 CKS 活塞环，60MPa，180℃)

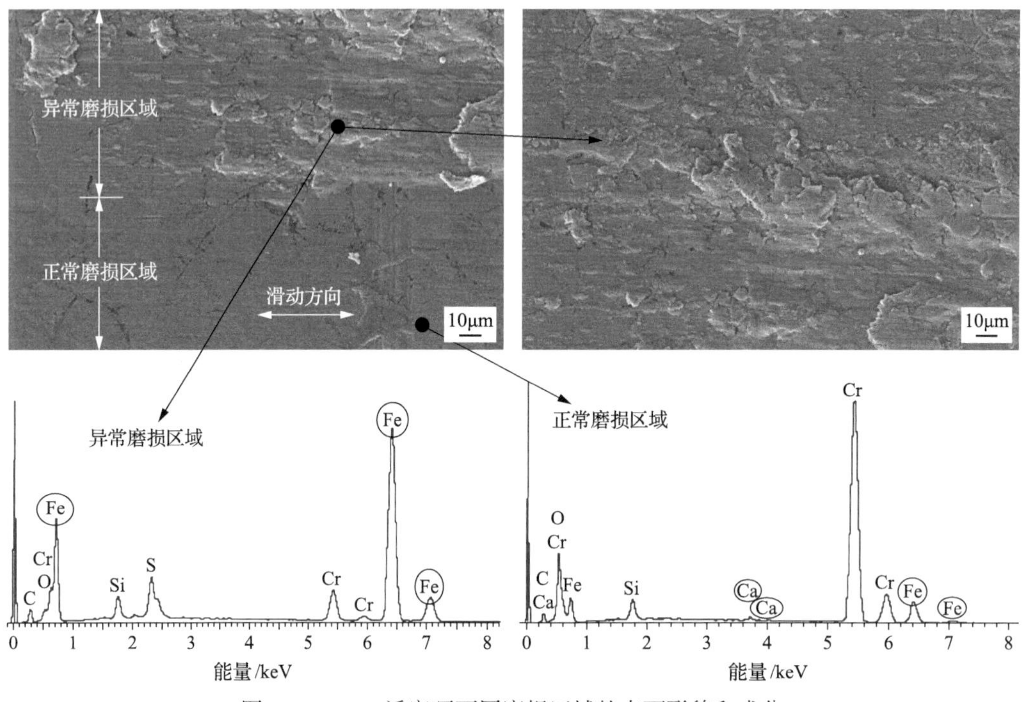

图 4.35 CKS 活塞环不同磨损区域的表面形貌和成分

3. 气缸套和 PVD 活塞环拉缸表面形貌和成分

图 4.36 为与 PVD 活塞环配对的铸铁气缸套发生拉缸时的表面形貌和成分[16]。拉缸

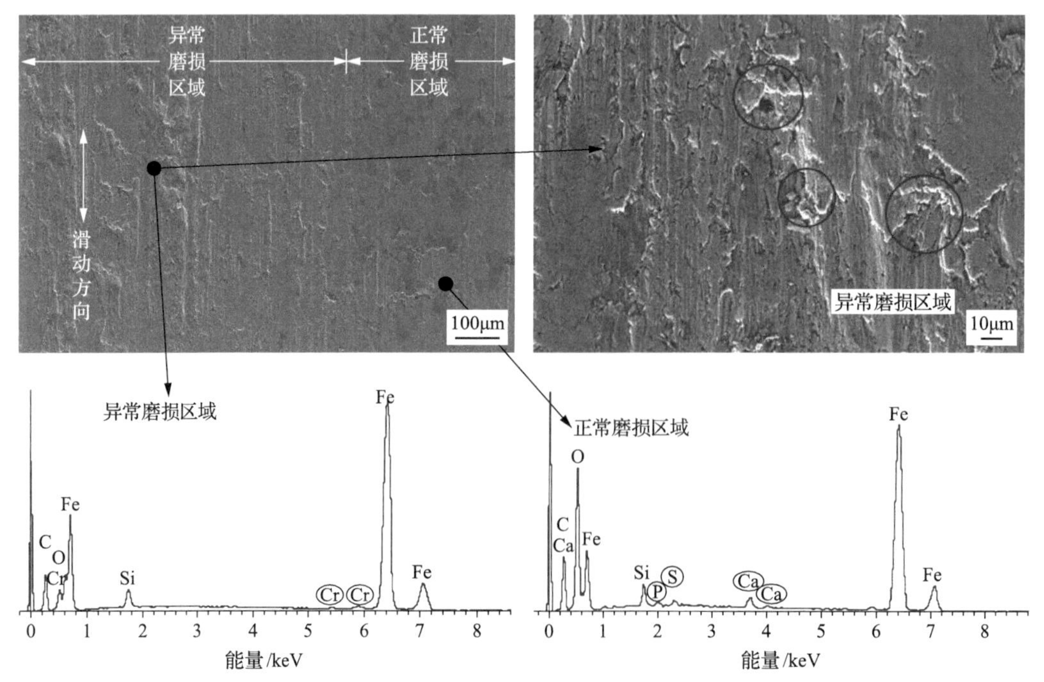

图 4.36 铸铁气缸套不同磨损区域的表面形貌和成分(配 PVD 活塞环，60MPa，180℃)

区域塑性变形严重，有严重的碾滑迹象和局部碎裂脱落痕迹。能谱分析可见正常磨损区域含有少量 S、P 等润滑油添加剂成分，而拉缸区域(异常磨损区域)为气缸套基体成分，润滑油分解覆盖的磨损表面完全剥离，露出新鲜的金属表面，没有明显的活塞环成分转移迹象。

图 4.37 为拉缸初期 PVD 活塞环拉缸区域表面形貌和成分[16]。在活塞环表面覆盖大量黏着物，能谱分析可见以 Fe 为主，说明气缸套材料向活塞环表面转移。由于 PVD 活塞环的硬度高，一旦发生黏着，剪切破坏程度大，对强度相对较低的铸铁气缸套损伤程度较深。随着配对副的往复滑动，黏着物不断被碾平。

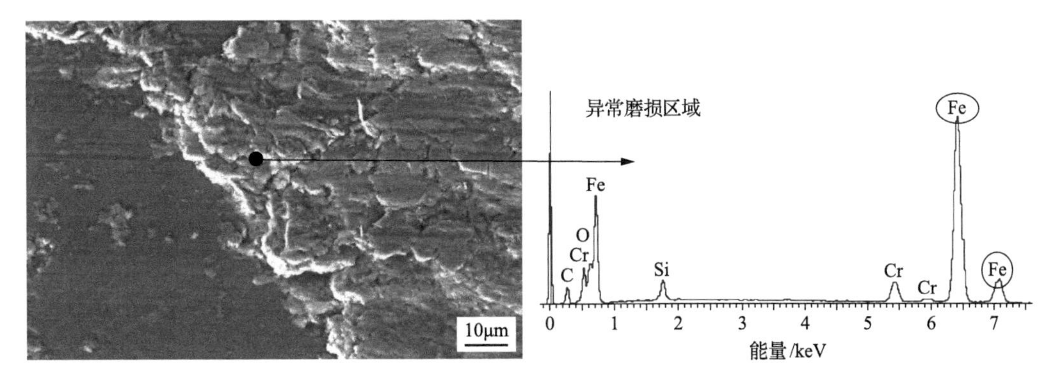

图 4.37 PVD 活塞环异常磨损表面形貌和成分(SEM，60MPa，180℃)

4. 硼磷铸铁气缸套的拉缸机理模型

一般认为，经过珩磨加工的气缸套表面需要具备两方面功能，一是要形成光顺平整的表面以产生更多的承载面积，确保气缸套和活塞环相对运动时的耐磨能力；二是要保障珩磨沟槽具有足够强的储油能力。通常情况下，经过充分磨合后的活塞环-气缸套表面会呈现具有珩磨结构的精细复杂表面形态，这使得处于混合润滑状态的活塞环-气缸套摩擦副在微观接触区域产生极高的接触压力。在润滑油黏压效应作用下，润滑油的黏度增大，导致微凸体顶端产生塑性变形，展平形成小平台，承载能力升高。此时，该微观接触区域处于弹性流体润滑状态，如图 4.38 所示。其中润滑油中的极性分子能通过范德瓦耳斯力或/和形成金属键吸附在金属表面，形成定向排列的吸附膜，但吸附膜厚度远小于润滑油膜厚度。

当停止供油以后，随着小平台处的油膜厚度逐渐减薄，油膜厚度会偏离现有的弹流润滑理论计算结果，小平台处的弹性流体润滑状态转化为薄膜润滑状态。此时润滑油膜约束在小平台表面之间的狭窄缝隙中，由于载荷和表面能作用，在摩擦剪切过程中润滑膜分子将产生结构化。靠近表面的液体分子能形成垂直于表面规则排列的吸附膜。而在表面吸附膜形成的诱导力和吸附势能的作用下，又使邻近吸附膜的分子也逐渐有序化排列。随着剪切运动的进行，靠近表面的分子层有序度增加，直至达到表面力有效作用范围，形成不易流动又兼有液体性质的有序液体膜[18]。最终在小平台结构形成薄膜润滑区域，如图 4.39 所示。

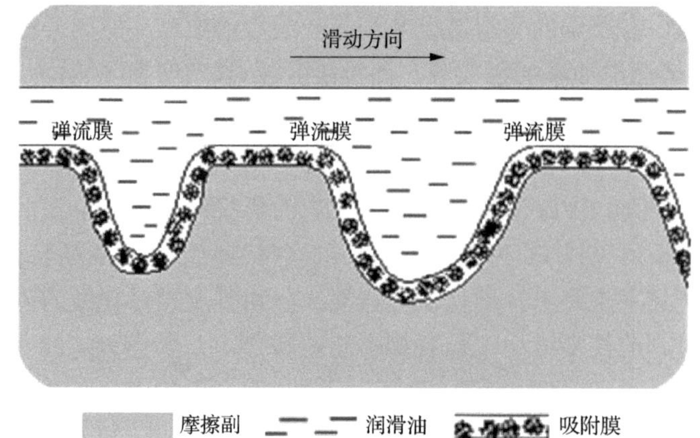

图 4.38 弹性流体润滑

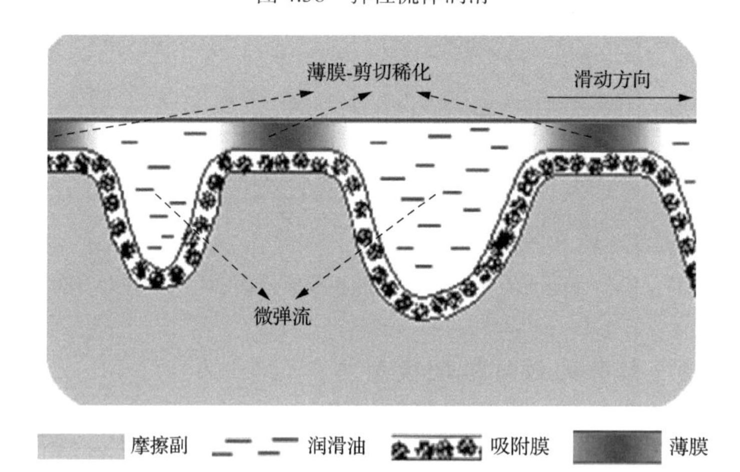

图 4.39 混合润滑(薄膜剪切稀化)

在小平台结构薄膜润滑的不同油膜厚度区域，随着滑动速度的变化，会在薄膜润滑区域形成不同程度的剪应变率(流速沿膜厚方向的速度梯度)，导致薄膜润滑区域出现薄膜剪切稀化(图 4.39)或薄膜类固化现象(图 4.40)[19]。其中，剪切稀化现象是由于润滑膜在高的剪应变率下，黏度迅速下降，摩擦力降低；而类固化现象是当膜厚减小到一定程度时，黏度急剧增加而完全丧失流动性，出现液固相变[20]。虽然小平台结构区存在薄膜

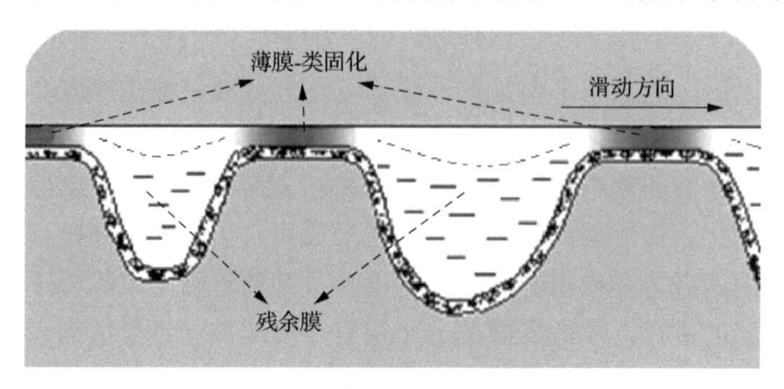

图 4.40 混合润滑(薄膜类固化)

润滑状态，但是峰谷区还保持一定的膜厚，并且小平台结构也很难形成高度一致的粗糙峰，这就导致整个微观接触区域处于混合润滑状态，使得薄膜润滑在缸套-活塞环等实际摩擦副中是以混合润滑状态的形式存在的。

当小平台处的薄膜润滑由于极限剪应力等因素诱发润滑失效后[21]，由润滑油中的极性分子和表面金属形成的边界膜承担载荷，此时开始进入边界润滑状态。由于载荷、温度等因素的影响，边界膜的组成发生变化。在一定载荷、温度范围内，各种吸附膜能正常工作。当小平台处的吸附膜承受载荷过大时，吸附膜将发生破裂；当小平台处的摩擦热超过临界温度时，吸附膜将发生失向、软化或解附。当润滑油中的成分如极压添加剂能与金属表面进行化学反应时，摩擦表面会迅速生成高熔点、低剪切强度的无机膜，且与金属表面有较高的结合强度。而极压添加剂还能进行热分解，形成的分解产物沉积在金属表面，形成沉积膜。反之，若极压添加剂不能和摩擦表面发生反应，则不能形成化学反应膜，金属表面只沉积了极压添加剂的分解产物。这些边界膜可以有效保护表面不致发生黏着磨损。反应膜/沉积膜的形成是不可逆的，当小平台处的边界膜被破坏时，峰谷的油依靠自由能减少的趋势迅速补充峰顶，小平台处将迅速生成新膜，维持润滑效果，如图 4.41 所示。

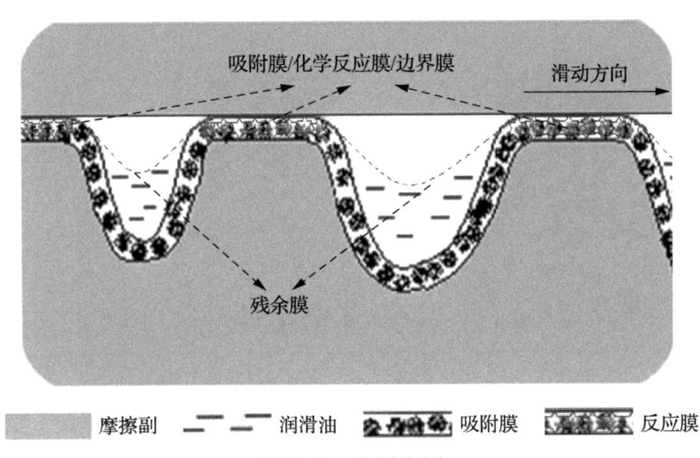

图 4.41　边界润滑

在摩擦过程中，反应膜/沉积膜不断地被磨损又不断地生成，达到动态平衡。边界膜破裂取决于膜本身强度以及边界膜与金属表面的连接强度，并受温度、载荷、化学变化等因素的影响。峰谷储存的油量不断被消耗，当油量减少到难以流动时，小平台处的边界膜破坏后难以恢复，因此润滑效果将丧失。失去最后屏障的新鲜金属裸露，形成黏着结点，如图 4.42 所示。在剪切的作用下，黏着点的摩擦副材料将被撕裂，随着滑动的进行，黏着扩展，造成严重的黏着磨损。

本节采用第 3 章确定的摩擦磨损试验方法，获得了硼磷铸铁气缸套分别与 PVD、喷钼和 CKS 三种活塞环配对时的摩擦、磨损和拉缸规律，比较系统地分析了其磨损机理和拉缸机理，为深入认识活塞环-气缸套摩擦副的工作过程、提高摩擦学设计能力，提供了一种分析方法。

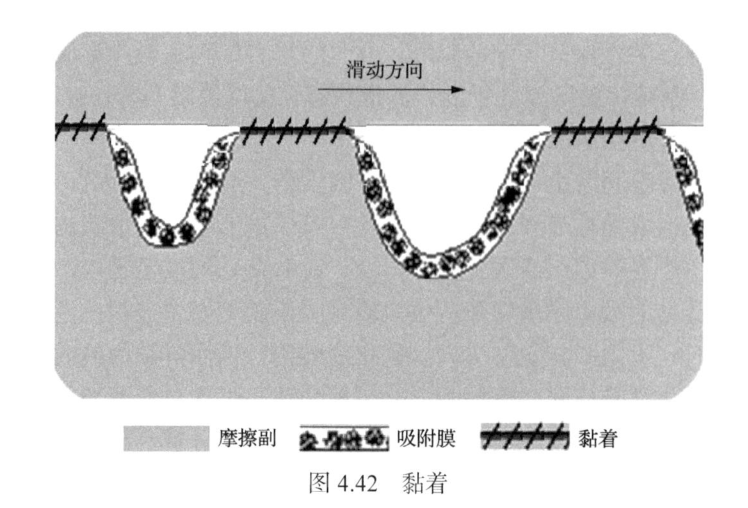

图 4.42 黏着

4.2 珠光体及贝氏体灰口铸铁气缸套的磨损

本节研究 5 种成分、贝氏体和珠光体两种组织的灰口铸铁气缸套，5 种气缸套是国内常用的铬钼铜铸铁气缸套和硼磷铸铁气缸套，国外使用的一种硼铜铸铁气缸套，以及铬钼铸铁等温淬火贝氏体气缸套、钼镍铸铁铸态贝氏体气缸套，气缸套由专业厂提供，内径 106mm。其中的硼磷铸铁气缸套与 4.1 节的生产厂家不同，与喷钼活塞环配对。

4.2.1 气缸套成分、组织和性能

5 种气缸套的编号、材料及其热处理方法见表 4.3。

表 4.3 气缸套材料及其热处理方法

编号	气缸套材料及热处理方法
A	铬钼铸铁+等温淬火
B	硼磷铸铁
D	铬钼铜铸铁
E	硼铜铸铁
G	钼镍铸铁(铸态贝氏体)

1. 气缸套化学成分

表 4.4 为五种气缸套的设计成分，化学分析法实测成分见表 4.5。B 气缸套的 Mn、P 偏低，其余元素符合设计要求。D、E、G 三种气缸套的成分控制较好，均在设计范围。

2. 气缸套组织

气缸套采用离心铸造方法制造，在厚度方向组织呈梯度变化，因此取样位置应尽量

靠近内表面，一般在 1.0mm 以内。试样抛光后硝酸酒精浸蚀。SEM 观察结果如图 4.43～图 4.47 所示，表 4.6 为综合评价结果。

表 4.4　气缸套设计成分　　（单位：%）

编号	C	Si	Mn	P	S	B	Cr	Mo	Cu	Ni	Zn
A	2.8	—	—	0.1-0.4	<0.12	0.01	约 0.2	约 0.2	约 0.2	—	—
B	3.0～3.4	2.2～3.1	0.8～1.2	0.2～0.4	<0.1	0.05～0.08	0.2～0.4	—	—	—	—
D	2.8～3.4	1.8～2.5	0.5～1.0	<0.3	<0.12	—	0.2～0.4	0.2～0.4	0.4～0.7	0.1～0.4	—
E	2.9～3.5	1.8～2.6	0.5～1.0	0.1～0.4	<0.12	0.05～0.12	0.1～0.4	—	0.3～0.5	—	—
G	2.7～3.4	1.7～2.5	0.4～1.0	<0.3	<0.12	—	<0.3	0.4～1.2	0.5～1.0	0.4～1.2	<0.15

表 4.5　气缸套化学分析成分　　（单位：%）

编号	C	Si	Mn	P	S	B	Cr	Mo	Cu	Ni	Zn
A	2.90	2.58	0.71	0.113	0.066	<0.005	0.37	0.41	0.56	—	—
B	3.00	2.36	0.75	0.169	0.052	0.049	0.33	—	—	—	—
D	3.21	2.21	0.61	0.113	0.077	—	0.26	0.25	0.66	0.40	—
E	3.29	2.64	0.75	0.116	0.021	0.050	0.14	—	0.32	—	—
G	2.55	2.58	0.67	0.095	0.027	—	<0.1	0.70	0.62	1.10	0.03

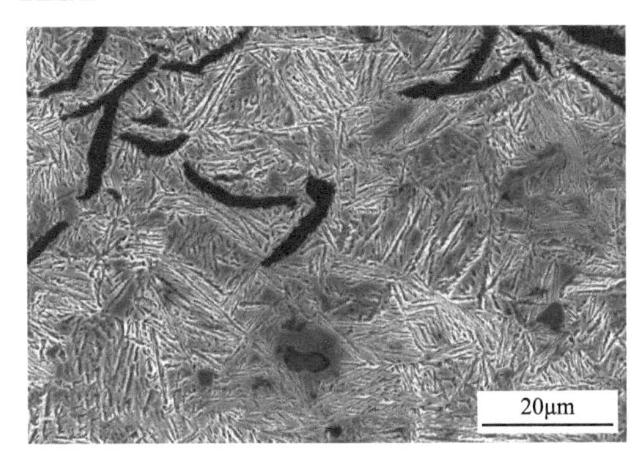

图 4.43　A 气缸套的基体组织(SEM)

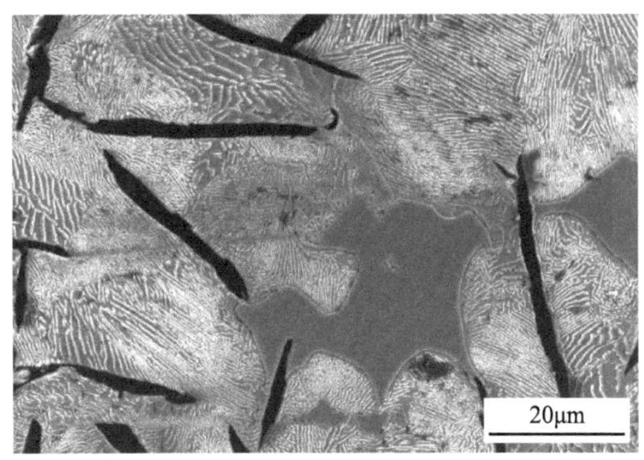

图 4.44　B 气缸套的基体组织(SEM)

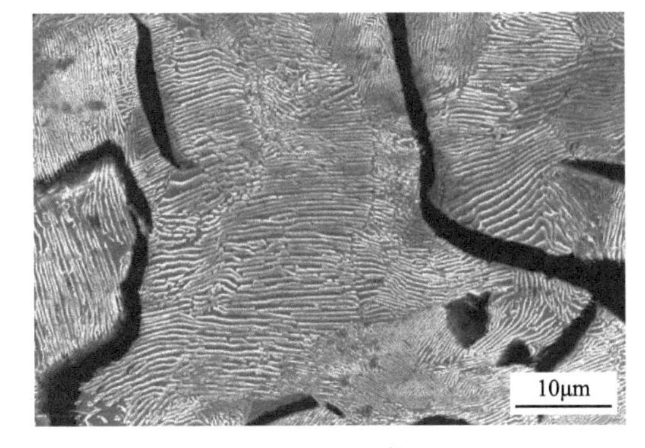

图 4.45　D 气缸套的基体组织(SEM)

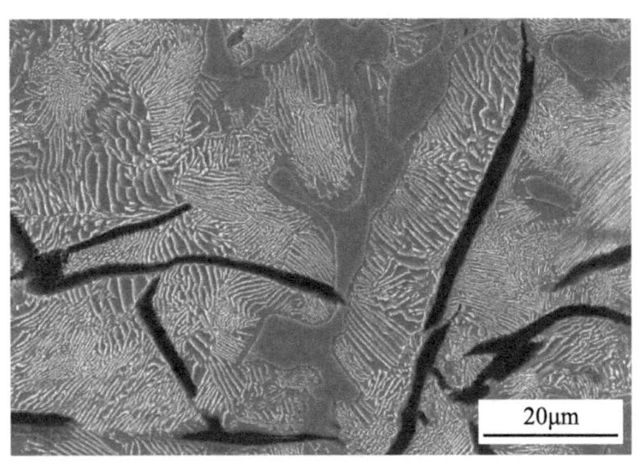

图 4.46　E 气缸套的基体组织(SEM)

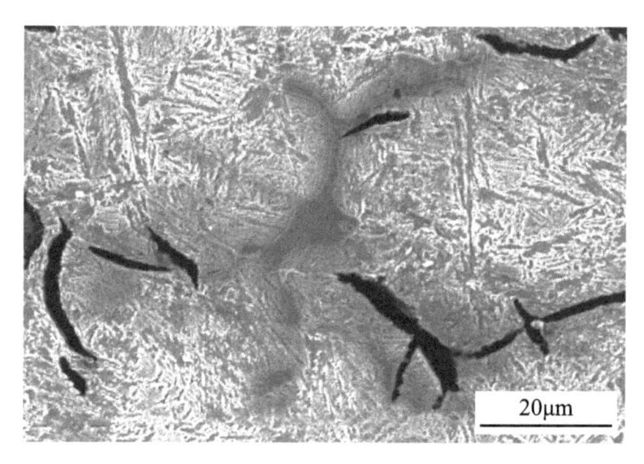

图 4.47 G 气缸套的基体组织(SEM)

表 4.6 气缸套基体组织

气缸套编号	评价标准	设计组织	实测组织	图号
A	—	贝氏体	贝氏体	图 4.43
B	内燃机 气缸套第 1 部分：硼铸铁金相检验(JB/T 5082.1—2008)	珠光体，铁素体小于 5%	细片珠光体	图 4.44
D	—	细片珠光体	细片珠光体	图 4.45
E	安庆帝伯格茨活塞环有限公司标准(ATG/J 041-06.1—2002)	珠光体，铁素体小于 2%	索氏体，无明显可见的铁素体	图 4.46
G	QJ/ZNP 0439—2002	细贝氏体+回火马氏体，1～2 级合格	贝氏体+回火马氏体+残余奥氏体	图 4.47

由图 4.43～图 4.47 可知，A 和 G 气缸套基体为贝氏体组织。G 气缸套有粗大的针状组织，但数量不多，基体分布大量的回火马氏体组织，以及少量的残余奥氏体。

其余各气缸套基体均为珠光体或索氏体，片层间距均较小，为 0.3～0.5μm，达到珠光体基体的设计指标。

对于气缸套材料，基体的作用主要体现在两个方面，一是保证气缸套有足够的强度和韧性，二是有良好的耐磨性。气缸套材料的耐磨结构设计要求基体有良好的镶嵌硬质相的能力，硬质相作为一次滑磨面起到耐磨作用，而基体形成良好的储油结构。过去均采用珠光体基体加硼磷三元共晶硬质相的复合结构，至今大型船用柴油机气缸套和部分车用柴油机气缸套仍然采用这种材料。但现在车用柴油机功率不断强化，而且排放和寿命要求大大提高，对气缸套材料的耐磨性提出了更加严格的要求。因此，合金贝氏体气缸套颇具应用前景。

3. 硬质相

1) 硬质相分布及含量

取样位置距离工作表面 1mm 以内，平行于工作表面连续取 6 个视野，如图 4.48～图 4.52 所示，沿硬质相边缘计算面积百分比。

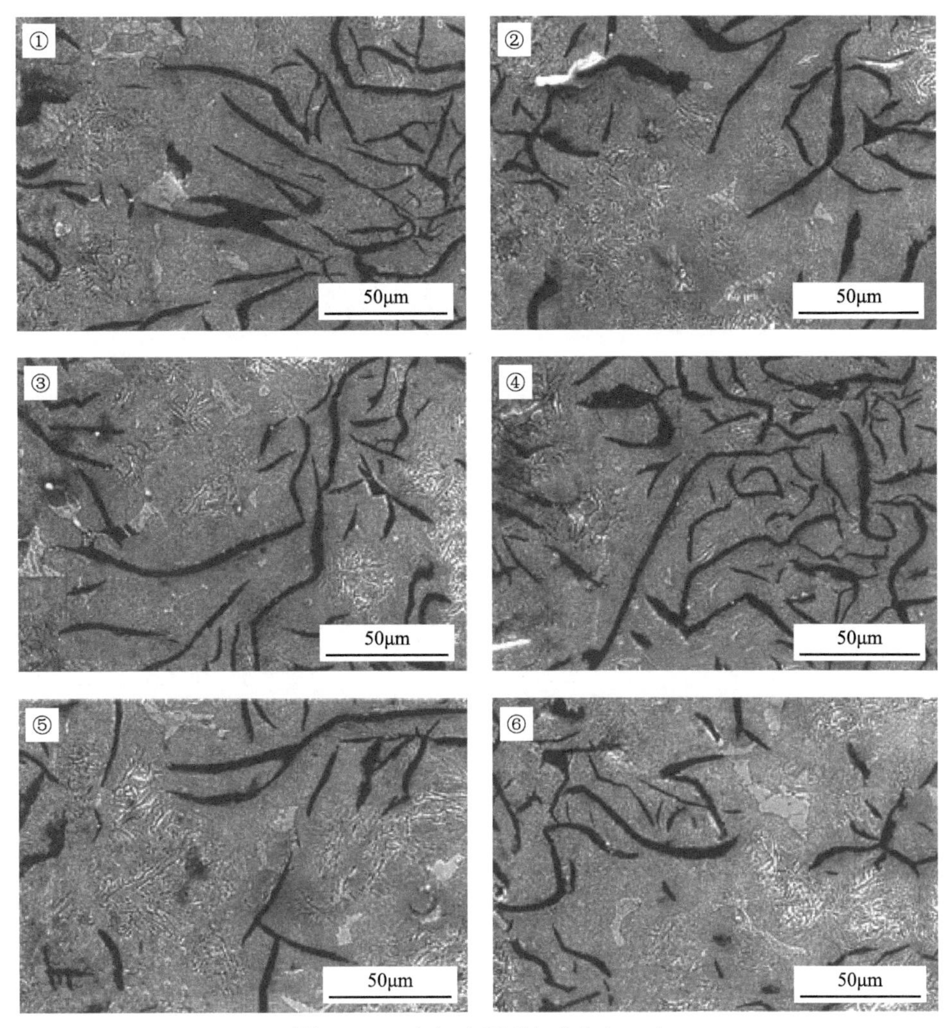

图 4.48 A 气缸套硬质相分布(SEM)

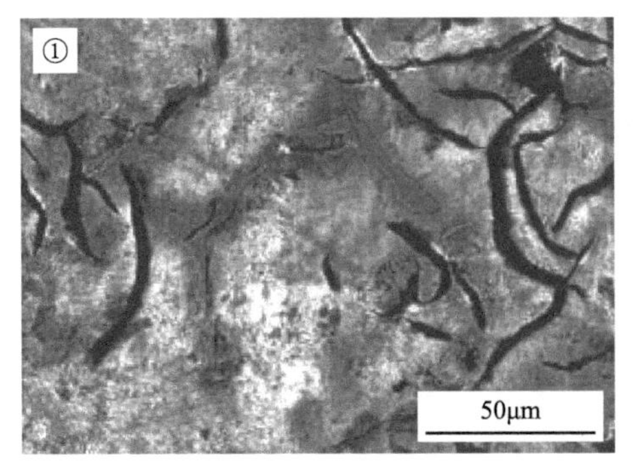

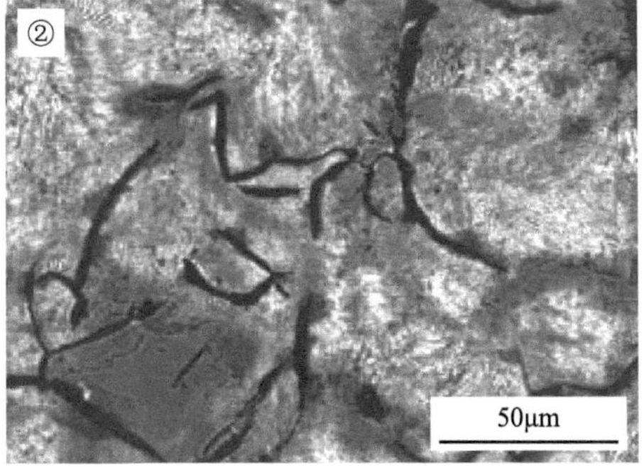

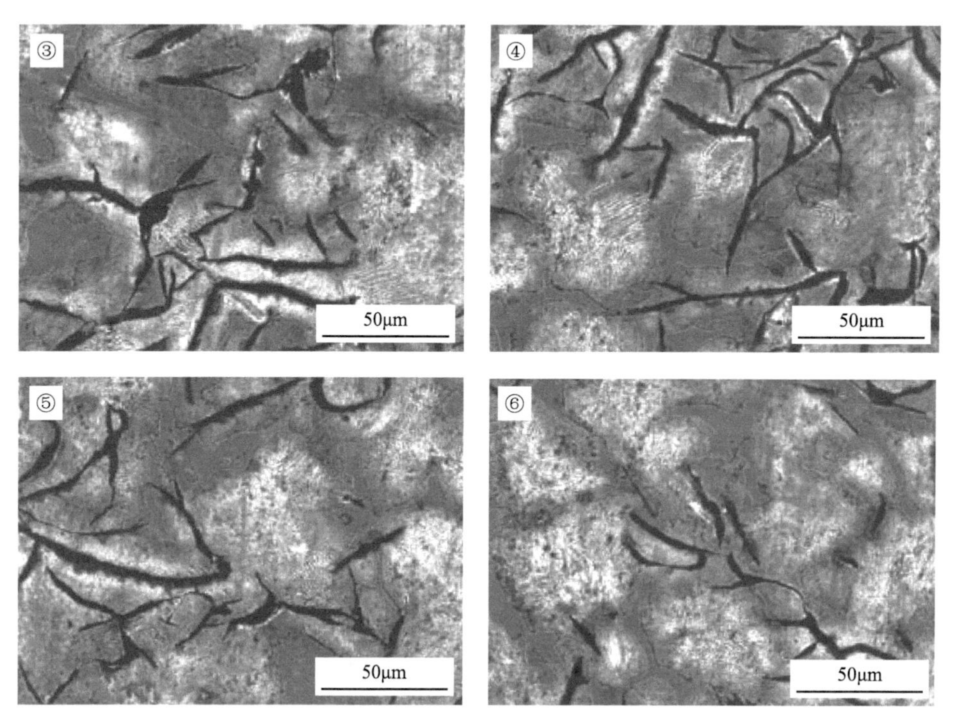

图 4.49　B 气缸套硬质相分布(SEM)

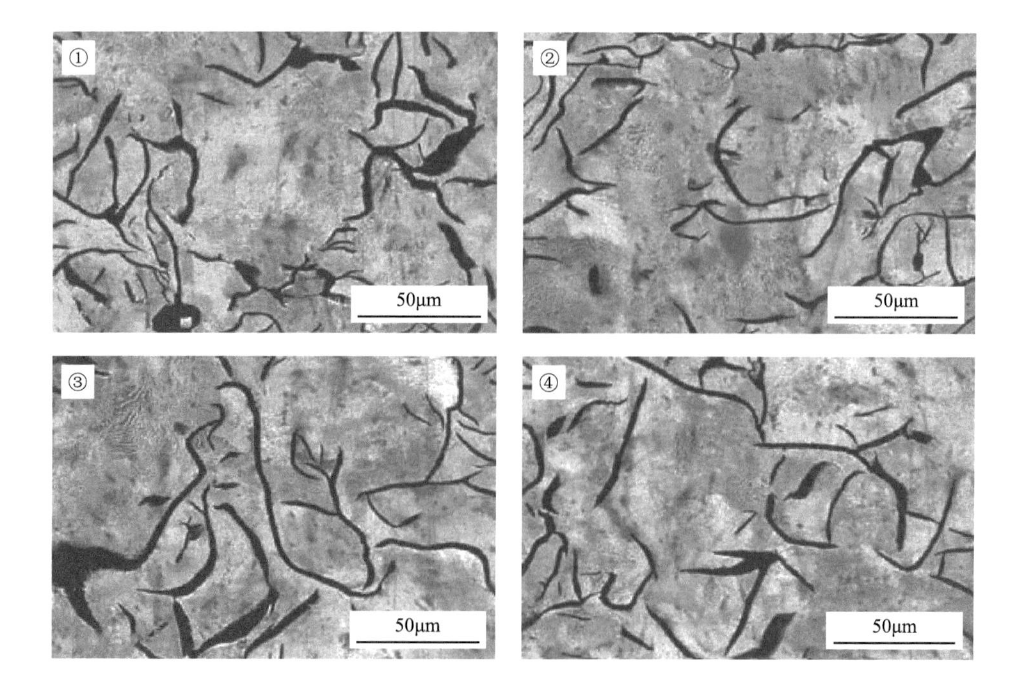

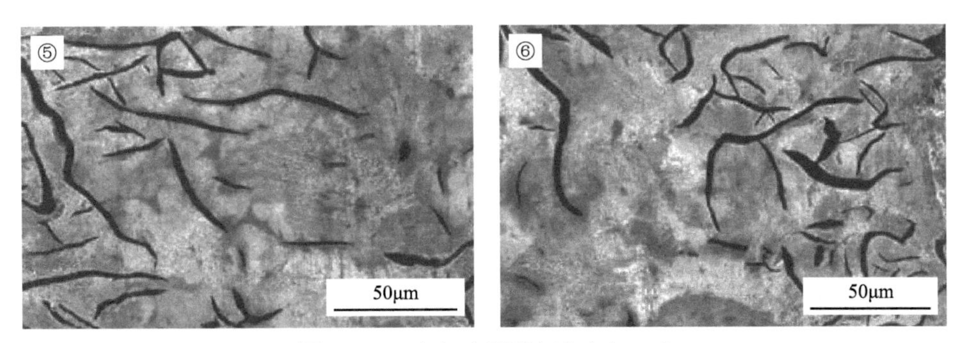

图 4.50　D 气缸套硬质相分布(SEM)

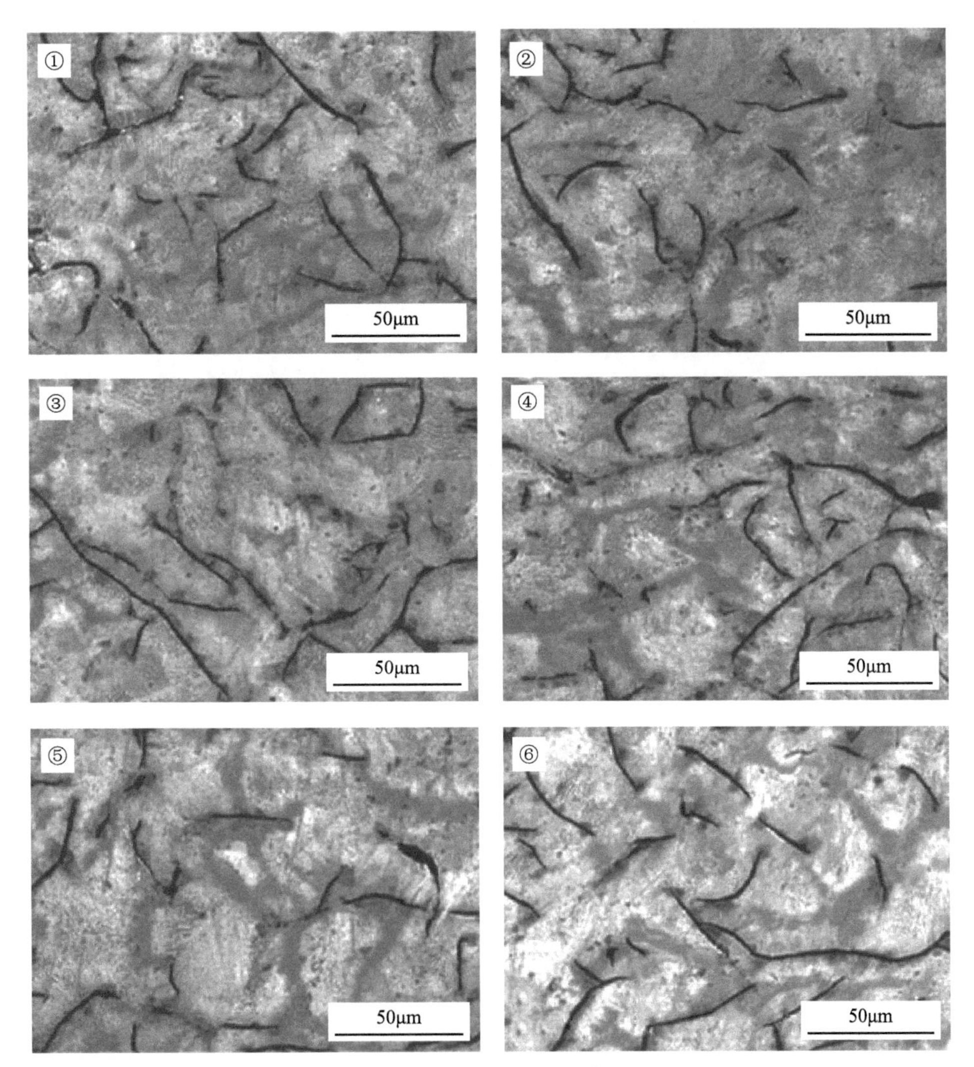

图 4.51　E 气缸套硬质相分布(SEM)

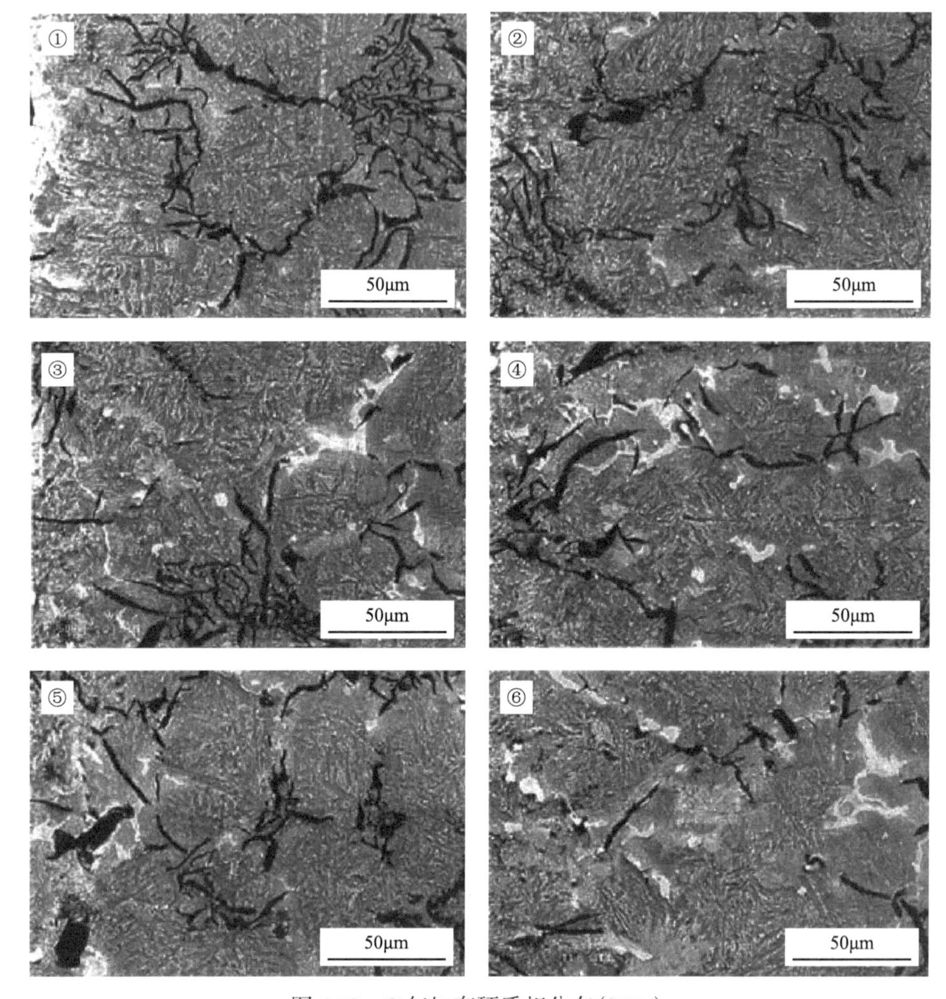

图 4.52　G 气缸套硬质相分布(SEM)

5 种气缸套的硬质相含量和分布的统计结果见表 4.7。

表 4.7　硬质相含量及分布

气缸套编号	含量(面积占比)/%	分布	图号
A	1.79	—	图 4.48
B	12.29	1 级	图 4.49
D	1.07	—	图 4.50
E	5.16	合格，偏下限	图 4.51
G	4.29	满足要求	图 4.52

按照硼铸铁气缸套的行业标准 JB/T 5082.1—2008，B 气缸套的硬质相含量均达到 1 级标准(含量大于 10%，且均匀分布)。D 气缸套的硬质相含量为 1.07%，弥散分布，与设计思想相符。E 气缸套的硬质相含量为 5.16%，标准 ATG/J 041-06.1—2002 要求碳化物面积率 5%～12%，虽满足要求但趋下限。

对于 A、G 两种贝氏体气缸套，硬质相含量差别较大，A 的含量仅为 1.79%；而 G 的含量达到 4.29%，G 气缸套的企业标准要求碳化物与磷共晶总和小于 5%，满足标准要求。

2) 硬质相大小和聚集状态

依据图 4.48～图 4.52，5 种气缸套硬质相的大小、聚集状态及其评级见表 4.8。

表 4.8　5 种气缸套硬质相的大小、聚集状和枝晶分布评级

编号	大小(最大的面积)/μm^2	大小评级	硬质相聚集状、枝晶状分布	聚集状态评级	图号
A	464	1	弥散分布	1	图 4.48
B	1142	1	中等断续、部分聚集网状	1	图 4.49
D	82	1	弥散分布	1	图 4.50
E	499	1	均匀分散，共晶团中间略带网孔，部分不明显聚集	1	图 4.51
G	533	1	部分枝晶状，小网孔	1	图 4.52

标准 JB/T 5082.1—2008 只规定了硼铸铁气缸套的硬质相大小和聚集状态，参照此标准，5 种气缸套硬质相大小均达到 1 级标准，即单个硬质相面积均远小于 $4000\mu m^2$；硬质相均以弥散分布、少量的聚集状和部分枝晶状分布，也满足 1 级标准。

3) 硬质相的成分

采用能谱仪在同一硬质相的多个位置测量成分，每个试样均测量 2 块以上的硬质相，测量结果见表 4.9，测量位置及谱图如图 4.53～图 4.57 所示。

表 4.9　硬质相的成分

气缸套编号	硬质相的构成	硬质相成分(质量分数)/%					图号
		Mo	Cr	Mn	Si	P	
A	主要为合金渗碳体，含钼铬量较高，少量磷共晶	5.33	3.84	1.83	—	—	图 4.53
		11.38	1.02	1.79	1.55	10.11	
		9.63	1.84	1.65	1.23	7.09	
		4.62	2.81	1.70	—	—	
		5.45	3.5	1.58	1.2	3.8	
B	主要为合金渗碳体，含铬量较高，少量磷共晶	—	2.13	1.68	—	—	图 4.54
		—	2.24	1.72	—	—	
		—	0.52	1.63	1.34	9.99	
		—	1.92	1.84	—	—	
D	主要为合金渗碳体，含钼铬量很高，但磷含量也很高	7.46	2.40	1.55	0.53	6.67	图 4.55
		7.64	2.35	1.48	0.82	7.10	
E	主要为渗碳体，含少量铬锰，局部有少量磷共晶	—	0.91	1.93	—	—	图 4.56
		—	0.95	1.92	—	—	
G	渗碳体和合金渗碳体(含钼量较高)的混合物，但没有铬元素，也没有磷元素	—	—	1.08	2.23	—	图 4.57
		4.19	—	1.27	1.80	—	

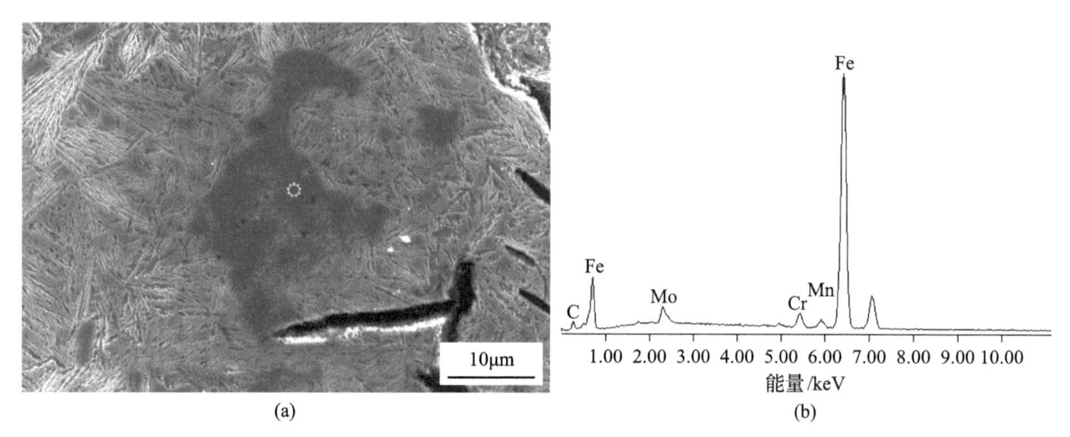

(a) (b)

图 4.53 A 气缸套的硬质相成分及测量位置

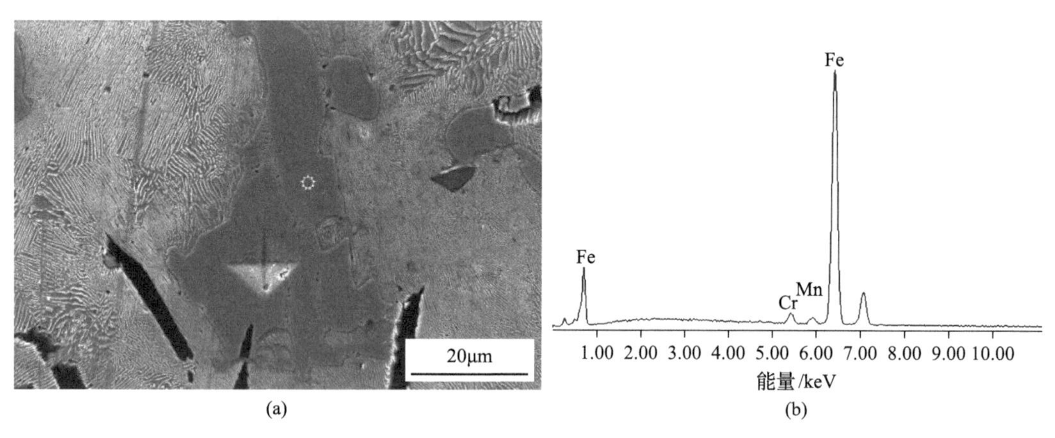

(a) (b)

图 4.54 B 气缸套的硬质相成分及测量位置

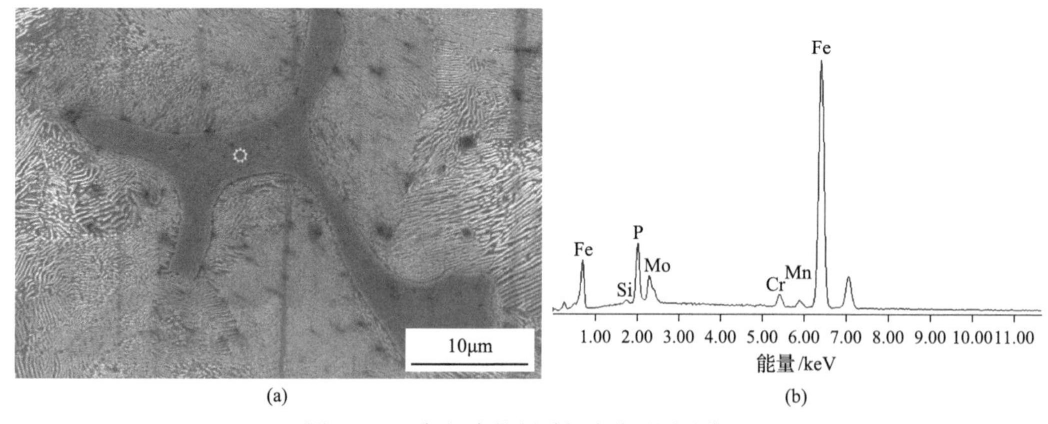

(a) (b)

图 4.55 D 气缸套的硬质相成分及测量位置

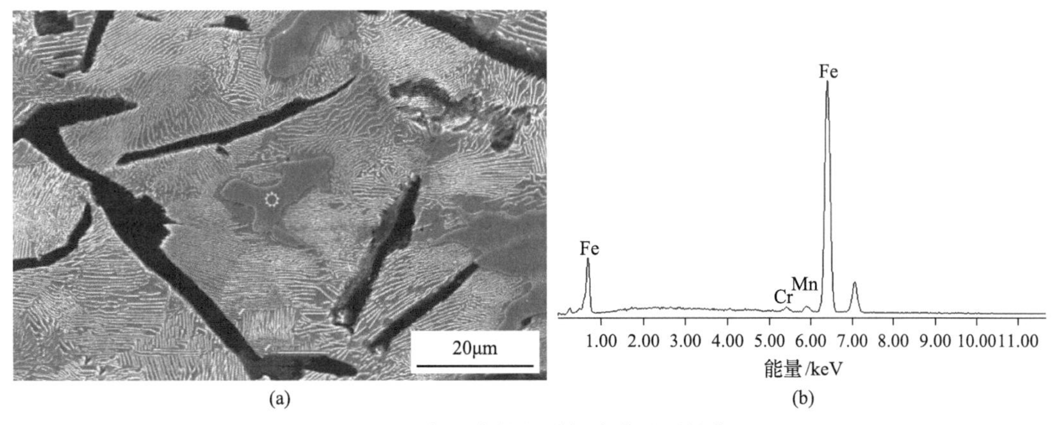

(a) (b)

图 4.56 E 气缸套的硬质相成分及测量位置

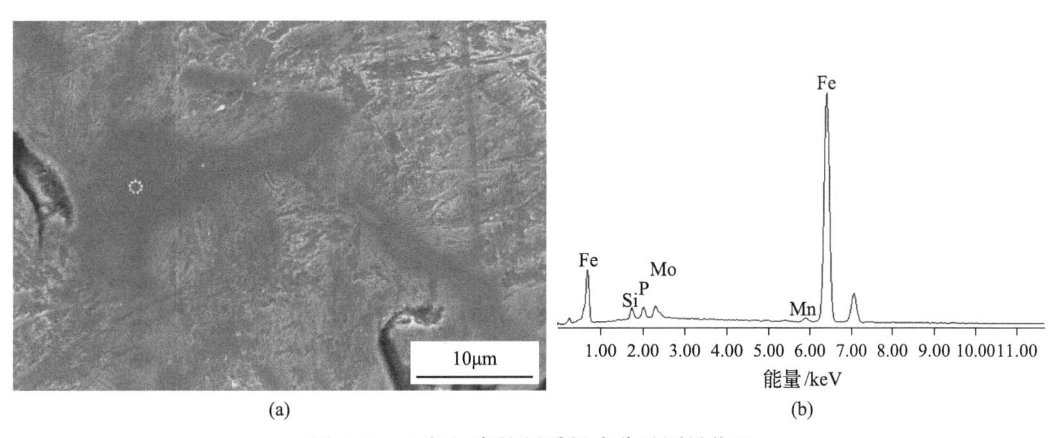

(a) (b)

图 4.57 G 气缸套的硬质相成分及测量位置

由表 4.9 可见，5 种气缸套的硬质相主要由合金碳化物组成。其中 A、D 气缸套硬质相中的钼含量较高。G 气缸套的钼的平均含量比 A 气缸套高，但存在于硬质相中的钼不够多。B、E 气缸套中的硬质相合金含量较少。

关于硬质相的成分及含量，现有的磨损理论有不同的说法。

一种说法是，在满足强度和冲击韧性的前提下，提高硬质相的数量，以增加硬质相的面百分比，提高气缸套的耐磨性。同时，加入合金元素，如 B、Cr 和 Mo 等，生成合金碳化物，提高硬质相的硬度，降低二元磷共晶的脆性。

另一种说法是，由于在磨损过程中脆硬的硬质相在磨损过程中脱落形成磨粒，当要求进一步降低气缸套的磨损率、开发长寿命气缸套时，需在提出强化基体的同时，采取限制硬质相含量、改善硬质相形状、细化硬质相尺寸、提高硬质相硬度和降低脆性等一系列措施。

因此，现有的气缸套材料标准对硬质相含量要求不同，例如，硼磷铸铁气缸套的材料标准对硬质相的要求是面积率大于 10%，而高合金气缸套(G 气缸套)的材料标准要求碳化物和磷共晶总和小于 5%。

4. 石墨

5种气缸套的石墨组织如图4.58～图4.62所示。A气缸套的石墨为30～100μm，石墨达到ISO.945的5级，B型约20%，其余为A型，形状及分布合格。B气缸套达到2～3级，典型的B型石墨，共晶团大，分布的均匀性不够。D气缸套石墨达到5级，石墨尺寸不均匀，B型约50%，其余为A型及少量D型，但局部有团状点型石墨，标准中没有说明，可能是冷却过程中局部成分过冷所至，没有明显的大面积分布不均现象。E气缸套的石墨形状最好，A型石墨含量＞90%，分布均匀，达到4～6级，以4级为主，是合理的储油和润滑结构。G气缸套的企业标准要求石墨长度为20～200μm，A型、E型

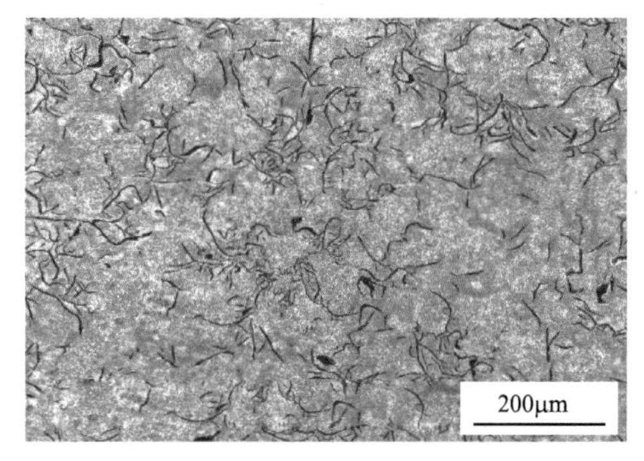

图4.58 A气缸套的石墨组织(SEM)

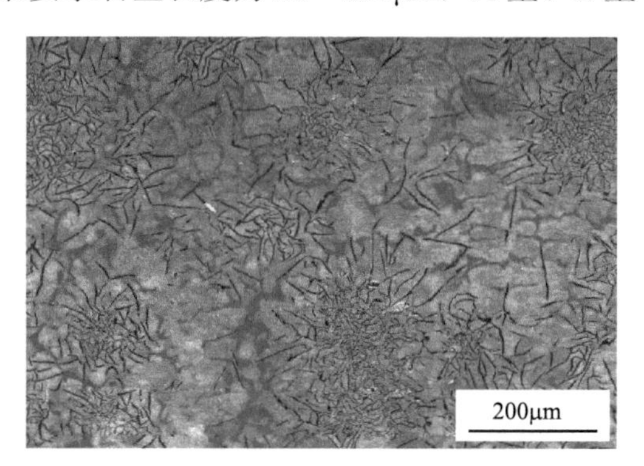

图4.59 B气缸套的石墨组织(SEM)

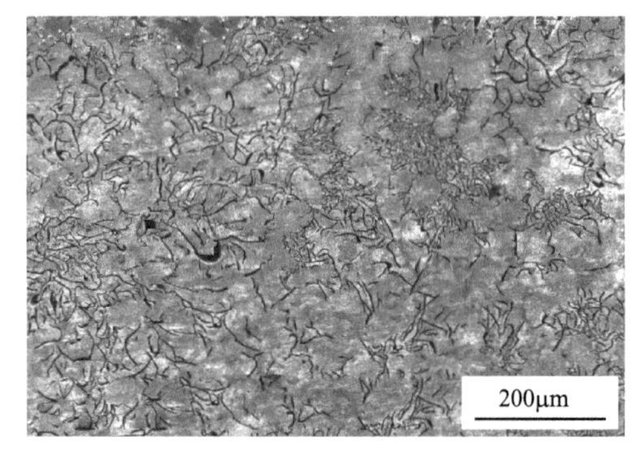

图4.60 D气缸套的石墨组织(SEM)

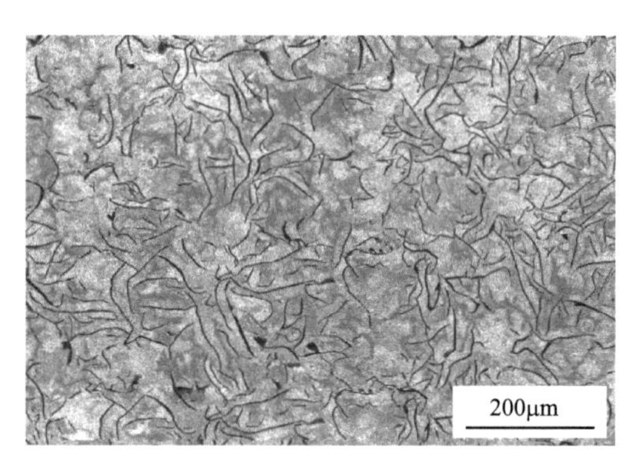

图4.61 E气缸套的石墨组织(SEM)

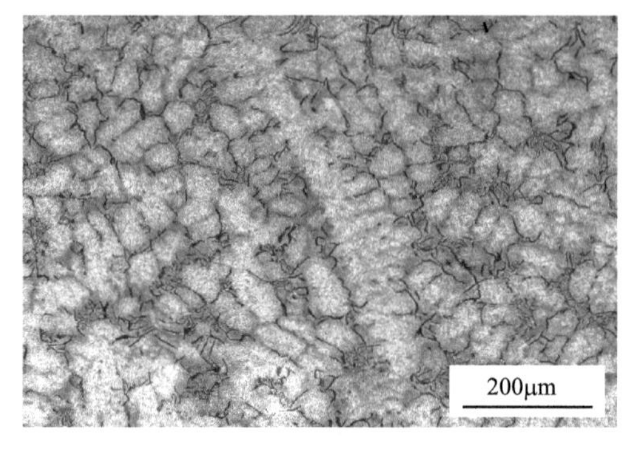

图4.62 G气缸套的石墨组织(SEM)

石墨为主，B 型≤30%，D 型<10%。实测表明，其石墨长度为 20～100μm，主要在 50μm 以下，达到 ISO.945 标准的 6 级，典型的细小 D 型石墨夹于枝晶间，分布不均。

石墨的耐磨作用有两个：一个是储油作用，一个是自身脱落作为固体润滑剂。这要求石墨的尺寸适当，石墨尺寸过大，削弱了机体强度，尺寸过小，储油能力不足；此外，要求分布均匀，分布不均匀会造成局部润滑不良。基于以上要求，A 型石墨更符合润滑要求，但由于气缸套铸造过程中冷却速度较快，在相关标准中允许含有一定量的 B 型和少量 D 型石墨，但均限制 E 型石墨的含量。由此判断，E 气缸套的石墨形态应具有较好的润滑结构，其次为 A 气缸套、B 气缸套和 D 气缸套，G 气缸套的石墨类型和分布不如其他气缸套好。

有研究表明，虽然石墨具有很好的储油能力和边界润滑能力，但是对于灰口铸铁，石墨的长度和形状在一定范围内变化，对磨损的影响不十分敏感，所以标准中对石墨的尺寸和类型的范围要求较宽。

5. 气缸套横断面宏观组织

从气缸套中上部切取试样，截面经抛光后硝酸酒精腐蚀，利用 SEM 从内表面到外表面连续记录 4～5 个视野，得到沿气缸套厚度方向的组织，如图 4.63～图 4.67 所示。由图可知，沿气缸套截面厚度方向各气缸套的组织均呈梯度变化。

A 气缸套在距离内表面 0～1.5mm 范围内，石墨分布均匀，以 A 型为主，其余位置均为团状，有较明显的激冷石墨倾向。B 气缸套在距离内表面 0～1.2mm 范围内，有大

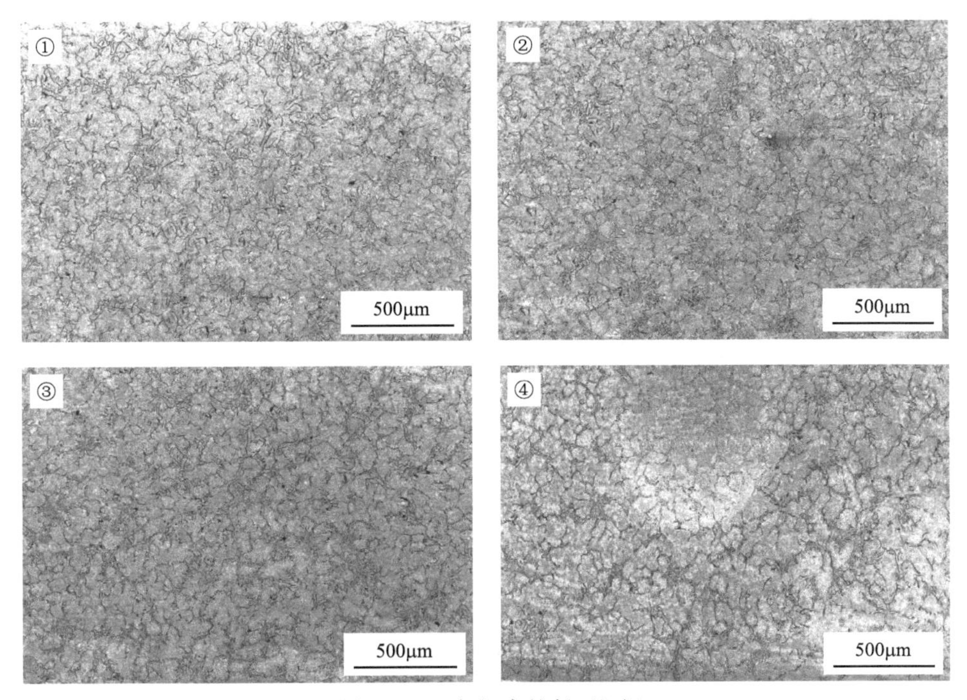

图 4.63　A 气缸套的断面组织

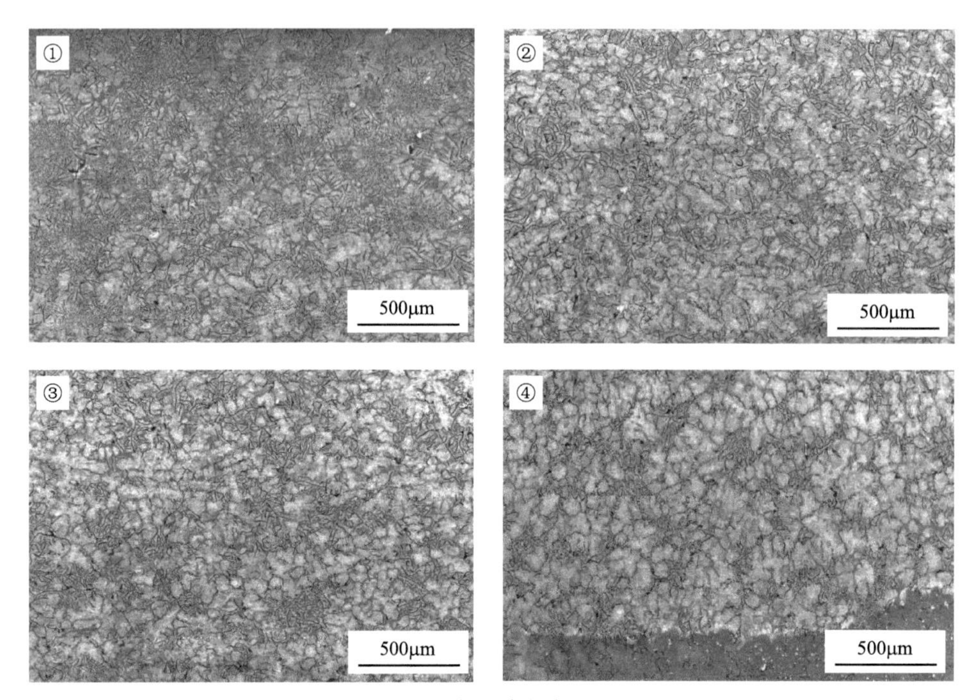

图 4.64　B 气缸套的断面组织

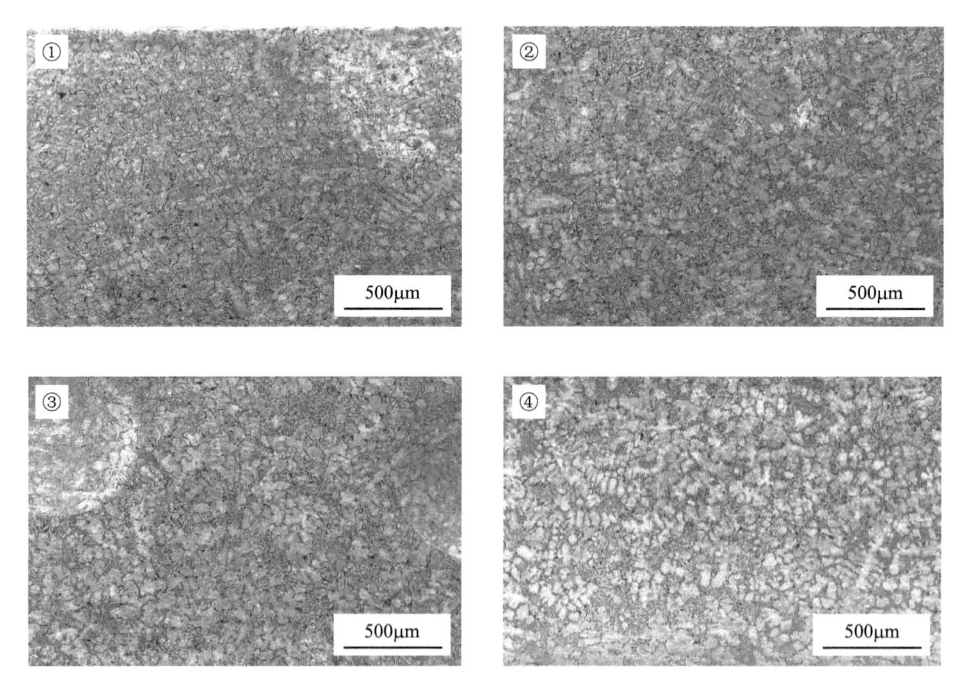

图 4.65　D 气缸套的断面组织

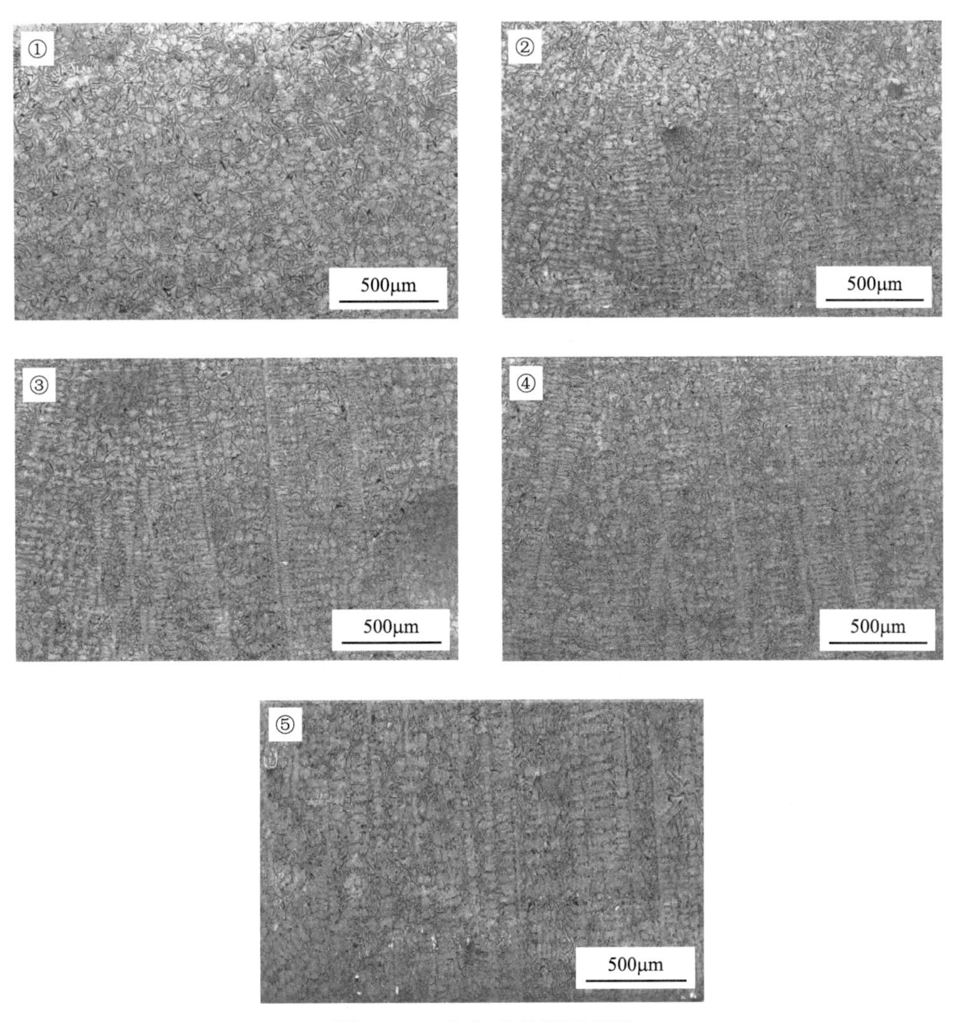

图 4.66　E 气缸套的断面组织

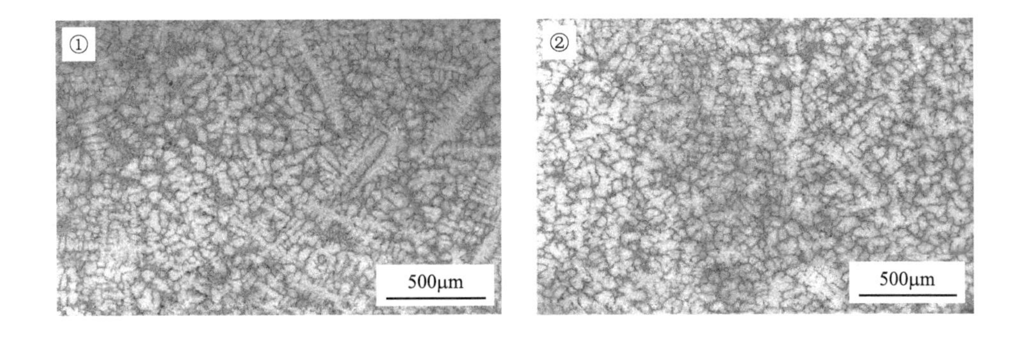

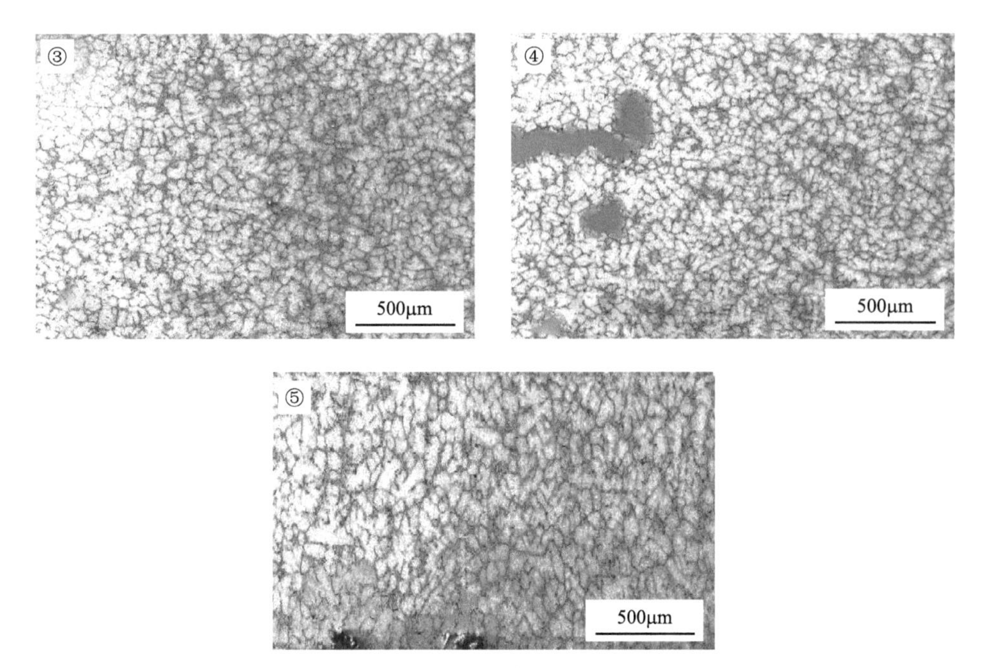

图 4.67 G 气缸套的断面组织

的菊花状石墨，1.2～2.2mm 区域的石墨接近 A 型，分布比较均匀。D 气缸套在距离内表面 0～2mm 时的石墨分布比较均匀，截面其他区域有粗大枝晶，石墨分布不够均匀。E 气缸套在距离内表面 0～1.5mm 范围内，石墨大多为 A 型，分布均匀，但其他区域有明显的大尺寸柱状枝晶，长度达 7mm，石墨分布不均。G 气缸套石墨细小，不均匀地分布于粗大的枝晶之间。

6. 气缸套硬度

将试样的横截面抛光，轻显蚀，采用 Everone MH-6 型显微硬度计测量维氏硬度，采用布洛维硬度计测量布氏硬度，钢球直径为 2.5mm。基体显微硬度测量位置为距离工作表面 1mm 以内，横截面布氏硬度测量位置位于横截面中间，内表面布氏硬度测量位置为珩磨表面。硬质相的尺寸太小，无法测量显微硬度(除 B 气缸套)。测量结果如图 4.68～图 4.70 所示，图中各数据均为 3 点以上的平均值。

B 气缸套的设计要求内表面布氏硬度不小于 220HB，E 气缸套的设计要求内表面布氏硬度为 209～274HB，实测值分别为 253HB 和 220HB，B 气缸套硬度更高，D 气缸套内表面的布氏硬度介于 B 气缸套和 E 气缸套之间，均符合设计要求。A 和 G 两种贝氏体气缸套的布氏硬度相近，明显大于各珠光体气缸套。各气缸套横截面的布氏硬度与其内表面的布氏硬度基本相同。

A 和 G 两种贝氏体气缸套基体的显微硬度相近，也明显高于珠光体基体气缸套。但三种珠光体基体气缸套的显微硬度与宏观尺度的布氏硬度规律不同，B 气缸套的显微硬度最低，D 与 E 相近，D 稍高，主要是因为 E 气缸套合金元素含量比 D 气缸套少(表 4.5)，对珠光体的强化作用低。B 气缸套的合金元素含量最少，显微硬度相对最低，但硬质相含量明显高于 D 气缸套和 E 气缸套，宏观承载能力强，所以布氏硬度高于 D 气缸套

和 E 气缸套。

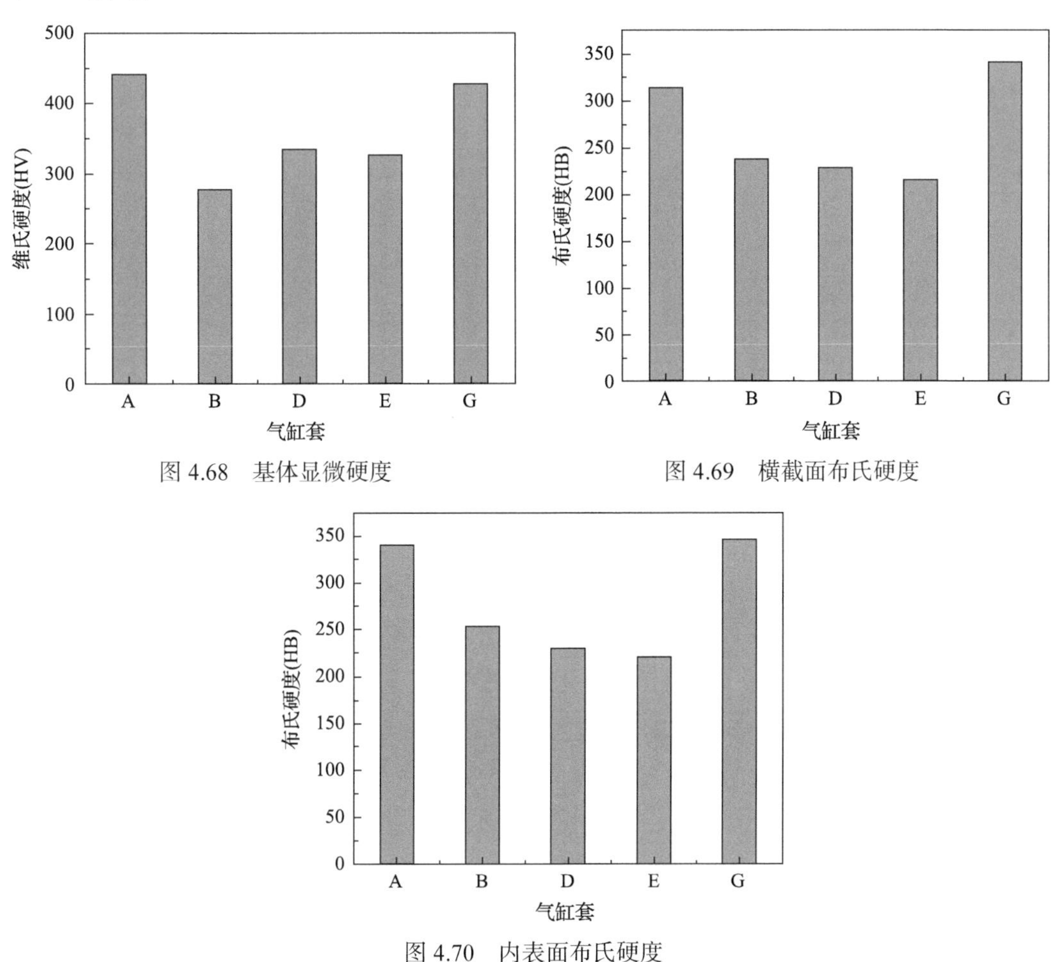

图 4.68　基体显微硬度

图 4.69　横截面布氏硬度

图 4.70　内表面布氏硬度

硬度表征了材料抵抗塑性变形的能力。显微硬度的压痕面积较小，仅基体的化学成分和组织影响基体的显微硬度；布氏硬度的压痕面积较大，对于气缸套的硬度范围，宜选用直径为 2.5mm 的钢球压头，在此压痕区域内，基体组织、石墨的大小、数量、分布，以及硬质相的大小、组成、数量、分布等，均影响布氏硬度。

7. 珩磨对气缸套表面形貌和组织的影响

1) 珩磨纹形貌特征

5 种气缸套表面的珩磨纹形貌见图 4.71，取样位置为气缸套中部内表面，其特征见表 4.10。

A、B、D 气缸套的共同特点是珩磨纹较粗、清晰，在珩磨纹之间的平台表面有均匀分布的细珩磨纹，但 D 气缸套的粗珩磨纹边缘有不规则的变形。

E、G 气缸套的珩磨纹较细且均匀，E 气缸套比 G 气缸套的珩磨纹深，而且在珩磨纹边缘有明显的变形现象。

(a) A气缸套的珩磨表面

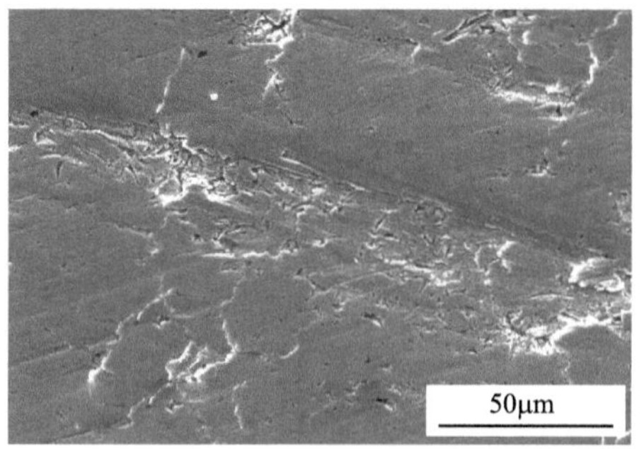

(b) B气缸套的珩磨表面

(c) D气缸套的珩磨表面

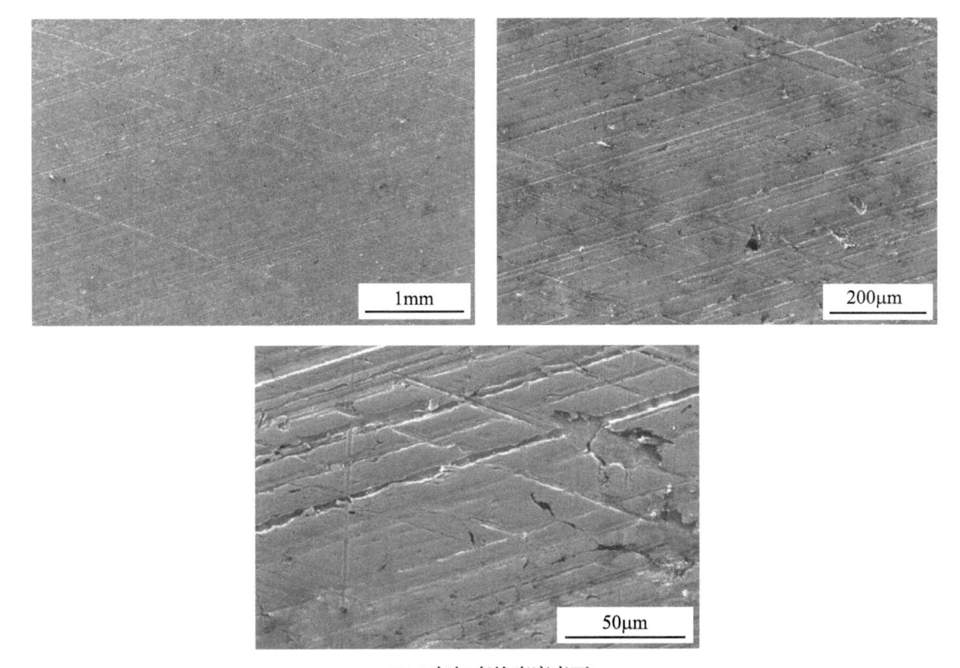

(d) E气缸套的珩磨表面

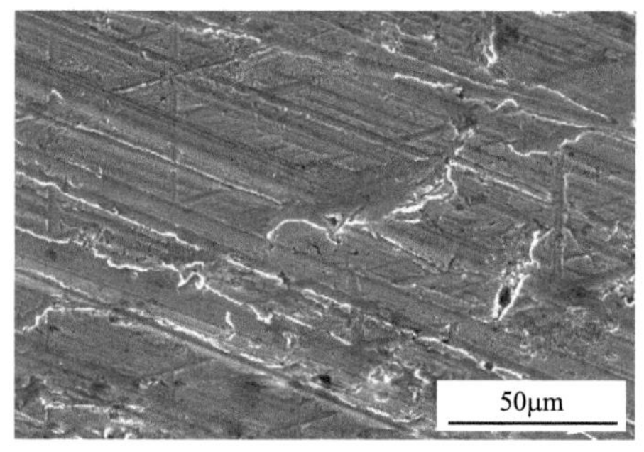

(e) G气缸套的珩磨表面

图 4.71 平台珩磨纹形貌

表 4.10 珩磨纹特征评价

气缸套编号	条纹的均匀性评价	金属折叠	网纹清晰、连续	条纹边缘特征
A	稍好	局部	粗纹清晰，细纹均匀	条纹与平台之间光滑过渡
B	不均匀	明显	粗纹清晰，细纹均匀	条纹与平台之间光滑过渡
D	较好	局部	粗纹清晰，细纹均匀	较乱
E	最好	不明显	细纹较深	存在从平台到条纹的流动现象
G	较好	较轻	细纹较深	较乱

图 4.72 为 JB/T 5082.7—2011 中关于平台珩磨网纹技术规范及检测方法中推荐的平台珩磨网纹轮廓曲线，图 4.73 为 JB/T 5082.7—2011 中推荐的珩磨网纹形貌，优质的平台珩磨网纹应清晰，表面无金属碎片、裂纹、夹杂物等缺陷，两个方向的切削基本均匀，如图 4.73(a)所示；合格的平台珩磨网纹应基本清晰，表面存在少量金属碎片、个别粗痕，无夹杂物等缺陷，两个方向的切削基本均匀，如图 4.73(b)所示；不合格的平台珩磨网纹紊乱，两个方向的切削不均匀，不清晰，存在大量明显的金属碎片和裂纹等，如图 4.73(c)所示。网纹在气缸套轴线方向的夹角为 125°±10°。对照上述标准，可以明显看出试验中所用 5 种气缸套的珩磨纹的连续性、均匀性、清晰性均没有达到图 4.73 所示的标准。

2) 珩磨对气缸套表面硬质相的影响

珩磨表面轻腐蚀(图 4.74)，可见 A 气缸套硬质相在基体中镶嵌比较牢固，没有受到明显的破坏。B 气缸套的硬质相含量较多，粗大珩磨纹横贯硬质相，硬质相严重碎裂。D 气缸套的硬质相尺寸较小，珩磨纹不均匀，而且合金含量高，所以硬质相没有严重碎裂。E 气缸套的硬质相被犁削切割，但没有明显的脆裂迹象。G 气缸套硬质相的尺寸较小，表面有珩磨纹，在贝氏体基体中镶嵌牢固。

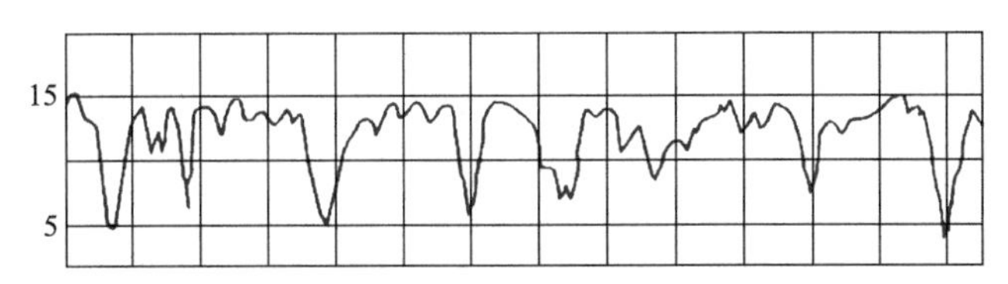

图 4.72 气缸套表面优质的平台珩磨网纹轮廓曲线(5000×100)

(a) 优质的平台珩磨网纹复制膜照片

(b) 合格的平台珩磨网纹复制膜照片

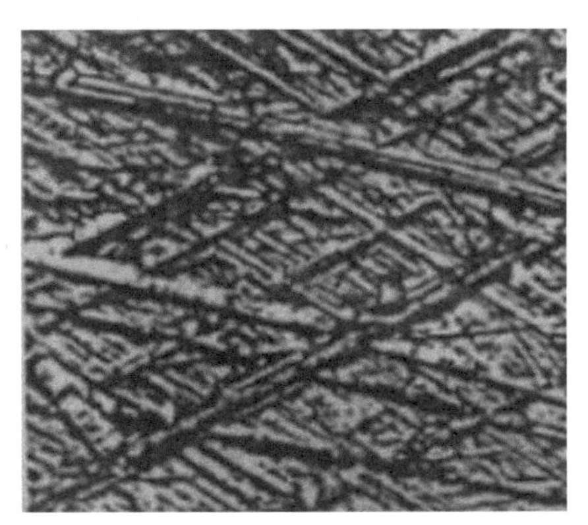

(c) 不合格的平台珩磨网纹复制膜照片

图 4.73 气缸套表面平台珩磨网纹复制膜照片

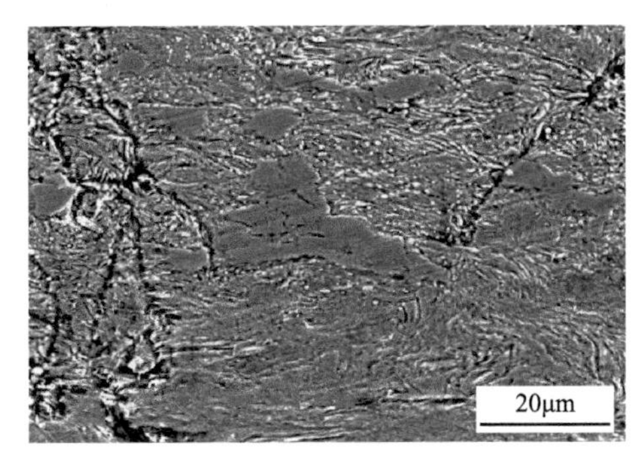

(a) A气缸套的硬质相(SEM)

(b) B气缸套的硬质相(SEM)

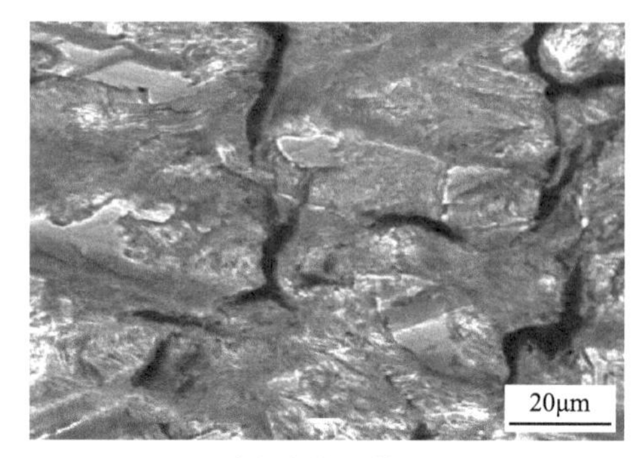

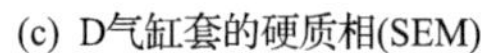
(c) D气缸套的硬质相(SEM)

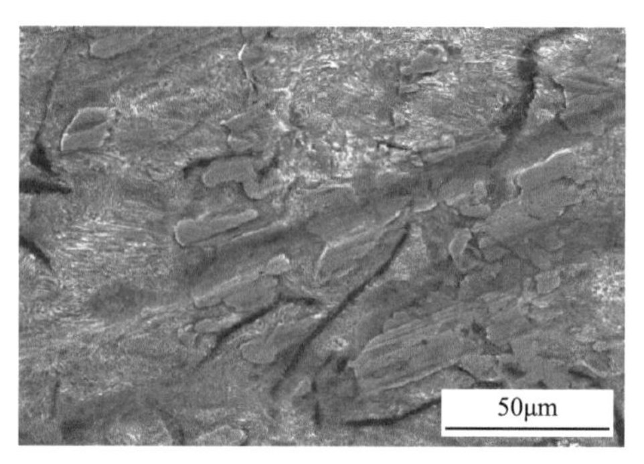

(d) E气缸套的硬质相(SEM)

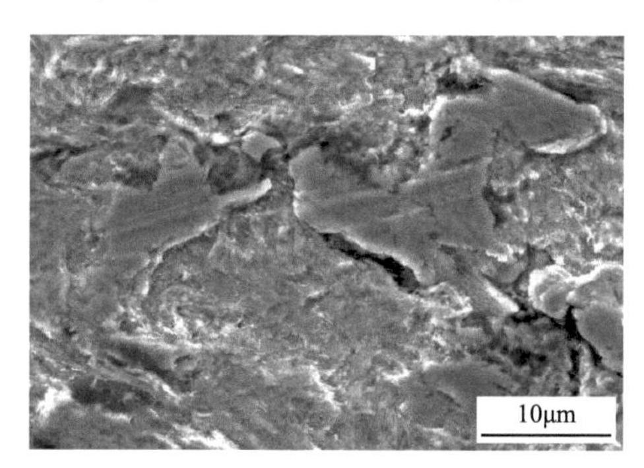

(e) G气缸套的硬质相(SEM)

图 4.74　珩磨对硬质相的影响

由此可见，影响硬质相是否碎裂的因素有三个，一是珩磨参数，二是硬质相的特性，包括大小、形状、成分和含量，三是基体性质。贝氏体基体对硬质相的镶嵌牢固；较小的硬质相不易碎裂；较轻的珩磨载荷对硬质相的破坏作用较小；珩磨磨料锐利有利于提高珩磨纹的连续性，珩磨纹清晰、整齐，可获得高质量的珩磨效果。

4.2.2　摩擦磨损及拉缸试验方法

1. 摩擦磨损试验方法

按照 3.3 节确定的磨损模拟试验方法设计试验，使用往复摩擦磨损试验机，见图 4.75(a)，主要性能参数为：往复运动行程为 30mm、50mm 分挡可调，转速为 10～700r/min，试验温度可达 350℃，载荷为 10～1000N；接触自适应，确保良好的面接触；法向加载系统在试样运动方向无间隙，滚动支撑，摩擦力实时监测。

按照 4.1 节的方法切割气缸套和活塞环试样，下试样尺寸为 100mm×10mm×8mm，上试样厚度为 3mm，弧线长 20mm。采用两种载荷进行磨损试验，试验条件见表 4.11。试验过程中配对副的接触状态如图 4.75(b)所示。

采用 Hommel T6000 轮廓仪测量气缸套试样已磨损区和未磨损区的轮廓曲线，测量长度为 4.8mm，分别以未磨损区域和已磨损区域为基准作平行线，两线之间的距离即线磨损量，如图 4.76 所示。

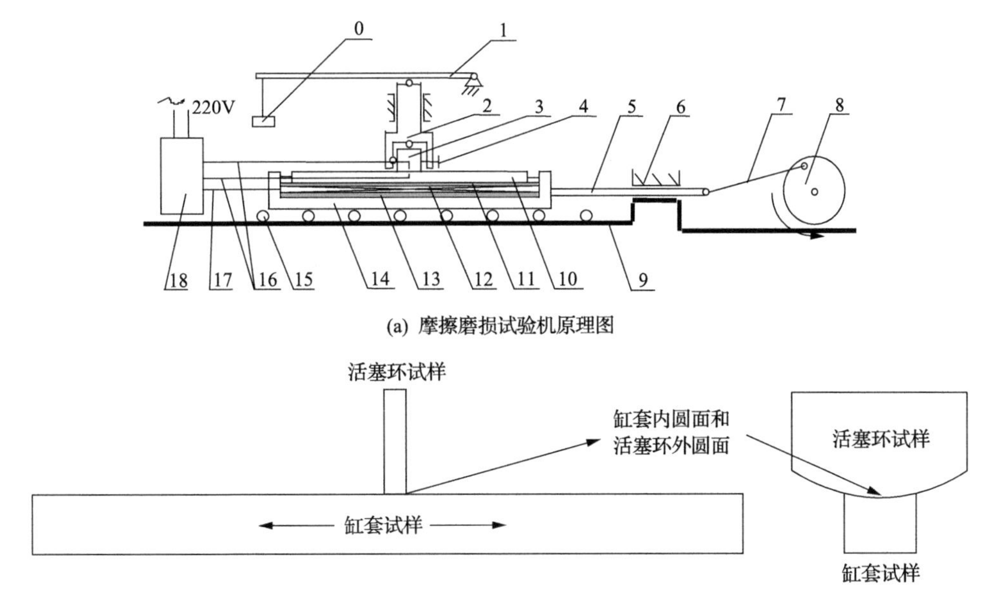

(a) 摩擦磨损试验机原理图

(b) 缸套和活塞环试样形状及接触状态图

图 4.75　活塞环-气缸套往复摩擦磨损试验机

0-砝码；1-杠杆；2-夹头；3-上试样；4-夹紧装置；5-导向、连接、测力杆；6-导向槽；7-连杆；8-偏心轮；9-滑道及冷却油箱；10-下试样；11-隔离层；12-加热器；13-隔热层；14-滑车；15-滚子；16-热电偶；17-电源；18-数字式温度显示调节仪

表 4.11　磨损试验条件

变量	条件 1	条件 2
工作载荷/N	550	400
接触面压力/MPa	128	93
磨合载荷/N	40	25
磨合时间/min	10	180
温度/℃	110～120	95～110
接触面积/mm^2	30	
转速/（r/min）	100	
工作行程/mm	30	
运行时间/h	24	

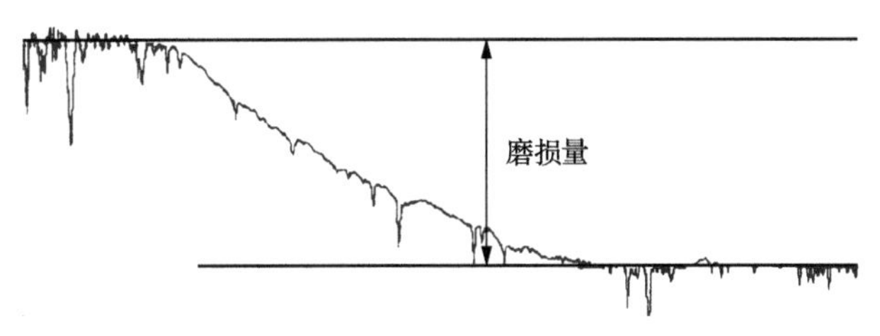

图 4.76　气缸套试样线磨损量测量方法

采用轮廓仪沿着活塞环圆周方向测量轮廓，测量长度可覆盖整个磨损区域，根据已磨损区域和未磨损区域台阶高度确定活塞环磨损量，如图 4.77 所示。

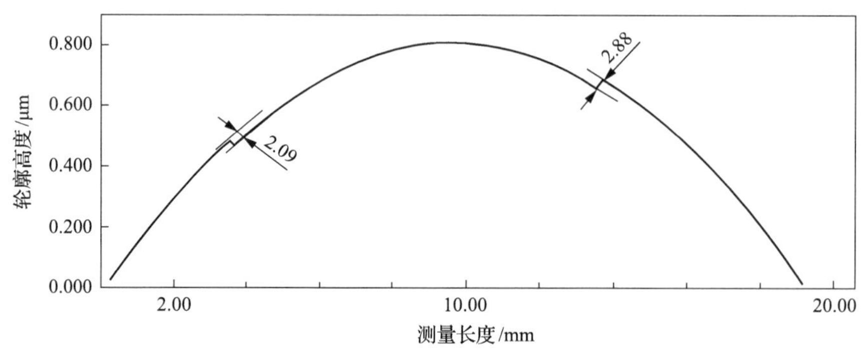

图 4.77　活塞环线磨损量的测量方法

2. 拉缸试验方法

试验方法同 4.1 节，试验条件见表 4.12，评价指标为从停止供油到发生拉缸的时间。

表 4.12　拉缸试验条件

变量	条件 1	条件 2
行程/mm	50	30
接触面压力/MPa	17	23
转速/(r/min)	200	
工件温度/℃	170	
润滑条件	先充分供油，磨合后停止供油	

4.2.3　气缸套和活塞环的磨损性能

图 4.78 是在两种磨损试验条件下气缸套和活塞环的磨损量。图 4.78(a)为 5 种气缸套的磨损结果，B、D 和 E 三种珠光体缸套中，E 气缸套在两种载荷的磨损量最稳定，差别相对较小，表现出对载荷较好的适应性；高载时 B 气缸套和 D 气缸套的磨损量很大，发生异常磨损；低载时，B 气缸套的磨损量最低，D 气缸套的磨损量最高，E 气缸套居中，这可能与 B 气缸套的布氏硬度较高、表面硬质相含量较高有关，由硬质相构成的第一滑磨面起到较好的承载和耐磨作用。尽管 D 气缸套的维氏硬度和布氏硬度均大于 E 气缸套，但其硬质相含量仅为 1%，承载能力较小，磨损量比 E 气缸套大。A 和 G 两种贝氏体气缸套中，A 气缸套在两种载荷下均表现出明显好的耐磨性，承载能力很高，不但比三种珠光体气缸套的磨损量小很多，而且明显好于铸态贝氏体气缸套 G。低载时，自冷贝氏体 G 气缸套的磨损量与珠光体 B 气缸套相近，没有体现出高合金贝氏体气缸套的优越性。

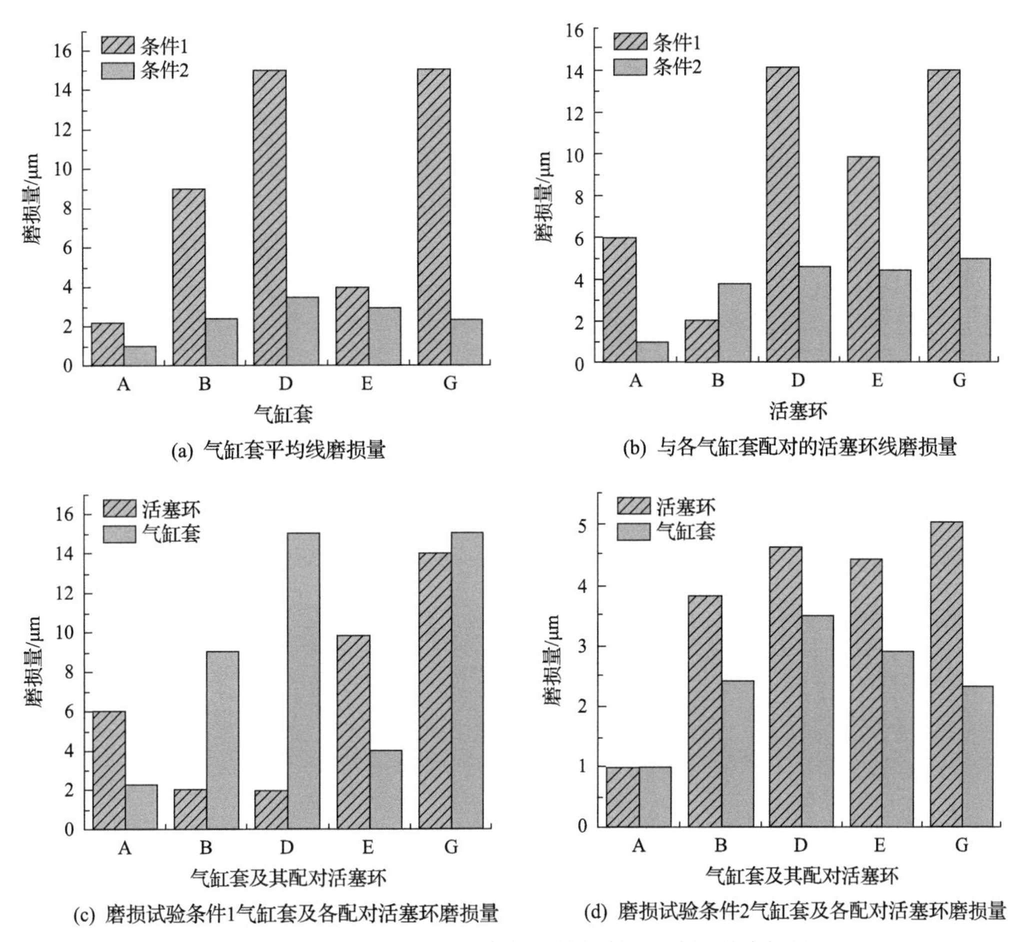

图 4.78 在两种磨损试验条件下气缸套和活塞环的磨损量

两种磨损试验条件下活塞环的磨损结果见图 4.78(b)，与三种珠光体气缸套配对，高载时，与 D 气缸套配对的活塞环磨损量最大，与 B 气缸套配对的活塞环磨损量最小，这与 B 气缸套的硬质相含量较高、第一滑磨面面积较大有关；低载时，差别不是太大，与 B 气缸套配对的稍小，D、E 气缸套相近。与两种贝氏体气缸套配对时，与 A 气缸套配对的活塞环磨损量在两种载荷下均较小；低载时，与铸态贝氏体气缸套 G 配对的活塞环磨损量和与 B、D、E 气缸套配对的活塞环磨损量相近，其磨损量较大。

由图 4.78(c)和图 4.78(d)可见，在高载荷下(试验条件 1)，与 G 气缸套配对时，活塞环和气缸套的磨损量都很高；与 B、D 或者 E 气缸套配对时，活塞环或者气缸套一个磨损量高，一个磨损量较低；与 A 气缸套配对时，摩擦副双方的磨损量均较低。在低载荷下(试验条件 2)，只有与 A 气缸套配对时，摩擦副双方的磨损量都最小，其他摩擦副的磨损量均较高，但总表现适中，无异常磨损。可见，A 气缸套自身磨损小，对活塞环的磨损也小。因此，组织状态发育良好的贝氏体气缸套具有良好的综合耐磨性能。

4.2.4 磨损表面宏观形貌

1. 气缸套磨损表面宏观形貌

图 4.79 为两组磨损试验条件下气缸套试样磨损表面的宏观照片，图中试样宽度为10mm。按照表 4.13 制定的评价指标，对这些试样进行评价，评价结果见表 4.14。可见，其共性特点为，气缸套与活塞环的接触状态比较稳定，气缸套试样表面磨损均匀。

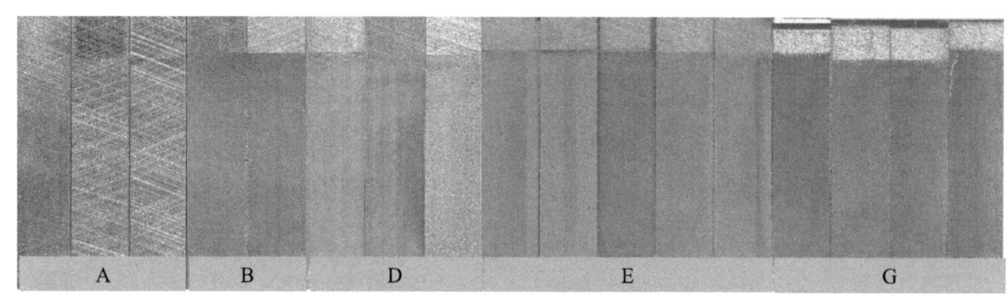

(a) 磨损试验条件1下气缸套试样磨损表面形貌

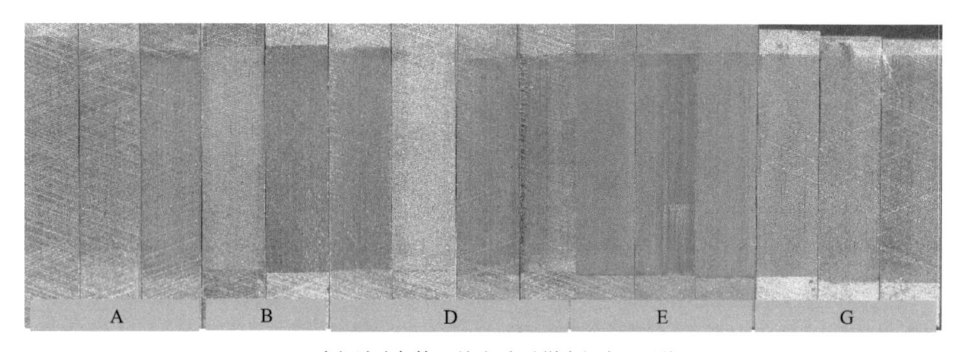

(b) 磨损试验条件2下气缸套试样磨损表面形貌

图 4.79 气缸套试样磨损表面的宏观形貌照片

表 4.13 磨损表面评价指标

评价指标	对指标的描述
磨损表面的色泽	以“光亮(光滑且明亮)、黑暗、光滑(表面光滑但颜色较暗)”等表示
磨损表面的磨痕	若有磨痕，则定性说明，否则不写
磨损表面的均匀性	用均匀和偏磨表示
珩磨纹残留情况	定性描述，用“清晰可见、模糊可见、几乎消失、完全消失”表示

表 4.14 气缸套试样磨损表面状态评价

编号	磨损试验条件 1	磨损试验条件 2
A	磨损表面光亮，均匀磨损，珩磨纹清晰可见	表面光亮，磨损均匀，磨损轻微，珩磨纹清晰可见
B	光滑但较黑，磨损均匀，珩磨纹完全消失	表面光滑稍亮，磨损均匀，珩磨纹模糊可见
D	光滑，表面磨损均匀，珩磨纹完全消失	光亮，磨损总体均匀，珩磨纹模糊可见
E	光滑，磨损均匀，珩磨纹几乎消失	光滑，磨损均匀，珩磨纹几乎消失
G	略粗糙，磨损均匀，珩磨纹完全消失，色深	光亮，磨损均匀，轻度磨损，细小密集的珩磨纹清晰可见

由表 4.14 和图 4.79 可见，在磨损试验条件 1 时，只有贝氏体气缸套 A 没有明显磨损，其余各气缸套表面均发生明显磨损，其中相对较好的是 E 气缸套，磨损量不大，表面状态完好；G 气缸套在高载下发生异常磨损，磨损表面粗糙，磨损率较高。

在磨损试验条件 2 时，由于载荷降低，磨损情况普遍减轻，A、G 气缸套表现突出，珩磨纹完整、清晰，表面没有明显磨损，A 气缸套稍好于 G 气缸套；B 气缸套的表面光亮，没有异常磨损；其次为 D 气缸套和 E 气缸套，仍留存部分珩磨纹。

对比两种试验条件，A、B、D、E 气缸套在两种试验条件下，磨损表面均保持较好的状态，特点为平整、没有明显的拉毛痕迹，均表现为正常磨损，区别仅仅是磨损量不同；G 气缸套在低载荷下较好，磨损很轻，表面平整，珩磨纹清晰可见，但在高载荷下出现粗大的磨痕。

2. 活塞环磨损表面宏观形貌

图 4.80 为两组磨损试验条件下活塞环试样磨损表面的宏观照片，图中活塞环试样高度为 3mm。参照表 4.13 制定的气缸套磨损表面评价指标，对活塞环试样进行评价，评价结果见表 4.15。

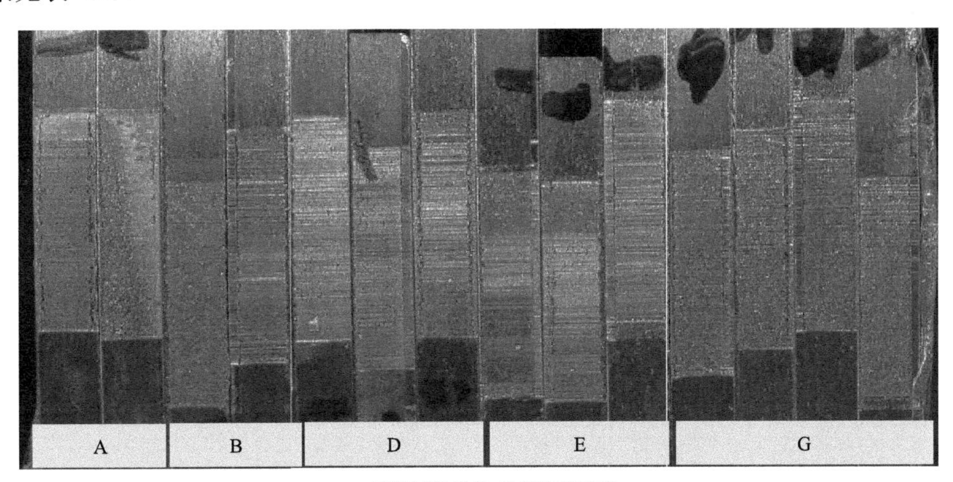

(a) 磨损试验条件1的活塞环试样

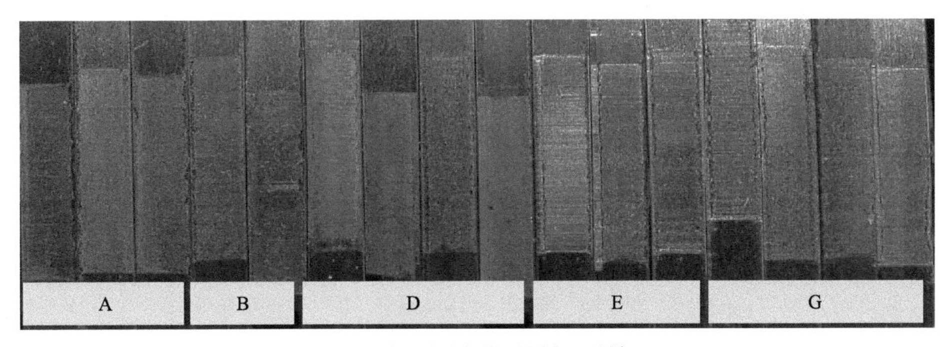

(b) 磨损试验条件2的活塞环试样

图 4.80　活塞环试样磨损表面的宏观照片

表 4.15 活塞环磨损表面状态评价

编号	磨损试验条件 1	磨损试验条件 2
A	表面光滑	与条件 1 类似，很光滑
B	表面光滑，但有密集的细小磨痕	同 A
D	表面很光滑，但比 A 多细小的磨痕	同 A
E	与 D 类似	与条件 1 类似
G	表面粗糙	同 A

由表 4.15 可见，活塞环的表面状态与其配对气缸套具有一致的规律，总体磨损比较均匀，磨损严重的，表面粗糙，有较深的划痕；反之，表面光亮。这说明磨损是配对副双方的性质共同决定的，当磨损机制发生变化时，配对副双方的磨损同时增加或者减少。

4.2.5 磨损表面微观形貌

1. 气缸套表面微观形貌

磨损后各试样表面的 SEM 形貌见图 4.81～图 4.90，从磨损表面总体评价、基体、石墨和硬质相等几个方面，对图中的典型特征进行评价。

对于贝氏体 A、G 气缸套，在磨损试验条件 1 时 A 气缸套(图 4.81)的耐磨性较好，表面光滑，石墨出口清晰，基体仅在局部发生塑性变形，硬质相没有明显的破碎，表现出较好的耐磨性。而 G 气缸套(图 4.85)表面有大量孔洞和明显塑性变形的痕迹，基体有明显再取向的趋势，较大的硬质相维持完好，较小的硬质相发生碎裂，但在贝氏体基体中镶嵌较好。在磨损试验条件 2 时 A、G 气缸套(图 4.86 和图 4.90)的表面均较光滑，基体组织比较完整，没有明显的塑性变形，石墨出口边缘整齐，硬质相均完整牢固地镶嵌于基体中。

(a) 磨损表面形貌

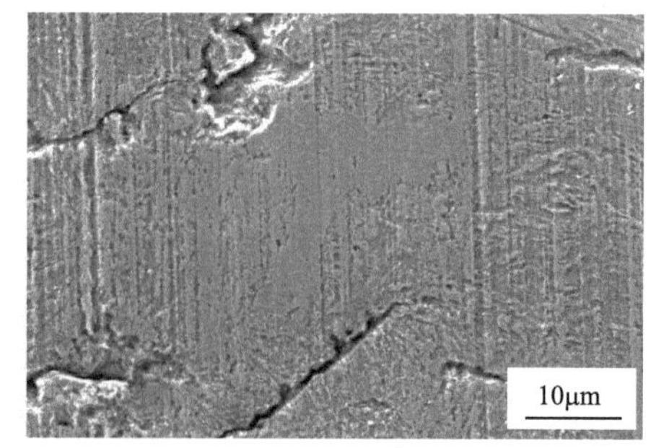

(b) 轻腐蚀的磨损表面形貌

表面总体评价	基体和石墨	硬质相
珩磨纹清晰可见，磨损表面有细小磨痕(图 4.81(a))，比较光滑，表面平台区域提供了良好的支撑，无黏着现象，无明显的塑性变形	石墨共晶团在基体上形成的割裂纹，轻腐蚀后(图 4.81(b))更加清晰。在珩磨纹边缘没有发现明显可见的塑性变形现象	硬质相牢固镶嵌于基体中，硬质相表面的磨痕深度明显比基体浅，说明硬质相具有很好的耐磨性，起到对基体的保护作用，而基体对硬质相提供了良好的支撑，使得硬质相没有发生碎裂或流动

图 4.81 磨损试验条件 1 时 A 气缸套的磨损表面形貌(SEM)

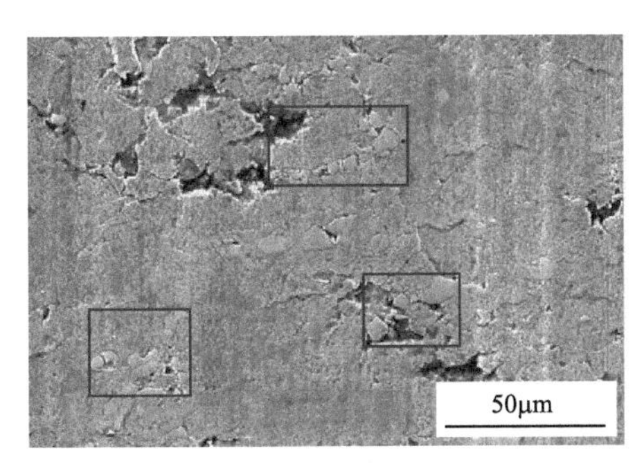

(a) 磨损表面形貌

(b) 轻腐蚀的磨损表面形貌

表面总体评价	基体和石墨	硬质相
一部分表面被摩擦力撕裂(图 4.82(a))，形成多处裂痕，表面结构被严重破坏。另一部分表面(图 4.82(b))维持完整，硬质相镶嵌完好	珠光体基体塑性变形，石墨开口可见(图 4.82(b))	黑色方框内硬质相严重碎裂，与基体之间形成纯粹的机械镶嵌

图 4.82　磨损试验条件 1 时 B 气缸套的磨损表面形貌(SEM)

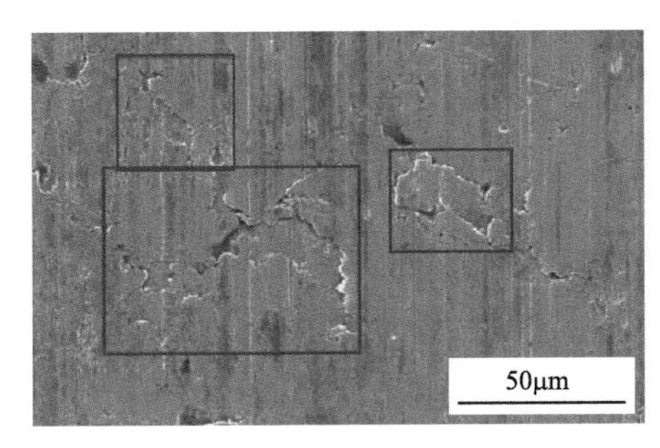

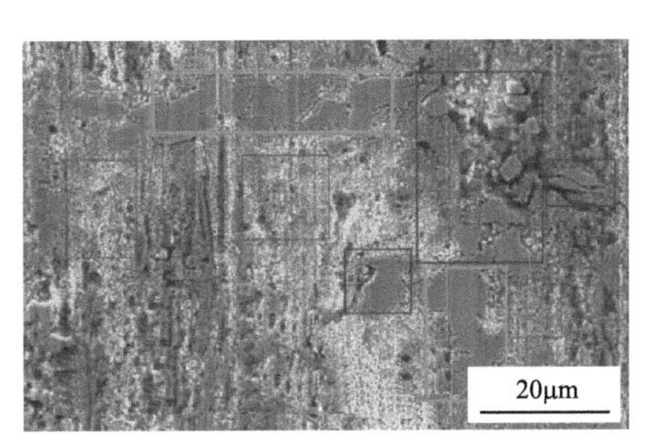

(a) 磨损表面形貌

(b) 轻腐蚀的磨损表面形貌

表面总体评价	基体和石墨	硬质相
表面密排磨痕，有明显塑性变形，珩磨纹消失，石墨出口被挤压填平，可见松动的磨屑	灰色方框中的珠光体基体被碾碎，形成细小的颗粒状(轻腐蚀)，石墨出口完全封闭	方框内的硬质相被压碎成直径为 5μm 左右的碎屑，镶嵌于基体中，但较大块的硬质相(10μm×30μm)仍然较完整

图 4.83　磨损试验条件 1 时 D 气缸套的磨损表面形貌(SEM)

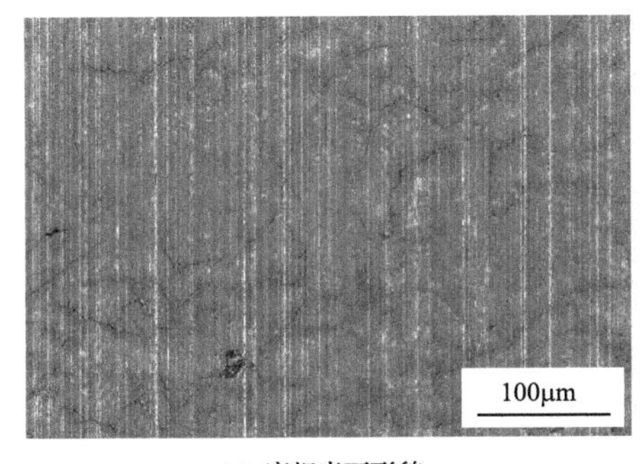

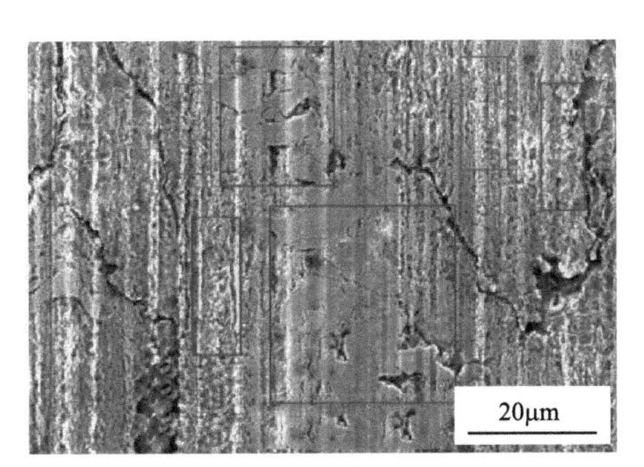

(a) 磨损表面形貌

(b) 轻腐蚀的磨损表面形貌

表面总体评价	基体和石墨	硬质相
表面密排大量磨痕	基体的珠光体片层难以辨别，片层结构被破坏，石墨出口均匀清晰	20μm 左右的硬质相出现裂纹，10μm 左右的硬质相碎裂

图 4.84　磨损试验条件 1 时 E 气缸套的磨损表面形貌(SEM)

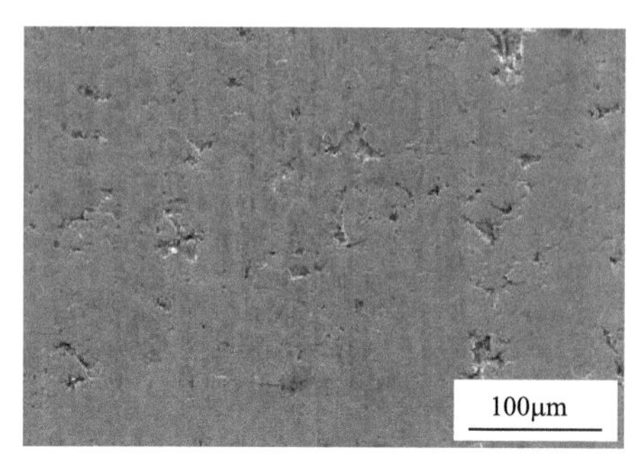

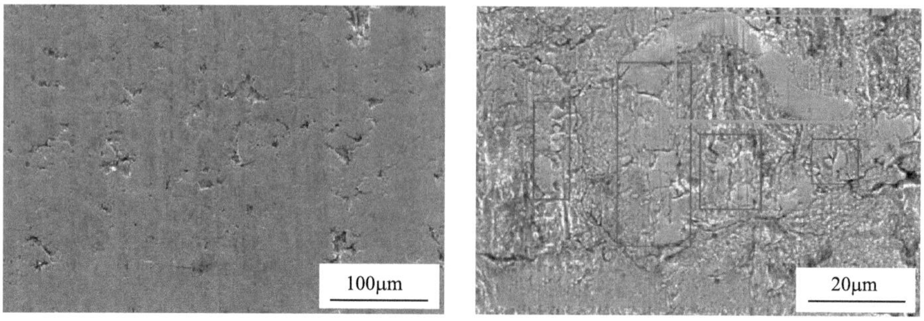

(a) 磨损表面形貌

20μm

(b) 轻腐蚀的磨损表面形貌

表面总体评价	基体和石墨	硬质相
较光滑致密，没有明显的磨痕，但表面有大量孔洞，有塑性流动痕迹	轻腐蚀的表面有贝氏体及马氏体结构特征，石墨出口清晰	大颗粒硬质相比较完整，有些碎裂成小的硬质相(<5μm)，但在基体内的固定较好，高硬度贝氏体对硬质相的镶嵌能力好

图 4.85　磨损试验条件 1 时 G 气缸套的磨损表面形貌(SEM)

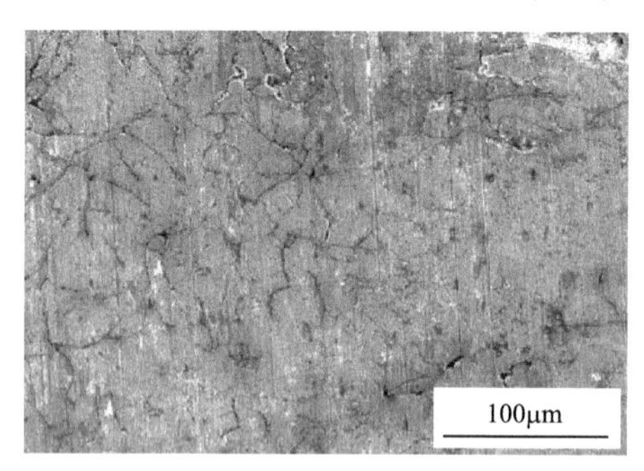

(a) 磨损表面形貌

(b) 轻腐蚀的磨损表面形貌

表面总体评价	基体和石墨	硬质相
表面光滑，没有明显塑性变形，也没有明显黏着和局部脱落	基体组织比较完整，没有明显塑性变形，石墨出口清晰	硬质相没有明显的碎裂现象，在基体中牢固镶嵌

图 4.86　磨损试验条件 2 时 A 气缸套的磨损表面形貌(SEM)

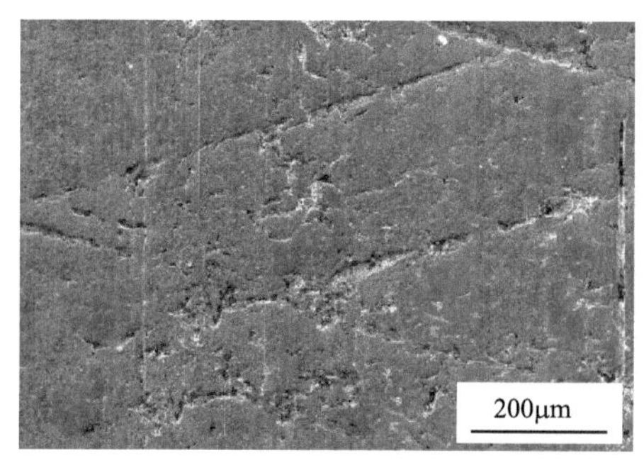

(a) 磨损表面形貌

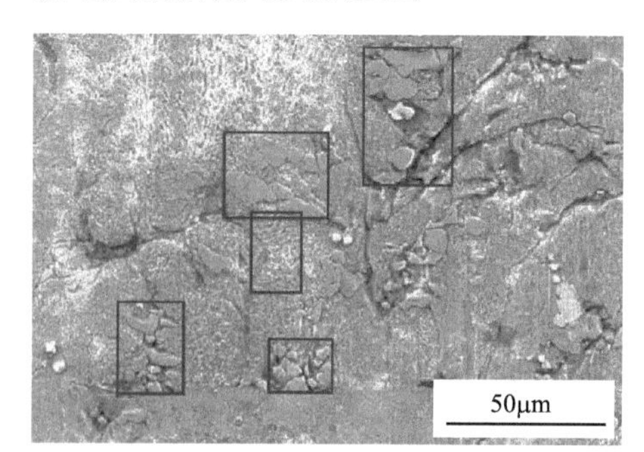

(b) 轻腐蚀的磨损表面形貌

表面总体评价	基体和石墨	硬质相
表面光滑，磨痕很少，珩磨纹可见，表面有塑性流变痕迹	局部基体保持珠光体的条纹状态，塑性变形不重，局部则有塑性流动痕迹，石墨出口清晰	有的硬质相严重碎裂，有的硬质相则均保持完好

图 4.87　磨损试验条件 2 时 B 气缸套的磨损表面形貌(SEM)

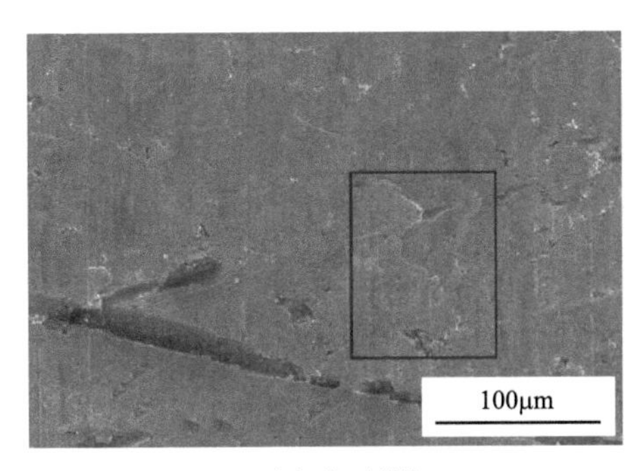

(a) 磨损表面形貌

(b) 轻腐蚀的磨损表面形貌

表面总体评价	基体和石墨	硬质相
磨损表面光滑，珩磨纹清晰可见，但表面有明显的塑性流动，局部封闭了珩磨纹	基体明显变形，珠光体基体破碎成点状，沿滑动方向分布，石墨片在磨损表面的出口完好	硬质相较完整，在基体中完好镶嵌，没有移动

图 4.88 磨损试验条件 2 时 D 气缸套的磨损表面形貌(SEM)

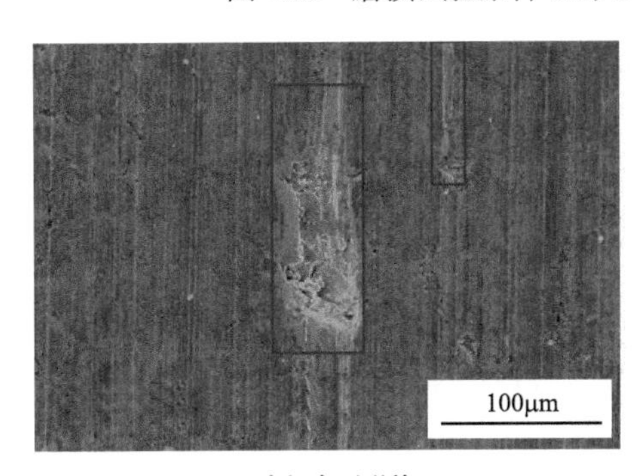

(a) 磨损表面形貌

(b) 轻腐蚀的磨损表面形貌

表面总体评价	基体和石墨	硬质相
表面密布小磨痕，较平滑，石墨开口可见，局部黏着撕裂	基体表面被磨痕覆盖，局部露出片状的珠光体形态，大部分为流变状态，石墨出口可见	硬质相碎裂，但没有明显的位移，而孤立块状硬质相保持完好

图 4.89 磨损试验条件 2 时 E 气缸套的磨损表面形貌(SEM)

(a) 磨损表面形貌

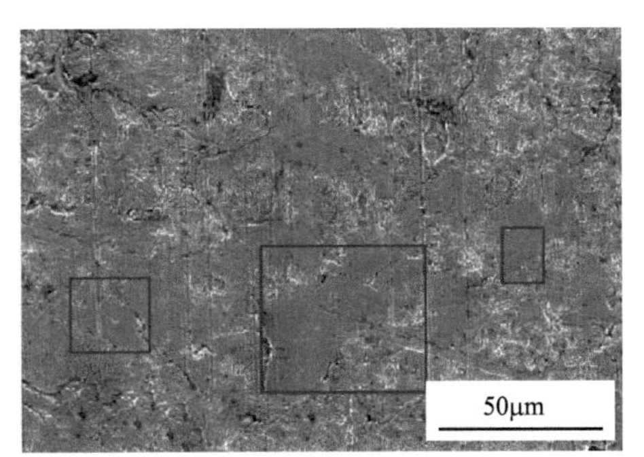

(b) 轻腐蚀的磨损表面形貌

表面总体评价	基体和石墨	硬质相
表面有清晰的珩磨纹，没有明显塑性变形，接触面较光滑	基体组织清晰，石墨出口边缘整齐	硬质相完整没有碎裂现象，牢固地镶嵌于基体中

图 4.90 磨损试验条件 2 时 G 气缸套的磨损表面形貌(SEM)

对于珠光体 B、D 和 E 气缸套，在磨损试验条件 1 时表面均发生不同程度的塑性变形，B、D 气缸套较重(图 4.82 和图 4.83)，E 气缸套较轻(图 4.84)。B、D 气缸套的石墨出口已经不可辨认，硬质相严重碎裂，并沿基体滑动，珠光体基体对硬质相的镶嵌发生松动。在磨损试验条件 2 时，表面发生较轻的塑性变形，石墨出口仍然可以辨认，B 气缸套的硬质相碎裂(图 4.87)，而 D 气缸套和 E 气缸套则较完整(图 4.88 和图 4.89)。

2. 活塞环表面微观形貌

图 4.91 为典型的喷钼活塞环表面形貌和各相成分。如图 4.91(a)所示，在浅色基体上分布着深色颗粒，其中浅色基体为 Mo，深色颗粒为 NiCr 合金(图 4.91(b)和(c))。基体 Mo 的物理性质稳定，抗黏着性能和磨合性能好，而 NiCr 相的硬度较高，具有高温自润滑性能，在内燃机工作条件下，具有预防黏着和减少磨损的作用。

(a) 活塞环表面形貌(SEM)

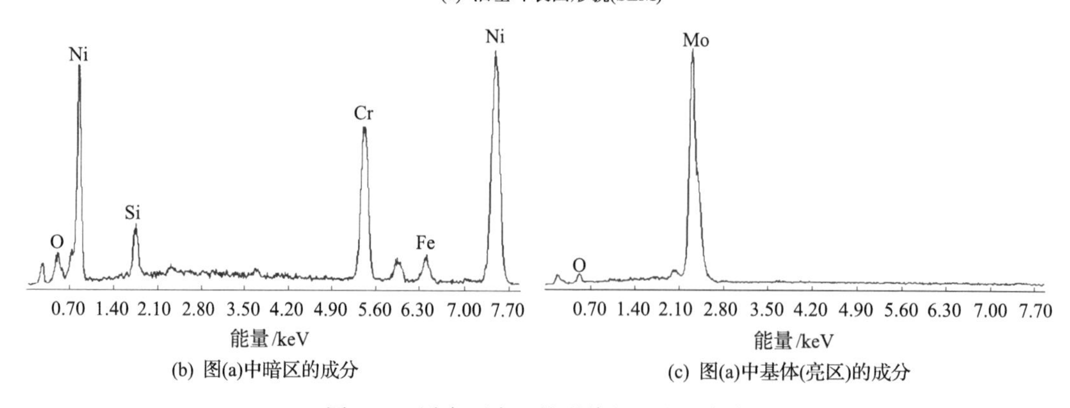

(b) 图(a)中暗区的成分

(c) 图(a)中基体(亮区)的成分

图 4.91　活塞环表面的形貌(SEM)及成分

图 4.92～图 4.101 为在磨损试验条件 1 和磨损试验条件 2 时活塞环的表面形貌。由图可知，有以下特点：

(1)喷钼活塞环表面经磨削加工后表面残留大量缺陷，如孔、局部脱落。

(2) 与 E 气缸套配对时，局部有黏着倾向，但没有扩展，与试验过程中发现磨合阶段有较强的摩擦振动相吻合，与其他各气缸套配合较好。

(3) 无论活塞环的磨损量大小，在试验结束时，其表面均光滑完整，处于相对稳定的磨损状态。结合试验过程中的现象，说明磨损过程中，当某些条件发展到一定程度时会发生快速磨损，甚至磨损机制的转化，而当条件变化时磨损又可以恢复到稳定的状态。

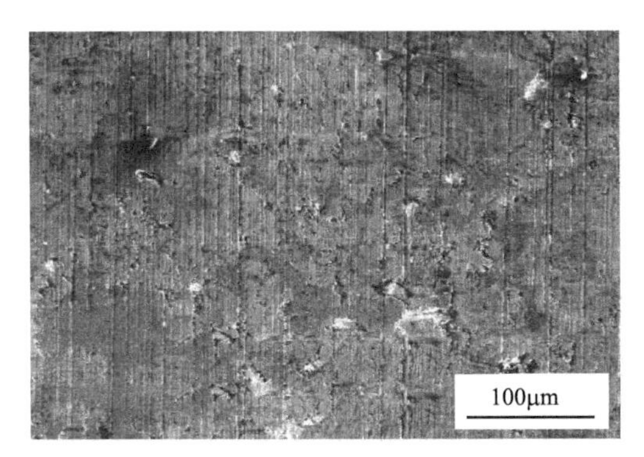

图 4.92 与 A 气缸套配对的表面形貌(SEM，条件 1，磨痕较多，疏松孔洞，组织完整)

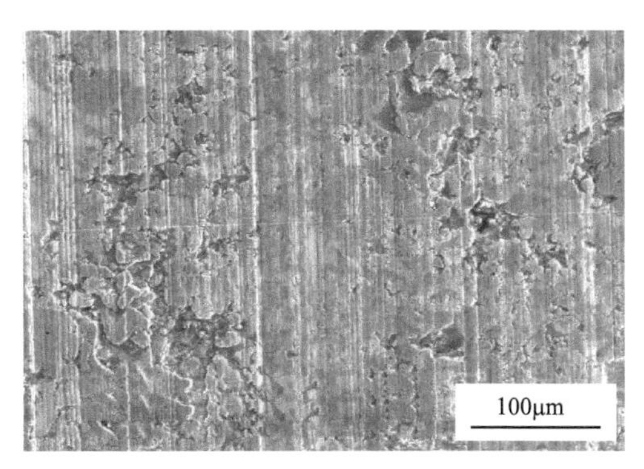

图 4.93 与 B 气缸套配对的表面形貌(SEM，条件 1，滑动方向光滑，犁削磨痕，局部组织松散)

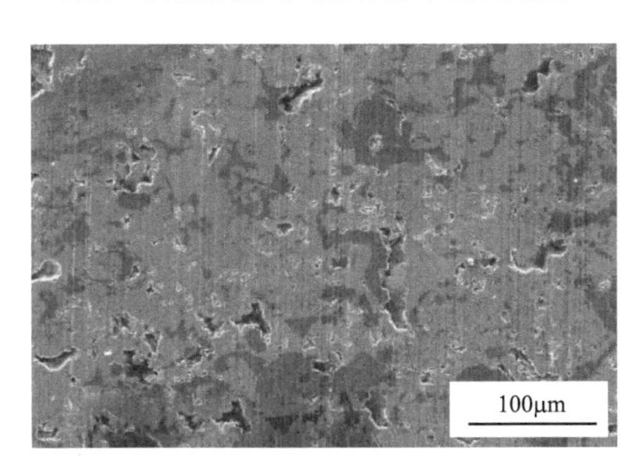

图 4.94 与 D 气缸套配对的表面形貌(SEM，条件 1，光滑，有空洞，轻微磨痕)

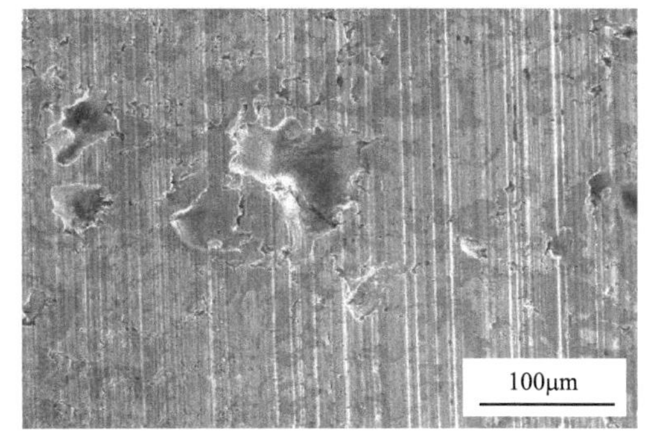

图 4.95 与 E 气缸套配对的表面形貌(SEM,条件 1，光滑，喷涂空洞填满，多磨痕，局部黏着脱落)

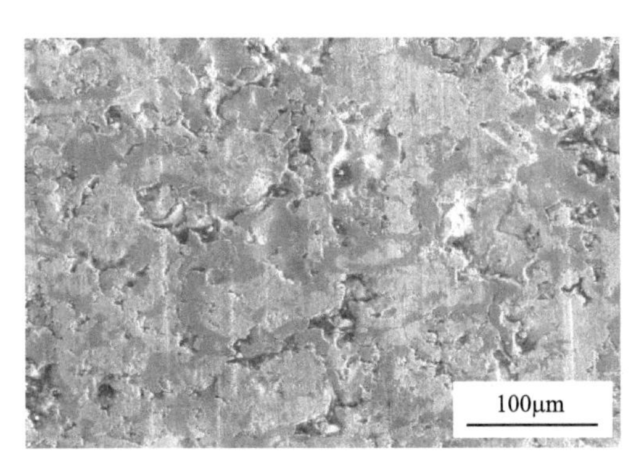

图 4.96 与 G 气缸套配对的表面形貌(SEM，条件 1，总体光滑，疏松多孔，喷涂颗粒层状脱落)

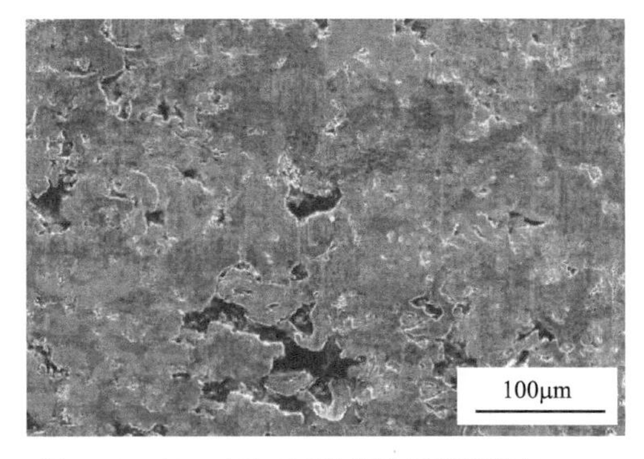

图 4.97 与 A 气缸套配对的表面形貌(SEM，条件 2，表面光滑，组织完整，喷涂空洞尚存)

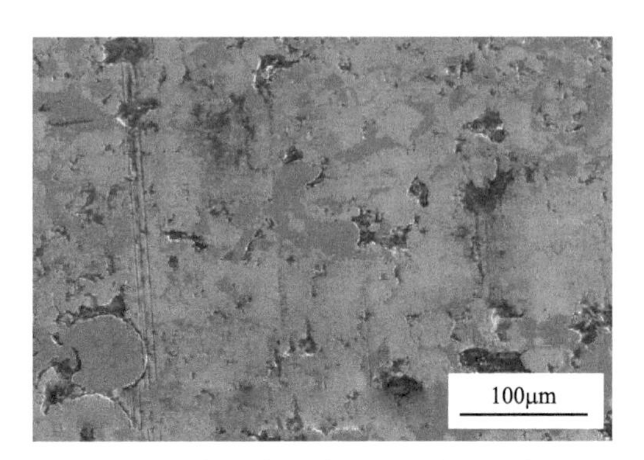

图 4.98 与 B 气缸套配对的表面形貌
(SEM，条件 2，表面光滑，组织完整，
喷涂空洞清晰，无明显变形)

图 4.99 与 D 气缸套配对的表面形貌
(SEM，条件 2，总体光滑，局部有颗粒脱落，
塑性变形不明显，喷涂空洞尚存)

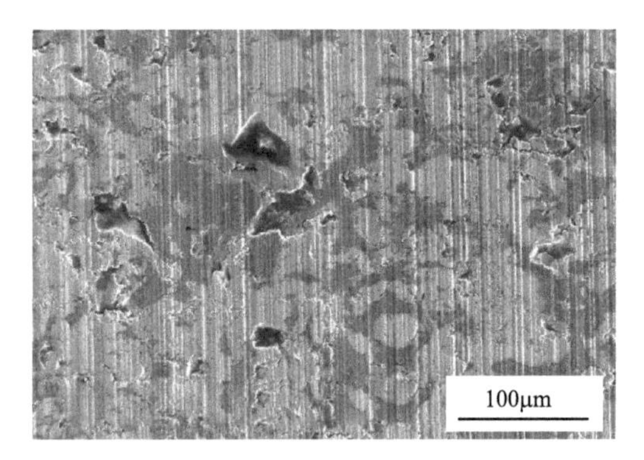

图 4.100 与 E 气缸套配对的表面形貌(SEM，条件 2，总体光滑，磨痕多，黏着脱落)

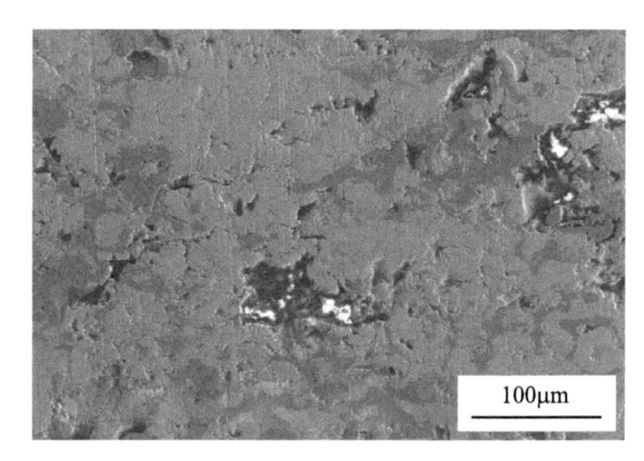

图 4.101 与 G 气缸套配对的表面形貌(SEM，条件 2，光滑平整，组织完整，喷涂空洞清晰)

4.2.6 铸铁气缸套的抗拉缸性能

活塞环-气缸套摩擦副拉缸试验结果见图 4.102，5 种气缸套中，贝氏体气缸套 A 的抗拉缸性能最好，抗拉缸能力为其余气缸套的 3 倍以上；而贝氏体气缸套 G 的抗拉缸性能较差，与珠光体气缸套相近。图 4.103 为各气缸套拉缸后的表面形貌。试验过程中，拉缸试样表面黏着区域扩展速度较慢，停机时在试样表面仅有 1～2mm 的黏着区。此外，A 气缸套表面局部粗糙，但比其他气缸套小，而且仍然有部分表面光滑，说明 A 气缸套对黏着区扩展有较强的抑制能力。主要原因有：A 气缸套的珩磨纹清晰，深度较大，储油能力增强，油膜消耗时间长；A 气缸套有较多的 A 型石墨，分布较均匀，提供了较好的储油能力，脱落的石墨又起到固体润滑的作用，这提高了 A 气缸套抵抗黏着的能力；此外贝氏体基体为细小粒状的碳化物与铁素体基体的复合结构，这种基体的强度高、硬度高，而且韧性好，可更好地抑制黏着倾向，阻止黏着区域扩展；A 气缸套的硬质相数量较少，分布均匀，主要为合金碳化物，硬度高而脆性比普通磷共晶小，在贝氏体基体中镶嵌牢固，减少了因硬质相脱落诱发拉缸的危险。

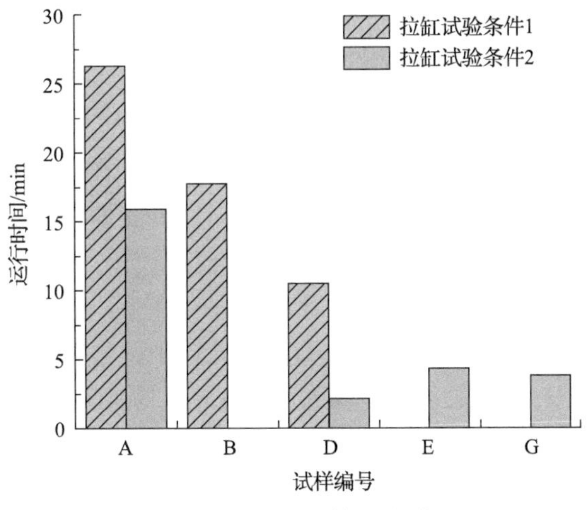

图 4.102　各试样拉缸性能

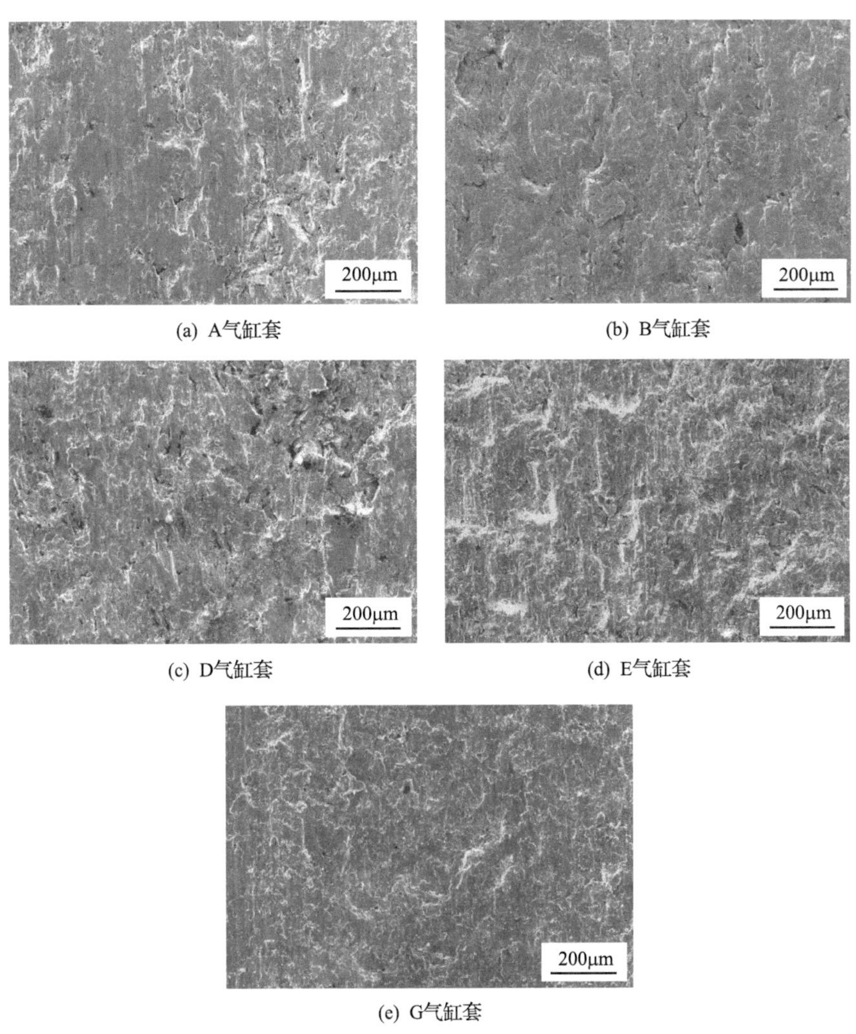

(a) A气缸套　(b) B气缸套　(c) D气缸套　(d) E气缸套　(e) G气缸套

图 4.103　各气缸套的拉缸形貌 SEM 图

尽管 G 气缸套为贝氏体基体，硬度也较高，但其抗拉缸性能仅为 A 气缸套的 25%，与珠光体气缸套 E 相近，为 D 气缸套的 1.8 倍。表面目测可见，G 气缸套的破坏程度明显比 A 气缸套严重；由拉缸表面微观形貌(图 4.103)可见，G 气缸套的拉缸表面表现出均匀的塑性流动迹象，但流动层非常薄，比珠光体气缸套的破坏程度轻。其原因是：G 气缸套基体中碳化物尺寸较大，形状和分布不规则；表面暴露的块状铁素体面积较大，而铁素体的特性是黏着倾向较大，因此抗高温黏着能力较差；G 气缸套基体的韧性很好，强度高，局部黏着时，黏着区扩大的倾向比珠光体基体小。铸态贝氏体基体的强度比珠光体基体高，抗撕裂能力强；G 气缸套的石墨尺寸较小，分布于晶界，储油和边界润滑能力不足；硬质相含量比 A 气缸套多，但硬质相成分不均，有的硬质相含钼，有的不含，受到破坏的可能性比 A 气缸套大。以上因素的综合作用，导致 G 气缸套的综合抗拉缸能力比 A 气缸套差很多，与珠光体气缸套相近。

珠光体气缸套中，E 气缸套最好，其次为 D 气缸套。由拉缸试样表面目测可见，E 气缸套拉缸后黏着区域扩展较慢，而 D 气缸套扩展较快；E 气缸套珩磨纹理细小清晰，对硬质相的破坏较轻。由图 4.103 可见，珠光体气缸套表面均发生严重的变形，非常粗糙：B、D 气缸套表面均有深度黏着和撕裂迹象，基体材料抵抗黏着和黏着区扩展的能力非常弱。E 气缸套表面的粗糙程度比 B、D 气缸套轻，但仍然有强烈的塑性变形，这说明珠光体气缸套的抗拉缸能力和随后的抗拉伤区扩展能力均不足，主要原因是珠光体本身强度低，对硬质相在高速冲击条件下的镶嵌能力不足，硬质相易脱落并形成磨粒，进一步诱发拉缸。

4.2.7 气缸套磨损机制

1. 气缸套的组织与耐磨性的关系

气缸套是内燃机燃烧室的关键结构件，除了要满足与活塞环滑动密封过程中的耐磨、减摩要求之外，还需要满足传热、减振，承受爆发压力带来的冲击载荷，具有抗穴蚀等性能。此外，还需要具有良好的铸造性能和加工性能。因此，气缸套的成分和组织结构的选择，需要满足上述综合性能的要求。

(1) 硬质相与磨损。通过适当含量的硬质相来提高气缸套的耐磨性，是一种典型的双滑磨面耐磨结构设计思想。硬质相的成分由合金元素的成分决定，早期是二元磷共晶，后来加入多种合金元素，如硼、钒、铬、钼等，形成三元磷共晶，是多种碳化物构成的复合相。这种复合磷共晶具有较高的硬度(一般为 1000～1450HV)，而且呈块状均匀分布，含量为 1%～14%，综合性能远好于单一的磷共晶。由磨损试验结果可知，硬质相对气缸套的耐磨性有重要影响。其主要作用机制是，硬质相作为第一滑磨面承受耐磨减摩作用，而基体为第二滑磨面，起到存储润滑油和镶嵌硬质相的作用。一般认为，硬质相中铬、钼等合金元素含量高，其硬度高、脆性相对减小，耐磨性明显提高，例如，A 气缸套的硬质相中铬、钼合金元素含量较高，表现出很好的耐磨性。

(2) 基体组织与磨损。一般认为，基体的显微硬度在一定范围内变化时，与耐磨性无明显关系。三种珠光体气缸套中，B 气缸套的显微硬度明显比 D、E 气缸套低，但耐磨性稍好。对于硬质相强化的耐磨结构，基体的主要作用是支撑第一滑磨面，在一定的载荷、温度、速度范围内，基体的支撑能力崩溃或者硬质相碎裂之前，基体显微硬度对气缸套耐磨性的影响差别不大。

(3) 石墨与磨损。通过前述试验结果和有关文献的研究表明，对于含硬质相的灰口铸铁气缸套，石墨的形状和面积百分比在一定范围内变化，对耐磨性影响不大，但石墨的作用不可忽视，它的数量、形状和分布对摩擦和磨损机制的转化有重要作用，在极限的边界润滑状态下，仍然是储油和自润滑的关键因素，没有良好的石墨形状和分布，材料的拉缸倾向会增大。

(4) 铁素体与磨损。一般认为铁素体容易发生黏着，应控制其面积百分比在一个较低的范围，而且不允许呈大块、连续分布。铁素体含量增大，气缸套的拉缸倾向增大。

(5) 组织结构与磨损。布氏硬度表征了摩擦副的宏观承载能力，是气缸套基体、硬质相和石墨等组织和性能的综合反映。一般认为布氏硬度高，则摩擦副的耐磨性好，但单纯用布氏硬度指标来衡量气缸套的耐磨性是不全面的。例如，含大量回火马氏体基体的 G 气缸套的布氏硬度大于贝氏体基体的 A 气缸套，但贝氏体基体 A 气缸套的耐磨性能和抗拉缸性能均好于 G 气缸套；珠光体基体气缸套中，E 气缸套的布氏硬度比 D 气缸套低，但耐磨性却比 D 气缸套好。因此，当采用硬度指标衡量气缸套的耐磨性时，前提必须是材料的组织相同。气缸套材料是由硬质相、基体和石墨构成的复合耐磨结构，各组分的性能、分布及其合理配合，是决定耐磨性的关键因素。

(6) 活塞环与气缸套的匹配性。5 种气缸套与活塞环的匹配性可归纳为三种情况。珠光体基体气缸套：B、D、E 气缸套磨损相对稳定，气缸套活塞环的相对磨损量正常；铸态贝氏体气缸套：气缸套的磨损较轻，环的磨损比珠光体气缸套大；贝氏体气缸套：气缸套活塞环的磨损均很小。这说明不同基体组织对气缸套与活塞环的配对性有明显的影响。

2. 磨合表面接触模型

1) 气缸套磨合表面轮廓

加工表面的状态通常用轮廓曲线来表示，由于这种测量方法在纵向的放大倍数远远大于横向，所以得到的轮廓曲线很尖，其中的尖峰称为微凸体，实际上表面起伏很缓慢，如图 4.104 所示，只是测量结果的绘图方法改变了轮廓曲线的横纵比。磨合过程中，活

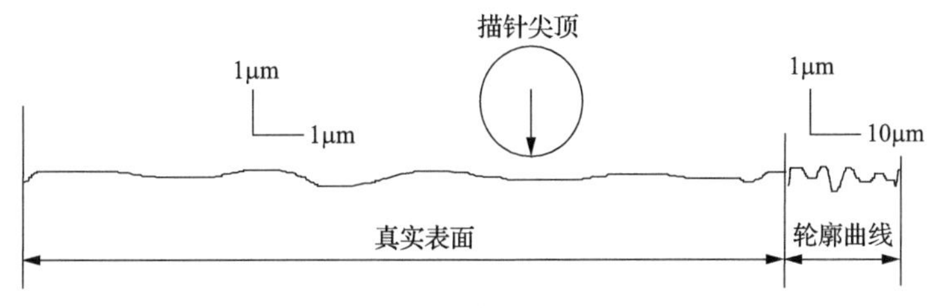

图 4.104 表面轮廓真实形状和实测形状

塞环与气缸套表面的微凸体互相接触，发生弹塑性变形和快速磨损，如图 4.105 所示，这就是 Archard 等建立的黏着磨损模型。

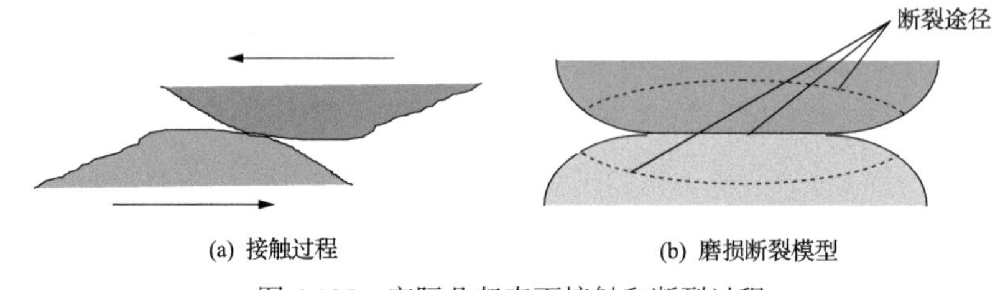

图 4.105 实际凸起表面接触和断裂过程

磨合后，表面状态达到相对于工况的稳定状态，微凸体转化为小平台，如图 4.106 所示，承载平台成为轮廓曲线的主要特征。图 4.106(a)为含硬质相气缸套磨合后表面形貌和轮廓曲线示意图，硬质相成为承载及耐磨的第一滑磨面，基体成为镶嵌硬质相和储油的第二滑磨面，石墨出口也是储油和润滑的关键要素。图 4.106(b)为无硬质相气缸套磨合后表面形貌和轮廓曲线示意图，塑性变形后形成的承载平台成为滑磨面，其性质是决定耐磨性能的关键要素，滑磨面之间的缝隙和凹坑起到储油润滑作用。

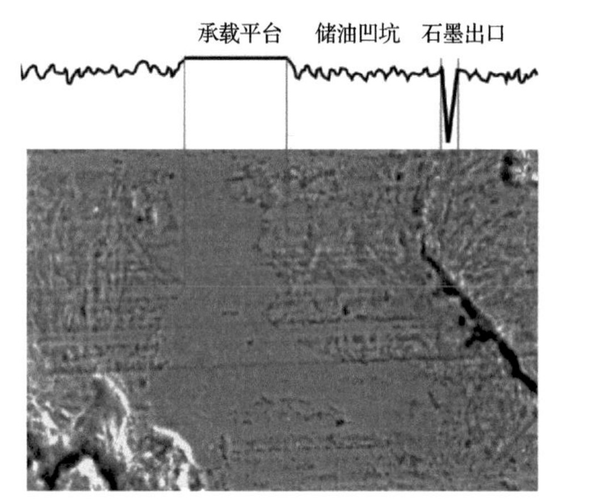

(a) 含硬质相气缸套磨合后表面形貌和轮廓示意图

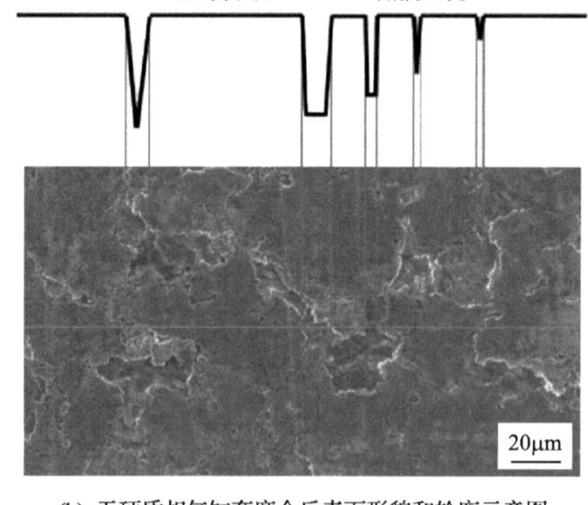

(b) 无硬质相气缸套磨合后表面形貌和轮廓示意图

图 4.106 磨合后气缸套表面轮廓曲线示意图

2)气缸套磨合后的横截面组织

磨合后气缸套沿着滑动方向的截面组织见图 4.107，在磨损表面，硬质相凸出珠光体基体所构成的轮廓，如图 4.106(a)中的轮廓曲线所示。另外，还可以看到硬质相内部有垂直于表面的裂纹(图 4.107)，说明硬质相在磨合过程中因力的作用发生了破坏，但只要平衡状态建立后，就能表现出很好的耐磨性。同时可见基体的珠光体片层延伸到摩擦副表面，发生方向一致的弯曲，组织结构基本保持完整，仅在距离表面几个片层厚度范围内，发生塑性变形(图 4.108)，但影响区域很浅。

图 4.109 为一个暴露在磨损表面的细长硬质相破坏情况，在 20～30μm 的深度范围，硬质相沿着平行于磨损表面的方向多处折断，脱落留下的空洞被异物填充。

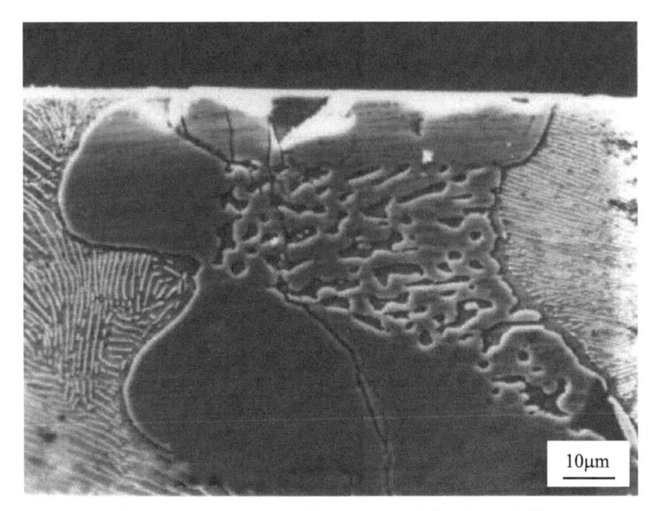

图 4.107 磨损表面硬质相形貌(平行于磨损方向的截面，SEM)

图 4.108 硬质相在接近表面的部分发生碎裂和折断

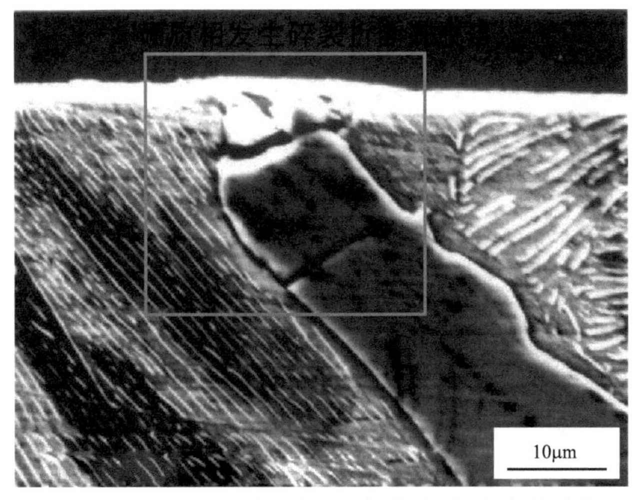

图 4.109 硬质相在接近表面的部分碎裂、折断并脱落

3）磨合表面接触模型的建立

将磨合后气缸套表面模型化，可建立考虑气缸套表面硬质相存在状态的微观接触模型。

对于硬质相强化的合金铸铁气缸套与喷钼活塞环配对，根据气缸套组织及其在磨损过程中的作用，将活塞环摩擦表面简化为平面，则可形成活塞环与气缸套摩擦副接触状态的金属学模型，如图 4.110 所示。硬质相构成配对副的第一滑磨面，表现出很好的耐磨性；由于珠光体和硬质相的硬度差异较大，所以出现磨损差，使珠光体稍凹陷(图4.110)，构成第二滑磨面。石墨相起到储油和润滑作用。游离铁素体一般含量很少，远小于 5%，过多会引起黏着和拉缸。

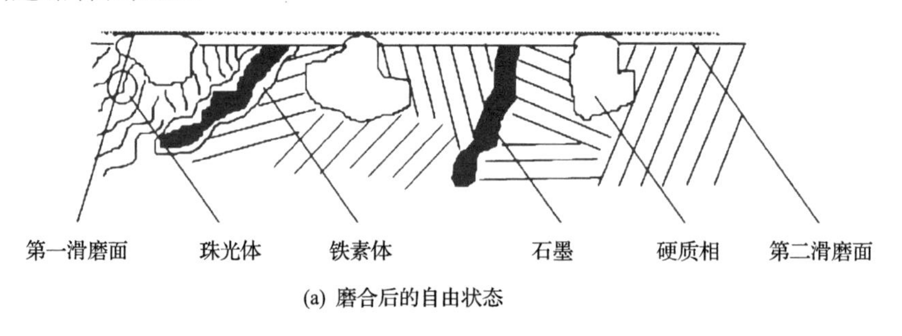

(a) 磨合后的自由状态

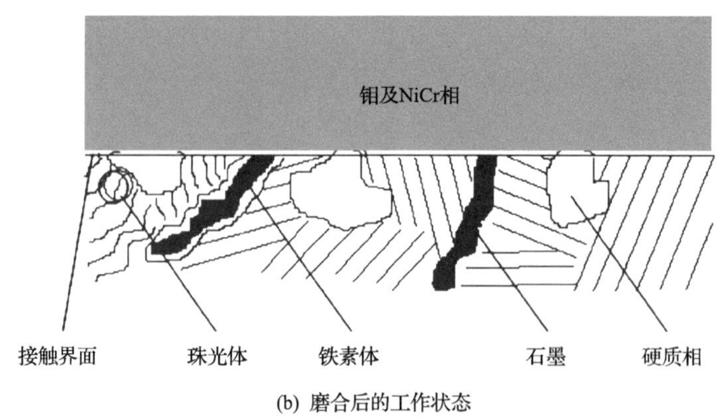

(b) 磨合后的工作状态

图 4.110 磨合后配对副的表面接触状态金属学模型

气缸套与活塞环磨合后，形成对应于该工况的平衡表面结构，此时硬质相与基体形成稳定的高度差，且硬质相的边角形成良好过渡。

3. 黏着发生条件及磨损机制的转型

活塞环与气缸套的局部黏着，会诱发磨损机制的转型，包括轻度擦伤、大面积拉缸，甚至咬合失效。气缸套一般有一定比例的硬质相，脱落后转化为磨粒，磨损率激增，因此黏着是一种严重的故障形式，必须清楚黏着发生条件，预防磨损机制的转型。

根据上述磨损试验结果和磨损表面分析，结合 4.1 节的拉缸机理模型及活塞环与气缸套接触状态的金属学模型，磨损机制转型的机理可进一步分析如下。

影响黏着的关键因素是承载平台处的界面温度，包括本体温度和瞬时温升(闪温)ΔT。当摩擦力达到一定限值、相对运动速度较高时，单位时间生成的摩擦热大，表面瞬时温度高，与本体温度叠加，$T=T_0+\Delta T$ 超过微凸体或者承载平台的极限温度时，将发生局部黏着甚至焊合，进一步将强度较低或与基体结合力较弱的相折断或拉掉，诱发两体或者三体磨粒。如果瞬间摩擦热不高，随时间延长，摩擦副本体积蓄的热量越来越多，本体温度 T_0 升高，也会导致黏着。

摩擦副相对滑动速度决定了单位时间产生的热量，进而决定了承载平台的温升速度。如果滑动速度较慢，有更长的散热时间，温升也会较慢。

摩擦副的接触状态与特定载荷对应，载荷决定了金属学的平衡结构。当载荷波动、超过原工作载荷时，原来的平衡结构被破坏，可能导致硬质相破碎、基体产生大塑性变形并放出大量热量，诱发黏着。

在充分润滑的条件下，载荷、速度和温度在超过活塞环和气缸套额定工况相当大的范围内变化，都不会发生拉缸，所以通常在拉缸之前，有相当长时间的润滑不足。

基体组织与活塞环的配对性是决定拉缸的内因。大面积暴露的铁素体容易诱发拉缸，贝氏体基体强度高、韧性好，对硬质相的镶嵌能力强，耐高温、黏着倾向小，有利于抑制拉缸。

因此，在润滑不足或者高速、过载等条件下，由于摩擦热的作用，摩擦副界面产生高温黏着形成两体磨粒，或者磨合不当导致硬质相碎裂脱落形成三体磨粒，都会对摩擦副表面产生犁削破坏，并进一步诱发硬质相的脱落。新产生的磨粒又进一步破坏摩擦副，如此恶性循环。黏着首先在局部承载平台发生，一旦发生，迅速扩展，磨损机制从正常磨损转化为拉缸。

本节以 3 种珠光体铸铁气缸套和 2 种贝氏体铸铁气缸套为对象，全面分析了其成分相组成及硬度等材料特征，分析了珩磨对基体组织的影响，从宏观到微观尺度，获得了摩擦磨损行为对气缸套表层组织的影响，最后从金属学的角度，基于气缸套相组成及其在磨损过程中表现出的特征，建立了磨合表面的接触模型，以便从金属学层次认识气缸套的摩擦磨损机理。

4.3 含铌及含硼铌贝氏体灰口铸铁气缸套的磨损

本节采用与 4.2 节相同的试验方法和试验设备，以等温淬火铬钼铜铸铁气缸套为参照，研究等温淬火铌铸铁和硼铌铸铁两种贝氏体灰口铸铁气缸套的磨损性能。

4.3.1 气缸套成分、组织和性能

1. 化学成分

三种气缸套的材料及热处理方法见表 4.16，Nb 铸铁和 BNb 铸铁气缸套的化学成分见表 4.17，Nb 和 BNb 气缸套均有较高含量的 Nb 及 Cr、Ni、Cu。

表 4.16 气缸套材料及热处理方法

气缸套名称	材料及热处理方法
CrMoCu	铬钼铜铸铁+等温淬火
Nb	铌铸铁+等温淬火
BNb	硼铌铸铁+等温淬火

表 4.17 气缸套化学成分 （单位：%）

气缸套名称	C	Si	Mn	P	S	B	Cr	Mo	Cu	Ni	Zn	Nb
Nb	2.87	2.5	0.85	0.10	0.026	＜0.01	0.28	＜0.001	0.84	0.41	—	0.28
BNb	2.43	2.5	0.72	0.10	0.014	＜0.03	0.32	＜0.001	0.84	0.40	—	0.26

2. 基体组织

图 4.111 为各气缸套的基体组织，三种气缸套均为发育较好的贝氏体组织，局部有少量块状铁素体。

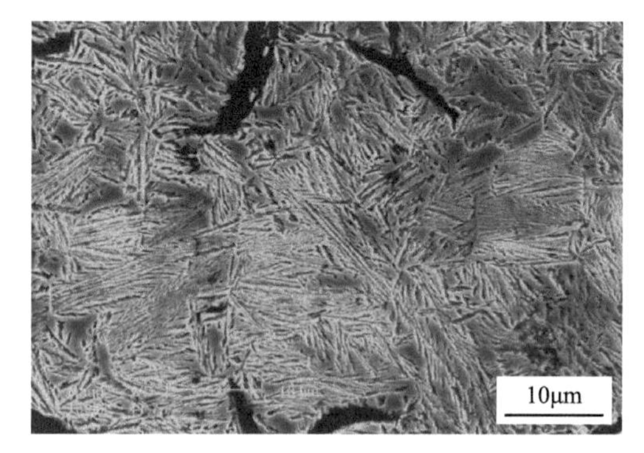

(a) CrMoCu

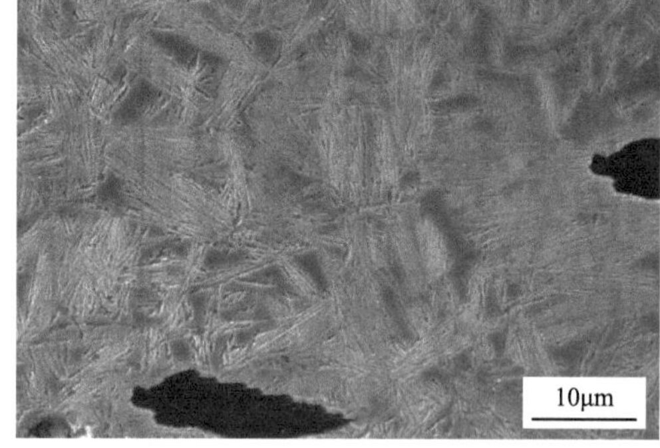

(b) Nb

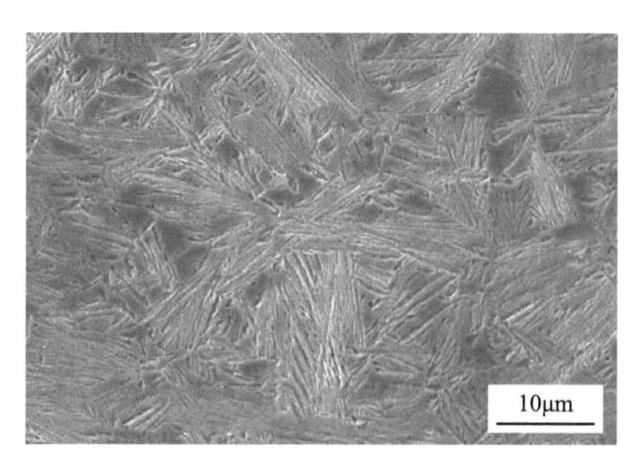

(c) BNb

图 4.111 三种气缸套的基体组织(SEM)

3. 硬质相

Nb 气缸套的硬质相形态及成分见图 4.112。由图可见，Nb 气缸套的硬质点主要为含

Nb 和少量 Ti 的碳化物，Fe 的含量为 3%～25%，尺寸为 2～8μm，个别可达 10μm。基体中分布少量 10μm 左右的磷共晶型硬质相，含少量 Cr 和 Mn 元素(含量均小于 5%)。

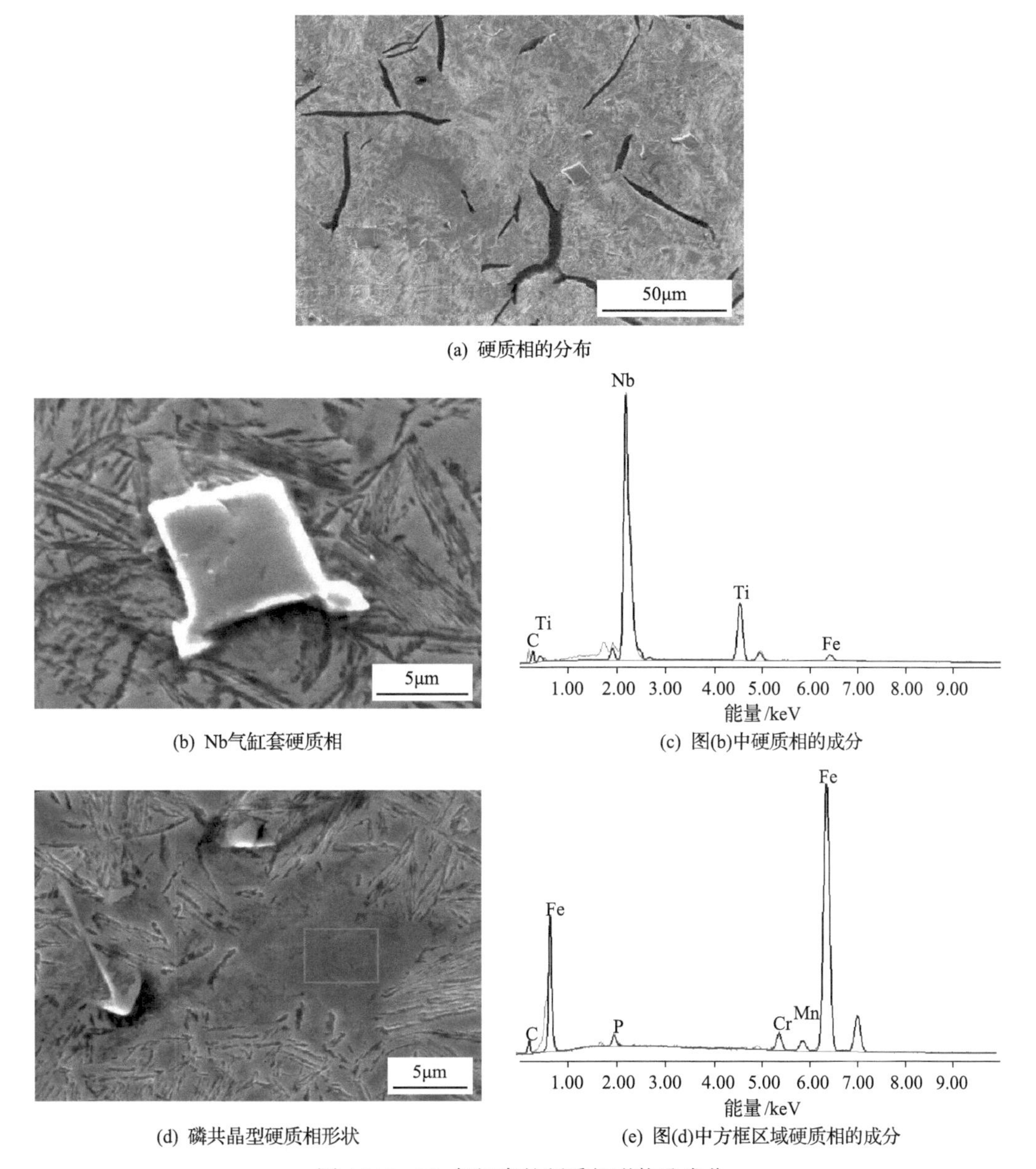

图 4.112 Nb 气缸套的硬质相形状及成分

BNb 气缸套的硬质相形态及成分见图 4.113。由图可见，BNb 气缸套的硬质点含有 Nb 和少量 V、Ti、B，在磷共晶型硬质相中没有 B。也就是说，BNb 气缸套中的 B 没有形成硼磷共晶体，而是形成 NbB 的碳化物。

(a) 硬质点的形态及分布

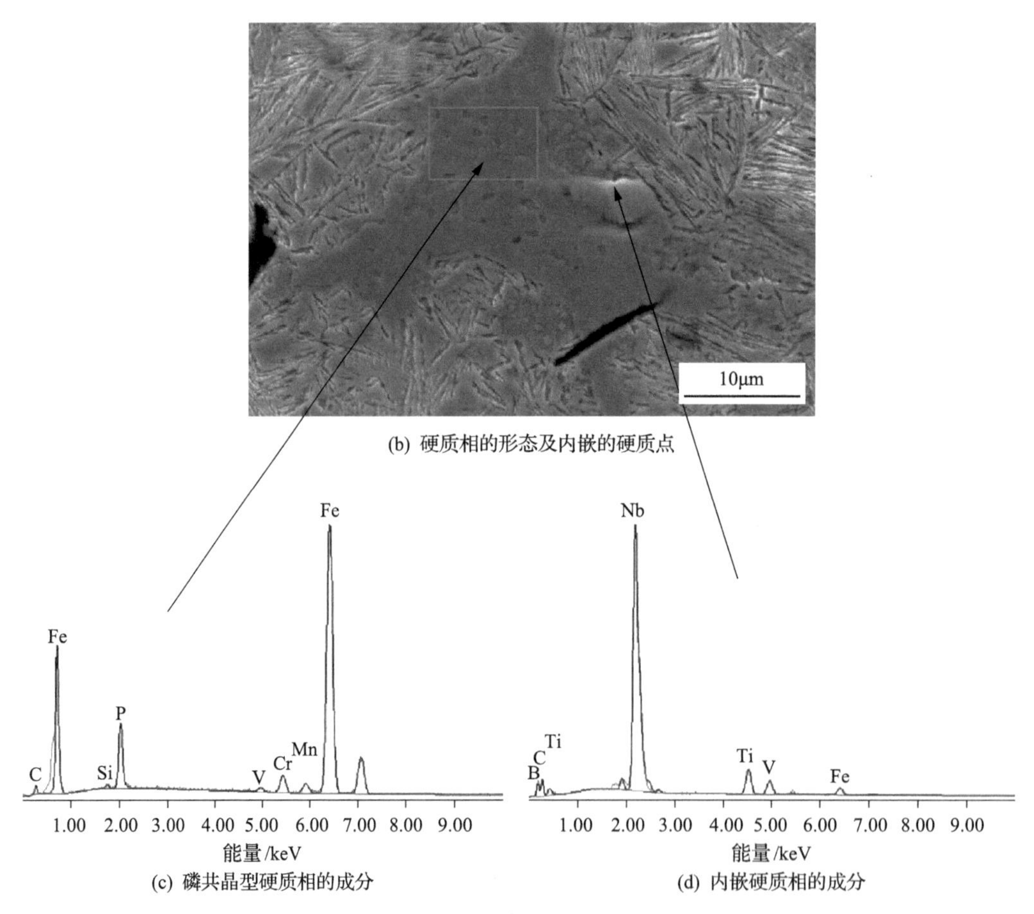

(b) 硬质相的形态及内嵌的硬质点

(c) 磷共晶型硬质相的成分

(d) 内嵌硬质相的成分

图 4.113　BNb 气缸套的硬质相形态及成分

CrMoCu 气缸套的硬质相形态及成分见图 4.114。由图可见，CrMoCu 气缸套内硬质相较少，仅有少量尺寸较小的磷共晶体，共晶体中 Mo、Cr、Mn 等元素的含量分别为 7.67%、2.59%、1.29%。

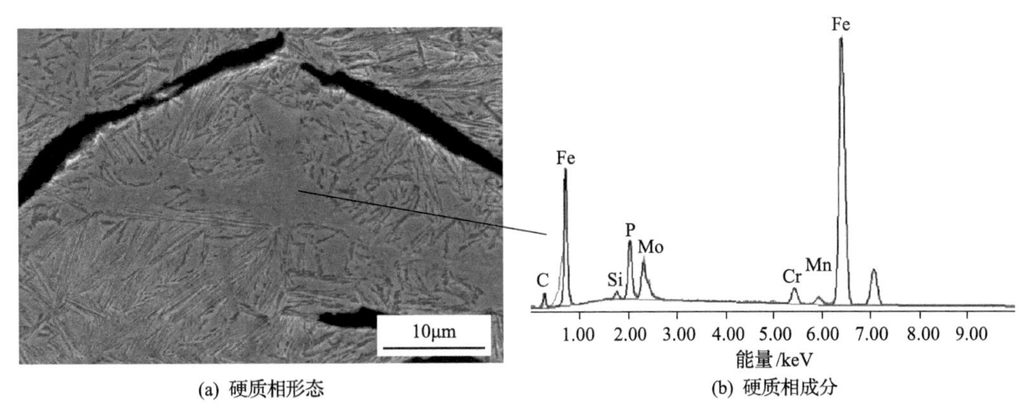

(a) 硬质相形态　(b) 硬质相成分

图 4.114　CrMoCu 气缸套的硬质相形态及成分

4. 石墨

三种气缸套石墨形态见图 4.115，CrMoCu、Nb 和 BNb 气缸套的石墨尺寸和分布类似，均以 A 型石墨为主。

(a) CrMoCu

(b) Nb　(c) BNb

图 4.115　三种气缸套的石墨形态(SEM)

5. 断面宏观组织

沿气缸套厚度方向的截面组织见图 4.116，Nb 气缸套的外表层有较明显的树枝晶形态，直到距离内表面大约 2mm 处，才逐渐成为等轴晶，石墨分布逐渐均匀。而 BNb 气缸套自外表面开始均是等轴晶，没有明显可见的树枝晶，石墨分布于晶间，在距离内表面 0.5～1.0mm 范围内，石墨分布均匀。在距离内表面 0～0.5mm 的范围内，两种气缸套的组织特征基本相同。

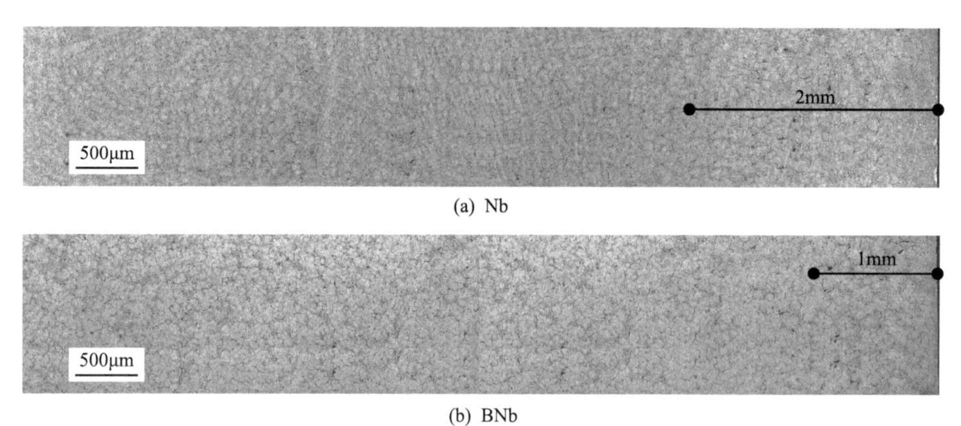

(a) Nb

(b) BNb

图 4.116 Nb 气缸套和 BNb 气缸套的断面组织

右端为内表面，左端为外表面

6. 硬度

由于硬质相的尺寸太小，无法测量显微硬度，贝氏体基体的显微硬度测量结果见图 4.117，BNb 气缸套平均 443HV，Nb 气缸套平均 454HV，基体硬度基本一致，CrMoCu 气缸套的基体硬度平均 378HV，低于 BNb 气缸套和 Nb 气缸套的硬度，差别可达 80HV。

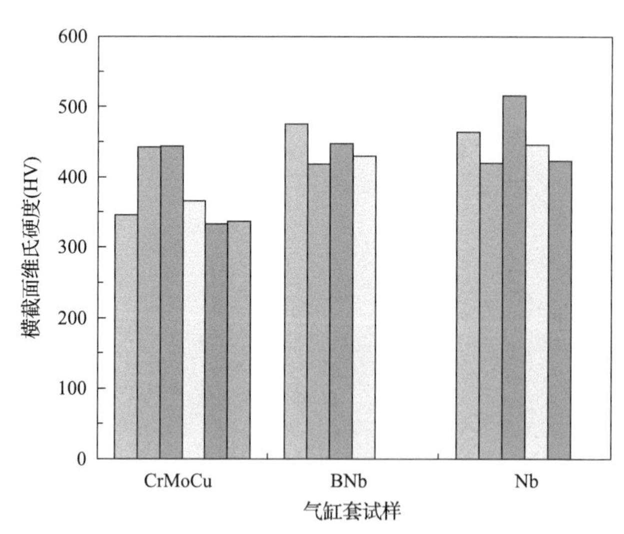

图 4.117 气缸套试样横截面显微硬度

7. 珩磨纹

气缸套表面珩磨纹形貌见图 4.118 和图 4.119。由图 4.118 可见，各气缸套表面均为粗细相间的珩磨纹，但 CrMoCu 气缸套的珩磨纹分布不够均匀。由图 4.119 可见，三种气缸套珩磨纹有明显差别，CrMoCu 气缸套接近平滑，没有明显的小珩磨纹存在；Nb 气缸套的小珩磨纹细小；BNb 气缸套的珩磨纹与 Nb 气缸套相近。

(a) CrMoCu

(b) Nb

(c) BNb

图 4.118　气缸套表面珩磨纹的宏观形貌(SEM)

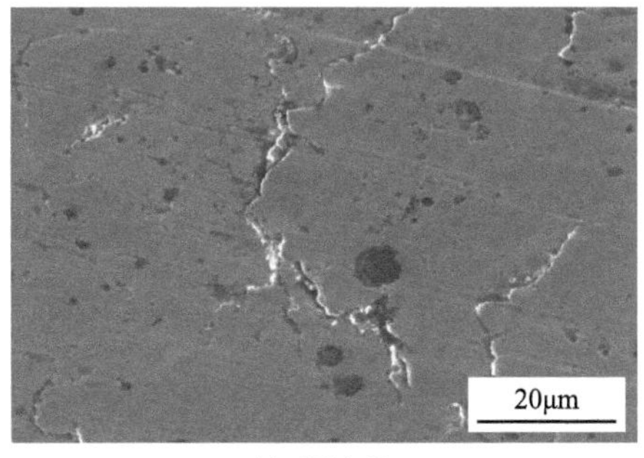

(a) CrMoCu

(b) Nb

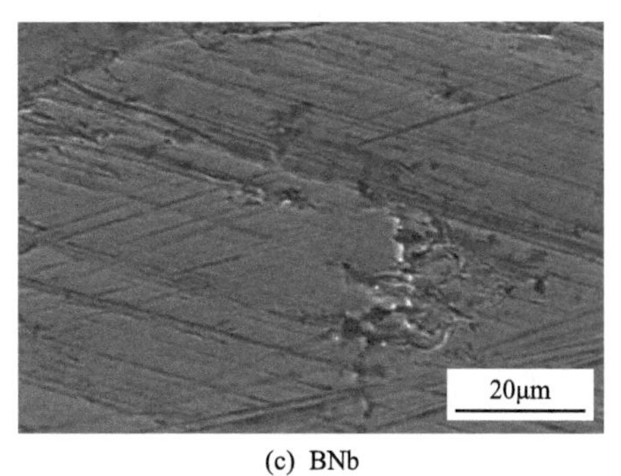

(c) BNb

图 4.119　气缸套表面珩磨纹的微观形貌(SEM)

4.3.2 气缸套和活塞环的磨损性能

活塞环试样从实际使用的第一道气环切取，工作面喷钼，长度为圆周的 1/5，使用专用工装夹持，磨损试验条件见表 4.18。

表 4.18 磨损试验条件

变量	条件
工作载荷/N	2800
接触面压力/MPa	93（≈9 倍强化）
磨合载荷/N	700
磨合时间/h	3
温度/℃	100
接触面积/mm^2	30
转速/（r/min）	100
工作行程/mm	30
运行时间/h	21

1. 气缸套的磨损

三种气缸套的磨损量见图 4.120。BNb 气缸套的磨损量最低，为 CrMoCu 气缸套的 30%～40%。Nb 气缸套的磨损量与 BNb 气缸套相近但稍大，明显比 CrMoCu 气缸套小。

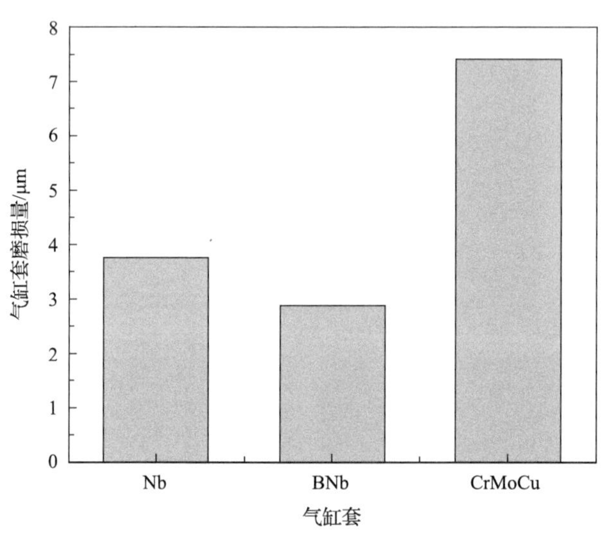

图 4.120 三种气缸套试样的磨损量

2. 活塞环的磨损量

活塞环的磨损量见图 4.121。与 Nb 气缸套配对的活塞环磨损量最小，与 BNb 气缸套配对的活塞环磨损量稍大，与 CrMoCu 气缸套配对的活塞环磨损量最大，但三个试样的磨损量差别不大。

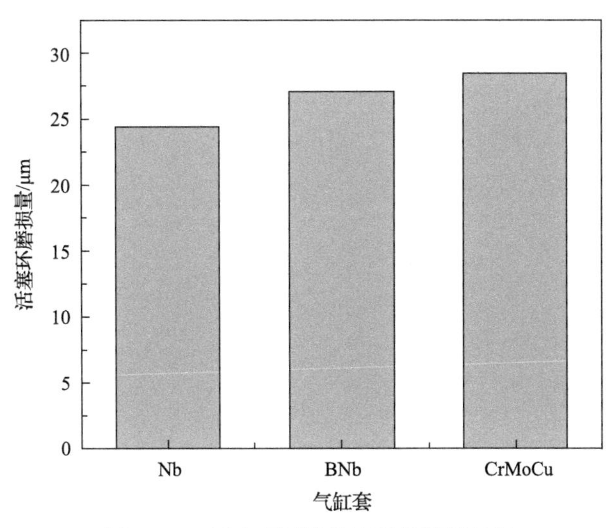

图 4.121　活塞环试样的磨损量测量结果

3. 气缸套与活塞环的配对性

图 4.122 为活塞环-气缸套磨损量对比，由图可知，CrMoCu 气缸套及其配对活塞环的磨损量均大；Nb 气缸套和 BNb 气缸套的磨损量小，其配对活塞环的磨损量也比与 CrMoCu 气缸套配对活塞环的磨损量小，配对性能更好。从牺牲活塞环、保护气缸套的角度判断，BNb 气缸套-喷钼活塞环的配对性最优。

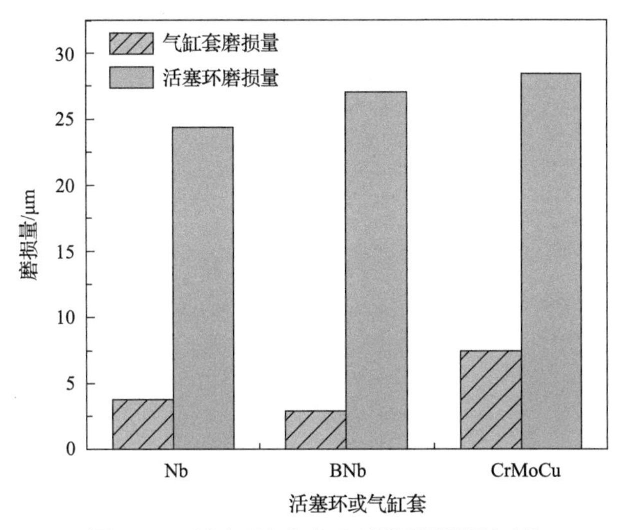

图 4.122　活塞环与气缸套试样的磨损配对性

4.3.3　磨损表面宏观形貌

图 4.123 为气缸套试样磨损后的宏观形貌图，试样宽度为 10mm。由图可见，Nb 气

缸套和 BNb 气缸套的磨损表面珩磨纹清晰，磨损表面光滑、均匀，而 CrMoCu 气缸套试样表面已经发生较大的磨损，珩磨纹基本消失。

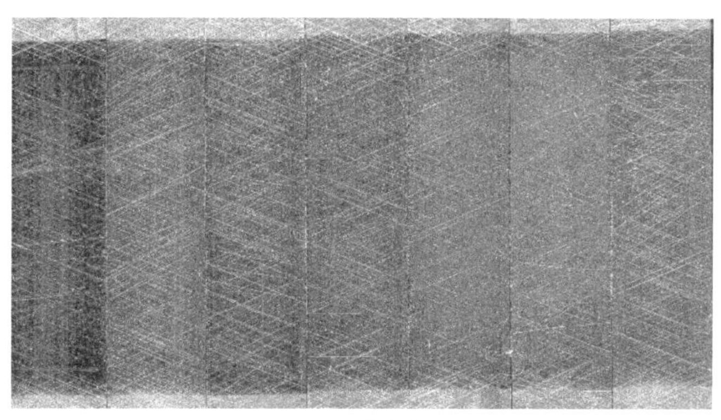

(a) BNb气缸套

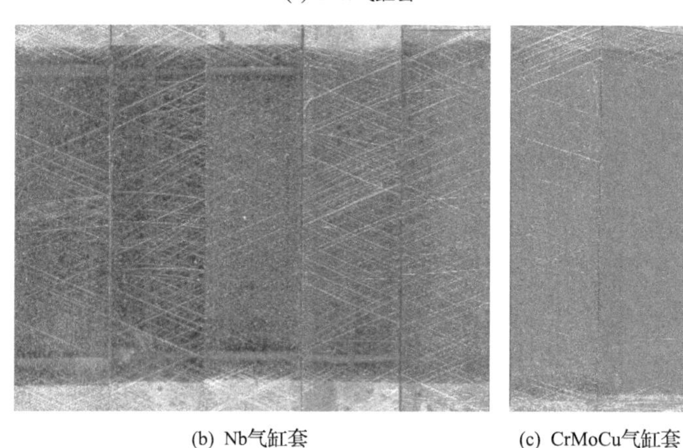

(b) Nb气缸套

(c) CrMoCu气缸套

图 4.123 气缸套试样磨损后的宏观形貌

图 4.124 为配对的活塞环试样磨损表面宏观形貌，图中活塞环试样厚度为 3mm。由图可见，各活塞环的磨损表面均较光滑，没有发生黏着磨损现象，即没有发生磨损机理的转型。

(a) 与BNb气缸套试样配对

(b) 与Nb气缸套试样配对

(c) 与CrMoCu气缸套试样配对

图 4.124 活塞环试样的磨损表面宏观形貌

4.3.4　磨损表面微观形貌

磨损后各试样表面的微观形貌见图 4.125 和图 4.126。由图 4.125 可见，BNb 气缸套

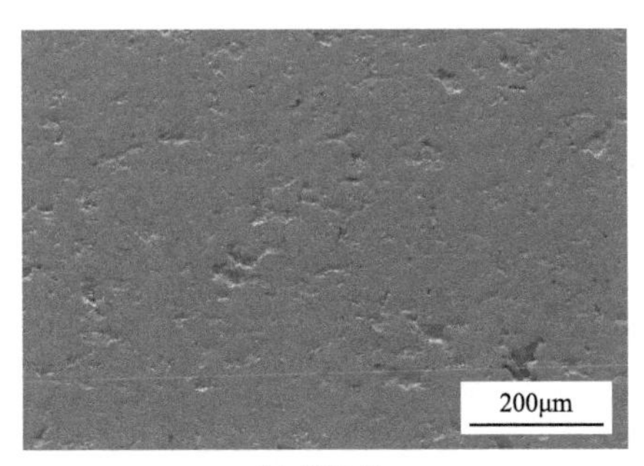

(a) CrMoCu

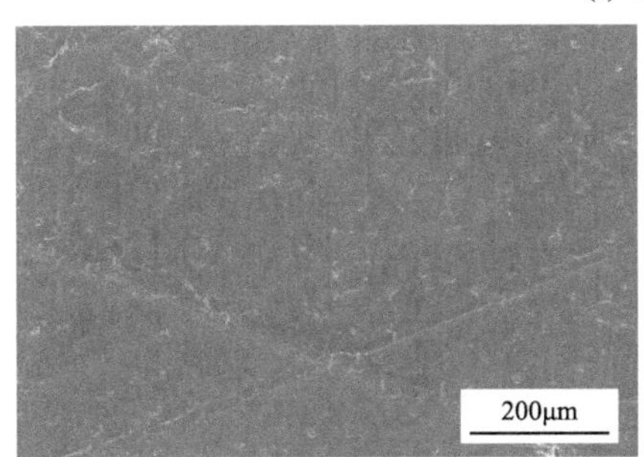

(b) Nb

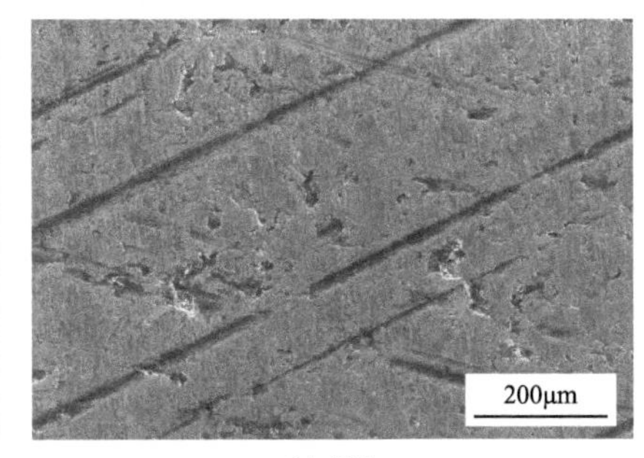

(c) BNb

图 4.125　气缸套试样磨损表面低倍放大形貌图(SEM)

(a) CrMoCu

(b) Nb

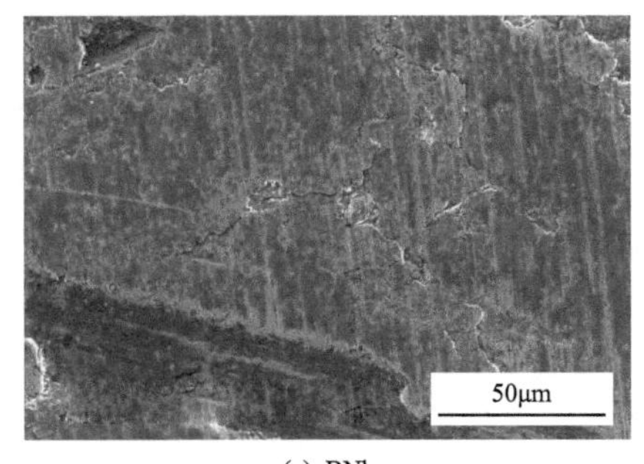

(c) BNb

图 4.126　气缸套试样磨损表面高倍放大形貌图(SEM)

的粗珩磨纹清晰，残留部分浅珩磨纹，磨损深度明显小于珩磨纹深度。Nb 气缸套表面残留的珩磨纹较浅，磨损量比 BNb 气缸套大，但是仍然小于珩磨纹的深度。CrMoCu 气缸套的珩磨纹已经完全消失，表面出现局部块状脱落。

由图 4.126 中的高倍磨损形貌可见，气缸套的表面发生明显的塑性变形，即磨损首先是由塑性变形引起的。但是各自有不同的特点，BNb 气缸套变形很小，其余两种变形稍大，CrMoCu 气缸套变形中伴随块状脱落，Nb 气缸套虽然发生变形，但是没有明显脱落，而且抵抗塑性变形能力较强，这可能是 Nb 气缸套耐磨的主要原因。

本节是对 4.2 节内容的补充或延伸，重点说明贝氏体铸铁气缸套所具有的优良耐磨和抗拉缸性能，并对磨损前后的表面组织的变化进行了分析。

4.4 含铜多元合金灰口铸铁的摩擦磨损

本节介绍四种含铜多元合金灰口铸铁的磨损试验结果，其中化学成分分析方法同 4.2 节，磨损试样制备、分析和磨损试验方法同 4.1 节。与 CKS 活塞环配对，试样从成品活塞环切取，采用 CD40 润滑油。

4.4.1 气缸套成分和组织

1. 气缸套的化学成分

气缸套的化学成分见表 4.19，其共同特点是 Cu 的含量较高，同时加入多元合金元素，从不同的途径强化珠光体或者硬质相。

表 4.19 四种含铜多元合金灰口铸铁成分 （单位：%）

化学成分	气缸套材料			
	CuNiCr(1#)	CuCrMo(2#)	CuVTi(3#)	KCuVTi(4#)
C	2.98	3.32	3.00	3.06
Si	1.86	1.90	1.72	1.64
Mn	0.65	0.63	0.58	0.65
P	0.45	0.44	0.34	0.055
S	0.029	0.031	0.027	0.028
Cu	0.86	0.79	0.64	1.46
V	—	—	0.20	0.19
Ti	—	—	0.05	0.03
Cr	0.28	0.24	—	—
Ni	0.5	—	—	—
Mo	—	0.36	—	—

2. 基体组织

图 4.127 为四种气缸套的基体组织。由图可见，四种气缸套均为细片珠光体，硬质相呈块状分散镶嵌在珠光体中，珠光体片层间距为 0.3～0.5μm。

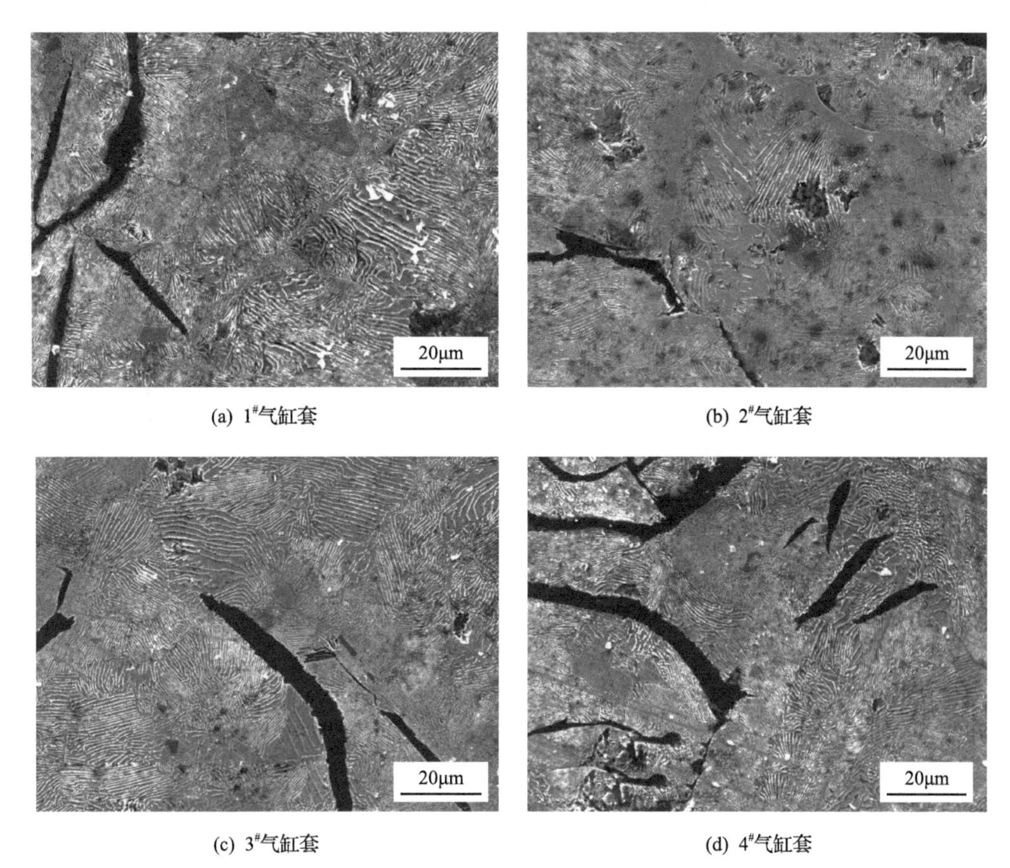

(a) 1#气缸套　(b) 2#气缸套

(c) 3#气缸套　(d) 4#气缸套

图 4.127　气缸套的基体组织(SEM)

3. 硬质相的分布、数量及成分

平行于工作表面连续取四个视野，获取显微组织图像，见图 4.128～图 4.131。气缸套的硬质相含量计算结果和分布特征见表 4.20。

由图 4.128～图 4.131 可见，所有气缸套硬质相都均匀、离散状分布。由表 4.20 可以看出，4#气缸套的硬质相含量最低，仅为 0.9%，其余气缸套的硬质相含量为 2.8%～4%。

采用能谱仪测量硬质相成分，见图 4.132～图 4.135，测量结果见表 4.21，所有气缸套的硬质相主要由合金碳化物组成，除 4#气缸套外，其他气缸套还有少量磷共晶。

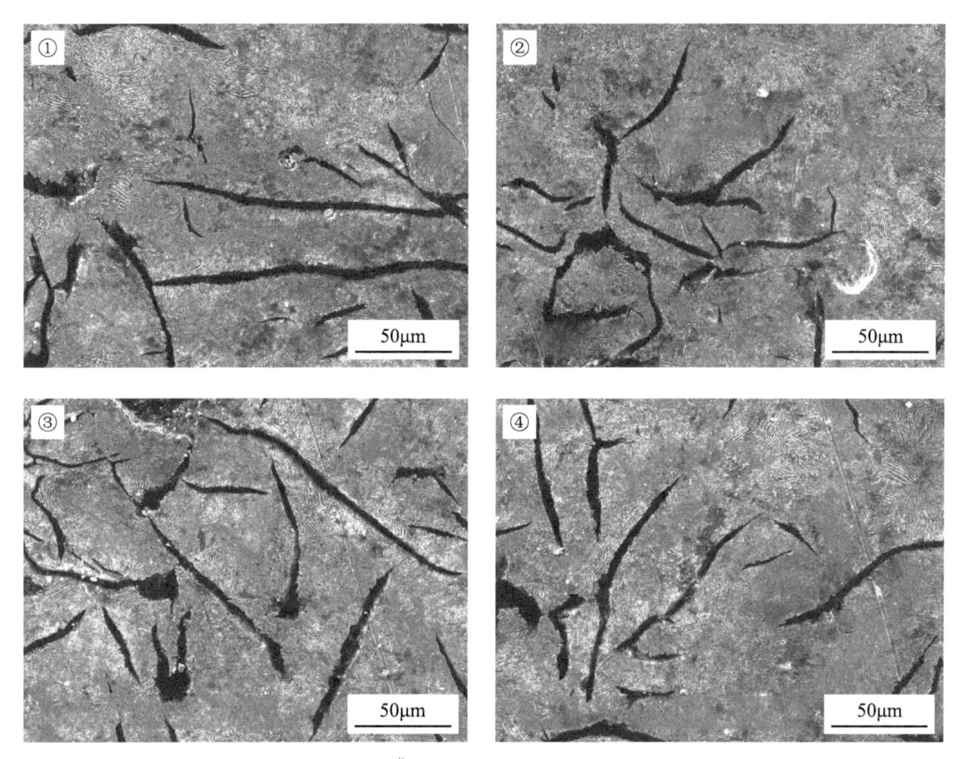

图 4.128　1#气缸套连续四个视野的组织

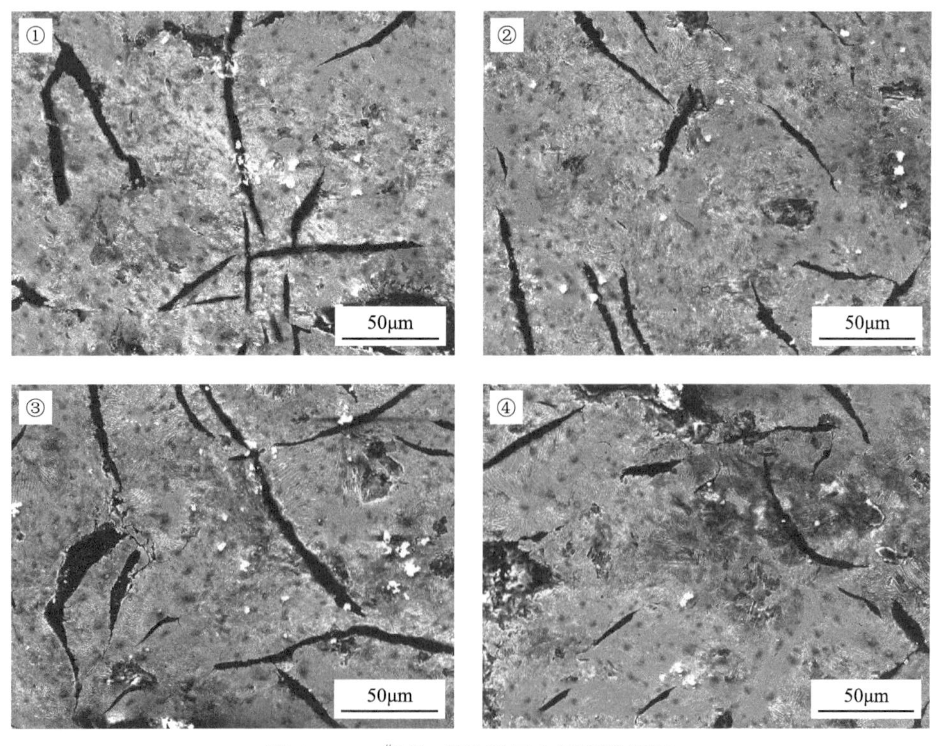

图 4.129　2#气缸套连续四个视野的组织

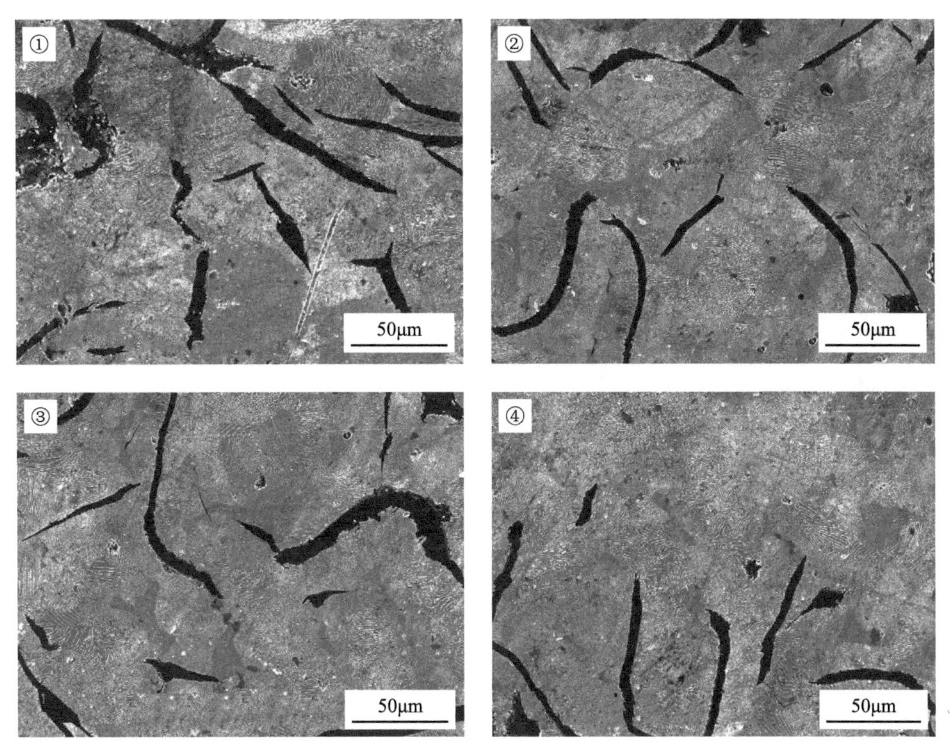

图 4.130　3#气缸套连续四个视野的组织

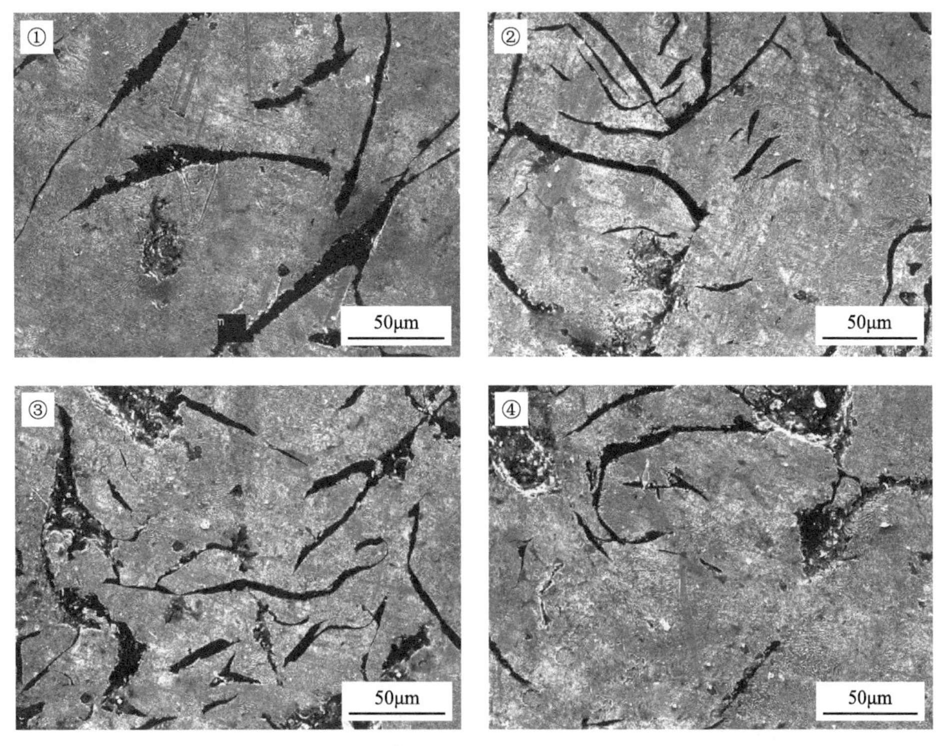

图 4.131　4#气缸套连续四个视野的组织

表 4.20　气缸套的硬质相含量和分布特征

气缸套编号	含量(面积分数)/%	分布	图号
1#	2.8	总体均匀、离散	图 4.128
2#	3.2		图 4.129
3#	3.0		图 4.130
4#	0.9		图 4.131

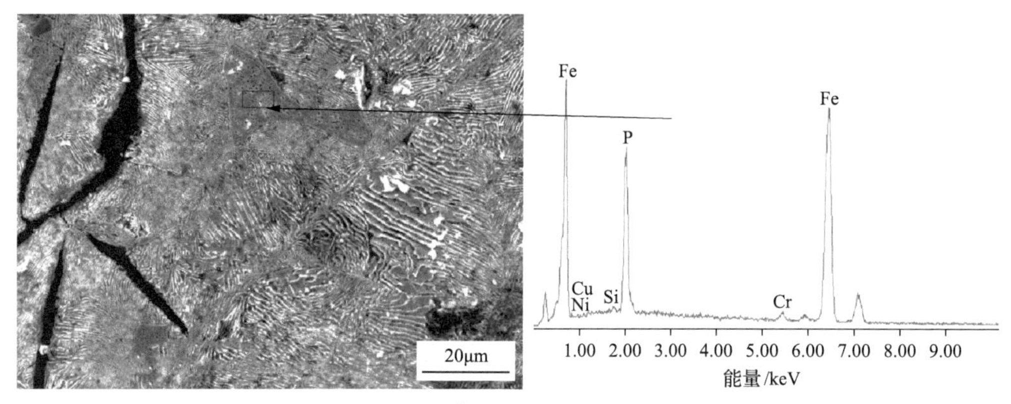

图 4.132　1#气缸套的硬质相成分

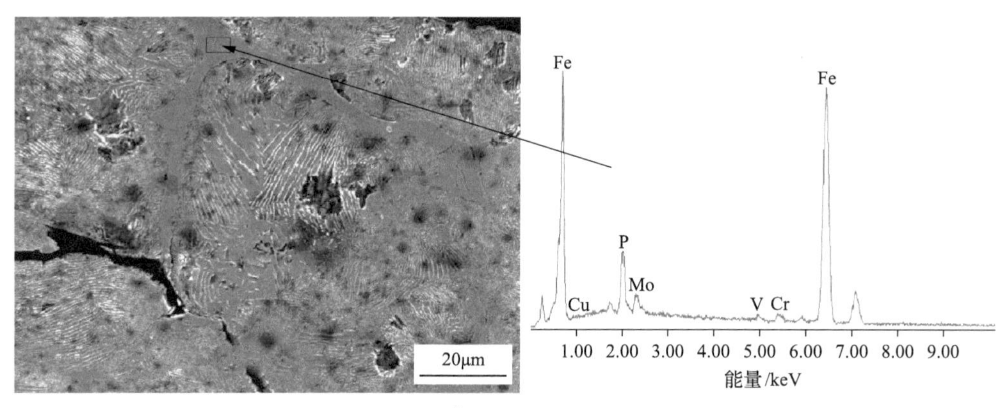

图 4.133　2#气缸套的硬质相成分

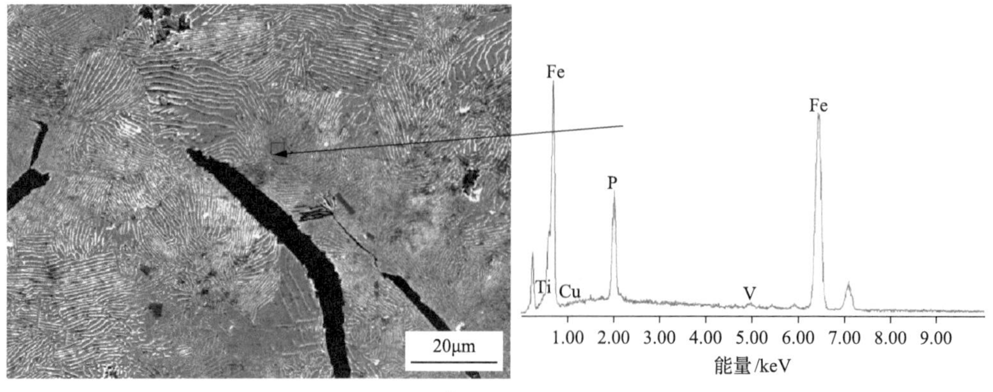

图 4.134　3#气缸套的硬质相成分

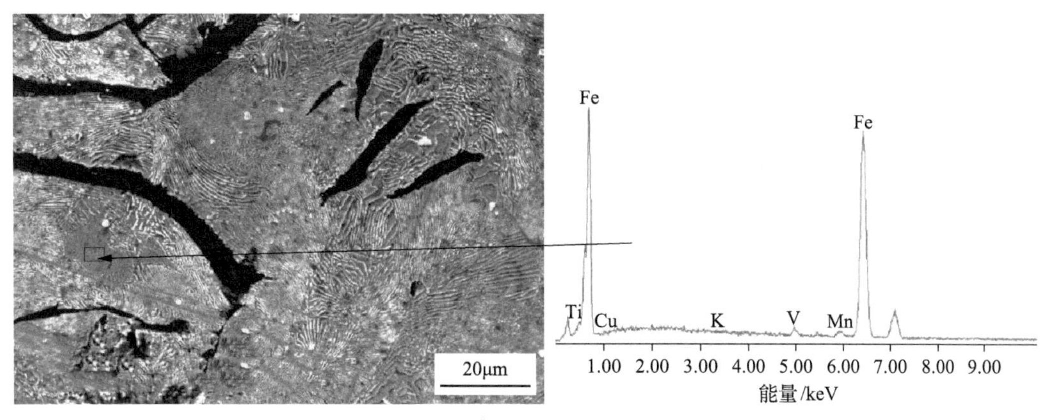

图 4.135　4#气缸套的硬质相成分

表 4.21　硬质相的成分

气缸套编号	硬质相成分(质量分数)/%									图号
	Cu	Cr	Mo	V	Si	P	K	Mn	Ti	
1#	0.54	1.62	—	—	0.46	11.59	—	—	—	图 4.132
2#	0.43	1.51	1.5	1.02	—	4.31	—	—	—	图 4.133
3#	0.36	—	—	0.77	—	7.48	—	—	9.78	图 4.134
4#	—	—	—	—	—	—	0.22	1.54	9.19	图 4.135

4. 石墨

四种气缸套的光学显微照片见图 4.136～图 4.139，石墨形状均为 I 型(参考标准 ISO 945—1—2008)，即条状或片状石墨。石墨等级均为 4～5，即长度为 60～250μm。除 2# 气缸套有菊花状聚集外，其他气缸套均分布均匀。

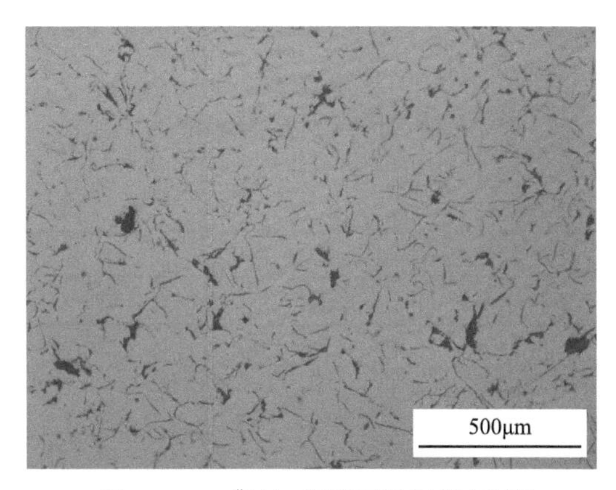

图 4.136　1#气缸套的石墨组织(光镜)

石墨聚集程度：60%A+40%C；石墨等级：4～5；石墨形状：I

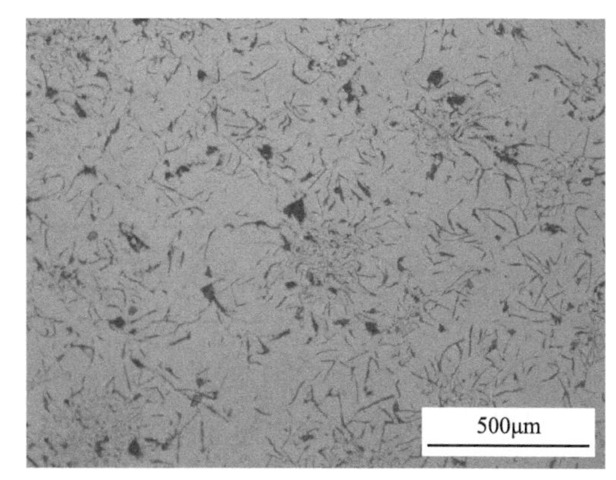

图 4.137　2#气缸套的石墨组织(光镜)

石墨聚集程度：30%A+70%B；石墨等级：4～5；石墨形状：I

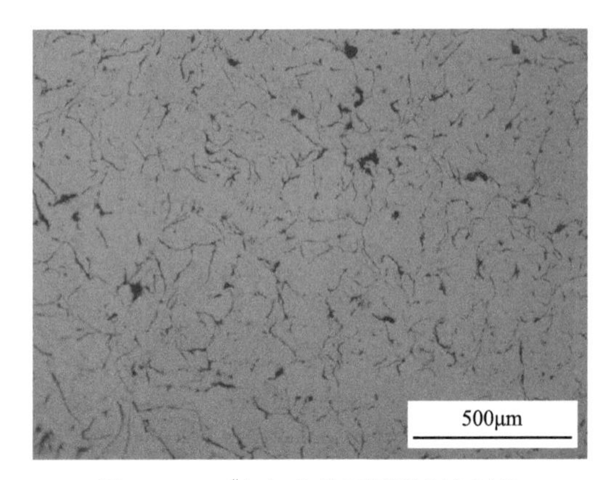

图 4.138 3#气缸套的石墨组织(光镜)

石墨聚集程度：50%A+50%C；石墨等级：4～5；石墨形状：I

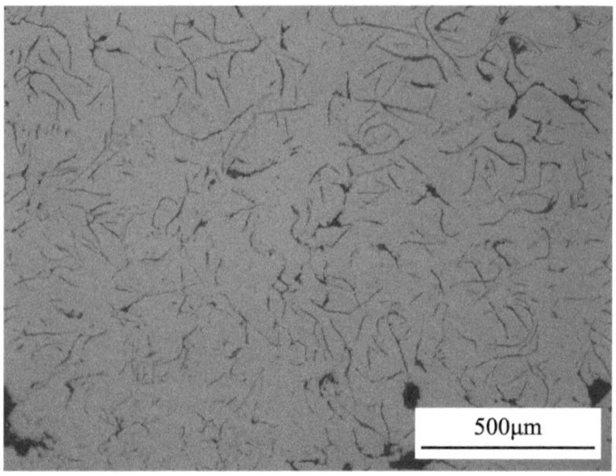

图 4.139 4#气缸套的石墨组织(光镜)

石墨聚集程度：50%A+50%C；石墨等级：4～5；石墨形状：I

5. 硬度

硬度测量结果见图 4.140、图 4.141 和表 4.22。

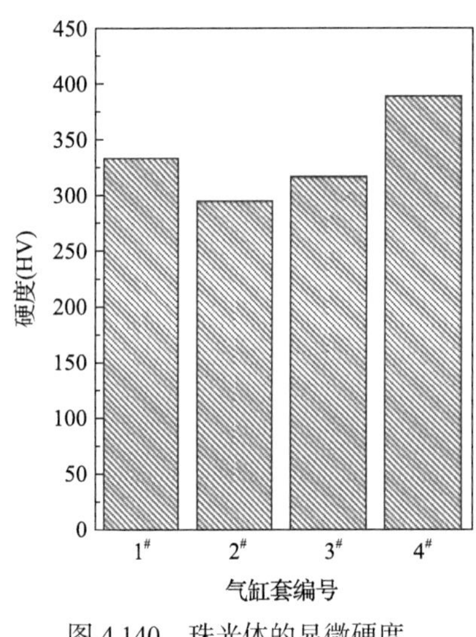

图 4.140 珠光体的显微硬度

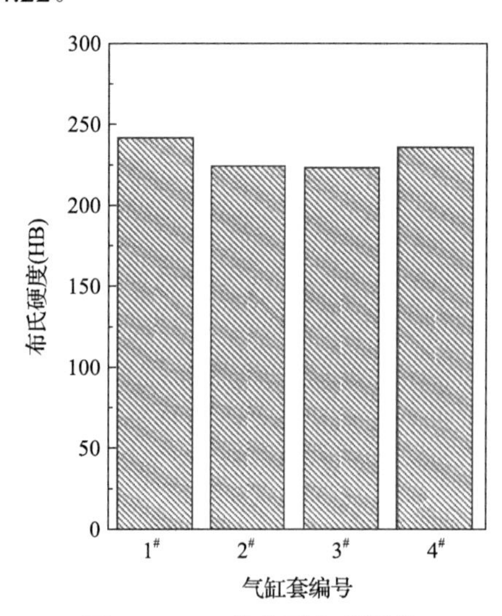

图 4.141 工作表面布氏硬度

表 4.22 气缸套的硬度

	1#	2#	3#	4#
实测硬度值(HB)	242	225	224	236

由图 4.140 和图 4.141 可见，各气缸套的布氏硬度基本相近，无明显差别。珠光体基体的显微硬度差别比较明显，其中 4#气缸套较高。

6. 珩磨对硬质相的影响

将珩磨表面轻腐蚀，利用 SEM 观察珩磨对气缸套硬质相的影响，如图 4.142 所示。可见三个气缸套试样表面的硬质相均没有受到明显破坏，硬质相表面有清晰的珩磨纹，在基体中镶嵌比较牢固。4#气缸套因硬质相尺寸很小，在珩磨表面没有观察到。

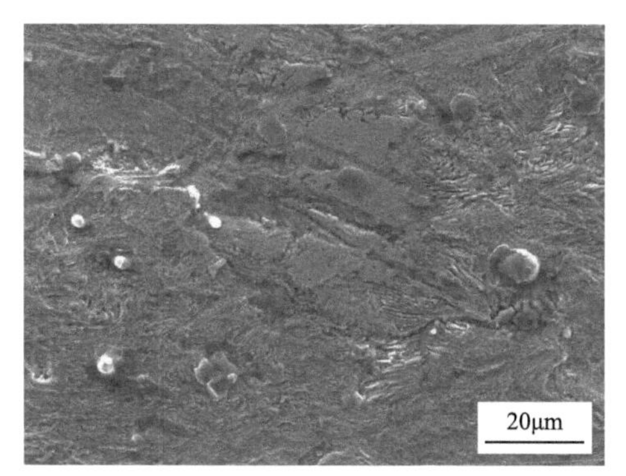

(a) 1#气缸套的硬质相(SEM)

(b) 2#气缸套的硬质相(SEM)

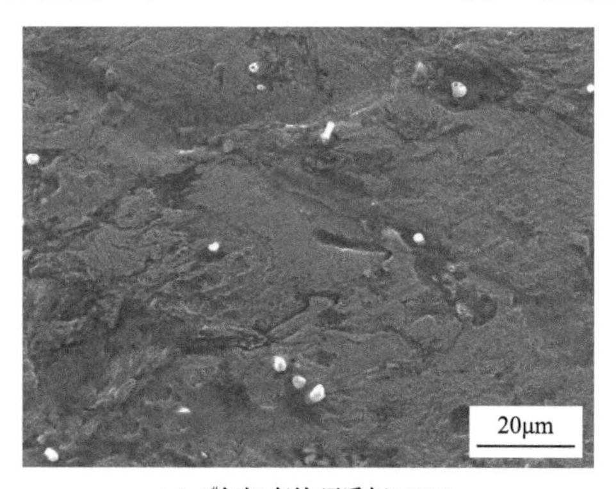

(c) 3#气缸套的硬质相(SEM)

图 4.142 珩磨对硬质相的影响

4.4.2 气缸套的磨损性能

1. 气缸套的摩擦磨损

磨损试验条件见表 4.23。图 4.143 为 150℃时载荷对不同材质气缸套摩擦系数的影响规律。由图可见，4 种材质的气缸套的摩擦系数均随载荷的增大而降低。在 20MPa 时各材质气缸套的摩擦系数相近，随载荷增大，各气缸套的摩擦系数的差别也变大，其中 3#气缸套的摩擦系数最低。

图 4.144 为 100MPa 下不同材质气缸套的磨损量。由图可见，2#气缸套的磨损量最高，约为其他气缸套磨损量的 2 倍左右，其余三种材质气缸套的磨损量相近，4#气缸套的磨损量略高。

2. 磨损表面微观形貌

磨损后各试样表面的 SEM 形貌见图 4.145～图 4.148。由图可知，各气缸套珠光体基体都有一定的塑性变形痕迹；石墨出口仍清晰可辨；小块硬质相有碎裂痕迹，但未脱落，仍在基体中镶嵌良好。各气缸套磨损表面无明显差别。

表 4.23　磨损试验条件

变量	条件
接触面压力/MPa	20，80，100，120
磨合载荷/N	330
磨合时间/h	3
温度/℃	150
转速/(r/min)	200
工作行程/mm	30
运行时间/h	24

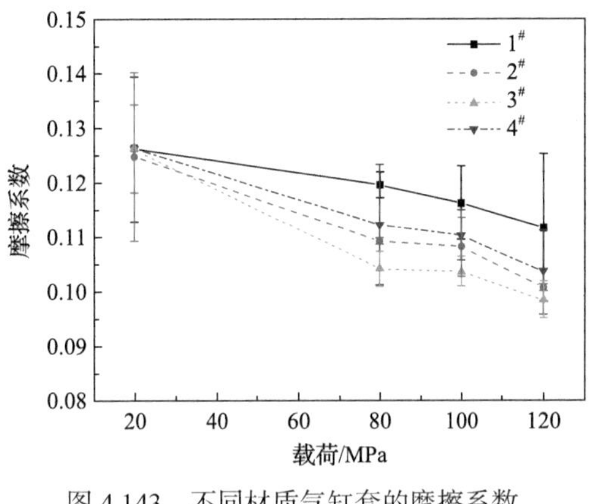

图 4.143　不同材质气缸套的摩擦系数随载荷变化规律

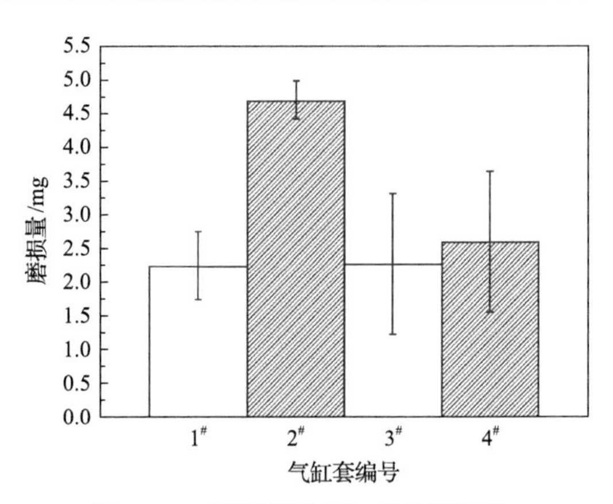

图 4.144　不同材质气缸套的磨损量

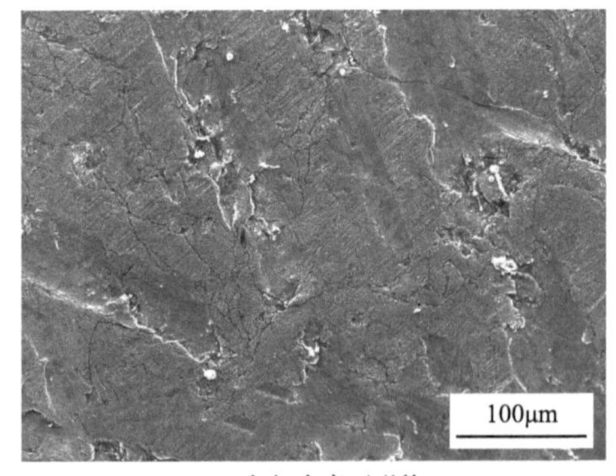

(a) 气缸套表面形貌

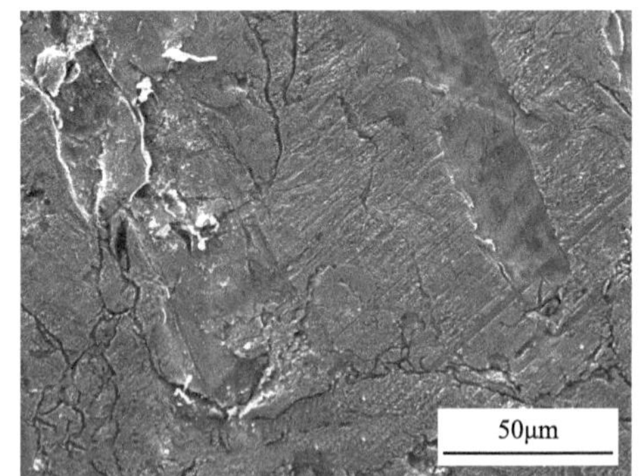

(b) 图(a)局部放大

表面总体评价	基体和石墨	硬质相
磨损表面光滑，珩磨纹清晰可见，表面有塑性流变痕迹	局部基体保持珠光体的条纹形态，局部则有塑性流动痕迹，石墨出口清晰	硬质相在基体中镶嵌较好

图 4.145　1#气缸套磨损表面形貌(SEM)

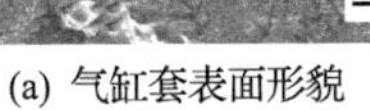
(a) 气缸套表面形貌

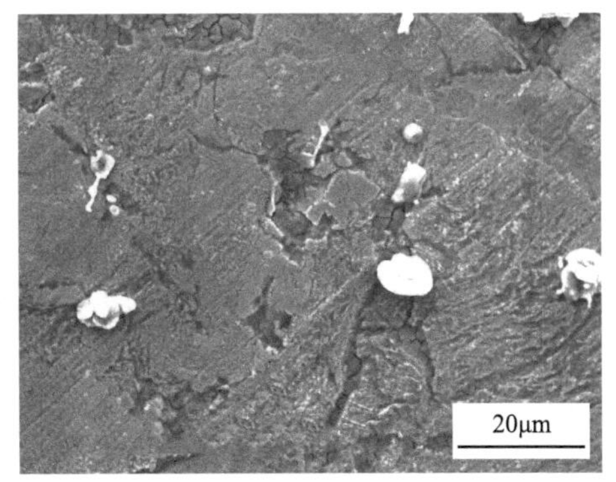

(b) 图(a)的局部放大

表面总体评价	基体和石墨	硬质相
磨损表面光滑，珩磨纹清晰可见，表面有塑性流变痕迹	基体有明显变形，局部露出片状的珠光体形态，石墨出口清晰	硬质相局部碎裂，但在基体中镶嵌较好

图 4.146　2#气缸套磨损表面形貌(SEM)

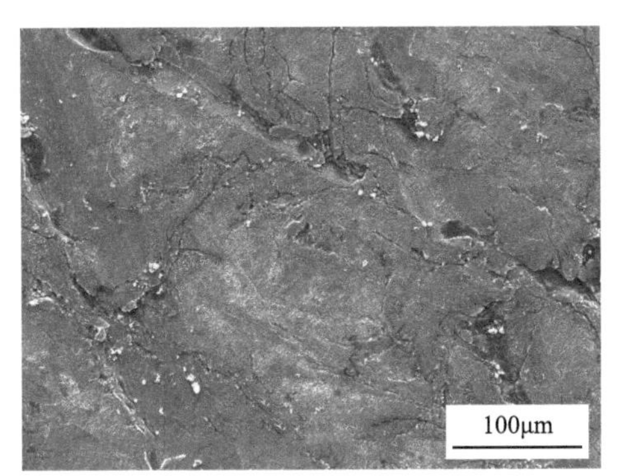

(a) 气缸套表面形貌

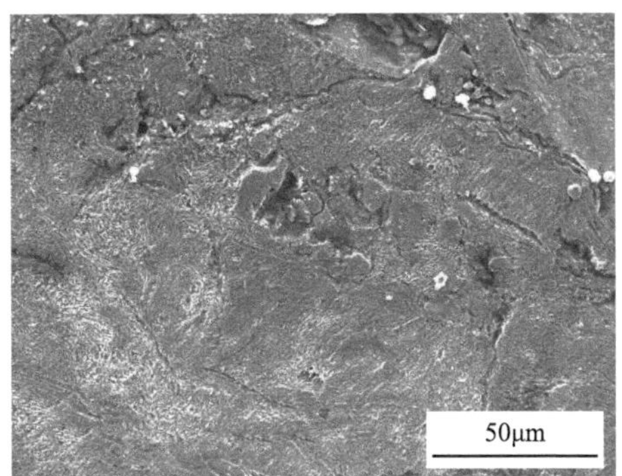

(b) 图(a)的局部放大

表面总体评价	基体和石墨	硬质相
磨损表面光滑，粗珩磨纹可见，表面有塑性变形痕迹	基体保持珠光体的条纹形态，局部则有塑性流动痕迹，石墨出口清晰	硬质相局部碎裂，但在基体中镶嵌较好

图 4.147　3#气缸套磨损表面形貌(SEM)

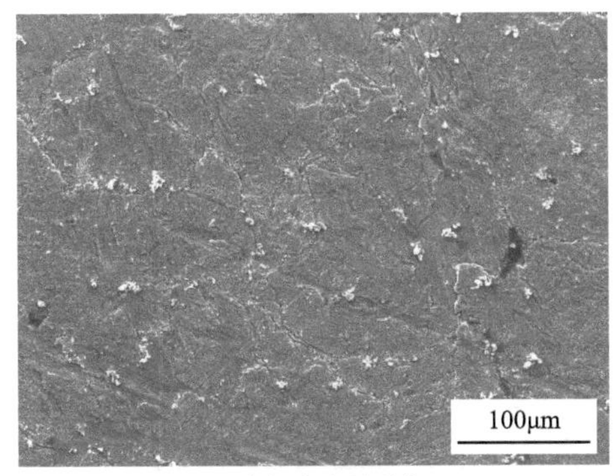

(a) 气缸套表面形貌

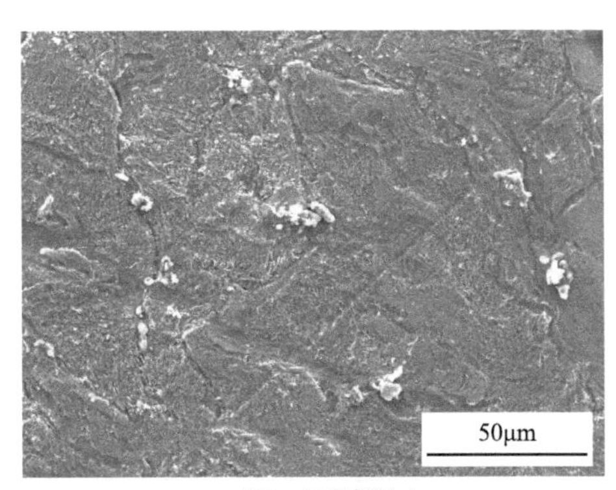

(b) 图(a)的局部放大

(c) 图(a)的进一步放大

表面总体评价	基体和石墨	硬质相
磨损表面光滑，粗珩磨纹可见，表面有塑性变形痕迹	基体保持珠光体的条纹形态，局部则有塑性流动痕迹，石墨出口清晰	硬质相在基体中镶嵌较好

图 4.148　4#气缸套磨损表面形貌(SEM)

4.4.3　气缸套的抗拉缸性能

1. 气缸套的拉缸

采用表 4.24 中的试验参数开展拉缸试验，结果见图 4.149 和图 4.150。图 4.149 是200℃时在两种载荷条件下 4 种含铜铸铁气缸套(1#～4#)的抗拉缸性能。由图可见，4 种材质的气缸套在同种载荷条件下的抗拉缸性能十分接近，其中 4#气缸套略好。由图 4.150 可见，两种温度下，气缸套的抗拉缸性能均随着载荷的增大而缩短，随温度的升高而降低。

2. 拉缸表面形貌

图 4.151 为气缸套拉缸区域的表面形貌。由图可见，气缸套表面均产生严重的塑性变形和撕裂特征，且出现明显的孔洞，形貌上没有明显差别。

表 4.24　拉缸试验参数

试验阶段	试验参数	
低载磨合阶段	200r/min，120℃，10MPa，10min	
高载磨合阶段	转速/(r/min)	200
	温度/℃	150，200
	载荷/MPa	60，80，100
	时间/min	150
断油摩擦阶段	200r/min，温度载荷保持不变，停止供油磨至拉缸	

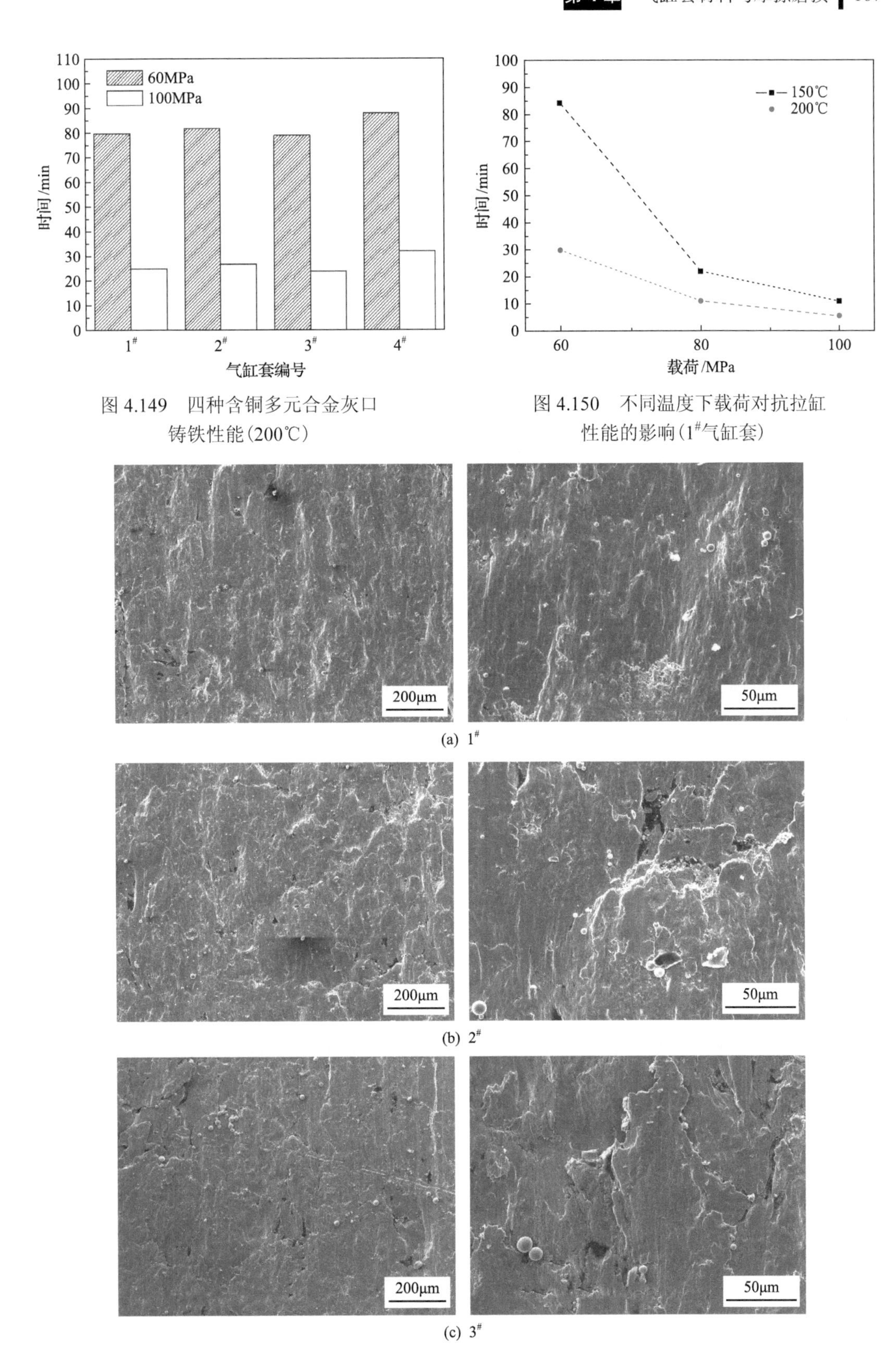

图 4.149　四种含铜多元合金灰口铸铁性能(200℃)

图 4.150　不同温度下载荷对抗拉缸性能的影响(1#气缸套)

(a) 1#

(b) 2#

(c) 3#

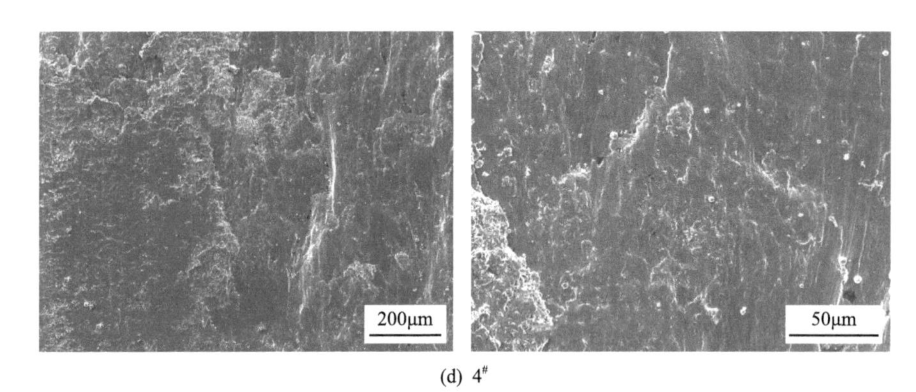

(d) 4#

图 4.151 气缸套拉缸表面形貌(SEM)

由本节对四种含铜多元合金灰口铸铁气缸套成分、组织及其磨损和抗拉缸性能试验结果可知，采用多元合金化手段获得弥散分布的小尺度硬质相，并通过合金元素强化珠光体，也可以获得耐磨、抗拉缸性能均较好的气缸套，这是不同于双滑磨面耐磨铸铁结构设计的另一个理念。

4.5 球墨铸铁气缸套的摩擦磨损

本节采用与 4.1 节相同的磨损模拟试验方法，对 Q0、Q1 和 Q2 三种球磨铸铁气缸套与 R0、R1 两种合金镀层活塞环配对进行摩擦磨损和抗拉缸性能试验[22]，采用 CD40 润滑油。

4.5.1 气缸套的组织和性能

1. 表面形貌

采用 SEM 观察气缸套加工表面形貌，结果见图 4.152，Q1 气缸套表面光滑，表面有塑性流动的痕迹，几乎观察不到球状石墨。Q0 气缸套表面球状石墨明显，尺寸较大。Q2 气缸套表面可以清晰地观察到球状石墨，其直径远远小于 Q0 气缸套的球状石墨直径，不足三分之一，但密度较高，个别石墨球化度不够，有蠕墨化倾向。

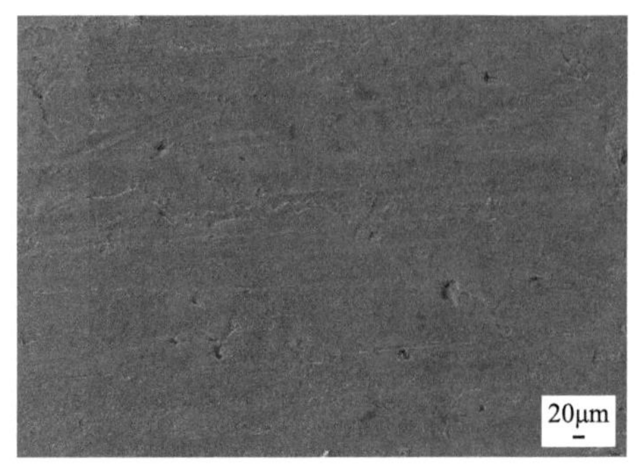

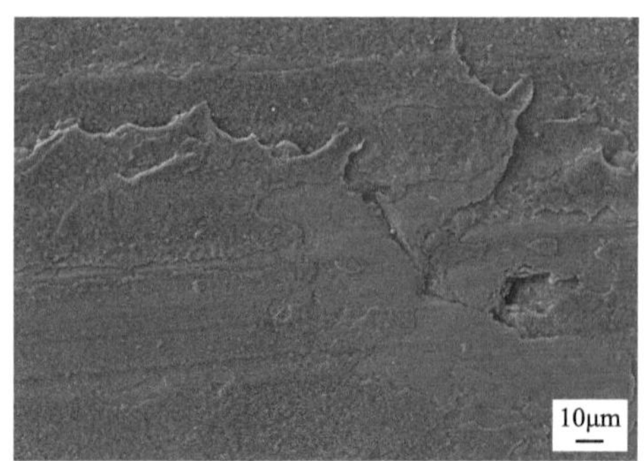

(a) Q1气缸套

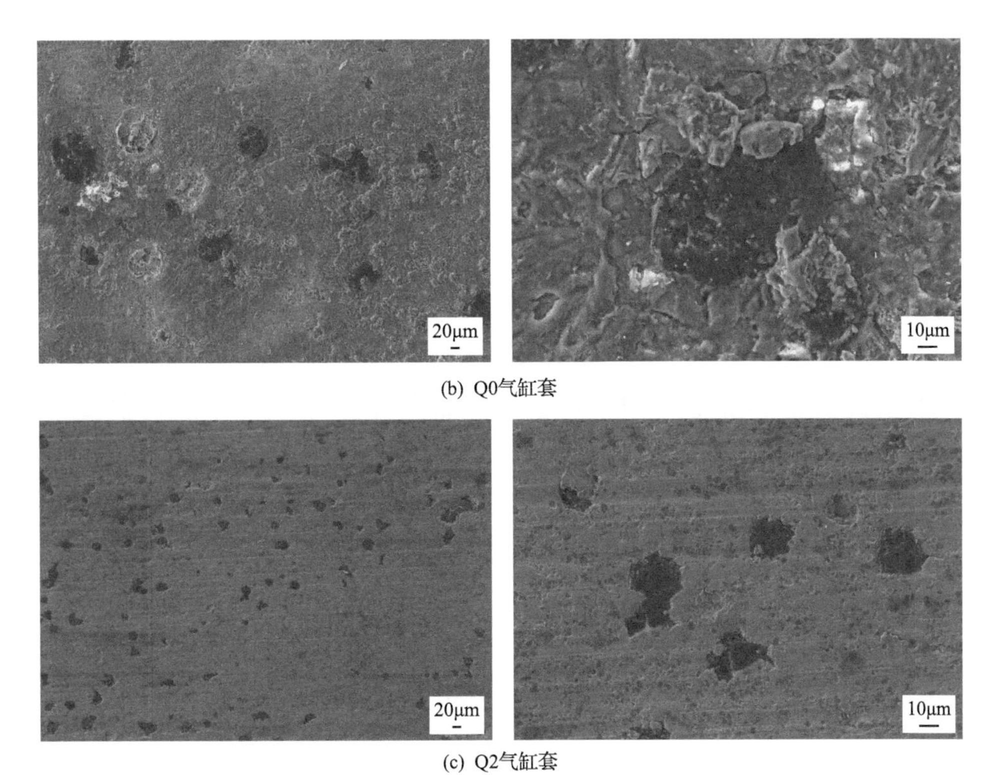

(b) Q0气缸套

(c) Q2气缸套

图 4.152　三种气缸套的表面形貌(SEM)

2. 石墨

将气缸套试样表面磨平、抛光，采用光学显微镜观察石墨组织，结果见图 4.153。由图可见，Q1 气缸套球状石墨直径较小(40μm 左右)，形状不规则，球化度不高。Q2 气缸套石墨球化程度高，但仍有蠕墨存在。Q0 气缸套球状石墨直径较大(100μm 左右)，球化程度较好，有个别蠕墨存在。

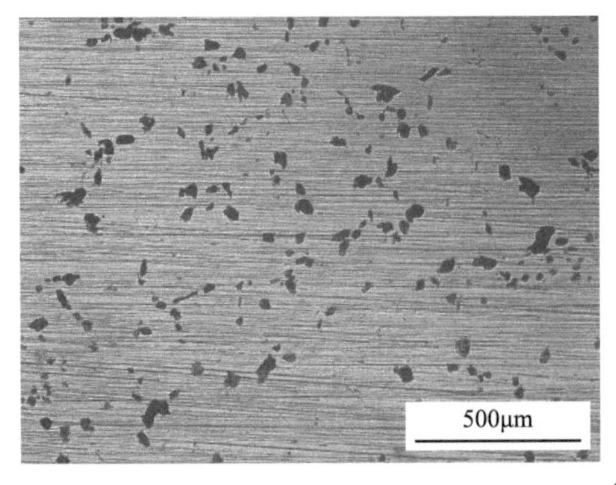

(a) Q1气缸套

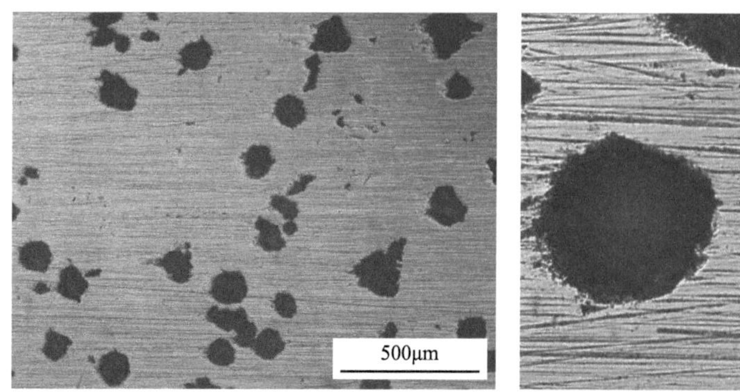

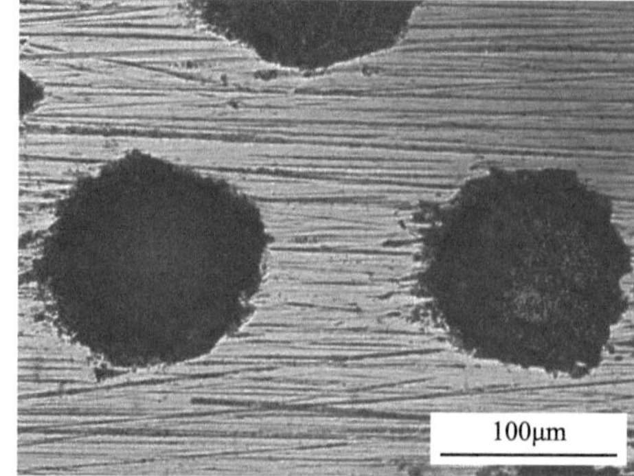

(b) Q0气缸套

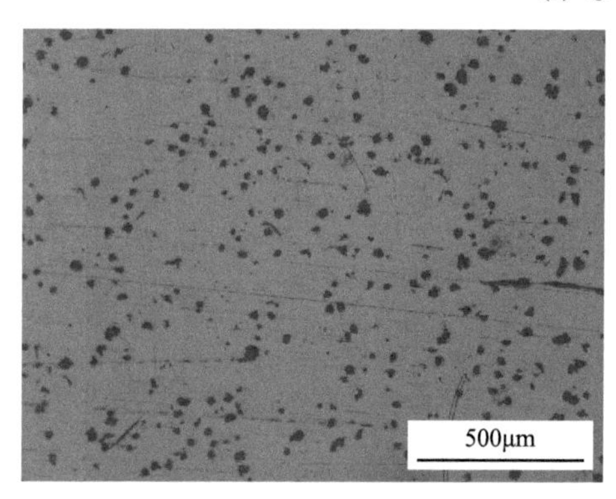

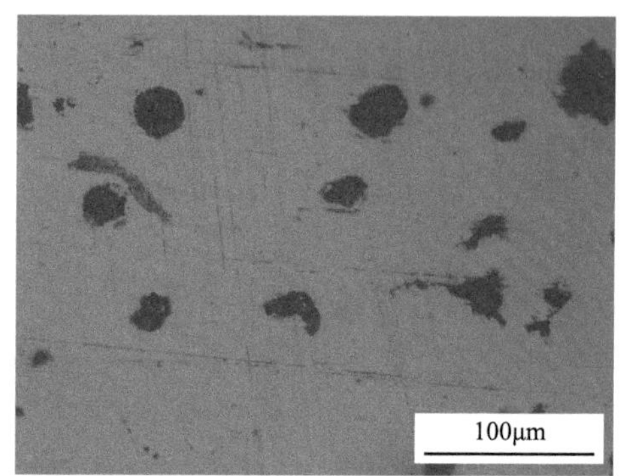

(c) Q2气缸套

图 4.153　三种气缸套表面的球状石墨(OM)

3. 硬度

气缸套试样工作面磨平抛光，使用 Everone MH-6 显微硬度计测量基体硬度，结果见表 4.25。相同测试条件下，Q1 气缸套的表面硬度较高，比 Q0 气缸套高约 98HV。Q2 气缸套的硬度与 Q0 气缸套相近。

表 4.25　气缸套硬度

显微硬度	气缸套	测量值						平均
$HV_{0.1}$	Q1	519.2	523.0	538.6	558.9	531.2	531.5	533.7
	Q0	439.8	416.5	459.5	431.1	419.5	446.3	435.5
HV_1	Q0	403.7	388.7	421.6	432.6	418.4	385.6	408.4
	Q2	397.3	432.7	402.0	397.8	443.4	417.8	415.2

4. 截面组织

切割气缸套试样，镶嵌、磨平、抛光，观察与滑动方向垂直的截面组织，见图 4.154。Q1 和 Q2 气缸套截面的石墨直径大小相近，均小于 Q0 气缸套，平均不到 Q0 气缸套的 1/3。但 Q2 气缸套的球墨密度明显大于 Q1 气缸套，而且大小更均匀，球化程度更高。

Q0 气缸套的石墨直径较大，球化程度较高，但密度较低。

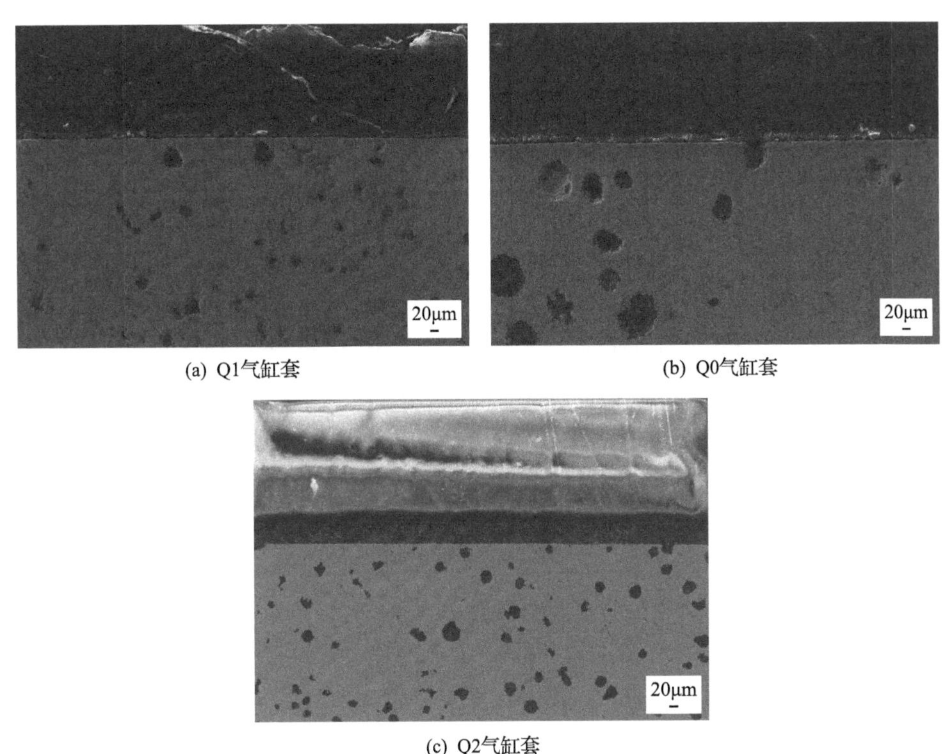

(a) Q1气缸套

(b) Q0气缸套

(c) Q2气缸套

图 4.154　三种气缸套的截面形貌(SEM)

4.5.2　活塞环的组织和性能

1. 硬度

采用 Everone MH-6 型显微硬度计测量活塞环的工作表面硬度，测量结果见表 4.26，R1 活塞环的硬度可达 R0 活塞环的 2 倍。

表 4.26　活塞环的硬度

活塞环	显微硬度测量值($HV_{0.1}$)						平均
R1	302.4	303.2	331.1	304.5	306.6	379.4	321.2
R0	152.3	167.4	147.2	141.8	160.8	156.8	154.4

2. 工作面轮廓

活塞环工作面轮廓典型参数如图 4.155 和图 5.156 所示。在活塞环开口、开口 90°和开口 180°附近取样，测得的典型轮廓曲线见图 4.156。表 4.27 为实测的典型轮廓参数范围。可见 R1 活塞环的桶面落差中值远远小于 R0 活塞环，平均不足其五分之一；R1 活塞环的桶面高点 t 与 R0 活塞环相近，但略小。

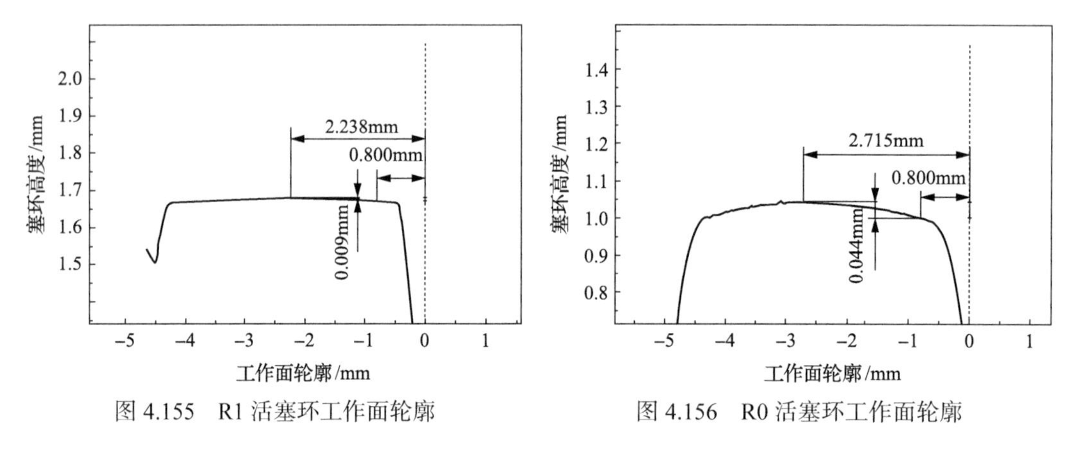

图 4.155 R1 活塞环工作面轮廓　　图 4.156 R0 活塞环工作面轮廓

表 4.27 活塞环典型轮廓参数范围

活塞环	桶面落差中值 h/μm	桶面高点 t/mm
R1	9～10	2.192～2.429
R0	44～57	2.472～2.715

3. 截面组织

将活塞环切割，经镶嵌、磨平、抛光，观察其截面组织，见图 4.157。由图可见，两种活塞环材料均为球磨铸铁，R1 活塞环石墨直径为 10～20μm，球墨分布致密；R0 活塞环石墨直径为 60μm 左右，但稀疏。

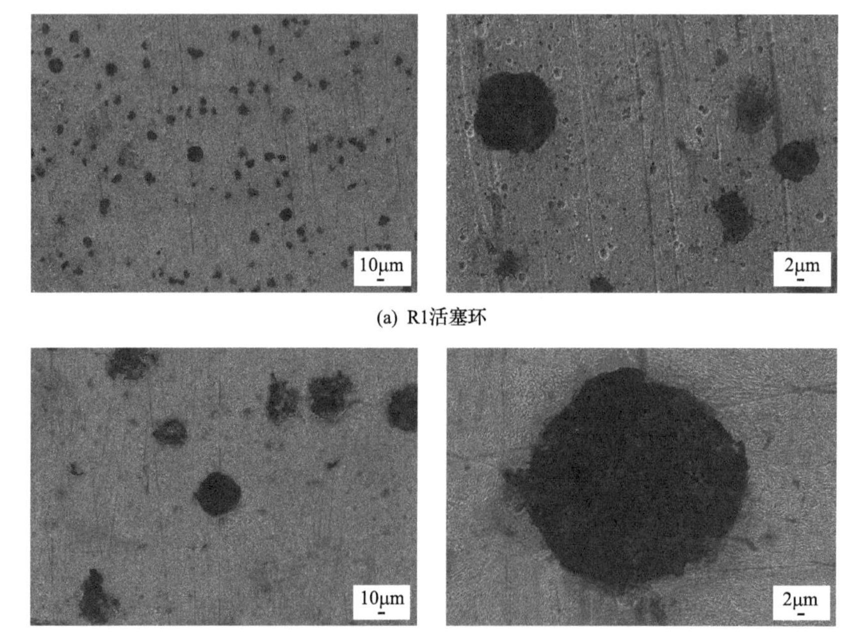

图 4.157 两种活塞环的截面组织(SEM)

4. 镀层均匀性

沿活塞环圆周在 4 个位置均匀取样，如图 4.158 所示。典型镀层厚度见图 4.159，镀层沿活塞环高度方向分布均匀，4 个取样位置的镀层厚度基本一致。R1 活塞环镀层厚度约为 260μm，R0 活塞环镀层厚度约为 200μm，两种活塞环的镀层厚度差别不大。

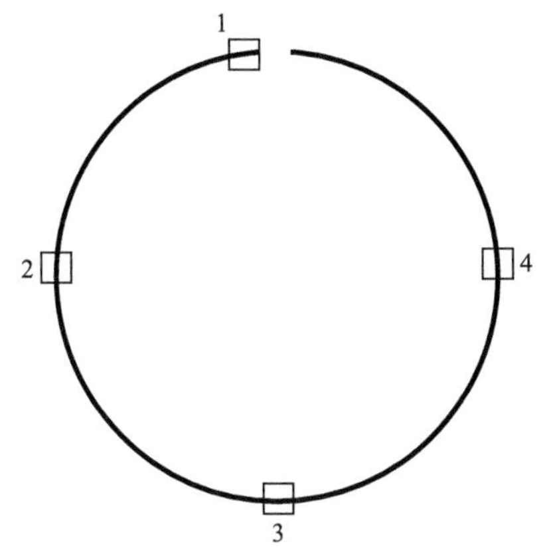

图 4.158　活塞环取样位置示意图

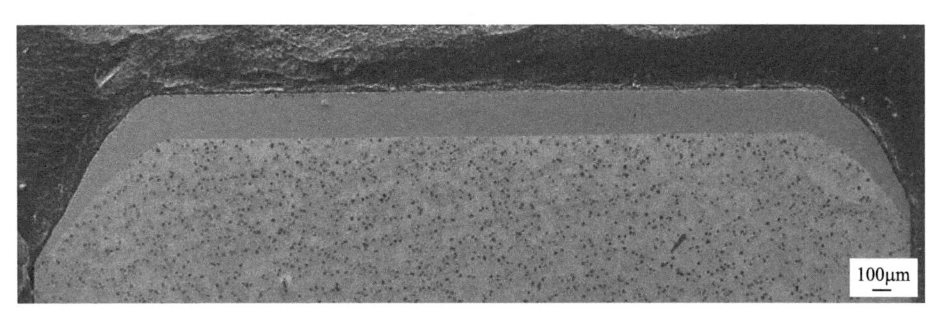

(a) R1活塞环

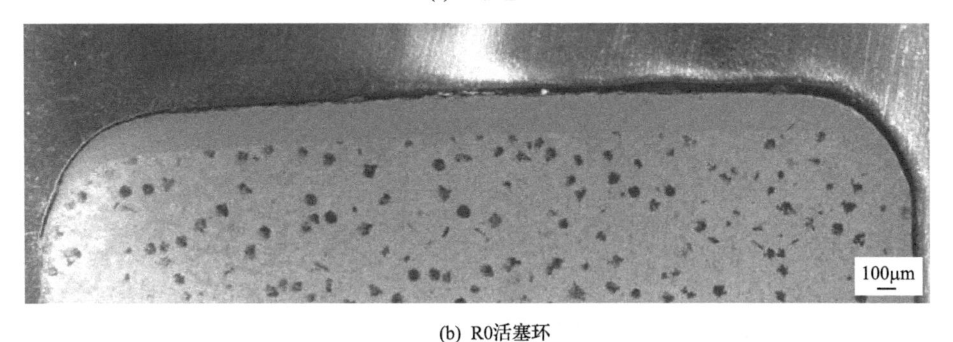

(b) R0活塞环

图 4.159　活塞环截面形貌

5. 镀层界面结合状态

活塞环镀层与基体结合状态见图 4.160，两种活塞环都有两层镀层，内层与基体结合良好，界面连续，结合紧密，界面无孔洞、间隙等缺陷。外层与内层之间界面过渡较好，但 R1 活塞环外镀层缺陷较多，R0 活塞环外镀层折断剥离现象明显。R1 活塞环的内镀层厚度约为 240μm，外镀层厚度约为 20μm；R0 活塞环的内镀层厚度约为 185μm，外镀层厚度约为 15μm。

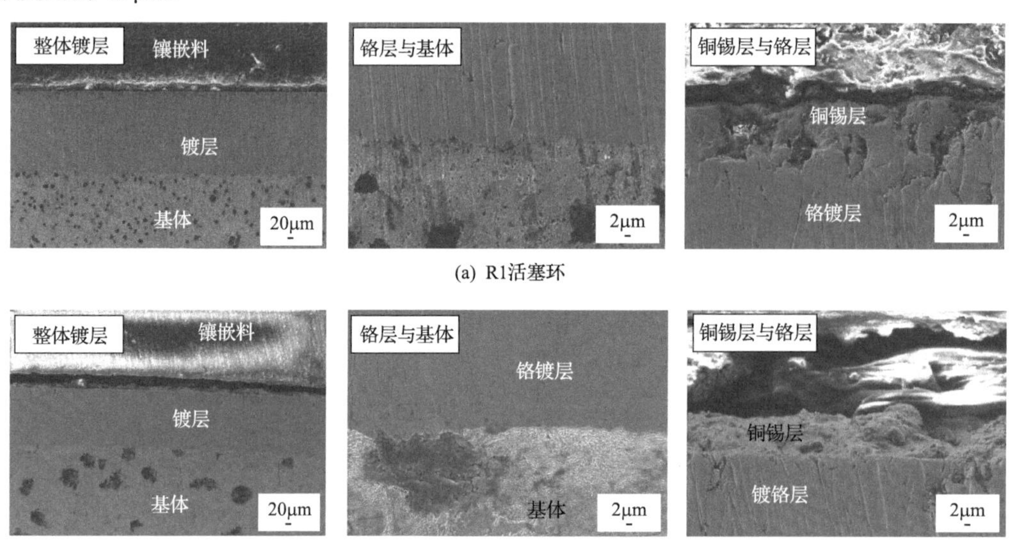

图 4.160 活塞环镀层与基体结合状态

6. 表面形貌

图 4.161 为活塞环工作表面形貌及成分。由图可见，外层镀层成分为铜锡合金，R1 活塞环表面光滑完整，密布龟裂纹，R0 活塞环表面粗糙。

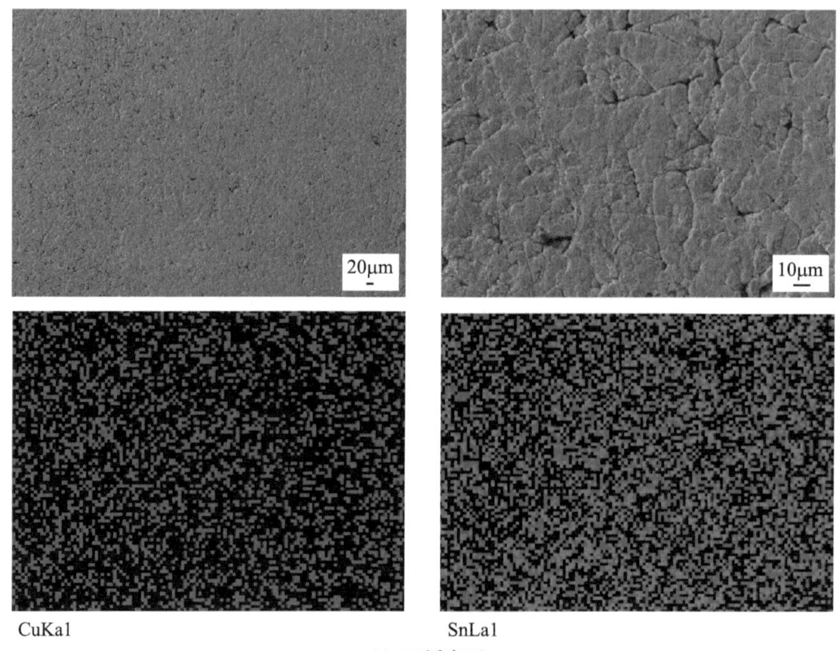

(a) R1活塞环

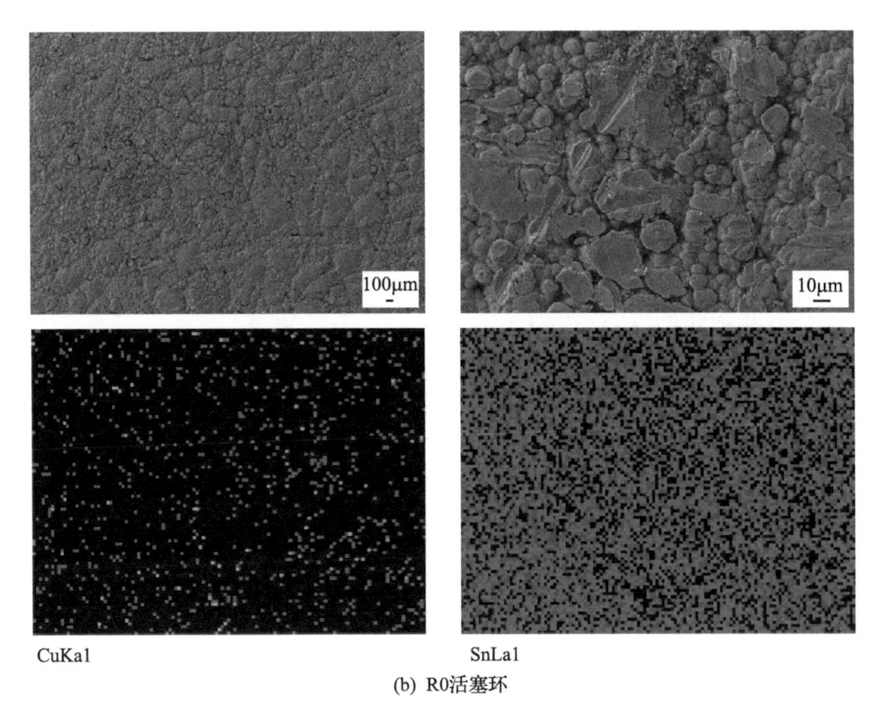

(b) R0活塞环

图 4.161 活塞环工作表面形貌及成分

图 4.162 为磨掉 CuSn 层后，抛光露出的内层镀层，经分析为镀铬层。R1 活塞环的镀铬层网纹密集，R0 活塞环的网纹密度明显小于 R1 活塞环。

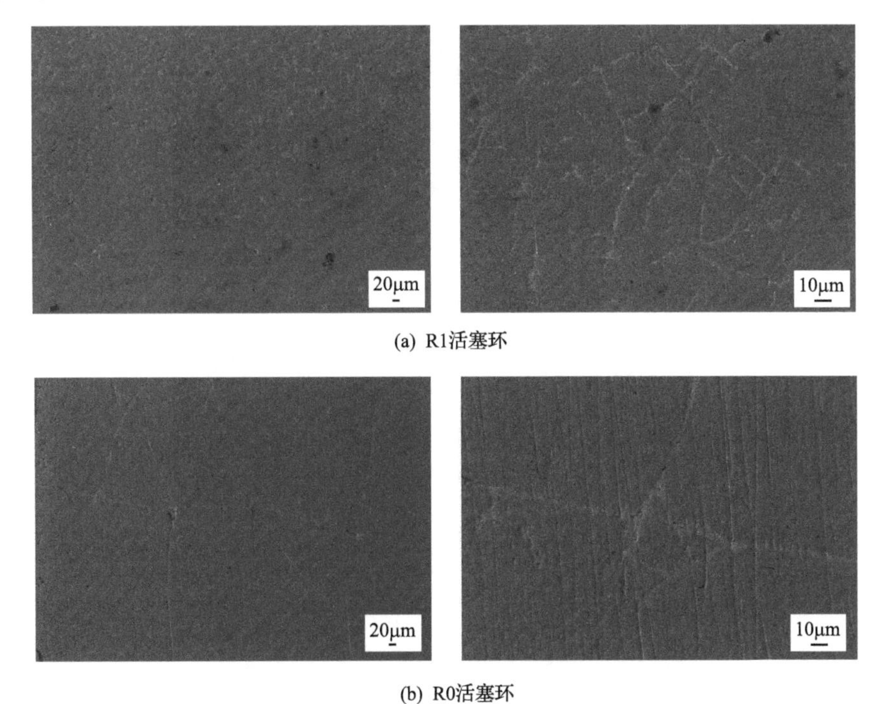

(a) R1活塞环

(b) R0活塞环

图 4.162 活塞环内层镀层表面形貌

4.5.3 活塞环及气缸套的摩擦磨损性能

摩擦磨损性能试验参数见表 4.28，活塞环和气缸套试样磨损表面宏观形貌见图 4.163，可见气缸套与活塞环试样磨痕均匀。6 种配对副的摩擦系数见图 4.164。由图可知，Q0 气缸套的摩擦系数均大，Q1 气缸套的摩擦系数均小，Q2 气缸套的摩擦系数介于 Q0 和 Q1 气缸套之间。与 Q0、Q1 气缸套配对，R1 活塞环的摩擦系数比 R0 活塞环稍大，与 Q2 气缸套配对时几乎相同。

图 4.165 为 6 种配对副气缸套的磨损量。由图可见，与两种活塞环配对时，Q0 气缸套的磨损量均是最大的，Q2 气缸套的磨损量最小，Q1 气缸套的磨损量与 Q2 气缸套相近，但比 Q2 气缸套稍大。Q0 气缸套和 Q2 气缸套与 R0 活塞环配对时，磨损量比与 R1 活塞环配对时稍低，而 Q1 气缸套与 R1 活塞环配对时，磨损量比与 R0 活塞环配对时低。

图 4.166 为 6 种配对副活塞环的磨损。由图可见，R0 活塞环与 Q0 气缸套配对时的磨损量最低，与 Q1 气缸套配对时的磨损量最大。R1 活塞环与 Q2 气缸套配对时的磨损量最低，与 Q0 气缸套配对时最高。与三种气缸套配对，R1 活塞环的磨损量均比 R0 活塞环的磨损量低。

图 4.167 为 6 种配对副气缸套磨损表面形貌。由图 4.167(a)和(b)可以看出，Q1 气缸套与 R1 活塞环配对时，气缸套表面的磨损程度较轻，Q1 气缸套与 R0 活塞环配对时，气缸套表面被碾压脱落的痕迹明显。由图 4.167(c)～(f)可见，Q0 气缸套和 Q2 气缸套与两种活塞环配对时的磨损表面相差不多。球状石墨依然清晰可见，有轻微沿滑动方向的划痕。图 4.168 为 6 种配对副活塞环磨损表面形貌。由图 4.168(a)、(c)和(e)可见，R1 活塞环

表 4.28 摩擦磨损性能试验参数

试验阶段	试验参数	
磨合阶段	200r/min，120℃，7MPa，3h	
稳定磨损阶段	转速/(r/min)	200
	温度/℃	190
	载荷/MPa	58
	时间/h	21

图 4.163 磨损后活塞环和气缸套试样的表面宏观形貌

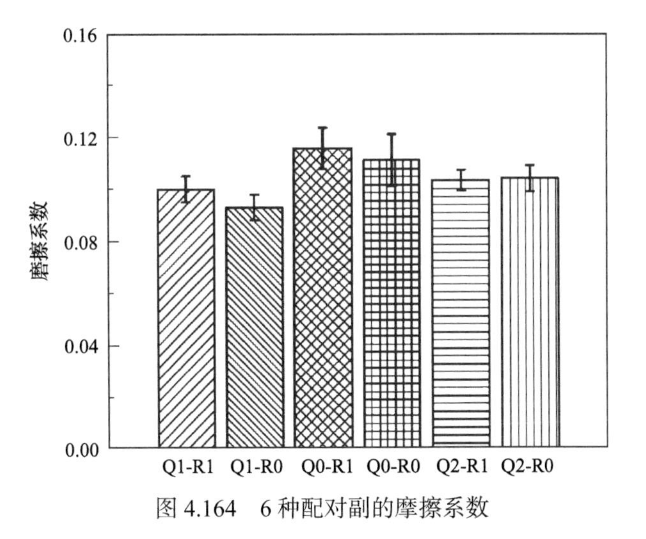

图 4.164　6 种配对副的摩擦系数

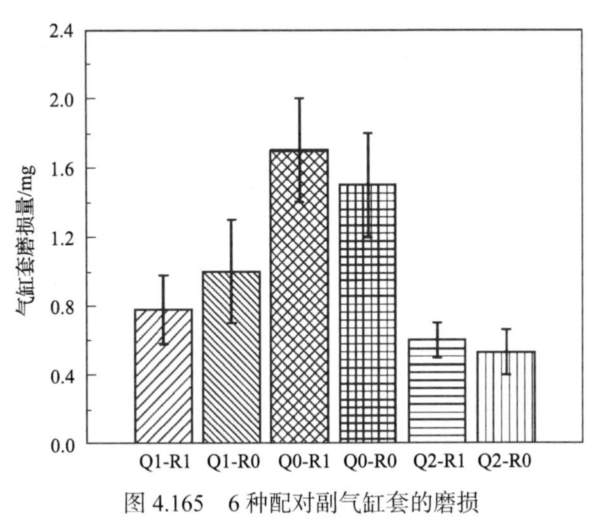

图 4.165　6 种配对副气缸套的磨损

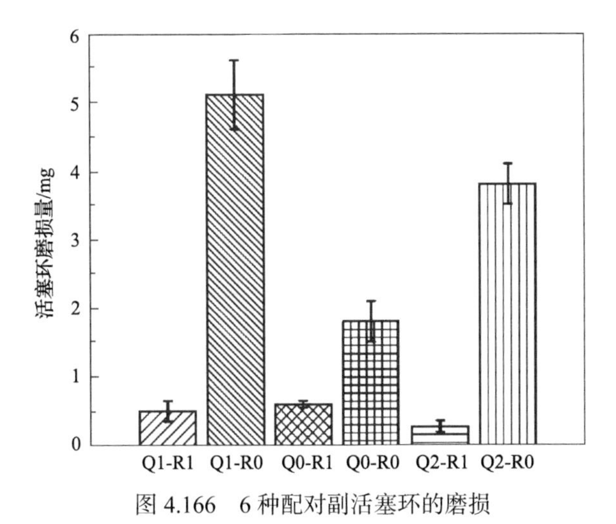

图 4.166　6 种配对副活塞环的磨损

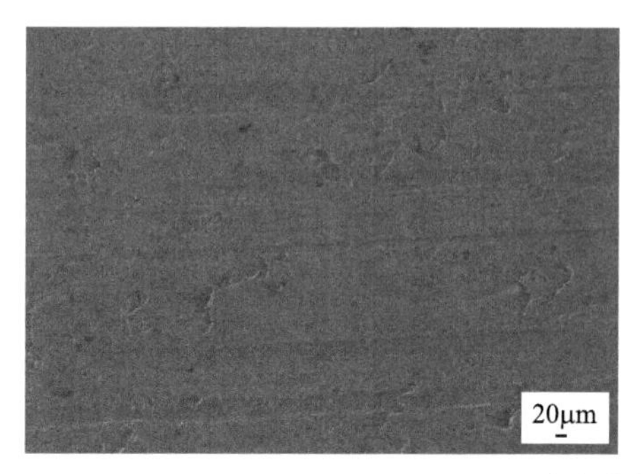

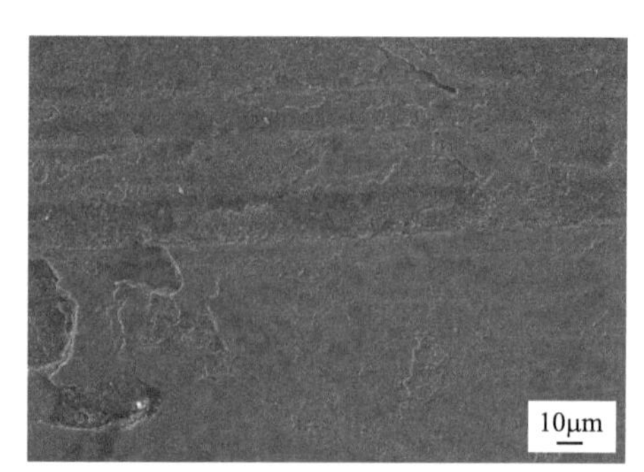

(a) Q1气缸套与R1活塞环对磨

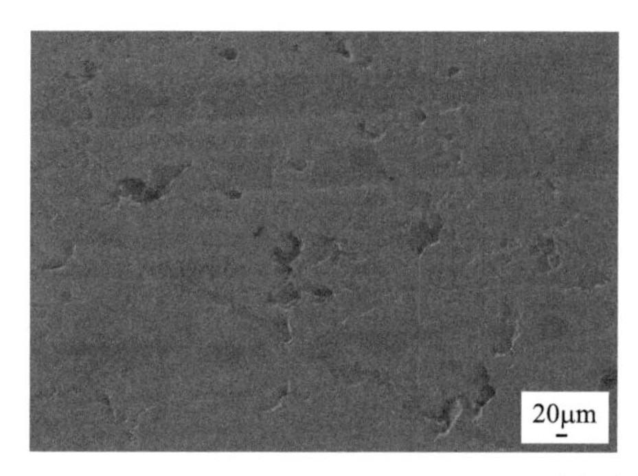

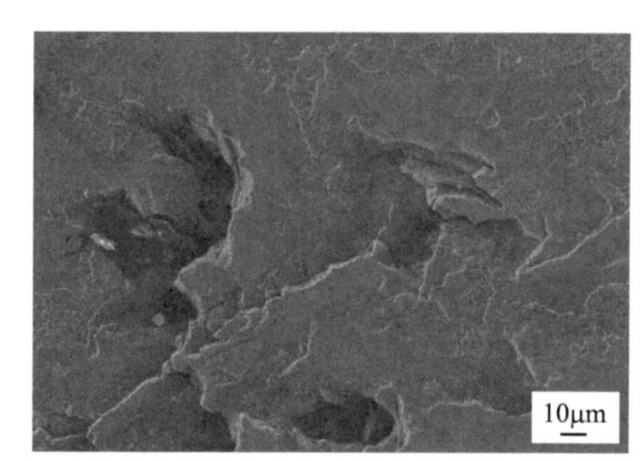

(b) Q1气缸套与R0活塞环对磨

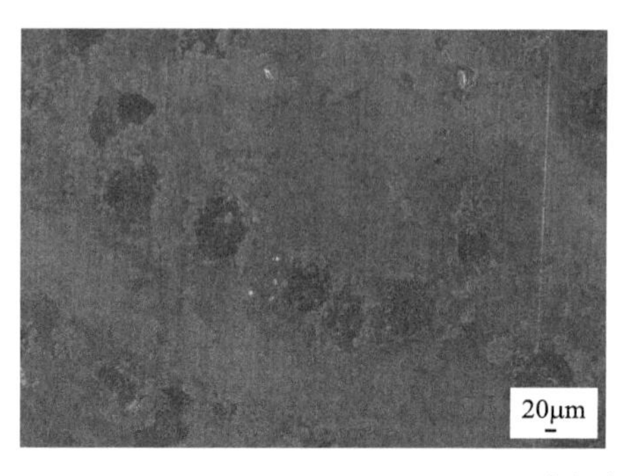

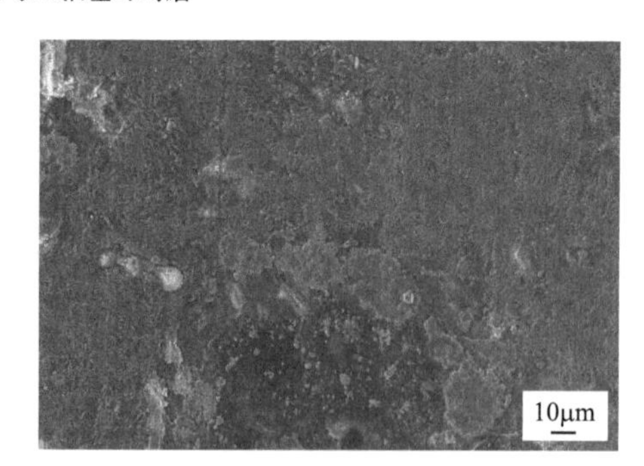

(c) Q0气缸套与R1活塞环对磨

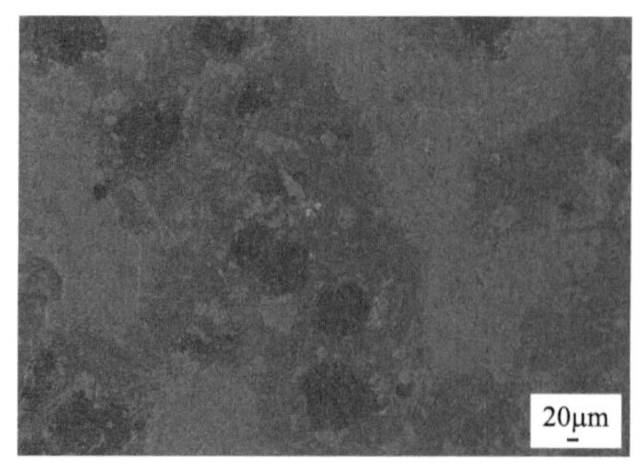

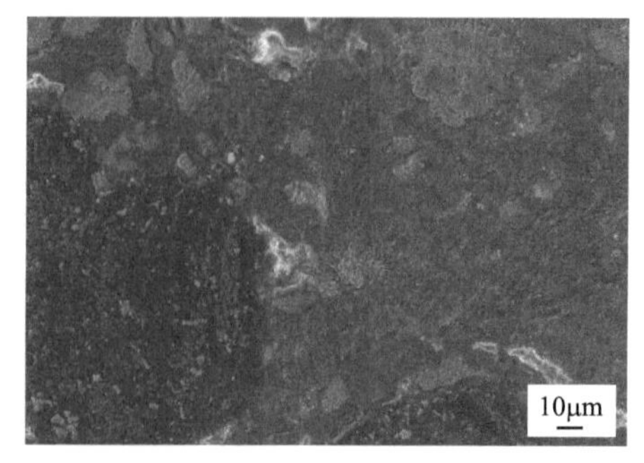

(d) Q0气缸套与R0活塞环对磨

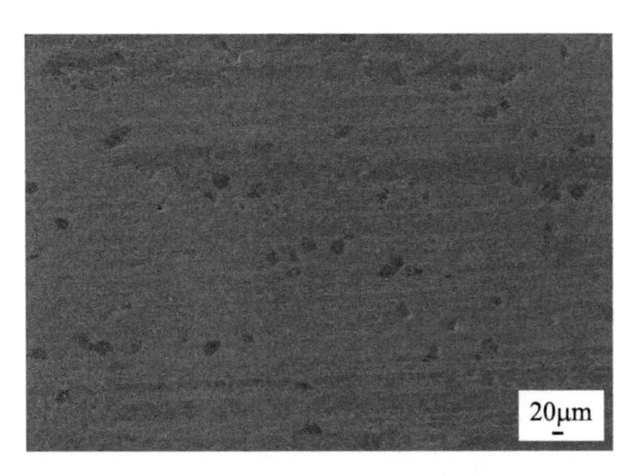

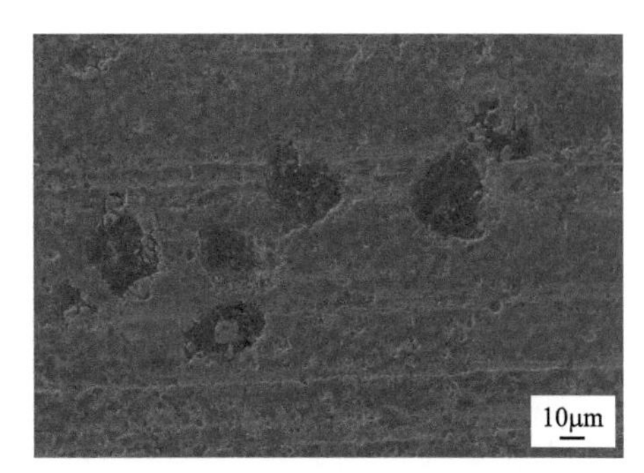

(e) Q2气缸套与R1活塞环对磨

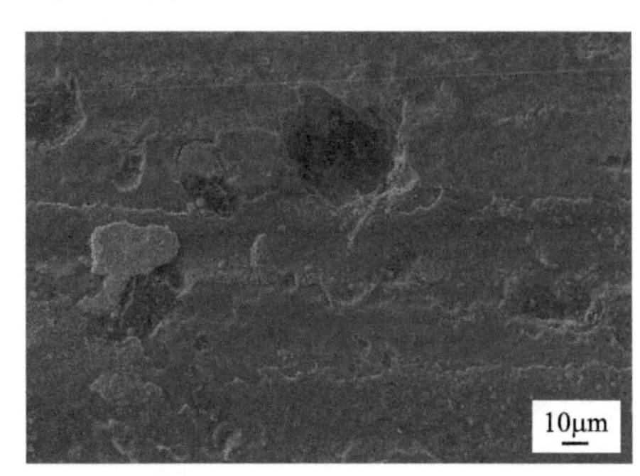

(f) Q2气缸套与R0活塞环对磨

图 4.167　6 种配对副的气缸套磨损后表面形貌(SEM)

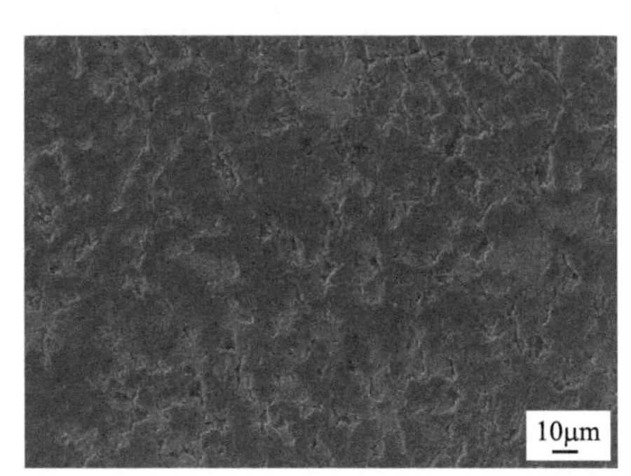

(a) Q1气缸套-R1活塞环

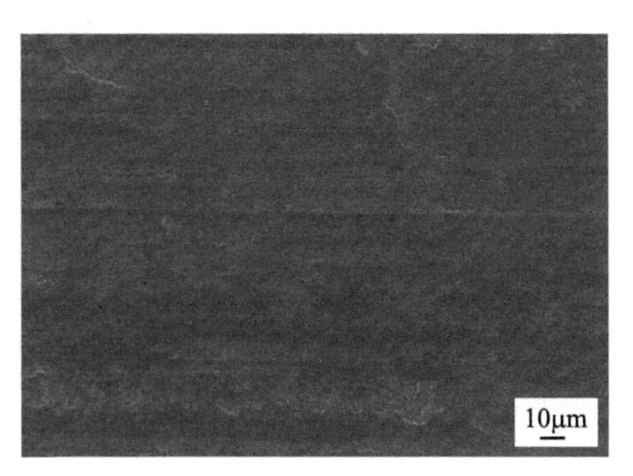

(b) Q1气缸套-R0活塞环

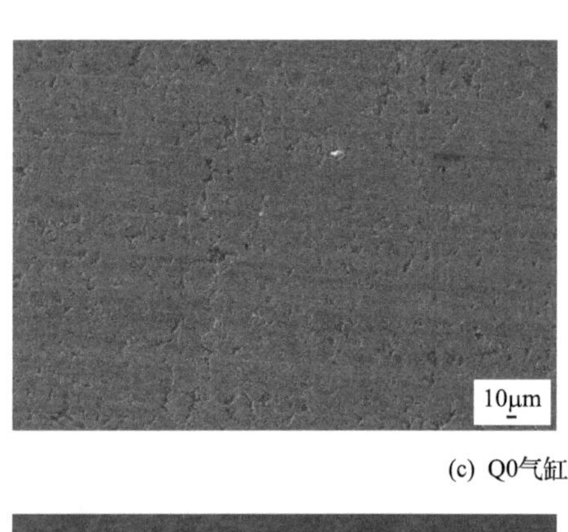

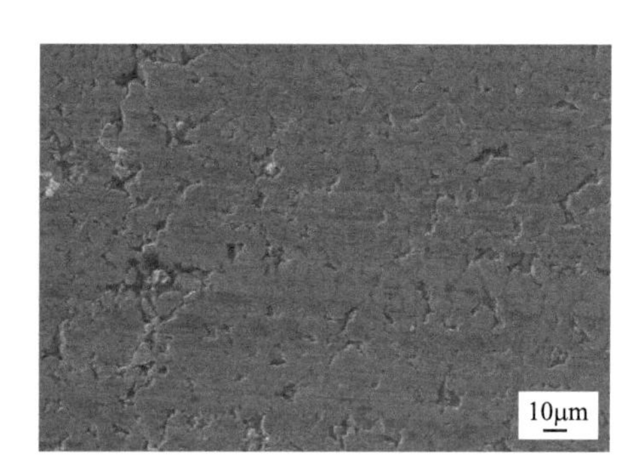

(c) Q0气缸套-R1活塞环

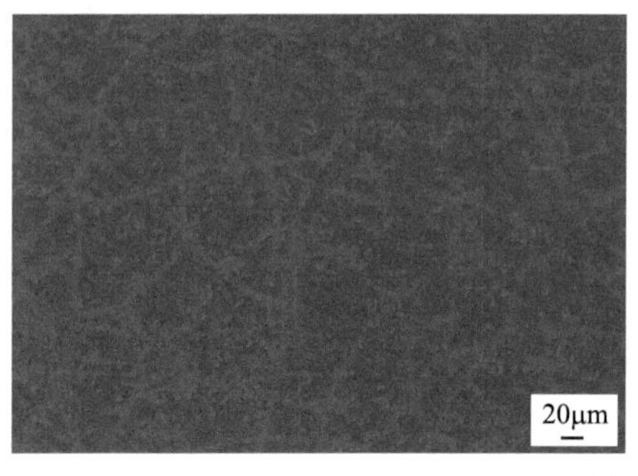

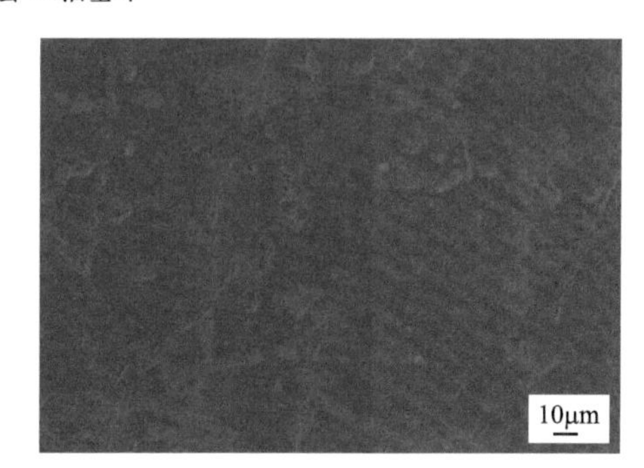

(d) Q0气缸套-R0活塞环

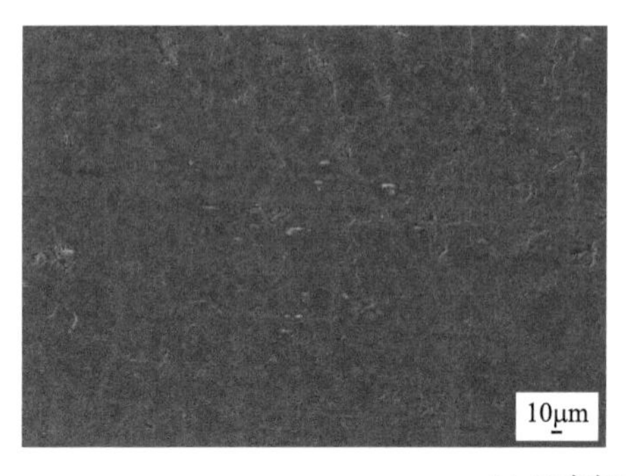

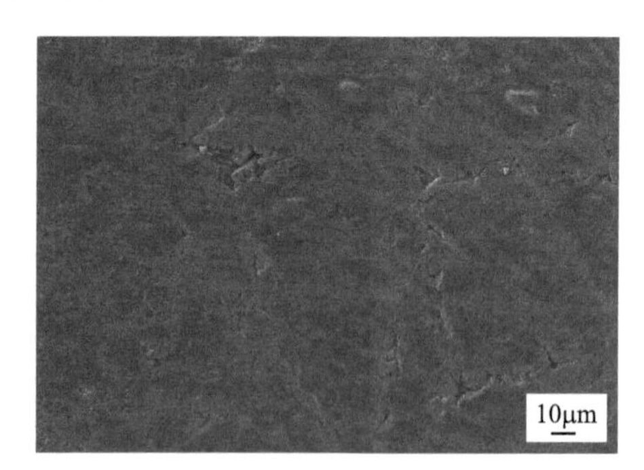

(e) Q2气缸套-R1活塞环

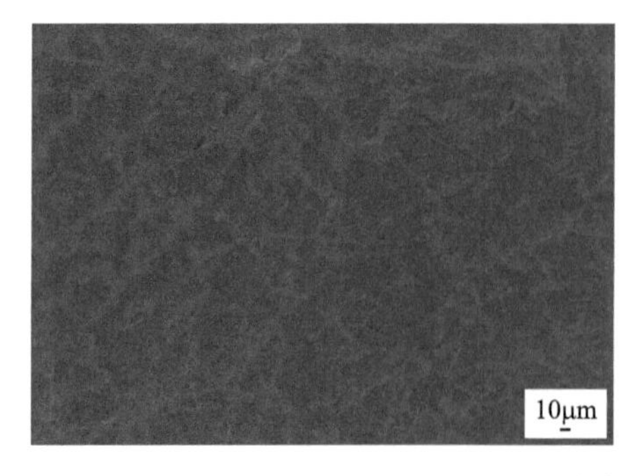

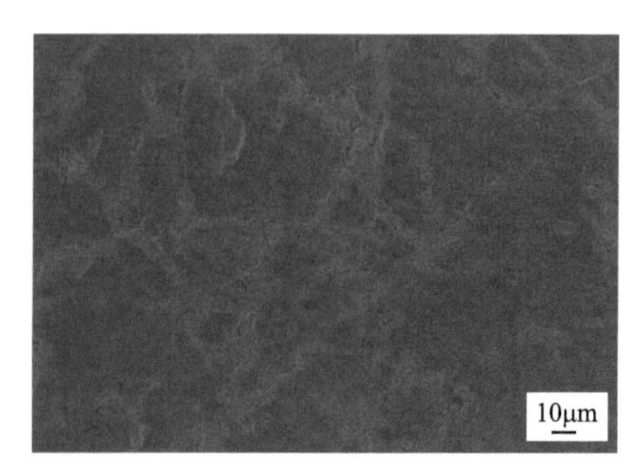

(f) Q2气缸套-R0活塞环

图 4.168　6 种配对副的活塞环磨损后表面形貌(SEM)

与 3 种气缸套磨损后的表面多空洞，同时活塞环的磨损量很小，应为 CuSn 合金镀层表面轻微塑性变形，电镀表面的初始晶粒特征还存在。由图 4.168(b)、(d)和(f)可见，R0 活塞环表面均露出镀铬层特征，说明表层 CuSn 合金已经磨光，其中图 4.168(b)的磨损量最大，镀铬层可能已经受到破坏。

4.5.4 活塞环与气缸套的抗拉缸性能

活塞环-气缸套拉缸试验参数见表 4.29，两种活塞环和三种气缸套进行全交试验，试验后活塞环、气缸套的宏观形貌见图 4.169。

表 4.29 活塞环-气缸套拉缸试验参数

试验阶段	试验参数	
低载磨合阶段	200r/min，120℃，7MPa，10min	
高载磨合阶段	转速/(r/min)	200
	温度/℃	190
	载荷/MPa	29
	时间/min	150
断油摩擦阶段	200r/min，温度载荷保持不变，停止供油磨至拉缸	

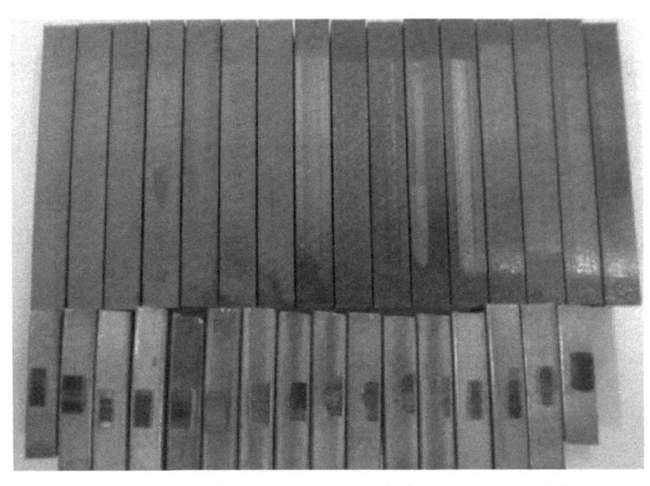

图 4.169 活塞环、气缸套试样拉缸表面宏观形貌

图 4.170 为 6 种配对副的抗拉缸性能试验结果。由图可见，6 种配对副的拉缸性能有显著差异，性能最好的抗拉缸时间可达 382min，最差的仅仅为 27min。

与 R1 活塞环或者 R0 活塞环配对时，Q1 气缸套的抗拉缸性能最差。与 R1 活塞环配对时，Q1 气缸套的抗拉缸时间大约是 Q0 气缸套的八分之一。主要原因在于 Q1 气缸套的石墨出口因加工不当封闭，石墨的润滑作用被阻止。Q0 气缸套与 Q2 气缸套的性能相近，与 R1 活塞环配对时，Q0 气缸套更好，与 R0 活塞环配对时，Q2 气缸套更好。

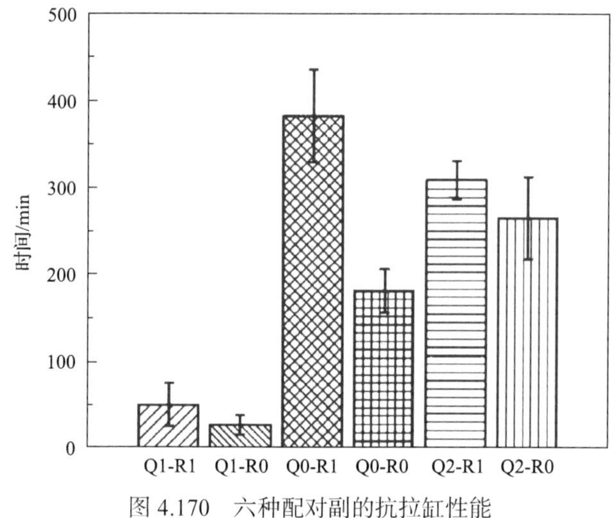

图 4.170　六种配对副的抗拉缸性能

与不同气缸套配对时，R1 活塞环均表现更好。与 Q1 气缸套配对，R1 活塞环的抗拉缸时间约是 R0 活塞环的 1.9 倍；与 Q0 气缸套配对时，R1 活塞环的抗拉缸时间是 R0 活塞环的 2.1 倍；与 Q2 气缸套配对时，R1 活塞环的抗拉缸时间约是 R0 活塞环的 1.2 倍。

两种活塞环均有铜锡镀层和铬镀层，铜锡镀层在磨合初期起到固体润滑作用，并有一定的耐磨性；铬镀层作为主要耐磨涂层，对工作过程中的拉缸性能影响较大。R1 活塞环铬镀层网纹密度高，故有利于存储润滑油和提高抗拉缸性能；而 R0 活塞环铬镀层网纹密度低，润滑油存储能力不足，故不利于抗拉缸性能。

图 4.171 为气缸套拉缸区域表面形貌及成分。由图可知，6 种配对副的气缸套沿滑动方向均出现了表面剥落、脱离、严重黏着等磨损现象，Q1 气缸套拉缸区域没有观察到球状石墨，Q0 气缸套及 Q2 气缸套拉缸区域都可观察到球状石墨。6 种配对副的拉缸区域均发现来自于活塞环铬镀层的 Cr 元素。

图 4.172 为活塞环拉缸区域表面形貌及成分。由图可知，6 种配对副的活塞环均观察到沿滑动方向的划痕，在活塞环拉缸区域均发现来自于气缸套的 Fe 元素。

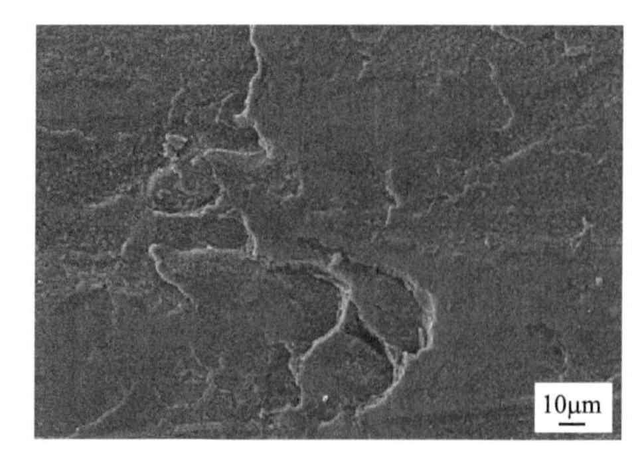

(a) Q1气缸套-R1活塞环

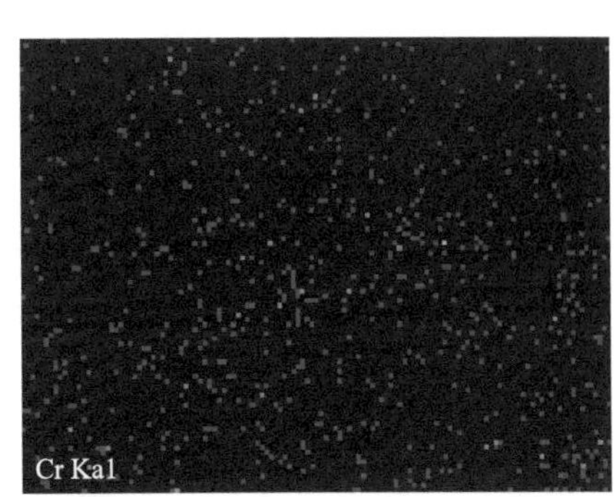

(b) Q1气缸套-R0活塞环

(c) Q0气缸套-R1活塞环

(d) Q0气缸套-R0活塞环

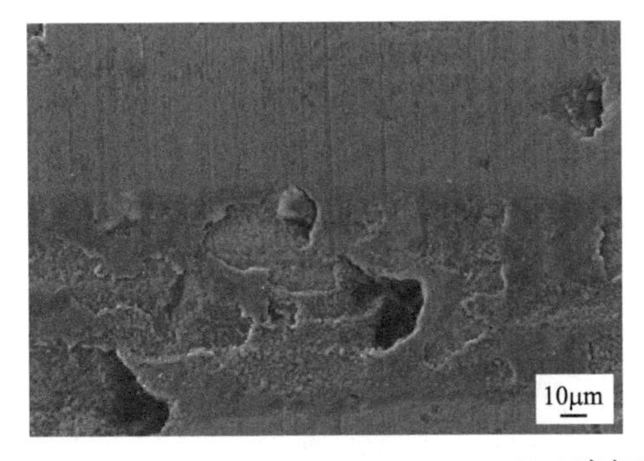

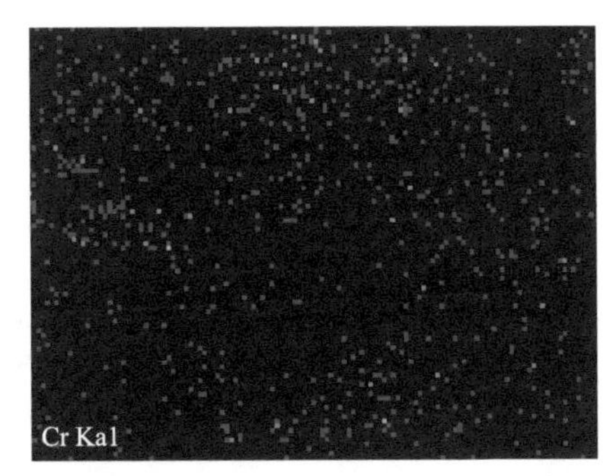

(e) Q2气缸套-R1活塞环

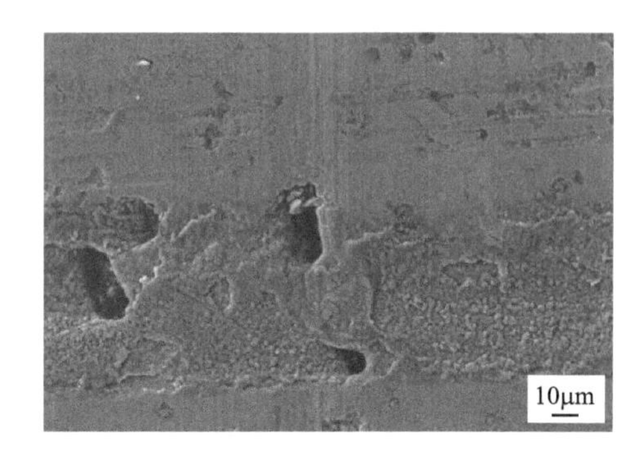

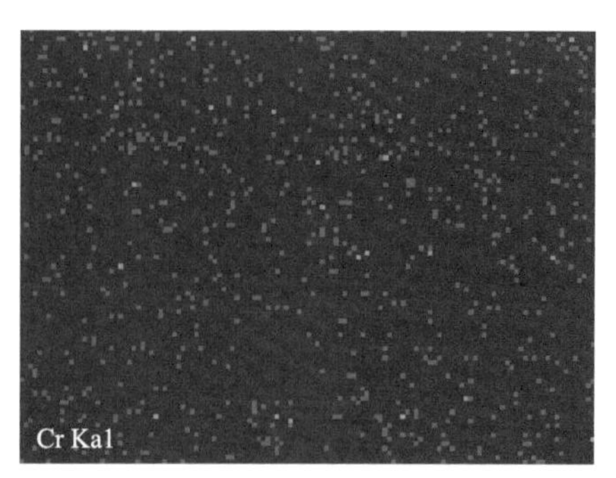

(f) Q2气缸套-R0活塞环

图 4.171 气缸套拉缸区域表面形貌及成分

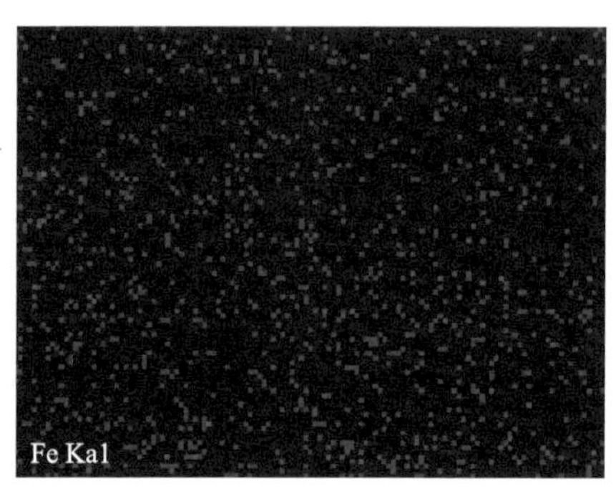

(a) Q1气缸套-R1活塞环

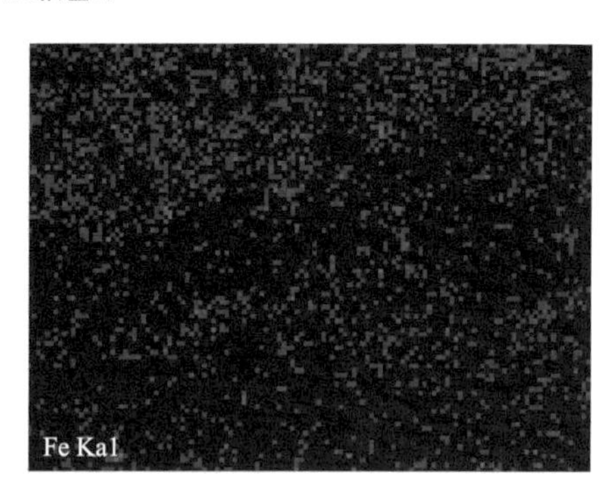

(b) Q1气缸套-R0活塞环

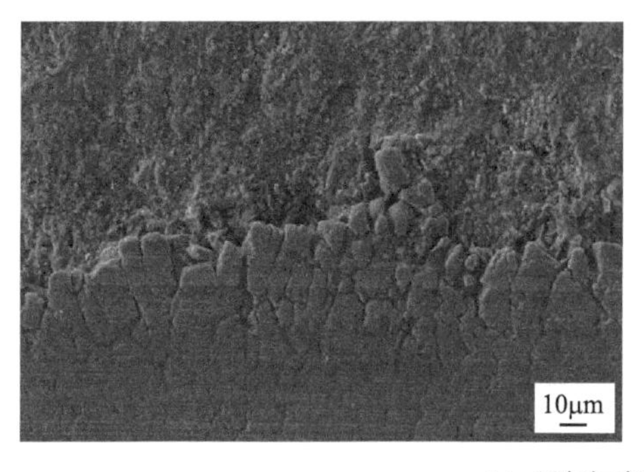

(c) Q0气缸套-R1活塞环

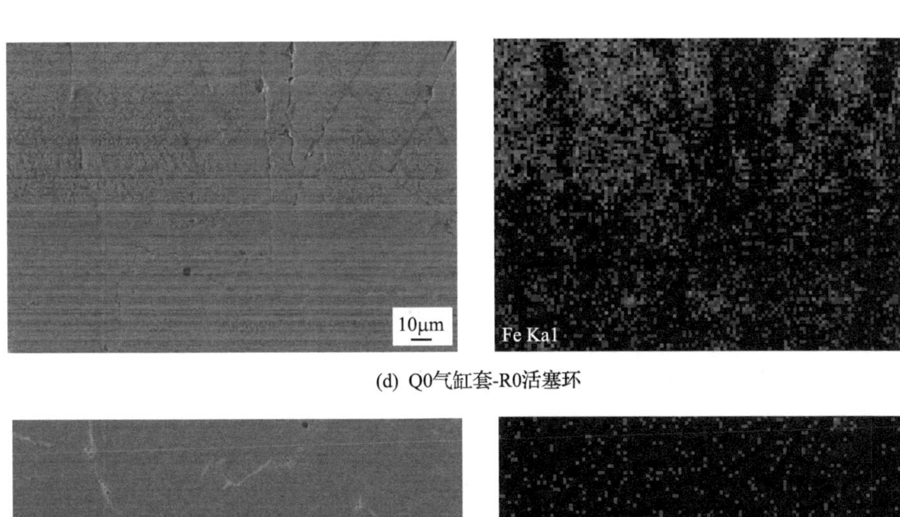

(d) Q0气缸套-R0活塞环

10μm

Fe Ka1

(e) Q2气缸套-R1活塞环

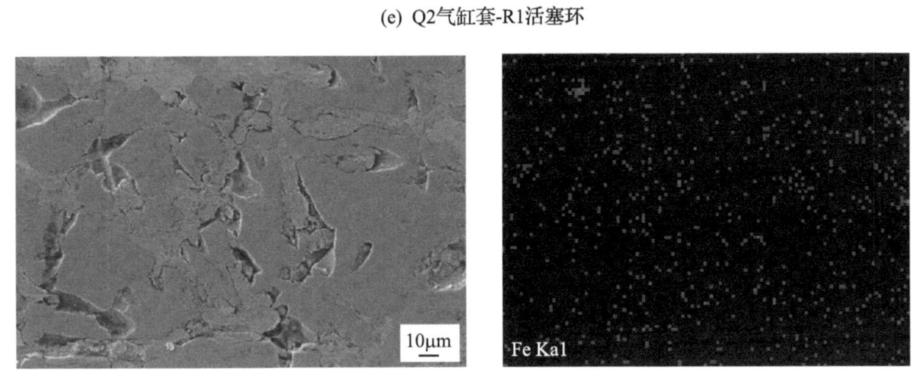

(f) Q2气缸套-R0活塞环

图 4.172 活塞环拉缸区域表面形貌及成分

本节介绍了 3 种球墨铸铁气缸套的摩擦磨损和抗拉缸性能。不同于常用的灰口铸铁，试验结果一是说明了球墨铸铁也可以用于柴油机气缸套，二是说明了表面加工工艺的重要性。如果在终加工后基体组织因塑性变形覆盖了石墨表面，其抗拉缸性能会大幅下降。

参 考 文 献

[1] 徐久军，徐佳子，李承娣，等. 使高硅铝合金缸套表面硅颗粒凸出且边角球化设备及加工方法[P]: CN201610417374.2. 2016-11-09.

[2] Li C D, Xu J Z, Xu J J, et al. Rounded silicon edges on the surface of Al-Si alloy cylinder liner by means of mechanical grinding treatment[J]. Tribology International, 2016, 104: 204-211.

[3] Li C D, Wang W W, Jin M, et al. Friction property of MoS_2 coatings deposited on the chemical-etched surface of Al–Si alloy cylinder liner[J]. Journal of Tribology, 2018, 140(4): 041302.

[4] Li C D, Li B, Jin M, et al. Wear behavior of the aluminum-silicon alloy cylinder liner wear against Chrom–Keramik–Schicht piston ring[J]. Proceedings of the Institution of Mechanical Engineers, Part J: Journal of Engineering Tribology, 2018, 232(2): 136-142.

[5] Li C D, Li B , Shen Y, et al. Effect of surface chemical etching on the lubricated reciprocating wear of honed Al–Si alloy[J]. Proceedings of the Institution of Mechanical Engineers, Part J: Journal of Engineering Tribology, 2018, 232(6): 722-731.

[6] Li C D, Jin M, Du F M, et al. Wear behavior of Al-Si alloy cylinder liner prepared by laser finishing[C]. Proceedings of the Institution of Mechanical Engineers, Part D: Journal of Automobile Engineering, 2017: 0954407017737873.

[7] 李承娣, 徐佳子, 沈岩, 等. 表面硅颗粒整形对高硅铝合金缸套摩擦磨损性能的影响[J]. 中国表面工程, 2016, 29(6): 8-14.

[8] Li C D , Chen X , Du F M , et al. The influence of protruding silicon particle shape on the friction performance of Al–Si alloy[J]. Surface Topography: Metrology and Properties, 2020, 8(2): 025022.

[9] 李承娣, 金梅, 徐久军, 等. 激光光整对高硅铝合金缸套摩擦磨损性能的影响[J]. 中国表面工程, 2017, 30(5): 89-94.

[10] 朱峰. 缸套-活塞环强化磨损模拟试验规范与摩擦磨损性能研究[D]. 大连: 大连海事大学, 2018.

[11] 沈岩. 高强化柴油机缸套-活塞环摩擦状态转化机制研究[D]. 大连: 大连海事大学, 2014.

[12] 朱峰, 王增全, 王建平, 等. 合金铸铁缸套与 PVD(CrN) 活塞环配对时缸套磨损机理[J]. 内燃机学报, 2014, 32(5): 474-479.

[13] 陈路飞, 熊毅, 王俊北, 等. 强动载荷下粒状珠光体 T8 钢的微观组织与硬度[J]. 材料热处理学报, 2015, 36(11): 150-155.

[14] 周立初, 胡显军, 马驰, 等. 珠光体层片取向对冷拔珠光体钢丝形变的影响[J]. 金属学报, 2015, 51(8): 897-903.

[15] 戴品强, 何则荣, 毛志远. 珠光体裂纹萌生与扩展的 TEM 原位观察[J]. 材料热处理学报, 2003, 24(2): 41-45.

[16] 袁晓帅. 高强化柴油机合金铸铁缸套摩擦磨损性能研究[D]. 大连: 大连海事大学, 2013.

[17] Shen Y, Yu B H, Lv Y T. Comparison of heavy-duty scuffing behavior between chromium-based ceramic composite and nickel-chromium-molybdenum-coated ring sliding against cast iron liner under starvation[J]. Materials, 2017, 10(10):1176.

[18] 雒建斌. 薄膜润滑实验技术和特性研究[D]. 北京: 清华大学, 1994.

[19] Streator J L, Gerhardstein J P. Lubrication regimes for nanometer-scale lubricant films with capillary effects[J]. Tribology Series, 1993, 25: 461-470.

[20] 胡元中, 王慧, 郭炎, 等. 纳米液体润滑模的分子动力学模拟: I 球型分子液体的模拟结果[J]. 材料研究学报, 1997, 11(2): 131-136.

[21] 黄平, 温诗铸. 粘塑性流体润滑失效研究——滑动问题[J]. 自然科学进展, 1995, 5(4): 435-439.

[22] 李斌, 沈岩, 李承娣, 等. 活塞环 Cu-Sn 镀层对球墨铸铁缸套摩擦性能影响[J]. 内燃机学报, 2017, 35(05): 473-479.

第5章 气缸套表面处理与摩擦磨损

为了改善气缸套的减摩耐磨性能和抗拉缸性能，表面处理是一种有效的手段。至今应用于气缸套的表面处理技术主要包括以下几类：镀层技术(电镀铬、电镀铁基合金等)、表面淬火技术(激光淬火、等离子淬火、高频淬火等)、化学改性技术(氮化、磷化、硫化)、涂覆技术(喷涂、气相沉积、熔覆等)和微织构技术。本章介绍几种典型的表面处理气缸套的摩擦磨损性能。

5.1 镀铬气缸套的摩擦磨损

镀铬是气缸套工作面较为常用的改性技术。镀铬层具有很多优点，例如，表面硬度高，一般可达800～1000HV，镀铬层的熔点较高，可达1770℃，因此抗黏着磨损和耐磨粒磨损性能好。松孔镀铬、硬质镀铬和英国 Cromard 专利镀铬是三种常用的气缸套镀铬方法。松孔镀铬也称为多孔性镀铬，它经过反镀处理，形成储油槽，是国内常用的气缸套电镀工艺之一。硬质镀铬层比松孔镀铬薄，残余内应力较小，是一种成本较低、耐用性较好的镀铬工艺。英国 Cromard 专利镀铬技术获得的点状储油结构不需反镀处理，而是在镀铬中直接形成，残余应力较小，镀层与基体的结合强度高，储油性能好。

镀铬可扩展气缸套材料范围，改善气缸套性能。例如，采用20钢管作为基体，在内表面镀铬，从而增加柴油机功率，其中英国万斯特公司生产的此类产品最为著名。厚壁合金钢镀铬气缸套具有较好的强度，可满足高强化柴油机对高性能气缸套的需求。

本节采用与4.1节相同的模拟试验方法，研究英国 Cromard 专利镀铬技术制备的厚壁镀铬气缸套与三种活塞环在高强化条件下的摩擦磨损和抗拉缸性能，并分析其摩擦磨损机理[1-5]。

5.1.1 试验材料与试验方法

镀铬气缸套表面经平台珩磨，表面形貌见图5.1，有细小珩磨纹理，高倍可观察到大量微孔，珩磨条纹边缘有破碎痕迹。图5.2为镀铬气缸套横截面SEM形貌，基体为20Cr，镀铬层厚度接近100μm。表面维氏硬度734$HV_{0.1}$，表面粗糙度Ra=0.37μm，核心粗糙度R_k=1.12μm，去除的峰值高度R_{pk}=0.18μm，去除的谷值深度R_{vk}=2.12μm。

试验所用活塞环、润滑油、试验设备、试验方法和试验参数等均与4.1节相同。三种活塞环分别为物理气相沉积(PVD)活塞环、铬基陶瓷复合电镀(CKS)活塞环和喷钼活塞环。采用对置往复磨损试验机，按照活塞环-气缸套磨损模拟试验方法要求加工气缸套及活塞环试样，开展气缸套和活塞环的摩擦磨损性能和抗拉缸性能试验。

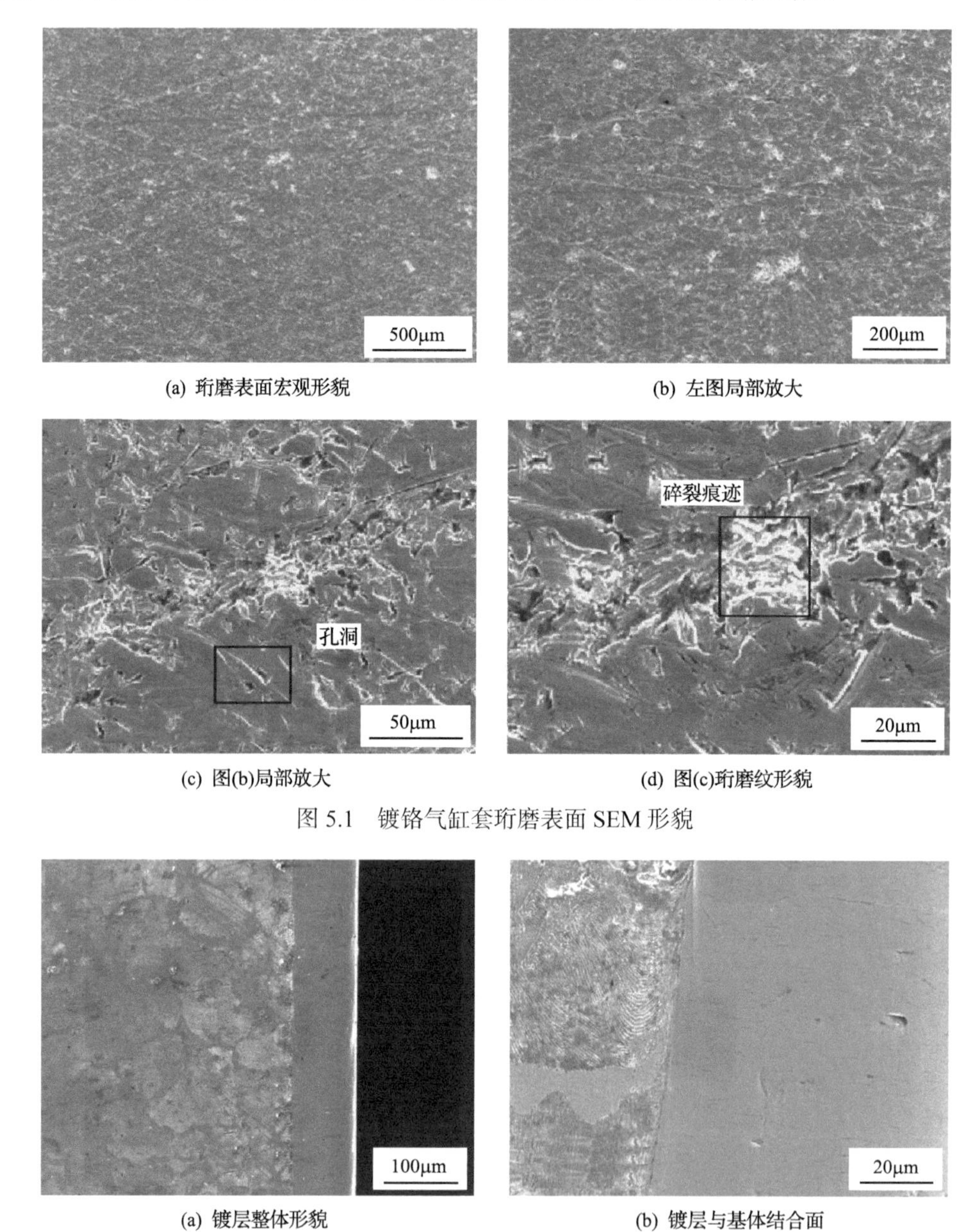

(a) 珩磨表面宏观形貌 (b) 左图局部放大

(c) 图(b)局部放大 (d) 图(c)珩磨纹形貌

图 5.1 镀铬气缸套珩磨表面 SEM 形貌

(a) 镀层整体形貌 (b) 镀层与基体结合面

图 5.2 镀铬气缸套横截面 SEM 形貌

5.1.2 镀铬气缸套的摩擦磨损性能

1. 活塞环的配对性

载荷为 100MPa 时，分别与三种活塞环配对，镀铬气缸套的摩擦系数随时间的变化曲线见图 5.3。由图可见，与 CKS 活塞环配对时，摩擦系数随时间持续升高，试验过程中伴随强烈的摩擦振动和严重的黏着磨损，说明其配对性不好；与 PVD 活塞环配对时，初期摩擦系数较大，然后逐渐下降，约 120min 后稳定在 0.123；与喷钼活塞环配对时，摩擦系数先升高后降低，约 60min 后稳定在 0.113。

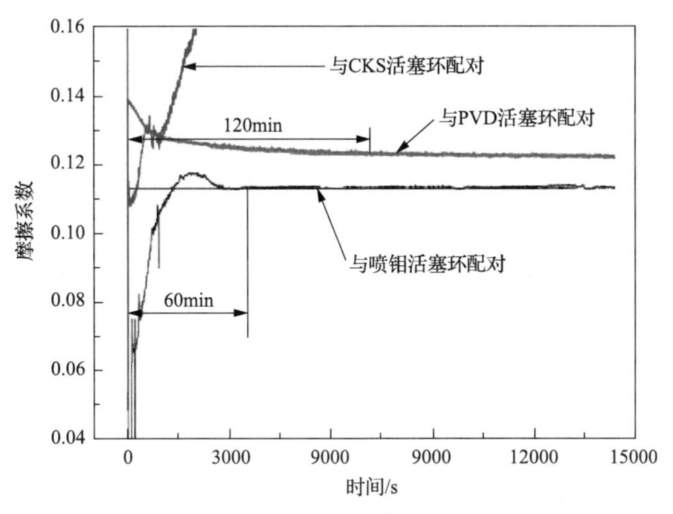

图 5.3 摩擦系数随时间的变化曲线(100MPa，150℃)

与 PVD 活塞环配对时，摩擦系数达到稳定所需要的时间，比与喷钼活塞环配对时长，稳定后的摩擦系数高(约高 8%)。这主要是由于 PVD 活塞环表面硬度比喷钼活塞环高，需要更长时间才能形成稳定的平台支撑结构。镀铬气缸套与 CKS 活塞环的基体材料为同种元素、相同晶体结构，黏着倾向较大，易发生拉缸，配对性不好。

降低载荷至 80MPa，在 150℃、200r/min 进行磨损试验，与 PVD 活塞环配对，摩擦力随时间的变化曲线见图 5.4。由图可以看出，磨合后加载，摩擦力较大，然后逐渐减小，稳定后持续至实验结束仍保持不变。

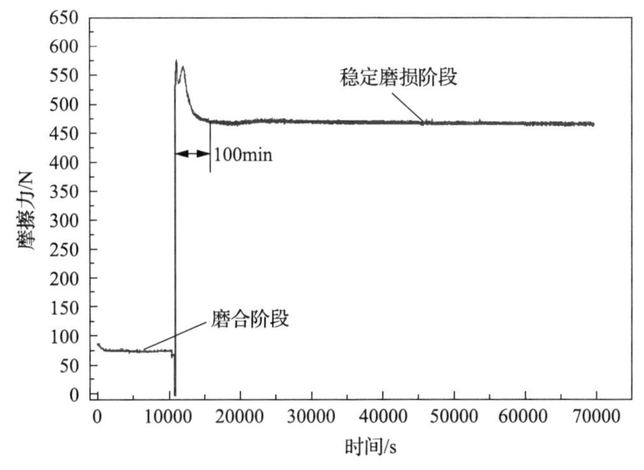

图 5.4 镀铬气缸套-PVD 活塞环摩擦力最大值随时间的变化曲线

2. 载荷和温度对摩擦系数的影响

图 5.5 为分别与 PVD 活塞环和喷钼活塞环配对时载荷和温度对摩擦系数的影响规律。由图可知，随载荷增加，摩擦系数先快速降低，然后缓慢升高；随温度升高，摩擦系数略呈下降趋势。

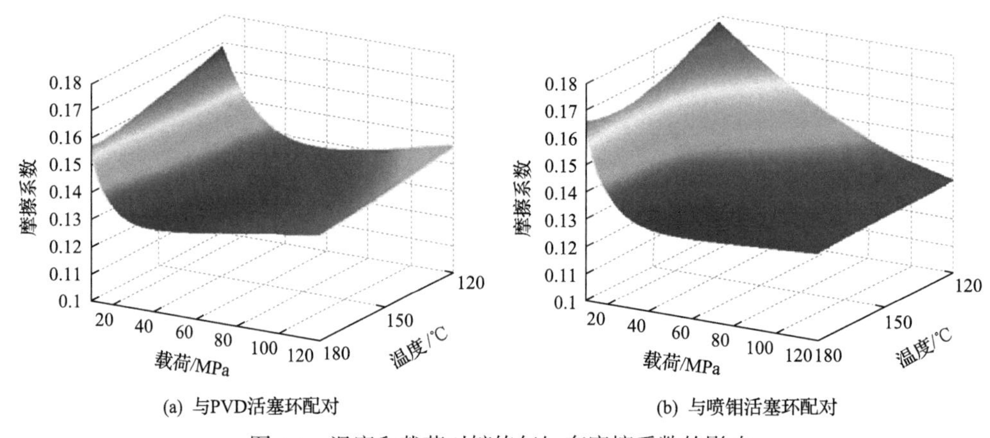

(a) 与PVD活塞环配对　　(b) 与喷钼活塞环配对

图 5.5　温度和载荷对镀铬气缸套摩擦系数的影响

3. 载荷和温度对磨损的影响

镀铬气缸套的线磨损量十分小，测量困难。观察磨损试样可以发现，镀铬气缸套表面的磨损是表面凹坑剥落面积不断扩大的过程，因凹坑面积占有率与载荷、温度和磨损时间相关，故对镀铬气缸套采用表面凹坑面积占有率来表达磨损量。温度和载荷对镀铬气缸套磨损的影响规律见图 5.6 和图 5.7，其中 150℃时磨损量随载荷的变化规律见图 5.8。可见，载荷较低时，与 PVD 活塞环配对的磨损量略小，但差别不大。当载荷达到 60MPa 后，镀铬气缸套的磨损均明显增大，直到 100MPa 左右，增幅逐渐减小。此时，与 PVD 活塞环配对时，气缸套的磨损量明显比喷钼活塞环大。

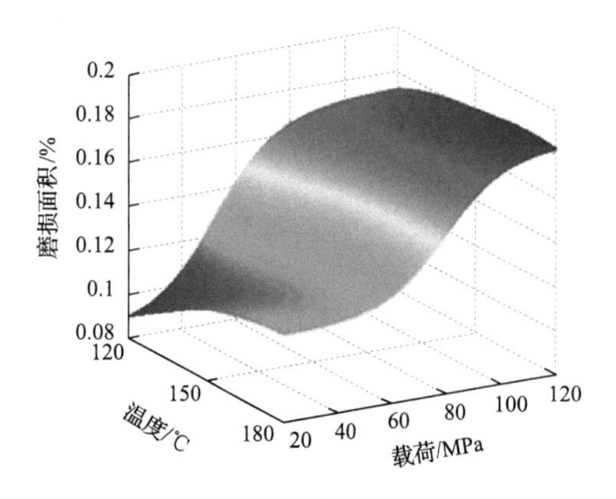

图 5.6　与 PVD 活塞环配对时温度和载荷对镀铬气缸套磨损的影响

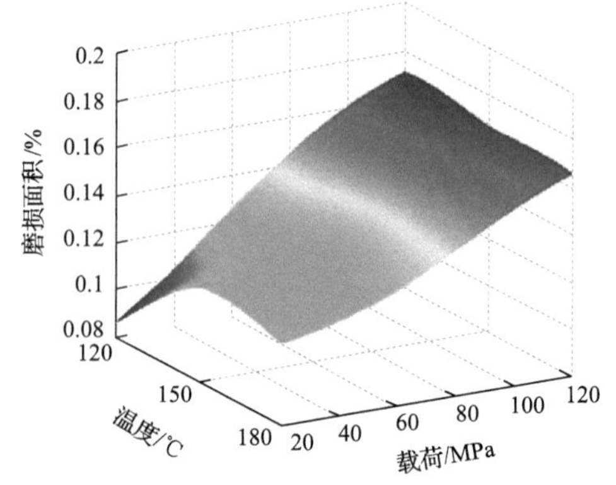

图 5.7　与喷钼活塞环配对时温度和载荷对镀铬气缸套磨损的影响

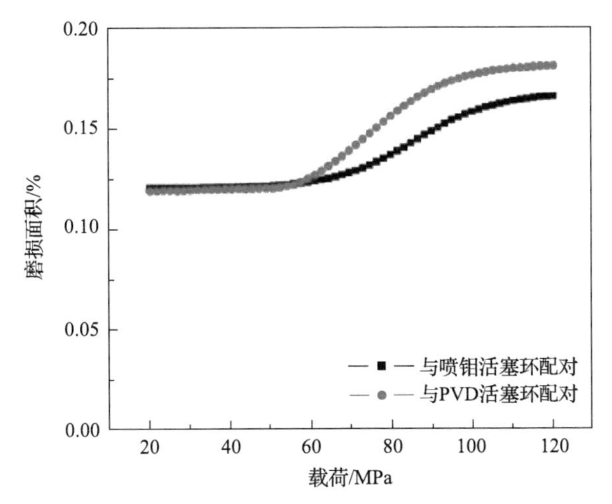

图 5.8　载荷对镀铬气缸套磨损量的影响(150℃，200r/min)

4. 镀铬气缸套与硼磷铸铁气缸套的磨损

图 5.9 为两种气缸套的磨损量。由图可见，在试验载荷范围内，铸铁气缸套的磨损量均大于镀铬气缸套。当载荷较低时，两者的差距较小；载荷达到 60MPa 后，铸铁气缸套的磨损量倍增，可达镀铬气缸套的 10 倍以上。这说明镀铬气缸套对载荷的耐受性明显好于铸铁气缸套。

图 5.10 为分别与镀铬气缸套和铸铁气缸套配对时 PVD 活塞环的磨损量随载荷的变化。由图可见，随载荷的增加，活塞环的磨损均呈指数增大，20MPa 时，活塞环的磨损量几乎相同；高于 40MPa 后，两者的磨损量差别逐渐显现，与镀铬气缸套配对的活塞环磨损量更大，随着载荷增大，差别越来越大。其原因可能是镀铬气缸套的硬度较高，PVD 活塞环的法向更容易形成集中应力，切向摩擦也大，导致活塞环的磨损偏大。

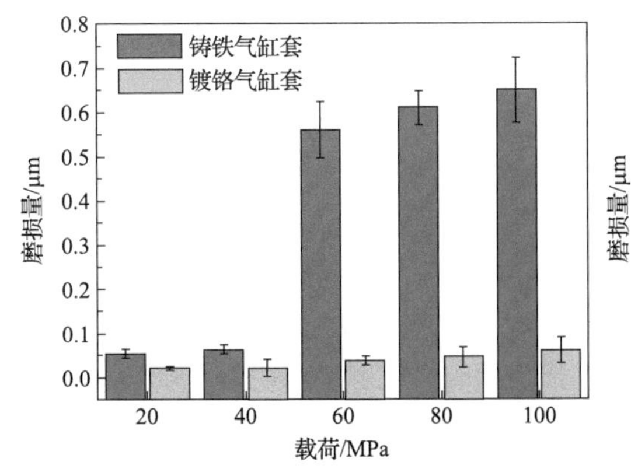

图 5.9　载荷对镀铬和铸铁气缸套磨损的影响(PVD 活塞环，150℃)

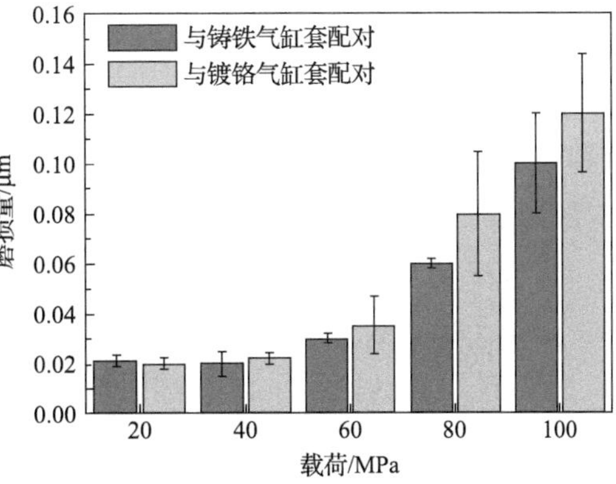

图 5.10　PVD 活塞环磨损量随载荷的变化(150℃)

5.1.3 镀铬气缸套的抗拉缸性能

图 5.11 为镀铬气缸套分别与 PVD 活塞环和喷钼活塞环配对时，载荷和温度对抗拉缸性能的影响规律。由图可知，其共性规律为，随载荷增大、温度升高，从停止供油到发生严重黏着磨损的运行时间迅速缩短，然后逐渐趋于稳定。与 PVD 活塞环配对时，抗拉缸性能明显比与喷钼活塞环配对时好。与 4.1 节铸铁气缸套的抗拉缸性能相比，镀铬气缸套明显较好。

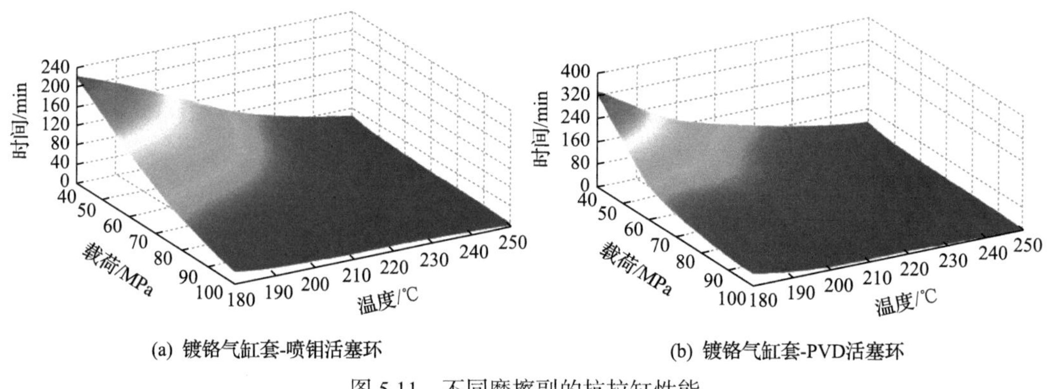

(a) 镀铬气缸套-喷钼活塞环　　(b) 镀铬气缸套-PVD活塞环

图 5.11　不同摩擦副的抗拉缸性能

5.1.4 磨损表面形貌及成分

1) 载荷和温度的影响

对磨损后的镀铬气缸套表面清洗除油，并在 SEM 下观测气缸套的表面形貌。图 5.12 为载荷对镀铬气缸套磨损表面形貌的影响。由图可见，当载荷较低时(20MPa 和 40MPa)，气缸套表面洁净，珩磨纹清晰，表面无明显破坏。当载荷较高时(60MPa 和 80MPa)，气缸套表面珩磨纹基本不可见，总体光滑平整，密布小尺寸凹坑，部分凹坑充满白亮斑点，80MPa 时白亮斑点的密度比 60MPa 时高。

图 5.13 为温度对镀铬气缸套磨损表面形貌的影响。由图可见，120℃时镀铬气缸套磨损表面清洁，但珩磨纹基本消失，如图 5.12 所示的白亮斑点。温度达到 150℃以后，白亮斑点才大量出现。

2) 白亮斑点对镀铬气缸套磨损表面形貌的影响

由图 5.12 及图 5.13 可见，在较高的压力和温度下，镀铬气缸套试样表面析出白亮斑点，经清洗除油后，再用 4%硝酸酒精清洗，磨损表面的白色斑点可完全去除。去除后磨损表面形貌见图 5.14，由图可见，与 PVD 活塞环配对时，镀铬气缸套磨损表面存在大量储油结构，珩磨纹清晰(图 5.14(c))。与 CKS 活塞环配对时，气缸套表面珩磨纹完全消失，镀铬表面产生严重的塑性流变和黏着(图 5.14(b))，这与图 5.4 所示的摩擦力持续增大和拉缸现象一致。与喷钼活塞环配对时，磨损后气缸套表面形貌和与 PVD 活塞环

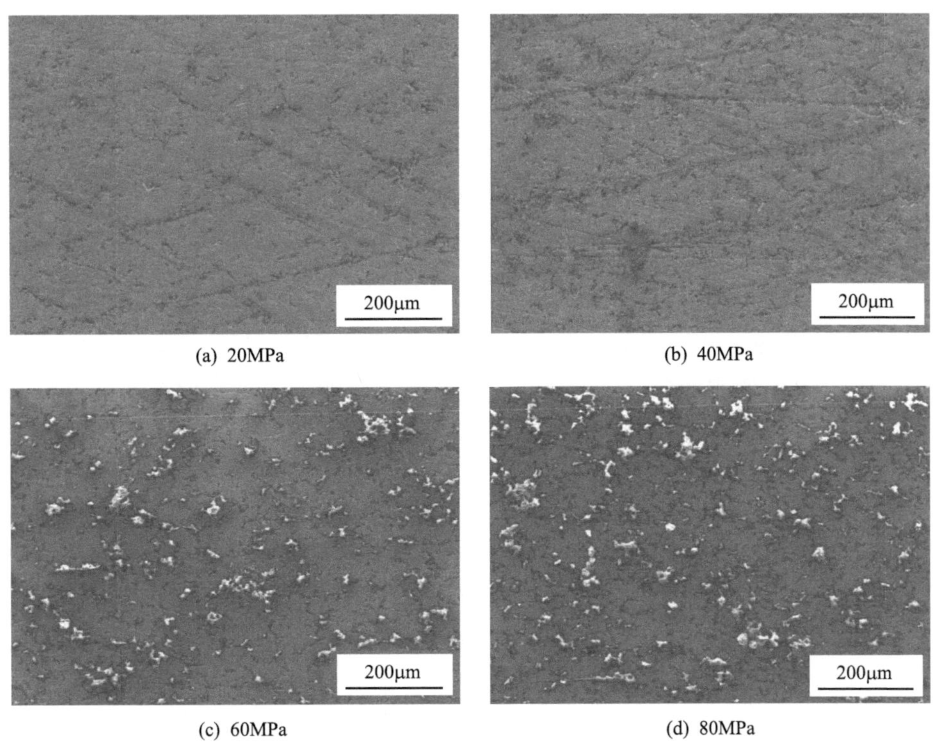

(a) 20MPa　(b) 40MPa　(c) 60MPa　(d) 80MPa

图 5.12　载荷对镀铬气缸套磨损表面形貌的影响(SEM，PVD 活塞环，150℃)

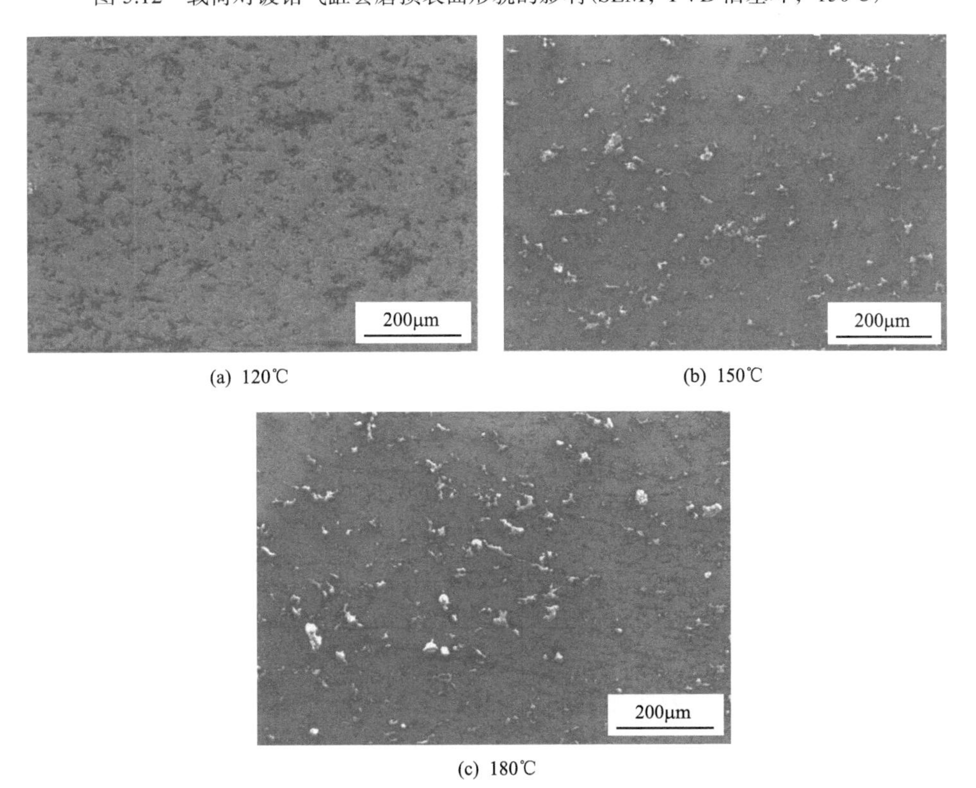

(a) 120℃　(b) 150℃　(c) 180℃

图 5.13　温度对镀铬气缸套磨损表面形貌的影响(SEM，PVD 活塞环，60MPa)

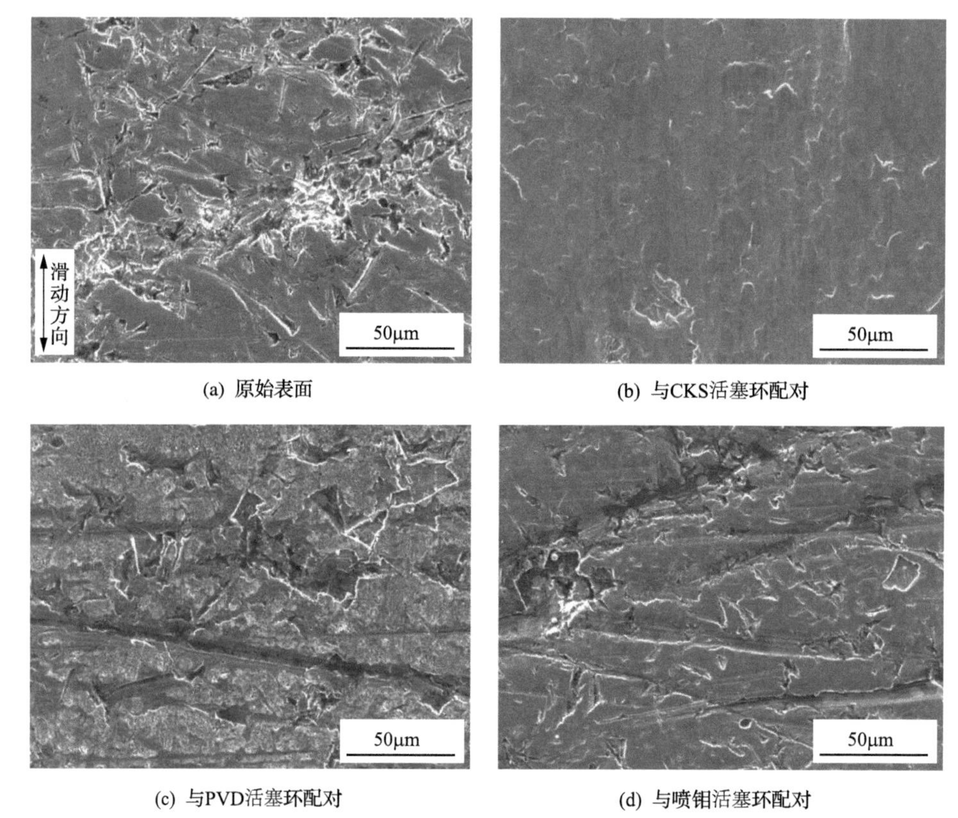

(a) 原始表面　　(b) 与CKS活塞环配对

(c) 与PVD活塞环配对　　(d) 与喷钼活塞环配对

图 5.14　气缸套未磨损及磨损后表面形貌(SEM，100MPa，150℃)

配对时相近，珩磨纹清晰可见，其中与 PVD 活塞环配对的气缸套表面镀铬层剥落面积略大(图 5.14(c)和(d))。

磨损后三种活塞环的表面形貌见图 5.15。由图可见，CKS 活塞环表面有明显的塑性变形(图 5.15(a))，复合电镀的陶瓷颗粒难以辨认，网纹结构完全抹平，与镀铬气缸套表面产生几乎同等程度的破坏；PVD 活塞环磨损轻微，出现密集的麻点(图 5.15(b))；喷钼活塞环表面有块状脱落痕迹，但承载面比较光滑，磨损状态比较稳定(图 5.15(c))。

3)磨损表面沟槽填充物成分

图 5.16(a)为典型的镀铬气缸套磨损表面白亮斑点，由能谱分析可知，白亮斑点的成分为 C、S、O、Zn 和 P。聚集物中的 Zn、P 应来自润滑油中的极压添加剂 ZDDP(二烷基二硫代磷酸锌)，是 ZDDP 在摩擦作用下发生化学反应的产物。而在白亮斑点之外的平台区域，仅含有 Cr 和 O，其中 Cr 为镀铬层成分，O 一般来自表面吸附物。这说明镀铬气缸套本身不参与润滑油的摩擦化学反应，分解产物填充在凹坑处，形成白亮斑点，而在摩擦表面则没有残留，纯的镀铬层裸露于表面。

相比之下，铸铁气缸套表面基本没有白亮斑点，见图 5.16(b)，偶见个别小尺寸的残留物。由能谱分析可知，白亮填充物的成分与铸铁气缸套磨损表面光滑平台处的成分相近，除了含有 C、O、Zn、P(这些元素也存在于镀铬表面的白亮斑点中)，还含有 Ca、

Si 和 Fe。其中，Ca 来源于润滑油中的清净添加剂，Si 和 Fe 来源于铸铁气缸套。这说明铸铁基体参与了摩擦化学反应，反应产物主要吸附于摩擦表面，多余的反应产物才会聚集成白亮斑点。

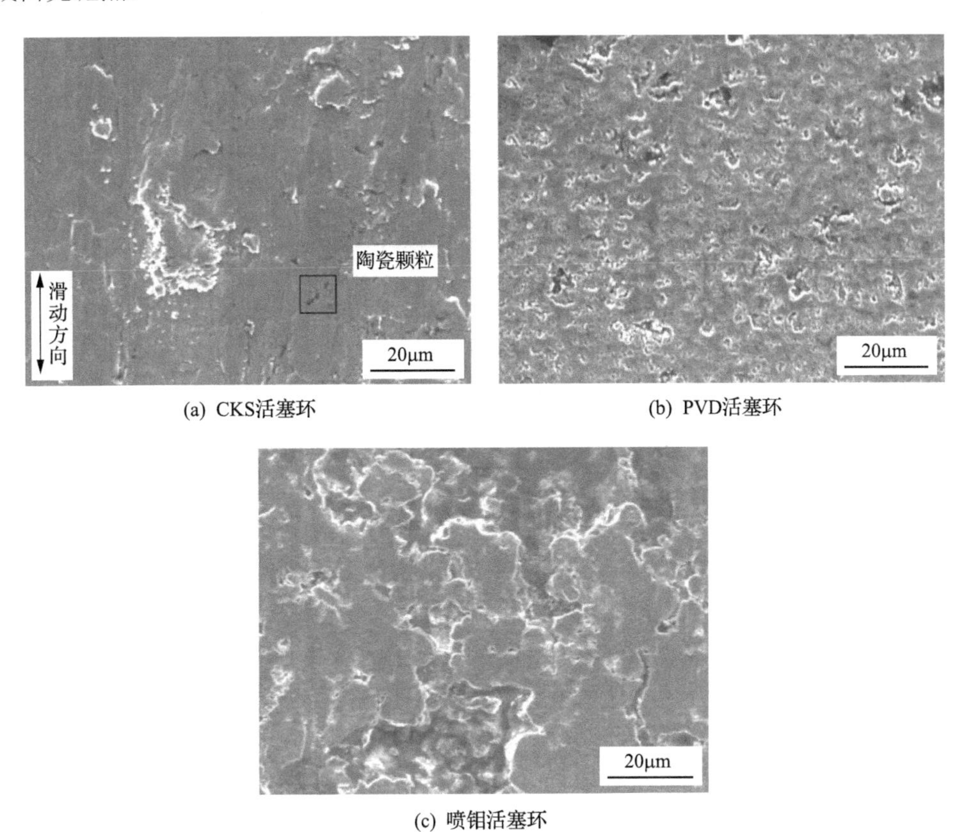

(a) CKS活塞环　(b) PVD活塞环

(c) 喷钼活塞环

图 5.15　三种活塞环磨损后表面 SEM 形貌(SEM，100MPa，150℃)

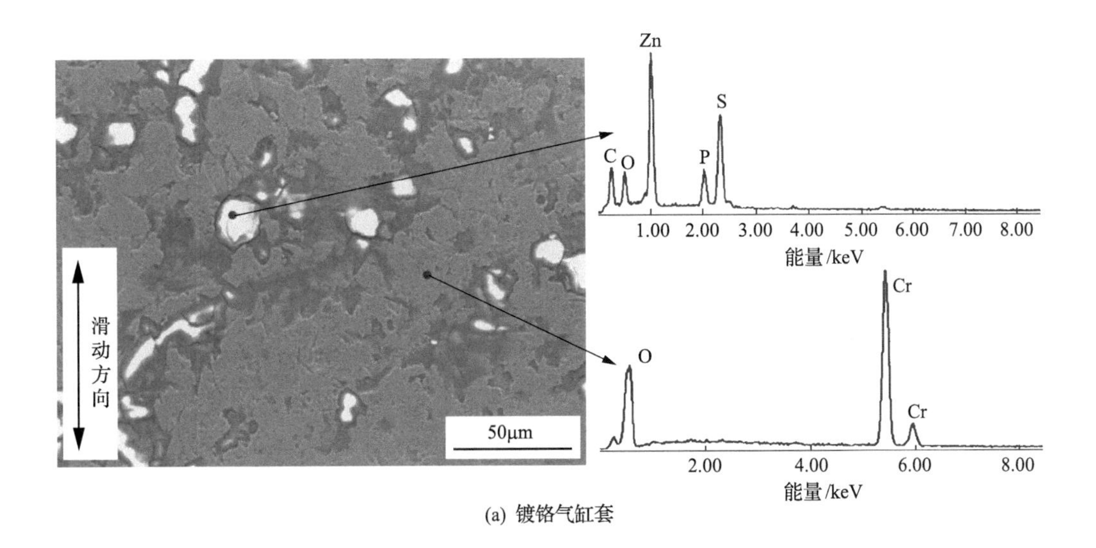

(a) 镀铬气缸套

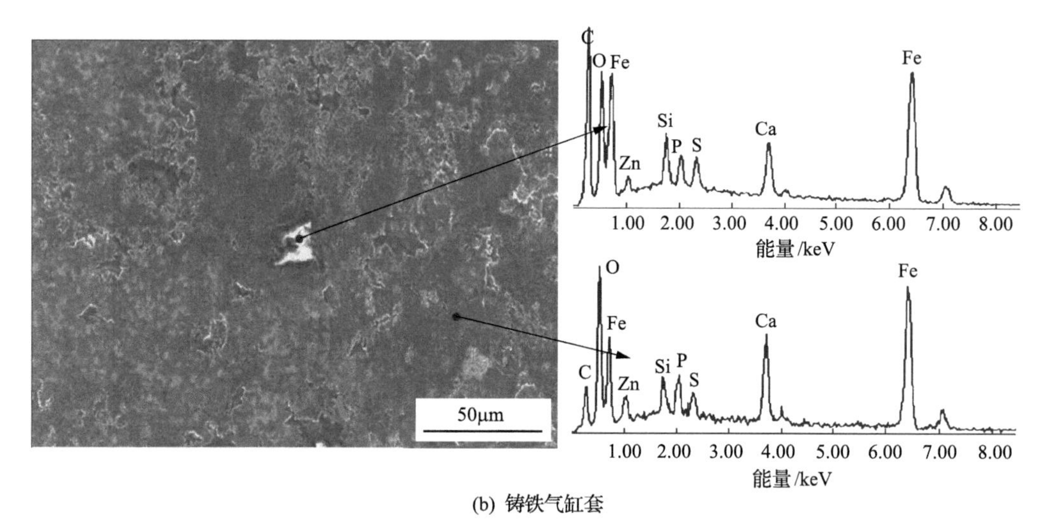

(b) 铸铁气缸套

图 5.16　两种气缸套磨损后表面 SEM 形貌及微区成分(80MPa，150℃，200r/min，磨损 24h)

5.1.5　镀铬气缸套的摩擦行为

1)摩擦化学反应产物对气缸套摩擦行为的影响

图 5.17 为镀铬气缸套和铸铁气缸套分别与 PVD 活塞环配对时，不同载荷下的摩擦系数随温度变化曲线。由图可见，在试验载荷范围内，铸铁气缸套的摩擦系数随着温度升高，总体上呈线性下降的趋势(图 5.17(a))。而镀铬气缸套的摩擦系数在较低温度下对载荷变化不够敏感，100～150℃快速下降，超过 150℃以后，摩擦系数不再降低，甚至有所增大，载荷越高，这种分化越明显，出现分化的温度越低(图 5.17(b))。

由图 5.17(a)铸铁气缸套的摩擦力变化曲线可知，在试验工况条件下，固体润滑膜保

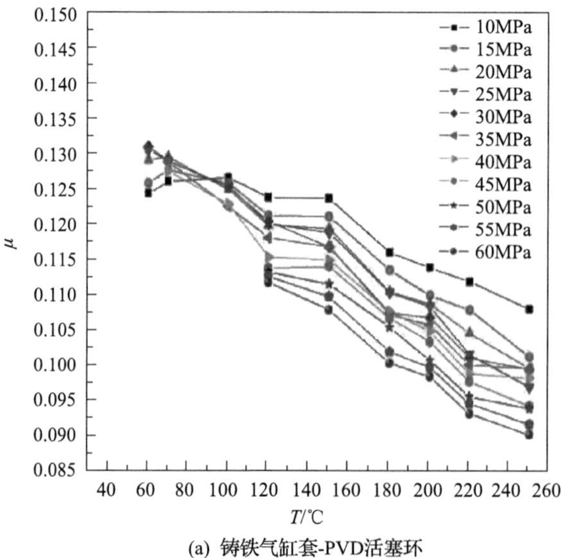

(a) 铸铁气缸套-PVD活塞环

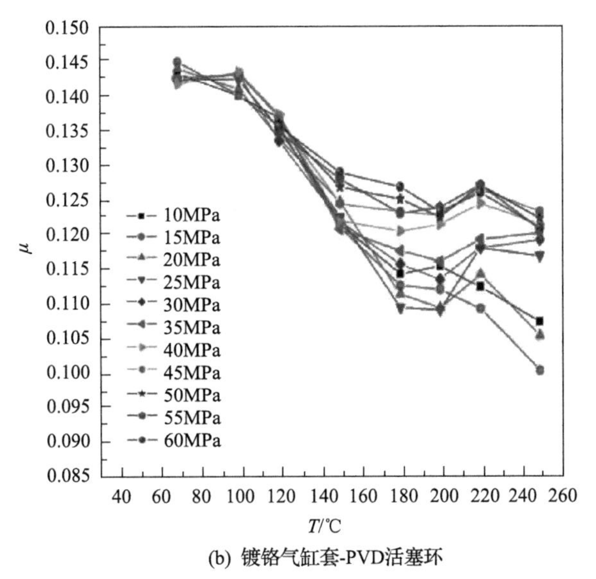

(b) 镀铬气缸套-PVD活塞环

图 5.17 温度和载荷对铸铁气缸套和镀铬气缸套摩擦系数的影响(PVD 活塞环)

持完整，没有发生破坏现象，ZDDP 发挥了预期的形成固体润滑膜的作用，摩擦规律没有发生变化。

镀铬气缸套的摩擦力变化曲线(图 5.17(b))说明，镀铬表面对 ZDDP 不够敏感，也就是说，当温度或者载荷达到一定临界值时，润滑油形成的边界膜被破坏，润滑能力下降，但此时在镀铬表面没有及时生成固体润滑膜，导致润滑作用下降，摩擦系数增大，润滑油添加剂仅在摩擦作用下发生了分解，分解产物聚集在凹坑处。因此，对于镀铬气缸套，润滑油添加剂在摩擦诱导下的反应产物，对摩擦副的固体润滑作用并没有充分发挥出来，这在润滑油的选择或者在润滑油添加剂设计阶段，需要针对摩擦副的性质重点进行考虑。

2)镀铬气缸套磨损表面填充物形成机制

根据上述对镀铬气缸套磨损表面形貌、成分和化学反应产物的分析，结合不同条件下的摩擦行为，可用图 5.18 所示的模型来解释磨损表面填充物的形成过程。

镀铬气缸套珩磨表面为由沟槽分割的平台结构，平台表面密布微凸体，如图 5.18(a)所示。磨合后这些微凸体被磨光，载荷和温度均较低时，平台表面形成边界润滑膜，对活塞环和气缸套滑动表面进行润滑(图 5.18(b))；随着温度升高、载荷增大，达到边界膜的承载极限时，边界膜破裂，摩擦系数增大或者变化趋势发生改变(图 5.17(b))，同时摩擦热引起界面温度升高，诱发 ZDDP 分解，生成一层以磷酸锌盐为主的固体润滑膜。由于镀铬层表面不参加化学反应，生成的磷酸锌盐与镀铬表面吸附力不够，在活塞环沿着气缸套表面运动过程中，被刮到凹坑里(图 5.18(c))，并不断聚集，直到填满凹坑(图 5.18(d))。

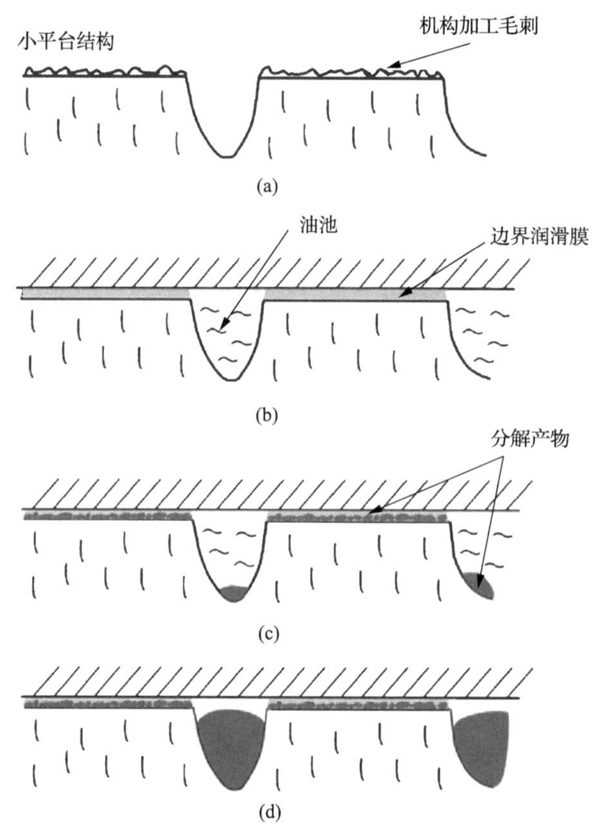

图 5.18 镀铬气缸套磨损表面填充物形成机制模型

在同样的摩擦条件下，ZDDP 中的 S、P 等与铸铁气缸套发生反应，生成铁/锌硫化物和玻璃态铁/锌磷酸盐相混合的复合润滑膜，紧密吸附于气缸套表面，起到良好的固体润滑作用，所以图 5.17(a) 中表现出随温度和载荷增大，摩擦系数持续下降的趋势，直到润滑失效。

5.1.6 镀铬气缸套的磨损机理

典型载荷下气缸套磨损表面形貌见图 5.19。40MPa 时，镀铬气缸套磨损轻微，珩磨纹清晰，磨损表面存在点状凹坑；在 100MPa 下，气缸套表面小平台特征明显，珩磨纹和凹坑依然明显，但点状凹坑数量增多，尺寸变大，特别是凹坑边缘锐利，部分凹坑有互相连接、扩大的趋势。

图 5.20 为 100MPa 下气缸套磨损表面局部剥落留下的叶片状凹坑，凹坑壁面在垂直于滑动方向有疲劳辉纹，表现出典型的疲劳断裂特征。在活塞环法向压力作用下，气缸套的镀铬层以弹性变形为主，耦合切向摩擦力，经反复作用，在珩磨纹或者凹坑边缘易产生集中应力的部位首先开始产生疲劳碎屑，使镀铬层表现出以疲劳为主的磨损形式。

图 5.21 为 100MPa 时气缸套磨损试样纵截面形貌。由图可见，由镀层表面萌生的裂纹在表面下一定深度，沿滑动方向扩展，当裂纹扩展到一定长度后，延伸到表面，形成片状磨屑。

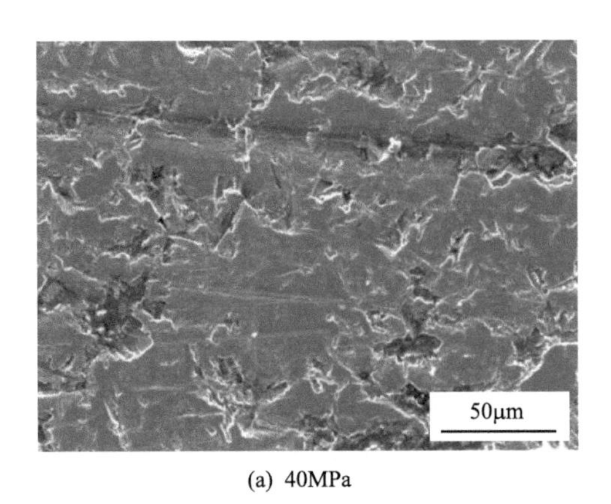

(a) 40MPa

(b) 100MPa

图 5.19　典型载荷下气缸套磨损表面形貌(SEM，PVD 活塞环，150℃)

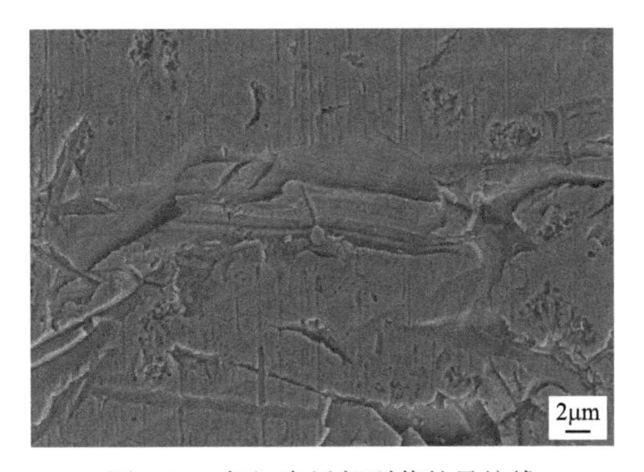

图 5.20　气缸套局部剥落的贝纹线(SEM，PVD 活塞环，100MPa，150℃)

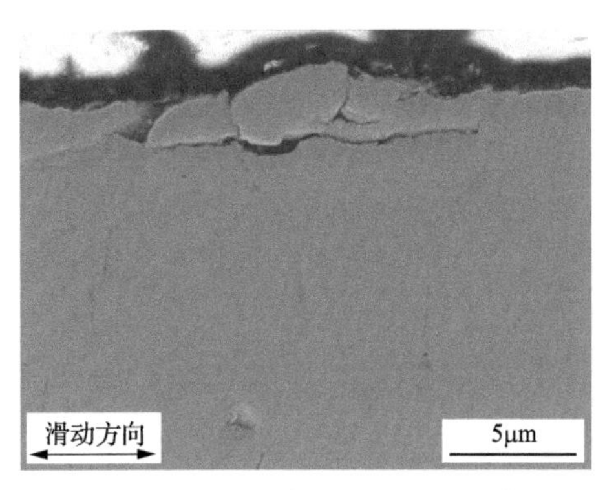

图 5.21　裂纹在磨损表面亚表层横向扩展及磨屑生成(SEM，100MPa)

图 5.22 为从润滑油中提取的镀铬气缸套磨屑形貌及成分。图 5.22(a)所示的磨屑携带着镀铬气缸套表面珩磨信息，图 5.22(b)为磨屑的断口形貌，局部隐含疲劳纹，说明磨屑的疲劳断裂机制。经能谱检测，两种磨屑的成分均为 Cr 和 O，为镀铬气缸套成分。

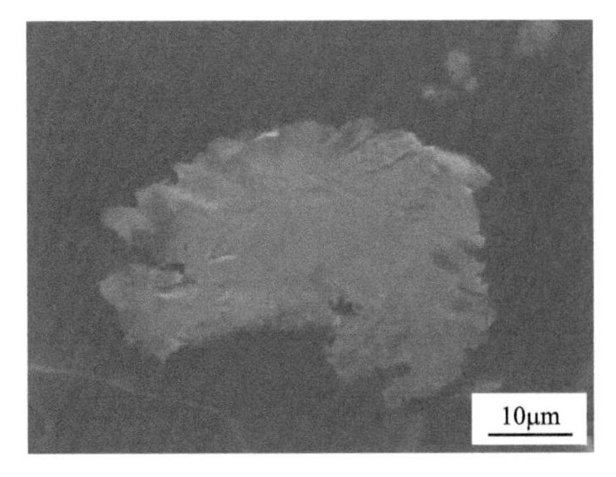

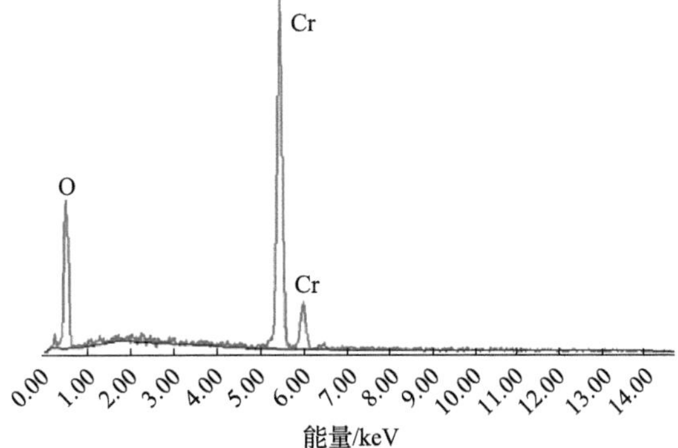

(a) 携带气缸套工作表面珩磨纹信息的磨屑

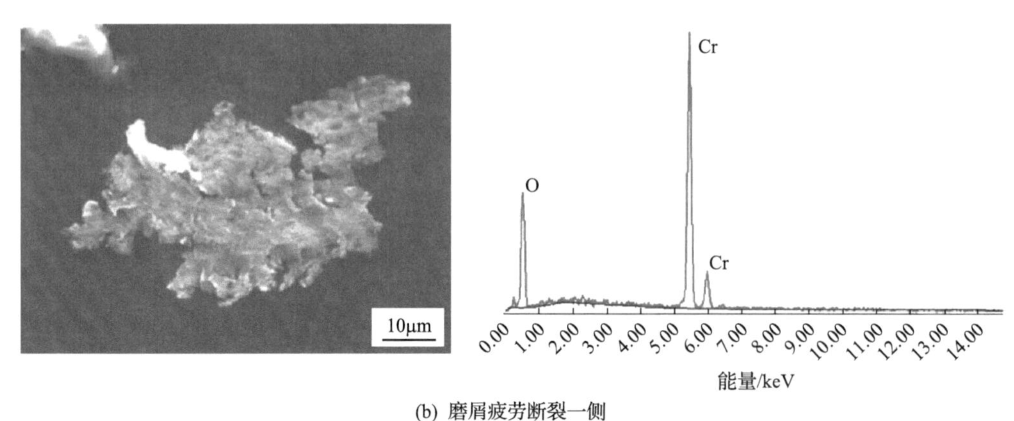

(b) 磨屑疲劳断裂一侧

图 5.22 磨屑形貌及成分(SEM，100MPa)

综上所述，镀铬气缸套的磨损机理为：镀铬层受到法向和切向负载的联合作用，在距表面一定深度受到赫兹接触应力的反复作用，在镀层次表面萌生疲劳裂纹，并沿着平行于表面的方向扩展，直至裂纹延伸到表面脱落，形成磨屑。磨屑形成过程如图 5.23 所示。

载荷对镀铬气缸套磨损的影响规律可以解释为：低载荷时，气缸套表面的小平台共同承载，最大赫兹应力与镀铬层的临界失效应力相比，远远低于临界应力，疲劳破坏的驱动力不大，因此磨损较小。随着载荷升高，赫兹应力变大，当达到某临界值(与材料属性、表面状态有关)后，在珩磨纹边角位置首先产生磨屑并脱落，导致磨损量变大。

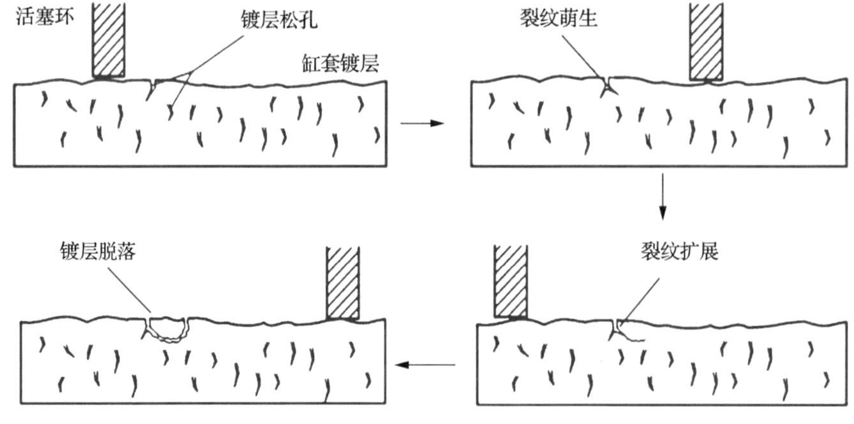

图 5.23 镀铬气缸套磨损机理示意图

5.1.7 镀铬气缸套的拉缸机理

1) 气缸套和喷钼活塞环拉缸表面形貌和成分

图 5.24 为与喷钼活塞环配对时镀铬气缸套拉缸表面形貌及成分。由图可知，拉缸区域有明显的擦伤痕迹，局部有塑性变形，凹坑、孔洞等缺陷及珩磨纹的边缘被碾压变形。由能谱分析可知，异常磨损区域存在 Mo、Ni 等活塞环材料成分，说明活塞环表面材料向镀铬气缸套表面转移。

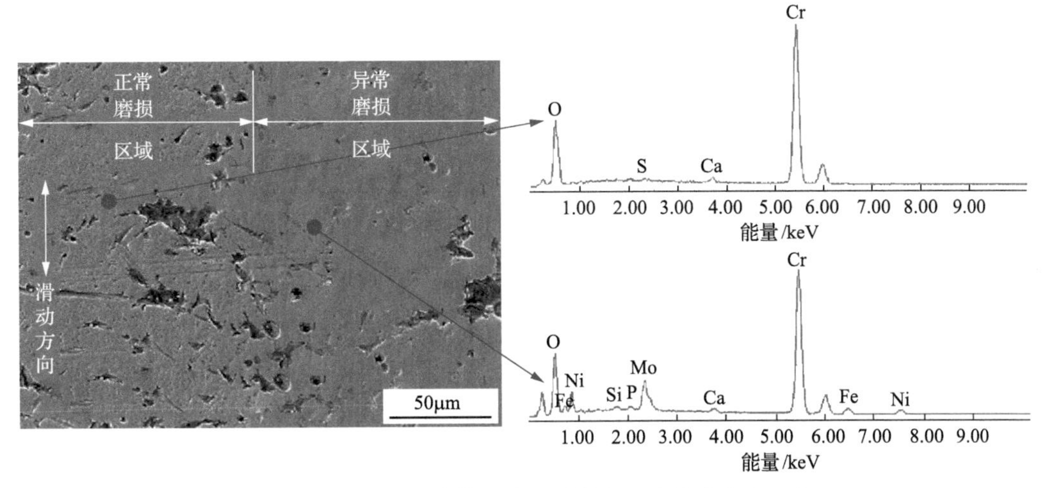

图 5.24　镀铬气缸套拉缸表面形貌(SEM)及成分(EDX)

图 5.25 为喷钼活塞环拉缸表面形貌及成分。由图可见，拉缸的活塞环表面有严重的剥落、撕裂，区域可占表面的 50%以上，承载表面沿滑动方向被碾平，磨损表面平台边缘(图 5.25 中 B 区域)有 Zn、Ca、P 等润滑油添加剂成分，而在正常磨损的平台区域(图 5.25 中 A 区域)则没有发现以上成分。这说明拉缸区域首先发生了局部的材料黏着，在黏着点边缘润滑油添加剂发生分解，因镀铬层的强度大于喷钼层内颗粒之间的结合强度，剪切破坏首先把钼的喷涂颗粒撕下，形成材料转移。在活塞环往复运动的过程中，转移到镀铬气缸套表面的喷钼颗粒又以磨粒的形式作用在活塞环表面，并进一步碾压转移的颗粒，另外在镀铬凹坑内和边缘造成涂抹的效应，同时可进一步扩大拉缸区域，导致大面积的异常磨损，直到扩展至整个摩擦表面。当载荷增大时，摩擦副界面之间的接触压力增大，当温度升高时，润滑油黏度下降且蒸发加快，两者都促使摩擦副滑动界面油膜减薄，隔离微凸体之间的边界润滑膜失效加速，黏着倾向增大。

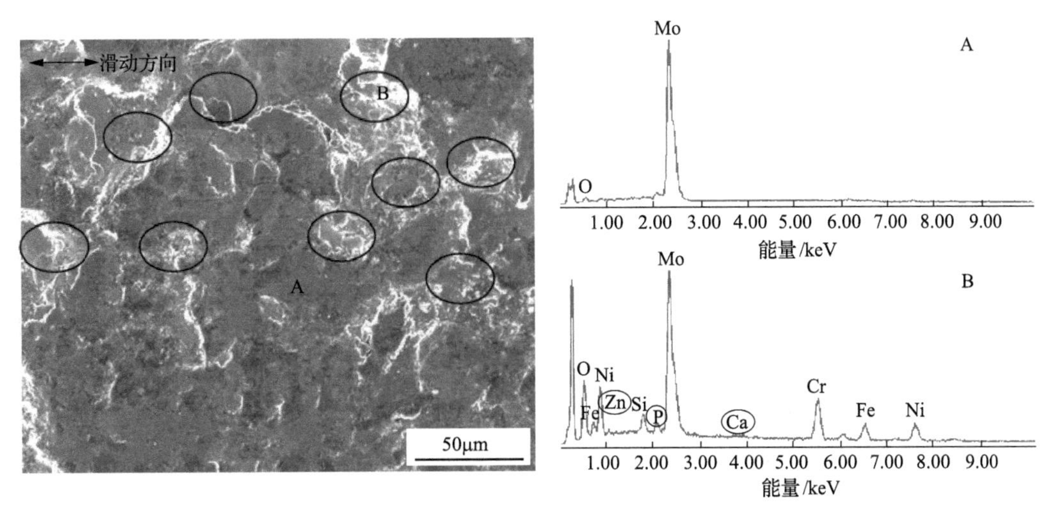

图 5.25　喷钼活塞环拉缸表面形貌(SEM)及成分(EDX)

2) 气缸套和 PVD 活塞环拉缸表面形貌和成分

图 5.26 为与 PVD 活塞环配对的镀铬气缸套发生拉缸时的表面形貌和成分。由图可见，正常磨损区域有少量珩磨纹，表面比较平滑，异常磨损区域沿滑动方向出现轻微犁沟，珩磨纹消失，但表面总体比较平滑，有塑性变形特征，但比与喷钼活塞环配对时轻微。在正常磨损区域有微量的 Zn、Ca 等润滑油添加剂的成分，异常磨损区域则完全是新鲜的镀铬成分，表面的润滑油添加剂成分被移出。

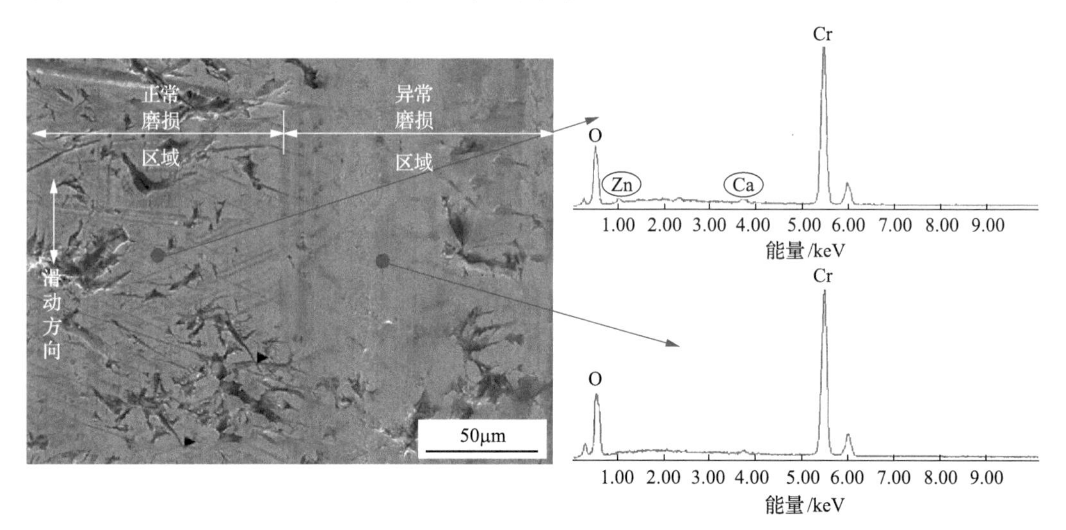

图 5.26 镀铬气缸套拉缸表面形貌和不同区域的成分(PVD 活塞环，60MPa，180℃)

图 5.27 为拉缸初期 PVD 活塞环表面形貌及成分。由图可见，活塞环的磨损轻微，总体比较平滑，在异常磨损区域出现沿着滑动方向的较浅划痕，在正常磨损区域有 Zn 等润滑油添加剂的成分，异常磨损区域完全是基体成分。

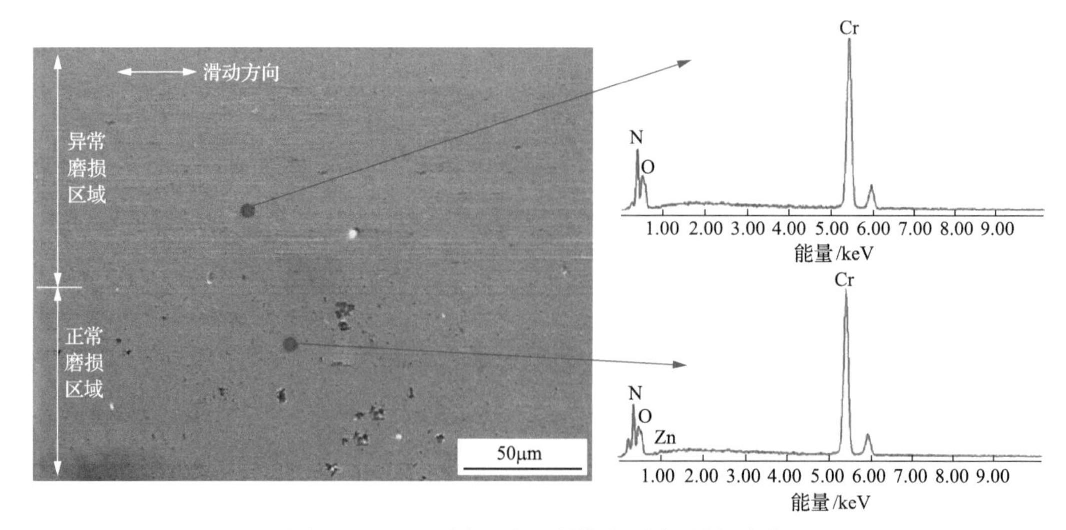

图 5.27 PVD 活塞环表面形貌及不同区域的成分

本节研究了镀铬气缸套的摩擦磨损和拉缸规律以及机理，其特点为：①与铸铁气缸套相比，其摩擦系数明显增大，抗拉缸性能更好，耐磨性能明显提高，特别是在高载荷条件下比铸铁气缸套的稳定性更好。②镀铬气缸套表现出更强的疲劳磨损特征。③润滑油中的极压添加剂在分解过程中，不能与 Cr 发生化学反应，无法生成类似于铁基金属表面的金属化合物，反应产物团聚于 Cr 表面凹坑处，这导致高温或者高载时摩擦系数的异常增大现象。

5.2 铁镍合金镀铁气缸套的摩擦磨损

随着大功率柴油机强化指标的不断提高，气缸套承受的热负荷和机械负荷也随之提高，导致常用的合金铸铁气缸套磨损率增大，甚至发生异常磨损和拉缸，影响柴油机的寿命和可靠性。电镀铬技术主要应用于高强化中小型和薄壁气缸套，大型气缸套很少使用。近些年发展起来的热喷涂技术和激光熔覆技术有其先进性，但是热喷涂涂层结合强度不够高，容易脱落；激光熔覆效率较低，且激光设备造价昂贵，热应力还会使气缸套产生变形，因此热加工涂层在气缸套上的应用还有许多技术需要突破。

镀铁技术具有沉积速度快、成本低、镀厚能力强、与基体结合强度高、加工过程无热应力等特点，采用共沉积 Ni、Co、W 等合金元素的铁基合金镀层，硬度、强度进一步提高，还可改善镀层的耐磨性和抗腐蚀性，已在内燃机车及船舶柴油机曲轴等大型零部件轴颈的磨损修复中大量使用。

本节选用 CKS 活塞环(详见 4.1 节)，以硼磷铸铁气缸套为参照，介绍铁镍合金镀铁气缸套摩擦、磨损和抗拉缸性能的相关研究结果[6-8]。

5.2.1 试验材料与试验方法

1. 试验材料

1) 铁镍合金镀铁气缸套

基于无刻蚀镀铁工艺，在镀铁液中加入一定量的 Ni 离子，经交流起镀—交流过渡镀—小直流镀—大直流镀过程，在气缸套内壁沉积铁镍合金镀铁层。图 5.28(a)为铁镍合金镀铁气缸套试样的表面形貌，表面经磨削加工，分布着细小网状微裂纹；图 5.28(b)为铁镍合金镀层的横截面形貌，镀层厚度均匀，大约为 680μm，镀层与基体之间界面均匀连续，无可见缺陷，这是通过镀铁时采用对称交流活化工艺获得高活性界面实现的。图 5.29 是铁镍合金镀铁层的 XRD 图谱，可见镀层为 Fe 的单相，少量的 Ni 一般固溶于铁中，有文献研究认为镀层为纳米柱状晶结构。所有试样先在汽油中超声清洗两次，然后在酒精中超声清洗两次，每次 20min，最后用丙酮擦拭。采用上海恒一精密仪器 MH-6 显微硬度测试仪，测得铁镍合金镀层的平均硬度为 578 $HV_{0.1}$。

(a) 镀层表面网纹

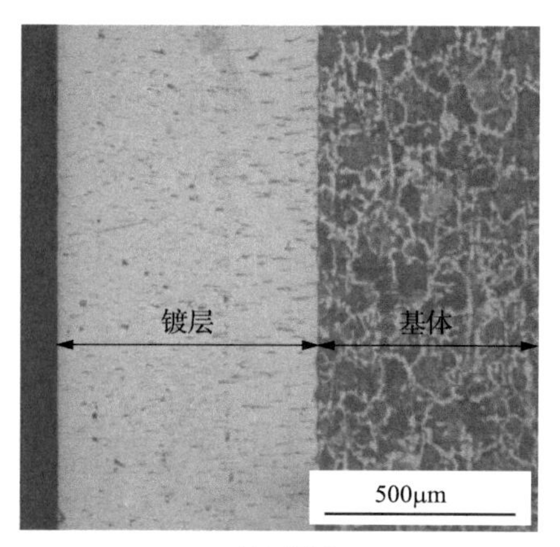

(b) 镀层横截面

图 5.28 铁镍合金镀铁气缸套(SEM)

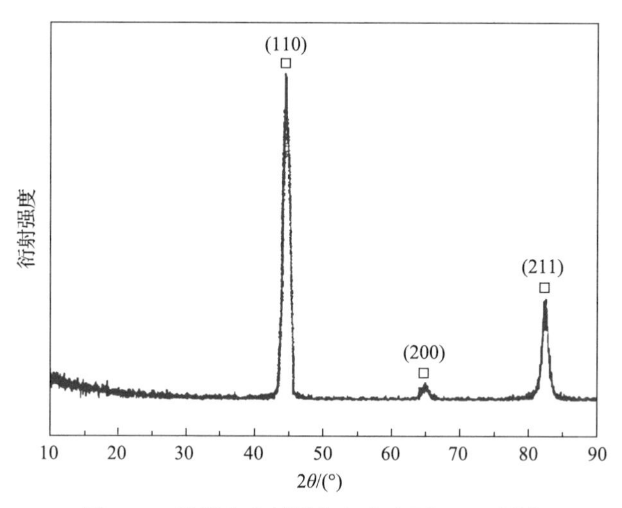

图 5.29 铁镍合金镀铁气缸套表面 XRD 图谱

2) 硼磷铸铁气缸套

图 5.30 和图 5.31 为参比用硼磷铸铁气缸套的表面形貌和显微组织，可见气缸套表面珩磨纹夹角约为 30°，珩磨纹边缘有挤压变形迹象，石墨多为菊花状 E 型石墨，高倍下可观察到片状珠光体中离散分布少量硬质相(磷共晶)。截面硬度为 192HB，珠光体基体的硬度为 168 $HV_{0.1}$。

3) 气缸套试样的切割和配对副材料

铁镍合金镀铁气缸套和硼磷铸铁气缸套内径为 110mm、壁厚为 7mm、高度为 200mm，采用电火花线切割方法切取(详见第 4 章)，沿着圆周等分切割 40 份，长度为 43mm。

CKS 活塞环同 4.1 节，镀层厚度约为 60μm，Al_2O_3 陶瓷颗粒镶嵌在镀铬层的网状裂纹处。闭口正圆活塞环外径为 110mm，环高为 3mm，采用电火花线切割机沿活塞环圆周方向等分 20 份。

润滑油与 4.1 节相同，含极压添加剂 ZDDP。

图 5.30　硼磷铸铁气缸套表面珩磨纹形貌

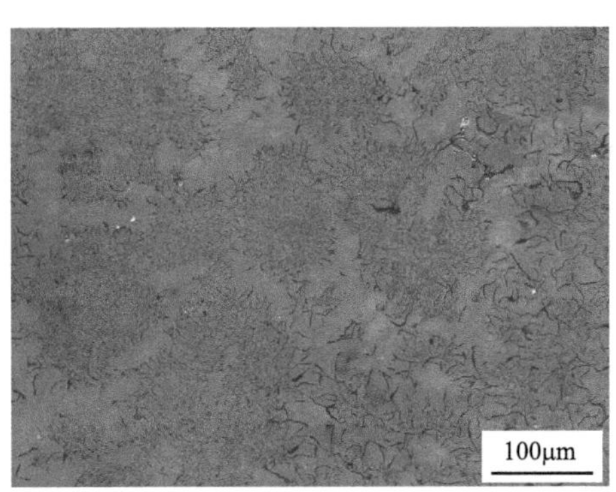

(a) 石墨类型及分布

20μm

(b) 基体及硬度相

图 5.31　硼磷铸铁气缸套的显微组织

2. 磨损试验方案

采用对置往复摩擦磨损试验机，阶梯加载，初始载荷为 10MPa，以 10MPa/30min 的速度阶梯加载到 60MPa，累计试验时间为 6h，试验参数见表 5.1，试验过程中连续充分供油。记录每个试验载荷的稳定阶段的摩擦力，计算得到摩擦系数。采用精度为 0.1mg 的梅特勒 AL204-IC 型电子天平测量气缸套试样磨损试验前后的质量。每组试验重复 4 次。

表 5.1　磨损试验参数

温度/℃	转速/(r/min)	载荷/MPa	时间/min
150	200	10	30
		20	30
		30	30
		40	30
		50	30
		60	210

3. 抗拉缸试验方案

采用对置往复摩擦磨损试验机，试验参数见表 5.2，依次进行低载磨合、高载磨合，磨合阶段连续充分供油(约 0.1mL/min)，然后停止供给润滑油，油膜逐渐消耗至拉缸。从停止供油至摩擦副发生拉缸的时间。

表 5.2 抗拉缸性能试验参数

<table>
<tr><th>试验阶段</th><th>温度/℃</th><th colspan="2">载荷/ MPa</th><th>时间/ min</th><th>转速/ (r/min)</th></tr>
<tr><td>低载磨合</td><td>120</td><td colspan="2">10</td><td>10</td><td rowspan="3">200</td></tr>
<tr><td>高载磨合</td><td>180</td><td>40</td><td>60</td><td>150</td></tr>
<tr><td>油膜消耗</td><td>180</td><td>40</td><td>60</td><td>直到产生拉缸</td></tr>
</table>

5.2.2 铁镍合金镀铁气缸套的摩擦磨损性能

图 5.32 为硼磷铸铁气缸套和铁镍合金镀铁气缸套分别与 CKS 活塞环配对时的摩擦系数随载荷的变化规律。由图可知，载荷由 10MPa 增大到 60MPa，两配副的摩擦系数均随着载荷的增大而降低，硼磷铸铁气缸套的摩擦系数由 0.133 减小到 0.105，铁镍合金镀铁气缸套的摩擦系数由 0.159 降低到 0.117，在试验载荷范围内，铁镍合金镀铁气缸套的摩擦系数均大于硼磷铸铁气缸套，幅度为 11%～20%。

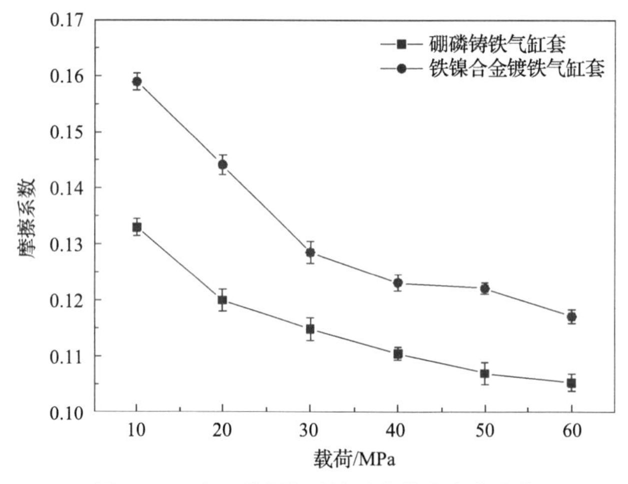

图 5.32 两配副摩擦系数随载荷的变化曲线

图 5.33 给出了硼磷铸铁气缸套和铁镍合金镀铁气缸套的磨损量。由图可见，铁镍合金镀铁气缸套的磨损量低于硼磷铸铁气缸套，磨损量大约减少 10%。与两种气缸套配对的 CKS 活塞环的磨损均很小。

5.2.3 铁镍合金镀铁气缸套的抗拉缸性能

图 5.34 为 40MPa 时拉缸试验过程中摩擦系数的变化。由图可知，两对配对副在高载磨合阶段摩擦系数很快平稳，停止供油后，摩擦系数均快速上升。但两者的差别明显，硼磷铸铁气缸套的摩擦系数经短时间的波动后急剧上升，发生拉缸；而铁镍合金镀铁气缸套的摩擦系数在稳定后不再变化，持续较长时间后才急剧上升，发生拉缸。

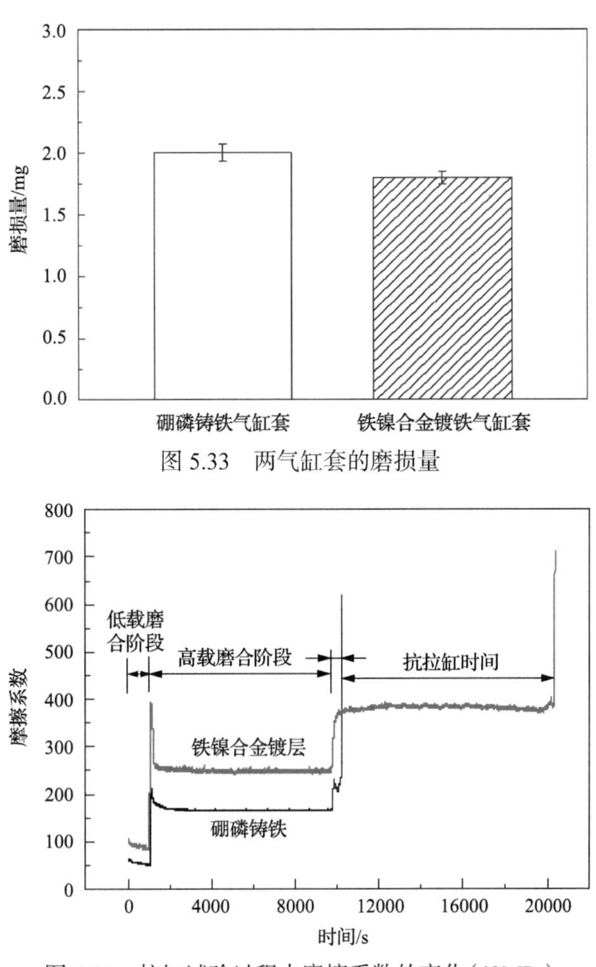

图 5.33　两气缸套的磨损量

图 5.34　拉缸试验过程中摩擦系数的变化(40MPa)

图 5.35 为 40MPa 和 60MPa 两种载荷条件下，硼磷铸铁气缸套和铁镍合金镀铁气缸套与 CKS 活塞环配对时的抗拉缸性能试验结果。由图可见，两配副的抗拉缸时间均随载

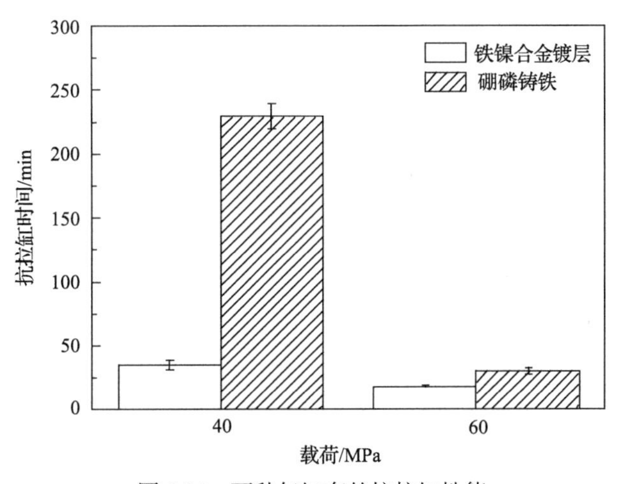

图 5.35　两种气缸套的抗拉缸性能

荷增加而缩短。当载荷为 40MPa 时，铁镍合金镀铁气缸套的抗拉缸时间为 229min，远长于硼磷铸铁气缸套的抗拉缸时间(35min)，相差约 6.5 倍；当载荷为 60MPa 时，两对配对副的抗拉缸时间的差别缩小，铁镍合金镀铁气缸套表现更好。因此，与 CKS 活塞环配对时，铁镍合金镀铁气缸套的抗拉缸性能明显好于硼磷铸铁气缸套。

5.2.4 铁镍合金镀铁气缸套的摩擦磨损机理

图 5.36 为磨损试验前后两种气缸套的表面形貌。由图可见，硼磷铸铁气缸套磨损前表面珩磨纹清晰，粗珩磨纹间均匀分布着细小珩磨纹(图 5.36(a))，磨损后表面珩磨纹依然可见，表面凹坑增多(图 5.36(b))，表面受到活塞环反复碾压，局部产生塑性变形，在局部形成平整的碾压平台，发生塑性变形的部分向凹陷区域流动，同时在反复的疲劳载荷作用下，在碾压平台边缘发生疲劳脱落。

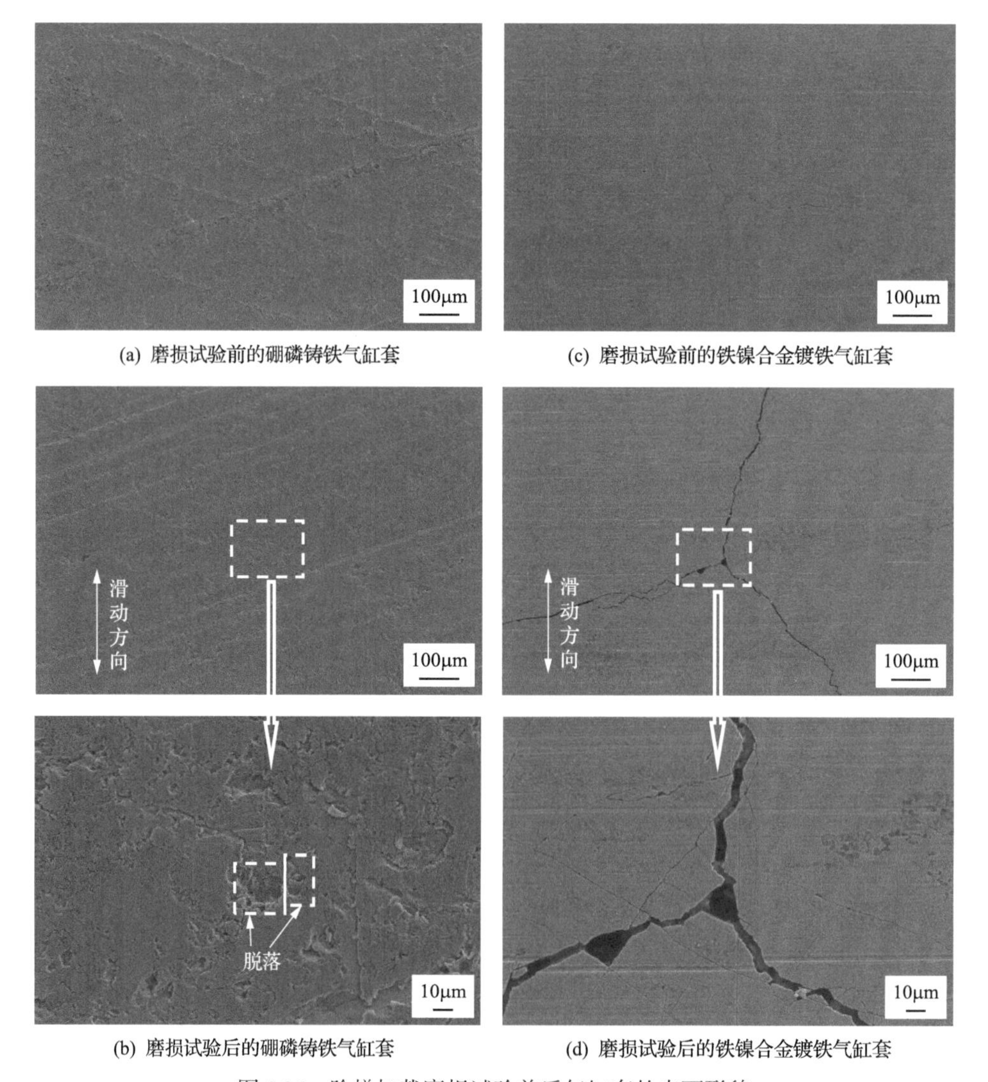

图 5.36 阶梯加载磨损试验前后气缸套的表面形貌

铁镍合金镀铁气缸套磨损前表面存在清晰的加工痕迹，且分布着细小的网状裂纹(图 5.36(c))，磨损后加工痕迹依旧清晰可见，无明显塑性流动现象，也没有明显可见的磨痕，但网状裂纹变宽(图 5.36(d))，网纹边缘有局部脱落现象。镀铁气缸套的硬度比铸铁气缸套高，具有更好的承受载荷的能力；局部放大后可以看见网状裂纹周围有细小的微裂纹，且镀层有小块碎裂。

图 5.37 为磨损试验前后铁镍合金镀铁气缸套的截面形貌。由图 5.37(a)可见，磨损试验前镀铁层中分布着细长的垂直于表面的裂纹，但不贯穿镀层。由图 5.37(b)可观察到，磨损后的镀铁层出现了平行于表面的裂纹，这些横向裂纹发源在表层垂直裂纹之间，沿着滑动方向扩展，并延伸到表面，形成磨屑，剥落后形成凹坑，如图 5.37(c)所示。

综合铁镍合金镀铁气缸套磨损试验前后表面及截面形貌分析可知，镀铁层的耐磨性和抗拉缸性能明显好于硼磷铸铁气缸套，纳米柱状晶的合金镀铁层对提高耐磨性和抗拉缸性能有明显好处。气缸套表面的网状裂纹对镀铁层的耐磨性能具有双重作用，一方面这些裂纹起着储油和收集磨屑的积极作用，另一方面这些裂纹也是镀铁层的缺陷，摩擦过程中在赫兹应力的反复作用下容易引起应力集中，发生疲劳磨损。但是在柴油机实际爆发压力下，合金镀铁层的承载能力是足够的。

为了研究摩擦磨损过程中界面的摩擦化学反应产物，采用能谱仪对气缸套磨损表面进行成分分析，结果见图 5.38。由图可知，硼磷铸铁气缸套表面含有 Zn、S、P 等润滑油成分，这是由于润滑油中的极压添加剂 ZDDP 在高温、高载剪切作用下分解，与铸铁气缸套表面发生化学反应，生成低剪切强度的金属化合物(ZnS、FeS 等)，同时，铸铁气

(a) 阶梯加载磨损试验前

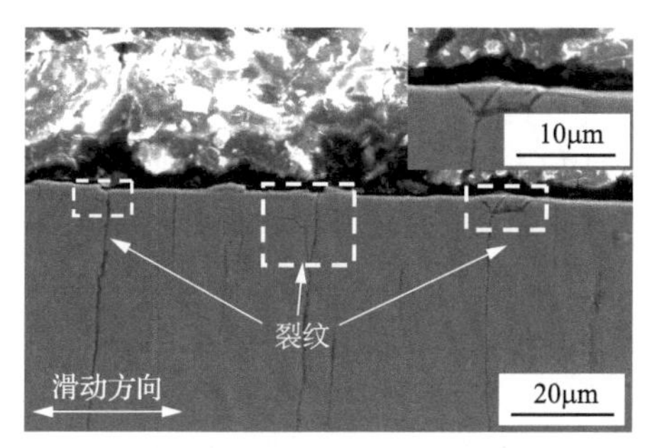

(b) 阶梯加载磨损试验后产生横向裂纹

(c) 阶梯加载磨损试验后产生剥落凹坑

图 5.37 磨损试验前后铁镍合金镀铁气缸套的截面形貌

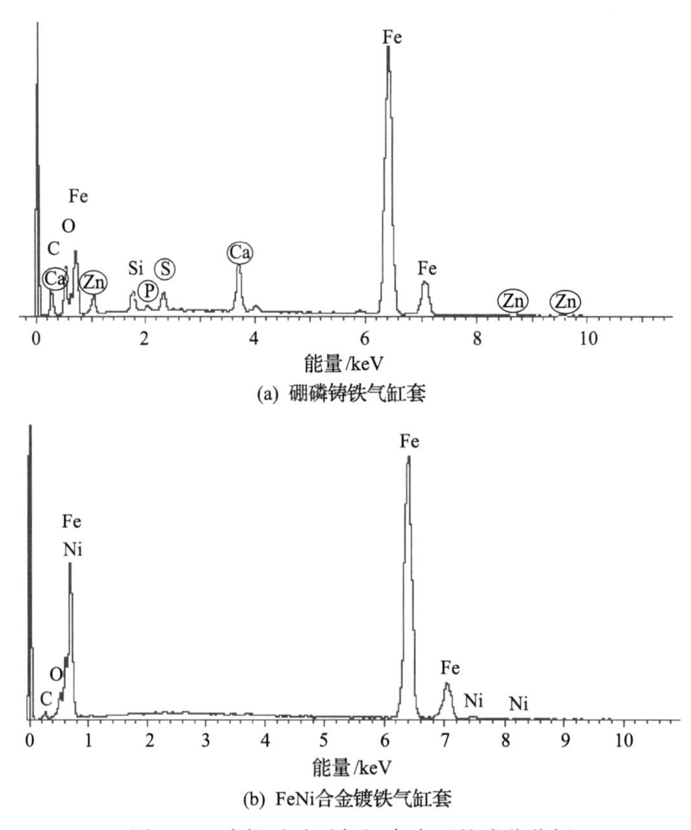

(a) 硼磷铸铁气缸套

(b) FeNi合金镀铁气缸套

图 5.38　磨损试验后气缸套表面的成分分析

缸套的珠光体基体较易发生塑性变形，石墨有储油和自润滑作用，因此铸铁气缸套的摩擦系数较低；而镀铁气缸套表面则没有发现化学反应膜，尽管表面网纹有储油作用，但摩擦系数仍然偏高。图 5.29 为铁镍合金镀铁气缸套表面的 XRD 图谱，可见镀铁层存在铁纹石相(Fe,Ni)，Ni 元素的固溶强化作用提高了镀铁层的硬度。

图 5.39 为两种气缸套拉缸后(载荷 40MPa)的表面形貌，图中左侧为未拉缸区域，右侧为拉缸区域。硼磷铸铁气缸套未拉缸区域的珩磨纹已经消失，拉缸区域沿滑动方向呈现粗糙犁沟，基体塑性变形大。同时，片状石墨对变形基体有分割作用，导致基体深度黏着、碾压变形、剥落，表面损伤严重(图 5.39(b))。铁镍合金镀铁气缸套拉缸区域(图 5.39(c))的网状裂纹仍然清晰可见，气缸套表层擦伤，局部脱落，破坏层浅，局部有沿滑动方向塑性流动的痕迹。

由拉缸前后的表面形貌对比可见，铸铁气缸套表面的珩磨纹在拉缸前，因表面塑性变形填入基本消失，表面储油能力下降；而镀铁气缸套表面的网状裂纹在摩擦力的往复作用下变宽，同时在网状裂纹周围产生细小的微裂纹，增强了镀铁气缸套的储油效果。这种表面形貌的变化，提高了气缸套的抗拉缸能力。

另外，从铸铁和镀铁层的材料对比可见，铸铁气缸套表面的硬度、强度较低，在发生黏着后表层材料易被撕裂；而且石墨的割裂作用导致铸铁表面材料变形后形成“三明治”夹层结构，层间无结合力，以薄层脱落。而镀铁层的硬度、强度很高，抗黏着撕裂能力强，而且镀层由垂直于表面的纳米柱状晶构成，所以黏着破坏只发生在表层。

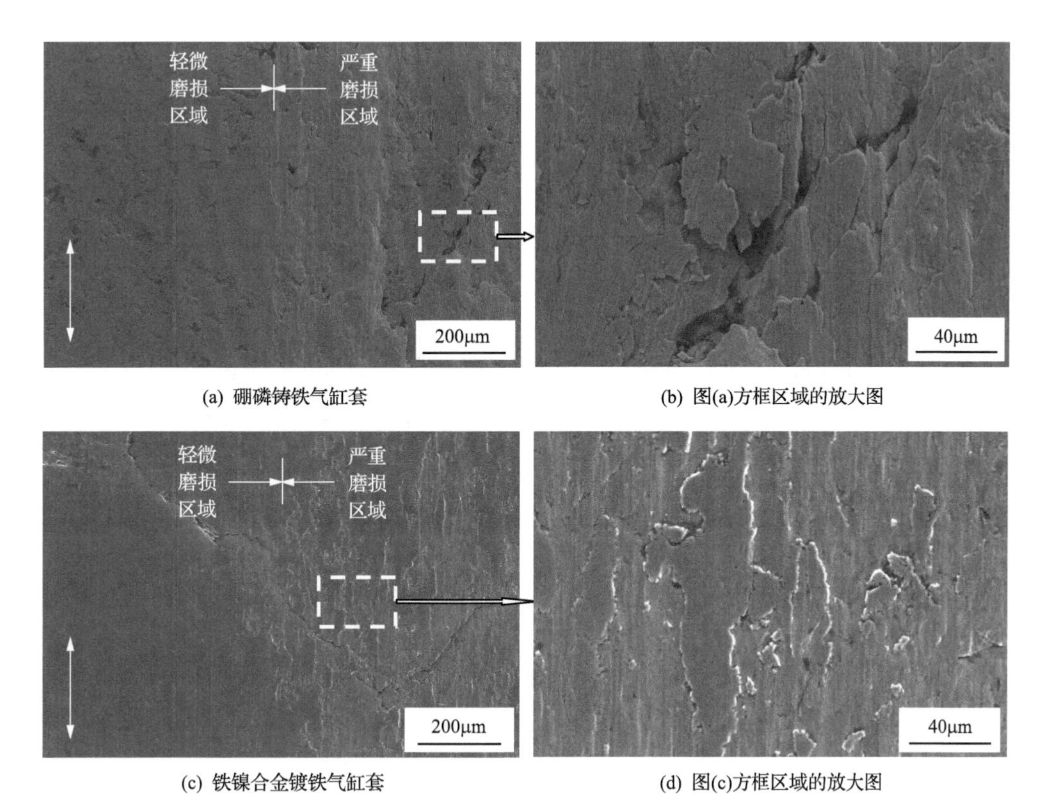

(a) 硼磷铸铁气缸套 (b) 图(a)方框区域的放大图

(c) 铁镍合金镀铁气缸套 (d) 图(c)方框区域的放大图

图 5.39 40MPa 贫油试验后气缸套的表面形貌

因此，当停止供油以后，镀铁气缸套的抗拉缸性能明显优于铸铁气缸套，而且发生拉缸时，镀铁气缸套表面的损伤程度比铸铁气缸套小很多。

本节的试验结果表明，合金镀铁层与基体结合牢固，耐磨性能和抗拉缸性能明显好于硼磷铸铁气缸套，尽管摩擦系数偏大，但可通过表面精加工手段进一步降低，是一种有潜力的气缸套表面强化技术。

5.3 氮化气缸套的摩擦磨损

为了提高气缸套制造的经济性和工艺性，常采用氮化方法对气缸套内表面进行强化处理。其中，离子氮化由于生产效率高、气体用量少、氮化层脆性低、内应力小等优势，在汽车零部件、塑料挤压机螺杆、橡胶加工轧辊等领域得到了广泛的应用。对于气缸套，氮化的目的是使其内表面获得一定厚度、具有高硬度的呈弥散状合金氮化物层，进而获得耐热、耐磨和耐腐蚀的性能[9]。

5.3.1 试验材料与试验方法

1) 气缸套

气缸套为柴油机成品零件，内径为 110mm，38CrMoAl(A)氮化，如图 5.40(a)所示。切割与清洗方法同第 4 章，切割后的气缸套试样如图 5.40(b)所示。

(a) 成品零件

(b) 气缸套试样

图 5.40　试验前气缸套及其试样的宏观照片

图 5.41 为气缸套表面珩磨纹形貌。由图可见，珩磨纹清晰、密集，粗、细珩磨纹相间分布。

图 5.42 为气缸套试样的截面组织及渗氮层相组成。由截面形貌可知，气缸套表面渗氮层厚度约为 375μm，由 XRD 对渗氮层表面分析可知，渗氮层可能有 AlN、CrN、Fe_3N、

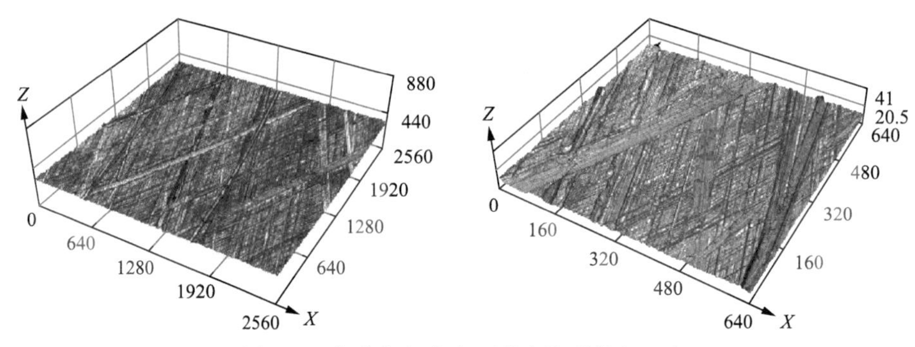

图 5.41　氮化气缸套表面珩磨纹形貌(LSM)

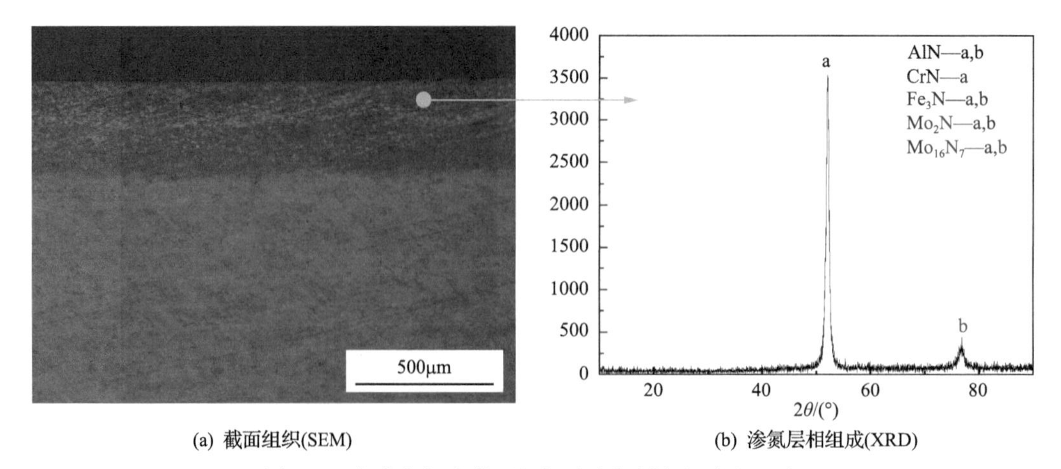

(a) 截面组织(SEM)　　(b) 渗氮层相组成(XRD)

图 5.42　氮化气缸套截面组织及渗氮层相组成(XRD)

Mo_2N、$Mo_{16}N_7$ 等。采用 Everone MH-6 型显微硬度计测量渗氮层表面的维氏硬度为 $1109HV_{0.1}$。

2) 活塞环

选用 3 种与前面章节不同来源的活塞环，分别是 PVD 活塞环、GDC 活塞环、CKS 活塞环。其中，PVD 活塞环表面致密、均匀，局部存在细小凹坑，图 5.43 镀层厚度约为 17μm，镀层与基体之间局部疏松，工作面维氏硬度为 $1480HV_{0.1}$。GDC 活塞环表面密布网纹，细小的金刚石颗粒嵌入网纹中，镀层与基体结合致密见图 5.44，镀层厚度约为 101μm，工作面维氏硬度为 $966HV_{0.1}$。CKS 活塞环表面同样有细小网纹，网纹密度与 GDC 活塞环相近，但网纹间镶嵌的陶瓷颗粒密度大于 GDC 活塞环表面网纹中的金刚石颗粒密度，镀层厚度均匀，且与基体结合致密，见图 5.45，镀层厚度约为 127μm，工作面维氏硬度为 $856HV_{0.1}$。

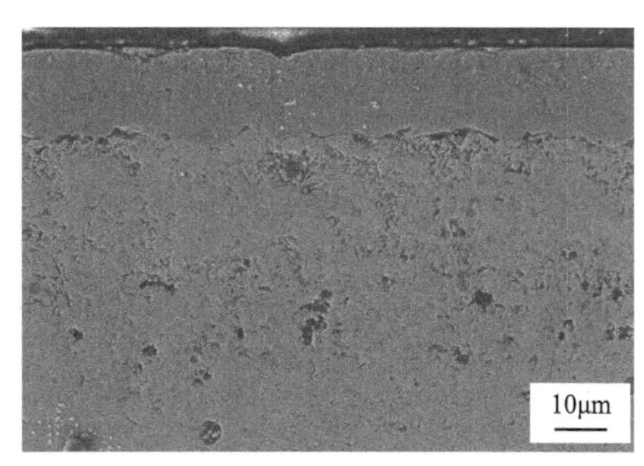

图 5.43 PVD 活塞环表面和截面形貌

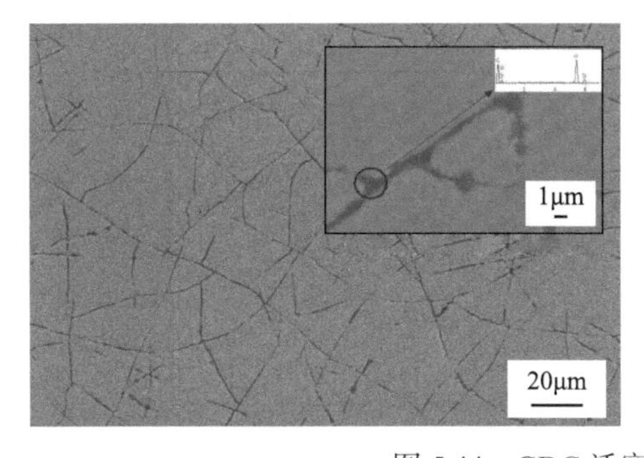

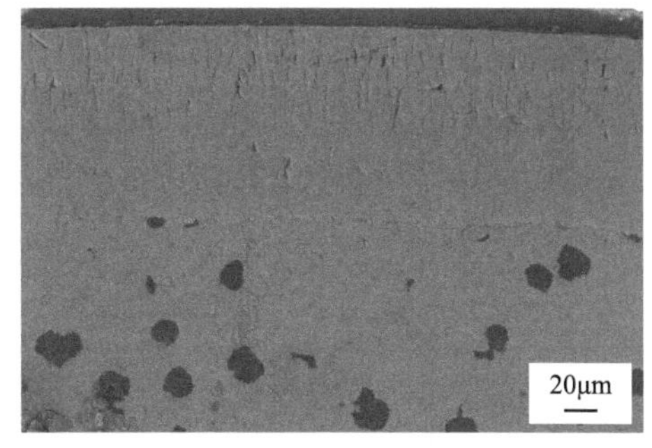

图 5.44 GDC 活塞环表面和截面形貌

图 5.45 CKS 活塞环表面和截面形貌

3)试验方法

根据第3章活塞环-气缸套磨损模拟试验方法，设计了摩擦性能试验、磨损性能试验和抗拉缸性能试验三种试验方案。

摩擦性能试验采用阶梯载荷法，在120℃、10MPa磨合10min，然后分别在120℃、150℃、180℃条件下，载荷为80MPa磨合240min。磨合结束后，温度和转速保持不变，载荷从10MPa开始，每30min加载10MPa，直到80MPa。整个试验过程持续供油，试验参数见表5.3。

表5.3 摩擦性能试验参数

试验阶段	试验温度/℃	转速/(r/min)	试验载荷/MPa	试验时间/min
低载磨合	120	200	10	10
高载磨合	120，150，180	200	80	240
阶梯载荷摩擦	120，150，180	200	$10\xrightarrow{10\text{MPa}/30\text{min}}80$	—

磨损性能试验分为两部分，第一部分研究载荷对配对副磨损的影响规律，试验先10MPa磨合3h，磨合结束后保持温度180℃和转速200r/min不变，将载荷分别升至目标载荷(20MPa、40MPa、60MPa、80MPa)进行磨损试验，8h后停机，试验参数见表5.4。

表5.4 载荷对磨损的影响试验参数

试验阶段	试验温度/℃	转速/(r/min)	试验载荷/MPa	磨损时间/h
低载磨合	180	200	10	3
磨损试验(变载荷)	180	200	20，40，60，80	8

第二部分研究磨损时间对配对副磨损的影响规律，试验先10MPa磨合3h，磨合结束后保持温度180℃和转速200r/min不变，载荷升至80MPa进行磨损试验，时间分别为1h、2h、4h、8h，然后停机，整个试验过程持续供油，试验参数见表5.5。

表5.5 时间对磨损的影响试验参数

试验阶段	试验温度/℃	转速/(r/min)	试验载荷/MPa	磨损时间/h
低载磨合	180	200	10	3
磨损试验(变时间)	180	200	80	1，2，4，8

抗拉缸性能试验先10MPa磨合10min，然后加载至目标载荷40MPa供油磨合150min，磨合结束后停止供油，其他工况条件都不变，持续运行至发生拉缸立即停机，试验参数见表5.6。

表5.6 抗拉缸性能试验参数

试验阶段	试验温度/℃	转速/(r/min)	试验载荷/MPa	磨损时间/min
低载磨合	120	200	10	10
高载磨合	240	200	40	150
断油摩擦	240	200	40	停止供油磨至拉缸

5.3.2 氮化气缸套的摩擦性能

图 5.46 为氮化气缸套与 PVD 活塞环配对时的摩擦系数变化情况。由图可知，当载荷小于 20MPa 时，随着载荷增加，摩擦系数快速减小；当载荷大于 20MPa 时，随着载荷增加，摩擦系数逐渐增大。当载荷较低(＜20MPa)时，随着温度升高，摩擦系数降低；当载荷较高(＞20MPa)时，随着温度升高，摩擦系数提高。

图 5.47 为氮化气缸套与 GDC 活塞环配对时的摩擦系数变化情况。由图可知，当载荷小于 40MPa 时，随着载荷增大，配对副的摩擦系数逐渐减小；当载荷大于 40MPa 时，随着载荷增加，配对副的摩擦系数逐渐增大。随着温度升高，该配对副的摩擦系数略微降低，当载荷在 40MPa 附近时，下降速度最快。

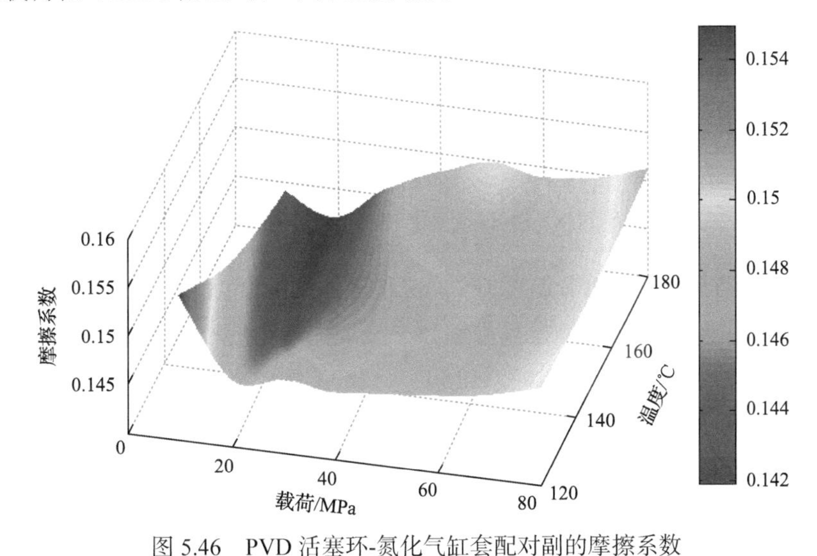

图 5.46 PVD 活塞环-氮化气缸套配对副的摩擦系数

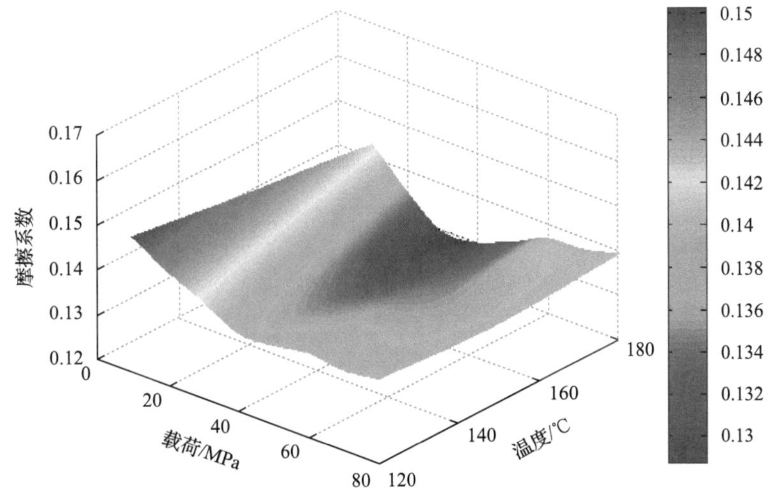

图 5.47 GDC 活塞环-氮化气缸套配对副的摩擦系数

图 5.48 为氮化气缸套与 CKS 活塞环配对时的摩擦系数变化情况。由图可知，随着载荷升高，配对副的摩擦系数整体上呈现先减小后增大的趋势，其中当温度为 120℃、150℃、载荷为 40MPa 时，配对副的摩擦系数有略微升高趋势。随着温度升高，该配对副的摩擦系数略微降低。

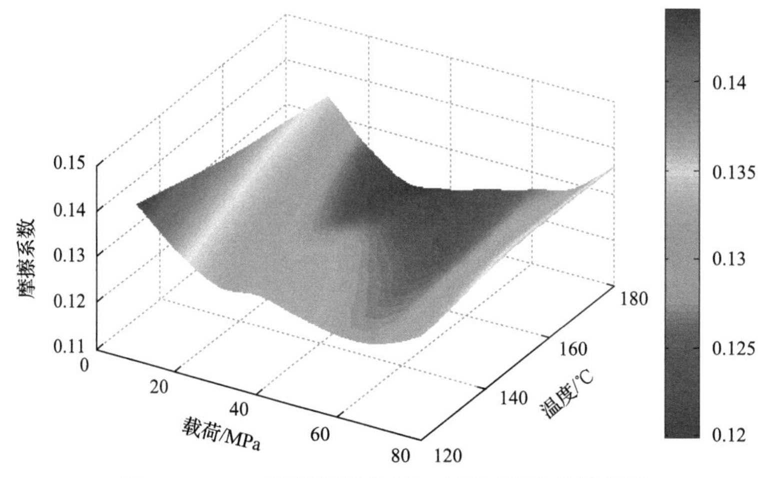

图 5.48 CKS 活塞环-氮化气缸套配对副的摩擦系数

由上述试验结果可知，随着温度升高，三种摩擦副的摩擦系数整体上呈现下降趋势，随着载荷升高，三种摩擦副的摩擦系数整体上呈现先减小后增大趋势。

图 5.49～图 5.51 分别为在 120℃、150℃、180℃时，各配对副摩擦系数随载荷增加的变化规律。由图可知，三种温度下，与 PVD 活塞环配对时，氮化气缸套的摩擦系数最高，与 CKS 活塞环配对时的摩擦系数最小；当载荷大于 70MPa 时，与 CKS 活塞环配对的摩擦系数增大较快，80MPa 时接近与 GDC 活塞环配对的摩擦系数，在 150℃和 180℃时相差很小。

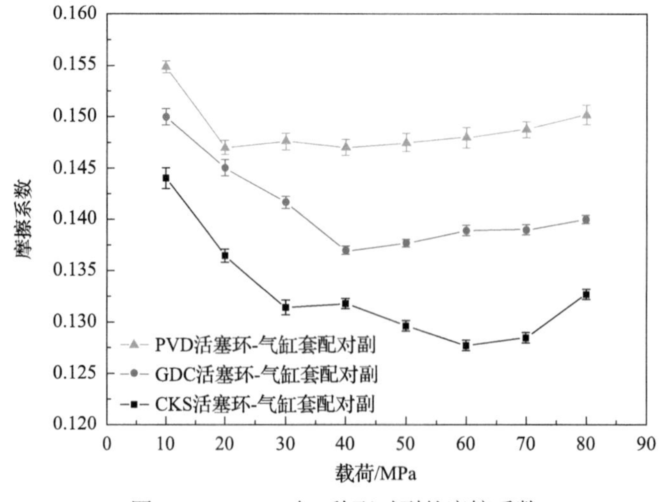

图 5.49 120℃时三种配对副的摩擦系数

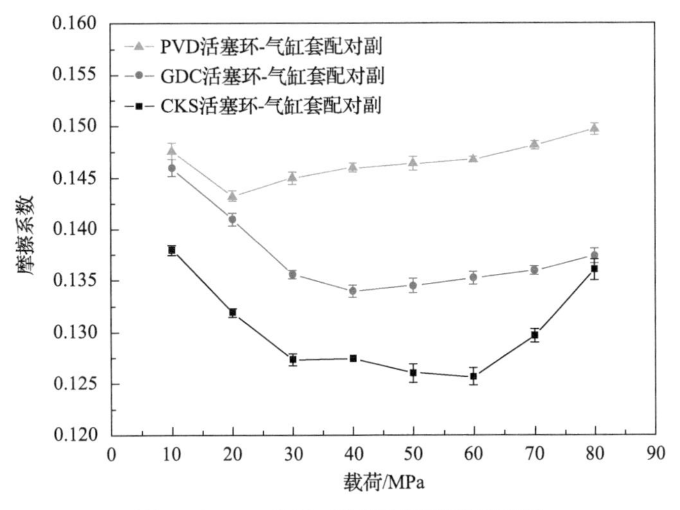

图 5.50 150℃时三种配对副的摩擦系数

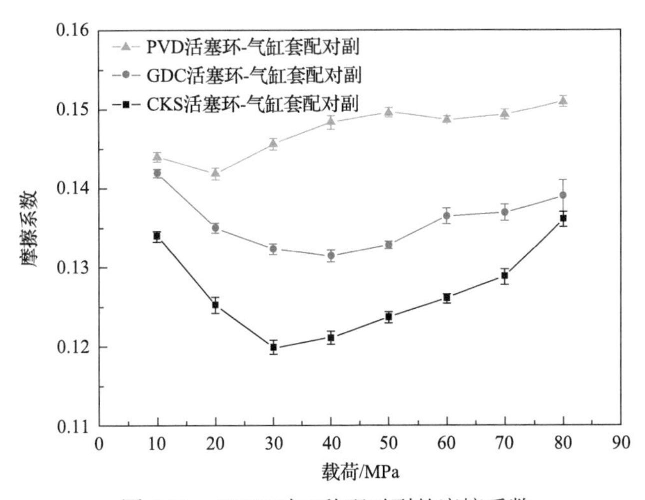

图 5.51 180℃时三种配对副的摩擦系数

5.3.3 摩擦副表面形貌及成分

图 5.52 为 180℃、阶梯载荷试验后，与 PVD 活塞环配对的氮化气缸套表面形貌及成分。由图可见，气缸套表面珩磨纹特征清晰，局部有塑性变形和片状剥离现象。承载滑动摩擦表面存在 Zn、S 等润滑油添加剂成分。图 5.53 为 PVD 活塞环表面形貌及成分。活塞环表面总体平滑，稀疏分布大小不一的凹坑，个别坑内有白亮斑点，能谱分析可见 Zn、S。

图 5.54 为 180℃、阶梯载荷试验后与 GDC 活塞环配对的氮化气缸套表面形貌及成分。由图可见，气缸套表面光滑，局部塑性变形，呈舌状，从珩磨纹边缘向珩磨纹内部流动，前沿开裂，表面有 Zn、Ca 等润滑油添加剂成分。图 5.55 为 GDC 活塞环表面形貌及成分。由图可见，活塞环表面网纹还清晰可见，含 Zn、P、S 等成分。

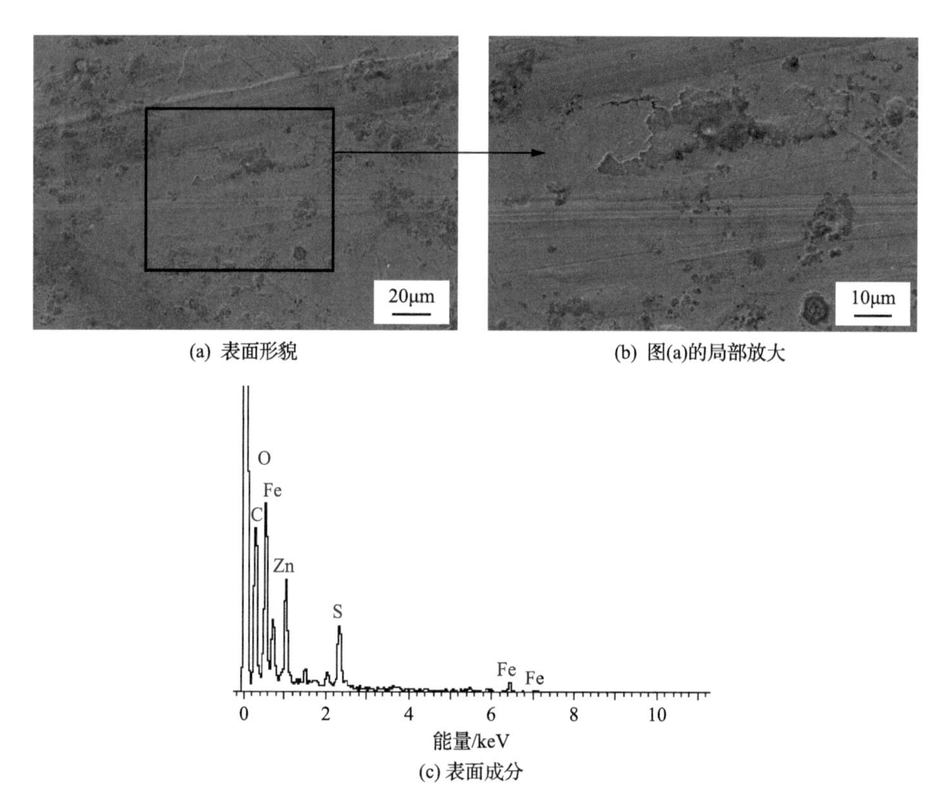

图 5.52 与 PVD 活塞环配对的气缸套表面形貌及成分

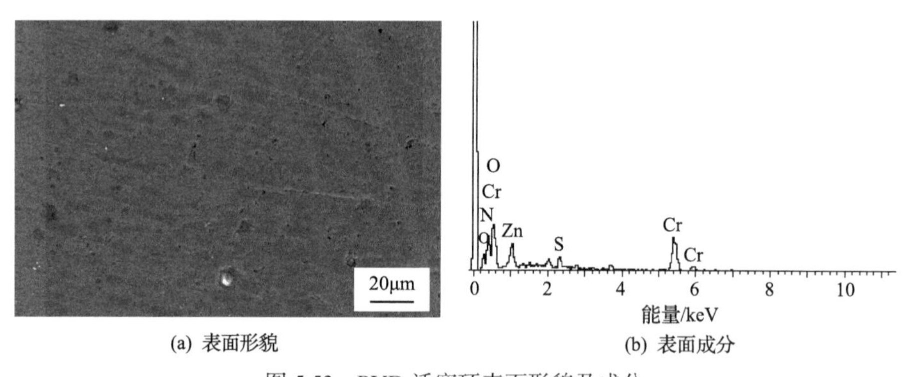

图 5.53 PVD 活塞环表面形貌及成分

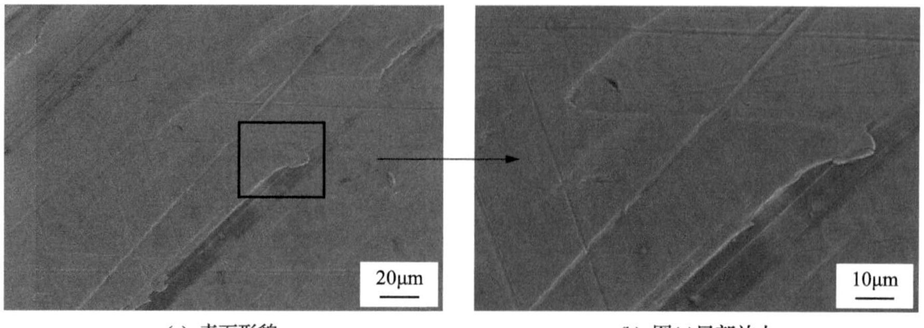

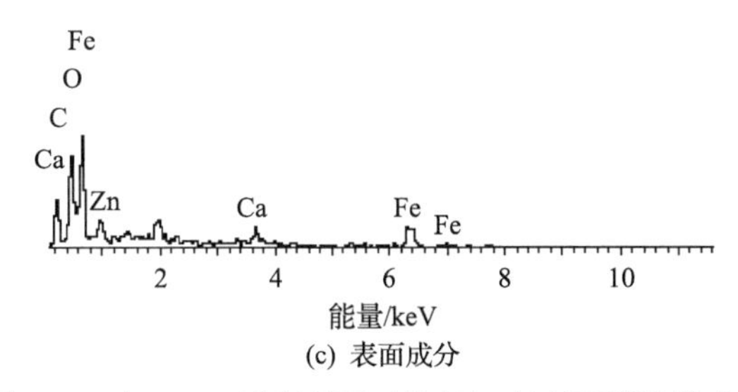

(c) 表面成分

图 5.54 与 GDC 活塞环配对的气缸套表面形貌及成分

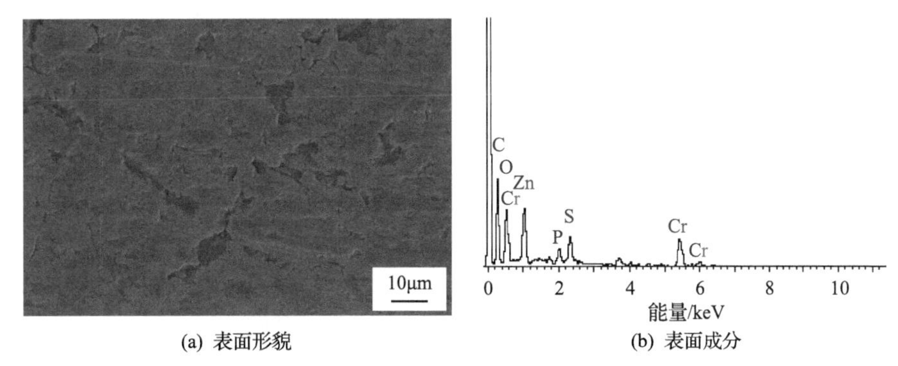

(a) 表面形貌 (b) 表面成分

图 5.55 GDC 活塞环表面形貌及成分

图 5.56 为 180℃、阶梯载荷试验后，与 CKS 活塞环配对的气缸套表面形貌及成分。由图可见，气缸套表面光滑，珩磨纹边缘也存在塑性变形情况，摩擦表面有 Zn、S 等润滑油添加剂成分。图 5.57 为 CKS 活塞环表面形貌及成分。由图可见，活塞环表面无明显变形，镀铬网纹清晰，活塞环表面存在 Zn、P、S 等成分。

通过上述分析，与 PVD 活塞环配对的气缸套表面有片状剥离现象，与 GDC 活塞环和 CKS 活塞环配对的气缸套，只发生轻微塑性变形。三种配对副表面均有 Zn、S 等润滑油添加剂成分，这些成分都来源于润滑油中的极压添加剂 ZDDP。但是在活塞环表面仅有 Zn、S 等，而没有 Fe，说明仅 ZDDP 的分解产物吸附于活塞环表面；在氮化气缸套表面不但有 Zn、S，还有 Fe，说明反应产物中可能有 FeS，与气缸套基体牢固结合，在边界润滑条件下发挥固体润滑作用。

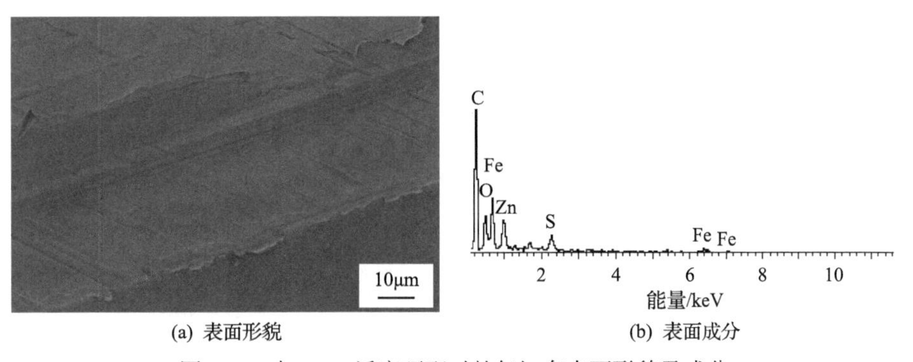

(a) 表面形貌 (b) 表面成分

图 5.56 与 CKS 活塞环配对的气缸套表面形貌及成分

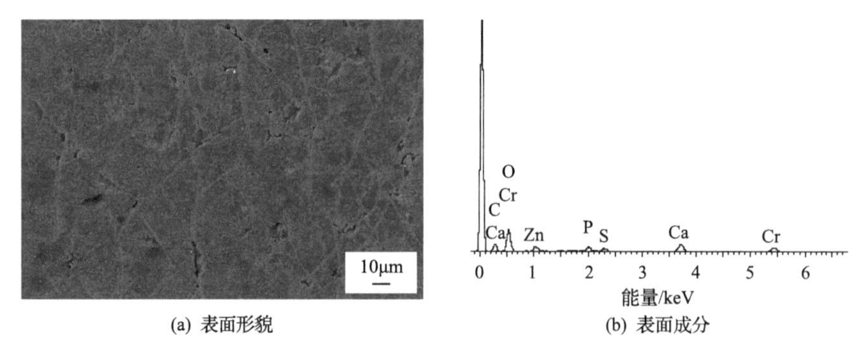

(a) 表面形貌 (b) 表面成分

图 5.57 CKS 活塞环表面形貌及成分

5.3.4 氮化气缸套的磨损性能

氮化气缸套与三种活塞环配对时的磨损量(柱形图)和磨损率(折线图)(单位载荷磨损量)随载荷变化规律见图 5.58。由图可知，随着载荷的增加，气缸套和活塞环的磨损量

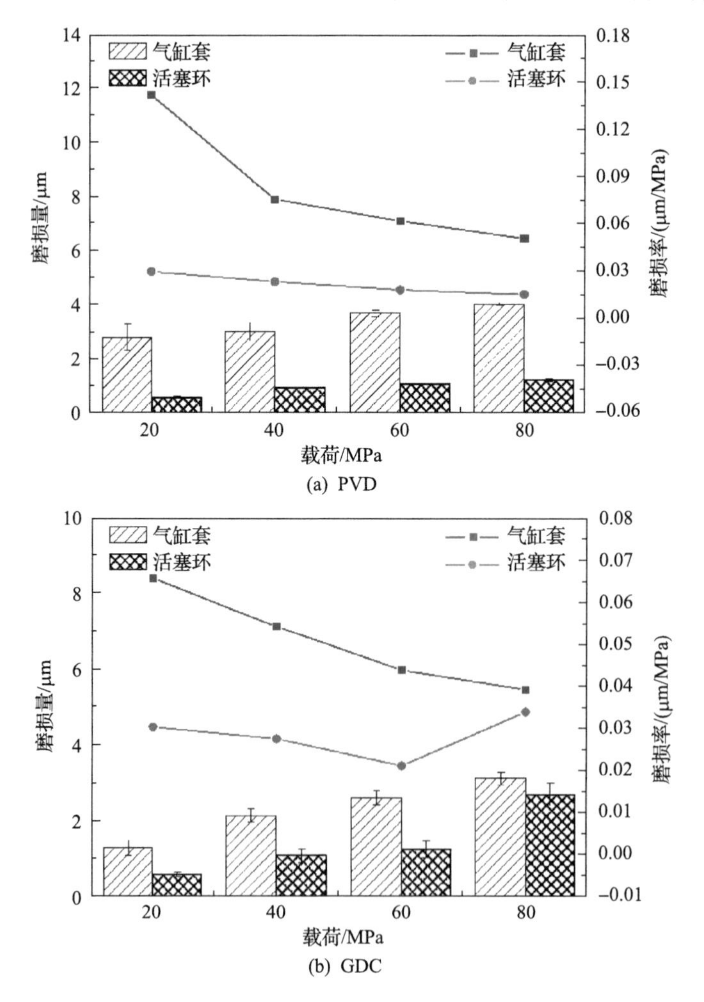

(a) PVD

(b) GDC

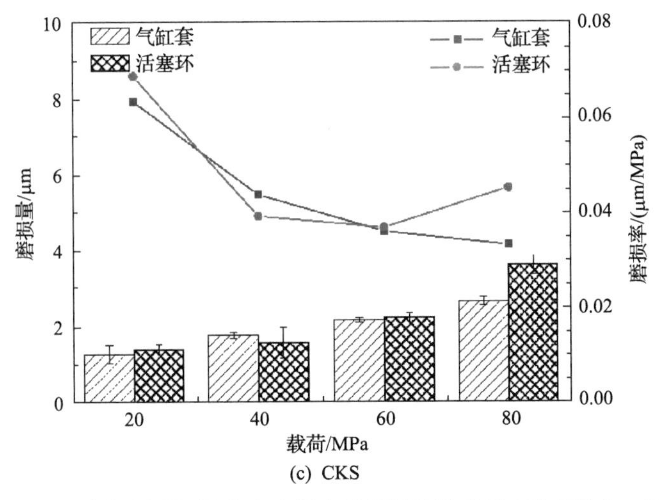

(c) CKS

图 5.58 磨损量(柱形图)和磨损率(折线图)随载荷变化规律(180℃)

都逐渐提高。气缸套的磨损率先下降较快，然后变慢；而三种活塞环的磨损规律差异较大，PVD 活塞环的磨损率呈线性缓慢下降，GDC 活塞环在 60MPa 前与 PVD 活塞环的磨损率变化规律一致，而在 80MPa 时大幅提高，CKS 活塞环的磨损率在 40MPa 前快速下降，在 80MPa 时与 GDC 活塞环类似，出现大幅提高现象。

可见，与氮化气缸套配对时，CKS 活塞环与 GDC 活塞环的承压极限可达 80MPa，而 PVD 活塞环在试验载荷范围内没有发生磨损率变化，有更高的承载潜力。

图 5.59 为分别在 20MPa 和 80MPa 时氮化气缸套及其配对的三种活塞环的磨损结果。由图可见，20MPa 时，与 PVD 活塞环配对的气缸套磨损较高，与 GDC 活塞环和 CKS 活塞环配对的气缸套的磨损量较低，且几乎相同；CKS 活塞环的磨损量偏大，而 PVD 活塞环和 GDC 活塞环的磨损量相近。80MPa 时，总的磨损趋势与 20MPa 相近，只是 GDC 活塞环配对副的磨损量均相对变大。GDC 活塞环与氮化气缸套的配对性较好，在两种典型载荷下磨损均比较稳定；PVD 活塞环自身磨损很小且稳定，但配对气缸套的磨损量较大；CKS 活塞环与 PVD 活塞环刚好相反，活塞环的磨损量大，而气缸套的磨损量较小。

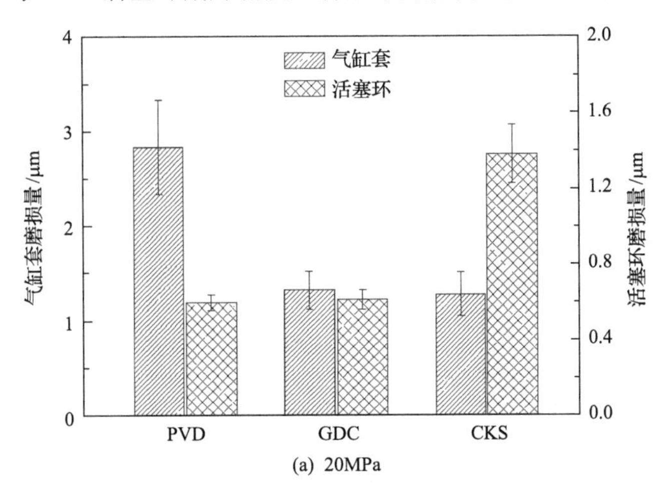

(a) 20MPa

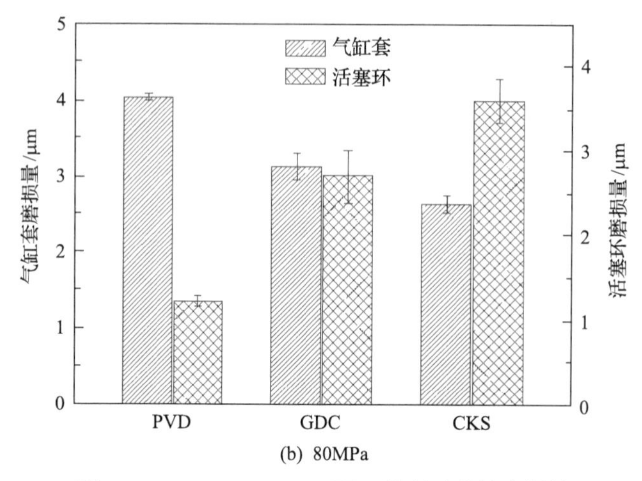

(b) 80MPa

图 5.59 20MPa、80MPa 下三种配对副的磨损量

图 5.60 为氮化气缸套和三种活塞环的磨损量(柱形图)和磨损率(折线图)随磨损时间的变化规律。由图可见，三种配对条件下，氮化气缸套和活塞环的磨损率均随磨损时间

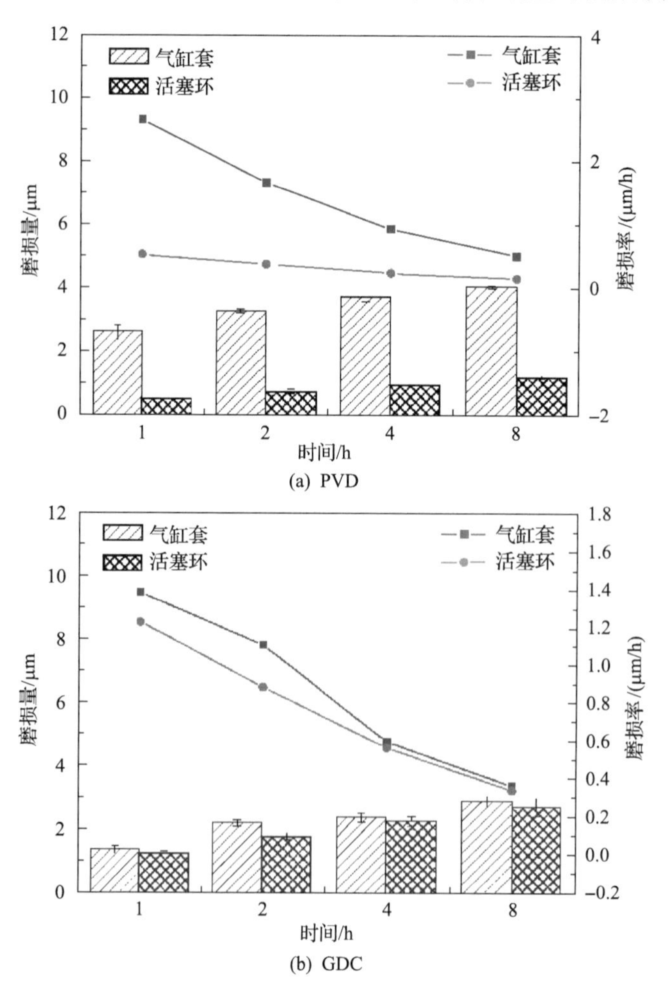

(a) PVD

(b) GDC

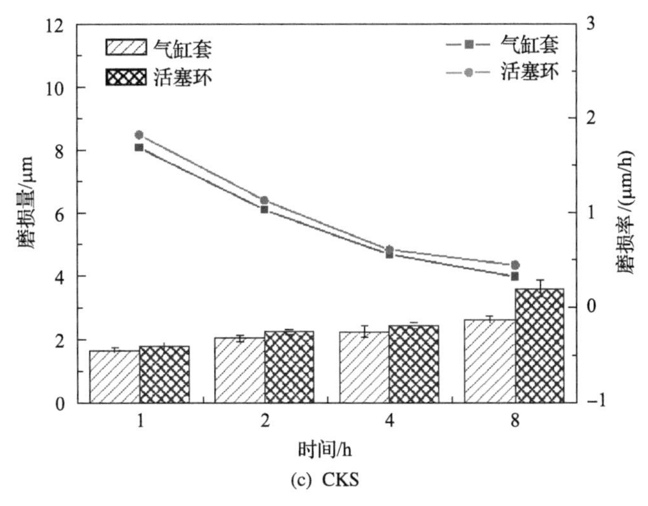

(c) CKS

图 5.60 磨损量(柱形图)和磨损率(折线图)随磨损时间的变化规律(80MPa，180℃)

延长而降低，GDC 活塞环和 CKS 活塞环的磨损率变化趋势与其配对的气缸套相似，只有 PVD 活塞环的磨损率变化很小。

5.3.5 氮化气缸套的抗拉缸性能

图 5.61 为三种配对副的抗拉缸性能。由图可见，与 PVD 活塞环配对时，氮化气缸套的抗拉缸性能最好，与 CKS 活塞环配对时最差。该结果与图 5.59 所示的磨损率结果有共性，即活塞环在高载时的磨损量小，则抗拉缸性能好，反之，抗拉缸性能不好。

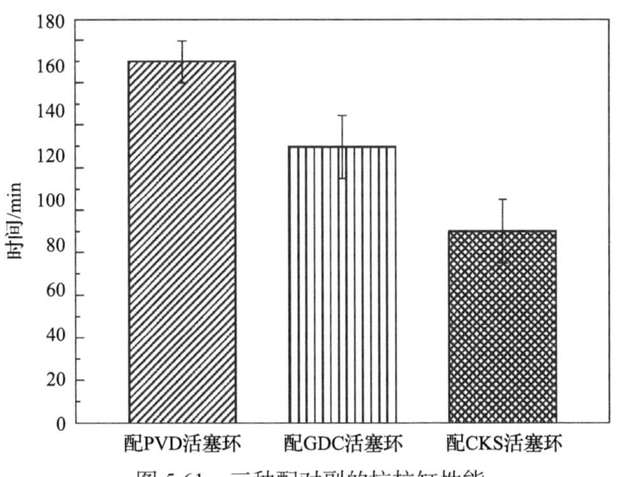

图 5.61 三种配对副的抗拉缸性能

本节研究了 38CrMoAl(A)氮化气缸套与 PVD、GDC 和 CKS 配对时的摩擦、磨损和抗拉缸性能，主要结论为：①与 PVD 活塞环配对时，摩擦系数最大，气缸套磨损最大，抗拉缸性能最好；与 CKS 活塞配对时则相反，摩擦系数最小，活塞环的磨损最大，抗拉缸性能最不好。②与 GDC 活塞环配对，耐磨的综合表现最好，磨损系数和抗拉缸性能均居中。③氮化气缸套可能与润滑油生成 FeS 化合物。

5.4 复合镀气缸套的摩擦磨损

本节介绍在 38CrMoAl 气缸套表面氮化并原位沉积 TiN 制备复合镀气缸套的摩擦磨损和拉缸试验结果，并与 4.1 节介绍的硼磷铸铁气缸套、5.1 节介绍的镀铬气缸套以及定制的 38CrMoAl(A)氮化气缸套(与 5.3 节的氮化气缸套来源不同)的试验结果进行对比。最后，总结了气缸套的磨损控制方法，并采用发动机台架进行了验证。其配对活塞环、试验方法和试验条件等，均与 4.1 节和 5.1 节相同。

5.4.1 试验材料及方法

1)复合镀气缸套

采用空心阴极等离子体技术对 38CrMoAl 氮化气缸套沉积 TiN 薄膜，形成硬度呈梯度分布的“基材-氮化层-硬质薄膜”复合结构。复合镀气缸套试样如图 5.62 所示，气缸套试样表面呈金黄色。XRD 相分析结果见图 5.63，表面为纯 TiN。图 5.64 为气缸套截面形貌，薄膜厚度约为 3μm。

图 5.62 复合镀 TiN 气缸套试样

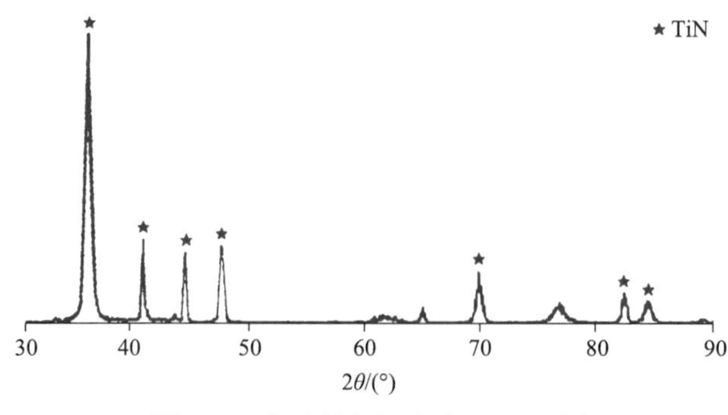

图 5.63 复合镀气缸套表面 XRD 图

2) 38CrMoAl 氮化气缸套

气缸套样件从气缸套厂定制，内孔尺寸和工艺与成品零件相同，其内表面形貌见图 5.65，可见其表面光滑平整，密布细小微孔。珩磨纹深度较浅，这是由于该气缸套为先氮化后珩磨，氮化后表面生成高硬度的化合物层，一般只能产生细密的浅纹。

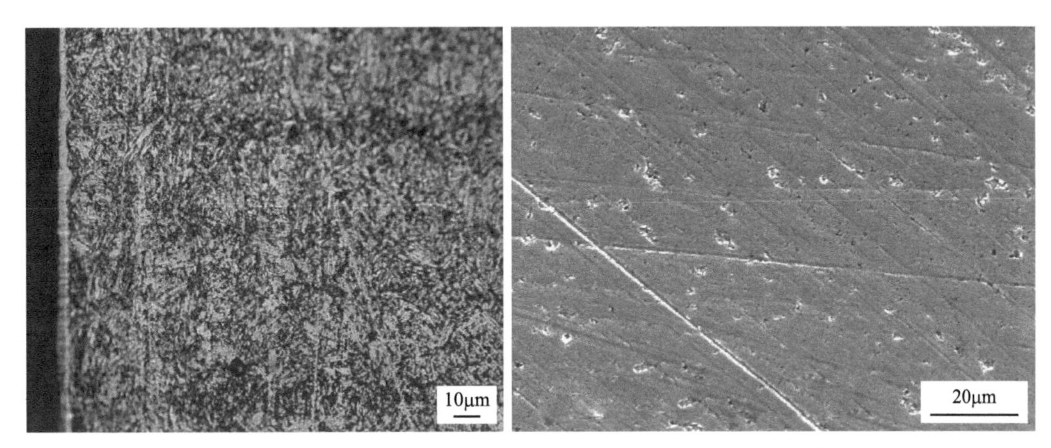

图 5.64 复合镀气缸套截面光学显微图像　　图 5.65 氮化气缸套表面形貌

图 5.66 为氮化气缸套的横截面组织，可见珩磨后，氮化生成的白亮层(化合物层)仍然存在，大约厚为 2μm，在气缸套内表面均匀分布。

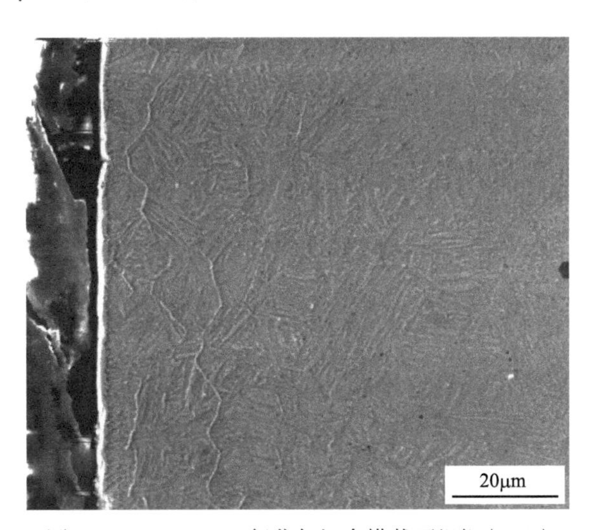

图 5.66 38CrMoAl 氮化气缸套横截面组织(SEM)

采用 Everone MH-6 型显微硬度计测量渗层的维氏硬度($HV_{0.1}$)梯度，见图 5.67，可得到氮化层厚度约为 220μm。

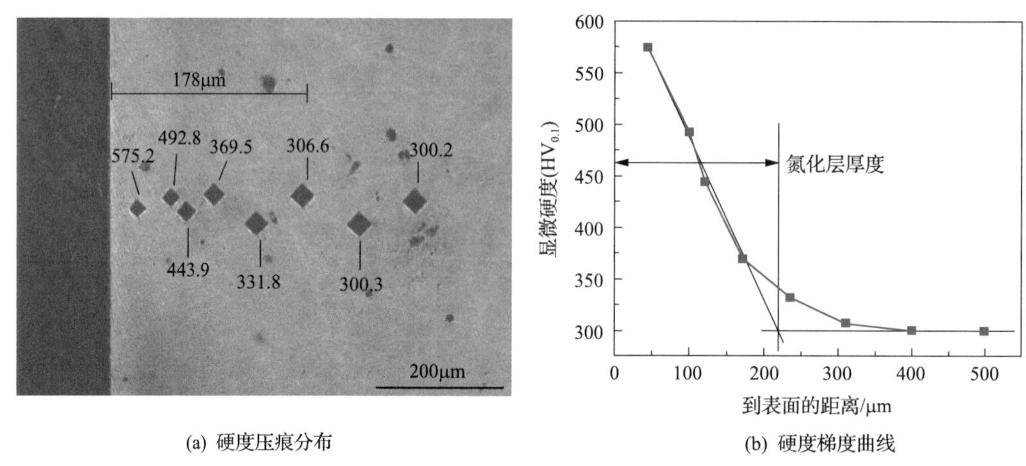

(a) 硬度压痕分布　　(b) 硬度梯度曲线

图 5.67　38CrMoAl 氮化气缸套渗层硬度梯度

5.4.2　复合镀气缸套的摩擦磨损性能

1. 复合镀气缸套的摩擦性能

载荷从 10MPa 到 120MPa，温度从 120℃到 180℃等间距取点全交磨损试验，取至少三次试验结果的平均值，得到载荷和温度对各配对副摩擦系数的影响规律，见图 5.68。

由图 5.68 可见，载荷对氮化及复合镀气缸套摩擦系数的影响比温度更显著，随载荷增加摩擦系数先降低后增加，且下降幅度较大；随温度升高，摩擦系数也有下降的趋势，但下降幅度略小。这与铸铁和镀铬气缸套的摩擦规律相似。

图 5.69 是在 150℃、200r/min 条件下，不同配对方式的气缸套-活塞环摩擦系数随载荷的变化规律。由图可知，与不同活塞环配对时，总体上镀铬气缸套的摩擦系数最高，复合镀气缸套的摩擦系数最低，铸铁气缸套和 38CrMoAl 氮化气缸套的摩擦系数介于两者之间，其中 38CrMoAl 氮化气缸套与复合镀气缸套相差不大，镀 TiN 可进一步降低摩

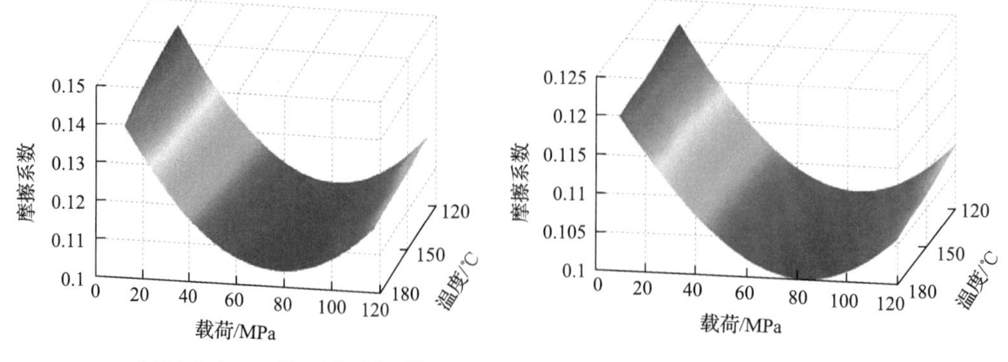

(a) 氮化气缸套-PVD活塞环的摩擦系数　　(b) 氮化气缸套-CKS活塞环的摩擦系数

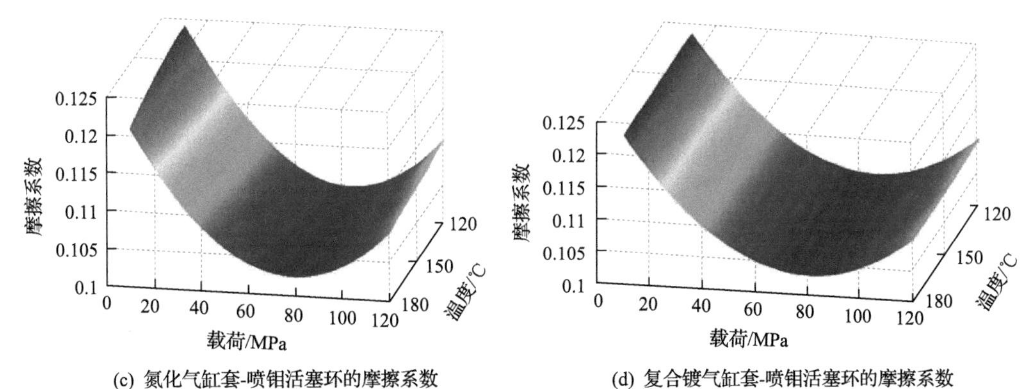

(c) 氮化气缸套-喷钼活塞环的摩擦系数

(d) 复合镀气缸套-喷钼活塞环的摩擦系数

图 5.68 各配对副多因素摩擦图

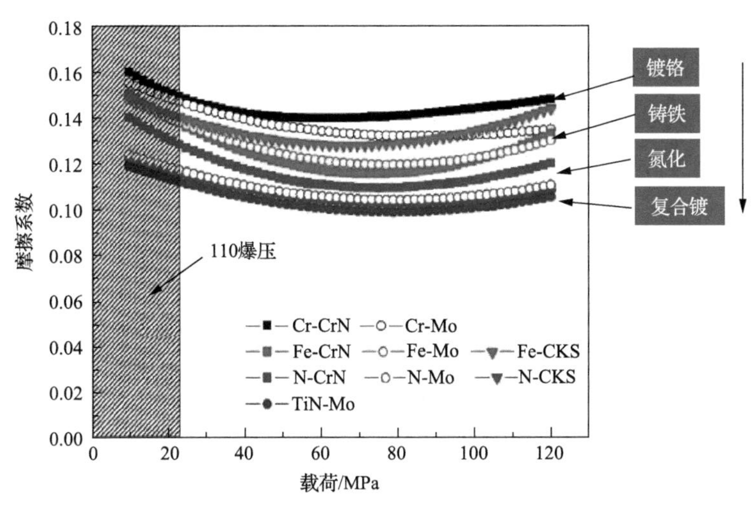

图 5.69 配对副摩擦系数对比图(150℃，200r/min)

擦系数。在 120℃、180℃以及 100r/min、300r/min、400r/min、500r/min 条件下，这些配对副也具有类似的规律。

2. 复合镀气缸套的磨损性能

由于复合镀气缸套和氮化气缸套的磨损量微小，第 3 章介绍的各种测试方法均难以测量并区分不同工况下的磨损量。两种气缸套磨损后表面形貌见图 5.70 和图 5.71，可见磨损表面仅有细小划痕，无明显磨损痕迹。

图 5.72 为复合镀 TiN 气缸套与氮化、镀铬和铸铁气缸套与同一种活塞环配对的磨损量，由图可见，铸铁气缸套磨损量明显高于氮化气缸套、复合镀气缸套和镀铬气缸套。这三种气缸套分别与 PVD、喷钼和 CKS 活塞环配对时，磨损量均很小，所以仅用一个很小的数值代表。

3. 磨损表面摩擦化学反应产物

能谱分析表明，复合镀气缸套磨损表面为纯净 TiN 镀层，没有润滑油添加剂分解产物吸附或者残留。而氮化气缸套磨损后表面在光学显微镜下呈粉色和蓝色，与磨损试验前明显不同，见图 5.70。采用 XPS 分析氮化气缸套磨损表面，如图 5.73 所示，发现存在 Fe-S 特征峰，说明氮化表面的 Fe 元素与油液发生了化学反应，生成低剪切强度的铁硫化物。对其他元素进行分析，可知 Zn 元素主要以 ZnS、ZnO 两种化合物形式存在，并有少量的锌磷酸盐成分。

图 5.70　氮化气缸套磨损表面形貌

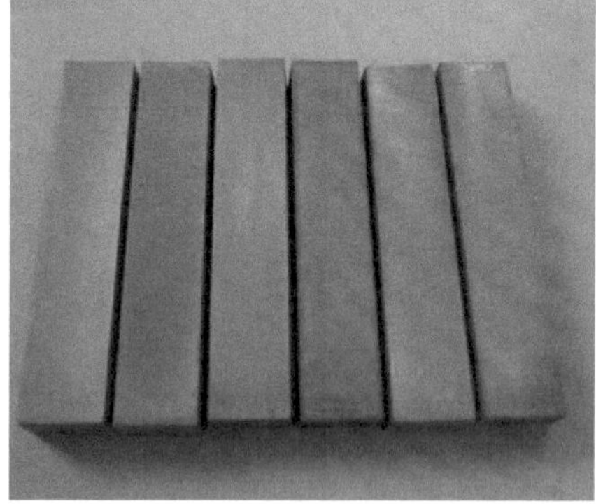

图 5.71　复合镀气缸套磨损表面形貌

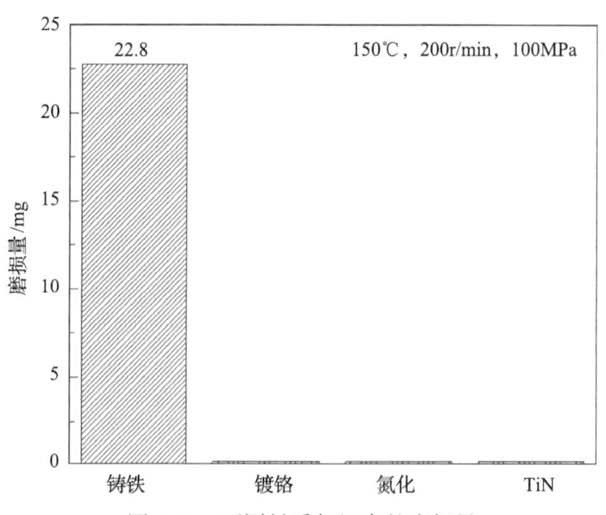

图 5.72　不同材质气缸套的磨损量

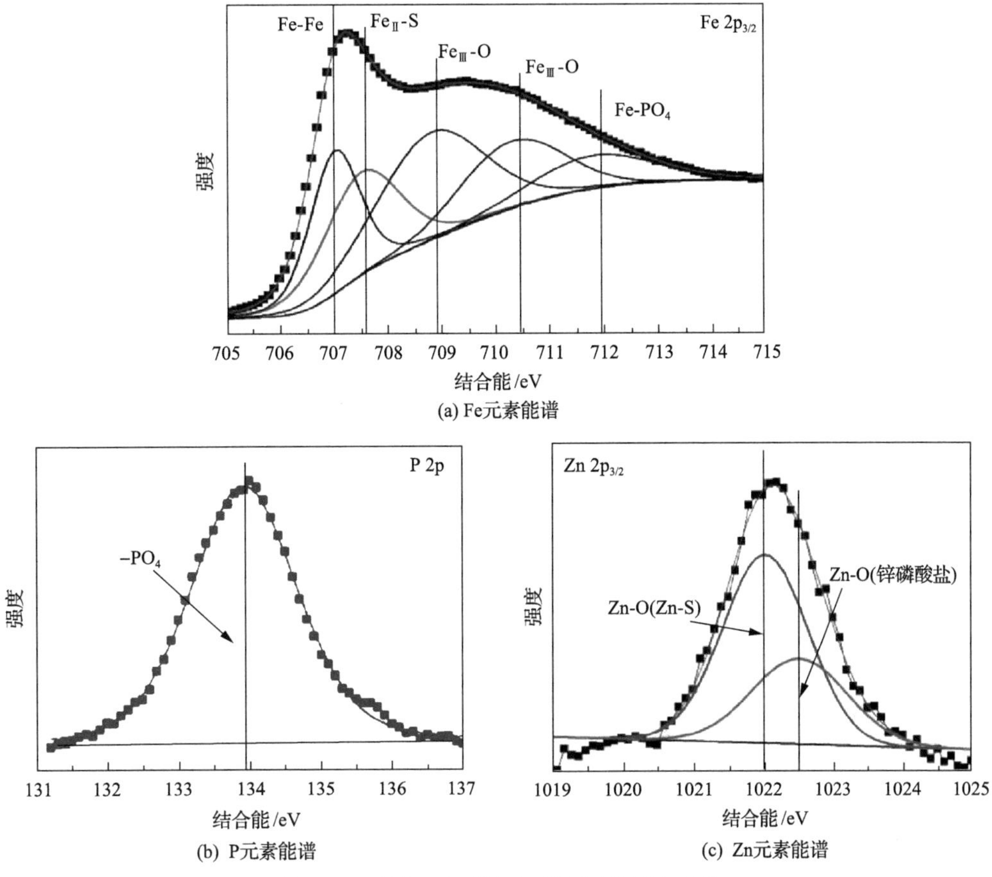

(a) Fe元素能谱

(b) P元素能谱

(c) Zn元素能谱

图 5.73 氮化气缸套磨损表面能谱图(XPS)

对不同深度的 Fe、Zn 元素进行 XPS 分析，见图 5.74 和图 5.75，Zn 元素谱强随刻蚀时间(深度)的增加而减少，而 Fe-S 峰强随刻蚀时间的增加而增强。这说明 ZnO、ZnS 和锌磷酸盐等反应产物主要分布于表层，而 FeS 等反应产物主要分布于靠近基体的次表层。

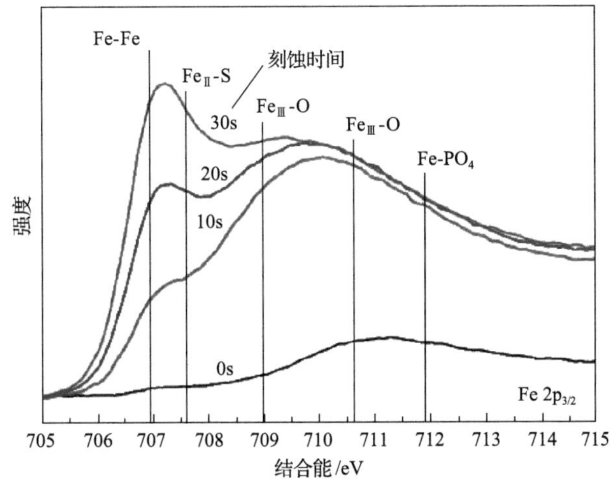

图 5.74 Fe 元素能谱随刻蚀时间的变化规律

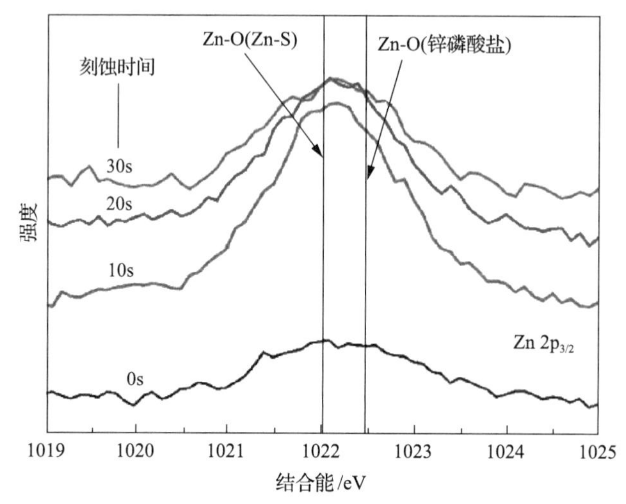

图 5.75　Zn 元素能谱随刻蚀时间(测试深度)的变化规律

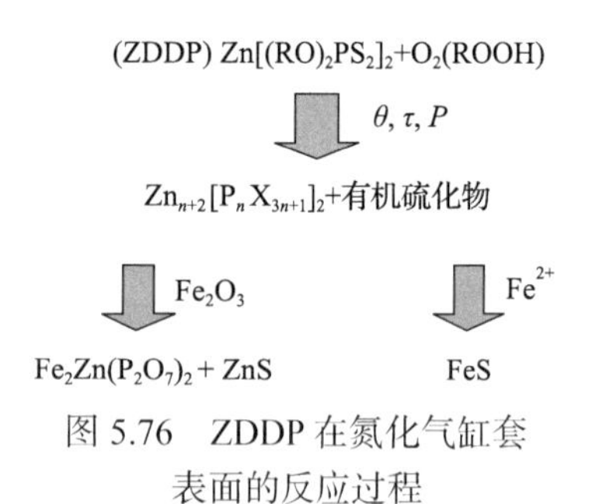

图 5.76　ZDDP 在氮化气缸套表面的反应过程

关于铁基摩擦副表面添加剂 ZDDP 的作用机理，国内外学者已做了大量的研究[10]，虽尚未形成统一结论，但主流观点认为，ZDDP 在铁基表面除了能够生成 ZnS 等低剪切固体润滑成分，还生成了更多、与基体结合更加紧密的铁的硫化物、磷化物，对表面的减摩耐磨保护作用发挥得更好，典型的反应过程如图 5.76 所示。

结合 5.1 节镀铬气缸套表面的摩擦化学反应机制，可见润滑油中极压添加剂 ZDDP 对铁基(铸铁、氮化)及非铁基(镀铬、复合镀)气缸套的摩擦化学反应结果明显不同，该添加剂对铁基气缸套的润滑减摩效果明显优于非铁基气缸套。

5.4.3　复合镀气缸套的抗拉缸性能

1. 复合镀气缸套的拉缸规律

载荷从 40MPa 到 100MPa，温度从 180℃到 250℃等间距取点全交试验，取至少三次试验结果的平均值，得到载荷和温度对复合镀气缸套与喷钼活塞环配对副抗拉缸性能的影响规律，如图 5.77(c)所示，图中(a)和(b)为氮化气缸套分别与 CKS 和喷钼活塞环在相同条件下的抗拉缸性能。图 5.78 为 40MPa、180℃条件下铸铁、镀铬、氮化气缸套与不同活塞环配对的抗拉缸性能以及复合镀气缸套与喷钼活塞环配对的抗拉缸性能对比结果。

由图 5.77 可见，其共性规律为随载荷增大、温度升高，从停止供油到发生拉缸的运行时间迅速缩短，即抗拉缸性能下降，然后逐渐趋于稳定。由图 5.78 可见，硼磷铸铁气缸套的抗拉缸时间不足 80min，镀铬气缸套的抗拉缸时间不足 400min，而氮化气缸套接近 900min、复合镀气缸套接近 1000min。可见复合镀气缸套和氮化气缸套的抗拉缸性能明显好于合金铸铁气缸套和镀铬气缸套，氮化气缸套表面复合镀 TiN 薄膜，可明显地进一步提高其抗拉缸性能。

而每种气缸套与不同活塞环配对时也有明显差异，其中复合镀气缸套配喷钼活塞环的抗拉缸性能明显较好，氮化气缸套配 CKS 活塞环的抗拉缸性能较好，镀铬气缸套配 PVD 活塞环较好，铸铁气缸套配喷钼活塞环较好，而配 PVD 活塞环的抗拉缸性能则不好。

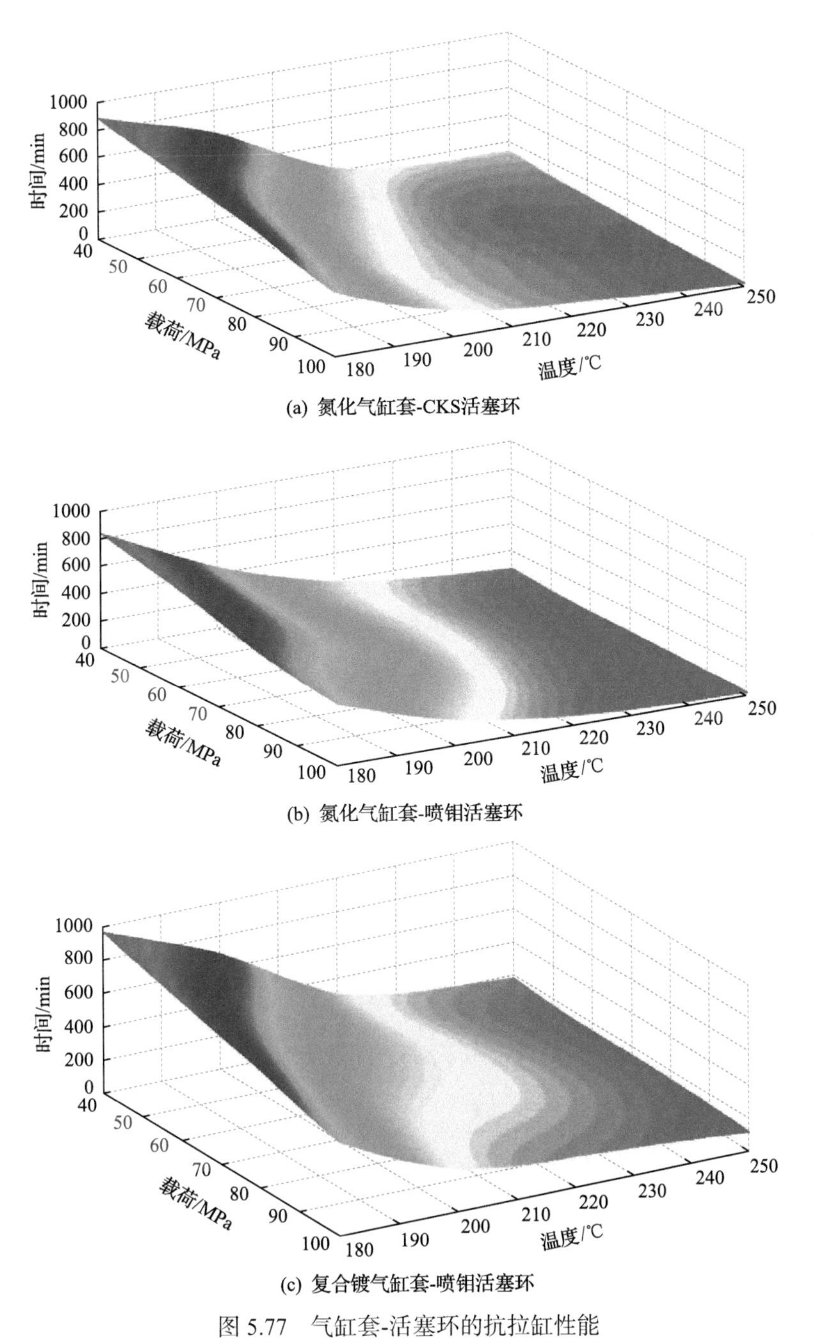

(a) 氮化气缸套-CKS活塞环

(b) 氮化气缸套-喷钼活塞环

(c) 复合镀气缸套-喷钼活塞环

图 5.77 气缸套-活塞环的抗拉缸性能

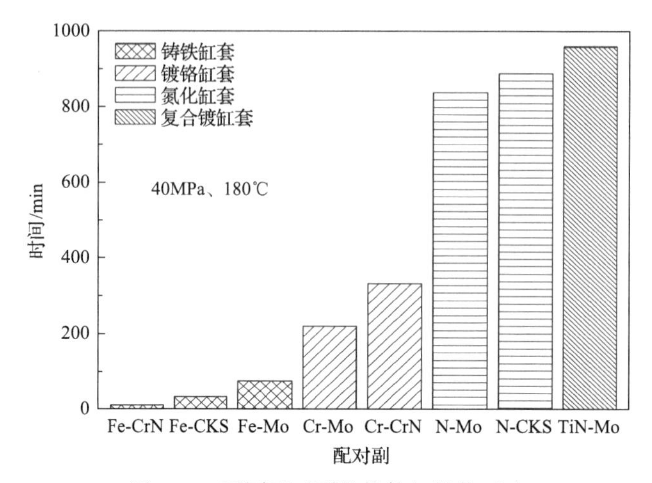

图 5.78　不同配对副的抗拉缸性能对比

2. 复合镀气缸套的拉缸机制

图 5.79 是与喷钼活塞环配对的复合镀气缸套拉缸后的表面形貌及成分，图 5.80 是喷钼活塞环黏着磨损区域的表面形貌及成分。由图 5.79 可以观察到，复合镀气缸套表面几乎不变形，黏着磨损区有沿滑动方向的条纹，且有不均匀黏附的物质。由能谱图可知，黏着磨损区有 Mo、Ni 等活塞环成分，表明复合镀气缸套表面黏附了活塞环的物质。此外，气缸套表面和活塞环表面均无润滑油成分的元素，表明复合镀气缸套表面没有摩擦化学反应膜，也就是说，对于抗拉缸性能好的配对副，即使没有润滑油添加剂化学反应膜的保护，其性能也可得到发挥。

对于复合镀气缸套，TiN 镀层致密、硬度高，而氮化层基体的硬度呈梯度分布，这一方面可给 TiN 镀层以有力的支撑，又提高了膜基界面的结合强度。TiN 镀层本身又具有一定的自润滑性，所以其抗黏着能力强。与喷钼活塞环形成黏着点时，如黏着点强度大于喷钼层强度，则喷钼层材料黏附在气缸套上，随着摩擦副的往复滑动，黏附物质被不断地碾压，涂抹在气缸套表面。

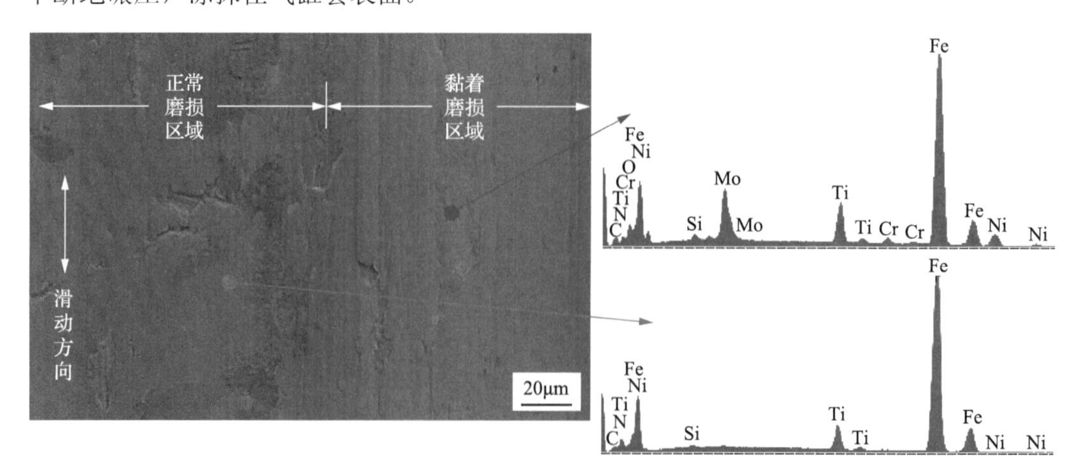

图 5.79　拉缸试验后复合镀气缸套的表面形貌及成分(配副喷钼活塞环，60MPa，180℃)

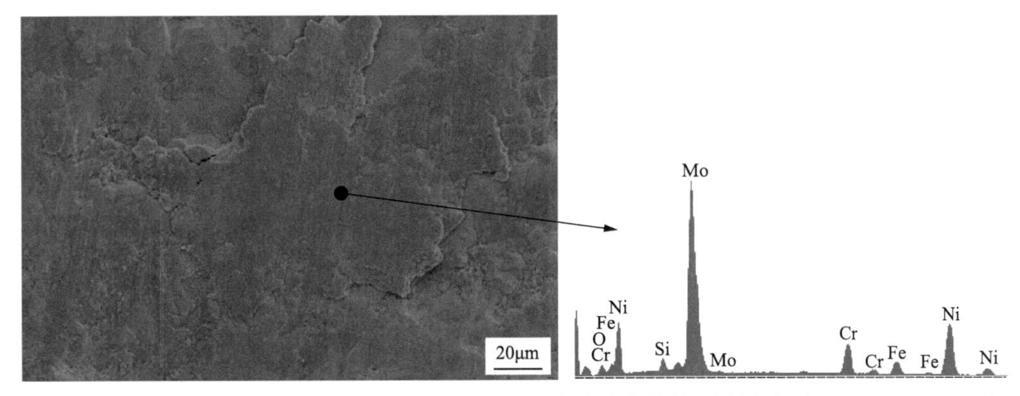

图 5.80　拉缸试验后喷钼活塞环黏着磨损区的表面形貌及成分(复合镀气缸套，60MPa，180℃)

与复合镀层相比，氮化层的摩擦表面有明显的差别，见图 5.81。由图可见，氮化气缸套表面虽然未见明显变形，但在拉缸区域黏附了一层物质，甚至填平珩磨纹。由能谱图可知，氮化气缸套正常磨损表面和拉缸表面均有 Zn、S、P 等润滑油添加剂成分，拉缸区域还有 Mo、Ni 等活塞环成分，表明氮化气缸套表面虽有润滑油添加剂分解产物，也黏附了活塞环材料。图 5.82 为配副喷钼活塞环黏着磨损区域的表面形貌及成分，由图

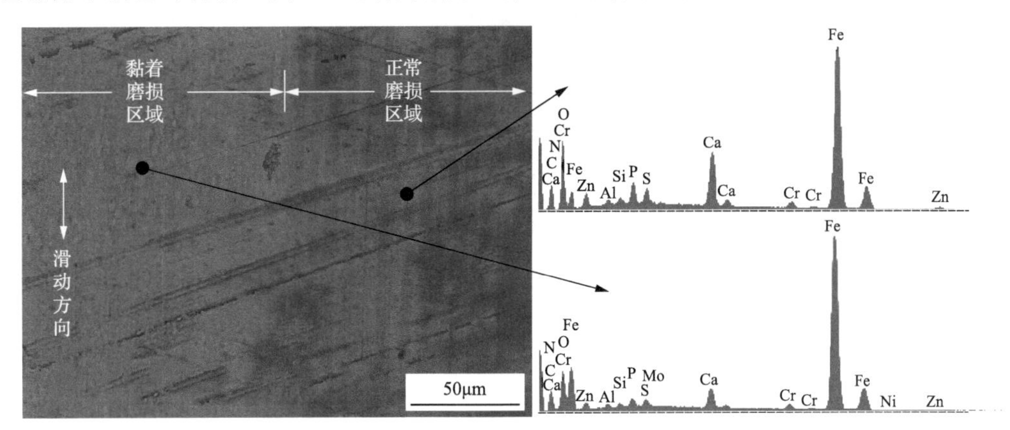

图 5.81　拉缸试验后氮化气缸套的表面形貌及成分(配喷钼活塞环，60MPa，180℃)

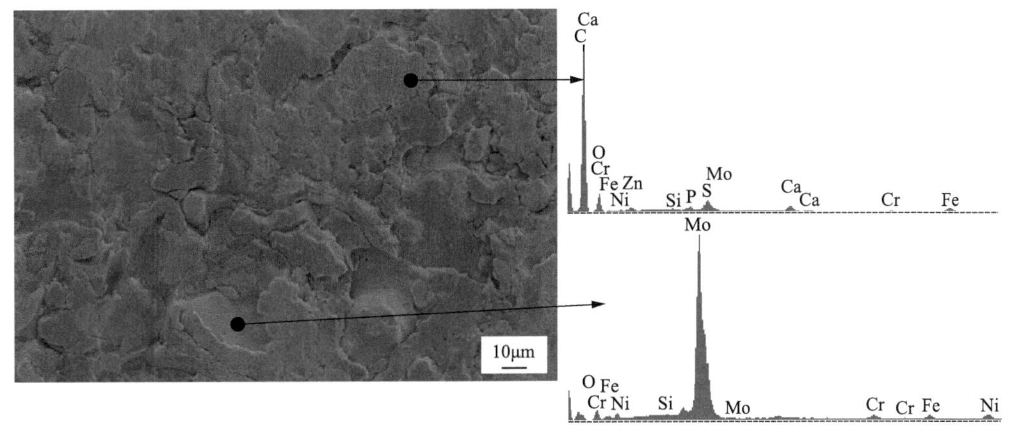

图 5.82　拉缸试验后喷钼活塞环黏着磨损区的表面形貌及成分(氮化气缸套，60MPa，180℃)

可知，活塞环的平台处还有边界反应膜，而坑中只有活塞环成分，说明活塞环材料发生转移后，暴露出新鲜表面，在摩擦过程中，气缸套表面残留的摩擦反应膜转移到活塞环的承载表面。

图 5.83 为复合镀气缸套表面形貌的自相关函数[11]。由图可以看出，未磨损、I 阶段、II 阶段表面形貌相关性没有明显变化，但是在III阶段表面形貌的相关性增强，应该是喷钼层材料黏附转移至气缸套表面的结果。

图 5.84 为复合镀气缸套表面形貌各向分形维数分布图[11]，虽然在III阶段分形维数值在某个方向上表现为趋近于 1，但在拉缸前的摩擦阶段其分形维数值明显大于铸铁、镀铬和氮化气缸套(图略)，表明复合镀气缸套表面形貌更为精细复杂，单位面积的承载能力更强。其中复合镀气缸套在个别方向轮廓的分形维数大于 2，这可能是在物理气相沉积过程中具有复杂几何结构的微小空洞造成的。

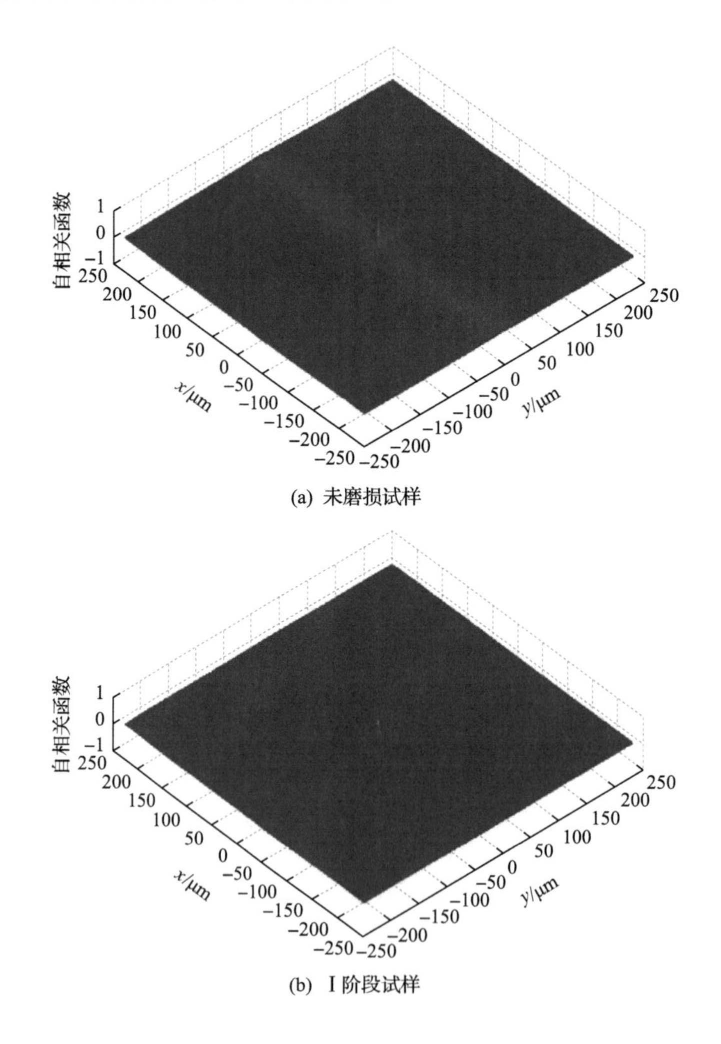

(a) 未磨损试样

(b) I 阶段试样

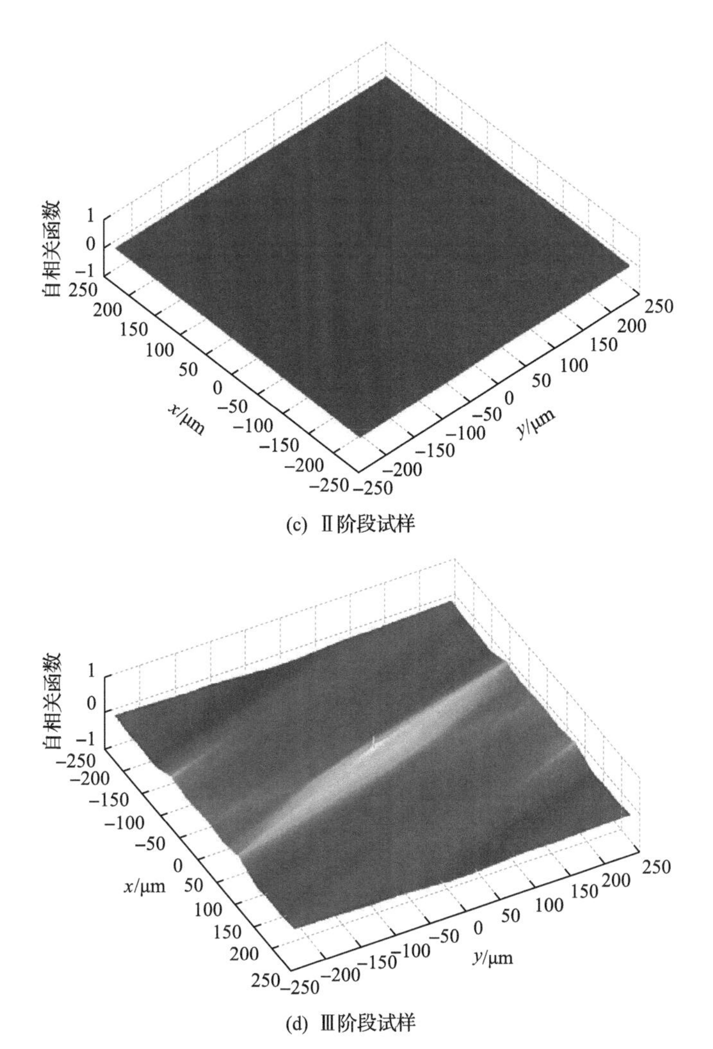

(c) Ⅱ阶段试样

(d) Ⅲ阶段试样

图 5.83 复合镀气缸套表面形貌的自相关函数

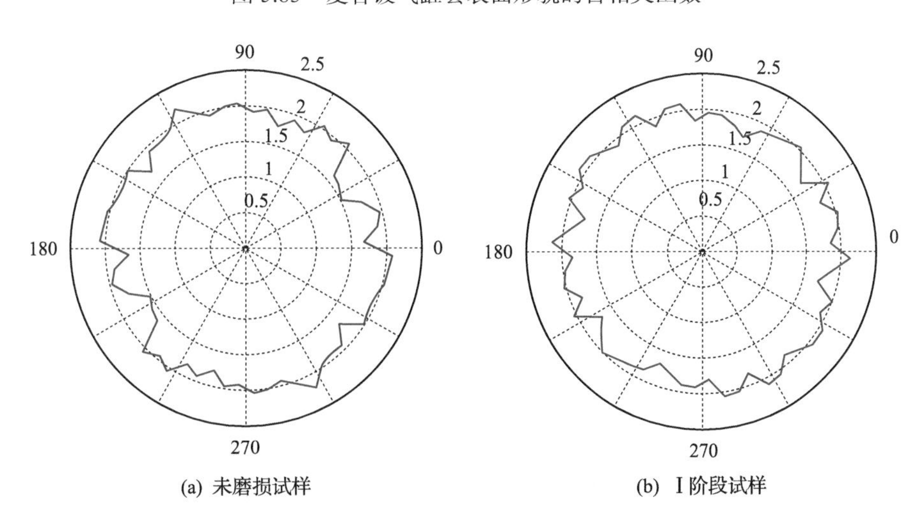

(a) 未磨损试样

(b) Ⅰ阶段试样

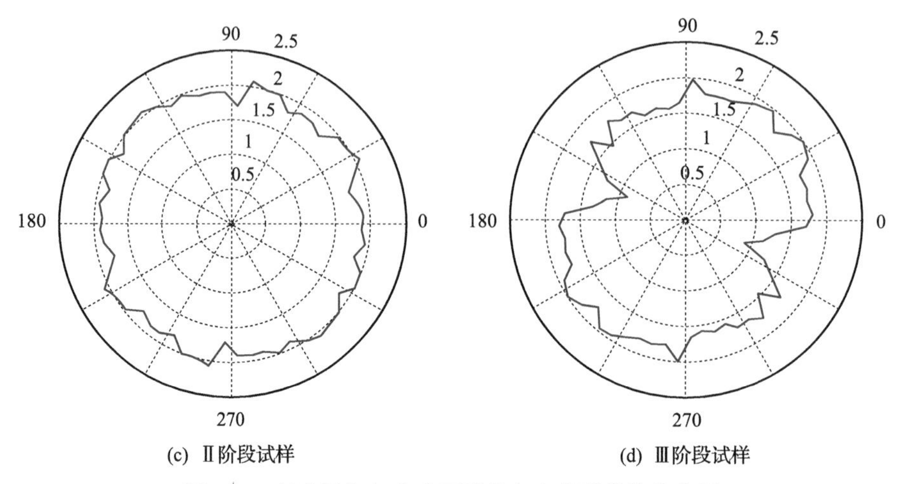

图 5.84　复合镀气缸套表面形貌各向分形维数分布图

综上所述，作为抗拉缸性能最佳的复合镀气缸套，虽然在表面没有生成极压反应膜，但复合镀气缸套的氮化钛涂层进一步增强了氮化层的耐磨梯度，获得了比其他气缸套更为精细复杂的表面形貌。如果能够增强复合镀气缸套表面与润滑油的协同性，复合镀气缸套的抗黏着能力有望得到进一步提升。

5.4.4　摩擦、磨损和拉缸的一致性

针对 4.1 节、5.1 节和 5.4 节所获得的 4 种气缸套与 PVD、CKS 和喷钼活塞环配对的摩擦、磨损及拉缸试验结果，把各配对副的摩擦性能、耐磨性能及抗拉缸性能进行综合评价，并绘制成三因素雷达图，见图 5.85。其中各因素的 10 分代表最优，0 分代表最劣。尽管同种气缸套与不同活塞环配对时，其性能不同，但不同气缸套的差异更明显。

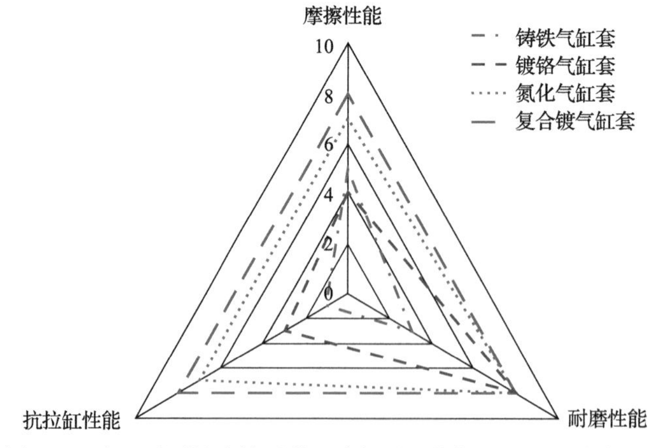

图 5.85　各配对副的摩擦系数、磨损量及抗拉缸时间的综合评价

(1) 复合镀气缸套的三个性能均最好。复合镀气缸套的分形维比氮化气缸套数更高，表面微结构更精细，陶瓷属性决定了与喷钼活塞环之间的黏着倾向小，微凸体间的机械

啮合作用和分子间作用均较低，所以摩擦系数较低。低摩擦决定了对材料的切向破坏应力小，TiN 薄膜硬度高、强度高，耐耐着磨损和疲劳磨损的能力强。低摩擦与抗变形能力，有效地延长了拉缸时间。

(2) 氮化气缸套的摩擦性能和抗拉缸性能比复合镀气缸套略低，耐磨性能相近。氮化表面有精细的储油结构，铁基表面与润滑油添加剂反应生成低剪切力的金属硫化物反应膜，且化合物层的 $\gamma'Fe_4N$ 和 $\varepsilon Fe_{3-2}N$ 相具有陶瓷属性，表层强度硬度高，且不易与活塞环发生黏着。这些低摩擦、高强度属性决定了其良好的耐磨和抗拉缸性能，但其摩擦性能和抗拉缸性能比复合镀气缸套的 TiN 薄膜稍低。

(3) 镀铬气缸套摩擦性能最差，而耐磨性能较好，与氮化气缸套相近。镀铬气缸套表面硬度高，珩磨后获得的粗糙表面导致机械啮合力大；镀层中无起固体润滑作用的物质，且铬镀层化学稳定性好，导致镀层不与润滑油反应生成金属硫化物强化边界润滑，仅是添加剂热分解产生玻璃态锌磷酸盐来起到部分减摩作用，所以其摩擦系数较大。而铬层强度高兼适当塑性，抗疲劳能力强，仅在缺陷处因疲劳产生磨损。与 CKS 活塞环配对时，由于二者基体成分相同，易拉缸；配 PVD 活塞环时，配对副都是高硬度表面，微凸体之间的机械啮合力较大，造成摩擦系数、磨损偏大。

(4) 铸铁气缸套摩擦系数居中，磨损最严重，抗拉缸时间最短。在较低的载荷下，铸铁气缸套表现出较好的综合性能，例如铸铁气缸套中的石墨可以储油或脱落成为固体润滑剂，铁基表面可以与极压添加剂 ZDDP 生成更多的金属硫化物，较好的塑性可以降低微凸体之间机械啮合作用。但在强化载荷条件下，其缺陷比较明显。铸铁的强度较低，在反复挤压下疲劳脱落加速磨损，同时在塑性变形过程中发热，黏着倾向加大，抗拉缸能力不足。

因此，同一种配对副，常常很难使其摩擦、磨损和抗拉缸性能同时好，或者同时不好，往往是一部分性能好，另一部分性能不好或者不如意，即很难获得一致性。

5.4.5 摩擦磨损控制方法

改善活塞环-气缸套配对副在柴油机提高功率密度后的摩擦磨损性能，可从以下几个角度，采取层层递进的摩擦磨损控制策略进行摩擦学设计。①强化流体润滑。将摩擦副表面用润滑油膜分离，以流体内部剪切力代替零件之间机械啮合力和分子间力，在实现减磨的同时降低摩擦力；②改善表面储油能力。为了在润滑油供给不足条件下强化润滑，可采取提高摩擦表面储油能力的方法；③强化边界膜。若储油结构也不足以维持正常工作，则需在摩擦副表面形成低剪切强度的边界膜，以避免微凸体表面直接接触造成的干摩擦；④改善摩擦副表面材料。若边界保护膜也破裂失效，则提高摩擦副材料的摩擦、磨损和抗拉缸性能。

气缸套、活塞环作为柴油机的核心结构件，其性能直接影响整机的工作效率及可靠性，其摩擦学性能可由低至高，从零件工作表面级别、零部件级别、燃烧室级别、柴油机整机级别等四个级别，依次从不层次进行优化设计。

1. 零件工作表面级别

1) 合理选择配对副

上止点附近由于润滑油膜最薄，处于边界润滑状态，微凸体接触，摩擦力最大，磨损量也最大，因此气缸套的磨损寿命主要由上止点附近的磨损量决定；而行程中段形成的流体润滑油膜将零件表面隔离，不存在材料之间的接触，摩擦力较小，磨损轻微。因此应合理选择配对性良好的活塞环-气缸套配对副。

由于材料自身的物理化学性质对其摩擦磨损性能有着重要影响，需要通过模拟试验方法进行研究。本书针对典型活塞环-气缸套配对副的摩擦磨损试验表明，选择配对副时，应尽量避免同材质配对，例如镀铬气缸套与CKS活塞环配对；也应避免“硬碰硬”的情况，例如复合镀TiN气缸套与PVD活塞环配对；“软碰软”可以在低爆压条件下使用，例如铸铁气缸套与喷钼活塞环。比较适中的是“硬气缸套-软活塞环”配对，但“软”要适度，例如复合镀TiN气缸套与喷钼或CKS活塞环配对。

2) 优化表面储油结构

在配对副确定后，通过一定的加工工艺，优化表面形貌，形成有利于增加表面最小油膜厚度和储油的结构，降低摩擦系数，减少磨损和拉缸倾向。由于活塞在往复行程不同位置的润滑状态不同，需对气缸套不同位置的表面形貌进行分区设计。

本书的研究结果表明，气缸套或活塞环表面精细程度越高，越有利于增加表面最小油膜厚度和微观储油性能。传统方法对微观形貌表征主要采用粗糙度和波纹度等相对宏观的参量，且这些参量均为二维，无法表征摩擦表面的各向异性特征，分辨率也较低，有一定的局限性。因此，可以获取高分辨三维形貌数据，采用分形维数作为表面微观形貌特征的表征参量，分形维数越大，表面精细程度越高，微观储油结构越丰富，最小油膜厚度越厚，实现低摩擦系数、低磨损量和低拉缸倾向。

因此，通过对零件加工工艺的优化，可获得分形维数更大的气缸套表面形貌。同时，通过机加工(如珩磨、激光刻蚀等)手段[12]，在摩擦副表面获得储油沟槽或凹坑，通常称为“微织构”，可改善润滑特性，并在润滑油供给不足时对摩擦界面补充润滑油，减少因干摩擦造成的剧烈磨损。

3) 提高润滑油与配对副的协同性

润滑油作为活塞环-润滑油-气缸套摩擦学系统三组元之一，其与气缸套、活塞环的协同能力直接影响该配对副的摩擦学性能。对于柴油机活塞环-气缸套配对副，润滑油自身的类固化和剪切稀化特征直接影响在不同摩擦表面上的剪切强度和承载能力；当低温、低载荷时，润滑油中油性剂影响其在气缸套表面的吸附润湿能力；在高温、重载条件下，润滑油中的极压添加剂直接影响与气缸套表面的摩擦化学反应及其反应产物。

本书的试验结果表明，润滑油中极压添加剂ZDDP与铁基气缸套具有良好的协同性，油性剂与极压添加剂的性能无缝衔接，在不同温度、载荷时，摩擦系数连续变化。在高温、重载条件下与铁基材质反应生成低剪切强度的金属硫化物，该反应膜与基体结合力较好，不易在摩擦剪切力的作用下破裂，降低摩擦力的同时保护了金属表面，减少磨损和拉缸倾向。而对于非铁基气缸套表面，润滑油中油性剂与极压添加剂衔接过渡较差，在不同温度、载荷下减摩性能不能连续，产生“断层”，且在高温、重载下极压添加剂不与非铁基材质发生摩擦化学反应，仅是ZDDP自身的热分解产物吸附在表面，不能达到预期的减摩、抗磨和抗拉缸效果。

因此，建议选择铁基材质气缸套与含ZDDP润滑油配合使用，或改变润滑油配方，针对非铁基材质气缸套表面的特点，进行润滑油组分设计，改善润滑油与非铁基材质摩擦副的协同性。

2. 零部件级别

针对不同的活塞环-气缸套配对副，优化活塞环槽位置分布，降低高压燃气对第一道活塞环的压力，减少磨损；通过优化设计活塞环组结构及活塞环尺寸(如环高、桶面高度、桶面偏置角等)，改善往复行程中各位置的润滑能力，减少燃烧室积炭。

3. 燃烧室级别

通过优化气缸套与缸垫、缸盖等其他结构件的协调变形能力，减少因气缸套变形带来的局部油膜过薄等异常磨损诱因；针对不同活塞环-气缸套配对副，优化配缸间隙、活塞环张力及活塞裙部型线设计等，减少活塞在往复运动时的震动，使润滑油膜整个行程分布均匀；改善供油方式，提高润滑效果。

4. 整机级别

通过优化气缸套水腔设计及冷却水供给系统来强化冷却，合理控制摩擦副表面温度，改善润滑效果；提高空滤、机滤的滤清能力，减少润滑油中硬质颗粒，减少磨粒磨损；针对不同配对副，制定与其相应的磨合规范以获得稳定的平台结构，优化磨合效果。

5.4.6 磨损控制方法的应用

经以上试验研究，可知复合镀气缸套-喷钼活塞环的摩擦系数、磨损量及抗拉缸时间均表现最优。依据磨损控制方法的减摩、抗磨、抗拉缸优化方案，经过对复合镀工艺参数(包括沉积时间、沉积偏压等)的优化，提高了复合镀表面形貌的分形维数，提高幅度近6%(图5.86)，进一步优化了该配对副的摩擦学性能。

图5.87是优化后喷钼活塞环-复合镀气缸套配对副与某机型原来使用的喷钼活塞环-镀铬气缸套的模拟性试样试验结果。由图可见，经优化后，摩擦系数下降20.2%，抗拉缸时间提高333.2%，磨损量与喷钼活塞环-镀铬气缸套配对副持平，初步验证了磨损控制方法的有效性。

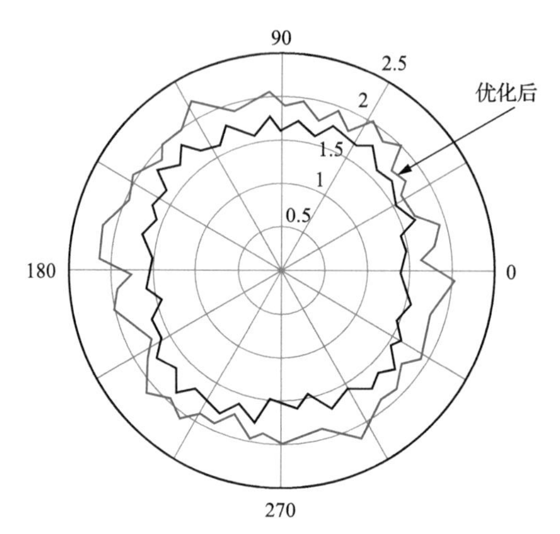

图 5.86 采用磨损控制方法优化复合镀表面分形维数

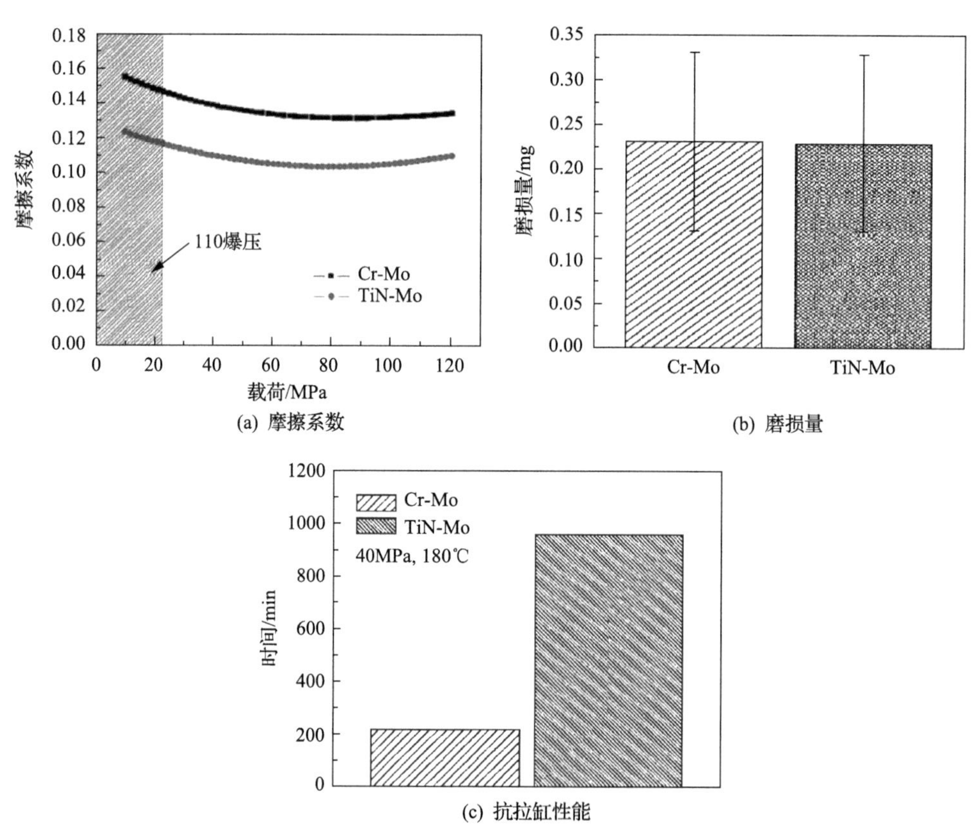

图 5.87 优化后配对副与某机型原来选定的配对副摩擦学性能对比

进一步采用第3章介绍的活塞环气缸套零部件磨损试验机，进行零部件级别的试验验证。经过100h试验，气缸套磨损率为1.04×10^{-5}mm/h，磨损后气缸套的表面形貌见图5.88。

图5.88 零部件试验气缸套磨损后的表面形貌

将通过零部件试验机考核的喷钼活塞环和复合镀气缸套安装到高强化单缸柴油机台架上，经50h考核试验，未发生异常磨损，采用纳米级分辨率的三坐标测量仪，测量气缸套上止点附近圆周方向22点磨损量，平均磨损量为0.30μm，换算成磨损率为0.6×10^{-5}mm/h。磨损后活塞环和气缸套的表面形貌见图5.89。

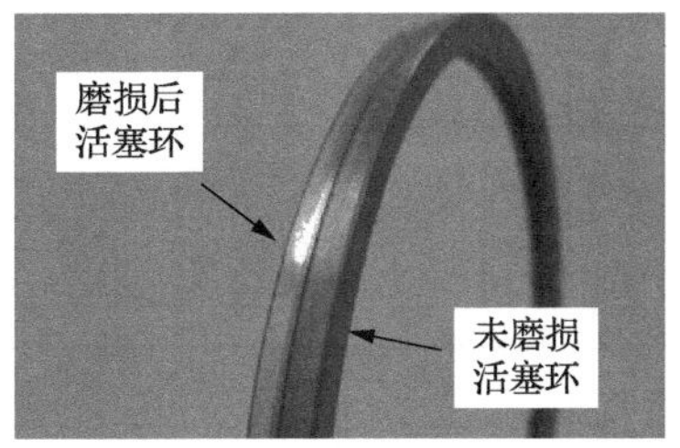

图5.89 单缸机台架考核试验气缸套和活塞环磨损后的表面形貌

本节研究了38CrMoAl(A)氮化复合TiN薄膜的复合镀气缸套的摩擦磨损和抗拉缸性能，并与铸铁、镀铬和氮化气缸套进行了对比，得到的主要结论为：①复合镀气缸套具有优异的耐磨、减摩和抗拉缸性能，在对比的4种气缸套中综合性能最好。②对同一种配对副，其摩擦、磨损和抗拉缸行为常常难以取得一致，往往是一部分性能好，另一部分性能不好，需要根据应用场合进行综合分析。

5.5 激光淬火铸铁气缸套的磨损

激光淬火处理是一种利用传统淬火热处理原理来提高气缸套工作面硬度(即耐磨性)的方法，这种方法采用高能量密度的激光束快速扫描工件内表面，使工件表面被照射区域的温度以极快的速度升温，当激光离开后，通过材料基体的自冷却作用实现淬火硬化。由于表层材料的加热和冷却速度极快，生成的硬化层组织较细，硬度也比常规淬火高。

除了激光淬火，等离子淬火也属于高能量密度加热表面淬火的范畴，其硬化原理与激光淬火一样，但与激光淬火相比，等离子束不需要真空系统，装置结构相对简单，而且在进行等离子淬火前，不需要任何前处理，因此等离子淬火具有更大的实用性。

激光淬火和等离子淬火都是在气缸套工作面形成连续的、具有一定几何特征的硬化带，在激光或等离子扫描过的区域，材料的硬度大幅提高。这样气缸套在今后的服役过程中，高硬度的网状硬化带起到耐磨骨架的作用，而硬度相对较低的未淬火区域在工作过程中会逐渐凹陷，能储存更多的润滑油，进而减小磨损。

通过在易磨损的部位(如上止点附近)采用较高的扫描密度，而在下止点附近区域采用较低的扫描密度，从而使气缸套内壁各个部位均衡磨损，延长柴油机的使用寿命。

高频淬火是采用感应加热使工件表面产生感应电流加热零件表面后迅速冷却而获得淬火组织的一种处理方法，这种方法将工件整个内表面淬火，不会只形成局部区域的硬化带。

以上三种表面硬化方法在中小型及大型气缸套上都有过成功的应用，明显延长了气缸套的耐磨寿命。但是，在使用过程中，也发现使用局部淬火气缸套的柴油机机油耗提高、抗拉缸性能不够稳定的问题，目前的应用还局限在比较小的范围。

本节介绍一种激光淬火硼磷铸铁气缸套的摩擦磨损性能，试验方法及试验参数与 4.2 节完全相同。

5.5.1 试验材料

激光淬火硼磷铸铁气缸套(编号 C)由国内厂家提供，参比样件为 4.2 节中编号为 B 的非淬火硼磷铸铁气缸套，两种硼磷铸铁气缸套由同一厂家生产，但批次不同，配对副均为喷钼活塞环，与 4.2 节相同。

采用化学分析法分析得到 C 气缸套的成分(质量分数)见表 5.7，基本符合设计要求。

表 5.7 C 气缸套的成分 (单位：%)

成分	C	Si	Mn	P	S	B	Cr
设计成分	3.0～3.4	2.2～3.1	0.8～1.2	0.2～0.4	<0.1	0.05～0.08	0.2～0.4
分析成分	3.44	2.70	0.85	0.28	0.015	0.089	0.35

C 气缸套的基体为细片状珠光体组织(图 5.90)，无明显可见的游离铁素体。硬质相含量为 15.2%，总体上离散均匀分布，达到 JB/T 5082.1—2008 的 1 级标准(含量＞10%，且均匀分布)。最大硬质相面积为 1828μm^2，远小于 4000μm^2；硬质相均弥散分布、少量的聚集状和部分枝晶状分布，也满足 1 级标准。气缸套的石墨形态见图 5.91，达到 1 级标准，石墨长度小于 230μm。气缸套厚度方向截面的组织为亚共晶灰口铸铁组织，如图 5.92 所示，即先结晶相为等轴晶奥氏体，在其晶界分布着共晶组织。

气缸套内表面的布氏硬度为 208HB，设计要求不小于 220HB，偏低约 5.5%，横截面布氏硬度为 204HB，与内表面相近，基体显微硬度为 343HV$_{0.1}$，基本正常。布氏硬度偏低应该与含碳量偏高有关系。

珩磨纹与激光淬火网纹方向基本一致，如图 5.93 所示，淬火网纹表面只有稀少的细

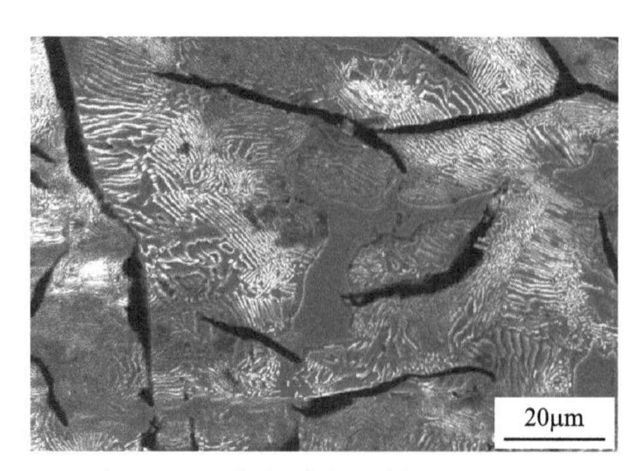

图 5.90 C 气缸套的基体组织(SEM)

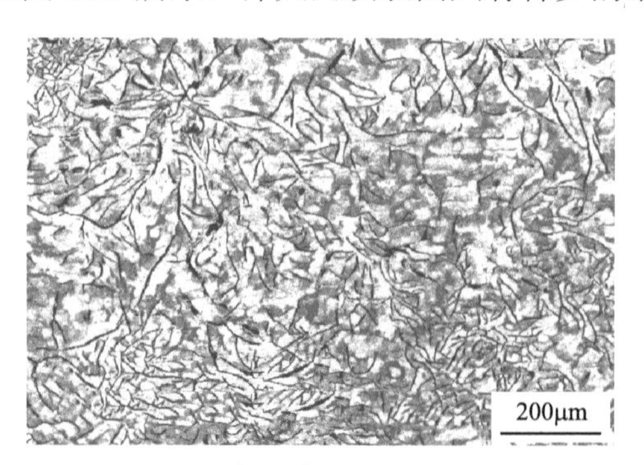

图 5.91 C 气缸套的石墨组织(SEM)

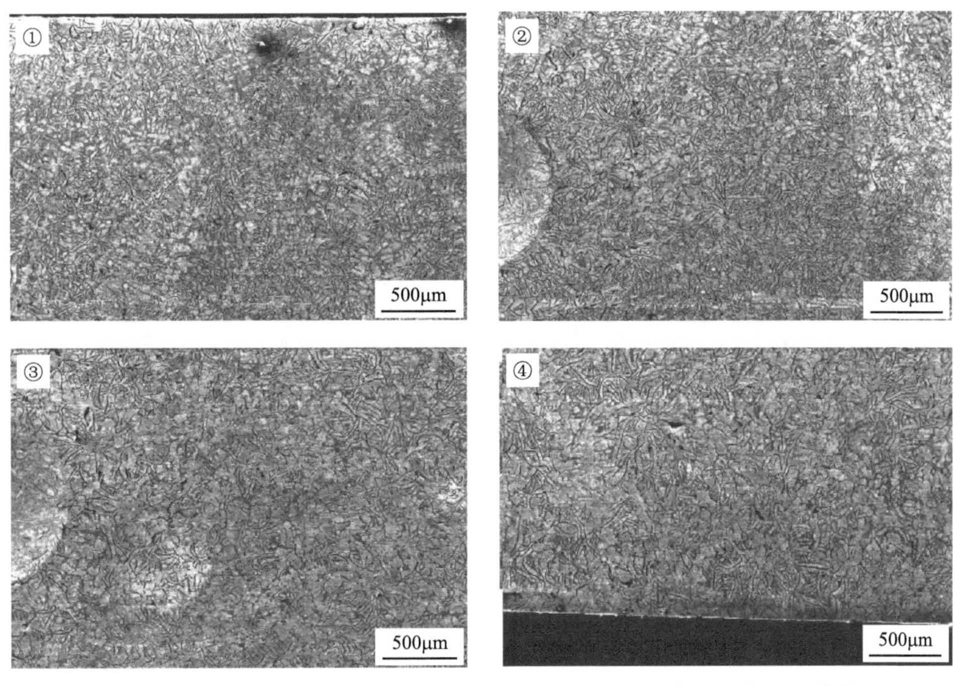

图 5.92 C 气缸套的断面组织图(石墨总体粗大，沿整个断面均匀，亚共晶)

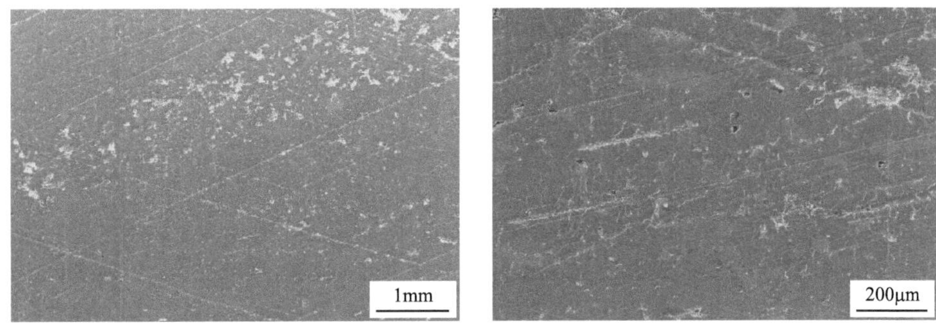

(a) 激光淬火带形貌　　(b) 图(a)淬火带边缘的局部放大

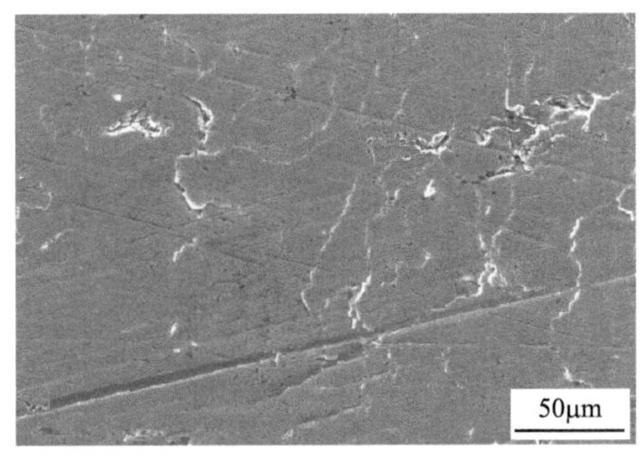

(c) 非淬火区的高倍放大

图 5.93 气缸套珩磨表面形貌

纹，其他区域珩磨纹比较清晰，气缸套表面有单向塑性流动的痕迹，表面有珩磨纹，可能是珩磨过程中表面受到较大挤压力及切向摩擦所致。

图 5.94 为珩磨表面轻腐蚀后观察到的基体和硬质相形貌。由图可见，硬质相基本完整，无明显碎裂、滑移迹象，珠光体基体对硬质相的镶嵌完好，大块硬质相表面有清晰的珩磨纹。

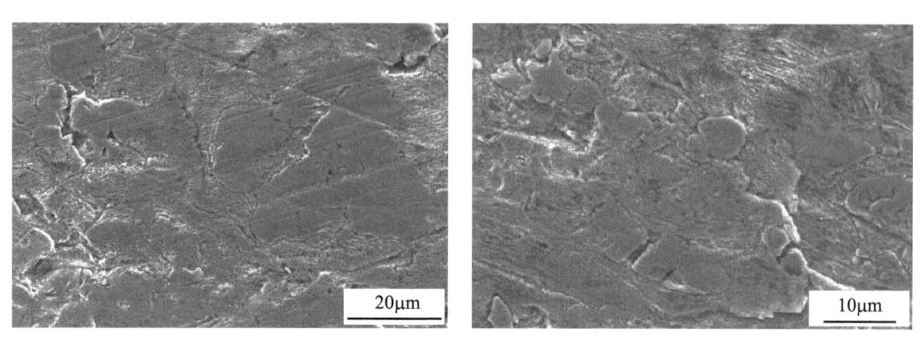

图 5.94 珩磨对硬质相的影响(SEM)

5.5.2 激光淬火气缸套的磨损性能

在名义接触压力分别为 128MPa 和 93MPa 两种磨损试验条件下，B、C 两种气缸套及其配对活塞环的磨损量见图 5.95。当接触压力为 93MPa 时，两种气缸套及其配对活塞

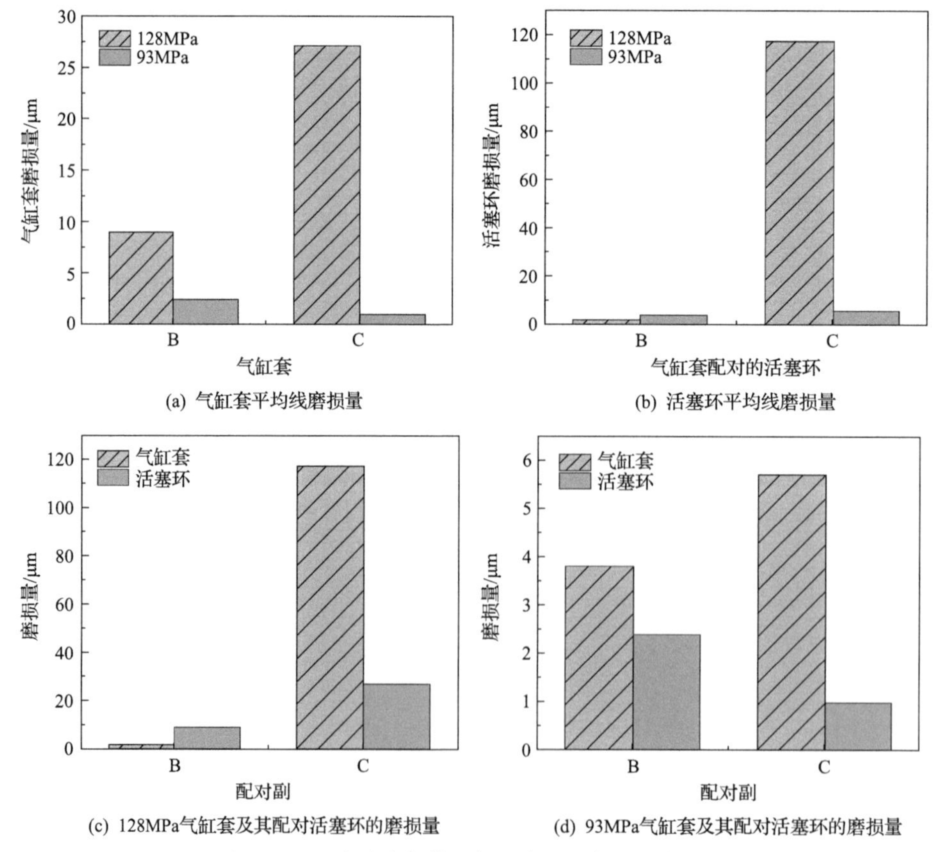

图 5.95 两种试验条件下气缸套和活塞环的磨损量

环的磨损量均较低，说明喷钼活塞环与硼磷铸铁气缸套和激光淬火气缸套的配对性都很好。当载荷增加到128MPa时，硼磷铸铁气缸套的磨损量为93MPa时的3.5倍左右，而活塞环的磨损量变化不大；但是激光淬火气缸套和配对活塞环的磨损量发生了剧烈的变化。可见，当载荷超过承载极限时，激光淬火气缸套配对副的磨损量激增。

5.5.3 激光淬火气缸套的磨损表面形貌

1) 气缸套磨损表面宏观特征

图5.96为两组磨损试验条件下气缸套磨损表面宏观形貌。128MPa时，B气缸套表面光滑但较黑，磨损均匀，珩磨纹完全消失。而C气缸套表面粗糙，磨损表面均匀，珩磨纹完全消失，但激光淬火带白亮，清晰。93MPa时，B、C气缸套表面状态相似，总体光滑，珩磨纹清晰，C气缸套表面的激光淬火带清晰可见。

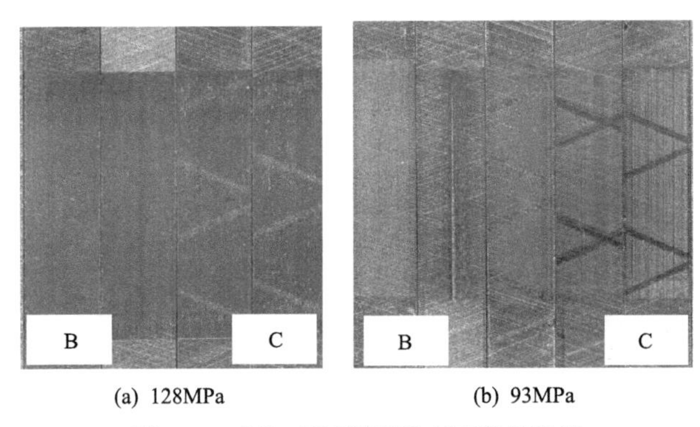

(a) 128MPa (b) 93MPa

图5.96 气缸套试样磨损表面宏观形貌

2) 活塞环磨损表面宏观特征

图5.97为两组磨损试验条件下活塞环试样磨损表面宏观形貌。可见，活塞环的表面状态与其配对气缸套具有一致的规律。与激光淬火气缸套配对时，活塞环的磨损表面相对粗糙。

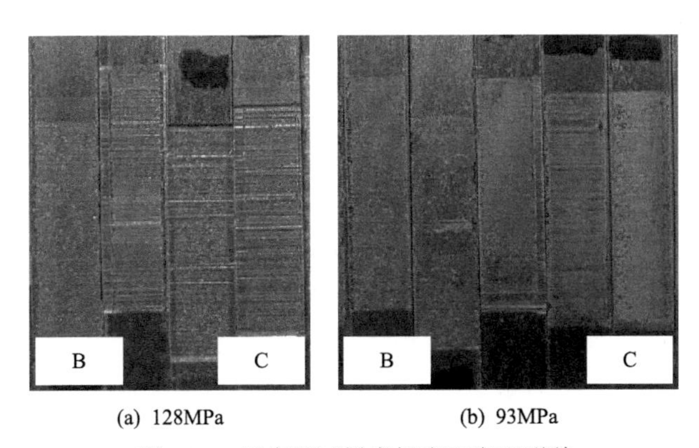

(a) 128MPa (b) 93MPa

图5.97 活塞环试样磨损表面宏观形貌

3）气缸套磨损表面微观形貌

磨损后各试样表面形貌见图 5.98～图 5.101。

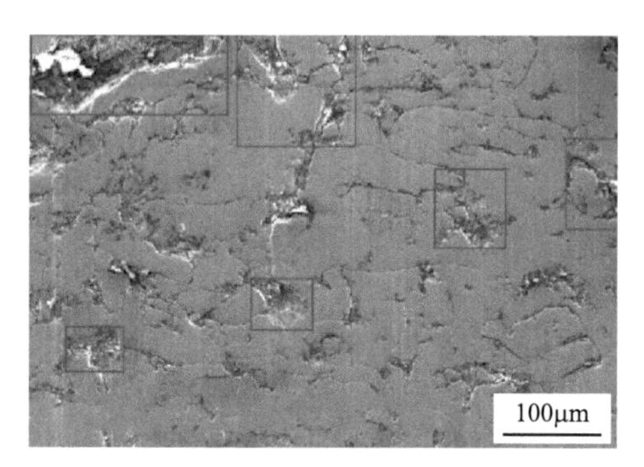

图 5.98 激光淬火带磨损表面形貌（SEM，128MPa）

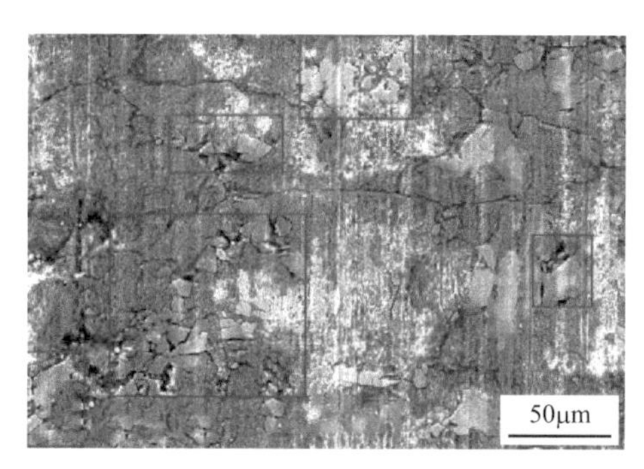

图 5.99 非激光淬火区磨损表面形貌（SEM，128MPa）

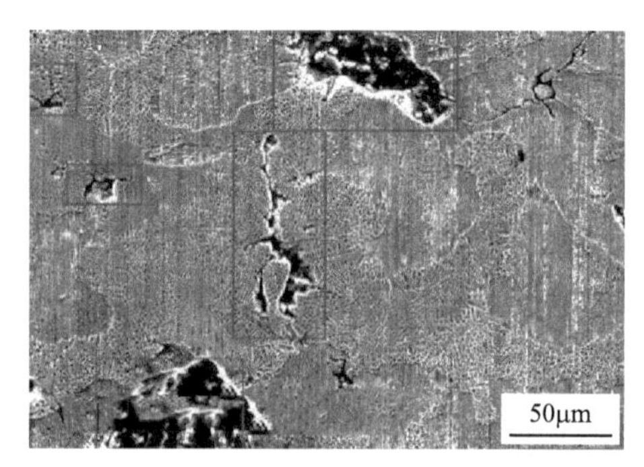

图 5.100 激光淬火带磨损表面形貌（SEM，93MPa）

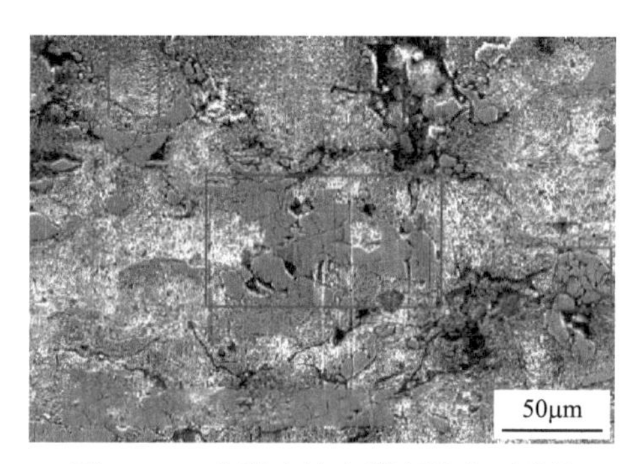

图 5.101 非激光淬火带磨损表面形貌（SEM，93MPa）

B 气缸套在 128MPa 时，如图 4.82 所示，磨损表面发生较重的塑性变形，石墨出口已经不可辨认，硬质相严重碎裂，有被压入基体并产生滑移的趋势，与基体之间形成纯粹的机械镶嵌，结合力较弱，脱落的概率很高。经轻度腐蚀后，石墨开口可见，近似平行结构，分布不均匀。

B 气缸套在 93MPa 时，如图 4.89 所示，表面总体光滑，磨痕很少，有较轻的塑性变形，基体珩磨纹可见，石墨出口仍然可以辨认，有的硬质相严重碎裂，有的硬质相保持完好。

C 气缸套的表现比较特殊，在 128MPa 时，如图 5.98 和图 5.99 所示，激光淬火区域被石墨片割裂，淬硬层严重碎裂；非淬火区域的基体受到严重破坏，石墨出口仍可见，且分布均匀；硬质相碎裂严重，空隙被基体填满，这样机械镶嵌的硬质相容易脱落形成 10μm 左右的磨粒，造成磨粒磨损。

C 气缸套在 93MPa 时，如图 5.100 和图 5.101 所示，激光淬火带表面光滑，莱氏体组织结构完整，磨损表面平滑；非淬硬区域表面平滑，有轻微磨痕，基体有轻度塑性变形，石墨出口清晰，部分硬质相碎裂，较大的则完好。

4) 活塞环磨损表面微观形貌

图 5.102 和图 5.103 为两种试验条件下与 C 气缸套配对的活塞环的磨损表面形貌；与 B 气缸套配对的活塞环的磨损表面形貌见图 4.93 和图 4.98。当载荷为 128MPa 时，如图 4.93 和图 5.102 所示，与 B 气缸套和 C 气缸套配对的活塞环表面都有喷涂颗粒剥落留下的疏松凹坑，凹坑周围的接触表面在滑动方向比较平滑，有塑性变形倾向。与 C 气缸套配对的活塞环剥落坑密度更高。

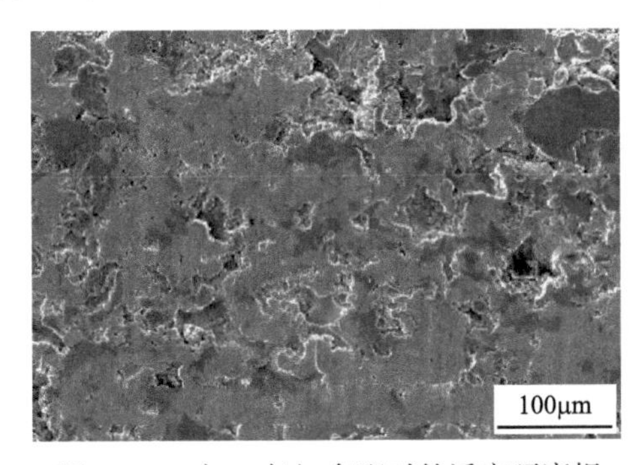

图 5.102　与 C 气缸套配对的活塞环磨损表面形貌(SEM，128MPa)

图 5.103　与 C 气缸套配对的活塞环磨损表面形貌(SEM，93MPa)

当载荷为 93MPa 时，如图 4.98 和图 5.103 所示，活塞环表面均比较平滑，基体没有明显的塑性变形痕迹，分布许多小坑，脱落倾向不明显，总体磨损较小。

5.5.4　激光淬火气缸套的磨损机制

1) 激光淬火气缸套的表面特征

图 5.104～图 5.106 为激光淬火对硼磷铸铁气缸套表面组织的影响。

未淬火区(图 5.104)在珩磨后表面光滑连续，珩磨纹清晰，平台区有金属流动现象和一定的金属折叠；没有明显的石墨孔洞，石墨出口被金属覆盖，轻腐蚀后石墨出口清晰可见。

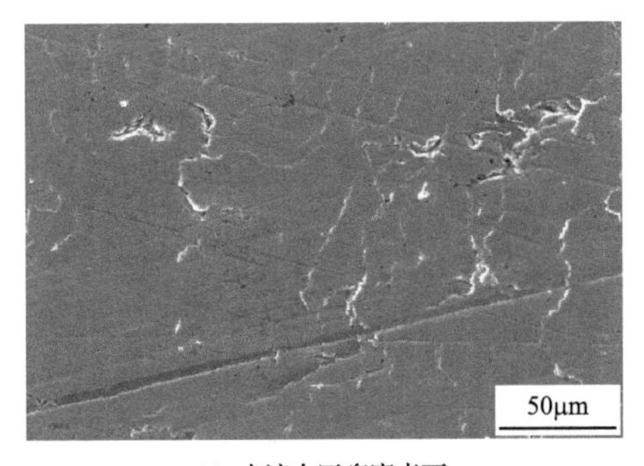

(a) 未淬火区珩磨表面

(b) 未淬火区珩磨表面轻腐蚀后的石墨出口形态

图 5.104　未淬火区域磨损表面形貌

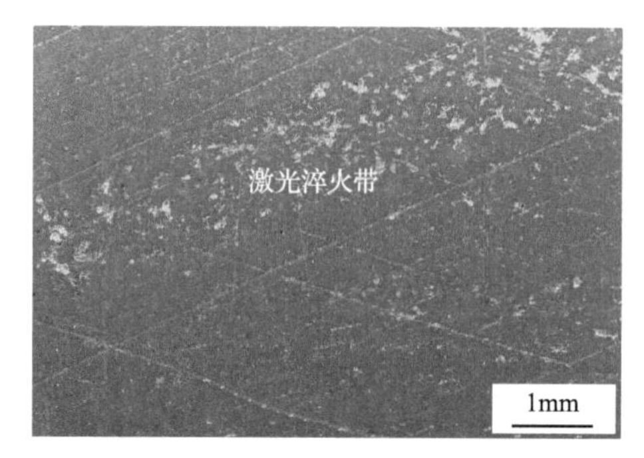

(a) 激光淬火气缸套珩磨后的形貌

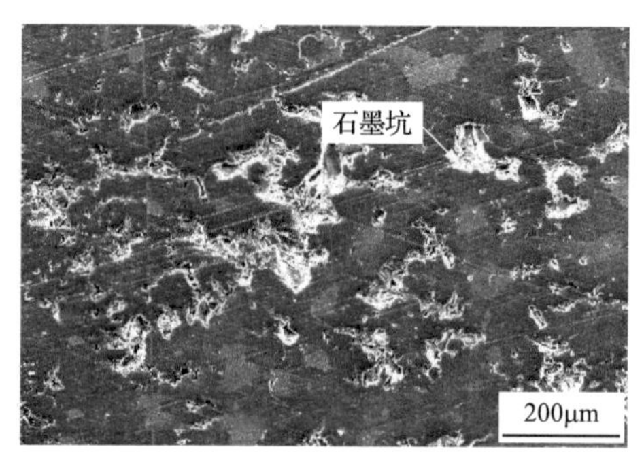

(b) 激光淬火带的放大形貌

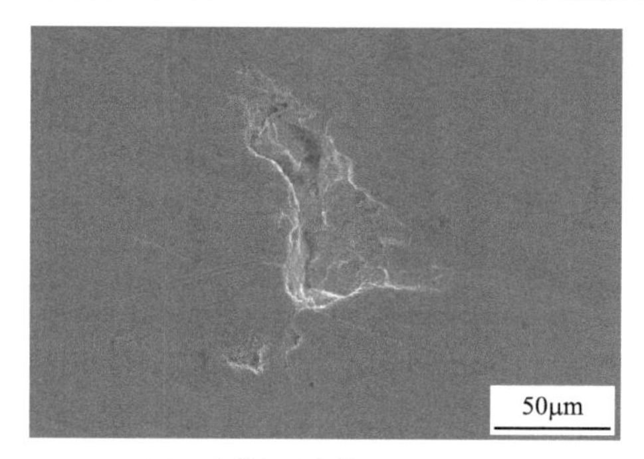

(c) 图(b)中激光淬火带石墨出口的放大

图 5.105 激光淬火带磨损表面形貌

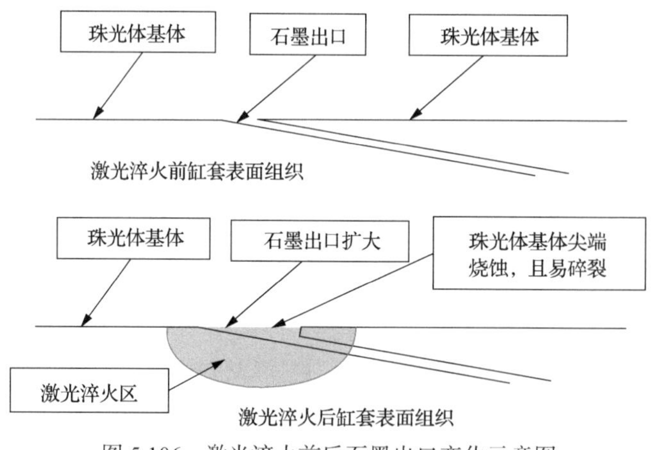

图 5.106 激光淬火前后石墨出口变化示意图

激光淬火后(图 5.105)，基体转变为脆硬的马氏体相，但在石墨出口附近区域出现较大的孔洞，尖角钝化，能谱探测表明，这些孔洞底部为石墨。孔洞形成原因可能是激光淬火过程中石墨出口边缘的珠光体尖角因边缘效应过热熔化或蒸发，扩大了石墨出口处的尺寸；在激光淬火后的珩磨过程中，硬脆的尖角碎裂，进一步扩大了石墨出口处的凹坑，形成较深的孔洞，其形成过程如图 5.106 所示。

在有关气缸套激光淬火的文献中没有见到如此大的孔洞，而是光滑致密的表面。激光淬火及珩磨之后，激光淬硬区的马氏体基体没有明显的裂纹，见图 5.105(c)。

2)激光淬火对磨损行为的影响

图 5.107 和图 5.108 为磨损后石墨出口边缘和马氏体基体的形貌。由图可见，激光淬火带在 128MPa 磨损后表面出现大量裂纹，无论在石墨出口边缘还是远离石墨出口，激光淬火带均有严重碎裂脱落，见图 5.107(c)和(d)；而在 93MPa 磨损，见图 5.108，淬火带没有明显的裂纹，但石墨出口周围的孔变大，深度达 17μm，宽度达 125μm，见图 5.109。这说明被石墨割裂的激光淬火带在承受高载时发生变形而碎裂，而在承受稍低的载荷时，则完整无损。

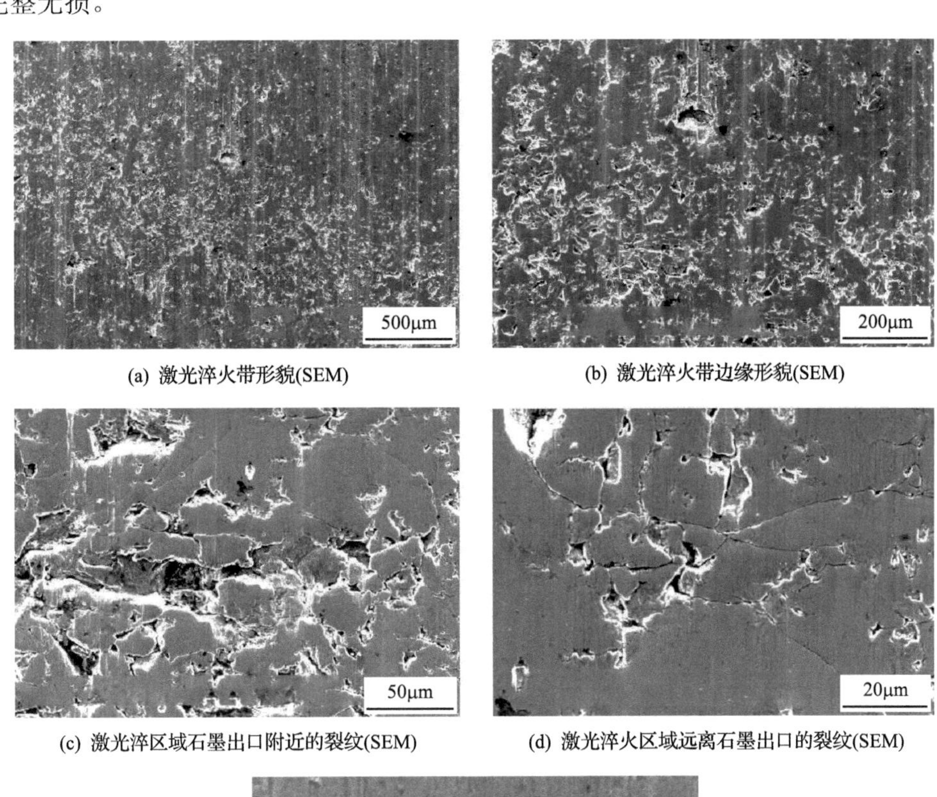

(a) 激光淬火带形貌(SEM)　(b) 激光淬火带边缘形貌(SEM)

(c) 激光淬区域石墨出口附近的裂纹(SEM)　(d) 激光淬火区域远离石墨出口的裂纹(SEM)

(e) 激光淬火区的小浅坑(SEM)

图 5.107　经 128MPa 磨损后的激光淬火带形貌

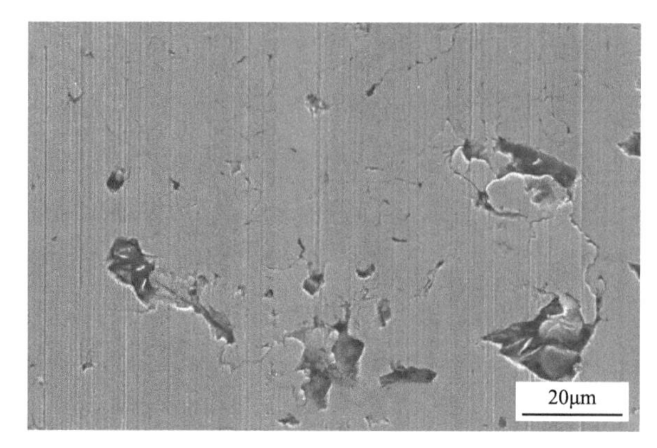

图 5.108 激光淬火带(磨损载荷为 93MPa)磨损后的形貌(SEM)

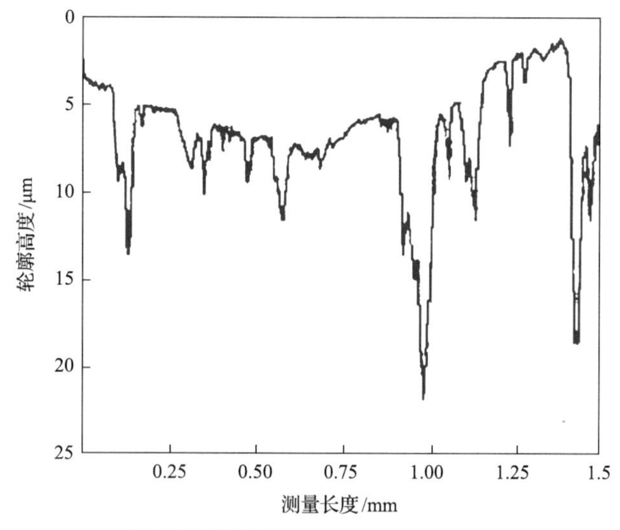

图 5.109 激光淬火带磨损后(磨损载荷 93MPa)的轮廓曲线

图 5.110 为激光淬火试样在磨损试验后沿整个磨损行程测得的轮廓曲线以及活塞环沿磨损行程运动的轨迹示意图。由图可见，磨损表面分布着长周期波纹，其波峰位置为激光淬火带，而波谷位置为未淬火的珠光体基体(图 5.110(a)和(b))。活塞环沿着波纹表面运动过程中(图 5.110(c))，受到周期性的冲击作用，加速淬火带的破坏。

本节研究了一种激光淬火气缸套的摩擦磨损性能。以非激光淬火的硼磷铸铁气缸套为对比试样。当接触压力为 93MPa 时，两种气缸套及其配对喷钼活塞环的磨损量均较低，说明喷钼活塞环与硼磷铸铁气缸套和激光淬火气缸套的配对性都很好，而且载荷耐受性可达 93MPa。当载荷增加到 128MPa 时，硼磷铸铁气缸套的磨损量为 93MPa 时的 3.5 倍左右，而活塞环的磨损量变化不大；但是激光淬火气缸套和配对活塞环的磨损量发生了剧烈的变化，当载荷超过承载极限时，激光淬火气缸套配对副的磨损量激增。经分析，石墨割裂的激光淬火带在承受高载时发生变形而碎裂，而在承受稍低的载荷时，则完整无损。此外，在激光淬火气缸套磨损表面分布着长周期波纹，其波峰位置为激光淬火带，而波谷位置为未淬火的珠光体基体，活塞环沿着波纹表面运动过程中受到周期性的冲击作用，加速淬火带的破坏。

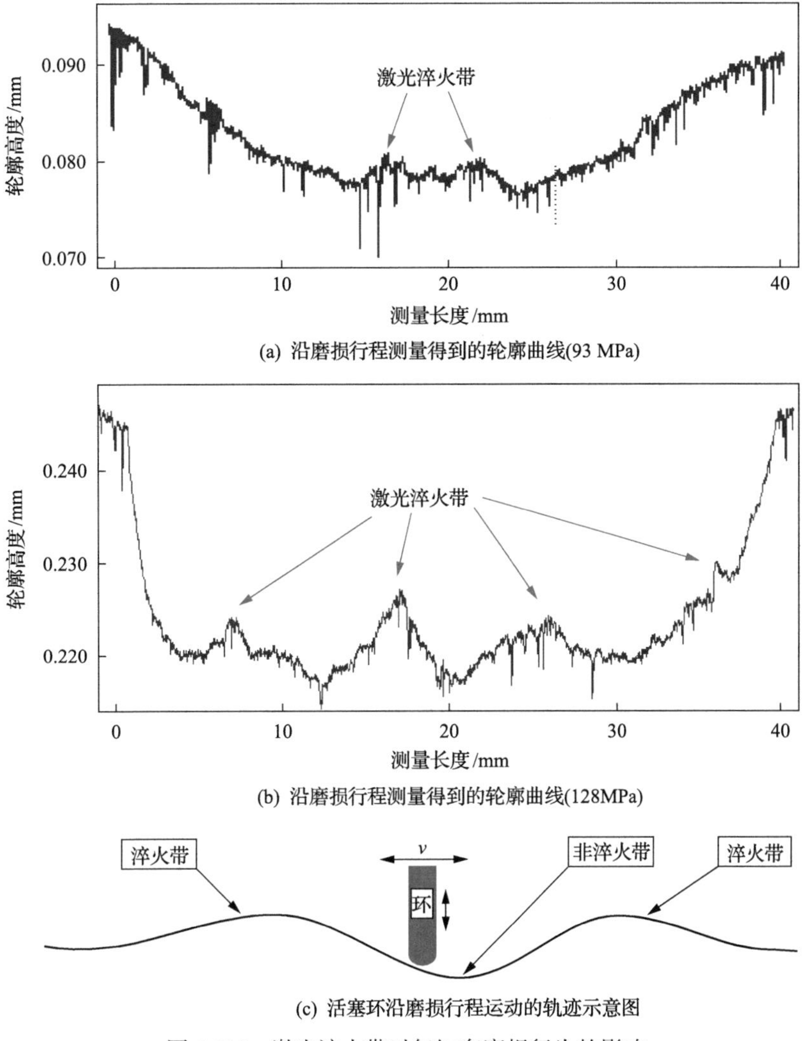

图 5.110　激光淬火带对气缸套磨损行为的影响

5.6　珩研合金铸铁气缸套的摩擦磨损

平顶珩磨是一种典型的气缸套内表面精加工工艺，由珩磨机主轴带动珩磨头做旋转和往复运动，并通过其中的胀缩机构使珩磨油石伸出，向孔壁施加压力并做进给运动，切去工件上极薄的一层金属，并形成交叉而不重复的网纹。平顶珩磨使气缸套内表面形成宽度不等的平顶和深沟，气缸套工作时，深沟用以储存润滑油，平顶面支撑载荷，表面平顶支撑率一般为 70%～80%。

珩研是根据珩磨的原理，用研磨片代替珩磨油石，通过珩研头带动研磨片在固定不动的工件内做回转和直线往复运动，在适当的研磨压力作用下，研磨片带动夹在工件与研磨片之间的游离状态的研磨剂颗粒，对工件内表面进行滚压和切削加工，从而得到理想的工作表面。

本节介绍平顶珩磨气缸套 C1 和珩研气缸套 C2 分别与 1007、K 和 HN 三种活塞环配对的摩擦磨损性能，润滑油与 4.1 节相同。采用第 3 章介绍的摩擦磨损和拉缸试验方法。

5.6.1 试验材料与试验方法

1) 表面形貌和性质

经珩研和平顶珩磨的气缸套内表面见图 5.111，可见珩研气缸套 C2 表面平整光滑，无可见纹理和光泽，珩磨气缸套 C1 表面有交叉网纹。图 5.112 为平顶珩磨气缸套和珩研气缸套的内表面微观形貌，可见平顶珩磨气缸套表面密布交叉网纹，以及单方向的层叠

(a) 珩研气缸套C2

(a) 珩磨气缸套C1

图 5.111 珩研气缸套和珩磨气缸套内表面宏观形貌

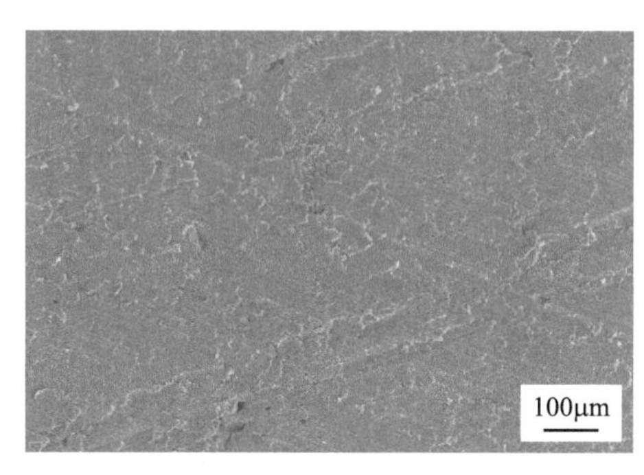

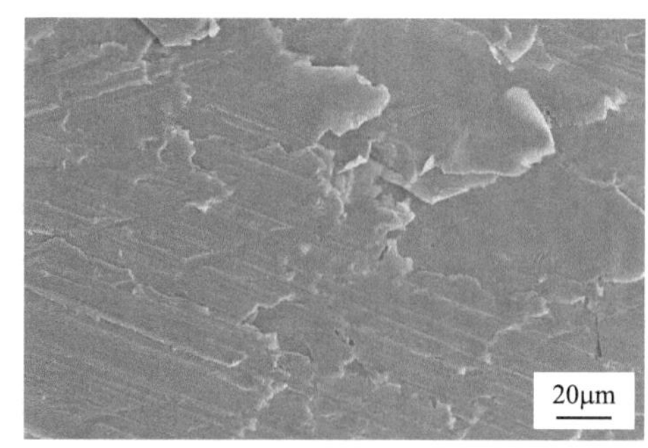

(a) 珩磨气缸套C1的表面形貌

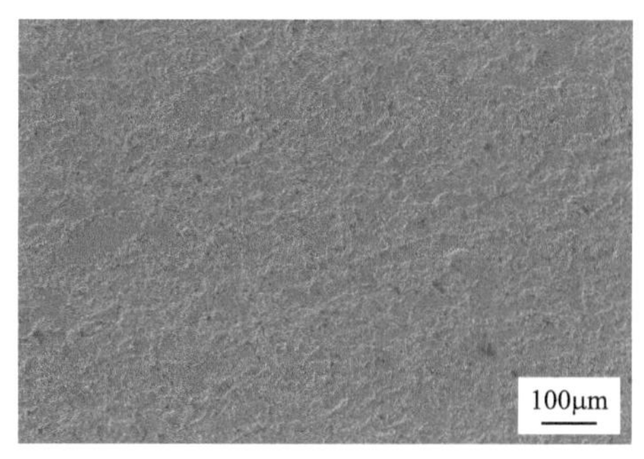

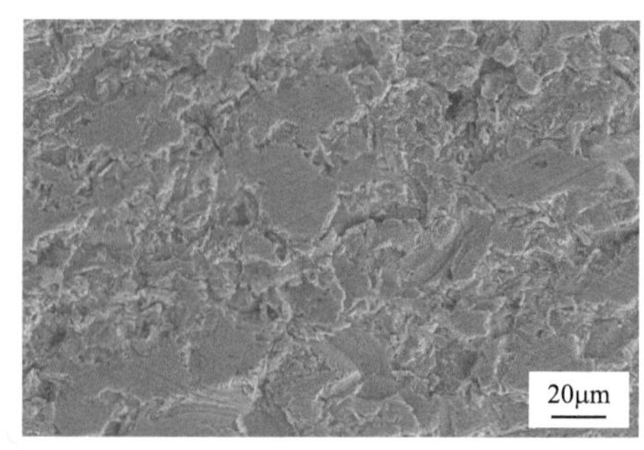

(b) 珩研气缸套C2的表面形貌

图 5.112 珩磨气缸套和珩研气缸套表面微观形貌

舌状塑性流动区域(图 5.112(a)),是珩磨头碾压缸套表面发生塑性变形的结果;而珩研气缸套表面不足三分之一的区域仍然保留珩磨网纹,其余区域均发生脆性剥离,形成大面积的连续凹坑(图 5.112(b))。

采用 Hommel Tester-T6000 表面轮廓仪测得 C1 气缸套的工作面粗糙度为 0.88μm,C2 气缸套的工作面粗糙度为 1.25μm,可见珩研后表面粗糙度变大。采用 Everone MH-6 显微硬度计测得 C1 气缸套的硬度为 266.7 $HV_{1.0}$,C2 气缸套的硬度为 303.7 $HV_{1.0}$,珩研后表面显微硬度提高。

采用 Hommel Tester-T6000 表面轮廓仪测量三种活塞环的工作面粗糙度,1007 活塞环为 0.71μm,K 活塞环为 0.23μm,HN 活塞环为 0.19μm。利用显微镜观测横截面,得到 1007 活塞环的表面改性层厚度约为 150μm,K 活塞环的表面改性层厚度约为 120μm,HN 活塞环的表面改性层厚度约为 100μm。将表面抛光,轻腐蚀,采用 Everone MH-6 显微硬度计测得 1007 活塞环的硬度为 673.73 $HV_{0.2}$,K 活塞环的硬度为 1012.67 $HV_{0.2}$,HN 活塞环的硬度为 888.67 $HV_{0.2}$。三种活塞环均为铬基陶瓷复合镀(CKS),1007 活塞环和 K 活塞环为进口,HN 为国产。

2) 磨损试验

采用第 3 章介绍的对置往复摩擦磨损试验机,先在 200℃、10MPa 条件下磨合 3h,然后载荷增加到 80MPa 磨损 21h,试验机转速为 200r/min,连续充分供油,试验参数详见表 5.8,活塞环磨损量采用 OLYMPUS LEXT(OLS3100)型三维激光共聚焦显微镜测量。

表 5.8 摩擦磨损试验参数

试验阶段	试验参数	
磨合阶段	200r/min,200℃,10MPa,3h	
稳定磨损阶段	转速/(r/min)	200
	温度/℃	200
	载荷/MPa	80
	时间/h	21

3) 拉缸试验

采用第 3 章介绍的对置往复摩擦磨损试验机进行拉缸试验,先在 10MPa 下磨合 10min,然后温度从 120℃提高到 190℃,载荷提高到 40MPa,再磨合 150min,停止供应润滑油,直到发生拉缸,试验参数详见表 5.9。

表 5.9 拉缸试验参数

试验阶段	试验参数	
低载磨合阶段	200r/min,120℃,10MPa,10min	
高载磨合阶段	转速/(r/min)	200
	温度/℃	190
	载荷/MPa	40
	时间/min	150
拉缸阶段	200r/min,温度和载荷保持不变,停止供油磨至拉缸	

5.6.2 珩研气缸套的摩擦磨损和抗拉缸性能

图 5.113 为 6 种配对副的摩擦系数，可见与同一种活塞环配对，C2 气缸套的摩擦系数均高于 C1 气缸套，但不超过 15%。其中，C1 气缸套与 1007 活塞环配对的摩擦系数最低；C2 气缸套与 HN 活塞环配对时摩擦系数最高。

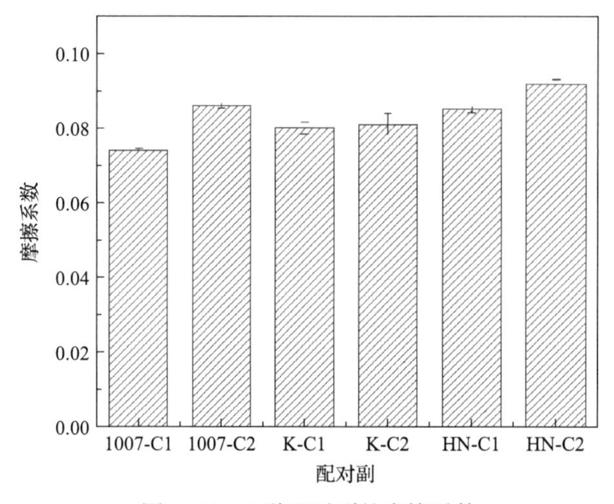

图 5.113　6 种配对副的摩擦系数

图 5.114 为 6 种配对副气缸套的磨损量，可见与 1007 活塞环和 HN 活塞环配对时，C2 气缸套的磨损量均比 C1 气缸套小，只有与 K 活塞环配对时，C2 气缸套的磨损量更大。两种气缸套与 1007 活塞环配对时，气缸套的磨损量均明显较大。

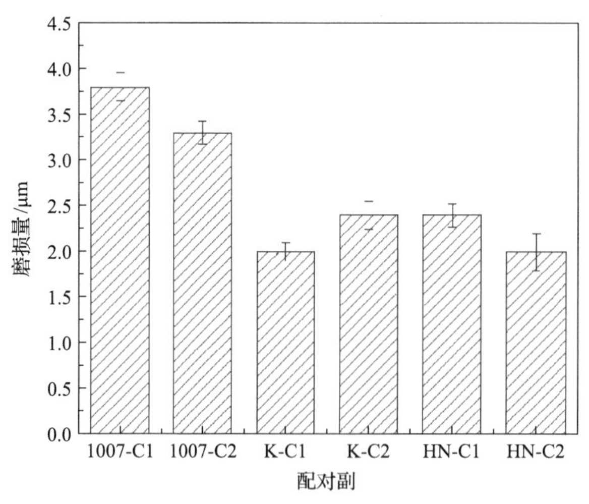

图 5.114　6 种配对副气缸套的磨损量

图 5.115 为 6 种配对副的活塞环磨损量，可见活塞环的磨损趋势与图 5.114 中气缸套的磨损趋势刚好相反，气缸套磨损量大的，活塞环磨损量小，反之亦然。

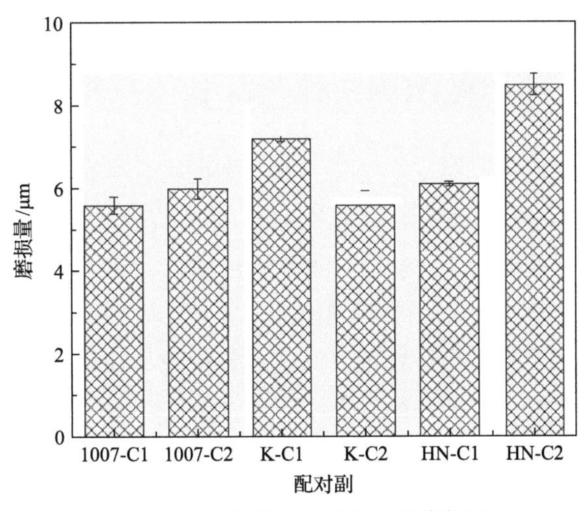

图 5.115 6 种配对副活塞环的磨损量

图 5.116 为各组配对副抗拉缸性能，由图可知，C2 气缸套的抗拉缸性能明显好于 C1 气缸套，与 HN 活塞环配对时两者的差别最大，此时 C2 气缸套的抗拉缸时间为 C1 气缸套的 15 倍。

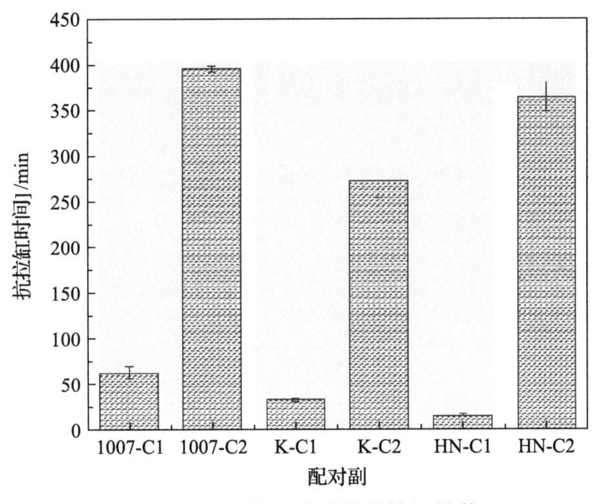

图 5.116 6 种配对副的抗拉缸性能

本节介绍了一种珩研灰口铸铁气缸套的摩擦、磨损和抗拉缸性能。结果表明，珩研后气缸套的抗拉缸性能明显提高，与三种不同活塞环配对时，抗拉缸时间均达到平顶珩磨的 10 倍以上，这应该归因于珩研后表面出现的大量凹坑，提高了表面的储油能力，强化了边界润滑效果。同时，珩研能使表面硬度提高，且耐磨性能也明显提高。而珩研气缸套的摩擦系数变大，可能是珩研导致表面粗糙度提高的缘故。因此，对于珩研气缸套，应控制珩研程度，获得合适的微坑占有率。

5.7 圆形微织构铸铁气缸套的抗拉缸性能

在摩擦副表面加工出相互独立、交错排布的表面微观结构，具有存储润滑油、收集磨粒等作用，还可改善柴油机摩擦副的润滑性能，能够有效地抑制磨损、降低摩擦系数。目前常用的加工方法有机械加工、激光表面微造型(LST)、LIGA、反应离子蚀刻(RIE)、电火花加工、电解加工等技术。圆形微织构加工方便，减摩效果好，是受到广泛关注的一种微织构。现有的对于圆形微织构的研究主要集中在流体动压润滑方面，而在边界润滑条件下圆形微织构对摩擦磨损性能的影响研究较少。本节重点介绍圆形微织构的设计、织构参数对减摩和抗拉缸性能的影响[13]。

5.7.1 试验材料及微织构加工

试验选用 CKS 活塞环、平顶珩磨硼磷铸铁气缸套。

采用电解加工方法在气缸套表面制备微织构[14,15]，加工装置如图 5.117 所示，由往复运动系统、电解液流动系统、加热系统三部分组成，气缸套试样为阳极，石墨为阴极。模板贴在气缸套表面，减少对非加工区域的杂散腐蚀。阴极中间开设长方形的电解液出口，如图 5.118(a)所示，与输送电解液的橡胶管相连，电解液由离心泵转速控制，垂直流向工件表面(图 5.117)。

为了电极间等距，将石墨阴极底面设计成与气缸套表面相同的曲率，如图 5.118(b)所示，固定于丝杠，由步进电机驱动做往复运动(图 5.117)，以保证圆形微织构深度一致，加工工艺参数见表 5.10。

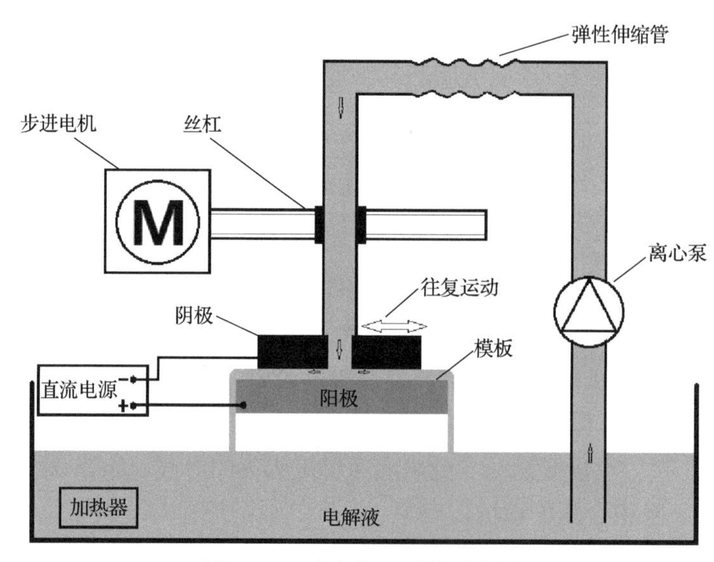

图 5.117　电解加工系统示意图

图 5.118　阴极形状

表 5.10　电解加工制备圆形微织构的工艺参数

参数	变化范围
电源电压/V	0～30
阴极速度/(mm/s)	0～30
往复行程/mm	0～350
电解液流量/(mL/s)	0～200
电极间距/mm	0～10
电解液温度/℃	0～80

5.7.2　试验方案设计

1) 圆形微织构参数设计

圆形微织构参数包括直径、面积占有率(微织构面积总和/摩擦区域面积)和排布方式，其中直径选择 200μm、400μm、600μm、800μm、1000μm、1200μm 六种，面积占有率选择 10%、15%、22%、30%四种，排布方式有相离、相切、相交 1、相交 2 和相交 3 五种。排布方式是根据相邻两列微织构的位置关系确定的，如图 5.119 所示。图 5.119(a)的排布方式为相离，即沿滑动方向上相邻的两列微织构具有一定的间隔；图 5.119(b)的排布方式为相切，即沿滑动方向上相邻的两列微织构的位置关系为相切，如图中黑色直线所示；图 5.119(c)的排布方式为相交 1，即沿滑动方向上相邻的两列微织构的位置关系为

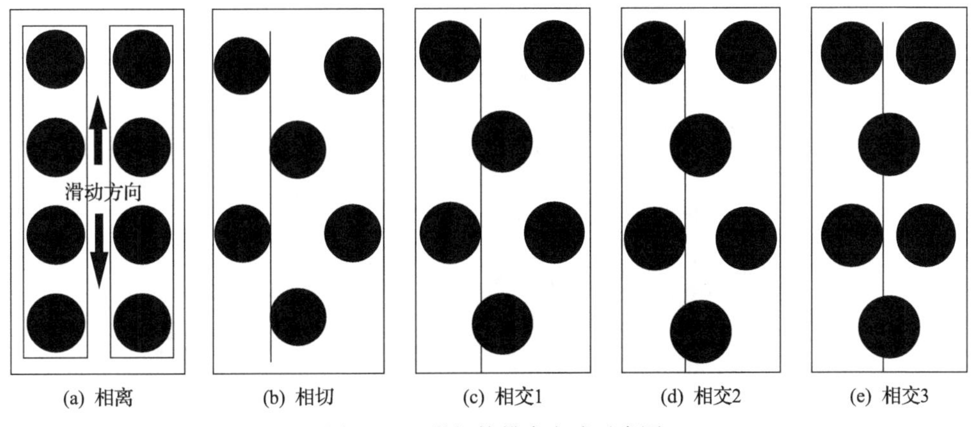

图 5.119　微织构排布方式示意图

相交，相交的距离为圆半径的 1/4；图 5.119(d)的排布方式为相交 2，即沿滑动方向上相邻的两列微织构的位置关系为相交，相交的距离为圆半径的 1/2；图 5.119(e)的排布方式为相交 3，即沿滑动方向上相邻的两列微织构的位置关系为相交，相交的距离为圆半径的 3/4。微织构的深度均控制在 45μm 左右，当研究某一织构参数对摩擦系数的影响规律时，保持其他织构参数不变，具体试验参数见表 5.11。

表 5.11　圆形微织构参数

直径/μm	面积占有率/%	排布方式
200、400、600、800、1000、1200	22	相交 1
800	10、15、22、30	相交 1
800	22	相离、相切、相交 1、相交 2、相交 3

2)拉缸试验方案设计

试验分四个阶段，低载磨合采用 10MPa、200r/min 和 150℃，磨合 10min；高载磨合的载荷提高到 50MPa，转速、温度不变，磨合 90min；然后维持载荷、转速不变，温度由 150℃升至 220℃，稳定时间为 5min；然后停止润滑油供给，保持载荷、转速和温度不变，直至发生拉缸。试验参数见表 5.12。

表 5.12　拉缸试验参数

试验参数	低载磨合	高载磨合	升温	贫油
载荷/MPa	10	50	50	50
转速/(r/min)	200	200	200	200
温度/℃	150	150	220	220
时间/min	10	90	5	至拉缸

5.7.3 圆形微织构气缸套的摩擦系数和抗拉缸性能

图 5.120 为圆形微织构拉缸试验后的表面形貌，可见不同的微织构参数的表面损伤状态有很大差别。

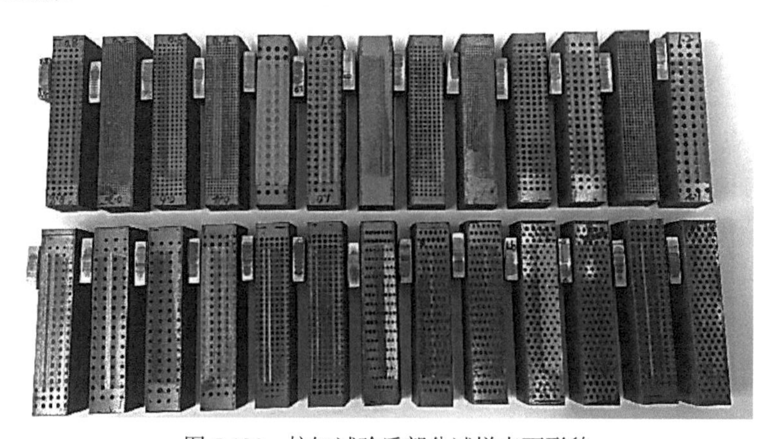

图 5.120　拉缸试验后部分试样表面形貌

1)微织构直径对摩擦系数和抗拉缸时间的影响

采用电解加工200μm、400μm、600μm、800μm、1000μm、1200μm 6种直径的圆形微织构，面积占有率为22%，微织构排布方式为相交1，如图5.121所示。用未处理的气缸套试样作为对比。

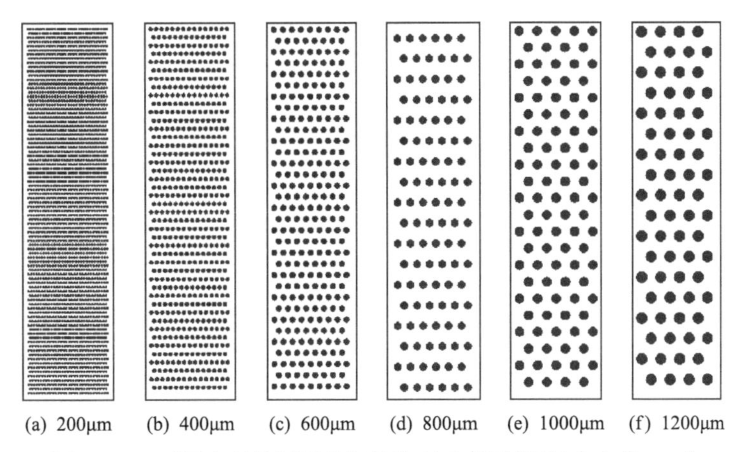

图5.121 不同直径的圆形微织构阵列示意图(面积占有率22%)

图5.122为圆形微织构直径对摩擦系数的影响。无织构的气缸套摩擦系数最高，随织构直径的增大，摩擦系数先逐渐降低，当直径为1000μm时达到最低，比无织构气缸套的摩擦系数下降了4.17%，然后随直径增大，摩擦系数增大。说明适当直径的圆形微织构，可以降低边界摩擦条件下的摩擦系数。

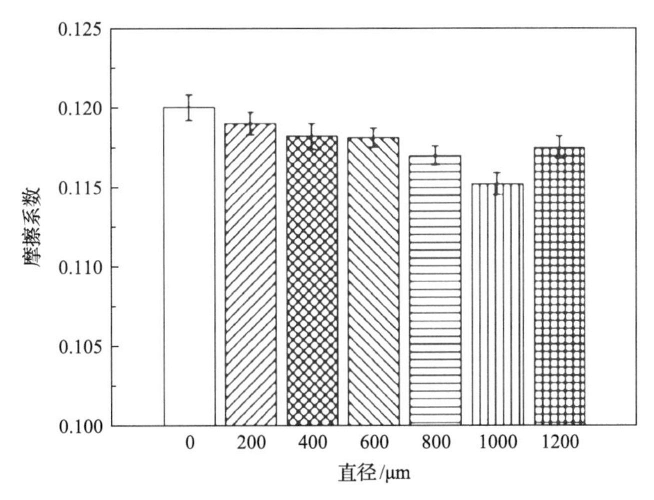

图5.122 圆形微织构直径对摩擦系数的影响

图5.123为织构直径对抗拉缸性能的影响。无织构的气缸套抗拉缸时间最短。随织构直径增大，抗拉缸时间增加，直径为800μm时达到最大，比无织构气缸套的抗拉缸时间提高了234%，然后随着直径增大开始减小。说明适当直径的圆形微织构，能有效地提

高气缸套的抗拉缸性能。而且抗拉缸时间与摩擦系数的规律基本一致，都是出现在 800～1000μm 的直径范围。

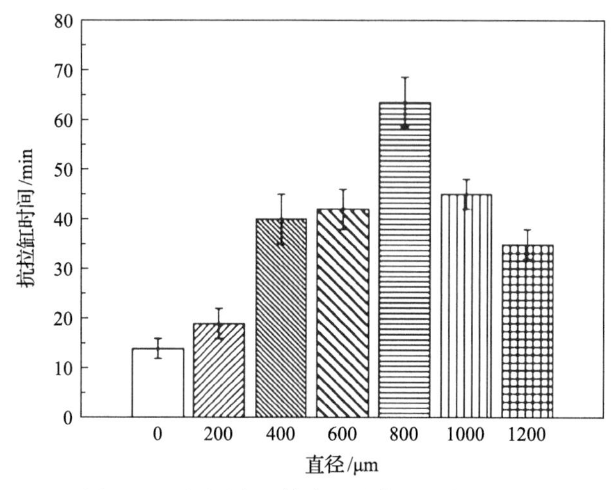

图 5.123 圆形微织构直径对拉缸性能的影响

2)微织构面积占有率对摩擦系数和抗拉缸时间的影响

电解加工 10%、15%、22%、30%四种面积占有率的圆形微织构，微织构直径为 800μm，排布方式为相交 1，如图 5.124 所示。

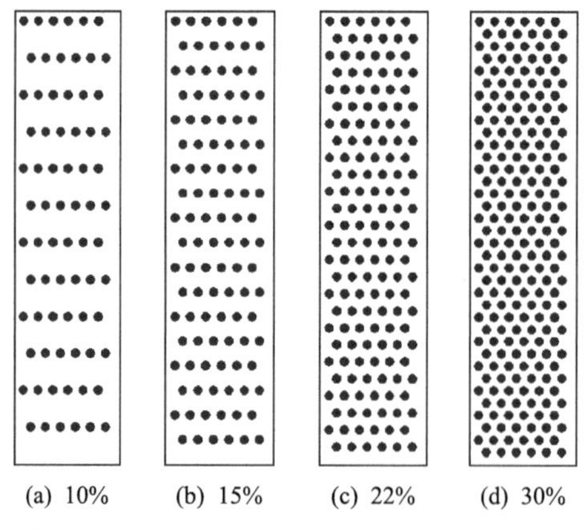

图 5.124 不同面积占有率的圆形微织构阵列示意图(直径 800μm)

图 5.125 为圆形微织构面积占有率对摩擦系数的影响。随面积占有率的增大，摩擦系数先降低后升高。当微织构面积占有率为 22%时，摩擦系数最小。这说明适当面积占有率的圆形微织构对降低摩擦系数的贡献是很明显的。

图 5.126 为圆形微织构面积占有率对抗拉缸性能的影响。随面积占有率的增大，抗拉缸性能先上升后下降，当微织构面积占有率为 22%时，抗拉缸时间最长。这说明适当面积占有率的圆形微织构对提高抗拉缸性能的贡献是十分显著的，且抗拉缸时间与摩擦系数的规律基本一致，摩擦系数最小的，抗拉缸性能最好，都出现在 22%。

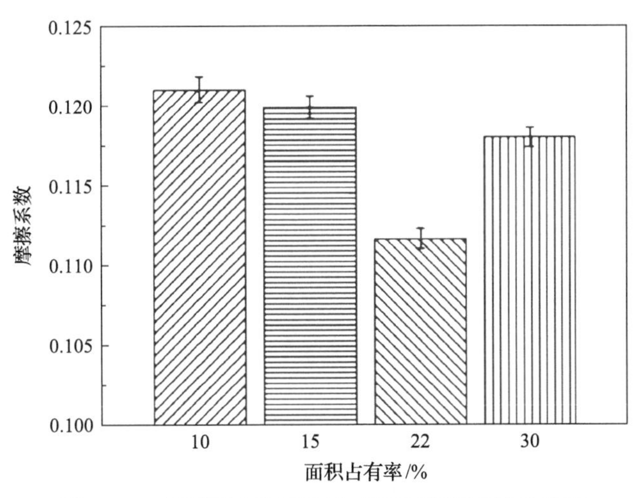

图 5.125 圆形微织构面积占有率对摩擦系数的影响

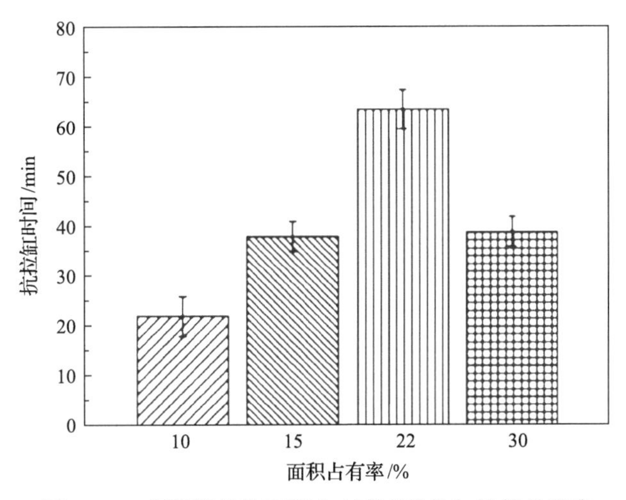

图 5.126 圆形微织构面积占有率对抗拉缸性能的影响

3) 微织构排布方式对摩擦系数和抗拉缸时间的影响

电解加工相离、相切、相交 1、相交 2、相交 3 五种排布方式的圆形微织构，微织构直径为 800μm，面积占有率为 22%，如图 5.127 所示。

图 5.128 为圆形微织构排布方式对摩擦系数的影响。随排布方式从相离到相交距离增大，其摩擦系数逐渐降低，为相交 2 时，摩擦系数最小，然后相交距离进一步增大，摩擦系数开始增加。这说明圆形微织构的排布应有适当的相交距离，过大和过小都不利于边界摩擦，但其影响程度与直径和面积占有率相比，明显减小。

图 5.129 为圆形微织构排布方式对抗拉缸性能的影响。排布方式的变化表现出与摩擦系数基本一致的变化规律，即摩擦系数最小的排布方式，其抗拉缸性能也基本是最好的，都是在相交 1 和相交 2 的相交程度范围。但是与圆形微织构直径和面积占有率相比，其影响程度很小。

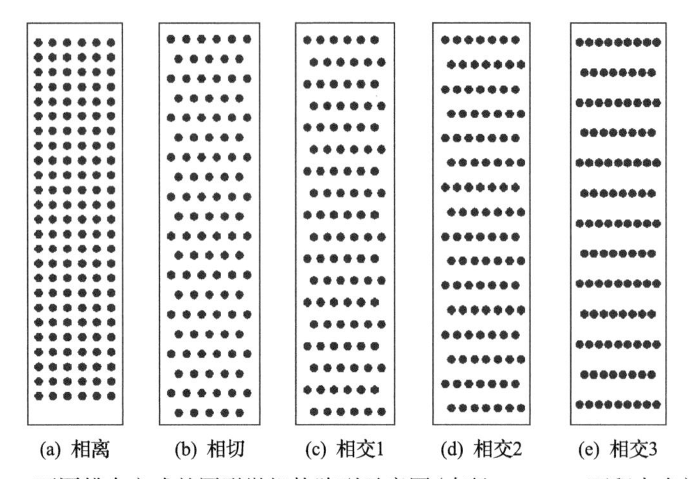

图 5.127 不同排布方式的圆形微织构阵列示意图(直径 800μm，面积占有效 22%)

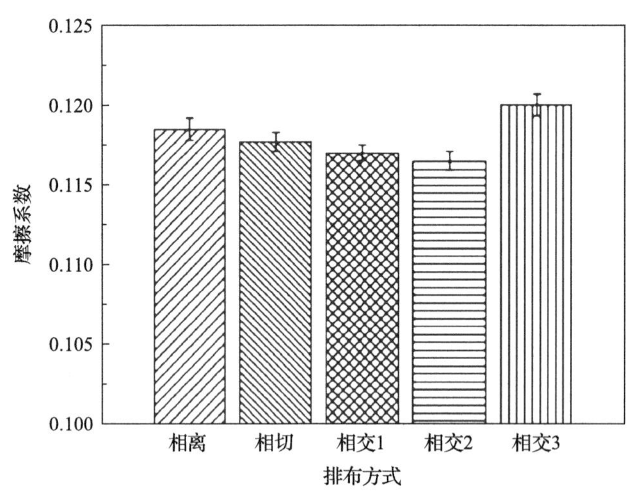

图 5.128 圆形微织构排布方式对摩擦系数的影响

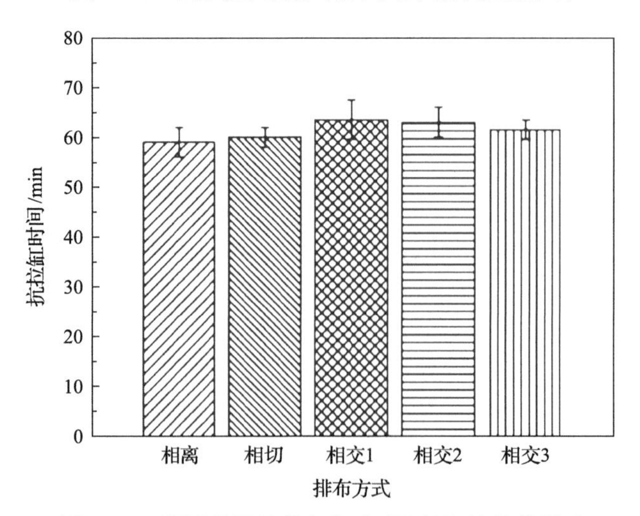

图 5.129 圆形微织构排布方式对抗拉缸性能的影响

由上述试验结果可见，适当的直径和面积占有率对降低摩擦系数、提高抗拉缸性能有显著的影响，适当程度的相交对摩擦系数和抗拉缸性能也有影响，但其影响程度比直径和面积占有率小。

5.8 摩擦缓释固体润滑剂对气缸套摩擦磨损的影响

近些年来，在润滑油中加入纳米颗粒，即纳米润滑油，受到很多研究者的重视，有的还形成了润滑油添加剂产品，表现出良好的耐磨减摩潜力[16-18]。一般认为这些添加剂与摩擦副表面在摩擦诱导下，发生了化学反应，生成了一层相当于固体润滑剂功能的化学减摩涂层，或者相当于滚动轴承的机械减摩薄层。但是由于这些颗粒状添加剂通过润滑油供给，有沉降和堵塞滤器的风险，所以尚未得到广泛使用。

本节介绍一种直接通过摩擦副表面微织构来储存固体润滑剂，以改善摩擦磨损行为的方法。固体润滑剂可在摩擦副滑动过程中被缓慢释放到摩擦界面，不但长效，而且可规避沉降等问题，使其固体润滑作用得到充分发挥。

采用往复摩擦磨损试验机开展试验研究，选用合金镀铁气缸套(同 5.2 节)配 CKS 活塞环(同 4.1 节)研究表面微织构复合 MoS_2 固体润滑剂对气缸套摩擦磨损性能的影响[6,19,20]。

5.8.1 气缸套表面微坑织构复合 MoS_2 固体润滑剂的方法

1) 气缸套表面微坑的电火花加工

采用电火花数控成型机在 FeNi 合金镀铁气缸套表面刻蚀微坑织构，工具电极为纯铜，固定在电极槽，气缸套试样固定在试样槽。通过改变工具电极直径来控制微坑直径，并通过设定电火花成型机的三坐标参数控制微坑的深度和位置分布。

电火花加工后，气缸套试样用 3000#砂纸去除微坑边缘的凝滴，然后浸泡于酒精中超声清洗。加工后的微坑表面形貌见图 5.130，微坑形状规则且边缘镀层基本保持完好。图 5.131 为该微坑的三维形貌及横剖面轮廓线，可见微坑直径和深度与设定参数(直径为 500μm，深度为 300μm)相符。

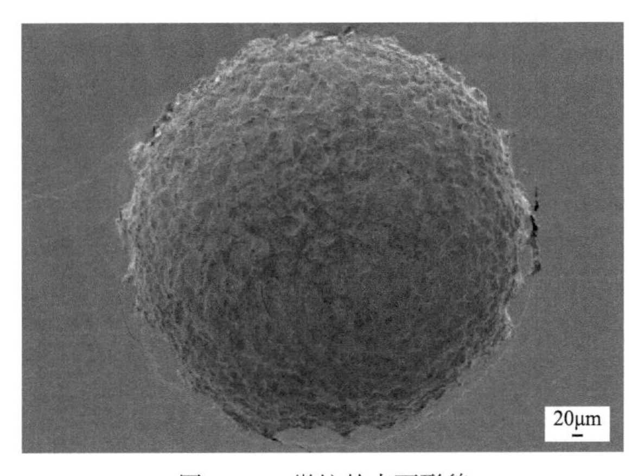

图 5.130 微坑的表面形貌

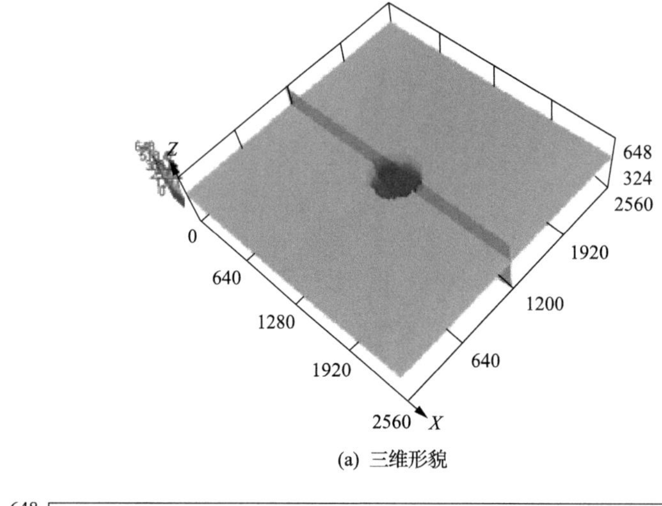

(a) 三维形貌

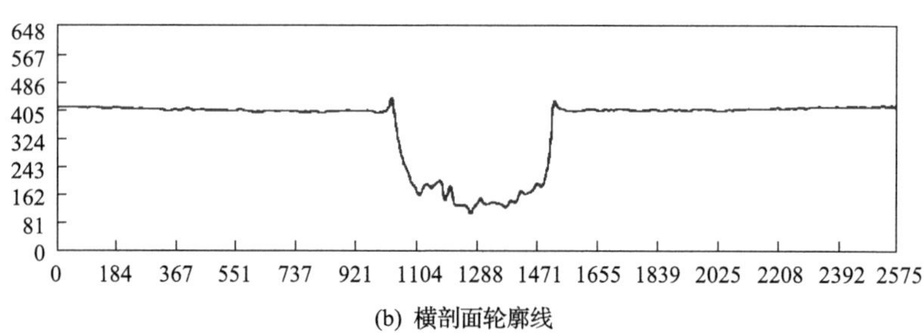

(b) 横剖面轮廓线

图 5.131 微坑的三维形貌及横剖面轮廓线

2)气缸套表面微坑与 MoS_2 的复合方法

微纳级固体润滑剂比表面积大，粉体密度低，填充密度不容易控制。采用三种复合方法进行对比：第一种方法是将 MoS_2 粉体直接填充入微坑；第二种方法是将 MoS_2 与润滑油以 10∶1 的比例混合均匀，采用碾压的方式将膏状物填入微坑(用 MoS_2/润滑油表示)；第三种方法是将 MoS_2 与环氧树脂以 9∶1 的比例混合均匀，填充入微坑，在 180℃保温 1h 进行热固(用 MoS_2/环氧树脂表示)。通过对比 MoS_2 在微坑中的填充程度和气缸套的摩擦系数，来评价微坑与 MoS_2 复合方法的优劣。试验条件为转速 200r/min、温度 120℃、载荷 20MPa、磨损时间 30min。

图 5.132 为不同复合方法的微坑表面横剖面轮廓线。由图可以观察到，直接填充 MoS_2 粉体与 MoS_2/环氧树脂，未能使 MoS_2 完全填满微坑。MoS_2/润滑油方法的微坑表面与气缸套表面平齐，还略有溢出，说明该复合方法能使 MoS_2 填满微坑。

图 5.133 为采用不同复合方法填充气缸套表面微织构的摩擦系数。由图可以观察到，复合方法对气缸套摩擦系数的影响不大，MoS_2/环氧树脂的摩擦系数略高，MoS_2/润滑油的摩擦系数最小。

根据上述试验结果，本节采用 MoS_2 与润滑油均匀混合，反复碾压填充气缸套表面微织构。图 5.134 为 MoS_2/润滑油填充气缸套表面微坑后的表面形貌。

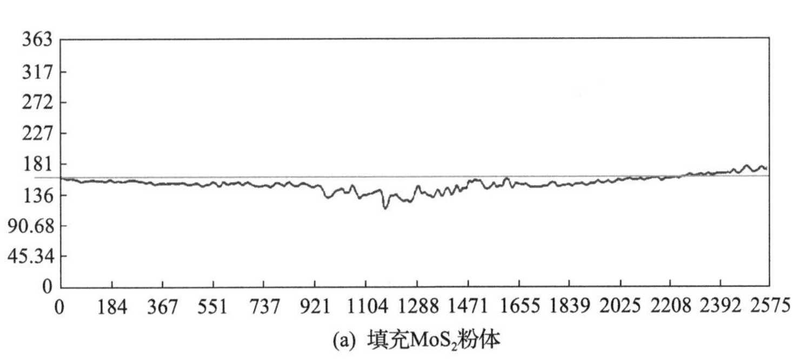

(a) 填充MoS_2粉体

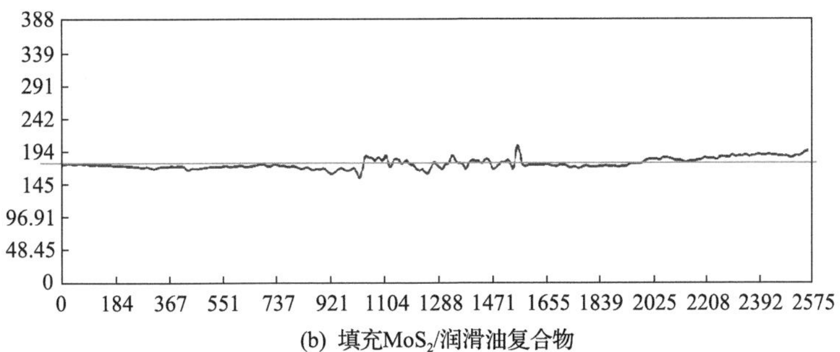

(b) 填充MoS_2/润滑油复合物

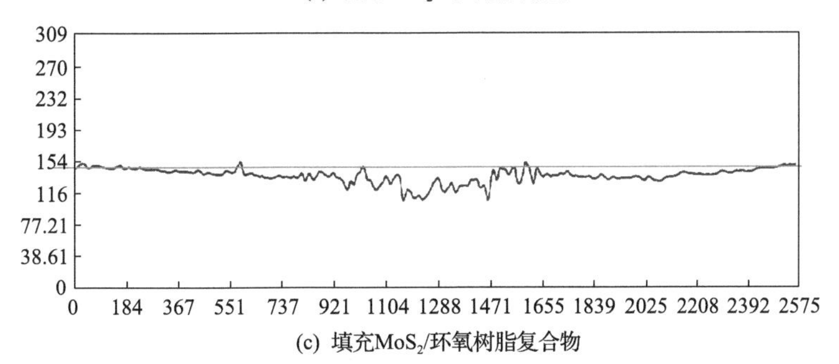

(c) 填充MoS_2/环氧树脂复合物

图 5.132 复合后微坑的横剖面轮廓线

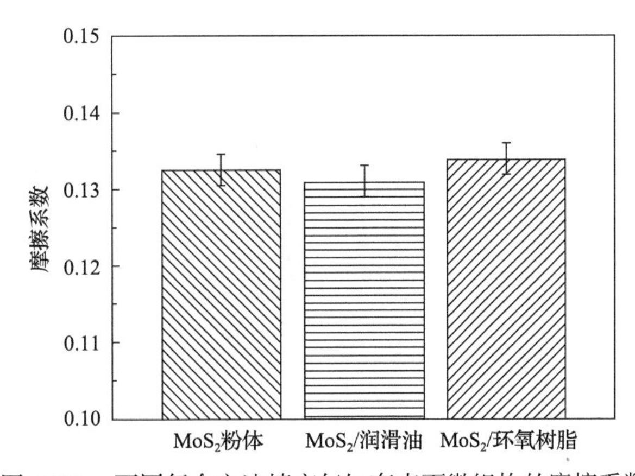

图 5.133 不同复合方法填充气缸套表面微织构的摩擦系数

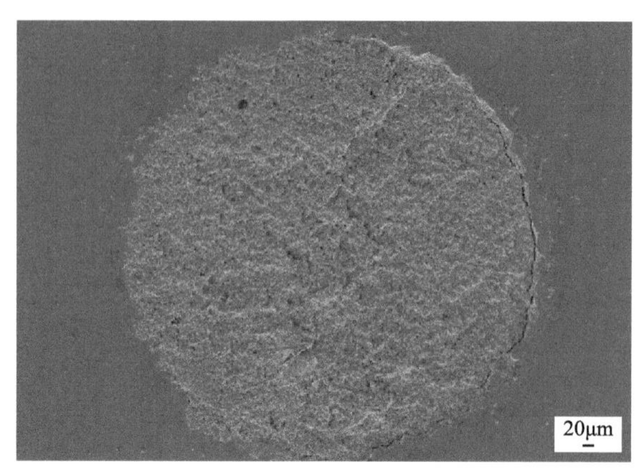

图 5.134 MoS_2/润滑油填充气缸套表面微坑的表面形貌

3) 固体润滑剂的作用范围

为了更合理地设计微坑排布，研究了微坑内固体颗粒释放后的作用范围。在气缸套试样的止点区域刻蚀微坑，直径分别为 500μm、700μm 和 1200μm。为了避免填充过程中微坑周围表面黏附的固体颗粒对检测结果产生影响，填充 MoS_2 前先在微坑周围的表面覆盖掩膜，填充完成后揭除掩膜。试验条件为转速 200r/min、温度 120℃、载荷 20MPa。磨损 5min 后将试样置于烘箱，烘干后检测气缸套表面固体润滑剂的分布状态。

图 5.135～图 5.137 为不同直径的微坑表面形貌及其 S 元素面分布。由图 5.135(b)、图 5.136(b)、图 5.137(b)可观察到微坑周围沿滑动方向有 S 元素存在，存在的范围与微坑直径有关，当微坑直径为 500μm 和 700μm 时，固体颗粒的作用范围分别约为 500μm 和 700μm，即 1 倍的直径距离；当微坑直径为 1200μm 时，固体颗粒的作用范围约为 1800μm，即 1.5 倍的直径距离。超出上述范围，试样表面无 S 元素分布，也就是超出固体颗粒的作用范围。

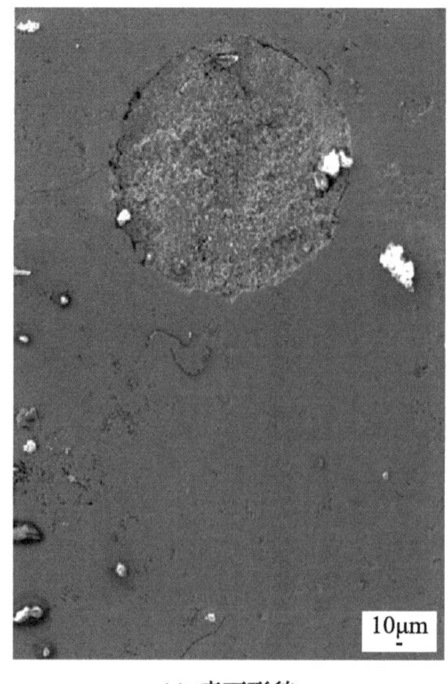

(a) 表面形貌

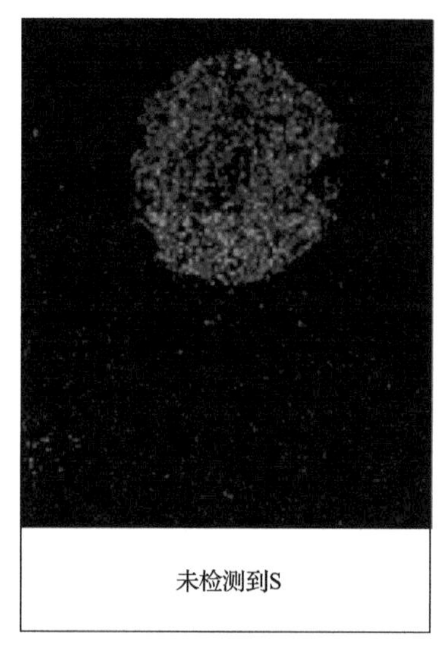

(b) S元素面分布

图 5.135 直径为 500μm 的微坑表面形貌(SEM)及其 S 元素面分布

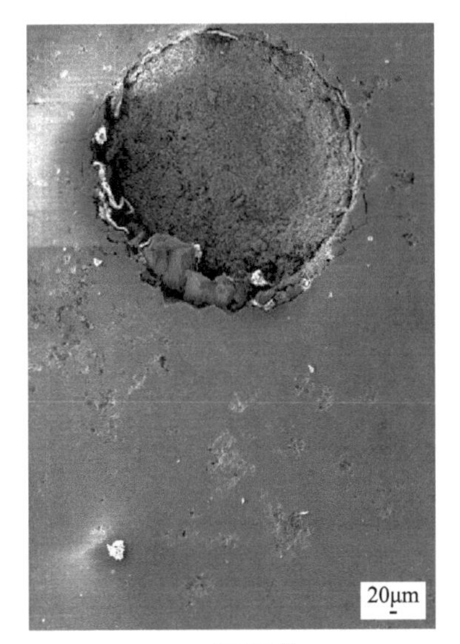

未检测到S

(a) 表面形貌　　　　(b) S元素面分布

图 5.136　直径为 700μm 的微坑表面形貌(SEM)及其 S 元素面分布

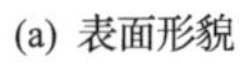

(a) 表面形貌　　　　(b) S元素面分布

图 5.137　直径为 1200μm 的微坑表面形貌(SEM)及其 S 元素面分布

5.8.2 微坑织构参数对气缸套摩擦性能的影响

本节主要研究的微坑织构参数有直径、深度、面积占有率(总微坑面积/端部面积)和分布角度，详见表 5.13。当研究某一织构参数时，其他织构参数均保持相同(相近)。摩擦磨损试验参数为转速200r/min、温度120℃、载荷20MPa，持续供油速度为0.065mL/min，磨损试验时间为4h。

表 5.13 微坑织构参数

微坑直径/μm	深度/μm	面积占有率/%	分布角度/(°)
500、700、1000、1200	300	约 13	56
700	300	9.16、10.08、12.80、15.58、16.49	56
700	100、200、300、500、700、900	10.08	56
700	300	10.08	35、48、56、62

1) 微坑直径对摩擦系数和磨损表面形貌的影响

在气缸套的止点区域，刻蚀直径分别为500μm、700μm、1000μm、1200μm，深度为300μm，面积占有率约为13%，分布角度为56°的微坑织构，微坑排布方式如图 5.138 所示。对于同样的微坑面积占有率，微坑直径与微坑数量成反比，微坑直径越小，需要的微坑数量越多。微坑边缘应力集中，因此，微坑数量越多，微坑边缘镀层疲劳剥落形成磨粒的概率越大。

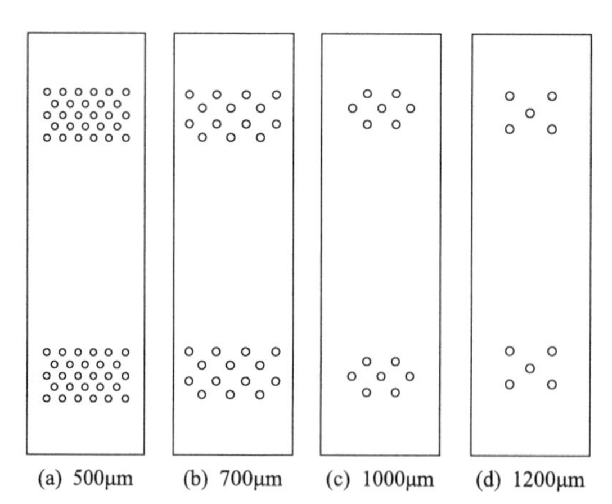

图 5.138 不同直径的微坑织构分布示意图(深 300μm，面积占有率 13%，分布角度 56°)

图 5.139 为微坑直径对微坑复合 MoS_2 气缸套-CKS 活塞环摩擦副摩擦系数的影响规律，可见摩擦系数随着微坑直径的增大先降低后增加，当微坑直径为 700μm 时，摩擦系数最小。

图 5.140 为微坑直径对磨损表面形貌及 S 元素面分布的影响，可见磨损后表面形貌相近，微坑边缘形状保持完整，没有明显的破坏痕迹，镀铁层的网纹结构清晰可见。微坑内的 MoS_2 基本上被完全释放出来，部分残留在微坑周围表面。

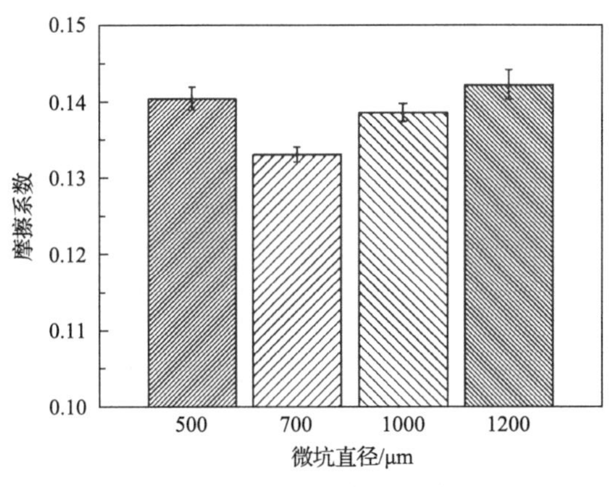

图 5.139　微坑直径对摩擦系数的影响

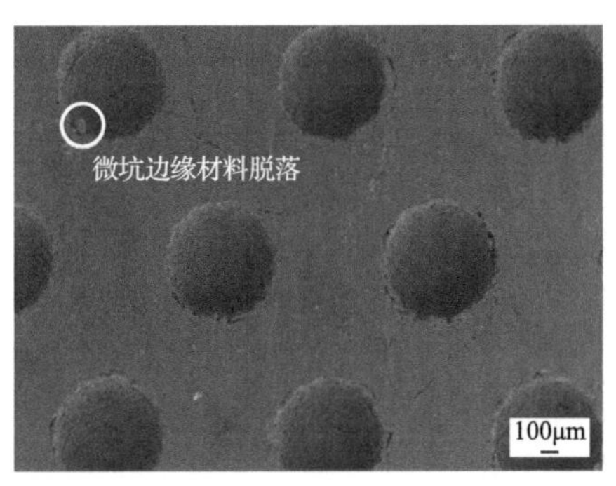

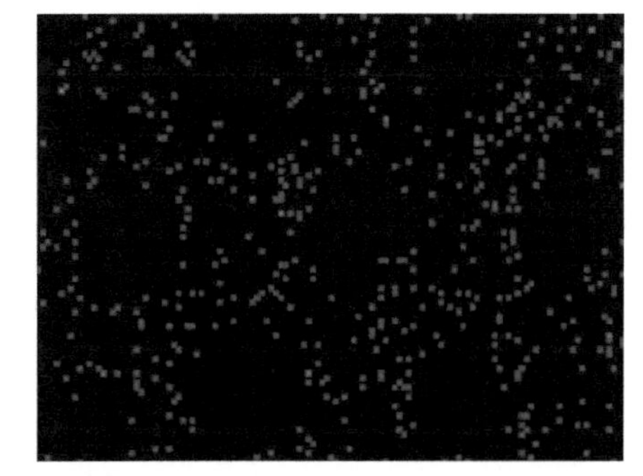

(a) 微坑直径500μm

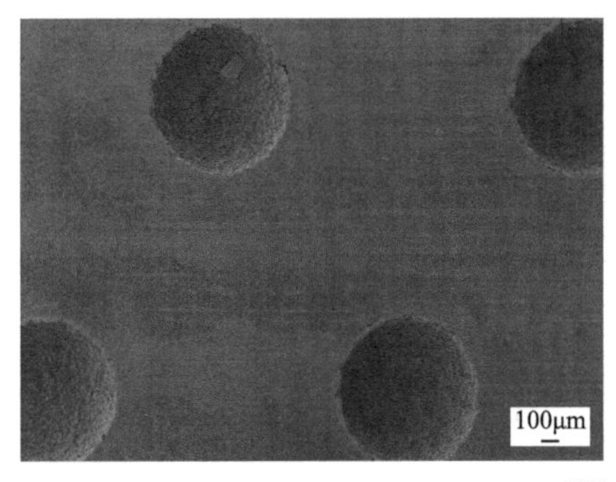

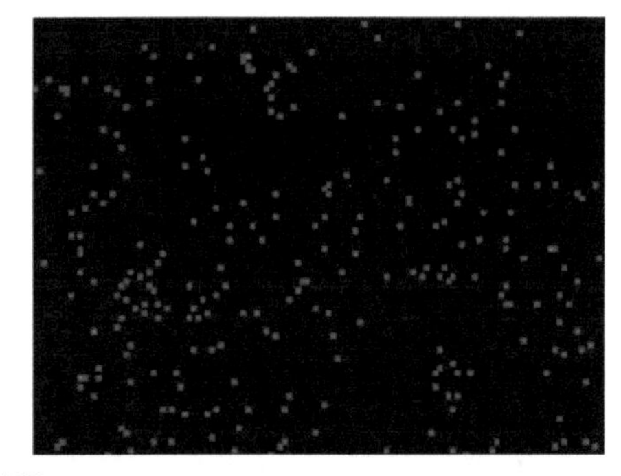

(b) 微坑直径700μm

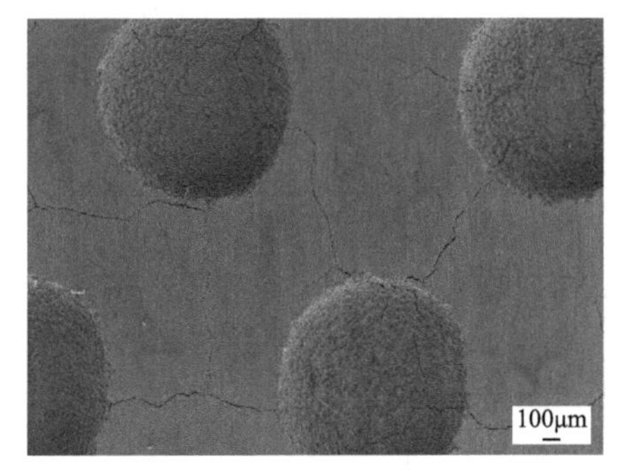

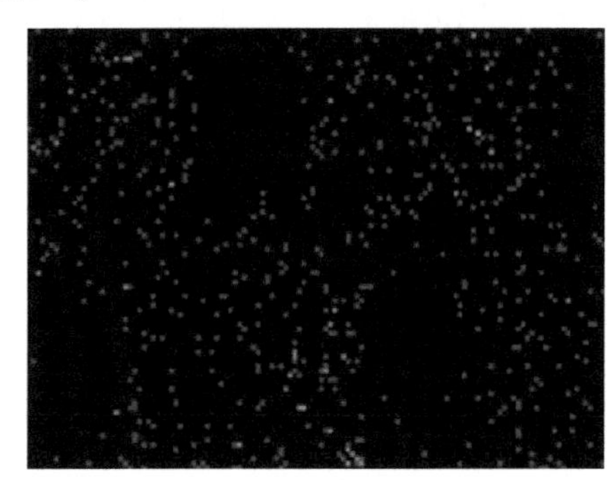

(c) 微坑直径1000μm

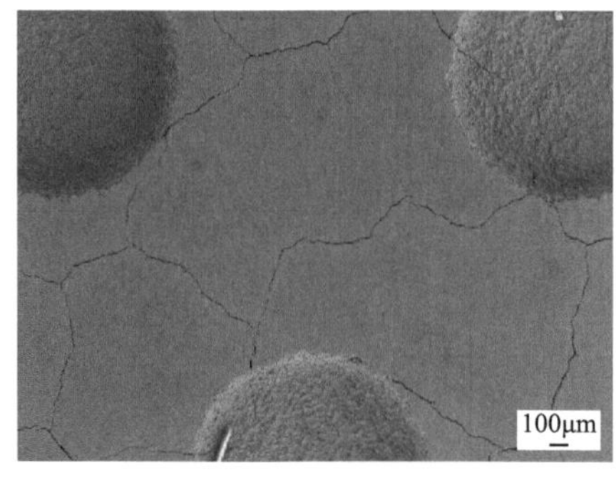

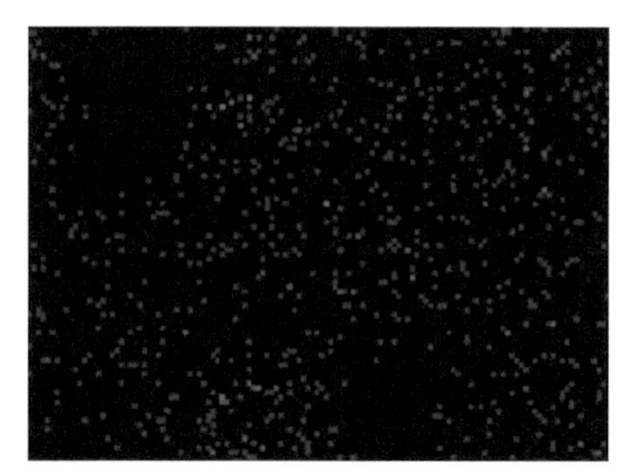

(d) 微坑直径1200μm

图 5.140 不同直径的微坑织构表面磨损形貌(左)及其对应的 S 元素面分布(右)

2)微坑深度对摩擦系数及磨损形貌的影响

在气缸套试样的止点区域，刻蚀微坑深度分别为 100μm、200μm、500μm、700μm、900μm，直径为 700μm，面积占有率为 10.08%，分布角度为 56°的表面微织构，微坑排布如图 5.141 所示。

图 5.141 不同微坑深度的织构分布示意图(直径 700μm，面积占有率 10.08%，分布角度 56°)

图 5.142 为不同深度微坑织构的三维形貌及其横剖面轮廓线，可见实际刻蚀的微织构深度与设定值相近。当微坑深度为 900μm 时，为激光共聚焦显微镜成像原理所限，无法获得完整的微坑形貌，粗略测量深度约为 870μm。

图 5.143 为微坑深度对微坑织构复合 MoS_2 气缸套-CKS 活塞环摩擦系数的影响。由图可以观察到，当微坑深度小于 300μm 时，摩擦系数随着微坑深度的增加而减小，当微坑深度大于 300μm 时，摩擦系数基本不变。

图 5.144 为不同深度微坑的气缸套磨损表面形貌及 S 元素面分布。由图 5.144(a)和(b)可见，当微坑深度分别为 100μm、200μm 时，微坑内的 MoS_2 全部被释放出来，坑内的 S 元素分布密度与坑外相近。由图 5.144(c)～(f)可以观察到，当微坑深度达到 300μm 时，可见月牙形分布的高亮度 S 元素分布区域，这说明坑内尚存留没有被释放的 MoS_2，当微坑深度为 500μm、700μm、900μm 时，月牙形 S 元素分布区域更亮，说明微坑内存留的 MoS_2 更多。为能谱的成像原理所限，深坑内的特征受到坑壁遮挡，所有只有满足电子接收角度要求的坑底位置，S 元素方能被检测到，所以形成了月牙形的 S 元素分布。

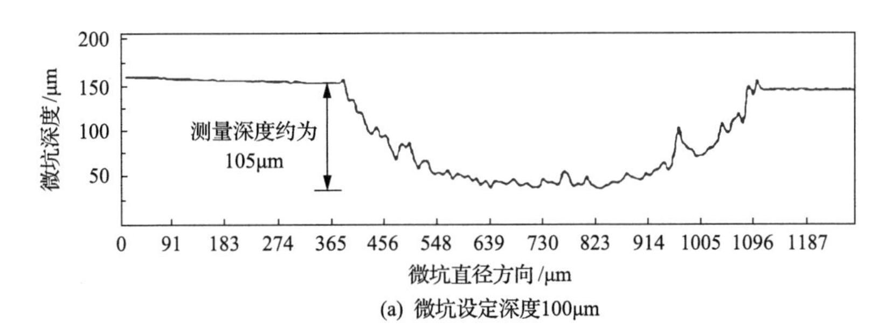

(a) 微坑设定深度100μm

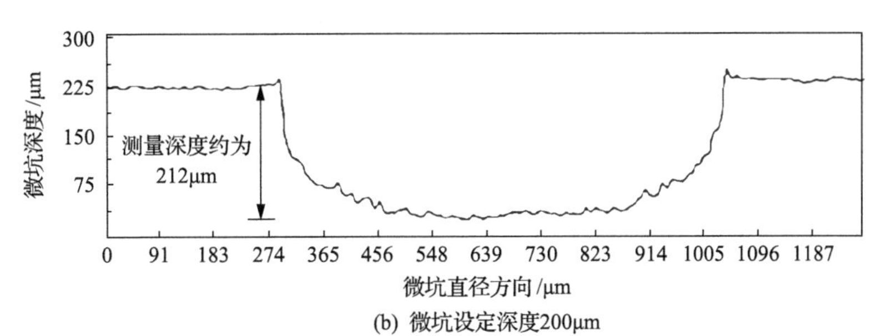

(b) 微坑设定深度200μm

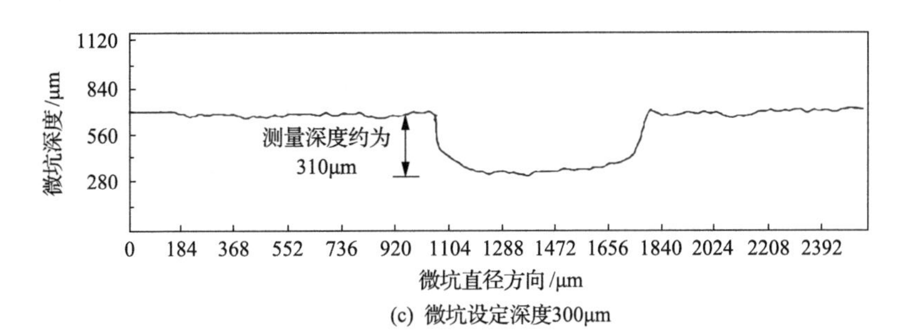

(c) 微坑设定深度300μm

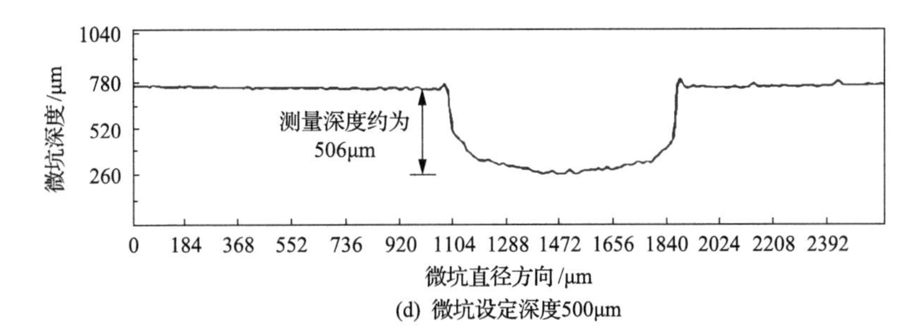

(d) 微坑设定深度500μm

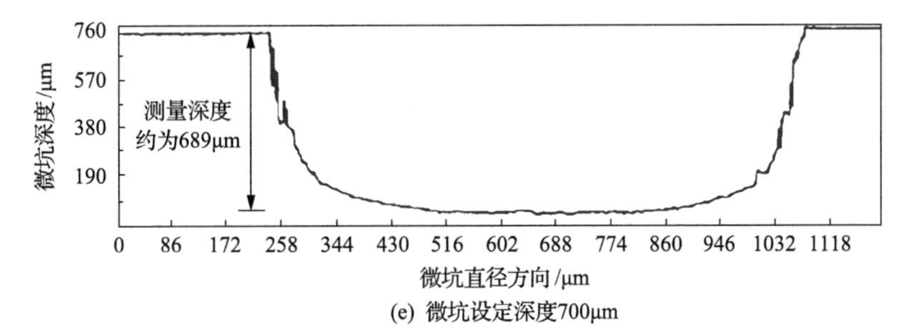

(e) 微坑设定深度700μm

图 5.142　不同深度的微坑剖面轮廓曲线(微坑直径均为 700μm)

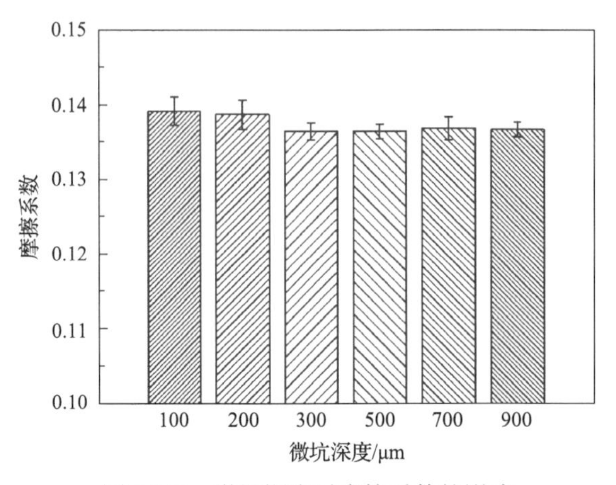

图 5.143　微坑深度对摩擦系数的影响

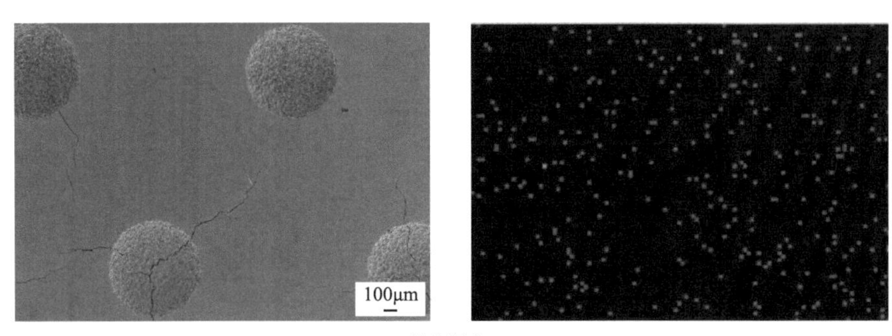

(a) 微坑深度100μm

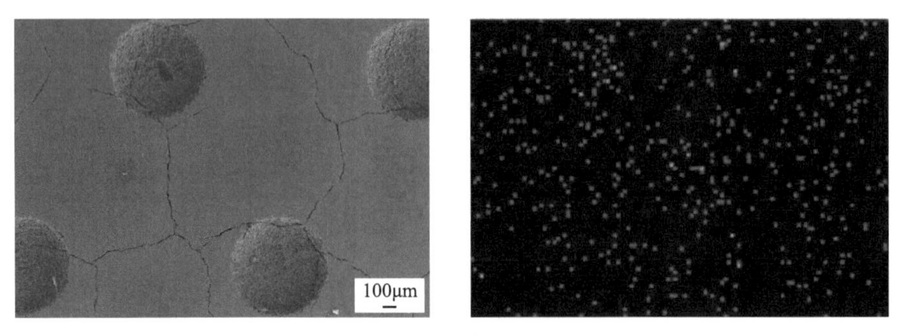

(b) 微坑深度200μm

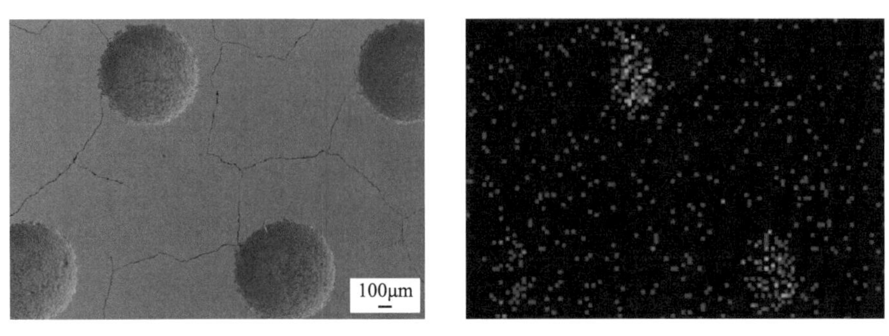

(c) 微坑深度300μm

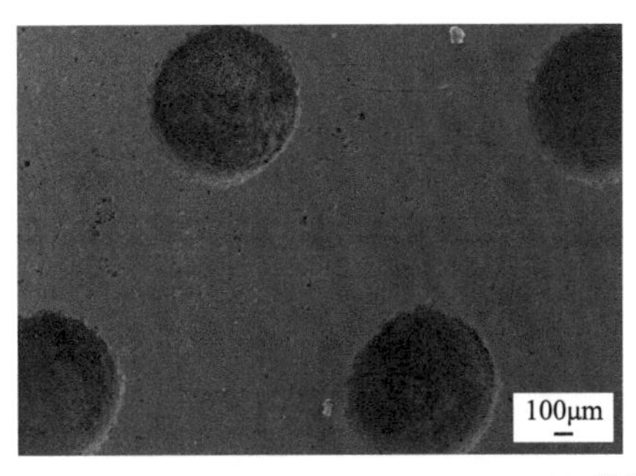

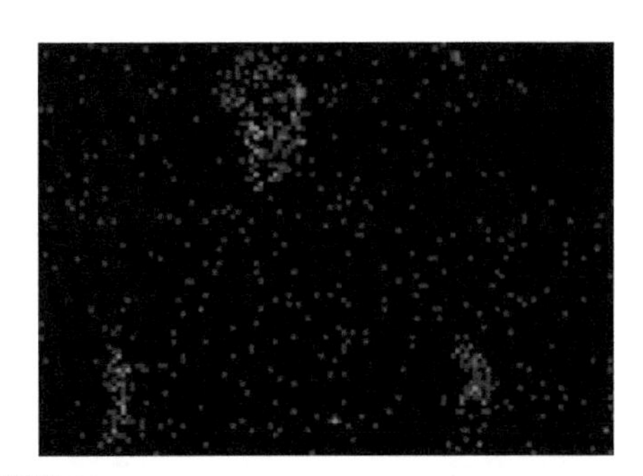

(d) 微坑深度500μm

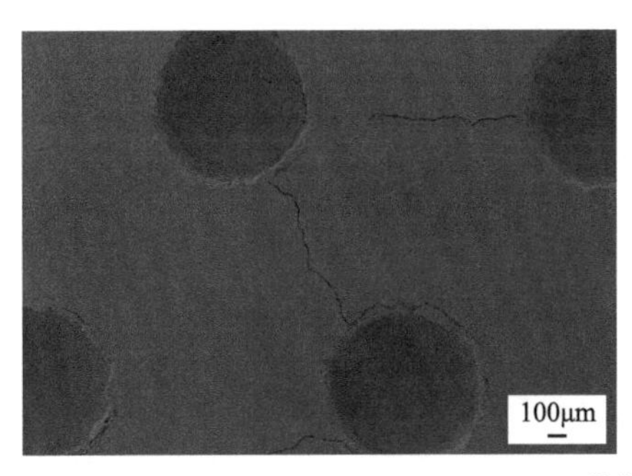

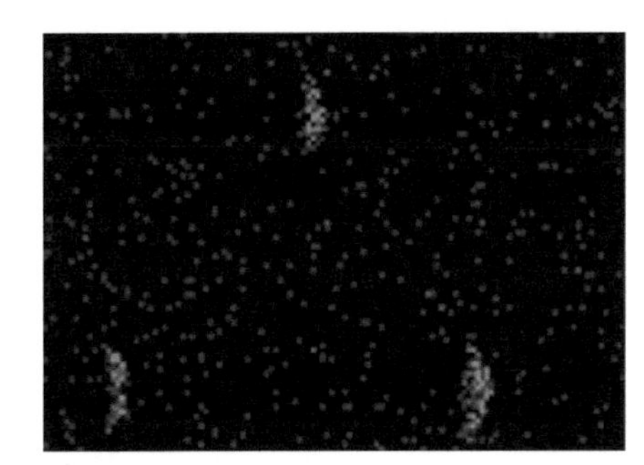

(e) 微坑深度700μm

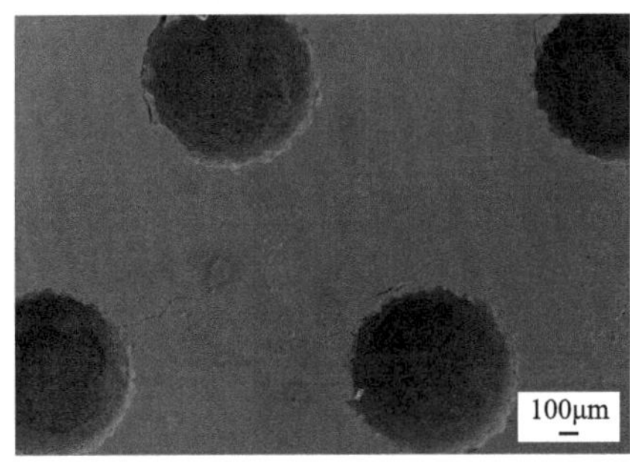

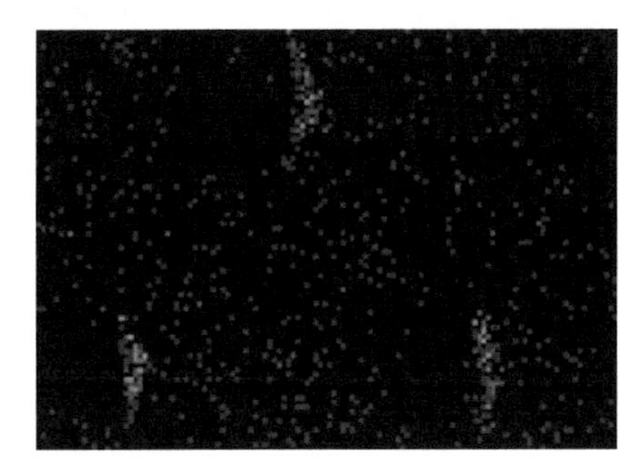

(f) 微坑深度900μm

图 5.144　不同深度的微坑织构表面磨损形貌(左)及其对应的 S 元素面分布(右)

经激光共聚焦显微镜测量，磨损后微坑的深度范围为 260～280μm，见图 5.145，而实际上微坑的初始深度为 300～900μm。在该试验条件下，气缸套的磨损很小，应在微米量级，因此可以视微坑自身的深度不变。所以，磨损后实测的微坑深度应该是微坑内粉体消耗的深度。即在本节的试验条件下，当微坑深度大于 300μm 时，微坑中均有 MoS_2 存留，仍然具备持续向摩擦界面释放固体润滑剂的能力；而微坑深度小于 300μm 时，MoS_2 被完全释放。因此，为了保持有效的持续供给，存储固体润滑剂的微坑深度应足够深。

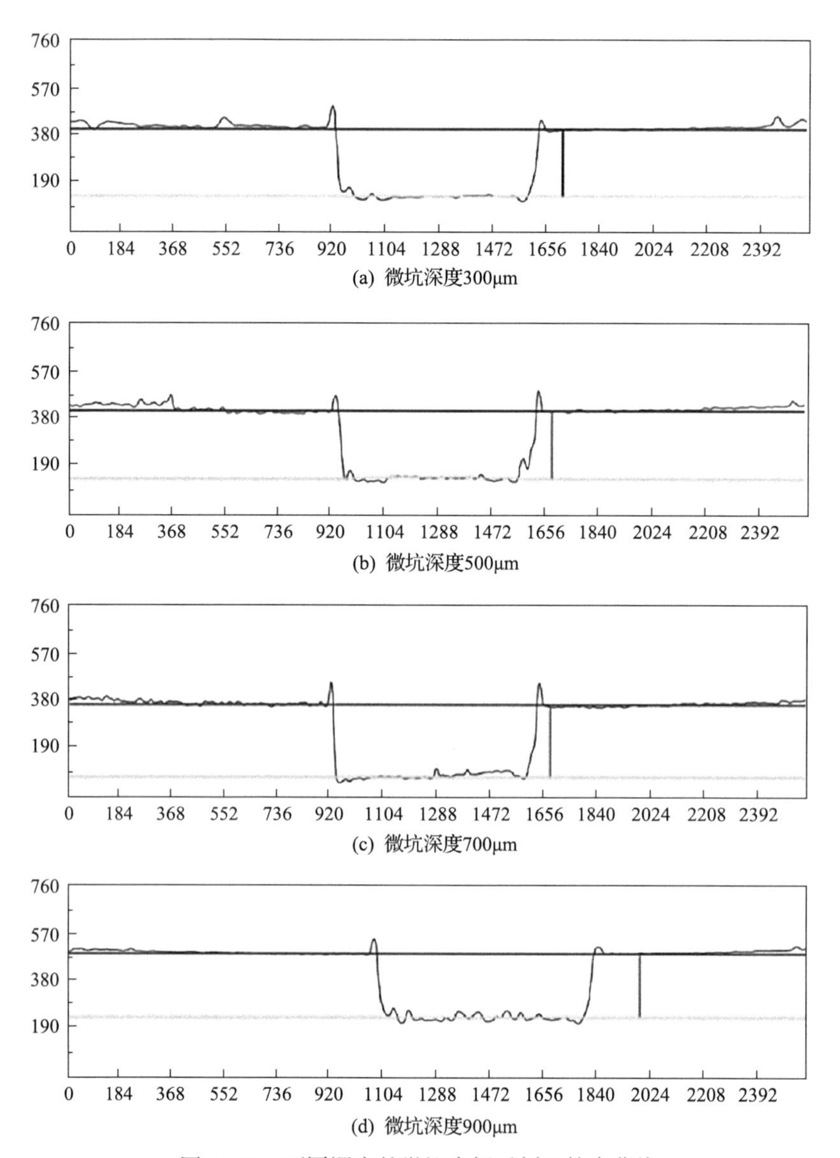

(a) 微坑深度300μm

(b) 微坑深度500μm

(c) 微坑深度700μm

(d) 微坑深度900μm

图 5.145 不同深度的微坑磨损后剖面轮廓曲线

由于微坑直径和面积占有率相同，微坑的深度与 MoS_2 的存储量成正比。微坑越深，MoS_2 的存储量越大，转移到气缸套表面的 MoS_2 可持续的时间越长。微坑内的 MoS_2 是在与活塞环的摩擦诱导下逐步释放的，这种效应与深度有关，微坑越深，释放速度越慢。图 5.143 中微坑深度与摩擦系数的关系，与微坑中是否还有 MoS_2 直接相关。

当表面发生磨损时，表面到微坑内储存的固体润滑剂的距离将减小，此时微坑内的 MoS_2 将进一步向摩擦界面转移。微坑内固体润滑剂的逐步缓释可伴随气缸套的整个服役过程。

3) 微坑面积占有率对摩擦系数和磨损形貌的影响

在气缸套的止点区域，刻蚀微坑面积占有率分别为9.16%、10.08%、12.8%、15.58%、16.49%，直径为700μm，深度为300μm，分布角度为56°的表面微织构，微坑排布如图5.146所示。

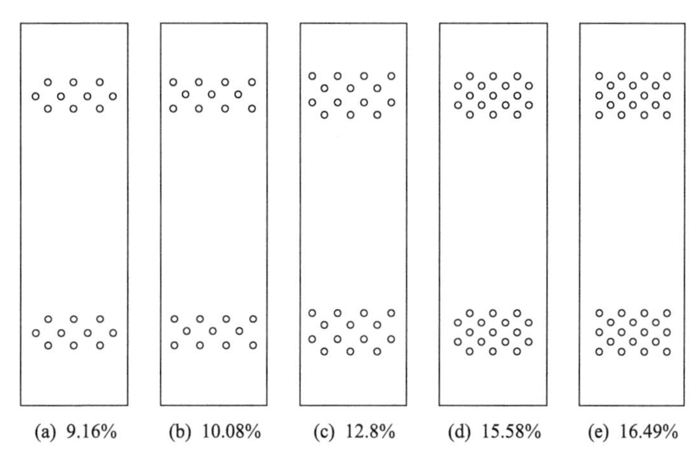

图5.146 不同微坑面积占有率的织构分布示意图

图5.147为微坑面积占有率对微坑织构复合MoS_2气缸套-CKS活塞环摩擦系数的影响，可见摩擦系数随着微坑面积占有率的增加先降低后增加。当面积占有率为15.58%时，摩擦系数最小。

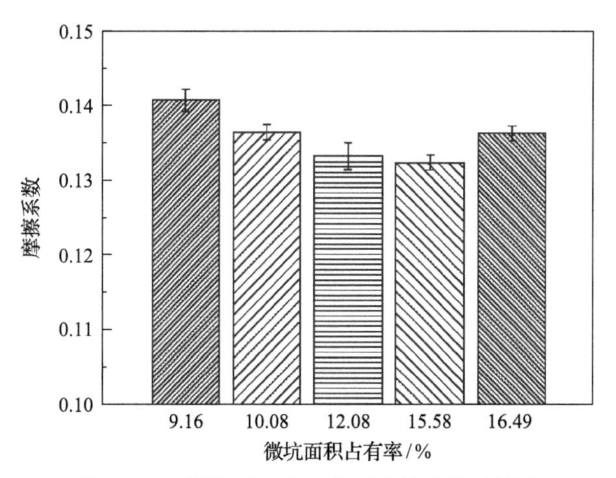

图5.147 微坑面积占有率对摩擦系数的影响

图5.148为不同微坑面积占有率时的气缸套试样的磨损表面形貌及其S元素面分布，可见不同微坑面积占有率的微坑周围表面都有S元素。随着微坑面积占有率增大，磨损表面残留的S含量越高，说明摩擦界面的MoS_2越多。当微坑面积占有率为15.58%和16.49%时，表面的S含量相差不大。

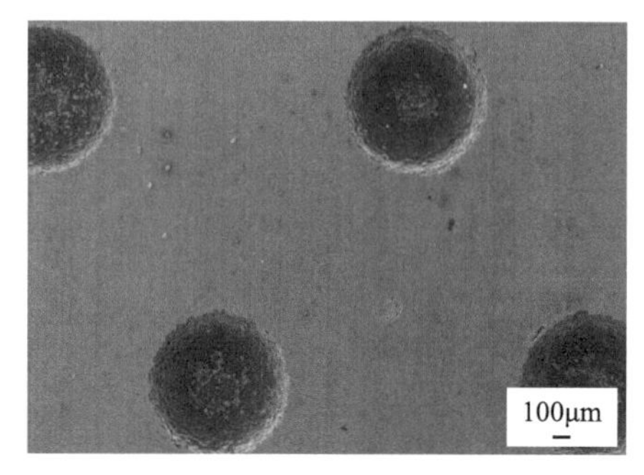

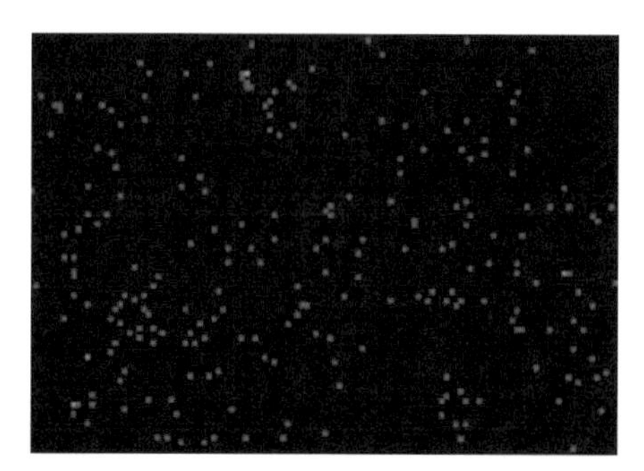

(a) 微坑面积占有率9.16%

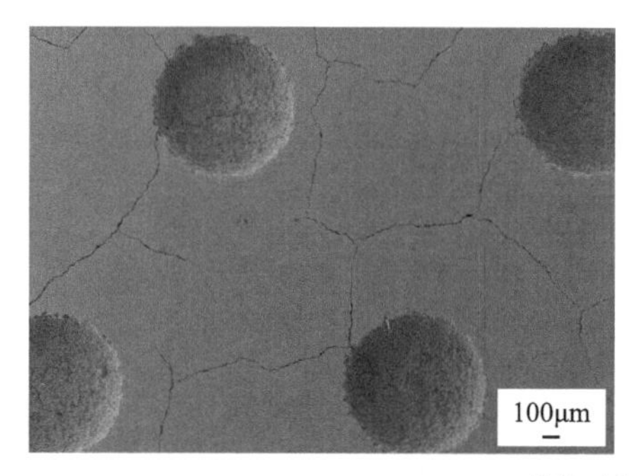

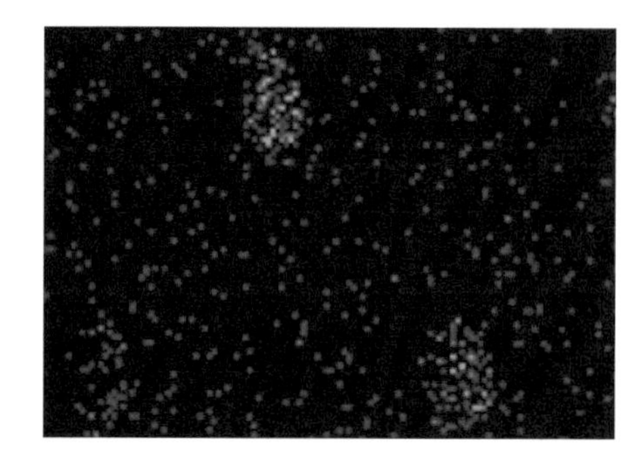

(b) 微坑面积占有率10.08%

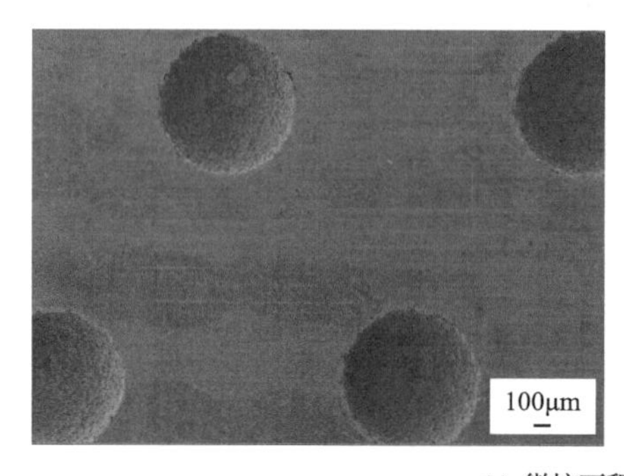

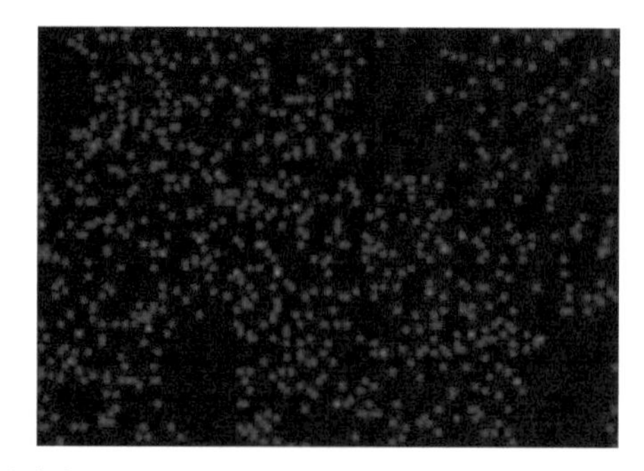

(c) 微坑面积占有率12.8%

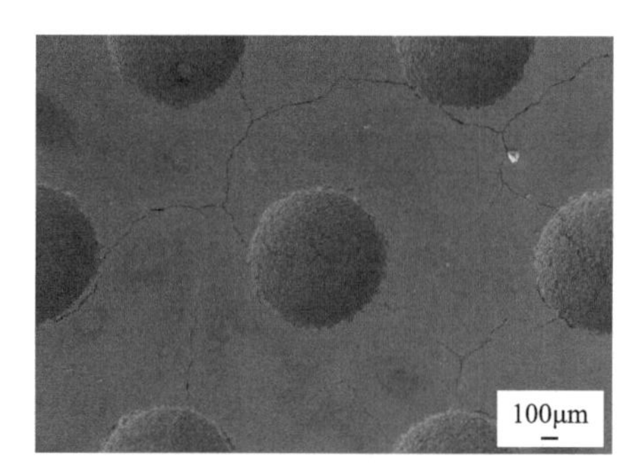

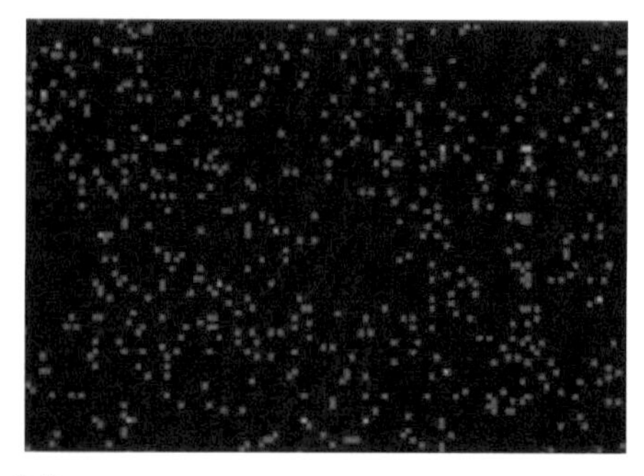

(d) 微坑面积占有率15.58%

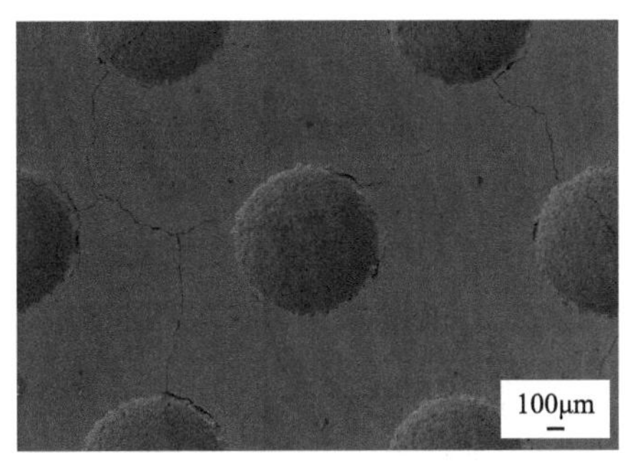

(e) 微坑面积占有率16.49%

图 5.148 不同面积占有率的微坑织构表面磨损形貌(左)及其对应的 S 元素面分布(右)

由于微坑直径和深度相同，微坑的面积占有率与微坑数量和 MoS_2 的总存储量均成正比。由前述分析可知，微坑数量越多，摩擦力增大；而 MoS_2 的总存储量越大，摩擦力减小。微坑的面积占有率增大时，微坑数量和 MoS_2 的总存储量对摩擦力的影响是相反的，当微坑面积占有率为 15.58%时，MoS_2 的总存储量影响占主导，摩擦力最小。

4) 微坑分布角度对摩擦系数及磨损形貌的影响

在气缸套试样的止点区域，刻蚀分布角度分别为 35°、48°、56°、62°，直径为 700μm，深度为 300μm，面积占有率为 10.08%的微坑微织构，分布角度(θ)是通过改变微坑沿滑动方向上的间距而变化的，微坑排布如图 5.149 所示。

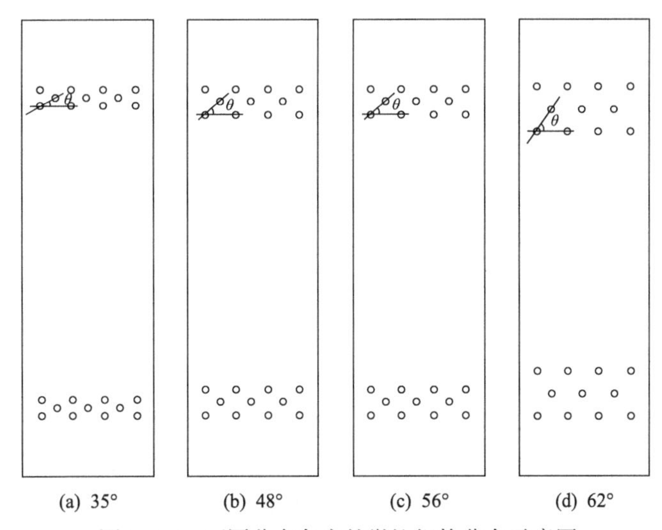

图 5.149 不同分布角度的微坑织构分布示意图

图 5.150 为微坑分布角度对微坑织构复合 MoS_2 气缸套-CKS 活塞环摩擦系数的影响，可见摩擦系数随着分布角度的增加先降低后增加，但变化不大。当分布角度为 56°时，摩擦系数最小。

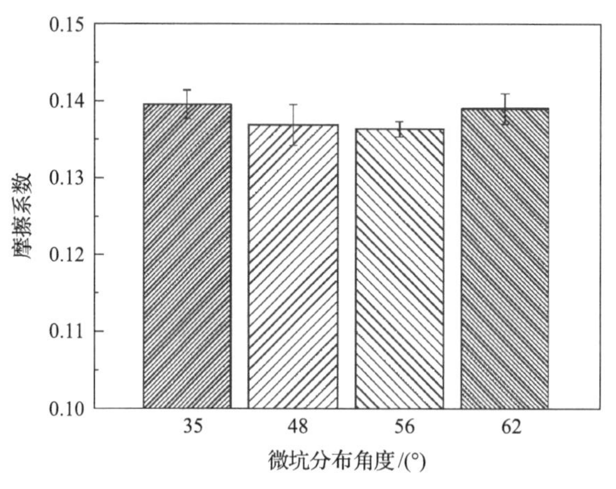

图 5.150 微坑分布角度对摩擦系数的影响

图 5.151 为不同分布角度的气缸套试样磨损表面形貌及其 S 元素面分布。

分布角度与微坑间距成正比，微坑间距越小，相当于微坑面积占有率增大，有效承载面积减小，面压增大，摩擦力增大。因为 MoS_2 的总存储量是一定的，所以微坑间距越大，微坑间摩擦界面的 MoS_2 面积占有率越小，摩擦力增大。当分布角度为 56°时，微坑间距适中，摩擦力最小。

根据上述试验结果，采用单一微坑织构参数变化的范围内摩擦系数的极差来评价这个织构参数对微坑织构复合 MoS_2 气缸套摩擦系数影响的程度，得到 4 参数雷达图，如图 5.152 所示。由图可见，微坑直径和面积占有率对微坑织构复合 MoS_2 气缸套摩擦系数

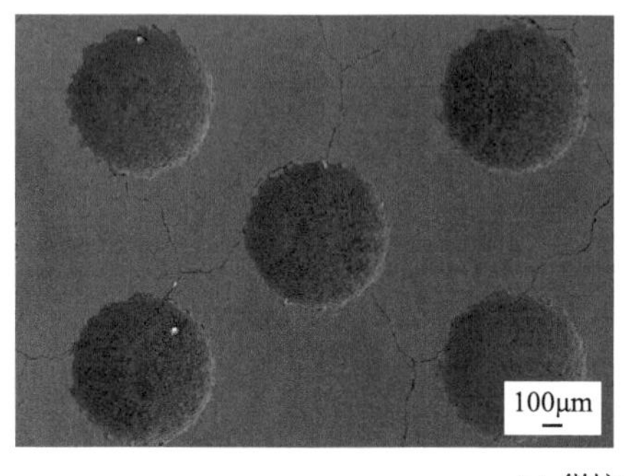

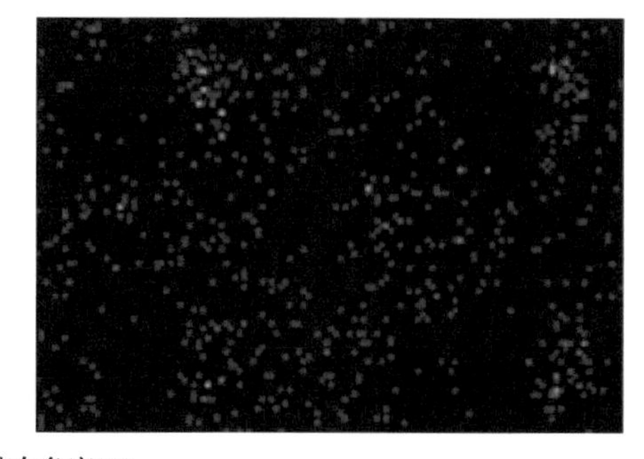

(a) 微坑分布角度35°

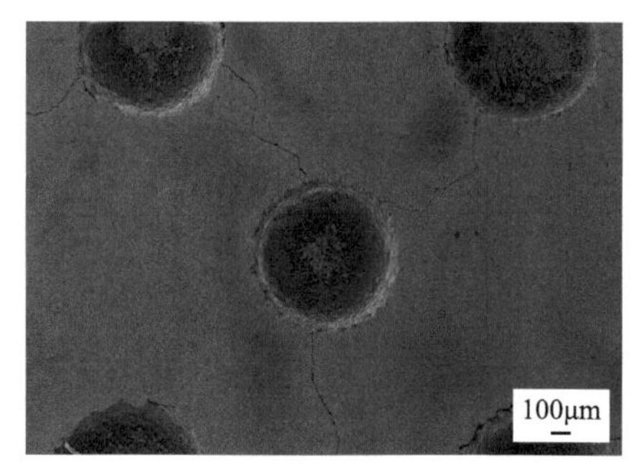

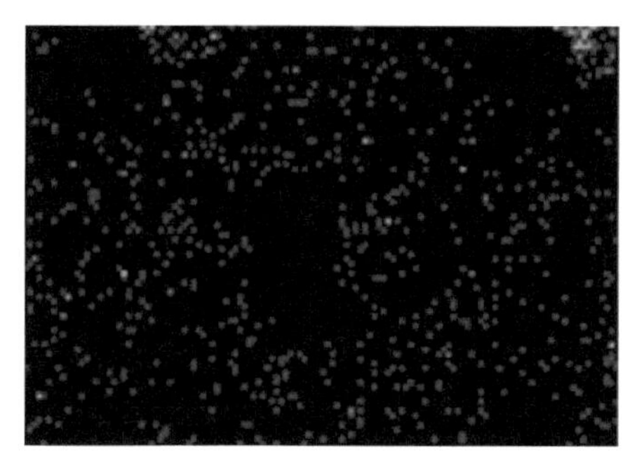

(b) 微坑分布角度48°

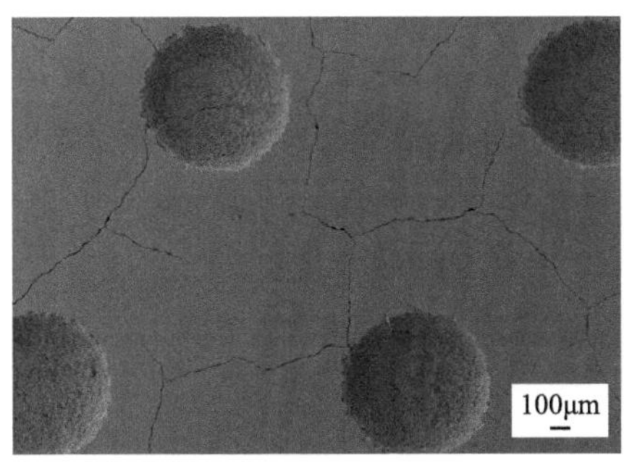

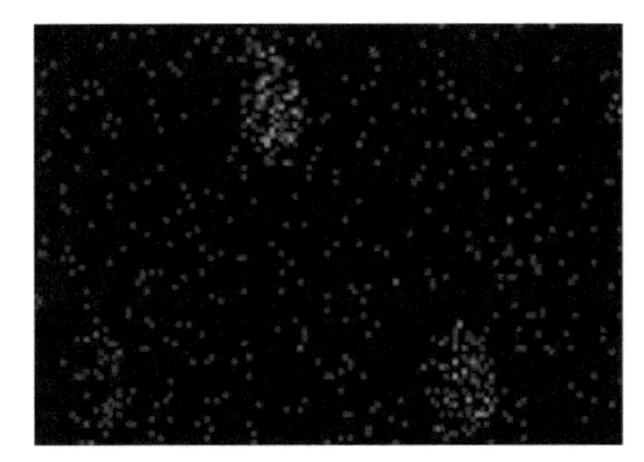

(c) 微坑分布角度56°

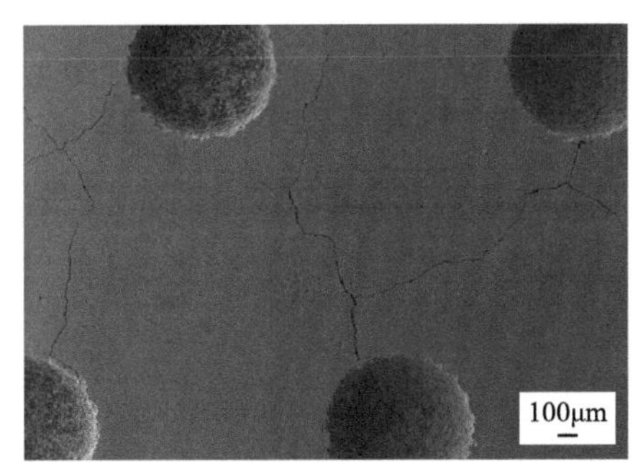

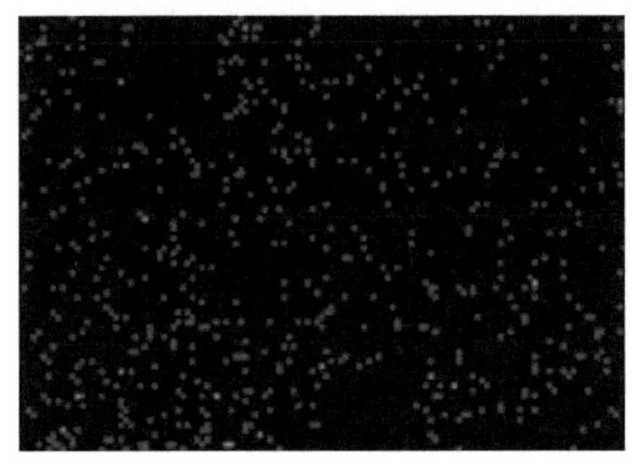

(d) 微坑分布角度62°

图 5.151　不同分布角度的微坑织构表面磨损形貌(左)及其对应的 S 元素面分布(右)

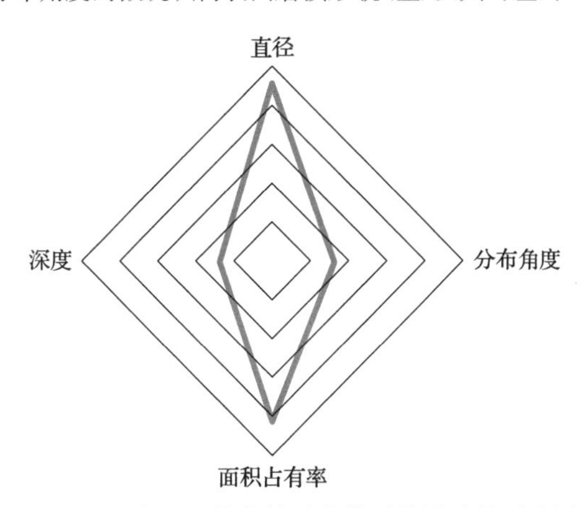

图 5.152　微坑织构参数对摩擦系数影响的雷达图

的影响较大，微坑深度和分布角度对微坑织构复合 MoS_2 气缸套摩擦系数的影响较小。其中，微坑直径的影响最大，微坑深度的影响最小。但微坑深度影响固体润滑剂持续供给的时间。

5.8.3　工况条件对气缸套摩擦性能的影响

根据 5.8.2 节的研究结果，优化后的一组微坑织构参数为直径为 700μm、面积占有率为 15.58%、深度大于等于 300μm、分布角度为 56°。为了方便快捷地加工表面微坑，试验选用的微坑深度为 300μm。

制备微坑后，在微坑中填充 MoS_2，研究时间、温度、载荷三个工况参数对微坑织构复合 MoS_2 气缸套摩擦性能的影响，并与未处理的原始气缸套进行对比。试验条件为转速 200r/min、温度 120℃和 250℃、载荷 20MPa 和 60MPa、磨损 4h。

图 5.153 为温度为 120℃、载荷为 20MPa 下，未处理气缸套、微坑织构气缸套、微坑织构复合 MoS_2 气缸套，分别与 CKS 活塞环配对时的最大摩擦力随时间的变化曲线。由图可以观察到，未处理气缸套的初始摩擦力较大，微坑织构气缸套次之，随着磨损时间的延长，摩擦力逐渐下降，然后趋于平稳；而微坑织构复合 MoS_2 气缸套在试验初期的摩擦力也是较大的，初始最大值介于前两者之间，但很快下降并达到稳定。

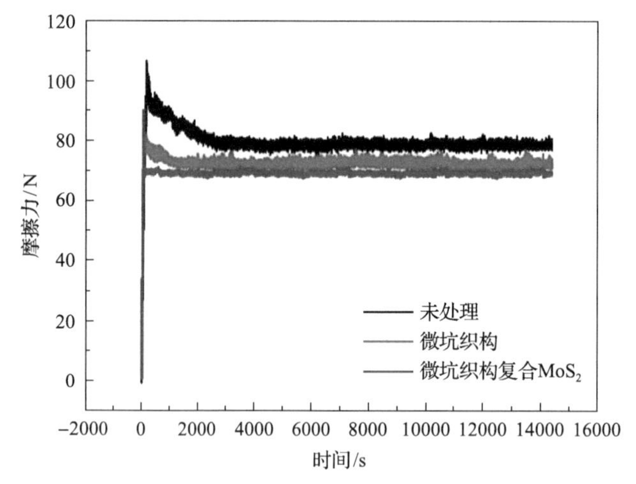

图 5.153 最大摩擦力随时间变化图(120℃、20MPa)

由三对配副稳定期的摩擦力可知，未处理气缸套-CKS 活塞环的摩擦力最大，微坑织构气缸套-CKS 活塞环的摩擦力相比其降低了 7.3%，微坑织构复合 MoS_2 气缸套-CKS 活塞环的摩擦力最小，相比其降低了 11.4%。可见微坑织构对处于边界润滑状态的气缸套止点位置具有明显的减摩作用，且磨合时间缩短；而微坑织构复合 MoS_2 对于改善气缸套表面磨合和减摩的效果更好。

图 5.154 为温度为 120℃、250℃，且载荷为 20MPa、60MPa 工况条件下未处理气缸套和微坑织构复合 MoS_2 气缸套的摩擦系数。由图可见，4 种工况条件下，微坑织构复合 MoS_2 气缸套的摩擦系数均比未处理气缸套的低，分别降低了 11.48%、11.8%、13.1%、13.3%，较高温度下，减摩作用更明显。

对于未处理气缸套，温度升高使摩擦系数降低了 7.8%～8.5%，而载荷升高使摩擦系数降低了 2.3%～3.6%。对于铁镍合金镀铁气缸套-CKS 活塞环摩擦副，温度对摩擦系数的影响比载荷大。

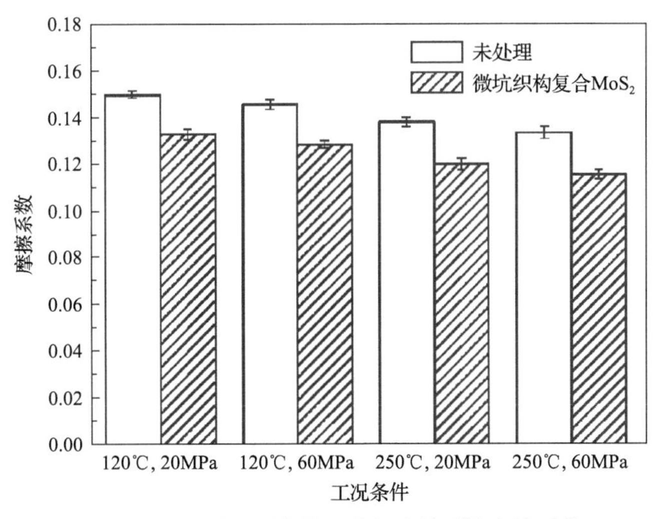

图 5.154 4 种工况条件下的俩摩擦副的摩擦系数

图 5.155～图 5.157 为温度为 120℃、载荷为 20MPa 气缸套的磨损表面形貌和 S 元素面分布。

图 5.155 为微坑织构气缸套和微坑织构复合 MoS_2 气缸套磨损后的微观形貌，可见微坑织构气缸套磨损后，微坑边缘的镀层小块碎裂，有剥落的迹象，微坑底部存在少量磨粒。微坑织构复合 MoS_2 气缸套磨损后，微坑周围较为平整，看起来比较坚固，微坑底部尚有固体润滑剂。

图 5.156 分别为未处理气缸套、微坑织构气缸套、微坑织构复合 MoS_2 气缸套止点区域的磨损表面形貌。由图可见，沿着滑动方向，未处理气缸套和表面微织构气缸套的磨损表面均有较深的划痕，未处理气缸套镀铁层表面的网纹有扩大趋势，而微坑织构复合 MoS_2 气缸套的表面磨损最小，有少量轻微磨痕，表面总体光滑，镀铁网纹紧闭。

图 5.157 分别为微坑织构复合 MoS_2 气缸套磨损后的微坑(图 5.155(b))和磨损表面(图 5.156(c))对应的 S 元素面分布。由于坑壁的遮挡效应对能谱测量的影响，坑底储存的固体润滑剂由能谱测得的 S 元素面分布为月牙形，见图 5.157(a)。由图 5.157(b)还可以观察到止点区域的磨损表面有均匀的 MoS_2 残留。

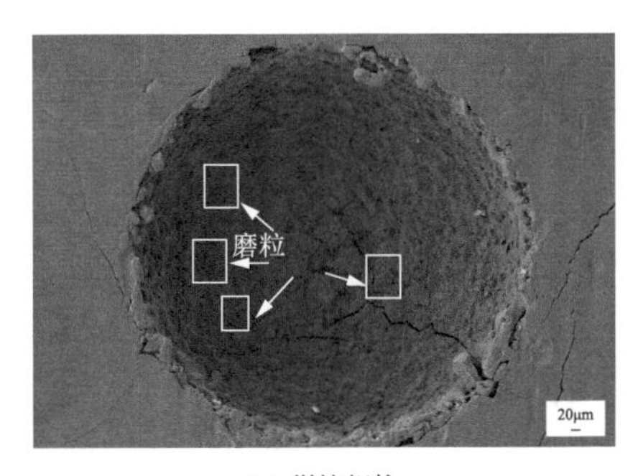

(a) 微坑织构

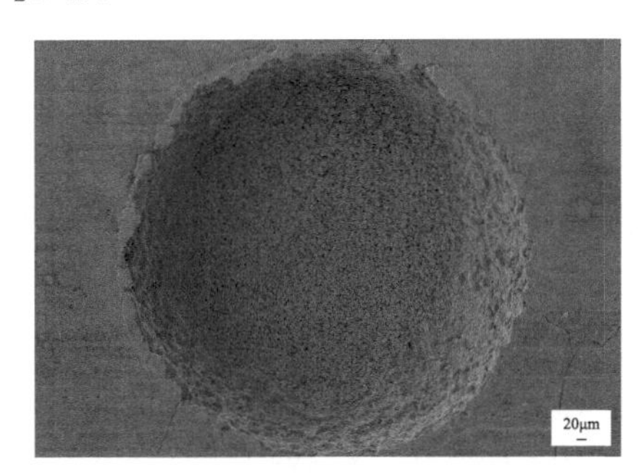

(b) 微坑织构复合MoS_2

图 5.155 磨损后单个微坑的微观形貌

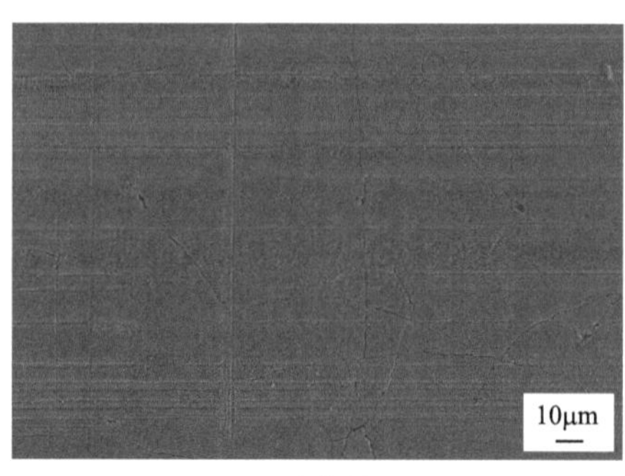

(a) 未处理

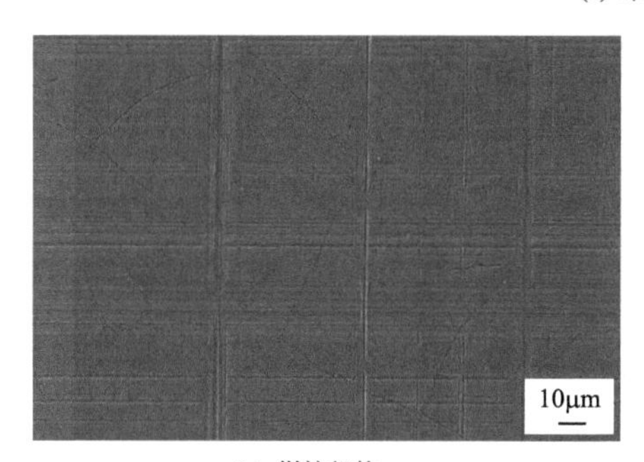

(b) 微坑织构

(c)微坑织构复合MoS_2

图 5.156　磨损后气缸套的表面形貌

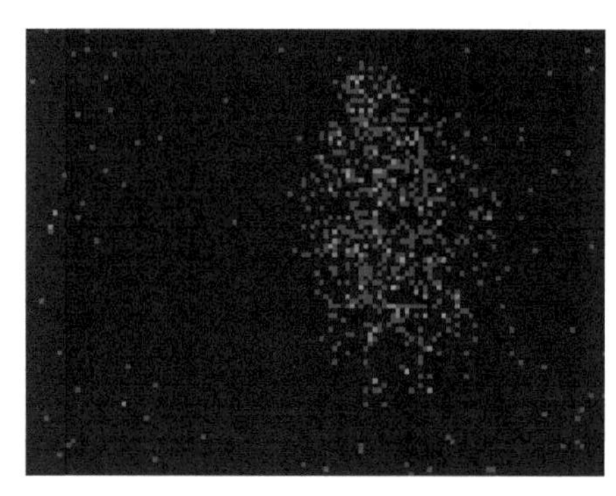

(a) 对应图5.155(b)

(b) 对应图5.156(c)

图 5.157　S 元素面分布

5.8.4　润滑油供给量对气缸套磨损的影响

润滑油供给量见表 5.14，从 0 到最大 0.065mL/min。试验条件为转速 200r/min、温度 120℃、载荷 20MPa，磨损时间 4h，如果发生拉缸，则提前终止试验。采用上述优化参数制备填充 MoS_2 的气缸套试样。

图 5.158 为干摩擦条件下的最大摩擦力随时间的变化趋势。由图可见，试验的初始阶段摩擦力略有上升，然后平稳，摩擦力约为 54N，之后摩擦力缓慢上升，维持短暂平稳后急剧上升，此时摩擦副表面发生拉缸，试验时间约为 23min。

表 5.14 供油方案

试验	持续供油/(mL/min)
不供油	0
供油量 1	0.015
供油量 2	0.040
供油量 3	0.065

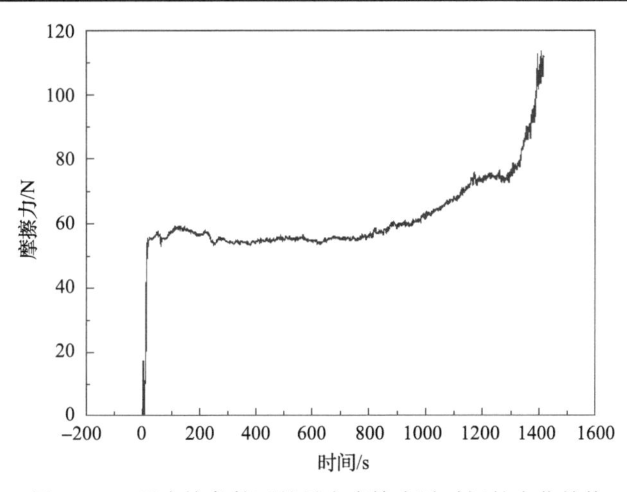

图 5.158 干摩擦条件下的最大摩擦力随时间的变化趋势

图 5.159 为油润滑条件下，供油量分别为 0.015mL/min、0.040mL/min、0.065mL/min 时的最大摩擦力随时间的变化趋势。可见，当供油量为 0.015mL/min 时，初期的摩擦力较大，但很快下降至 40.5N 左右，维持约 17min 后，迅速上升，然后稳定在 63.4N 左右。当供油量为 0.040mL/min 时，摩擦力同样从初期的较大值逐渐下降至 59.2N 左右，但维持时间明显缩短，包括过渡阶段大约为 10min，然后稳定在 67.4N 左右。当供油量为 0.065mL/min 时，摩擦力从启动时的较大值很快稳定下来，维持在 70.3N 左右。

图 5.160 为不同供油条件下的摩擦系数，可见干摩擦时，有固体润滑剂的作用，摩

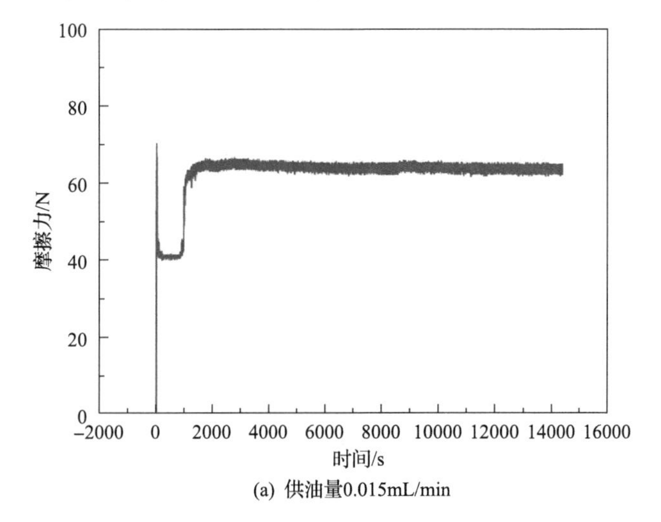

(a) 供油量0.015mL/min

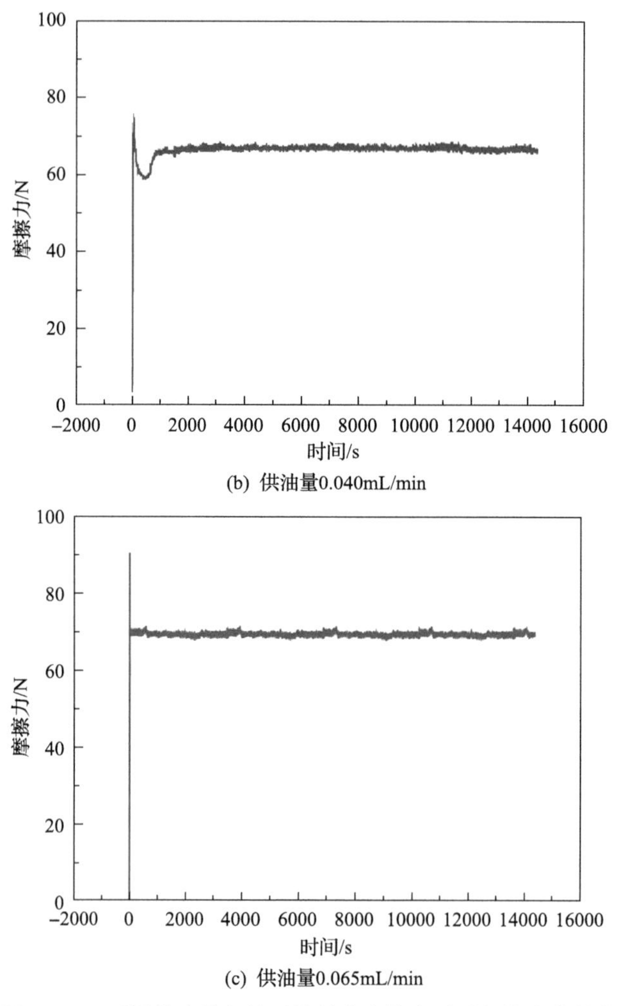

(b) 供油量0.040mL/min

(c) 供油量0.065mL/min

图 5.159　不同供油量条件下的最大摩擦力随时间的变化趋势

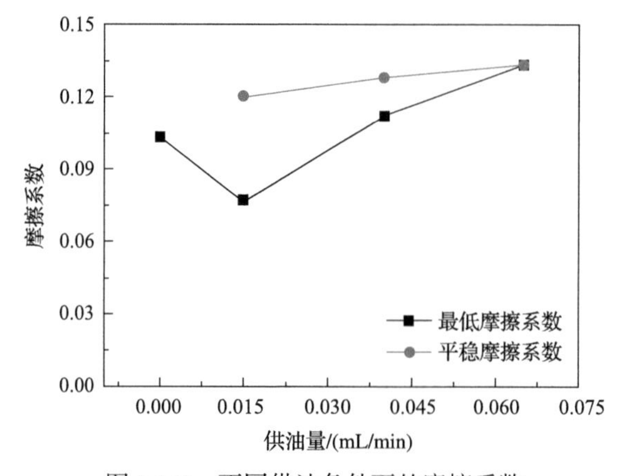

图 5.160　不同供油条件下的摩擦系数

擦系数为 0.1，加入润滑油后，试验期间的最低摩擦系数和平稳摩擦系数均随着供油量的增加而增大，供油量为 0.015mL/min 时，试验初期的摩擦系数最小，为 0.075。

图 5.161 为不同润滑油供给量时，填充固体润滑剂的微坑织构气缸套磨损表面激光共聚焦显微镜三维形貌图及微坑剖面轮廓曲线，可见干摩擦时，磨损后微坑深度约为 30μm，微坑内的固体润滑剂少量消耗。供油量为 0.015mL/min 时，磨损后微坑深度约为 200μm；供油量为 0.040mL/min 时，磨损后微坑深度约为 240μm；供油量为 0.065mL/min 时，磨损后微坑深度约为 260μm。可见，供油量越大，微坑释放的固体润滑剂越多。

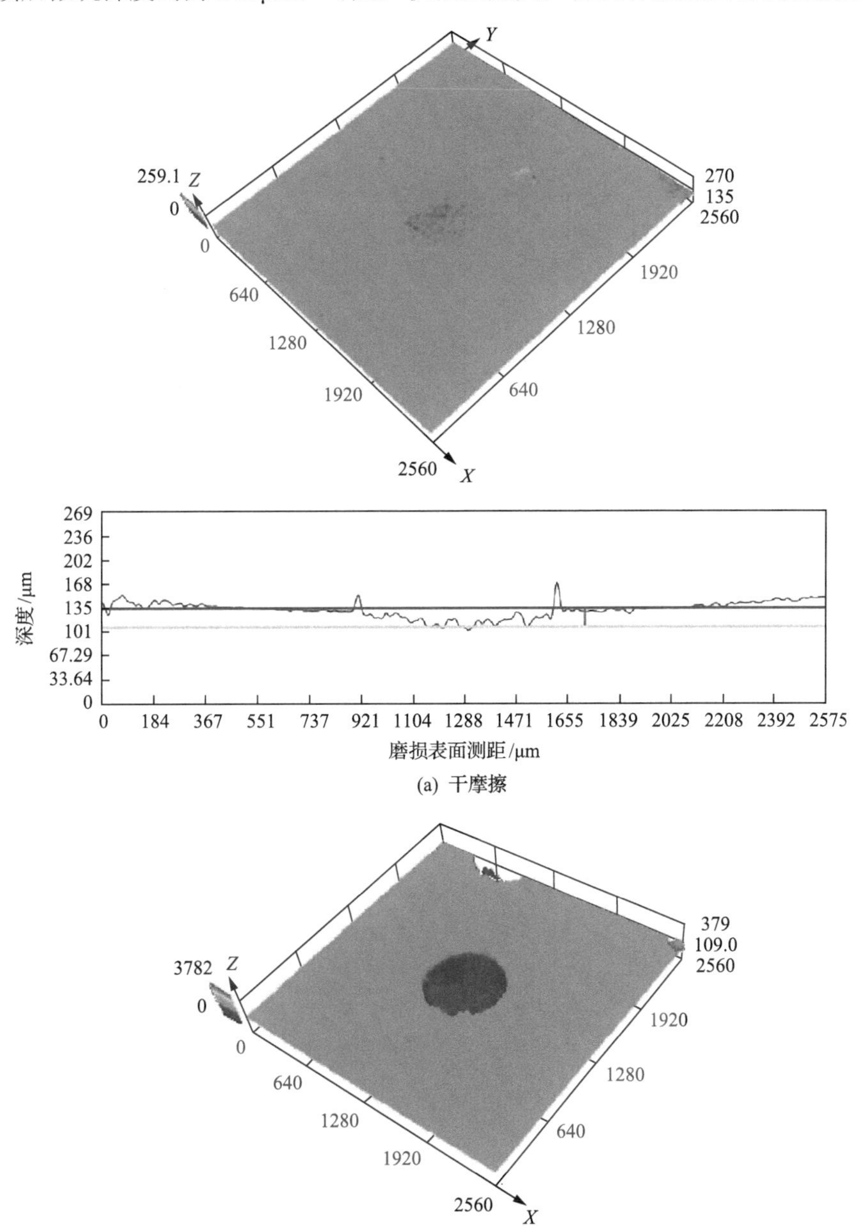

(a) 干摩擦

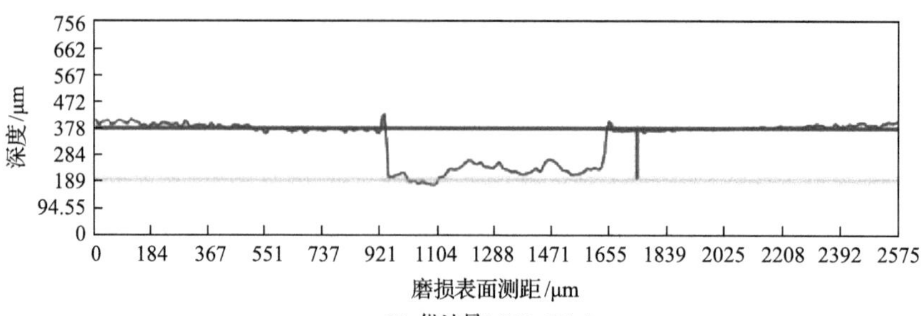

(b) 供油量0.015mL/min

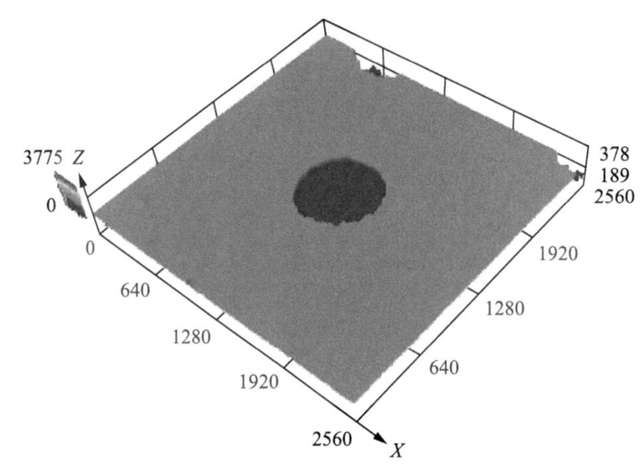

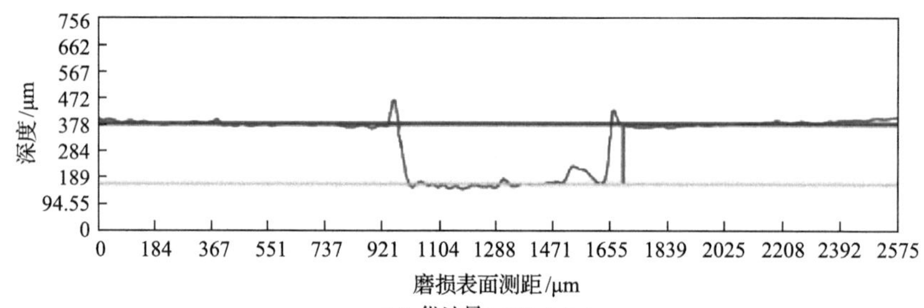

(c) 供油量0.040mL/min

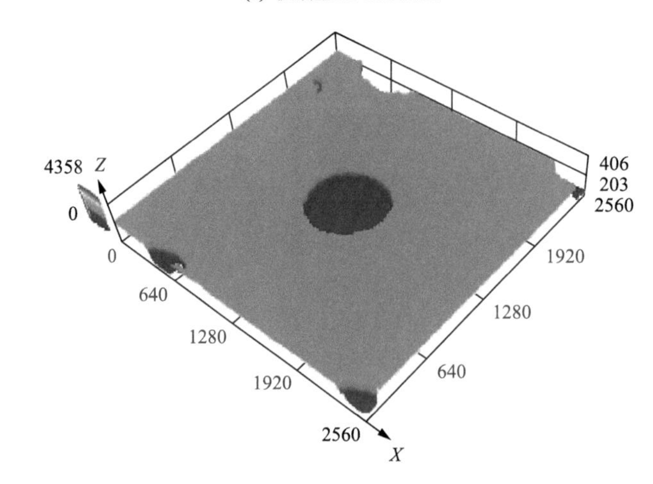

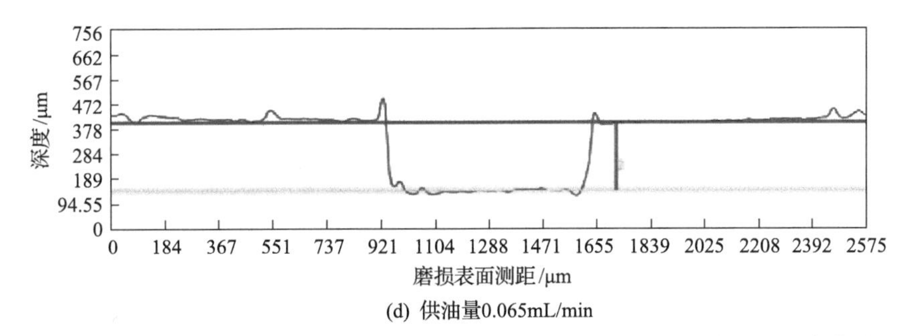

(d) 供油量0.065mL/min

图 5.161　不同供油条件下三维磨损形貌图及复合 MoS_2 的微坑横剖面轮廓曲线

图 5.162 为图 5.158 中干摩擦 8min 时的气缸套表面形貌及其 S 元素面分布，可见磨损表面光滑，固体颗粒充满微坑，摩擦表面覆盖着一层 MoS_2，镀层表面的网纹中存储着较多的 MoS_2。

图 5.163 为图 5.158 中干摩擦 16min 时的气缸套表面形貌及其 S 元素面分布，此时摩擦力开始逐渐上升，但磨损表面状态良好，无显著黏着现象，微坑内颗粒饱满，而摩擦表面 S 元素面分布密度明显降低，高倍下方可见少量 MoS_2。

图 5.164 为图 5.158 中干摩擦的后期，摩擦力大幅增长时气缸套的表面形貌，可见沿着滑动方向有擦伤区域(拉缸)，表面塑性变形；擦伤表面密布固体颗粒；同时微坑边缘有少量碎裂，微坑内的固体润滑剂受到挤压。

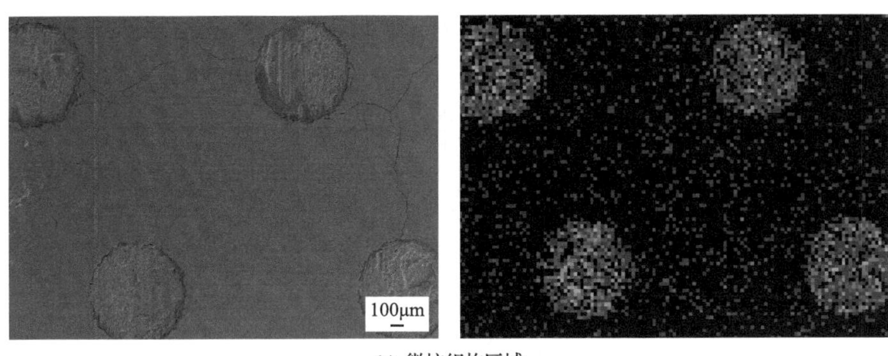

(a) 微坑织构区域

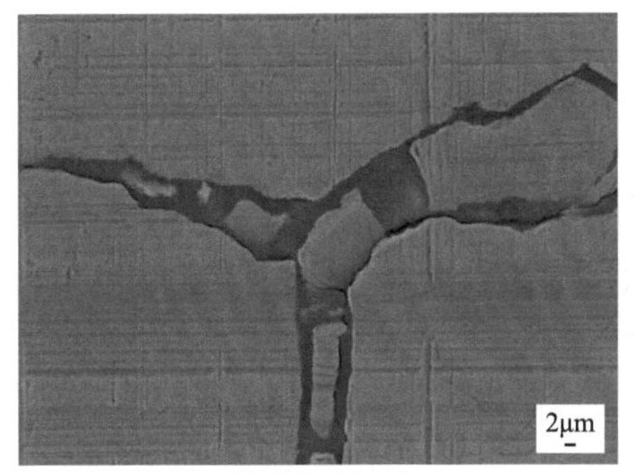

(b) 平台区域

图 5.162　干摩擦条件下磨损 8min 时的气缸套表面形貌(左)及其对应的 S 元素面分布(右)

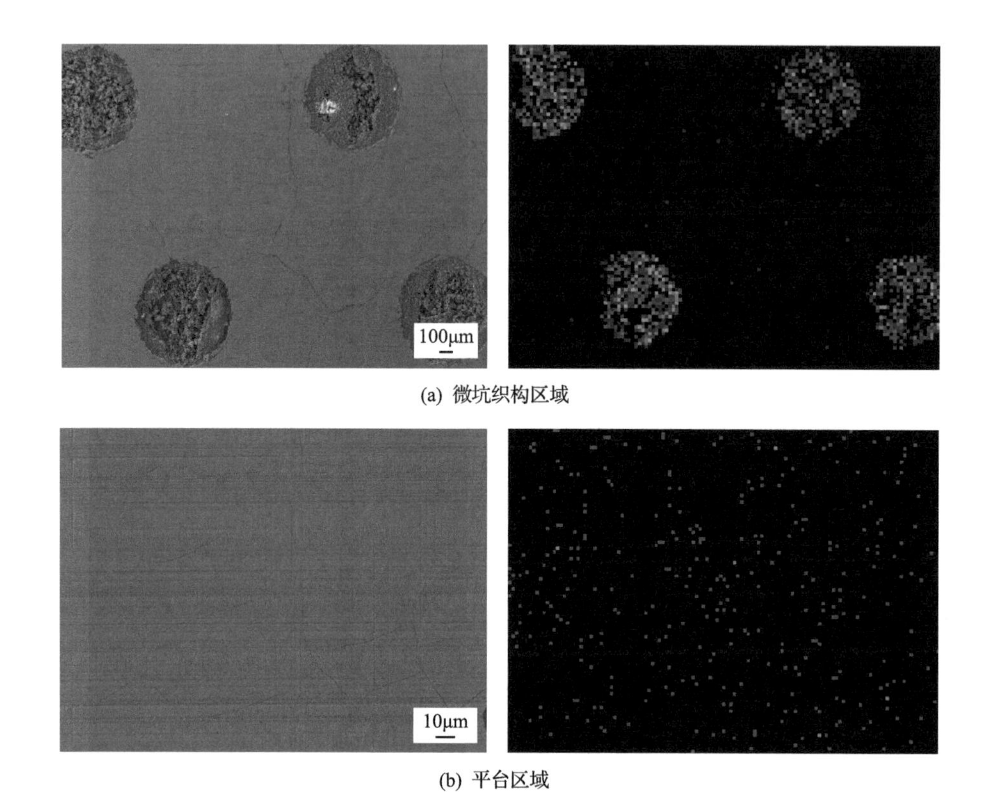

图 5.163　干摩擦条件下磨损 16min 时的气缸套表面形貌(左)及其对应的 S 元素面分布(右)

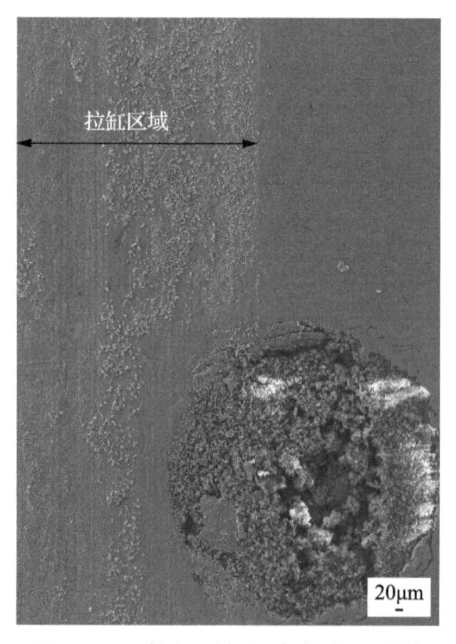

图 5.164　拉缸时气缸套的表面形貌

由上述三个典型阶段可知，干摩擦试验初期，微坑中的 MoS_2 在活塞环的刮削作用下，少量粉体释放到气缸套表面，起到固体润滑的作用，此时摩擦力较小。当微坑中的 MoS_2 低于气缸套表面时，MoS_2 释放速度减慢，气缸套试样表面残存的 MoS_2 不断被消耗，固体润滑能力随之下降，摩擦力也逐渐增大，直到局部发生黏着、沿着滑动方向扩展而拉缸，微坑边缘遭到破坏。此时，微坑内的固体颗粒又会被进一步释放出来，分布于摩擦表面，有望阻止拉缸的进一步扩展。

供油量分别为 0.015mL/min、0.040mL/min 和 0.065mL/min，磨损 8min 时的气缸套磨损表面形貌及其 S 元素面分布见图 5.165～图 5.167，可见微坑内均有尚未释放完成的固体颗粒，磨损表面均匀覆盖 MoS_2，随着供油量增加，气缸套表面的 MoS_2 密度降低，可见润滑油流量增大，稀释了摩擦副表面的固体润滑剂。在图 5.159(a)和(b)所示

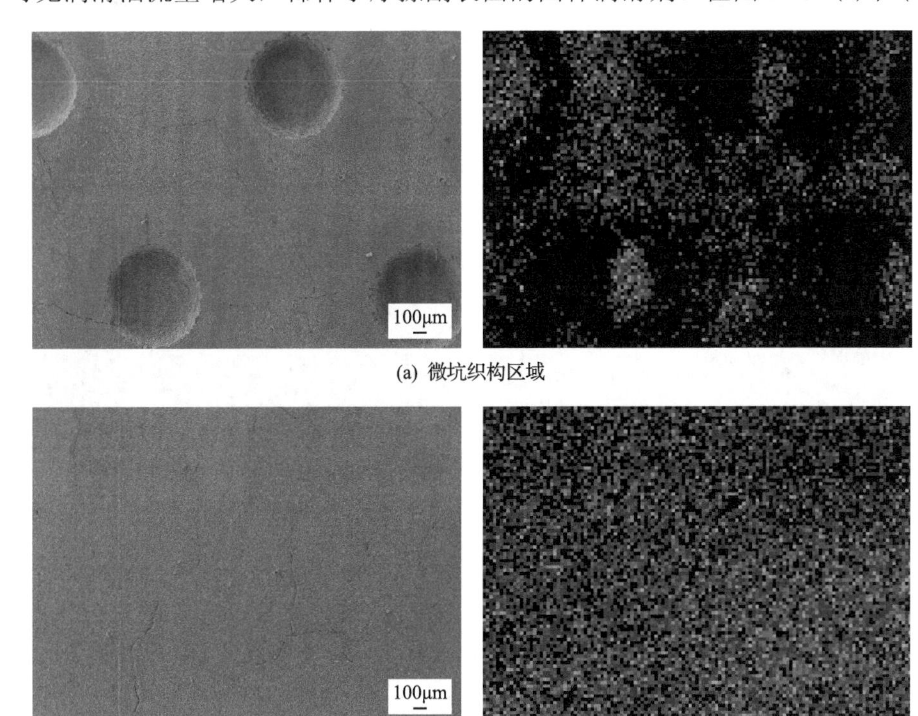

(a) 微坑织构区域

(b) 平台区域

图 5.165 供油量 0.015mL/min 磨损 8min 时的气缸套表面形貌(左)及 S 元素面分布(右)

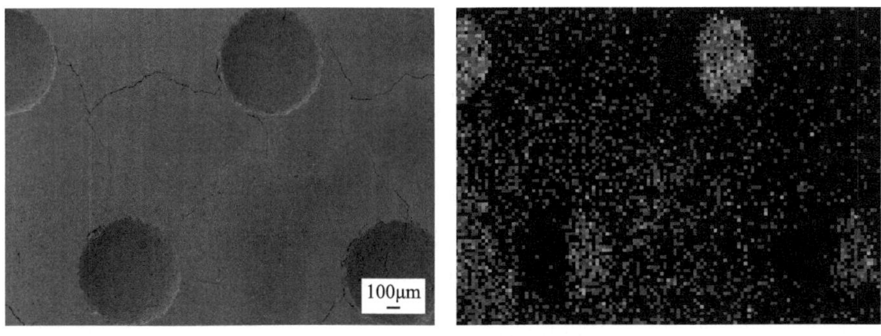

(a) 微坑织构区域

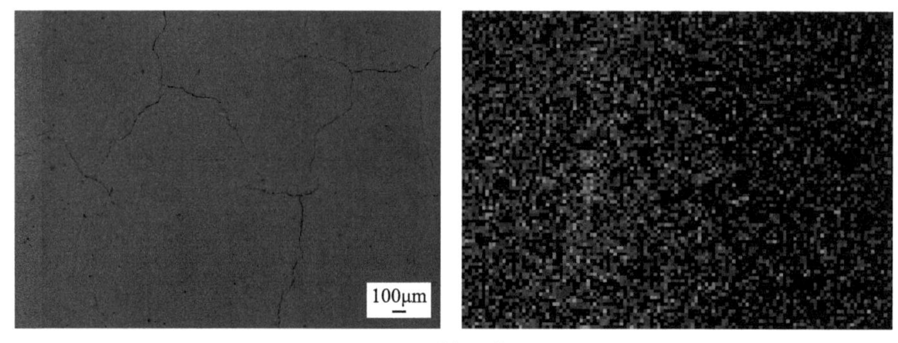

(b) 平台区域

图 5.166　供油量 0.040mL/min 磨损 8min 时的气缸套表面形貌(左)及 S 元素面分布(右)

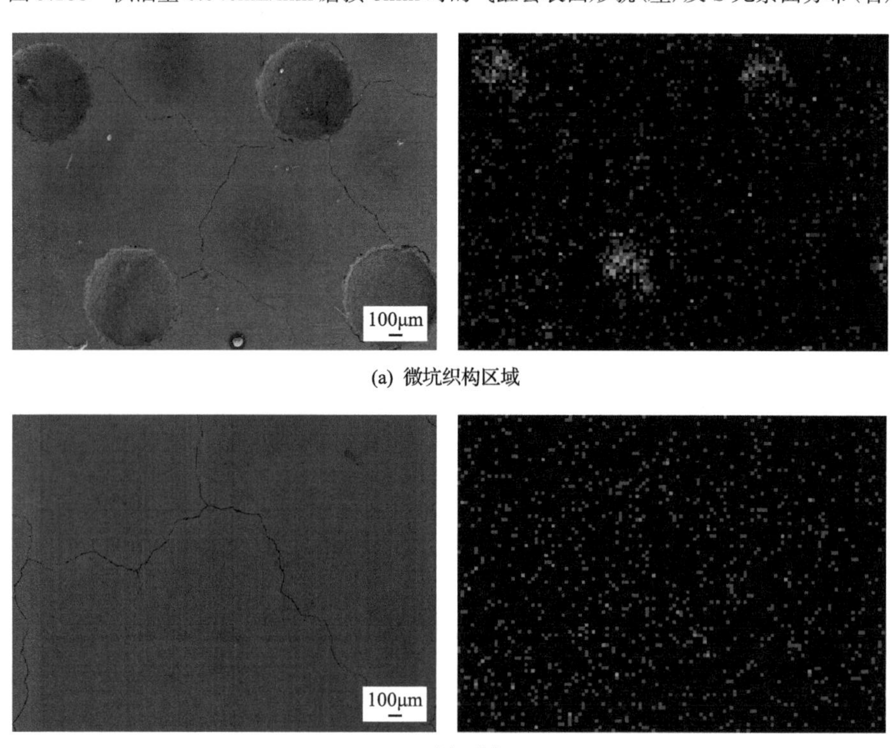

(a) 微坑织构区域

(b) 平台区域

图 5.167　供油量 0.065mL/min 磨损 8min 时的气缸套表面形貌(左)及 S 元素面分布(右)

的摩擦力曲线中，磨损 8min 时，对于供油量为 0.015mL/min 和 0.040mL/min 时，摩擦副处于低摩擦的平稳阶段；而对于供油量为 0.065mL/min 时，摩擦副则没有出现低摩擦的平稳阶段，见图 5.159(c)，而是一直保持在较高的摩擦状态。可见，摩擦副表面固体润滑剂和润滑油复合润滑条件下，摩擦系数明显减小；当表面的固体润滑剂密度减少到很低水平时，固体润滑剂对摩擦副的减摩作用消失，摩擦系数维持在高水平。

采用上述三种供油量磨损 100min 时，气缸套表面形貌及其 S 元素面分布见图 5.168～图 5.170，可见摩擦表面仍存在 MoS_2，相比磨损 8min 时的气缸套表面，MoS_2 密度明显

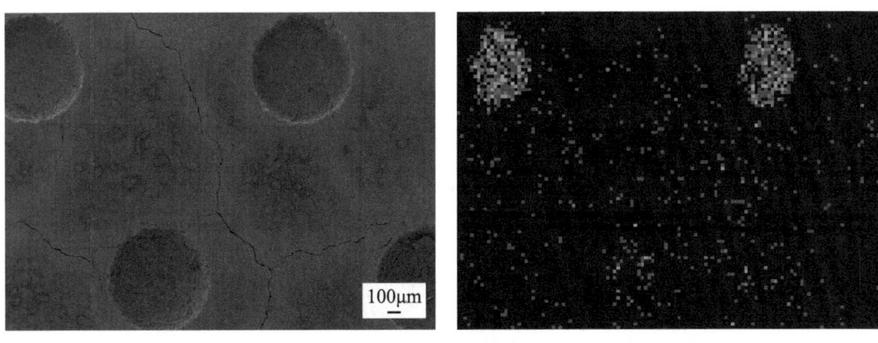

(a) 微坑织构区域

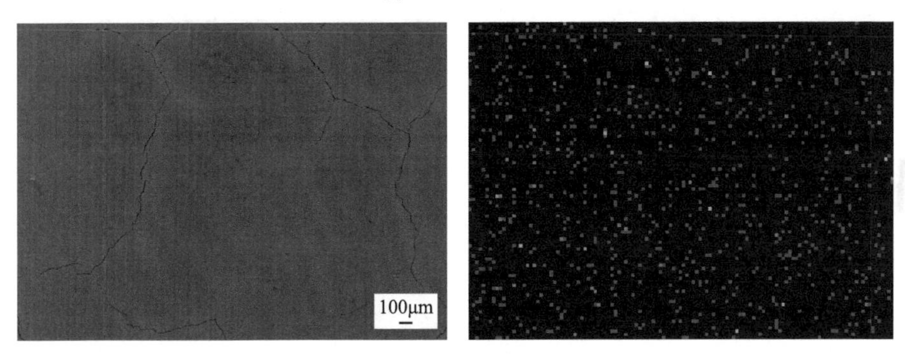

(b) 平台区域

图 5.168 供油量 0.015mL/min、磨损 100min 时的气缸套表面形貌(左)及 S 元素面分布(右)

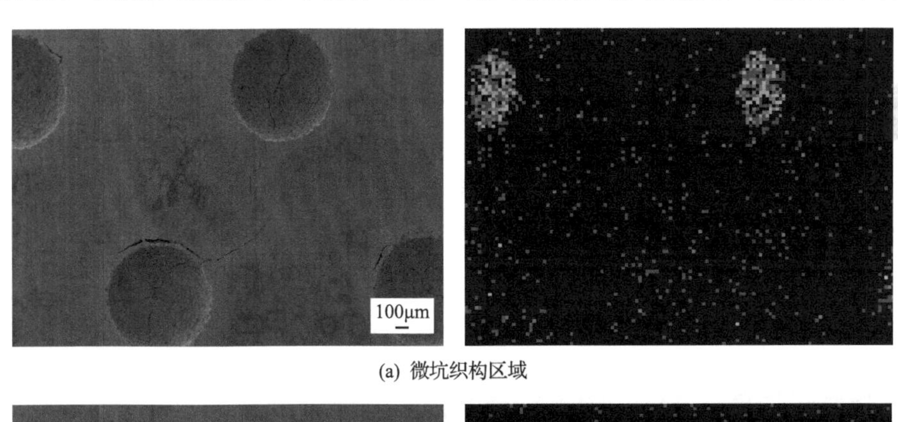

(a) 微坑织构区域

(b) 平台区域

图 5.169 供油量 0.040mL/min、磨损 100min 时的气缸套表面形貌(左)及 S 元素面分布(右)

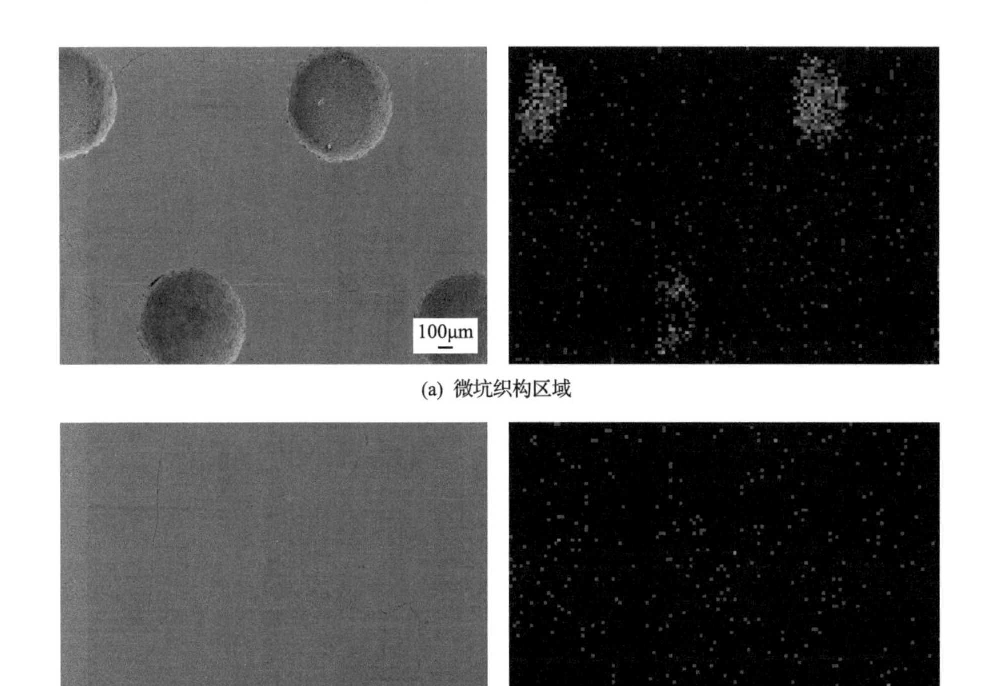

(a) 微坑织构区域

(b) 平台区域

图 5.170 供油量 0.065mL/min、磨损 100min 时的气缸套表面形貌(左)及 S 元素面分布(右)

降低。随着供油量增加，气缸套表面的 MoS_2 略有减少。在图 5.159(a)～(c)中，三种供油量条件下摩擦力均处于稳定阶段，且随着供油量增加，摩擦力略有提高。

由上述分析可知，在活塞环刮动润滑油的作用下，微坑中的 MoS_2 转移到气缸套表面，起到固体润滑的作用；同时分散在润滑油中的 MoS_2 随着润滑油的流动被带走而损失。润滑油供给量越大，MoS_2 损失越多，使沉积在气缸套表面的 MoS_2 减少。止点区域表面的 MoS_2 越多，摩擦力越小。当固体润滑剂在微坑中下凹深度达到一个临界值后，释放速度显著下降，摩擦副表面的 MoS_2 减少，导致摩擦力增加。

5.8.5 微坑织构复合 MoS_2 的气缸套磨损表面元素分析

图 5.171 和图 5.172 分别为不同温度条件下载荷为 20MPa 时未处理气缸套和微坑织构复合 MoS_2 气缸套止点区域磨损表面的成分。当温度为 120℃时，未处理气缸套的表面主要为 Fe、Ni 元素(来自镀层本身)；当温度为 250℃时，未处理气缸套的表面除了 Fe、Ni 元素外，还存在 Ca、P、S、Zn 元素(来自润滑油)。微坑织构复合 MoS_2 气缸套在两种条件下，表面均能检测到 Fe、Ni、Ca、P、S/Mo、Zn 元素。

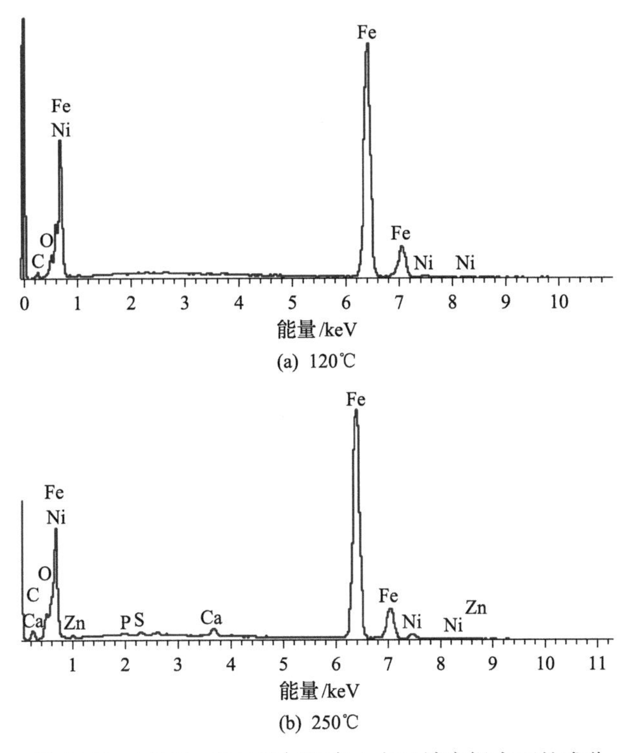

图 5.171　20MPa 未处理气缸套止点区域磨损表面的成分

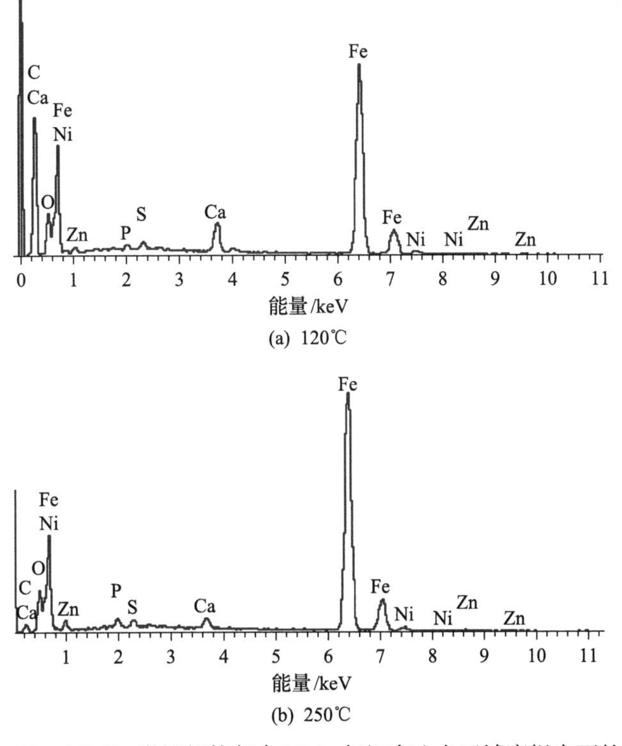

图 5.172　20MPa 微坑织构复合 MoS_2 气缸套止点区域磨损表面的成分

由上述分析可知，未处理气缸套的铁镍合金镀层在温度为 250℃时与润滑油发生摩擦化学反应，而在温度为 120℃时却没有。微坑织构复合 MoS_2 气缸套的铁镍合金镀层在温度为 120℃、250℃时均能和润滑油发生摩擦化学反应。

本节以铁镍合金镀铁气缸套-CKS 活塞环为配副，研究了微坑织构参数(包括微坑直径、深度、面积占有率和分布角度)、工况条件(时间、温度和载荷)、润滑油供给量(从干摩擦到充分供油)三个方面对微坑织构复合 MoS_2 气缸套摩擦性能的影响。微坑直径对微坑织构复合 MoS_2 气缸套的摩擦系数影响最大，微坑深度的影响最小。微坑织构复合 MoS_2 能有效减少镀层的疲劳磨损和磨粒磨损。干摩擦条件下，微坑织构复合 MoS_2 气缸套的摩擦系数小，但抗拉缸时间短，微坑内只有极少量的 MoS_2 释放。此外，微坑织构复合 MoS_2 气缸套的摩擦系数和微坑内的 MoS_2 释放量会随着供油量的增加而增大，而且在铁镍合金镀层表面复合 MoS_2 还有促进润滑油与摩擦表面发生化学反应的作用。

参 考 文 献

[1] 朱峰. 缸套-活塞环强化磨损模拟试验规范与摩擦磨损性能研究[D]. 大连: 大连海事大学, 2018.

[2] 沈岩. 高强化柴油机缸套-活塞环摩擦状态转化机制研究[D]. 大连: 大连海事大学, 2014.

[3] 朱峰, 徐久军, 孙健, 等. 松孔镀铬缸套磨损机理研究[J]. 内燃机学报, 2017(3): 274-279.

[4] Zhu F, Xu J, Han X, et al. Deposit formation on chromium-plated cylinder liner in a fully formulated oil[J]. Proceedings of the Institution of Mechanical Engineers Part J Journal of Engineering Tribology, 2016, 230(12): 1415-1422.

[5] Zhu F, Xu J J, Han X G, et al. Tribological performance of three surface-modified piston rings matched with chromium-plated cylinder liner[J]. Industrial Lubrication & Tribology, 2017, 69(2): 276-281.

[6] 金梅. 微坑织构复合 MoS_2 的合金镀铁缸套摩擦行为研究[D]. 大连: 大连海事大学, 2018.

[7] 董文仲, 徐久军, 马思齐, 等. 一种大尺寸内孔镀铁修复的阳极结构及应用[P]: CN201811270682.2. 2019-01-11.

[8] 金梅, 韩晓光, 董文仲, 等. FeNi 合金镀铁缸套的摩擦磨损性能[J]. 中国表面工程, 2016, 29(5): 122-128.

[9] 王阳. 氮化缸套与三种典型活塞环匹配性能研究[D]. 大连: 大连海事大学, 2019.

[10] Wong V W, Tung S C. Overview of automotive engine friction and reduction trends-Effects of surface, material, and lubricant-additive technologies[J]. Friction, 2016, 4(1): 1-28.

[11] 沈岩, 金梅, 王建平, 等. 缸套-活塞环摩擦状态转化形貌特征演变规律分析[J]. 内燃机学报, 2014(4): 359-363.

[12] 韩晓光, 徐阳阳, 黄若轩, 等. 缸套和活塞环组件及其表面织构的设计方法[P]. 辽宁; 21: CN202010007086.6, 2020-05-15.

[13] 李斌. 圆形微织构对缸套抗拉缸性能影响规律研究[D]. 大连: 大连海事大学, 2018.

[14] 沈岩, 李斌, 吕玉涛, 等. 一种电解加工气缸套表面微织构的装置及方法[P]: CN201810188001.1, 2018-08-24.

[15] Shen Y, Lv Y T, Li B, et al. Reciprocating electrolyte jet with prefabricated-mask machining micro-dimple arrays on cast iron cylinder liner[J]. Journal of Materials Processing Technology, 2019, 266: 329-338.

[16] 严志军, 朱新河, 高玉周, 等. 一种金属表面磨损自修复镀层制备装置[P]: CN200720012975.1. 2008-04-16.

[17] 严志军, 朱新河, 高玉周, 等. 一种金属表面磨损自修复镀层制备方法和装置[P]: CN200710011893.X. 2007-12-26.

[18] Huang R, Wang Z, Yuan X, et al. Tribological performance of nano-diamond composites-dispersed lubricants on commercial cylinder liner mating with CrN piston ring[J]. Nanotechnology Reviews, 2020, 9(1): 455-464.

[19] 朱新河, 付景国, 严志军, 等. 表面微刻蚀和微粒复合填充的气缸套内表面强化方法[P]: CN201110334952.3. 2012-06-27.

[20] 金梅, 韩晓光, 沈岩, 等. 微坑分布位置对复合润滑结构缸套摩擦磨损性能的影响规律[J]. 中国表面工程, 2017, 30(6): 168-176.

第 6 章　活塞环-气缸套零部件的磨损性能验证

零部件试验和台架试验是内燃机研制的重要环节，特别是多缸柴油机台架对柴油机实际工作状态的模拟性好，也是目前柴油机开发过程中主要依赖的试验方法，它不仅可用来检验柴油机的整体性能，还可用于相关零部件定型考核验证。本章介绍某型高强化柴油机活塞环与气缸套零部件分别在零部件试验机、单缸柴油机台架和多缸柴油机台架进行摩擦磨损性能考核的案例，来说明活塞环-气缸套零部件的摩擦学性能匹配试验的流程和方法。

6.1　零部件试验机模拟试验

柴油机整机台架试验是评价各零部件使用性能和可靠性最直接的手段，但是台架试验成本高、周期长，不适合开展大量试验。因此，新品气缸套和活塞环的开发过程中，经试样模拟性试验考核后，对于筛选出的活塞环或者气缸套样件，一般应先采用零部件试验进行进一步的验证，然后再使用单缸柴油机台架进行考核。相对于单缸柴油机台架试验，零部件试验的成本低、周期短，且试验结果对性能评价的有效性也比试样试验进一步提高。

6.1.1　试验材料与试验方法

待评价的气缸套-活塞环配对副有两组，分别为以下两组。

第一组：PVD 镀 TiN 的 38CrMoAl 氮化气缸套——球墨铸铁喷钼活塞环。

第二组：38CrMoAl 氮化气缸套——铬基陶瓷复合镀(CKS)活塞环。

试验采用专门开发的活塞环-气缸套零部件摩擦磨损试验机，可模拟活塞环在气缸套止点附近的磨损条件(边界润滑状态)。试验机如图 6.1 所示，主要性能参数如下：

(1) 活塞环背面采用径向膨胀方法加载，最大载荷为 100kN。

(2) 采用与目标柴油机相同的润滑油，润滑油流量可调。

(3) 加载频率为 1～8Hz。

(4) 加热温度范围为 25(室温)～300℃。

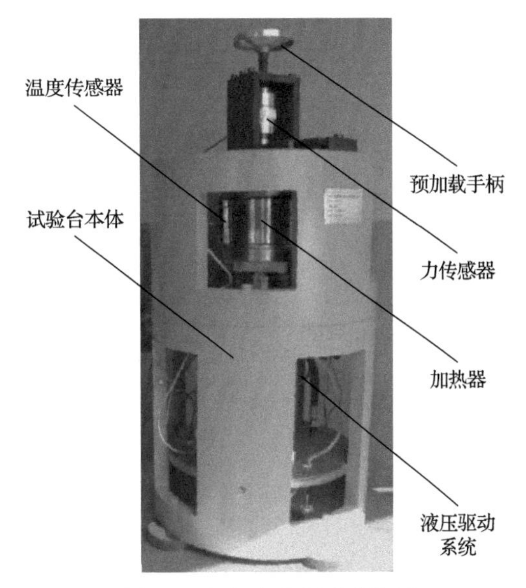

图 6.1　气缸套磨损试验装置

试验参数如下：径向最大载荷为(23±0.5)kN；加热温度为(180±5)℃；液压油箱温度小于60℃。

试验方法和规范如下：

(1)采用活塞环-气缸套零件。

(2)采用机械式膨胀加载机构模拟活塞环燃气背压。

(3)采用刮油环布油，模拟实际工况的润滑条件。

(4)电阻加热，模拟气缸套内表面温度。

(5)振幅、频率在线调整。

(6)摩擦力、位移曲线实时测量、显示、记录。

试验步骤、内容和技术要求见表6.1。

表6.1 活塞环-气缸套零部件磨损试验方案

序号	试验步骤	具体内容	技术要求	备注
1	试样装夹	安装气缸套试样	保证气缸套轴线与水平工作台面垂直	通过标准块定位
		安装加载蝶簧	保证活塞环试验样件均匀夹持，并与气缸套均匀接触	—
		施加预紧载荷	—	标定压力传感器
2	系统启动	启动试验控制软件，设定试验参数	—	—
		启动加热装置	加热气缸套，壁面温度升高到180℃	加热约30min
		调节往复运动频率、位移	频率(4Hz)、位移(8mm)	—
3	试验	预加载磨合	调节径向膨胀加载结构，控制载荷至5kN，磨合30min	100h为累计试验时间，试验期间可停机，但不允许拆卸摩擦副零件
		磨损试验	加载至试验载荷23kN，试验时间100h	
4	停机、卸载及结果分析	关闭加热系统，降低载荷，缩减位移、降低频率，停机	—	缓慢卸载，避免加载系统受到冲击
		取出气缸套、活塞环试验样件	—	试验结束30min后待试样冷却后拆卸
		测量气缸套的磨损量；分析测量结果	—	—

注：磨合载荷5kN，保证活塞环与气缸套均匀接触；试验载荷23kN的依据为：试验载荷=活塞环背压(22MPa)×作用面积S，其中$S=\pi dh$，d为活塞环直径(110mm)，h为活塞环高度(3mm)；试验时间100h：在载荷为23kN的条件下，保证气缸套试样的磨损量可测，磨损时间累计需要100h。

试验后，清洗气缸套内外表面，采用“磨损台阶测量法”使用轮廓仪测量磨损量，如图6.2所示，测得的气缸套已磨损区域和未磨损区域的轮廓曲线如图6.3所示，磨损量即已磨损区域和未磨损区域的评价高度差。测量气缸套磨损量时，应对测量位置进行标注，测点位置为：在磨痕处沿气缸套内壁圆周向选7个测点，即以活塞环开口对应位置为起始点，在开口位置的左右两侧各取1点，其余5点沿圆周方向均布，如图6.4所示。最后，以所测7点的磨痕深度值作为该气缸套的磨损量。

图 6.2　气缸套磨损量测量

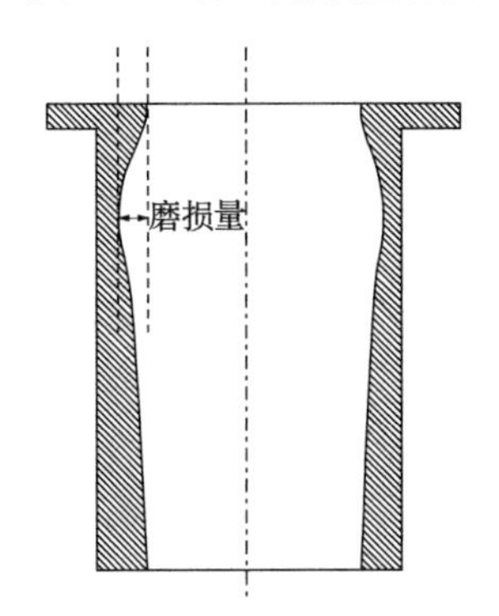

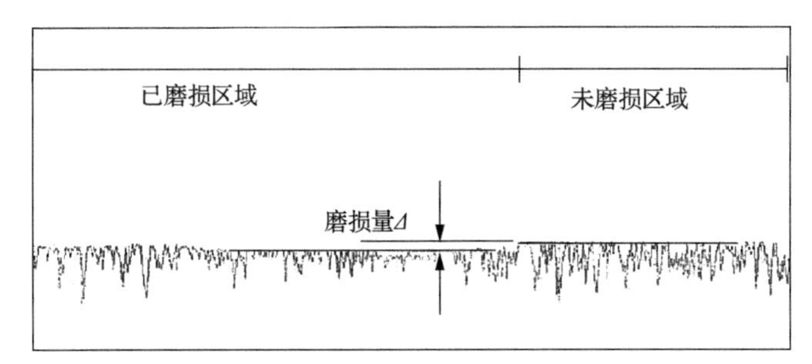

图 6.3　磨损台阶测量法示意图

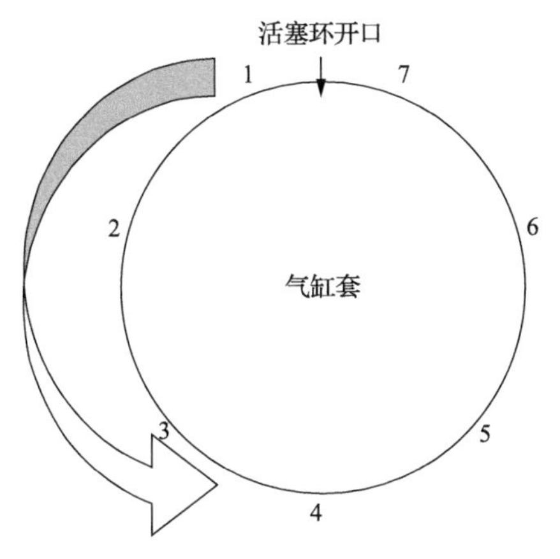

图 6.4　测点分布示意图

6.1.2 活塞环-气缸套-零部件试验结果

两组活塞环-气缸套零件磨损试验前、后的磨损量测量结果见表 6.2。对 7 点磨损量测量数据采用“拉依达法”(也称 3 倍标准差法“3S 法”)进行“滤噪”处理，即当某点磨损量测量值与均值的差大于 3 倍标准差时(即$|X_i - \bar{x}| > 3S$)，该值应舍弃。经统计分析，所有磨损量数据均有效，两组试验结果的气缸套磨损量均值分别为 0.99μm 和 1.05μm。

表 6.2 气缸套的磨损量

测点位置	第一组/μm	第二组/μm
位置 1	0.89	0.92
位置 2	1.18	0.94
位置 3	1.12	0.98
位置 4	1.04	1.23
位置 5	0.83	1.16
位置 6	0.96	1.12
位置 7	0.88	0.97
平均磨损量	0.99	1.05
最大磨损量	1.18	1.23

测试结果表明，100h 磨损试验后，两组气缸套的最大磨损量分别是 1.18μm 和 1.23μm。图 6.5 为第一组配对副试验后气缸套的磨损区形貌，可见磨损表面未出现明显擦伤，TiN 镀层更加光滑。

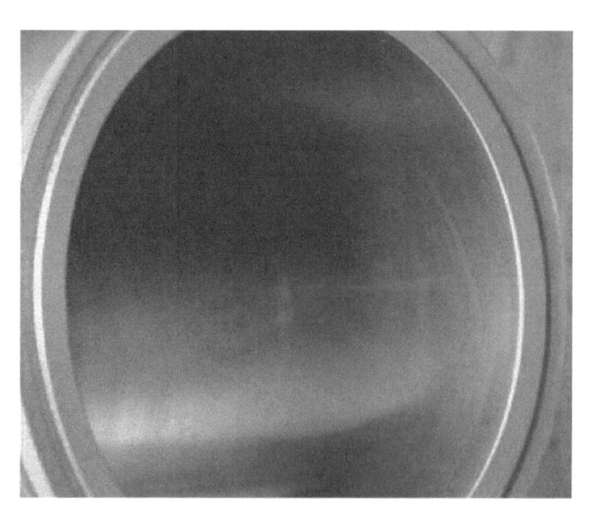

图 6.5 气缸套磨损区形貌

由零部件试验可见，第一组配对副的气缸套表现出更佳的耐磨性能。因此，选取 PVD 镀 TiN 的 38CrMoAl 氮化气缸套和球墨铸铁喷钼活塞环配对，进行单缸柴油机台架考核试验。

6.2 单缸柴油机台架考核试验

活塞环-气缸套的零部件试验虽然能够在较短时间内评价出配对副耐磨性，但是零部件试验对柴油机的实际工况只能做到部分模拟，因为复杂工况造成的积炭、耦合振动、燃气冲刷等因素是部件级试验无法考虑的，所以想要获得活塞环-气缸套配对副实际工作状态下的耐磨性和可靠性，还需要经单缸柴油机台架试验进行考核。本节以活塞环-气缸套零部件试验中表现较好的配对副为试验件，在单缸柴油机台架上进行50h考核试验，进一步考核该活塞环-气缸套配副的抗拉缸性能及气缸套抗磨情况。

6.2.1 试验件与试验方法

选用零部件试验中磨损量较低的PVD镀TiN的38CrMoAl氮化气缸套和球墨铸铁喷钼活塞环配对副。

单缸柴油机转速为3600r/min，最高燃烧压力为19MPa，功率为64kW。工作介质包括：–10#军用柴油作为燃油、10W-40CF-4润滑油，软化水冷却液(pH为6.5～8.5)。单缸柴油机台架的原理图如图6.6所示。

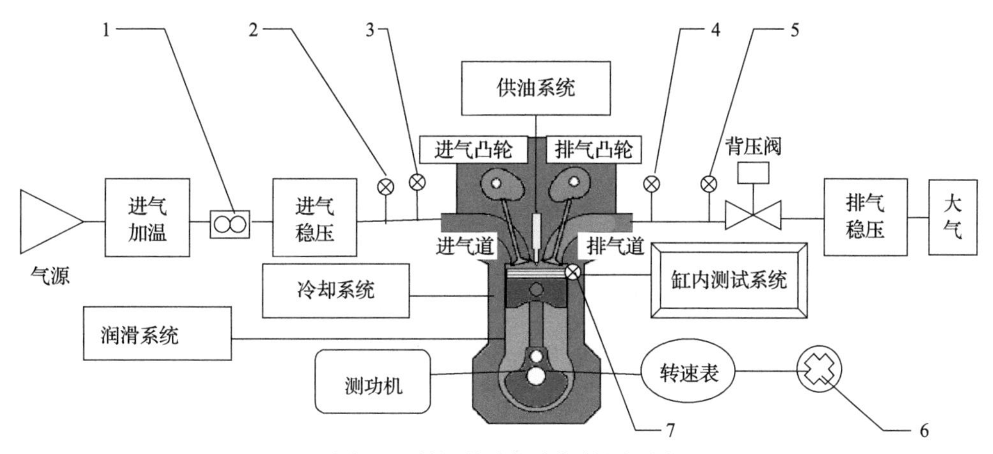

图6.6 单缸柴油机台架的原理图

1-流量计；2-温度传感器；3-压力传感器；4-温度传感器；5-压力传感器；6-紧急停机按钮；7-进排气道

试验采用标准如下：

(1)《大型试验质量管理要求》(GJB 1452A—2004)。

(2)《装甲车辆柴油机台架试验第1部分：标准基准状况，功率、燃油消耗和机油消耗的标定及试验方法》(GJB 5464.1—2005)。

(3)《装甲车辆柴油机台架试验第2部分：试验测量》(GJB 5464.2—2005)。

(4)《产品试验控制程序》(Q/BDG 17.2011)。

按照试验测试大纲，在更换活塞环-气缸套摩擦副后，必须进行一定时间的磨合，单缸柴油机磨合分非增压磨合和增压磨合两个阶段进行。具体试验控制规范如下：

第一阶段按表6.3所示磨合规范进行非增压磨合试验。

表 6.3 非增压磨合规范(共 190min)

转速/(r/min)	1000	1200	1400	1600	1800	2000	2200
功率/kW	4	4.8	7.5	8.5	9.5	10.8	11.5
进气温度/℃	35	40	40	40	45	45	45
时间/min	20	20	20	20	20	20	15
转速/(r/min)	2400	2600	2800	3000	3200	3400	3600
功率/kW	14	17	20	22	25	27	30
进气温度/℃	45	45	45	50	50	50	50
时间/min	15	10	10	5	5	5	5

非增压磨合后检查并清洗机油滤，同时记录检查结果。

第二阶段增压磨合试验的磨合规范共分两步进行，第一步按表 6.4 所示磨合规范进行磨合试验。

表 6.4 磨合规范(共 130min)

转速/(r/min)	1000	1200	1400	1600	1800	2000	2200
功率/kW	5.2	8.8	12.3	13	14.2	16.7	18
进气温度/℃	30	40	40	40	45	45	45
进气压力/kPa	71	82	93	100	100	100	100
时间/min	10	10	10	10	10	10	10
转速/(r/min)	2400	2600	2800	3000	3200	3400	3600
功率/kW	20	22.5	25	27.5	30	32.5	35
进气温度/℃	45	45	50	50	50	55	60
进气压力/kPa	120	120	120	150	150	150	150
时间/min	10	10	10	5	5	5	5

检查并清洗机油滤，同时记录检查结果。

第二步按表 6.5 所示磨合规范进行磨合试验。

表 6.5 磨合规范(共 180min)

转速/(r/min)	1000	1200	1400	1600	1800	2000	2200
功率/kW	11	13	15	18	19.5	21.5	23
进气温度/℃	40	45	50	50	50	50	50
进气压力/kPa	80	95	103	104	118	132	146
时间/min	20	20	20	20	15	15	15
转速/(r/min)	2400	2600	2800	3000	3200	3400	3600
功率/kW	25	27.5	29	32	34.5	36	39
进气温度/℃	50	45	50	50	50	55	60
进气压力/kPa	146	160	168	180	194	200	210
时间/min	15	10	10	5	5	5	5

磨合后检查并清洗机油滤，同时记录检查结果。

磨合试验过程控制如下：

(1)按磨合规范进行磨合试验时，每隔10min记录进回水温度、进回油温度、机油压力、废气压力、最大燃烧压力、排气温度、进气温度。

(2)磨合试验时，每隔30min进行一次机油油样采集、分析。

(3)磨合试验结束后，对柴油机状态和台架设备进行必要的检查。

磨合试验过程中的试验控制参数如下：

(1)进、回水和进、回油温度：60～80℃。

(2)机油压力：0.8～1.0MPa。

(3)试验排温：≤700℃。

(4)燃烧压力：≤19MPa。

单缸机活塞环-气缸套摩擦副累计考核50h，共10个循环，每个工作循环5h。每个工作循环的试验工况严格按照表6.6进行。

表6.6 活塞环-气缸套摩擦副50h单缸柴油机台架考核试验规范

<table>
<tr><th>序号</th><th>转速/(r/min)</th><th>扭矩/(N·m)</th><th>功率/kW</th><th>运转时间/min</th><th>技术要求</th></tr>
<tr><td>1</td><td colspan="4">预热启动</td><td>逐步增加转速、负荷；使油水温度达到规范要求</td></tr>
<tr><td>2</td><td colspan="4">从最低空载转速增至最高空载转速</td><td>1次</td></tr>
<tr><td>3</td><td>3600</td><td>169</td><td>64</td><td>30</td><td rowspan="6">每隔20min，减少供油量进行降速冷却，调整转速至最低稳定运转转速，时间为2～3min</td></tr>
<tr><td>4</td><td>3500</td><td>171</td><td>62.5</td><td>30</td></tr>
<tr><td>5</td><td>3300</td><td>172</td><td>59.5</td><td>50</td></tr>
<tr><td>6</td><td>3000</td><td>183</td><td>57.5</td><td>100</td></tr>
<tr><td>7</td><td>2800</td><td>186</td><td>54.5</td><td>60</td></tr>
<tr><td>8</td><td>2600</td><td>186</td><td>50.5</td><td>30</td></tr>
<tr><td>9</td><td colspan="3">检查最低空载转速</td><td>10</td><td>—</td></tr>
<tr><td>10</td><td colspan="4">冷却停车</td><td>用循环水将柴油机逐渐冷却至停车温度</td></tr>
</table>

注：规范中扭矩与功率为标准地区值，功率换算系数为0.975。

试验控制参数如下：

(1)柴油机进水温度：(70±10)℃。

(2)柴油机进气温度：(60±2)℃。

(3)水泵冷却液压力：(0.15±0.01)MPa。

(4)柴油机机油温度：(70±10)℃。

(5)主油道压力：0.75～0.85MPa。

(6)柴油机排气温度：≤700℃。

(7)气缸内最高燃烧压力：≤19MPa。

按GJB 5464.2—2005《装甲车辆柴油机台架试验 第二部分：试验测量》标准执行，柴油机应在指定的负荷和转速工况下运转，已达到规定的稳定运转工况3～5min后，测取有关参数。

试验结束后，分别采用三坐标仪、塞尺和 HOMMEL T6000 轮廓仪测量气缸套上止点附近的磨损量。

6.2.2 单缸柴油机台架试验结果

经过 50h 磨损试验后，拆去气缸盖，气缸套状态见图 6.7。由图可见，燃烧室存在积炭现象，呈现清晰可见的“黑圈”。

(a) 活塞上止点位置气缸套形貌

(b) 活塞下止点位置时气缸套形貌及燃烧室部位的“黑圈”

图 6.7 台架试验后气缸套形貌

为了便于测量磨损量，采用化油器清洗剂将积炭清洗干净，清洗后的气缸套见图 6.8，可见积炭已经清洗干净，露出气缸套的原始颜色。

图 6.8 清洗积炭后的气缸套内表面形貌

首先尝试采用活塞环开口间隙变化评价气缸套的磨损量，但磨损量过小，试验前后开口间隙均为 0.5mm，说明塞尺的测试精度低，无法满足磨损量测量的精度要求；然后采用三坐标仪测量缸径尺寸变化，两种测试方法得到的气缸套磨损量结果见表 6.7。

表 6.7 活塞环开口间隙变化及缸径变化的磨损量测量结果

测量方法	原理	测量结果		磨损量
		试验前	试验后	
三坐标仪	以试验前、后缸径变化表征磨损量	+0.019mm	+0.021mm	0.002mm
塞尺	以试验前、后活塞环开口间隙的变化表征磨损量	+0.50mm	+0.50mm	0.00mm

考虑到磨损最大的位置在活塞上止点附近一道气环对应的气缸套内表面，所以采用HOMMEL T6000轮廓仪测量气缸套上止点附近已磨损区域和未磨损区域的磨损台阶，测量长度为4.4mm，测量的表面轮廓曲线见图6.9。图中，纵向每格10mm代表实际高度2.0μm；横向每格10mm代表实际长度250μm。分别以磨损区域和未磨损区域轮廓曲线尖峰处作两条平行线，以游标卡尺测量两条平行线间距离，根据标尺换算成气缸套磨损量。为保证测量的准确性，沿圆周方向22等分点处分别测量气缸套母线轮廓，并折算磨损量。

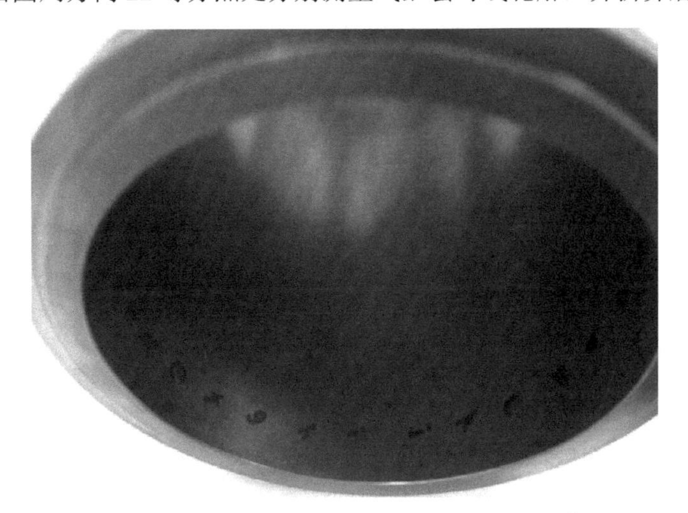

图 6.9 轮廓仪测量气缸套止点位置附近的测量位置

试验后，对所测的22点磨损量测量数据采用“拉依达法”进行“滤噪”处理，然后对其他数据取平均值。经过对22个测点位置样本数据统计处理，得到该气缸套上止点位置的最大磨损量和平均磨损量等表征参量。测试结果显示，经过50h考核后的气缸套磨损量均值为0.29μm，平均磨损率为5.8×10^{-6}mm/h，最大磨损量为0.4μm，最大磨损率为8×10^{-6}mm/h。

50h的单缸柴油机台架试验采用与整机(多缸柴油机)台架考核试验一致的试验规范和试验流程，能够较好地对不同活塞环和气缸套配对副的早期磨损进行考核，更加真实地反映摩擦副实际工作状态和热机耦合环境载荷。

6.3 多缸柴油机台架抗拉缸性能试验

当活塞环和气缸套经试样模拟性试验、零部件试验和单缸柴油机台架考核试验后，其性能是否能够满足发动机的使用要求，还需要在多缸柴油机台架上进行综合性能验证，从而形成一个模拟性不断递进的实验室环境下的“试验链”。本节介绍一种利用多缸柴油机台架来考核验证不同活塞环与38CrMoAl氮化气缸套配对性的试验方法。

6.3.1 试验件与试验方法

气缸套为38CrMoAl氮化，内孔表面镜面研磨，硬度HRC≥55。

第一道气环为对称梯形桶面环，选用四种不同表面处理工艺，镀层方案见表6.8，四种镀层的活塞环分别用A、B、C和D表示；第二道气环均为镀硬铬锥面环；第三道环均为带螺旋撑簧的镀硬铬组合油环。

表6.8 第一道活塞环表面镀层方案

活塞环编号	镀层工艺
A	激光陶瓷化处理
B	金属基复合陶瓷电镀
C	整体式金属陶瓷
D	等离子喷钼

考虑到柴油机各缸磨损状态的不均匀性，采用表6.9所示的活塞环装机方案。装机前，对装机的活塞环进行切向弹力和透光度检查。

表6.9 活塞环装机方案

缸序	装机方案
左1	A
左2	B
左3	D
左4	B
左5	C
左6	D
右1	D
右2	A
右3	B
右4	C
右5	A
右6	C

参照德国格茨国际发展有限公司推荐的活塞环强化考核试验规范，见表6.10，结合研制柴油机的具体使用特点和柴油机台架能力，试验确定的活塞环强化考核试验规范，见表6.11。

表 6.10 德国格茨国际发展有限公司推荐的活塞环强化考核试验规范

控制参数	参数要求
柴油机工况	全速全负荷，不经磨合
机油温度	130～140℃
水温	110～120℃
气缸套	全新
考核时间	连续运转 2h

表 6.11 本试验活塞环强化考核试验规范

控制参数	参数要求
柴油机工况	全速全负荷，不经磨合
机油温度	(130±5)℃
水温	(110±2)℃
气缸套	全新气缸套
考核时间	连续工作 1h 为一个循环，考核 10 个循环，各循环之间降速冷却 3min

6.3.2 台架试验结果

柴油机累计运转 432min，有效考核时间(全速全负荷，冷却水温大于 110℃，机油温度大于 130℃)大于 3h。考核后拆检发现，装有 A 活塞环的左 1 缸拉缸，如图 6.10 所示。各活塞环紧紧卡在活塞环槽中，活塞本体与气缸套之间粘连拉伤严重，有铝材料剥落。连杆与活塞销、活塞销与活塞销孔间转动灵活，未黏结。另外，气缸套内表面出现很深的沟纹，活塞裙部和推力面磨损严重且有烧伤痕迹。

(a) 活塞组

(b) 气缸套内表面

图 6.10 安装 A 活塞环的左 1 缸活塞组和气缸套形貌

装有 A 活塞环的右 2、右 5 缸的活塞环、气缸套表面形貌如图 6.11 所示。可见，活塞环外型面磨损比较严重、磨损面积较大；刮油环上侧外型面磨损相对较轻，保有原始金属光泽，但是下外型面磨损严重，边缘出现毛刺；气缸套内表面也存在磨损痕迹，但磨痕均匀，未出现明显拉缸现象。

(a) 右2缸活塞环

(b) 右5缸活塞环

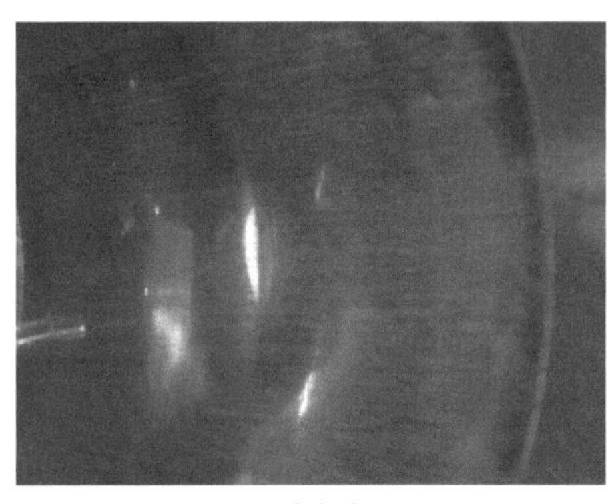

(c) 气缸套

图 6.11 装有 A 活塞环组的右 2、右 5 缸的活塞环、气缸套表面形貌

装有 B 活塞环的左 2、左 4、右 3 缸活塞环、气缸套磨损表面形貌见图 6.12。由图可以看出，各活塞环外型面有光滑亮带，局部有轻微擦伤痕迹，梯形环开口部位两侧磨损较重，气缸套内表面磨损正常。

(a) 左2缸活塞环

(c) 右3缸活塞环

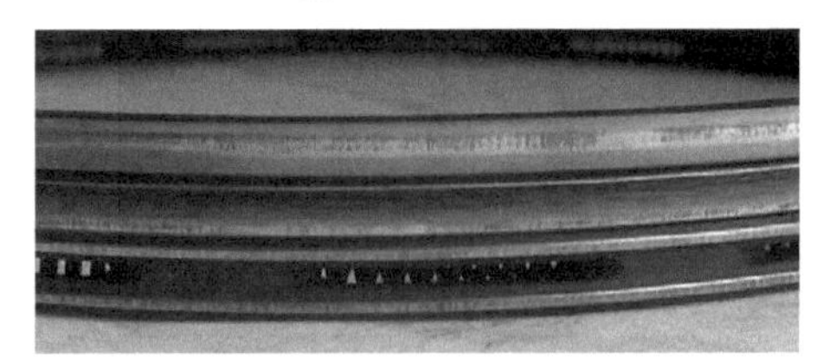

(b) 左4缸活塞环

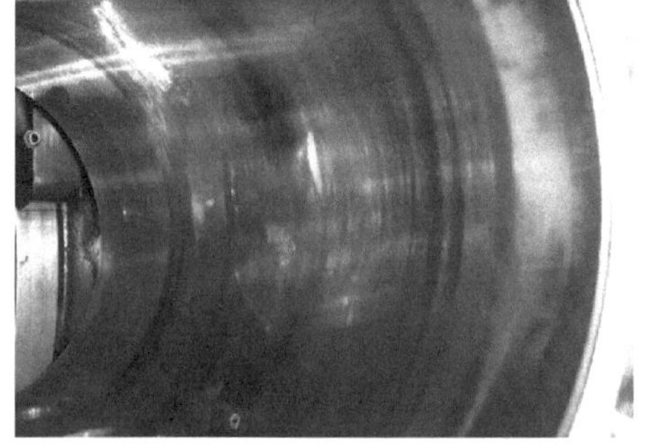

(d) 气缸套

图 6.12 装有 B 活塞环的左 2、左 4、右 3 缸活塞环、气缸套磨损表面形貌

装有 C 活塞环的左 5、右 4、右 6 缸活塞环、气缸套磨损表面形貌见图 6.13。由图可以看出，各活塞环外型面有擦伤痕迹，并有局部镀层脱落，气缸套内表面磨损较重，但磨损均匀。

(a) 左5缸活塞环

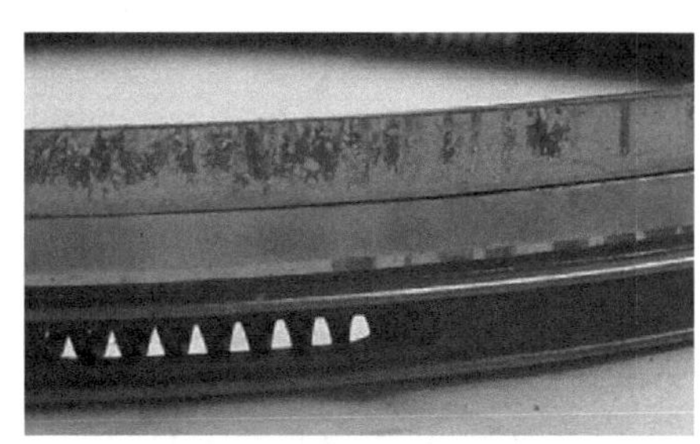

(c) 右6缸活塞环

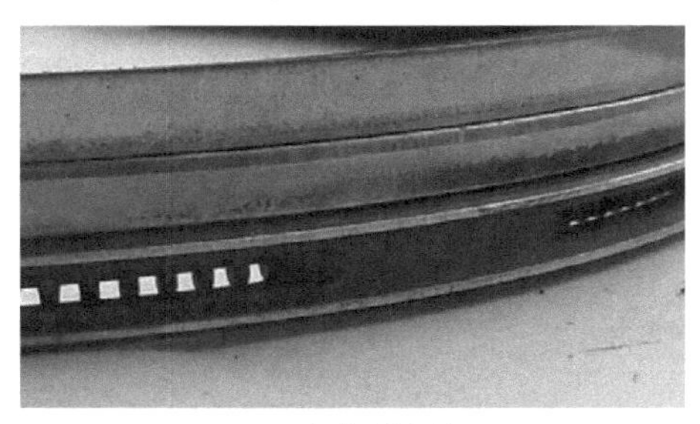

(b) 右4缸活塞环

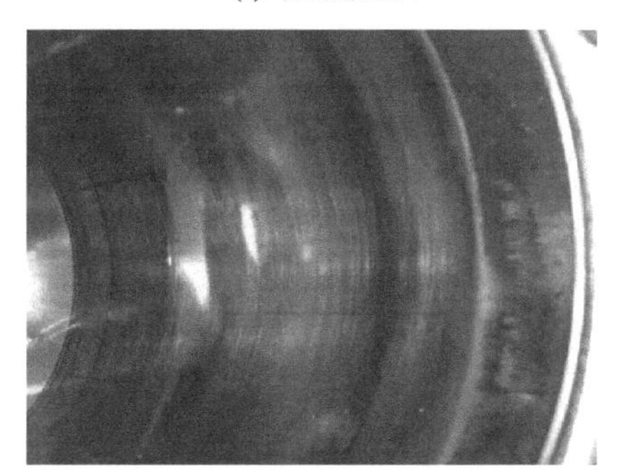

(d) 气缸套

图 6.13 装有 C 活塞环的左 5、右 4、右 6 缸活塞环、气缸套磨损表面形貌

装有 D 活塞环的左 3、左 6 缸活塞环、气缸套磨损表面形貌见图 6.14。由图可以看出，各活塞环外型面有大面积严重拉伤痕迹，并带有局部镀层脱落，气缸套内表面磨损严重。拆梯形环时，梯形环发生折断。

由此可见，4 种不同表面处理工艺制备的第一道活塞环中，B 活塞环的台架试验结果最好，活塞环组和气缸套均为正常磨损，可满足该柴油机的使用要求；对于 C 活塞环，虽然活塞环和气缸套表面存在一定程度的擦伤和磨损，但是发动机仍然可以工作，说明该方案勉强满足该柴油机的使用要求；D 活塞环的气缸套和活塞环都出现大面积严重黏着磨损，且梯形环已经折断，说明该方案不能满足柴油机使用要求。A 活塞环表现最差，各活塞环均卡死在活塞环槽中，活塞本体有材料剥落，还导致连杆小头及多个其他运动副不同程度的损坏，说明该方案不能满足柴油机的使用要求。

(a) 左3缸活塞环

(b) 左6缸活塞环

(c) 气缸套

图 6.14　装有 D 活塞环的左 3、左 6 缸活塞环、气缸套磨损表面形貌

采用柴油机整机台架进行活塞环强化考核，通过提高柴油机冷却液、机油温度，恶化活塞环-气缸套摩擦副的润滑状态，可以快速地对活塞环-气缸套配副的抗拉缸和抗磨损能力进行考核，而且可以利用多缸机的特点一次试验就可以对多种配对副进行对比筛选，与单缸机相比，当方法得当时同样可达到节省试验费用、缩短新产品开发周期的目的。

第7章　活塞环与气缸套的薄膜润滑

柴油机活塞环与气缸套摩擦副在上止点附近，处于高温、高载荷和低速度工况，润滑油膜厚度一般比较薄；同时因磨合使微凸体顶部局部表面平整化，具备形成薄膜润滑的条件，薄膜润滑也往往和其他润滑形式共同形成混合润滑状态(图7.1)。薄膜润滑是介于边界润滑和弹性流体动压润滑之间的一种润滑状态，其膜厚度大于边界润滑油膜吸附分子层厚度而小于弹流润滑油膜亚微米厚度。薄膜润滑状态下，润滑油膜类固化效应及剪切稀化效应会导致油膜承载能力以及摩擦系数较弹流润滑和边界润滑有明显不同，因而有必要在柴油机活塞环-气缸套润滑模型中考虑薄膜润滑状态。

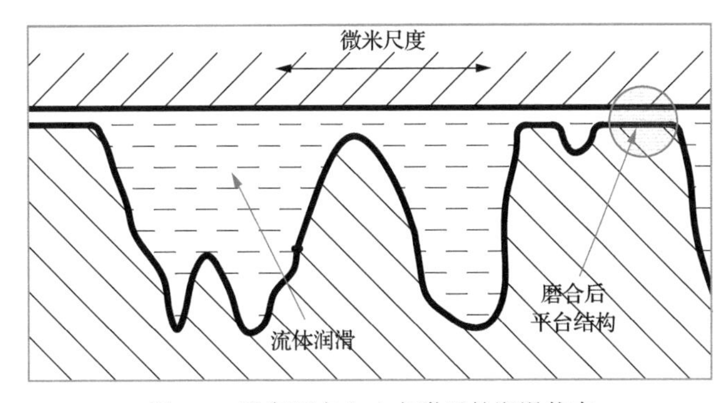

图7.1　活塞环在上止点附近的润滑状态

柴油机活塞环-气缸套是典型的工作于非稳态工况下的摩擦副，在一个特定冲程中，其运动速度和载荷也随活塞环位置的不同而发生变化，导致活塞环与气缸套之间存在多种润滑状态且转化关系复杂。特别是对于装甲车辆高强化柴油机活塞环与气缸套摩擦副，工作温度高、载荷大、往复频率高，其润滑也更具有非稳态特性。

目前针对薄膜润滑状态的理论研究方法多是依据分子动力学方法，在纳米尺度直接模拟流体分子运动，进行动力学分析，得出流体在薄膜润滑条件下的运动特性，把流体的流变以参数修正的方式加以描述(如黏度修正、吸附层修正等)，然后将修正模型代入宏观润滑模拟模型(如基于 Reynolds 方程的模型)进行求解。但是以上方法难于直接应用于活塞环与气缸套摩擦副的研究，主要难点是工程上的润滑剂分子成分和结构复杂，分子链长度较大，难以开展基于分子动力学的模拟；缺乏非稳态条件下的薄膜润滑测试手段和理论模型。

本书提出将试验测试与理论模拟结合的研究方法，针对高强化柴油机活塞环与气缸套摩擦副的润滑问题，研究薄膜润滑的非稳态特征及应用方法，主要思路如下：

(1)开展非稳态条件下的薄膜润滑油膜厚度测试技术研究；

(2)采用油膜厚度试验系统，研究薄膜润滑特征，建立黏度修正模型；

(3)将黏度修正模型和宏观模拟模型结合，建立薄膜润滑稳态及非稳态数学模型，并进行试验验证。

(4)根据活塞环-气缸套摩擦副结构模型和工作条件，建立针对活塞环-气缸套摩擦副的考虑薄膜润滑状态的非稳态润滑模型，并研究高强化柴油机活塞环-气缸套的润滑规律。

7.1 薄膜润滑油膜厚度测试技术

针对摩擦副表面之间润滑油膜厚度的测量是研究润滑状态的重要手段。对接触区域小且接触表面间的油膜比较薄的情况，常规的润滑油膜厚度测量方法很难适用。

光干涉油膜厚度测量法(简称光干涉法)是一种能够直接测量纳米级润滑油膜厚度的方法，其在薄膜润滑研究中得到了广泛应用。但是由于光干涉法要求摩擦接触的物体之一必须为带半反射膜的透明材料，这就限制了摩擦副的材料，因此不能用于测量以钢铁材料为主的实际摩擦副的油膜厚度，只能用于特定摩擦副在特定工况条件下的基础研究。

基于接触电阻的润滑油膜厚度测量法(简称电阻法或接触电阻法)是利用金属电阻率与润滑油电阻率差别巨大的特点，通过测量摩擦副之间接触电阻的变化来间接测量相对油膜厚度并判断润滑状态的方法，是应用最早的润滑油膜厚度测量方法之一。该方法能够用于实际摩擦副试样之间接触电阻的测试，容易实施。但受摩擦副表面形貌、材料等因素干扰，油膜厚度测量精度较低，多用于定性区分全膜流体润滑状态和部分膜混合润滑状态。

7.1.1 基于光干涉法的油膜厚度测试技术

1. 光干涉法油膜厚度测试技术研究概述

20 世纪 60 年代，人们开始利用光干涉法测量润滑油膜厚度及其分布。Cameron 和 Gohar[1]通过测量钢球与高折射率玻璃板之间点接触的光干涉现象，得到了点接触弹流润滑状态下润滑油膜的“马蹄形”光干涉图案，如图 7.2 所示；随后他们运用光干涉法测量了 100nm～1μm 弹流润滑状态下点接触摩擦副间的油膜厚度[2]。

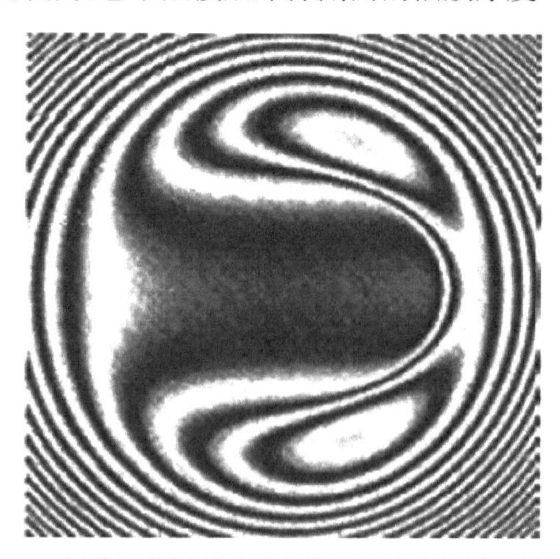

图 7.2 钢球与高折射率玻璃板之间点接触的光干涉图

Spikes 和 Guangteng[3]、Homola 等[4]利用等序色条纹法、平垫层及斜垫层等方法进行了润滑油膜厚度测量，使测量精度进一步提高。1991 年，Johnston 等[5]利用综合垫层法和光谱分析法研制出薄膜光学干涉仪，其测量精度达到了 5nm。Hartl 等[6]提出了比色干涉法，即通过色度对比来确定润滑油膜的厚度。

1992 年，国内学者雒建斌等[7-10]以光干涉法基本原理为基础，提出了相对光强原理并将其应用于测量纳米级润滑油膜厚度；他们研制出基于光干涉法的润滑油膜厚度测量仪，该测量仪对润滑油膜厚度与分布测量的垂直分辨率可以达到 0.5nm，水平分辨率为 1.0μm。目前相对光强原理在国内外纳米级润滑油膜的试验研究中得到广泛应用，许多学者在该测量原理的基础上针对弹流润滑、薄膜润滑及边界润滑开展研究，并取得了许多有价值的成果[11]。

Guo 等[12]采用基于光强的多光束干涉技术，在图像分析过程中将干涉界面材料的光吸收性和反射率考虑在内，使光干涉法的测量精度达到了 0.89nm。

英国帝国理工学院的 Spikes 教授所在的研究组采用附加垫层方法改进的光干涉测量膜厚装置，在极低的卷吸速度下，对不同的润滑介质进行了试验研究[13-15]。发现当选用十六烷(hexadecane)为润滑剂时，在双对数坐标中建立的速度-膜厚曲线，当油膜厚度在 1nm 之上时基本为直线，而在 1nm 以下时，油膜厚度偏离直线，略有增加趋势。此后，雒建斌[16]、宋炳珅在试验中发现，在较低的速度条件下，测得的润滑油膜厚度与 Hamrock-Dowson 公式的计算值不一致，在轻载条件下实测值大于计算值，而在重载条件下实测值小于计算值。上述研究结果揭示了薄膜润滑不同于弹流润滑的独有特性。

青岛理工大学也开展了基于光干涉法的润滑测量研究，例如，付忠学等[17]利用球-盘接触进行了润滑油膜厚度的光干涉测量，并基于油膜厚度测量结果研究了弹性流体动力润滑至流体动力润滑的转化过程。

在针对非稳态条件薄膜润滑的试验研究方面，Wymer 和 Cameron[18]采用光干涉法，应用柔性局部加载技术，研究了纯滚动条件下圆锥滚子与镀膜玻璃盘接触的润滑油膜厚度分布规律。华同曙等[19]采用光干涉法研究了摆动条件下线接触润滑问题。但是，由于非稳态条件薄膜润滑研究对试验装置结构稳定性和测量结果过程的精密性要求更高，测量技术难度更大，所以制约了非稳态薄膜润滑研究的发展。

目前国内外在光干涉法油膜厚度测量技术研究方面，具有代表性的机构有英国帝国理工学院摩擦学实验室[13-15,20]、捷克布尔诺科技大学弹流研究实验室[6,21,22]、清华大学摩擦学实验室[10,16,23,24]、青岛理工大学[11,12]和大连海事大学[25,26]等。

2. 光干涉法油膜厚度测试原理

1) 光干涉原理

光干涉法的主要原理是，摩擦副接触处润滑油膜上下两表面所反射的光线发生干涉现象，产生等厚干涉条纹，根据此干涉条纹的级数变化可以确定油膜厚度，如图 7.3 所示。玻璃盘的上表面镀有一层很薄的半反射半透明铬膜，在润滑油膜厚度测量过程中，玻璃盘上表面与光滑钢球表面之间形成润滑油膜。当一束单色光入射到铬膜的下表面后会因发生反射和透射形成两束光，光束①由入射光束直接从铬膜的下表面发生反射，光束②透过铬膜并穿过润滑油膜到达钢球表面发生反射，两束反射光由于光程不同将发生干涉，从而形成干涉环。

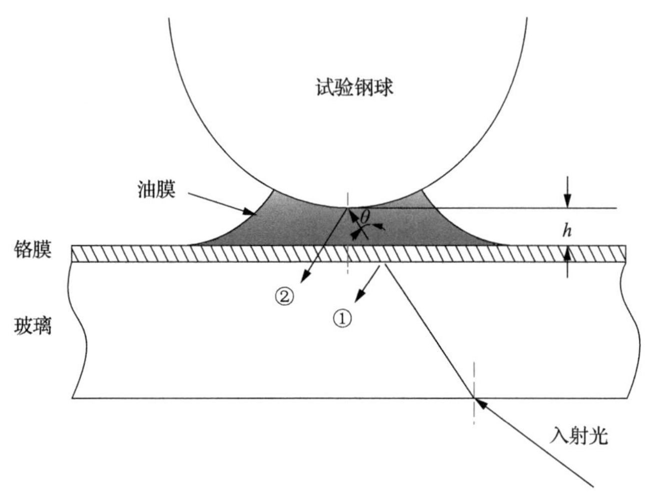

图 7.3　光干涉原理图

光束①、②的波动方程为

$$\begin{cases} \varphi_1 = A_1\cos(\omega t+\varphi_1) \\ \varphi_2 = A_2\cos(\omega t+\varphi_2) \end{cases} \tag{7.1}$$

式中，ω为圆频率；A_1、A_2分别为两光束的振幅；φ_1、φ_2为两束光的初相位。

当两光束发生干涉时，两光束叠加得

$$\psi = A\cos(\omega t+\varphi) \tag{7.2}$$

式中

$$A^2 = A_1^2 + A_2^2 + 2A_1A_2\cos(\varphi_2-\varphi_1) \tag{7.3}$$

$$\tan\varphi = \frac{A_1\sin\varphi_1 + A_2\sin\varphi_2}{A_1\cos\varphi_1 + A_2\cos\varphi_2} \tag{7.4}$$

当两束光叠加时，其相位差不变。在时间间隔τ内（τ大于振动周期）的平均相对强度为

$$\begin{aligned} I_{\mathrm{a}} &= \overline{A}^2 = \frac{1}{\tau}\int_0^{\tau} A^2\mathrm{d}t \\ &= A_1^2 + A_2^2 + 2A_1A_2\cos(\varphi_2-\varphi_1) \end{aligned} \tag{7.5}$$

当形成暗条纹时，其两干涉光束相位相反，平均光强度有最小值：

$$I_{\mathrm{amin}} = (A_1 - A_2)^2 \tag{7.6}$$

当形成亮条纹时，其两干涉光束相位相同，平均光强度有最大值：

$$I_{\mathrm{a\,max}}=(A_1+A_2)^2 \tag{7.7}$$

光干涉试验中，当试验钢球与石英玻璃盘相对静止时，加载上一个力，将会因光干涉而形成牛顿环图像，即以接触中心为圆心的许多明暗交替的同心圆，当试验钢球与石英玻璃做相对运动时，可以观察到因油膜厚度变化而导致的动态干涉条纹。同理，当光干涉法用于线接触润滑试验时，形成以接触中心轴线为对称轴的干涉条纹。

当入射方向垂直于平面玻璃表面，且选用的入射光为单色光时，两相邻暗条纹(或两个明亮条纹)之间的膜厚差Δh 等于光在油膜介质中波长的一半，明条纹与相邻暗条纹之间的膜厚差$\Delta h'$等于光在油膜介质中波长的 1/4。为了计算方便，记 n 为润滑油的折射率，λ为光在真空中的波长，则有

$$\Delta h=\frac{\lambda}{2n},\quad \Delta h'=\frac{\lambda}{4n} \tag{7.8}$$

设光的反射角为 θ，润滑油的油膜厚度为 h，λ'为光在润滑油中的波长($\lambda'=\lambda/n$)，光波在反射过程中会有一个半波损失，将引入一个附加光程差$\lambda'/2$，则两表面上反射光束之间的光程差 $\varDelta$ 为

$$\varDelta=2h\cos\theta+\frac{\lambda'}{2} \tag{7.9}$$

两束反射光形成亮条纹的干涉条件为

$$\varDelta=2h\cos\theta+\frac{\lambda'}{2}=K\lambda' \tag{7.10}$$

两束反射光形成暗条纹的干涉条件为

$$\varDelta=2h\cos\theta+\frac{\lambda'}{2}=\left(K+\frac{1}{2}\right)\lambda' \tag{7.11}$$

式中，K 为干涉级次($K=0,1,2,\cdots$)。

借助显微镜观测点接触光干涉现象时，显微镜放置在石英玻璃盘下面，这样入射光通过光缆，垂直照射在石英玻璃上，则 $\cos\theta=1$。石英玻璃与试验钢球处于接触状态时，为暗条纹，并且有 $K=0$。从接触点外的第一个亮条纹处的膜厚为$\lambda'/4$，相邻的第一个暗条纹处的膜厚则为$\lambda'/2$。依此类推，每相邻条纹之间的厚度差均为$\lambda'/4$。这就是光干涉膜厚测量原理。

2) 相对光强原理

相对光强原理是在光干涉原理的基础上提出的。相对光强原理利用干涉图像中的极大、极小光强值作为上下限，对干涉光强进行归一化，再利用待测点的相对光强与该点

处待测膜厚值的关系[27-29]，即可求得待测点的膜厚值。

在点接触薄膜润滑试验中，由于是点接触，其接触区很小，需要分析干涉环的中心区域对应的油膜厚度。根据基本的光干涉原理，任一点上的干涉光强与两束反射光的光强及该点润滑油膜厚度的关系为

$$I = I_1 + I_2 + 2\sqrt{I_1 I_2}\cos\left(\frac{4\pi nh}{\lambda} + \phi\right) \tag{7.12}$$

式中，I 为对应于待测膜厚点的光强；I_1、I_2 分别为反射光束①、②的光强；h 为对应于 I 点的润滑油膜厚度；λ 为单色光的波长；n 为润滑油的折射率；ϕ 为由玻璃盘、钢球、铬膜厚度及接触区弹性变形造成的相位差，其值为零膜厚时的相对光强 $\overline{I}_0$ 的反余弦，即 $\phi = \arccos\overline{I}_0$。

由于钢球与玻璃盘之间各点的膜厚不同，所以对应的干涉光强也不相同。反射光强 I_1、I_2 可以利用干涉图像中的极大光强值 $I_{\max}$ 和极小光强值 $I_{\min}$ 求出。假设 $I_1 > I_2$，则有

$$I_1 = (I_{\max} + I_{\min})/4 + \sqrt{I_{\max} I_{\min}/2}$$

$$I_2 = (I_{\max} + I_{\min})/4 - \sqrt{I_{\max} I_{\min}/2} \tag{7.13}$$

定义相对光强为

$$\overline{I} = 2(I - I_{\rm a})/I_{\rm d} \tag{7.14}$$

式中，$I_{\rm a} = (I_{\max} + I_{\min})/2$ 表示平均光强；$I_{\rm d} = I_{\max} - I_{\min}$ 表示最大光强差。

可见，相对光强表示的是该点光强在干涉图像极大光强和极小光强之间的相对位置。由此可知，$-1 \leqslant \overline{I} \leqslant 1$。

将式(7.13)代入式(7.12)，结合式(7.14)，对式(7.12)整理并取反余弦，可得出待测点膜厚值 h 与该点处相对光强 $\overline{I}$ 的关系：

$$h = \frac{\lambda}{4n\pi}(\arccos\overline{I} - \phi) \tag{7.15}$$

若标定零膜厚时的相对光强为 $\overline{I}_0$，代入式(7.15)即可确定 ϕ，从而得到最终的 0 级条纹到 1 级条纹内膜厚的计算公式为

$$h = \lambda(\arccos\overline{I} - \arccos\overline{I}_0)/(4\pi n) \tag{7.16}$$

3. 球-盘摩擦副光干涉法油膜厚度测量系统

为了研究非稳态条件下，影响纯滑动摩擦副油膜厚度的因素和规律，建立了一套点接触式纯滑动摩擦副油膜厚度测试系统[25]，该系统如图 7.4 和图 7.5 所示。试验和测量系

统主要包括加载模块、动力模块和图像采集模块等三部分。

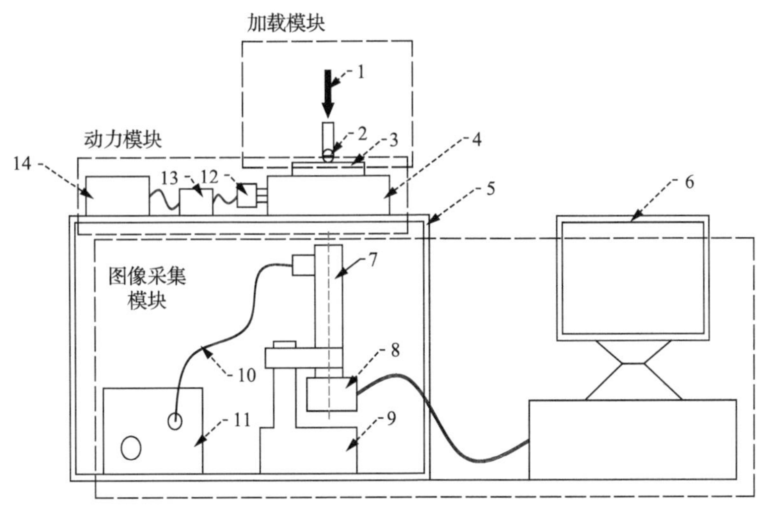

图 7.4 点接触式纯滑动摩擦副油膜厚度测试系统

1-载荷；2-钢球；3-玻璃盘；4-旋转台；5-试验台架；6-计算机；7-全相显微镜；8-CCD 图像传感器；9-三维工作台；10-光纤；11-光源；12-步进电机；13-驱动器；14-信号源

图 7.5 润滑油膜厚度测试系统

试验装置的基本工作原理为：在加载模块中，通过对钢球施加载荷使其与固定在中空的旋转台上面的玻璃盘相接触形成摩擦副；在动力模块中，通过信号源、驱动器和步进电机带动旋转台旋转，并可调节速度；在图像采集模块中，光源通过滤光片形成单色光，单色光经光纤输送至金相显微镜，然后通过 CCD 图像传感器和计算机，对图像进行采集，最后对采集到的光干涉图像通过膜厚计算软件进行分析处理，得出相应的实测油膜厚度值。

点接触式纯滑动摩擦副油膜厚度测试系统的主要性能参数如表 7.1 所示。

表 7.1 点接触式纯滑动摩擦副油膜厚度测试系统的主要性能参数

参数	数值
加载力的传感器型号	MT-TS
加载模块加载力	0～9.80N
旋转台型号	01RSB16
旋转台最大静转矩	1N·m
旋转台最大转速(4 细分)	270°/s
上试样钢球半径	10mm
下试样玻璃盘半径	50mm
光源波长	600nm
CCD 图像传感器型号	RZ-F900CF

图 7.6 为通过测试系统获取的干涉图像。

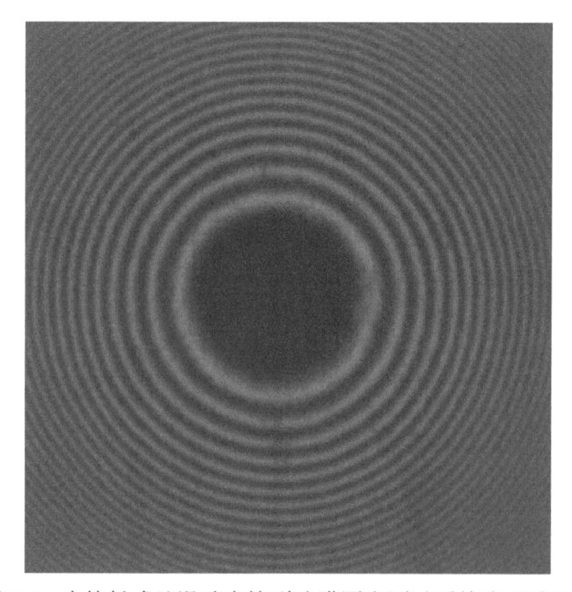

图 7.6 点接触式纯滑动摩擦副油膜厚度测试系统光干涉图像

用图像信息提取软件自动获取干涉图像中心区域的光强值信息，然后选取所要测量的截面(垂直于干涉条纹方向)，分析软件自动从图像中加载代表该截面的光强值信息。图 7.7 为使用分析软件提取出的光强分布。将各测试位置光强信息及位置坐标，导入基于相对光强法的膜厚计算程序，便得到各个测试点的膜厚值。最后将坐标与对应的油膜厚度值导入图表制作软件，绘制得到油膜厚度沿摩擦副相对运动方向的分布图。

如果需要在试验中模拟载荷动态变化的工况，可以对加载机构加以改进。交变载荷加载机构如图 7.8 所示。交变载荷加载机构包括动载荷加载直流电机及连接于电机上的偏心加载轮，加载轮下方设有加载板，所述加载板的一端固定于载荷加载机构中的下弹簧片上，另一端为自由端。压力传感器用于实时测量施加在玻璃盘上的加载力。

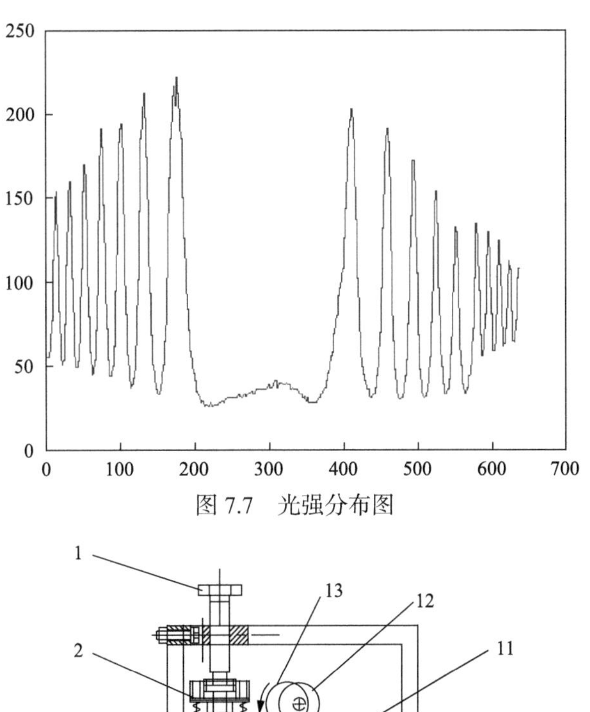

图 7.7 光强分布图

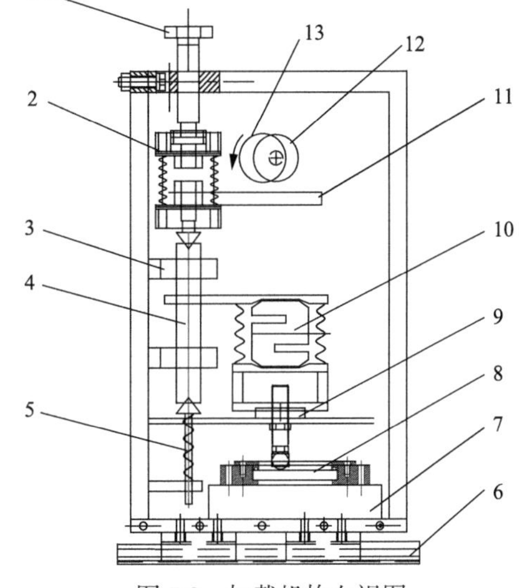

图 7.8 加载机构左视图

1-加载旋钮；2-加载模块；3-固定支架；4-转轴；5-支撑锥体；6-水平直线导轨；7-旋转台；8-玻璃盘固定架；9-拉伸力传感器；10-压力传感器；11-加载板；12-电机；13-偏心加载轮

载荷变化的实现原理是，动载荷加载直流电机带动偏心轮转动，偏心轮凸起端与加载板接触并对其向下施加载荷，偏心轮转过凸起端后即开始逐渐卸载，直至整个偏心轮与加载板脱离，完成一个非稳态载荷加载过程。通过选择偏心轮的大小、偏心轮的旋转点、电机转速等参数，可以实现不同的加载工况：非稳态载荷变化范围可以通过调整偏心轮轴心与加载杆的垂直高度来调节；变载荷的加载时间跨度可以通过调节直流电机转速实现；非稳态载荷加载曲线形状可以通过改变偏心轮大小或轮廓来调节。

4. 针对往复运动摩擦副的光干涉法油膜厚度测量系统

针对往复运动的线接触摩擦副润滑试验研究，建立一套线接触式往复滑动摩擦副油膜厚度测试系统。测试系统的整体结构主要包括加载模块、往复运动模块、数据采集及控制模块。测试系统的构成如图 7.9 所示。

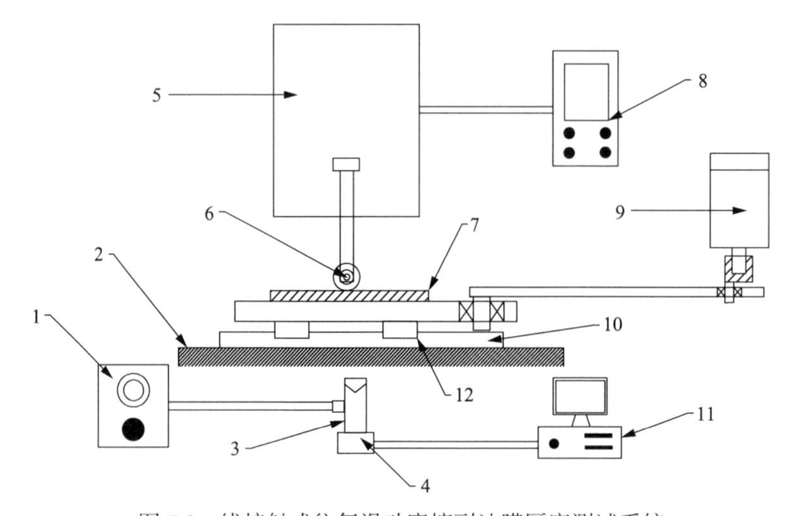

图 7.9 线接触式往复滑动摩擦副油膜厚度测试系统

1-光源；2-台架；3-显微镜；4-CCD 图像传感器；5-加载机构；6-轴承试样；7-玻璃盘；8-传感器显示仪；9-伺服电机；10-导轨；11-计算机；12-滑块

往复运动模块中伺服电机(转速可由电脑控制)通过偏心联轴器及连杆带动玻璃盘在导轨上做往复运动，导轨固定在台架上，可滚动的轴承试样固定在加载机构上，通过加载机构可以调节轴承试样施加给玻璃盘载荷，并将载荷显示在显示仪上，同时加载机构内部有摩擦力测量装置监测摩擦力信号，倒置显微镜内同轴光源照射在接触区域，显微镜拍摄光干涉图像并通过 CCD 图像传感器将图像传输到计算机上，分析软件对图像进行处理并计算油膜厚度及其分布。

线接触式往复滑动摩擦副油膜厚度测试系统的主要性能参数如表 7.2 所示。

表 7.2 线接触式往复滑动摩擦副油膜厚度测试系统的主要性能参数

参数	内容
加载力的传感器型号	MT-TS
加载模块加载力	0～9.80N
伺服电机型号	HF-KP73
伺服电机转矩	7.2N·m
伺服电机额定转速	3000r/min
上试样	精密滚动轴承
下试样	镀铬玻璃盘
往复运动行程	30mm
光源波长	600nm
CCD 图像传感器型号	RZ-F900CF

测试系统中的上试样采用精密滚动轴承，利用其外圈圆柱面与下试样镀铬玻璃盘形

成线接触。为了保证上下试样均匀接触，上试样采用如图7.10所示的自定位机构。

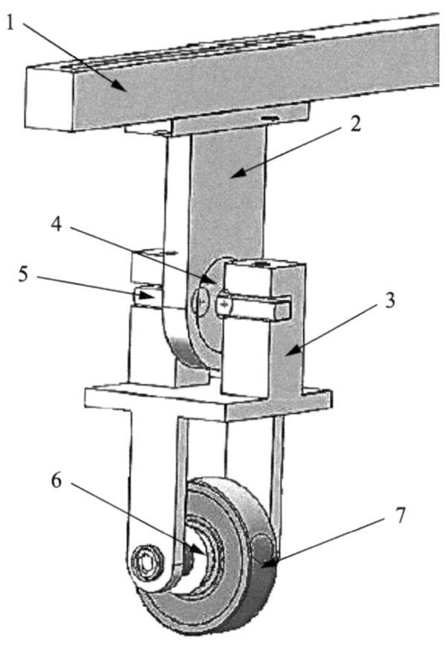

图7.10 上试样自定位机构

1-水平加载杆；2-夹具上部；3-夹具下部；4-连接轴；5-连接销；6-锥形销；7-上试样

夹具分为上下两部分，夹具上部通过螺栓螺母与水平加载杆连接，使用过程中夹具可以沿水平加载杆调节位置，有效提高了镀铬玻璃盘的利用率。在夹具上部通过连接轴和连接销连接夹具下部，形成浮动连接，该机构可以保证压力均匀分布在线接触区。圆柱形上试样通过两个锥形销夹紧在夹具中。

7.1.2 基于接触电阻法的油膜厚度测试技术

1. 接触电阻法油膜厚度测试技术研究概述

接触电阻法(electrical contact resistance，ECR)是利用油膜厚度与接触电阻之间的关系来测量油膜厚度，并能有效地测定金属接触百分比。此外，当发生金属微峰接触时，会出现接触电阻值的迅速降低，因此采用接触电阻法可以判断摩擦副所处的润滑状态[30]。

早在1947年，Brix[31]就开展了应用电阻法进行膜厚测量的试验研究，他在滑动和滚动情况下，分别测量了接触处的电压和电流的动态关系，并绘制了油膜厚度和油膜电压的对应关系曲线。

1952年，Lane和Hughes[32]采用电阻法对齿轮传动中的成膜情况进行了测量，试验模拟了给定转速、载荷变化的情况。试验结果表明，在齿轮副齿面间存在一层有效润滑油膜，并发现当油膜厚度达到0.1μm时，油膜电阻大于$10^9\Omega$。

1961年，Furey[33]提出了“金属接触百分率”的概念。1964年，Tallian和Chiu[34]首次在四球机上利用电阻法测量了金属接触百分率。其研究结果表明，在部分膜混合润滑状态下，金属接触率能够比较真实、准确地反映瞬时润滑状态。

Czichos[35]、齐毓霖等[36]用电阻法分别对点接触弹流和部分膜弹流润滑状态进行了测试，通过分析处理，得到油膜形成与部分膜弹流金属接触的时间比率和面积比率。研究表明，接触电阻法用于测量弹流润滑状态是一种有效方法。此外，赵万清和于守连[37]将电阻法应用于对水轮发电机组轴承运行状况的监测。

李瑛等[38,39]利用电阻法对 CATT 齿轮油膜厚度进行了研究，发现油膜厚度随齿轮啮合过程而动态变化，最小油膜厚度处于单双啮合交替处，CATT 齿轮的润滑特性优于直齿轮，试验结果表明，该测试方法可为齿轮设计提供依据。张有忱等[40,41]基于电阻法分别对蜗杆传动和双圆弧齿轮润滑状态进行了试验研究，并推导了接触电阻与膜厚比关系的公式。

接触电阻法也用于润滑油添加剂成膜特性的研究中。例如，Tonck 等[42]认为，接触电阻法能够研究含添加剂润滑油润滑下边界膜的组成；So 等[43]用接触电阻法对 ZDDP 抗磨机理进行了研究；雷爱莲[44]通过接触电阻法测试含有 ZnDTP、清净剂和分散剂配方的成膜能力，表明该试验方法是一种快速有效测定润滑油的抗磨膜形成和耐久性的方法；张明等[45]利用接触电阻法对四种纳米润滑油添加剂(Ag、LaF_3、SiO_2 和 Al_2O_3)在边界润滑条件下的润滑性能进行了研究，结果表明接触电阻测试可以实时监测添加剂在摩擦副表面的成膜过程。

Rosenkranz 等[46]通过改进接触电阻法的测试装置，可以由电压-时间曲线较为精确地得到固体-固体的接触率。首先，在干摩擦和稳态条件下对接触表面与微间隙表面，在极低滑动速度下进行校准测试，以保证采集数据的正确。然后，进行球-盘滑动润滑试验，两组试验用钢球的粗糙度显著不同，底盘镜面抛光，润滑油为 α-烯烃-Pao40 油，滑动速度为 3.9～58.9mm/s，试验中发现，在该速度范围内可遍历边界润滑、混合润滑及流体润滑状态。试验生成的 Stribeck 曲线及磨损系数与接触电阻及固体接触率有良好的对应关系。大连海事大学王凯等[47,48]在自制摩擦学测试系统上，合理选择接触电阻测试电压，有效避免了放电现象的干扰；通过试验建立膜厚比与接触电阻的关系，为判定摩擦过程中的润滑状态提供了依据。

由研究现状可知，接触电阻法的应用比较广泛，并且具有以下优点：测试电路简单，不需要昂贵的测试设备，适用于在线监测处于弹流润滑、薄膜润滑、部分膜混合润滑、边界润滑状态摩擦副的润滑过程。

2. 基于接触电阻法的油膜厚度测试原理

1)测试原理

基于接触电阻法的润滑状态及油膜厚度测量基于如下特征和假设：①润滑油电阻率与金属电阻率有着巨大的差别，矿物油电阻率的范围是 10^{11}～$10^{16}\Omega\cdot cm$，而金属的电阻率则在 $10^{-4}\Omega\cdot cm$ 量级，表面边界膜的存在会使电阻率提高；②摩擦副表面在微观尺度凹凸不平；③接触表面的真实接触面积只占表观面积很小的比例；④进行接触电阻测试时，这些接触点形成“导电斑点”，电流通过这些斑点构成回路，当电子在导电斑点流过时，电流线在导电斑点附近发生收缩(图 7.11)，使得电流流过的路径增长，有效导电面积减小，这时出现的局部附加电阻，称为“收缩电阻”[49]；⑤当微凸体受压力和剪切力作用时接触面积增大，收缩电阻的影响逐渐减小，接触电阻值主要取决于金属本身和表面膜的电阻。因此，不同接触状态对应的导电性的差异为电阻法监测润滑状态及表面膜的厚度提供了可能。

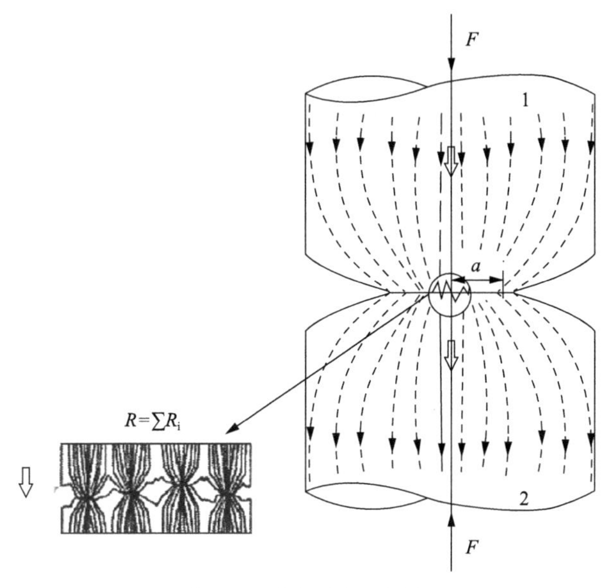

图 7.11　收缩电阻原理图

图 7.12 为电阻法点接触油膜厚度测试试验原理示意图[47]，上试样为直径为 20mm 钢球，固定不动，夹具采用聚四氟乙烯。浸入聚四氟乙烯油池的下试样为金属圆盘。圆盘恒速旋转，转速可调。采用 LCR-819 电容电阻测量仪结合测量电路测量接触区的电阻信号，试验中所用测试电压为 0.01V。

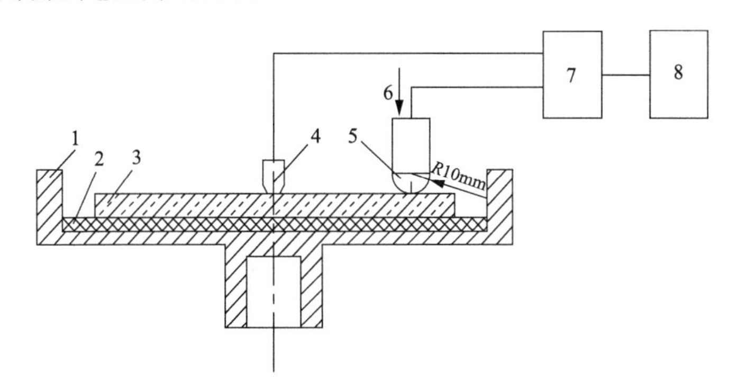

图 7.12　电阻法点接触油膜厚度测试试验原理示意图

1-油池；2-绝缘层；3-圆盘；4-水银集流器；5-钢球；6-载荷；7-测试系统；8-数据采集系统

为避免电压过大导致放电现象的干扰，测试中应合理选择测量电压等参数。接触电阻测试中，根据润滑状态不同，电阻值的变动范围很大。接触电阻主要包括两部分，一部分是摩擦副直接接触的接触电阻，另一部分是油膜电阻。因为金属材料与润滑油的电阻率相差悬殊，油膜电阻远远大于摩擦副直接接触时的电阻，所以摩擦副的接触电阻和油膜电阻相比很小，可以忽略不计。接触电阻法测试电路根据信号范围，采用分压原理[50]设计。图 7.13 为应用接触电阻法测试润滑油膜的测试电路原理图，其中 U_1 为电源电压，U_2 为测试电路的输出电压(即加在待测油膜两端的电压)，R_1、R_2 为分压电阻，R_x 表示接触电阻，示波器的内阻认为无穷大，视为开路。

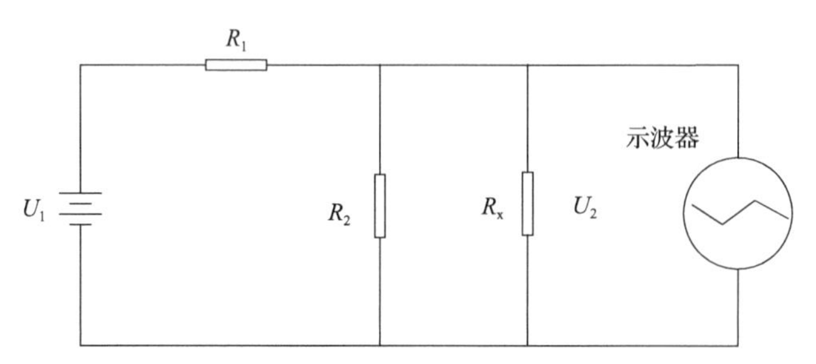

图 7.13 接触电阻法的测试电路原理图

由测试电路图可推导出以下关系式：

$$U_2 = \frac{U_1}{R_1 + \dfrac{R_2 R_x}{R_2 + R_x}} \frac{R_2 R_x}{R_2 + R_x} \tag{7.17}$$

2)测试电路参数的选择

由式(7.17)可知，测量电路将对油膜电阻 R_x 的测量转变为对输出电压 U_2 的测量，U_2 由示波器显示、记录和存储。如果要求计算油膜电阻值 R_x，还需要确定 R_1、R_2 电阻值及电源电压 U_1。

研究发现，待测油膜 R_x 两端所加的电压 U_2 不宜过高，否则油膜会被击穿，引起放电现象，使实测电阻下降，造成金属发生接触的误报。Furey[33]的试验结果表明，摩擦副两端所加电压 U_2 从 0.1mV 增加到 1500mV 时，金属接触百分比基本上没有发生变化，当增加到 3000mV 以上时，所测油膜电阻值才因放电现象出现而有所降低。为了减少放电现象，这里的测量电路将 U_2 限制在 100mV 以内。

将式(7.17)整理得

$$U_2 = \frac{R_2}{R_1 + R_2 + \dfrac{R_1 R_2}{R_x}} U_1 \tag{7.18}$$

当 R_x 趋于无穷大时，U_2 取最大值：

$$\frac{R_1}{R_2} = \frac{U_1}{U_{2\max}} - 1 \tag{7.19}$$

为了避免电源对测试系统引入干扰，选择干电池作为电路的供电源，所以有

$$U_1 = 1.5\text{V} \tag{7.20}$$

又已知

$$U_{2\max} = 100\text{mV} \tag{7.21}$$

将式(7.20)、式(7.21)代入式(7.19)，得

$$\frac{R_1}{R_2} = 14 \tag{7.22}$$

考虑电阻的标准，实际取

$$\frac{R_1}{R_2} = 15 \tag{7.23}$$

将式(7.23)代入式(7.19)，得

$$U_1 = 1.6\text{V} \tag{7.24}$$

最后，将式(7.23)、式(7.24)代入式(7.17)，得

$$U_2 = \frac{U_1}{16 + 15\dfrac{R_2}{R_x}} \tag{7.25}$$

为了便于计算及测量，分别取 R_2=1Ω、10Ω、100Ω、1kΩ、10kΩ、100kΩ。根据式(7.25)绘制当 R_2 取不同值时，R_x 与 U_2 的关系曲线，如图 7.14 所示。由图可知，当 R_2 取不同值时，同一输出电压 U_2 对应不同的 R_x，并且随着 R_2 的增大 U_2 所对应的 R_x 增大。因此，不同的 R_2 值，对应不同的测量范围，测试电路的测试范围随着 R_2 的增大而增大，但测量精度则相应下降。例如，当 U_2 在 40～50mV 范围内时，以上选取的不同 R_2 取值所对应的灵敏度分别为 0.3Ω/mV、3Ω/mV、30Ω/mV、300Ω/mV、3000Ω/mV、30000Ω/mV。因此，在测试过程中，为了保证测量数据的准确，要根据 R_x 的数量级选择合适的 R_2 挡位。

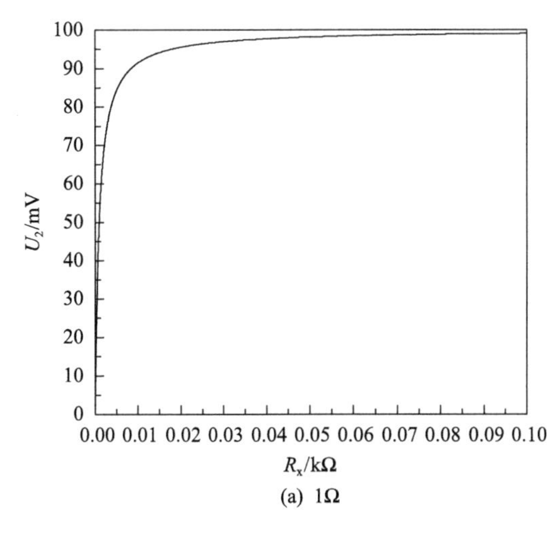

(a) 1Ω

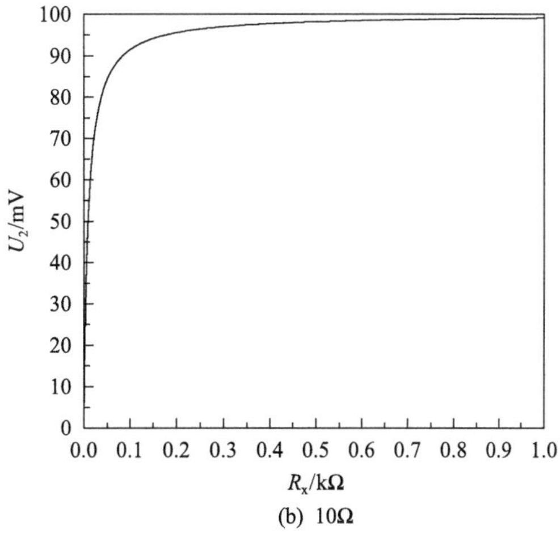

(b) 10Ω

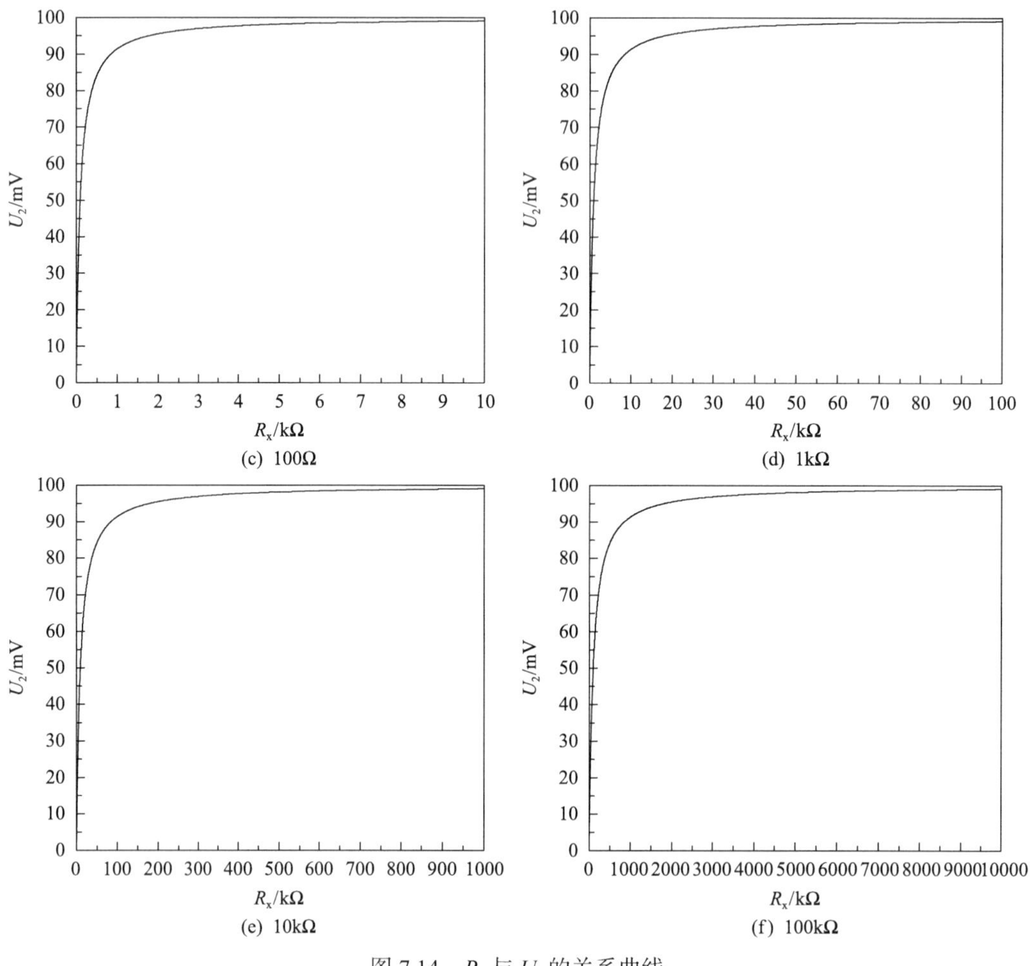

(c) 100Ω (d) 1kΩ

(e) 10kΩ (f) 100kΩ

图 7.14 R_x与U_2的关系曲线

3) 接触电阻与膜厚比的关系

根据接触电阻理论，假设电流收缩区为椭球场，收缩电阻与导电斑点尺寸之间有以下简单关系：

$$R_c = \frac{\rho}{2r} \tag{7.26}$$

式中，R_c为收缩电阻；r为导电斑点的半径；ρ为接触元件材料的电阻率。

上面的分析只考虑一个点的接触情况，实际接触面中一般有很多这样的斑点同时接触。假定接触面中存在m个这样的导电斑点，由于它们在电路上是并联关系，所以有

$$\frac{1}{R_c} = \sum_{i=1}^{m} \frac{2r_i}{\rho} \tag{7.27}$$

通过式(7.27)可求得接触面上的总收缩电阻为

$$R_c = \frac{\rho}{2\sum_{i=1}^{m} r_i} \tag{7.28}$$

为计算方便，这里用平均斑点半径 $\bar{r}$ 替代，则式(7.28)可变为

$$R_c = \frac{\rho}{2m\bar{r}} \tag{7.29}$$

实际接触面积为

$$A_c = m\pi\bar{r}^2 \tag{7.30}$$

由弹性力学理论可知，在两粗糙表面接触时，如果微凸体处于弹性接触状态，则当两表面间隙缩小时，接触点数目成比例增加，但其平均接触面积不变，也就是平均接触半径不变。对于同一表面的两个不同弹性接触状态，假设其接触电阻分别为 R_{c1} 和 R_{c0}，则由式(7.29)可得

$$R_{c1} / R_{c0} = m_0 / m_1 \tag{7.31}$$

由式(7.30)可得

$$A_{c1} / A_{c0} = m_1\pi\bar{r}^2 / (m_0\pi\bar{r}^2) = m_1 / m_0 \tag{7.32}$$

由上述式(7.31)和式(7.32)可知

$$R_{c1} = \frac{A_{c0}}{A_{c1}} R_{c0} \tag{7.33}$$

因此，建立了实际接触面积与接触电阻的关系，即接触电阻的变化可以通过式(7.33)反映实际接触面积的变化。

根据 Greenwood 和 Tripp[51]提出的关于粗糙表面的接触理论，可假定表面高度是高斯分布，则微凸体实际接触面积 A_c 为

$$A_c = \pi^2 (\eta\beta\sigma)^2 AF_2(\lambda) \tag{7.34}$$

式中，η 为峰元密度；β 为峰元半径；σ 为表面综合粗糙度；A 为名义接触面积；λ 为膜厚比，$\lambda = h/\sigma$(h 为油膜厚度)。根据 Greenwood 和 Tripp 所拟合的曲线，$F_2(\lambda)$可用式(7.35)[52]表达：

$$F_2(\lambda) = \begin{cases} 1.705\times10^{-4}\exp(4.05419\ln(4.0-\lambda)+1.37025[\ln(4.0-\lambda)]^2), & \lambda\leqslant 3.5 \\ 8.8123\times10^{-5}(4.0-\lambda)^{2.1523}, & 3.5<\lambda\leqslant 4 \\ 0, & \lambda>4 \end{cases} \tag{7.35}$$

对于点接触，名义接触面积可由赫兹接触理论近似得到

$$A = \pi\left(\frac{3RW}{4E'}\right)^{\frac{2}{3}} \tag{7.36}$$

式中，W 为外加载荷；R 为当量曲率半径；E' 为当量弹性模量。

由上述式(7.34)～式(7.36)可得

$$\frac{R_{c1}}{R_{c0}}=\left(\frac{W_0}{W_1}\right)^{\frac{2}{3}}\frac{F_2(\lambda_0)}{F_2(\lambda_1)} \tag{7.37}$$

因此，建立了点接触膜厚比与接触电阻的关系，即接触电阻的变化可以通过式(7.37)反映膜厚比的变化。

在上述收缩电阻的理论分析中，忽略了膜(暴露在空气中的金属表面，经常会生成氧化膜、表面膜或硫化膜等)的问题。而实际上，膜的存在会使导电斑点内电流密度的分布改变，因而对收缩电阻产生影响。而表面膜问题是一个很复杂的问题，霍尔姆曾经进行过粗略的定性分析。分析表明，考虑到膜影响时的收缩电阻比不考虑膜影响时的收缩电阻稍大。不过在实际的应用中，对收缩电阻进行计算时，一般都不考虑这一影响[53]。

膜厚比与润滑状态关系如图 7.15 所示，可以按λ值的不同划分摩擦状态：$\lambda\geqslant 3$ 时属于全膜弹流润滑区，此时弹流油膜承受绝大部分载荷，摩擦表面被润滑剂油膜隔开，油膜厚度远远大于表面粗糙度，金属表面仅发生轻微的磨损，摩擦副具有较长的工作寿命，摩擦力也较小；$1<\lambda<3$ 时属于部分膜润滑的混合润滑区，载荷一部分由流体膜承受，另一部分则由接触的表面微凸体承受，此时粗糙峰的碰撞比较频繁，表面粗糙度对润滑状态的影响较大；$\lambda\leqslant 1$ 时属于边界润滑区，此时通常不存在润滑油的动压效应，载荷几乎全部由变形的微凸体承受，为表面损伤区，系统的摩擦和磨损特性取决于固体与润滑介质、固体与固体界面上的物理-化学作用。通过这个原则可以初步判断摩擦副所处的润滑区域[26]。

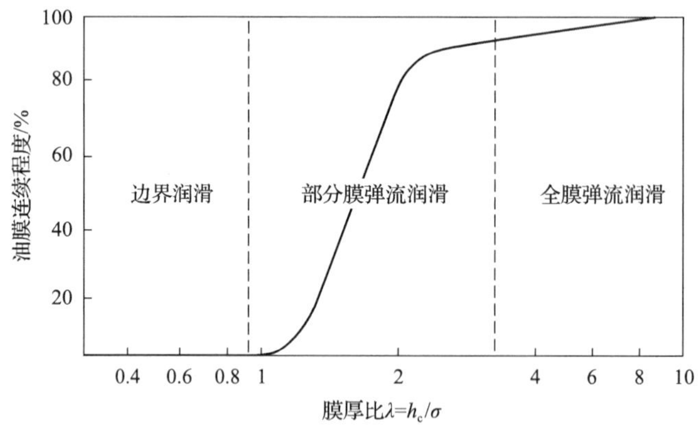

图 7.15　膜厚比与润滑状态关系图

h_c为中心膜厚

3. 接触电阻法油膜厚度测量系统

1)试验装置总体结构

图 7.16 所示为点接触摩擦副接触电阻测量系统结构示意图，图 7.17 为试验台立体结构的三维示意图。整个试验台由旋转运动机构、加载系统、支承结构与数据采集系统组

成。加载系统含加载单元与加载力传递单元两部分。加载单元处于系统上端，可以通过调节加载螺杆对弹簧进行压缩而施加静态载荷；上端加载力传递单元则实现加载力的传递、加载系统自重的平衡和加载力测试等功能。上试样为钢球试样，钢球试样的夹具固定在加载系统下端。圆盘试样安装在旋转运动机构中，旋转运动机构由伺服电机驱动，由软件控制实现匀速旋转和变速旋转。圆盘试样旋转时，圆盘与小球之间形成油膜。

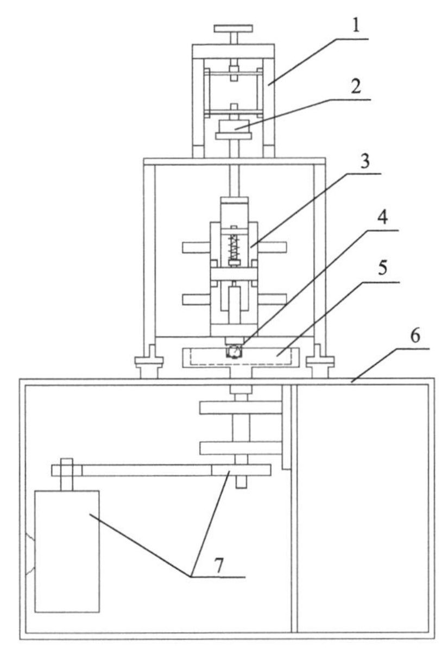

图 7.16　点接触摩擦副接触电阻测量系统结构示意图

1-加载机构上部；2-压力传感器；3-加载机构下部；4-钢球；

5-油池；6-台架；7-同步传动系统

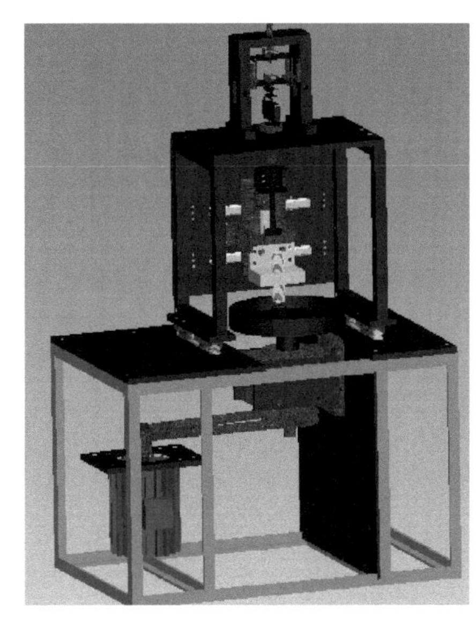

图 7.17　试验台三维示意图

当试验系统运行时，球-盘之间存在一定厚度的油膜，接触电阻测量系统中的测试电路一端连接上试样钢球，另一端连接圆盘的水银集流器。测量仪器通过数据线与计算机连接，测量结果可在计算机上保存并显示。

点接触摩擦副接触电阻测量系统的主要性能参数如表 7.3 所示。

表 7.3　点接触摩擦副接触电阻测量系统的主要性能参数

参数	数值
加载力的传感器型号	MT-TS
加载模块加载力	0～30N
驱动电机型号	ADSM-S110-040M20
电机驱动器型号	ADSD-S23-0.4K
电机额定转矩	4N · m
电机额定转速	2000r/min
减速比	2∶1
上试样	Φ20mm 钢球，轴承钢
下试样	Φ150mm 钢盘，45 钢

摩擦副的下试样圆盘中心安装用于传递测试信号的水银集流器，如图 7.18 所示。

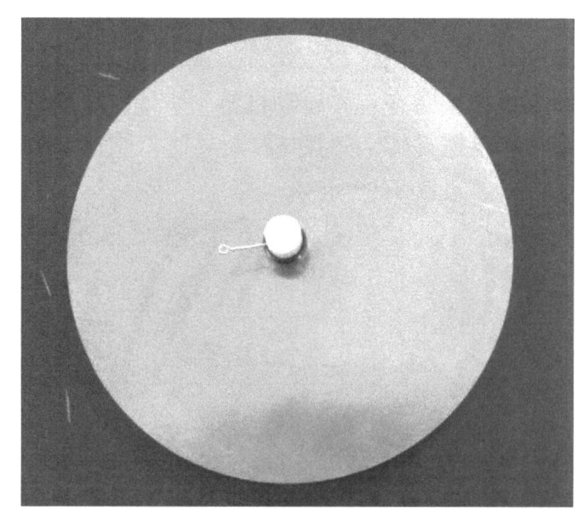

图 7.18 下试样

2) 试验装置测试电路

图 7.19 为测试电路图。该电路设有 4 个挡位(通过开关切换)，分别适用于不同的测试范围。电路电源电压 U_1 为 1.5V。另外，电路中采用误差均小于 0.1%的精密电阻，数字示波器的内阻约为 1MΩ。由式(7.25)可以得到接触电阻的计算公式为

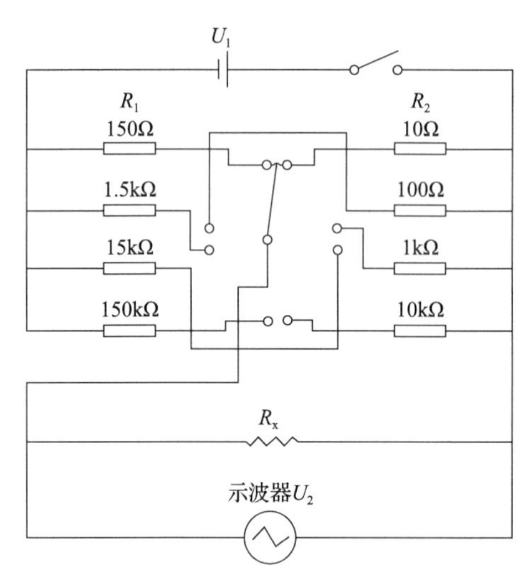

图 7.19 点接触摩擦副接触电阻测量系统的测试电路图

$$R_x = \frac{15R_2}{\dfrac{U_1}{U_2} - 16} \tag{7.38}$$

测试时用示波器测试接触电压 U_2。由式(7.38)可知，当 U_2 接近 100mV 时，接触电阻 R_x 趋于无穷大，说明摩擦副被润滑油膜隔开，处于全膜润滑状态；当 U_2 接近 0mV 时，R_x 趋于 0，表明油膜破裂，摩擦副直接接触；而当 U_2 介于两极值之间时，说明摩擦副之间既有粗糙峰接触又有油膜的存在，处于边界润滑或者混合润滑状态。

图 7.20 所示为使用本测试电路在球-盘点接触试验台上测得的润滑油膜接触电阻随滑动速度变化的变化曲线。此时外载荷为 3.92N，圆盘的粗糙度 *Ra* 为 0.4，润滑油黏度等级为 SAE40，20℃动力黏度为 0.225Pa·s。由测试结果可知，平均接触电阻随着滑动速度的变化呈现较好的规律性，即随着滑动速度的增加，其值逐渐增大，表明润滑油膜逐渐形成。

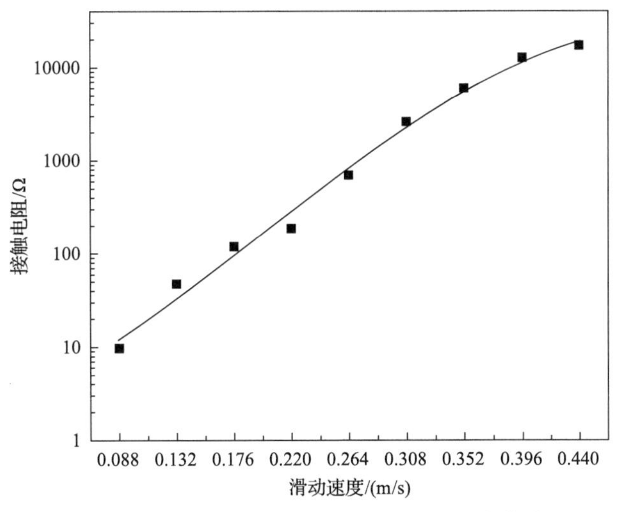

图 7.20 接触电阻随滑动速度变化的变化曲线

7.2 薄膜润滑特征的试验研究

7.2.1 点接触摩擦副在稳态条件下的薄膜润滑特征

1. 点接触弹流润滑条件下油膜厚度计算公式

针对等温弹流润滑状态下点接触油膜厚度计算问题，1976 年 Hamrock 和 Dowson 提出了 Hamrock-Dowson 理论计算公式[54]。薄膜润滑条件下油膜厚度形成的机理不同于弹性流体润滑状态，因此实际测得的油膜厚度不同于依据弹流润滑理论公式计算得到的结果。为了分辨薄膜润滑状态，需要将油膜厚度的测量结果和依据弹流润滑假设建立的理论结果进行对比。

Hamrock-Dowson 计算弹流润滑条件下点接触表面之间的油膜厚度的公式如下：

$$H_{\min}^{*} = 3.63\frac{G^{*0.49}U^{*0.68}}{W^{*0.073}}(1-\mathrm{e}^{-0.68k}) \tag{7.39}$$

$$H_{\mathrm{c}}^{*} = 2.69\frac{G^{*0.53}U^{*0.67}}{W^{*0.067}}(1-0.61\mathrm{e}^{-0.73k}) \tag{7.40}$$

式中，无量纲参数如下：

最小油膜厚度参数：$H_{\min}^{*} = \dfrac{h_{\min}}{R_{\mathrm{x}}}$；

中心油膜厚度参数：$H_{\mathrm{c}}^{*} = \dfrac{h_{\mathrm{c}}}{R_{\mathrm{x}}}$；

材料参数：$G^{*} = \alpha E'$；

速度参数：$U^{*} = \dfrac{\eta_0 U}{E' R_{\mathrm{x}}}$；

载荷参数：$W^* = \dfrac{W}{E'R_x^2}$；

椭圆率：$k = \dfrac{a}{b}$；

其中，E' 为当量弹性模量，$\dfrac{1}{E'} = \dfrac{1}{2}\left(\dfrac{1-\nu_1^2}{E_1} + \dfrac{1-\nu_2^2}{E_2}\right)$，$E_1$ 和 E_2 为小球和盘的弹性模量(Pa)，ν_1 和 ν_2 分别为小球和盘的泊松比；W 为载荷(N)；R 为当量曲率半径(m)，此处等于钢球的半径；h 为油膜厚度；h_c 为中心膜厚(m)；η_0 为润滑油的动力黏度(Pa·s)；a、b 为椭圆半径(m)。

根据 Hamrock-Dowson 油膜厚度理论计算公式，可以知道在接触区的中心膜厚及最小膜厚都与摩擦副的载荷、速度及材料参数呈指数关系，并且与钢球曲率半径、钢球和盘的泊松比有关。大量的试验表明，Hamrock-Dowson 公式在弹流润滑条件下具有很好的相符性，计算结果可作为点接触弹流润滑状态下油膜厚度的理论值。

2. 试验方案

采用光干涉法润滑油膜厚测量试验机开展试验研究。主要用到的试验材料有润滑油、镀膜石英玻璃盘(下试样)和钢球(上试样)。试验中选用黏度等级 SAE10W-30 润滑油和 SAE40 润滑油进行比较分析，两种润滑油的黏度如表 7.4 所示。

表 7.4　试验用润滑油参数

润滑油黏度等级	动力黏度(20℃)/(mPa·s)
SAE10W-30	126.5
SAE40	225.6

试验用的玻璃盘为一面镀有半透半反铬膜的石英玻璃盘，试验用的钢球为精密轴承钢球，通过抛光处理得到具有不同表面粗糙度的钢球试样，用于测量钢球表面粗糙度对膜厚测量值的影响。使用 OLYMPUS-LEXT 激光扫描显微镜测量了试验用的钢球表面形貌，其显示分辨率可达 1nm，如图 7.21 所示。

(a) 1号钢球

(b) 2号钢球

图 7.21 钢球的表面形貌

玻璃盘和钢球的相关参数如表 7.5 所示。

表 7.5 玻璃盘和钢球的相关参数

试验材料	弹性模量 E/GPa	泊松比 ν	粗糙度 Ra/nm	半径 R/mm
镀膜玻璃盘	85	0.17	4	50
1 号钢球	210	0.28	5	10
2 号钢球	210	0.28	15	10

试验的目的是考察低速轻载条件下，不同的润滑油黏度、载荷和接触表面粗糙度等工况对润滑油膜厚测量值的影响。试验工况如表 7.6 所示。

表 7.6 试验工况

<table>
<tr><th>润滑油黏度等级</th><th>钢球</th><th>载荷/N</th><th>卷吸速度/(mm/s)</th></tr>
<tr><td rowspan="6">SAE10W-30</td><td rowspan="3">1 号</td><td>1.96</td><td rowspan="12">0～22</td></tr>
<tr><td>3.92</td></tr>
<tr><td>5.88</td></tr>
<tr><td rowspan="3">2 号</td><td>1.96</td></tr>
<tr><td>3.92</td></tr>
<tr><td>5.88</td></tr>
<tr><td rowspan="6">SAE40</td><td rowspan="3">1 号</td><td>1.96</td></tr>
<tr><td>3.92</td></tr>
<tr><td>5.88</td></tr>
<tr><td rowspan="3">2 号</td><td>1.96</td></tr>
<tr><td>3.92</td></tr>
<tr><td>5.88</td></tr>
</table>

3. 试验结果及分析

1) 载荷变化对润滑油膜厚的影响

图 7.22 给出了 1 号钢球、SAE40 润滑油在 3 种载荷下试验时得到的不同卷吸速度下的油膜光干涉图像，其中载荷工况为：图 7.22(a) 为 1.96N；图 7.22(b) 为 3.92N；图 7.22(c) 为 5.88N。可以看出，通过测量得到了清晰的干涉条纹。在静态接触即卷吸速度为零时，干涉条纹为一组完整的同心圆；动态接触时，在接触区的出口端呈现颈缩现象，速度越高颈缩越强烈，这是流体动压润滑效应的特征[44]。从图中还可以看出，随着速度增大，接触区域的面积逐渐减小；随着施加载荷的增加，接触区域的面积也明显增大。

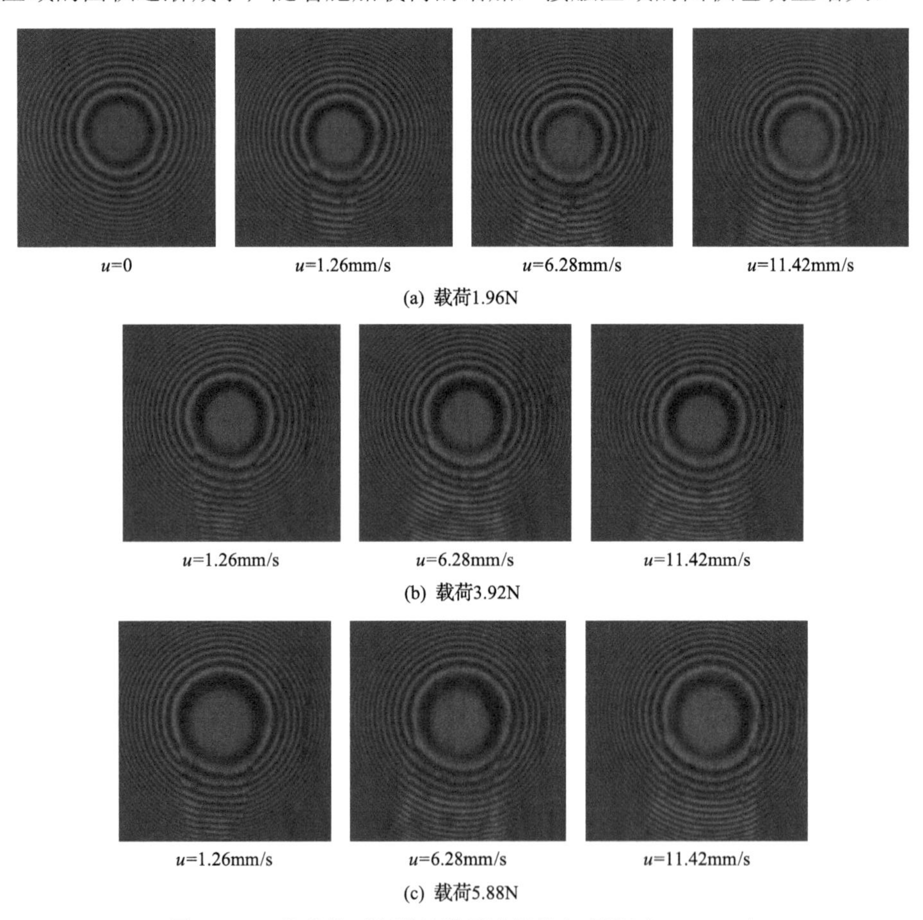

图 7.22　3 种载荷下润滑油膜干涉图像(1 号钢球，SAE40)

图 7.23 给出了 2 种不同黏度的润滑油在三种不同载荷下的膜厚-速度曲线(EX 代表试验结果，HD 代表 Hamrock-Dowson 理论计算结果)，试验中采用的是表面粗糙度为 Ra=5nm 的 1 号钢球。三种载荷分别为 1.96N、3.92N、5.88N。

图 7.24 给出了两种不同粗糙度的钢球在 3 种不同载荷下的膜厚-速度曲线。所用润滑油为 SAE40。所用钢球为：1 号钢球，Ra=5nm；2 号钢球，Ra=15nm。三种载荷分别为 1.96N、3.92N、5.88N。

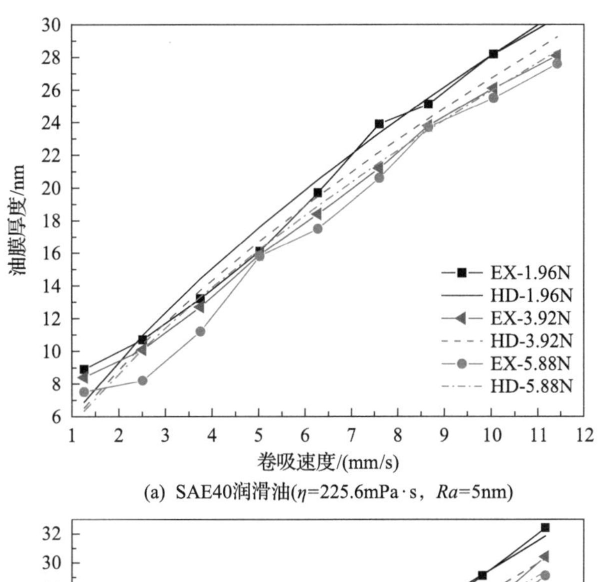

(a) SAE40润滑油(η=225.6mPa·s，Ra=5nm)

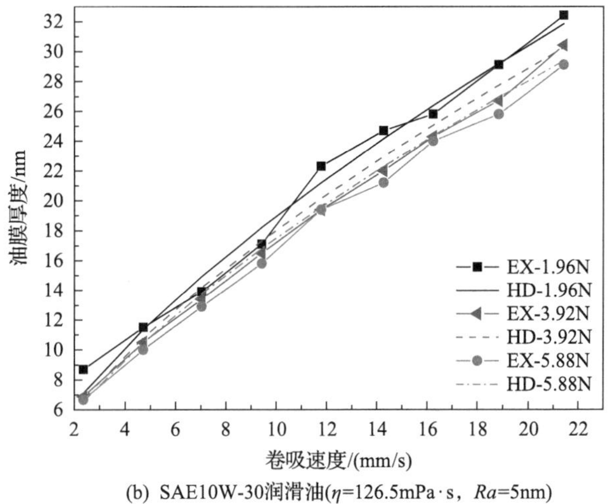

(b) SAE10W-30润滑油(η=126.5mPa·s，Ra=5nm)

图 7.23　不同黏度润滑油工况下载荷对膜厚的影响

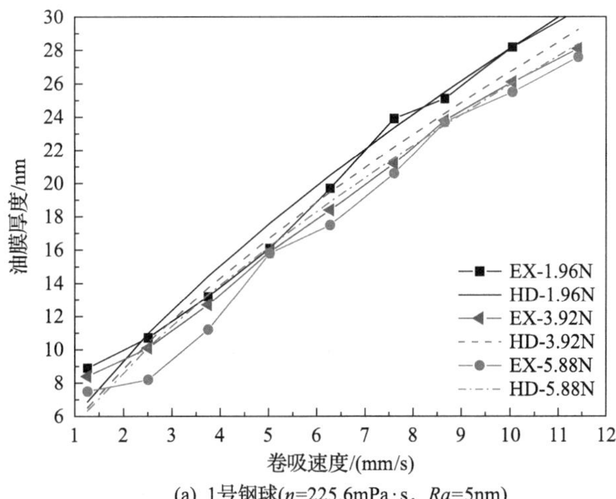

(a) 1号钢球(η=225.6mPa·s，Ra=5nm)

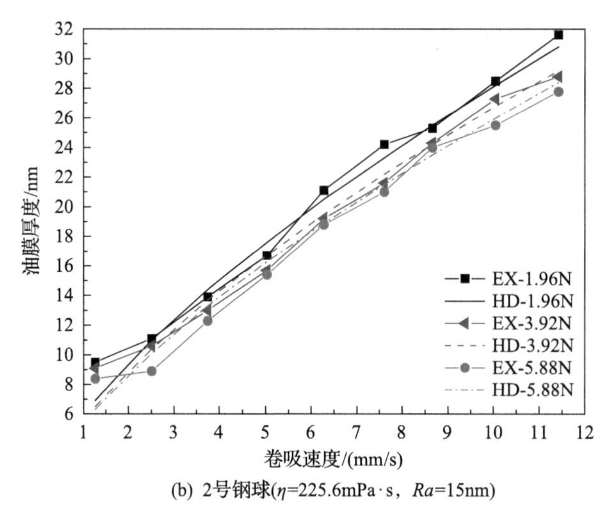

(b) 2号钢球(η=225.6mPa·s，Ra=15nm)

图 7.24 不同粗糙度钢球工况下载荷对膜厚的影响

由图 7.23 和图 7.24 可以看出，在设定的几种工况(不同的润滑油黏度和接触表面粗糙度)下，速度和载荷的变化对润滑油膜厚度的影响呈现出相同的规律：随着速度增加，测量膜厚值增加；随着载荷增加，测量膜厚值减小。

在设定的几种工况下，膜厚-速度曲线可以分为低速区和高速区。低速区内，当卷吸速度小于 2mm/s 时，试验测量膜厚曲线明显向上偏离 Hamrock-Dowson 理论曲线，这主要是薄膜的类固化效应引起的。卷吸速度大于 2mm/s 时，对应测量膜厚值大于 8～10nm 时，试测膜厚值均略向下偏离 Hamrock-Dowson 理论曲线，并随速度增加逐渐向 Hamrock-Dowson 理论曲线靠近。当膜厚值继续增加到一定值后，试验测量膜厚曲线开始与 Hamrock-Dowson 理论曲线基本重合，表明实测膜厚值遵循 Hamrock-Dowson 理论曲线变化规律，暂且将这一膜厚值称为过渡膜厚值，对应的润滑状态开始由薄膜润滑转入弹流润滑。

以图 7.23(b)为例，三种载荷下对应的过渡膜厚值均为 24nm 左右，载荷越大，其过渡膜厚值所对应点的卷吸速度越大，这说明载荷越大时要想形成弹性流体润滑油膜，就需要更高的卷吸速度。以上现象表明，在试验设定工况下，当卷吸速度低于 2mm/s、油膜厚度小于 10nm 时，Hamrock-Dowson 理论公式已不再适用，表明润滑状态由弹流润滑过渡到薄膜润滑状态。

将载荷逐渐增加，即 1.96N→3.92N→5.88N，每次的载荷变化量均为 1.96N，但从图 7.23 中可以看出相同的载荷变化量所造成的膜厚变化量却是不一样的。载荷由 1.96N 增加至 3.92N 时的膜厚变化量明显大于载荷由 3.92N 增加至 5.88N 时的膜厚变化量，这说明轻载时膜厚值更易受载荷变化的影响，由较低载荷向较高载荷过渡过程中，载荷变化对膜厚的影响越来越小，这应该是由润滑油的黏压效应造成的。

2) 黏度变化对润滑油膜厚的影响

图 7.25 给出了 3 种载荷条件下，不同黏度的润滑油对应的油膜厚度-速度曲线。试验中采用表面粗糙度为 Ra=5nm 的 1 号钢球。三种载荷值分别为 1.96N、3.92N、5.88N。两种润滑油黏度等级分别为 SAE40、SAE10W-30。

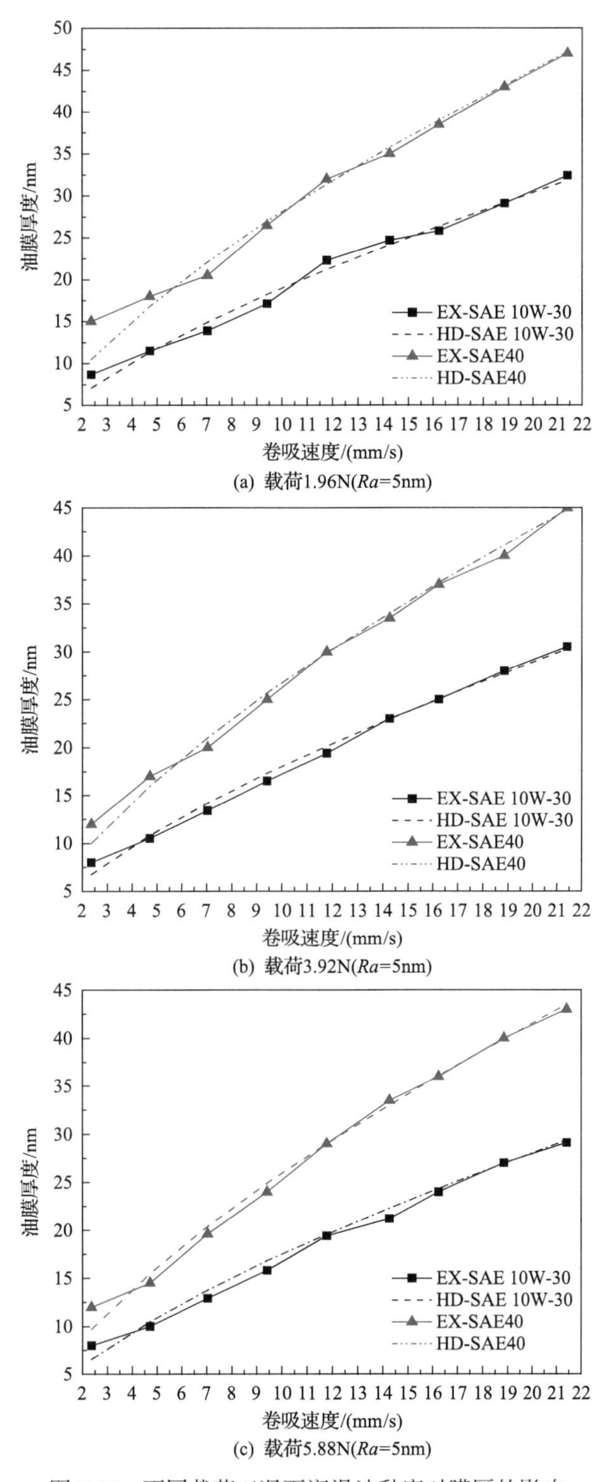

图 7.25　不同载荷工况下润滑油黏度对膜厚的影响

图 7.26 为选用两种不同表面粗糙度的钢球在两种不同黏度的润滑油作用下的油膜厚度-速度曲线。试验中采用的载荷均为 3.92N，两种不同表面粗糙度的钢球为：1 号钢球，

Ra=5nm；2 号钢球，Ra=15nm。两种润滑油黏度等级分别为 SAE40、SAE10W-30。

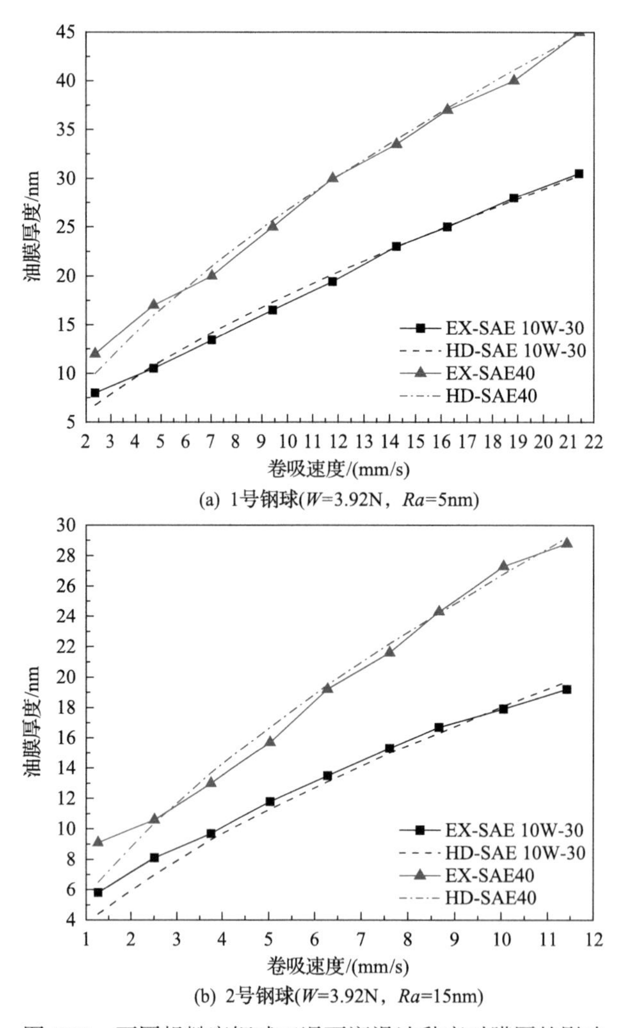

图 7.26 不同粗糙度钢球工况下润滑油黏度对膜厚的影响

从试验得到的图 7.25 和图 7.26 中可以看出相同的规律：同一工况下，润滑油黏度越高，所对应的油膜厚度越大；卷吸速度小于 2mm/s 时，试验测量膜厚曲线明显偏离 Hamrock-Dowson 理论曲线；低速区内(＜10mm/s)，钢球与玻璃盘间润滑主要处于薄膜润滑状态，实测膜厚值曲线与 Hamrock-Dowson 理论曲线呈现不同程度的偏离。进入高速区(＞10mm/s)，实测膜厚值向理论曲线逐渐吻合，润滑处于弹流润滑状态。

从试验结果还可以看出，采用黏度较高的润滑油试验测得的膜厚值开始和理论曲线吻合时，所对应的速度总是低于同一工况下黏度较低的润滑油。这说明过渡膜厚值的大小还与润滑油的黏度有关：黏度增加，过渡膜厚值的位置移向低速区。这意味着对于黏度较低的润滑油，若想形成弹流润滑必须施以更高的速度。

3)接触表面粗糙度变化对润滑油膜厚度的影响

图 7.27 给出了 3 种不同载荷下，采用两种不同表面粗糙度的钢球试验时所得到的

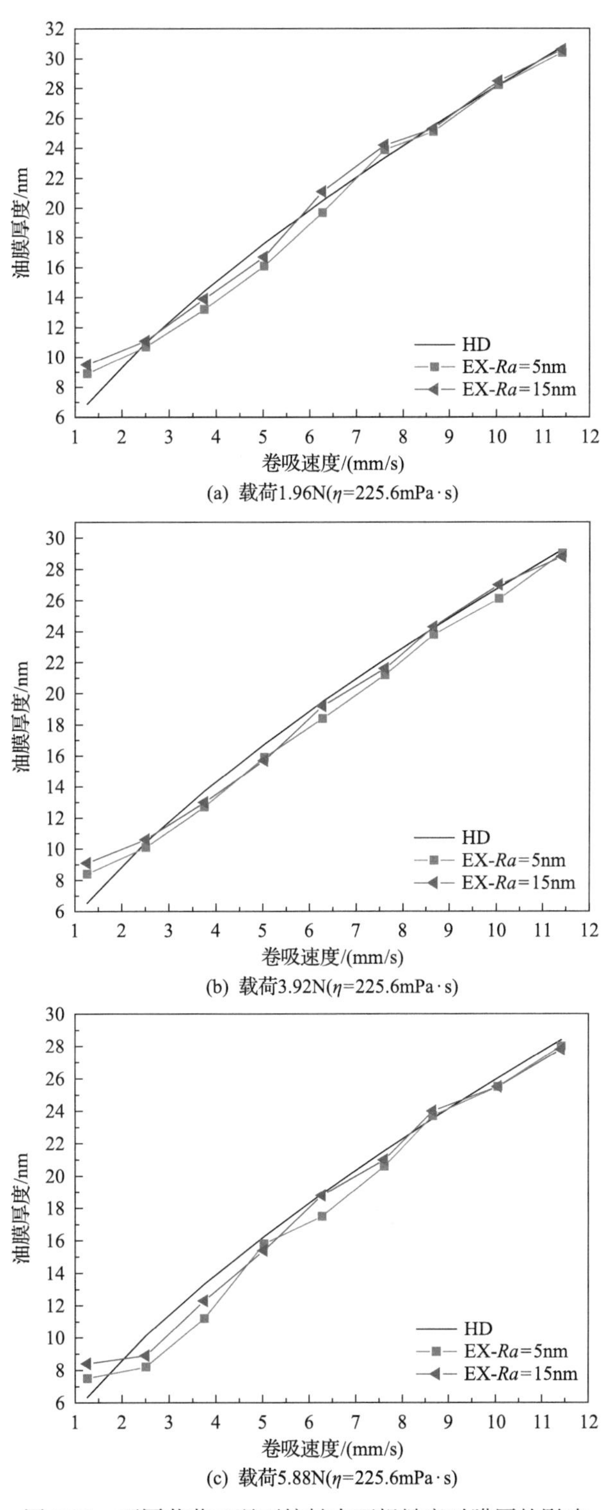

图 7.27 不同载荷工况下接触表面粗糙度对膜厚的影响

膜厚-速度曲线。试验中采用的润滑油黏度等级均为 SAE40。三种载荷分别为 1.96N、3.92N、5.88N。试验中采用的两种不同表面粗糙度的钢球为：1 号钢球，Ra=5nm；2 号钢球，Ra=15nm。

图 7.28 为两种不同黏度的润滑油分别采用两种不同表面粗糙度的钢球试验时，所得到的膜厚-速度曲线。试验中采用的载荷均为 3.92N。两种润滑油的黏度等级分别是 SAE40、SAE 10W-30，两种不同表面粗糙度的钢球为：1 号钢球，Ra=5nm；2 号钢球，Ra=15nm。

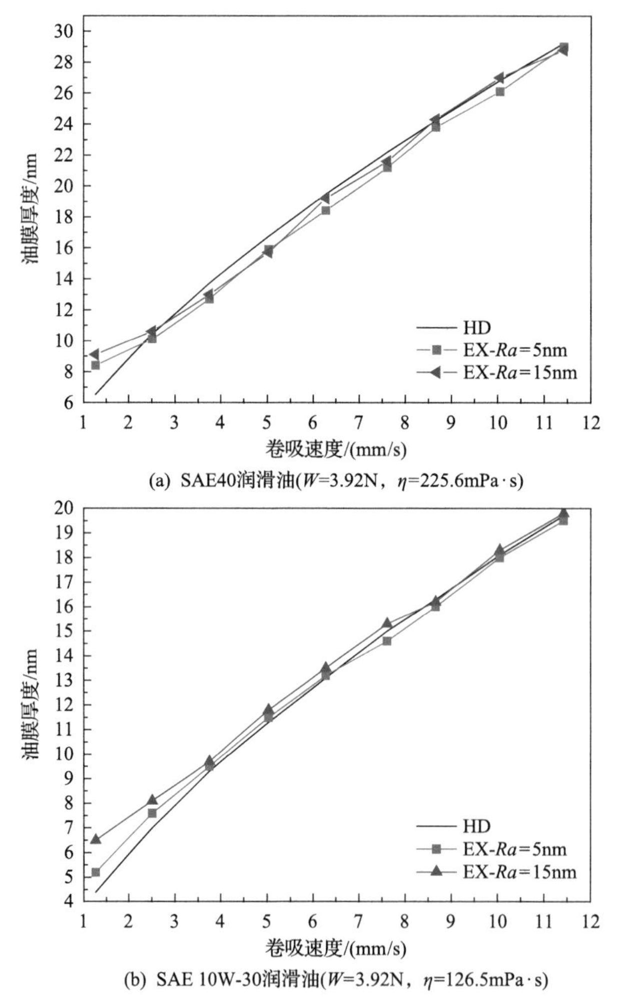

图 7.28 不同黏度润滑油工况下接触表面粗糙度对膜厚的影响

从试验得到的图 7.27 和图 7.28 中可以看出，在设定的工况(不同载荷、不同润滑油)下，接触表面粗糙度对润滑油膜厚度的影响呈现出相同的规律：速度较低时，油膜厚度受接触表面粗糙度的影响明显，油膜厚度值随接触表面粗糙度的增大而增加；速度较高时，两种钢球的实测油膜厚度曲线均逐渐与 Hamrock-Dowson 理论曲线吻合，接触表面粗糙度对膜厚值的影响减小。从图中可以看出，两种钢球下的过渡膜厚值并未有明显的不同，说明过渡膜厚值与接触表面粗糙度的大小关系不大。

总结以上各试验结果，可得出以下点接触润滑条件下润滑特性的相关结论。

(1) Hamrock-Dowson 理论公式的适用范围是有一定限度的。速度较高、膜厚值较大时，用 Hamrock-Dowson 理论公式得出的膜厚值与试验测量值吻合较好；而在速度较低、膜厚值较小时，用 Hamrock-Dowson 理论公式得出的膜厚值准确度明显下降，试验测量值和理论值曲线的偏离较为明显。这表明在膜厚值较小(低于过渡膜厚值)时，出现了薄膜润滑为主的状态。

(2) 润滑油膜厚度受速度、载荷、黏度和表面粗糙度的影响。轻载时膜厚值更易受载荷变化的影响，在由较低载荷向较高载荷过渡过程中，载荷变化对膜厚的影响越来越小，这应该是由润滑油的黏压效应和类固化效应造成的。在轻载条件下，实测膜厚值受润滑油黏度的影响比较大；载荷稍高时，润滑油黏度对实测膜厚值的影响略减小。随着接触表面粗糙度的增加，润滑油膜厚度随之增加。

(3) 实测膜厚值曲线与 Hamrock-Dowson 理论公式曲线开始吻合的过渡膜厚值的位置与 3 种工况的关系为：载荷增加，导致过渡膜厚值对应的卷吸速度增大；润滑油黏度增加，过渡膜厚值对应的卷吸速度减小；接触表面粗糙度的大小对过渡膜厚值的影响不明显。

7.2.2 点接触摩擦副在非稳态条件下的薄膜润滑特征

针对稳态工况条件下的接触摩擦副润滑问题，人们进行了大量的试验研究，其中包括点接触试验和线接触试验；而对于非稳态薄膜润滑研究方面，模拟运算较多，试验研究进行的较少。当摩擦副处于薄膜润滑状态时，其油膜厚度已经减小至纳米量级；如果该摩擦副还处于非稳态工况，其运动速度、接触应力和润滑状态都随时间有很大变化。因此，开展非稳态的薄膜润滑特性研究具有重大的理论和实践价值，可以据此建立摩擦参数与润滑状态的动态关系，有助于深入了解非稳态工况润滑的机理和规律，指导有关润滑系统的设计。本节将介绍采用光干涉油膜厚度测试仪，开展非稳态工况下薄膜润滑的试验研究成果[55]。

1. 试验方案

采用球-盘接触摩擦副光干涉法润滑油膜厚测量仪开展试验研究。非稳态试验包括变速度试验和变载荷试验。对于非稳态变速度试验工况，载荷固定，卷吸速度周期性变化，且一个周期内由 0mm/s 逐渐增大；非稳态变载荷试验中，卷吸速度不变，载荷呈周期性变化。非稳态试验工况如表 7.7 所示。

表 7.7 试验工况

非稳态	试验工况	
非稳态变速度	1.96N	0～16.68mm/s
	3.92N	
	5.88N	
	7.84N	

续表

非稳态	试验工况	
非稳态变载荷	4.17mm/s	0.98N→9.8N→0.98N
	8.34mm/s	
	12.64mm/s	
	16.68mm/s	

2. 试验结果与分析

1) 非稳态变速度试验

图 7.29 给出了在载荷固定、速度连续变化的试验工况下采集到的润滑油膜光干涉图像。其中，钢球的粗糙度为 Ra=5nm、润滑油黏度等级为 SAE 10W-30、载荷固定为 5.88N，速度由 0mm/s 在 5s 时间内连续线性增加到 16.68mm/s。从图中可以看出，试验采集到的干涉条纹较为清晰，在干涉条纹接触区的出口端均出现不同程度的颈缩现象；但随着速度在短时间内的增加，颈缩现象的变化程度不是非常明显。另外，还可以观察到接触区域的面积随着速度的逐渐增加并没有立即减小，而是先出现面积增大再减小的趋势(接触区域的面积增大对应膜厚减小)，表明膜厚在一个周期内先减小后增大，但变化程度不是很明显，这一膜厚变化规律一方面受流体动压润滑效应等因素的影响[48]，同时也和非稳态条件及薄膜润滑特性相关。

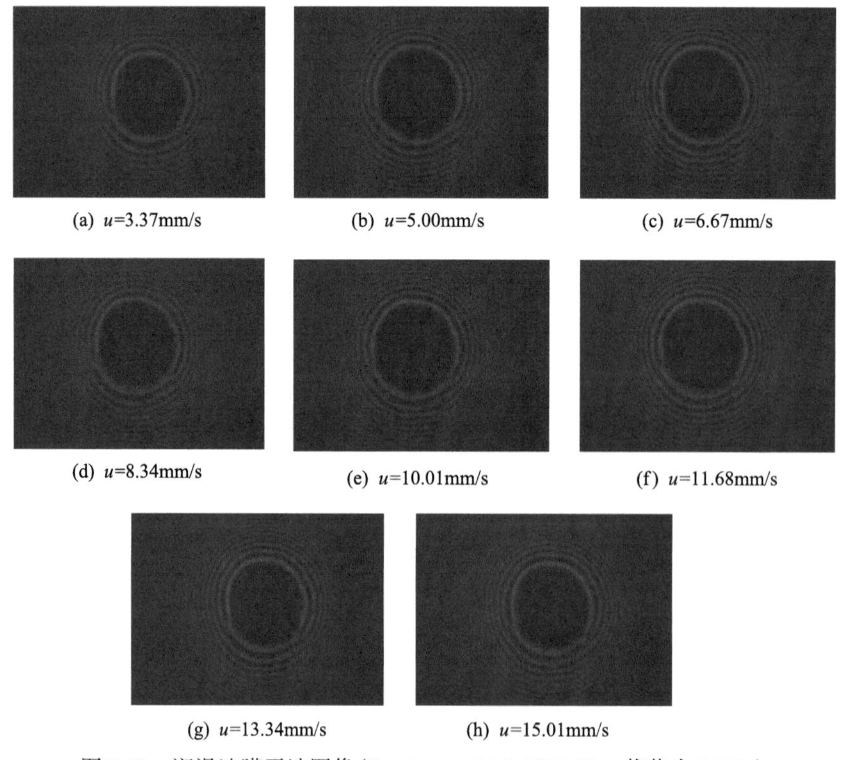

(a) u=3.37mm/s (b) u=5.00mm/s (c) u=6.67mm/s

(d) u=8.34mm/s (e) u=10.01mm/s (f) u=11.68mm/s

(g) u=13.34mm/s (h) u=15.01mm/s

图 7.29 润滑油膜干涉图像(Ra=5nm，SAE 10W-30，载荷为 5.88N)

图 7.30 给出了定载荷变速度试验工况下的膜厚-速度曲线。四种载荷分别为 1.96N、3.92N、5.88N、7.84N。

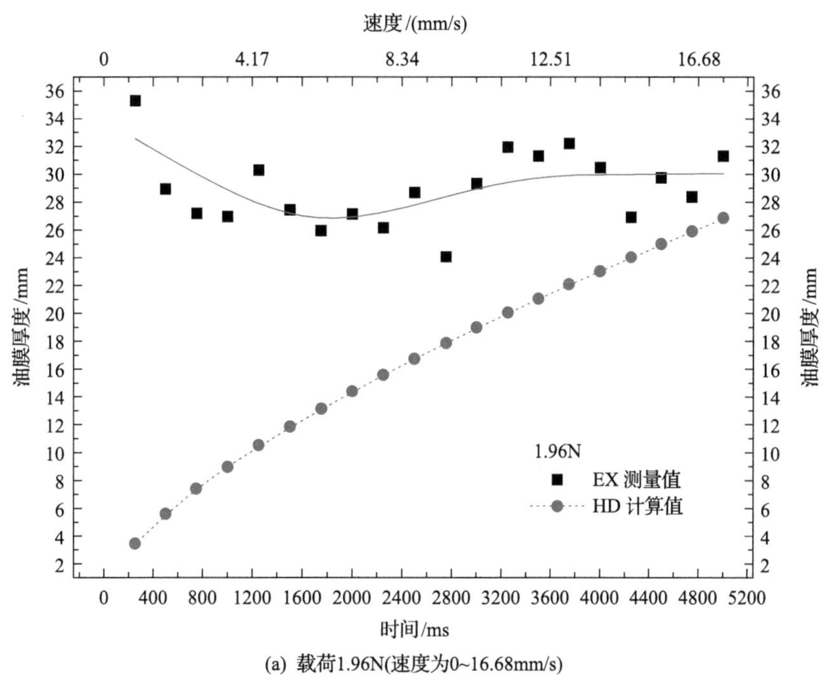

(a) 载荷1.96N(速度为0~16.68mm/s)

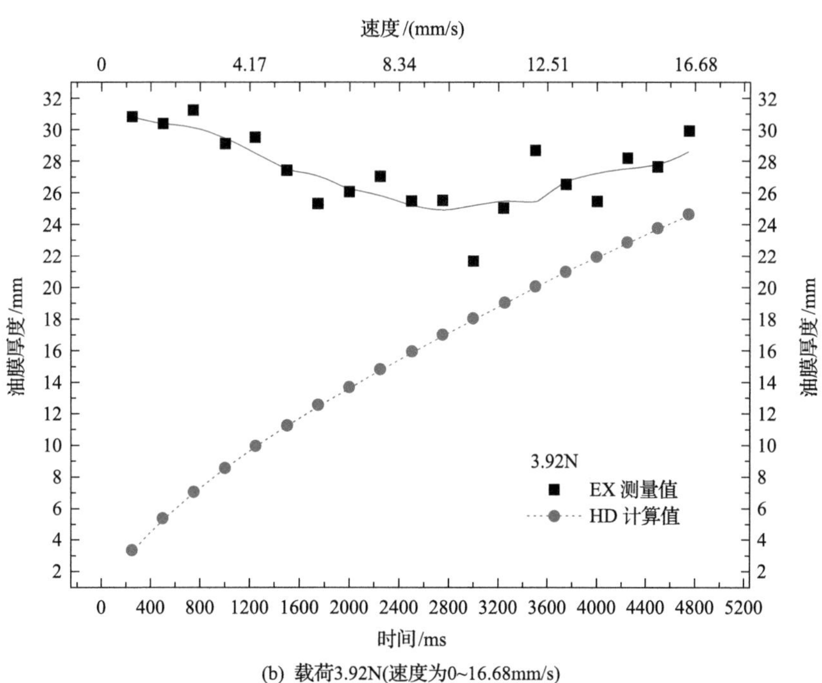

(b) 载荷3.92N(速度为0~16.68mm/s)

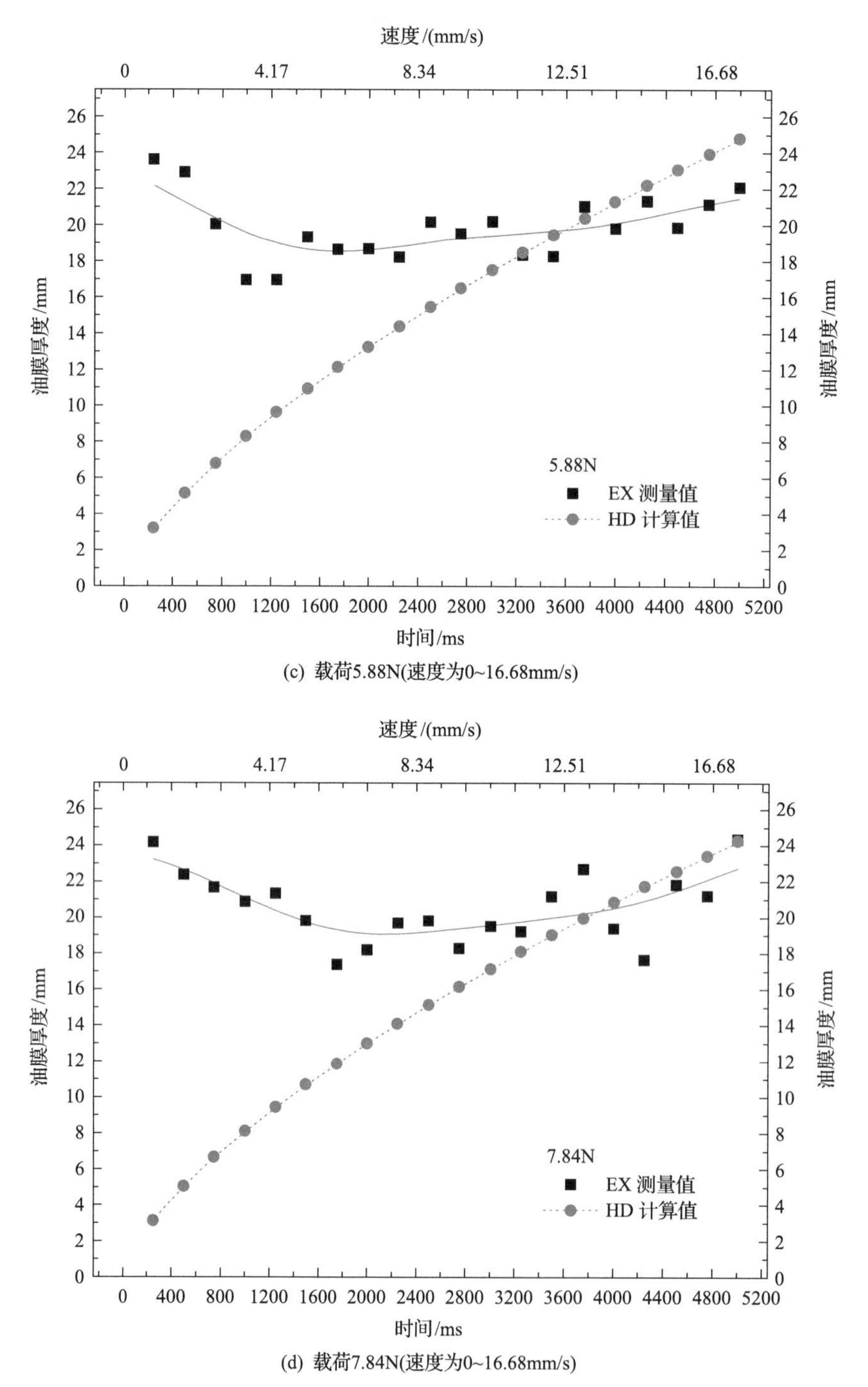

图 7.30 不同载荷工况下变速度对膜厚的影响(SAE 10W-30，*Ra*=5nm)

从图 7.30 可以看出，在设定载荷(分别为 1.96N、3.92N、5.88N、7.84N)下，当速度变化(0～16.68mm/s)时，Hamrock-Dowson 膜厚理论公式的计算值(HD 计算值)反映油厚在各工况点对应的稳定条件下膜厚值，它会随着卷吸速度的增高而逐渐增大，油膜厚度基本在薄膜润滑范围内。但是根据变速度试验结果，润滑油膜厚度试验测量值(EX 测量值)却不是立即随着卷吸速度的增加而增大的。在不同载荷工况下，膜厚测量值均呈现先减小到一定程度，然后逐渐增加，最后变为平稳的趋势。

这种变化趋势的原因是：在加速过程中，膜厚仍受到上一个加速周期的影响，而呈现时间滞后现象(速度开始增加和膜厚开始增加的时间间隔称为“滞后时间”)。宋炳珅[56]在试验中考察的不同工况下的膜厚-速度的时间滞后情况也表明，当速度逐渐增大时，不同工况下均存在膜厚-速度的时间滞后现象，根据工况不同，滞后时间有长有短，最长的滞后时间达 20s。

另外，在加速过程中，膜厚变化的幅度比在各工况点对应的稳定条件下膜厚变化幅度小很多，原因有两方面：一方面受动态因素的影响，另一方面也可能受薄膜润滑条件下润滑剂的类固化或黏度增加的影响。

在定载荷分别为 3.92N 和 7.84N 时，变速度试验膜厚测量值的比较如图 7.31 所示。

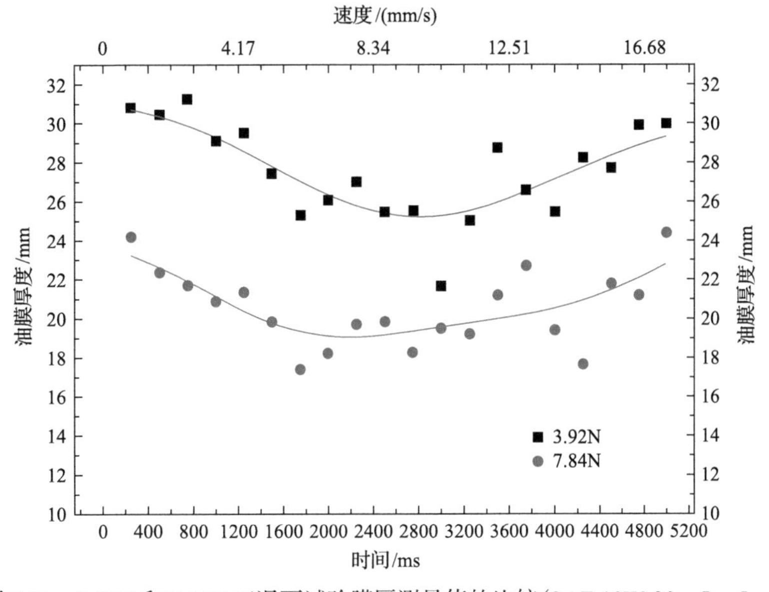

图 7.31 3.92N 和 7.84N 工况下试验膜厚测量值的比较(SAE 10W-30，*Ra*=5nm)

由图 7.31 可见，7.84N 载荷时的试验膜厚值比 3.92N 时的试验膜厚值要小，即压力越大膜厚越小。3.92N 载荷时的膜厚滞后时间大约为 2800ms，7.84N 载荷时的膜厚滞后时间大约为 2200ms，因此大载荷条件下的膜厚滞后时间比小载荷条件下的膜厚滞后时间要短。

2) 非稳态变载荷试验

图 7.32 给出了在卷吸速度固定而载荷连续变化的试验工况下采集到的润滑油膜光干涉图像。其中，卷吸速度固定为 12.64mm/s，载荷由 0.98N 在 2.5s 时间内先增加到 9.8N 然后再减小到 0.98N，载荷-时间符合正弦变化。从图中可以看出，在干涉条纹接触区的出口端也同样出现不同程度的颈缩现象，且载荷越大，颈缩现象越明显。从图中还可以

观察到接触区域的面积变化趋势也很明显，接触区域面积随着载荷的逐渐增加而增大，随着载荷的逐渐减小而减小，显然压力变化对接触区域面积的影响较大。

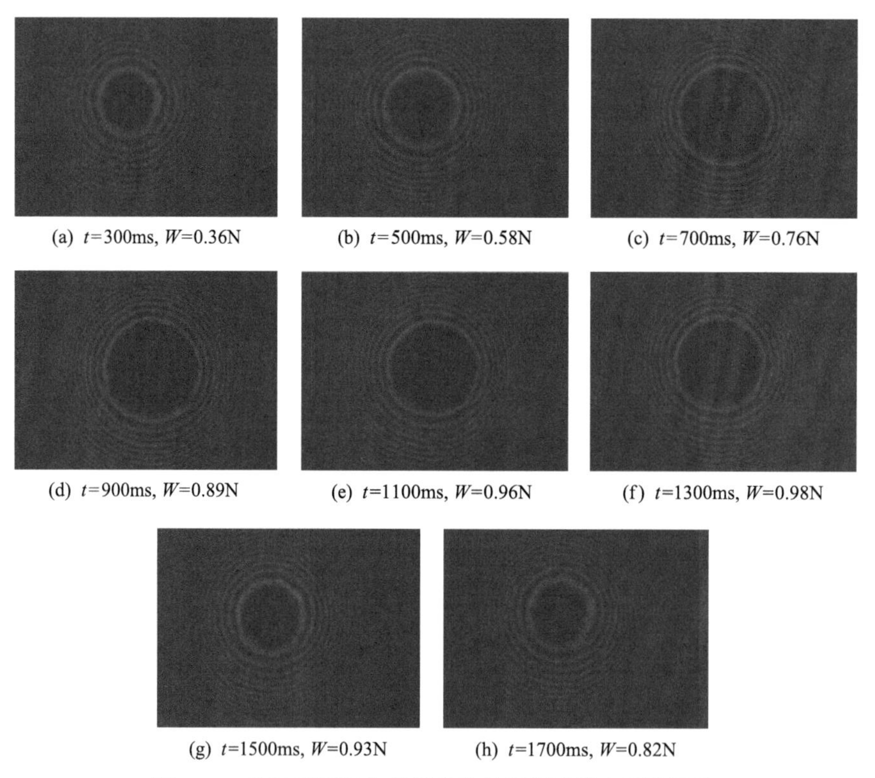

(a) t=300ms, W=0.36N (b) t=500ms, W=0.58N (c) t=700ms, W=0.76N

(d) t=900ms, W=0.89N (e) t=1100ms, W=0.96N (f) t=1300ms, W=0.98N

(g) t=1500ms, W=0.93N (h) t=1700ms, W=0.82N

图 7.32 卷吸速度固定载荷变化的润滑油膜光干涉图像
（速度为 12.64mm/s，载荷 0.98N→9.8N→0.98N）

图 7.33 给出了不同卷吸速度条件下，变载荷试验得到的膜厚-载荷曲线。四种卷吸速度分别为 4.17mm/s、8.34mm/s、12.64mm/s、16.68mm/s。

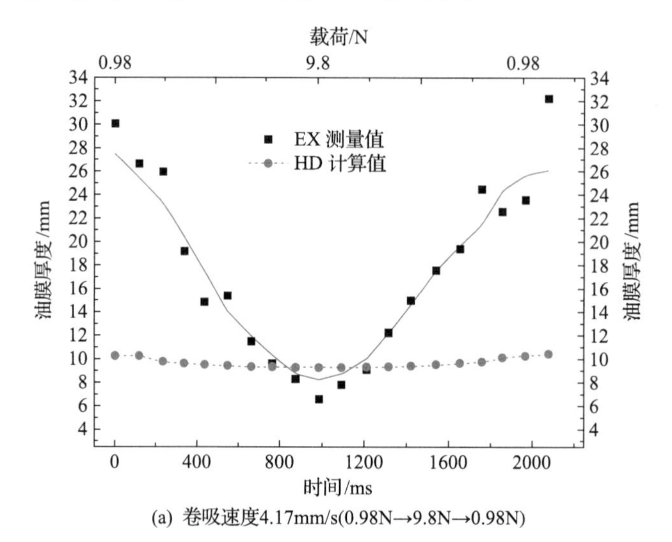

(a) 卷吸速度4.17mm/s(0.98N→9.8N→0.98N)

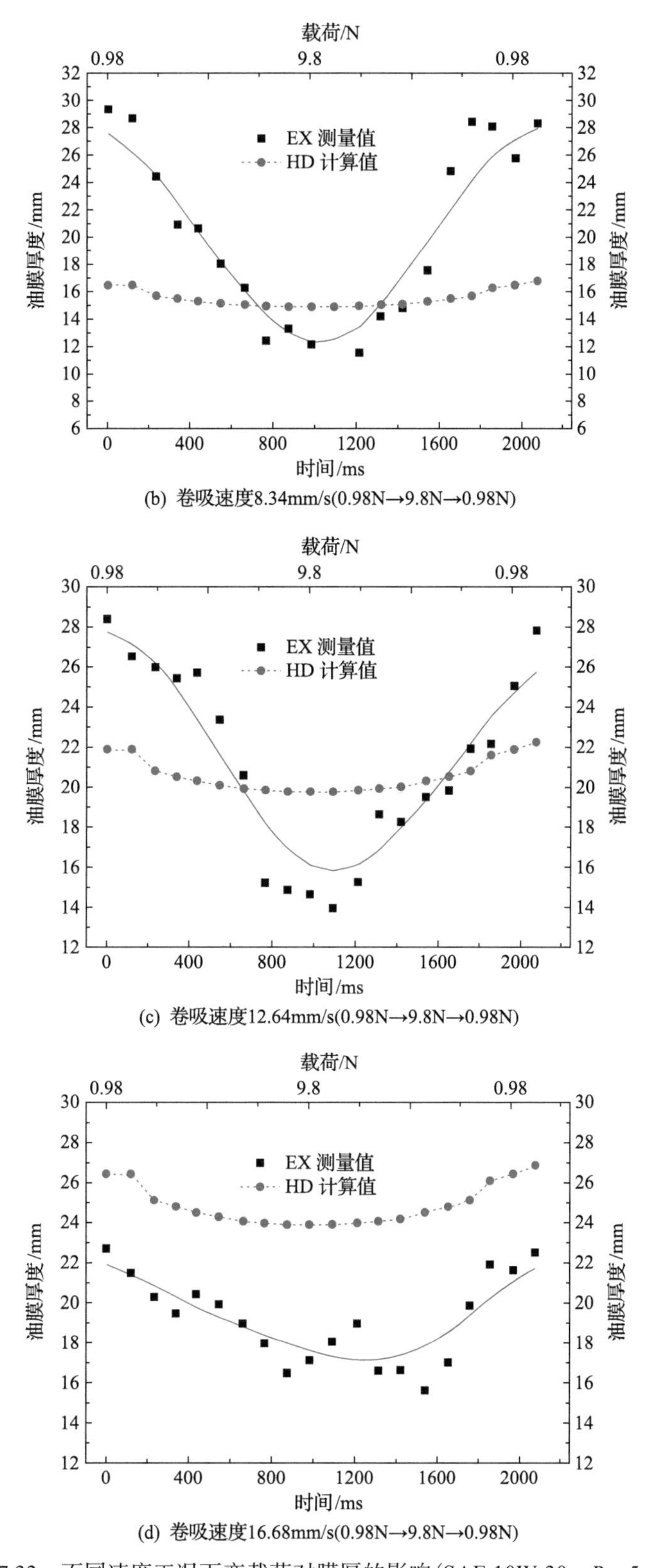

(b) 卷吸速度8.34mm/s(0.98N→9.8N→0.98N)

(c) 卷吸速度12.64mm/s(0.98N→9.8N→0.98N)

(d) 卷吸速度16.68mm/s(0.98N→9.8N→0.98N)

图 7.33　不同速度工况下变载荷对膜厚的影响(SAE 10W-30，*Ra*=5nm)

图 7.33 中还给出对应工况点稳态条件下，依据 Hamrock-Dowson 理论公式得到的膜厚计算值(HD 计算值)。根据变载荷试验结果，试验测量值(EX 测量值)和 HD 计算值相似，均随着载荷的变化(先增大再减小)，呈现先减小再增大的规律，但膜厚 EX 测量值曲线呈现更明显的 U 字形，变化幅度比稳态条件下膜厚变化大。以上现象表明，非稳态载荷的存在会显著增加油膜厚度的变化幅度。

在卷吸速度为 4.17mm/s 时，最小油膜厚度为 7nm 左右，当速度为 16.68mm/s 时，最小油膜厚度为 16nm 左右，即在卷吸速度较低时，一个周期中出现的最小油膜厚度要比卷吸速度较大时的一个周期出现的最小油膜厚度要小，这也符合膜厚随着速度增加而增加的规律。

综合以上研究表明，在非稳态条件下，速度变化对油膜厚度的变化幅度影响相对较小，油膜厚度相对速度变化呈现一定的滞后效应；但载荷的变化会显著增加油膜厚度的变化幅度。因此，非稳态条件下，针对薄膜润滑的研究应该不能忽视薄膜润滑动态特性的影响，在研究其润滑特性时需要考虑载荷和速度随时间的变化影响。

7.2.3 线接触摩擦副在非稳态条件下的薄膜润滑特征

与点接触副相比，线接触副的接触面积更大，能够承受更高的载荷，在工程实践中的应用也更为广泛，因此有必要针对线接触条件下的非稳态薄膜润滑状态开展试验研究。本节将介绍采用往复式线接触摩擦条件下的光干涉法润滑油膜厚度测量仪，对薄膜润滑状态展开非稳态试验研究的成果[57]。通过试验测试分析载荷、频率、润滑油种类等因素对线接触摩擦副油膜厚度与摩擦力的影响。本试验研究结果能够为非稳态条件下薄膜润滑理论分析提供试验依据。

1. 试验方案

试验的目的是研究在稳定载荷条件下，线接触摩擦副在往复运动过程中的润滑特性。采用线接触摩擦副光干涉法润滑油膜厚度测量仪开展试验研究。试验过程中用到的材料主要有轴承试样、玻璃盘和润滑油等。为了获得清晰光干涉图像，对试验材料的处理方法及相关技术参数提出了要求。试验中使用的润滑油黏度等级为 SAE 10W-30，润滑油的相关参数如表 7.8 所示。

表 7.8 试验用润滑油的参数

润滑油黏度等级	黏度(20℃)/(mPa·s)
SAE 10W-30	126.5

试验摩擦副为圆柱和平面接触形式，其中圆柱试样采用滚动轴承外圈。轴承尺寸规格为 10mm(内径)×26mm(外径)×8mm(厚度)。为了获得清晰的光干涉条纹，轴承试样外圈的外圆柱面必须进行抛光处理。针对轴承试样的特殊抛光要求采用特制的线接触轴承试样抛光机，采取三级精密抛光。依据抛光要求，确定抛光步骤和工艺参数如表 7.9 所示。

表 7.9 轴承试样抛光相关参数

抛光步骤	金刚石喷雾抛光剂粒度/μm	抛光头转速/(r/min)	抛光时间/min
1	1.5	50	20
2	1.0	70	15
3	0.5	100	10

本试验中平面试样采用的是镀铬石英玻璃盘，镀铬的作用是提高玻璃盘的反射率，增强光干涉的效果，玻璃盘的相关参数如表 7.10 所示。

表 7.10 玻璃盘的相关参数

试验材料	弹性模量 E/GPa	泊松比 v	粗糙度 Ra/nm	半径 R/mm	透过率/%	反射率/%
玻璃盘	85	0.17	4	50	60	20

试验工况参数如表 7.11 所示。

表 7.11 轴承-镀膜玻璃盘光干涉试验工况

载荷/N	伺服电机转速/(r/min)
40	1
	2
	3
50	1
	2
	3
60	1
	2
	3
70	1
	2
	3

2. 试验结果和分析

1) 润滑油膜的周期性变化

在试验过程中，摩擦副之间为滚动接触，相对运动速度与加速度均呈现周期性变化，载荷为 50N，伺服电机转速为 1r/min。设定一个周期 T 内运动状态变化过程为静止(0T)—加速(0～3/12T)—正向速度峰值(3/12T)—减速(3/12T～6/12T)—换向(6/12T)—加速(6/12T～9/12T)—反向速度峰值(9/12T)—减速(9/12T～1T)—静止(1T)。对于往复运动，0T～6/12T 和 6/12T～1T 的运动状态变化规律相同，故可以取 0T～6/12T 的油膜厚度变化规律进行分析。

图 7.34 给出了从 1/12T 到 5/12T 内线接触光干涉图像，其中各图像上部为轴承试样滚动过程中润滑油的入口区域，图像下部为润滑油的出口区域。从图中可以看出，干涉条纹基本对称于接触区中心母线。对比光干涉图像润滑油的入口区域与出口区域可以观察到，

润滑油入口区域的 1～4 级光干涉条纹比出口区域的 1～4 级干涉条纹排列更为紧密，这说明轴承试样在滚动过程中处于滚动方向前方的材料会受到挤压，油膜厚度变化梯度增大。

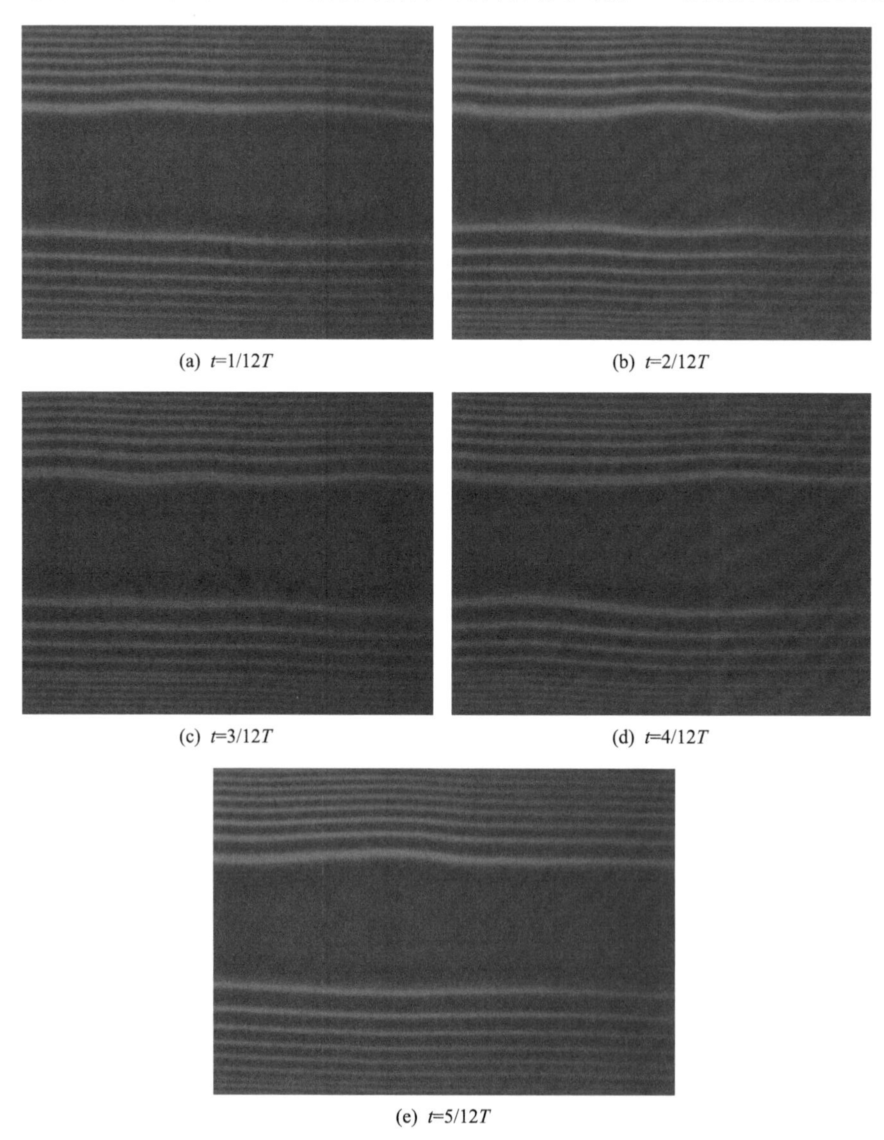

(a) t=1/12T　(b) t=2/12T　(c) t=3/12T　(d) t=4/12T　(e) t=5/12T

图 7.34　线接触摩擦副润滑油膜干涉图像

图7.35给出了对光干涉图像处理后得到的沿流体流动方向的油膜厚度分布图(1/12T～5/12T)，其中横坐标为测试点到线接触区中心母线(也称“中线”)的距离，纵坐标为测试点的润滑油油膜厚度。横坐标上零点左侧为润滑油入口，右侧为润滑油出口。从图中可以看出，在一个往复周期内加速运动过程阶段(1/12T～3/12T)油膜厚度明显增大，在减速过程阶段(3/12T～5/12T)油膜厚度出现明显的减小现象，这是由加速过程中流体动压效应[58]增强、减速过程中动压效应减弱造成的。在速度达到最大值(t=3/12T)时，油膜厚度也达到最大，接触区面积明显减小。当 t=2/12T 时运动状态处于加速阶段，在润滑

油膜的出口会出现类似于点接触中的“颈缩”现象[59]，这是由沿着润滑油流动出口方向压力下降(出现端泄)，摩擦副的固体表面产生凸起，局部油膜厚度减小造成的[60]。

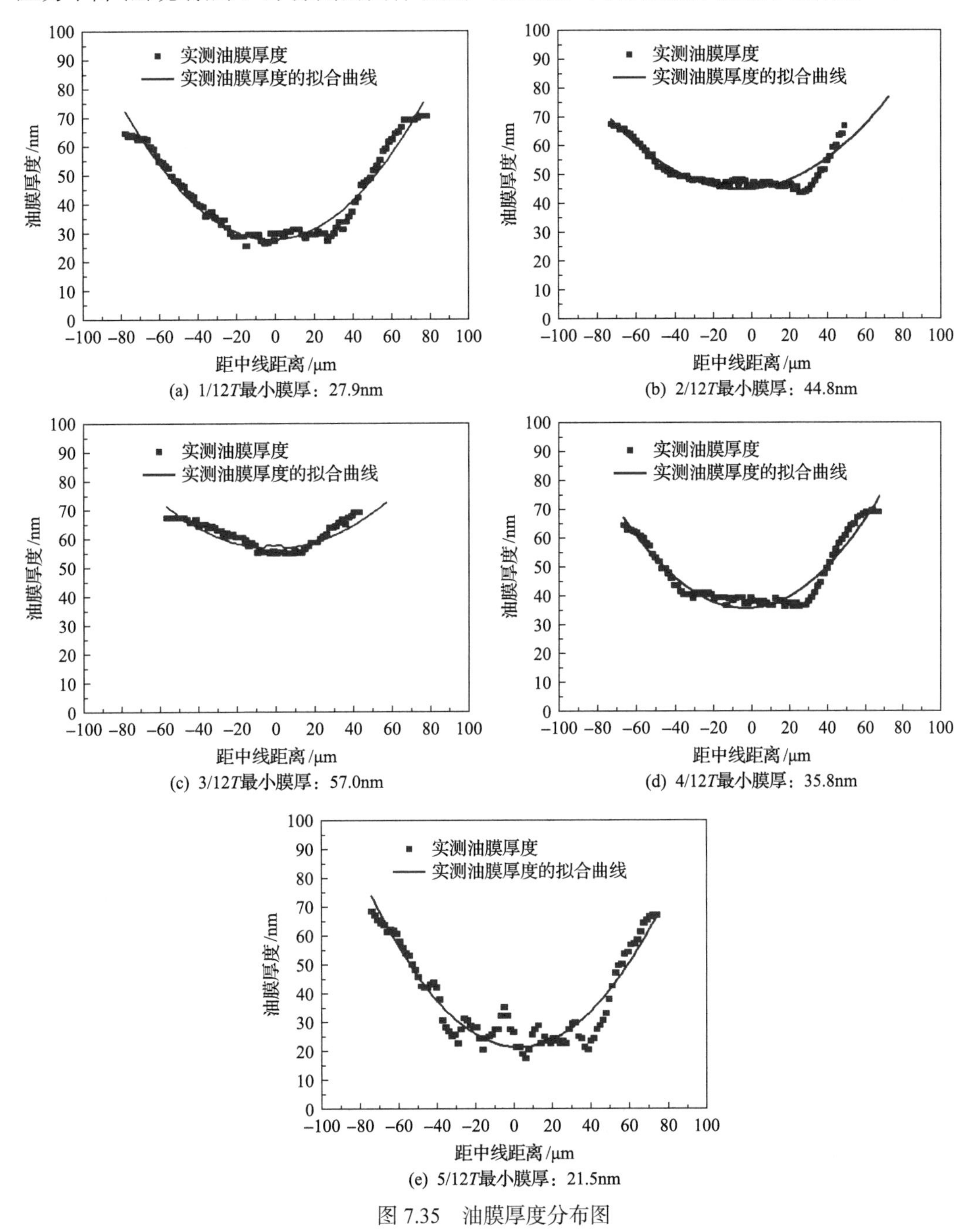

图 7.35 油膜厚度分布图

2) 往复运动频率对润滑油膜的影响

图 7.36 给出了载荷为 60N、伺服电机转速分别为 2r/min、3r/min 时的光干涉图像。所取图像时间点依次为 t_1=1/12T、t_2=2/12T、t_3=3/12T、t_4=4/12T、t_5=5/12T。

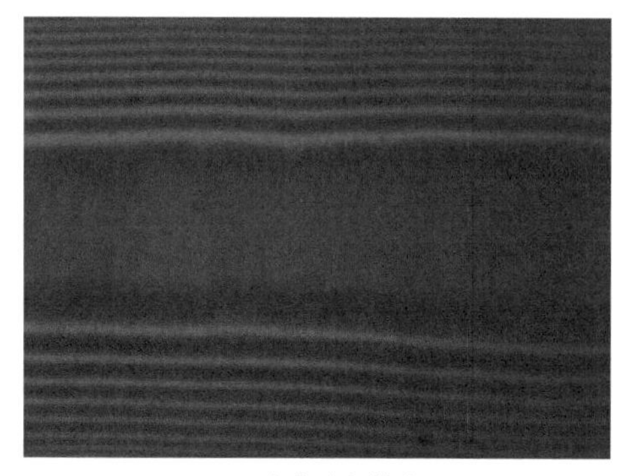

(a) t=1/12T，伺服电机转速：2r/min

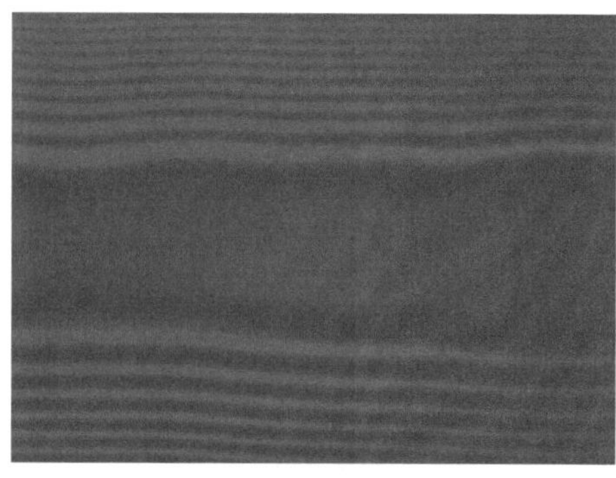

(b) t=1/12T，伺服电机转速：3r/min

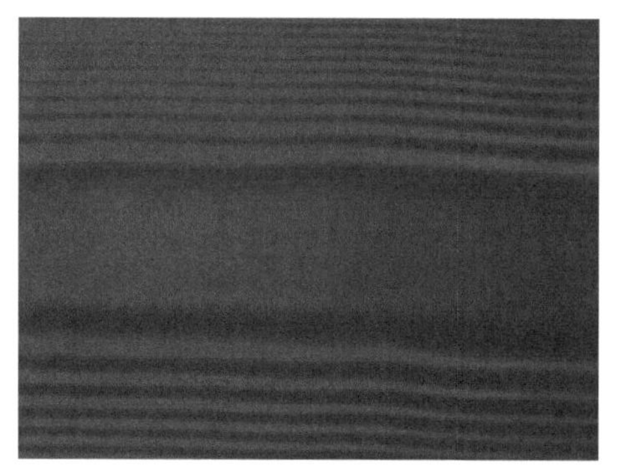

(c) t=2/12T，伺服电机转速：2r/min

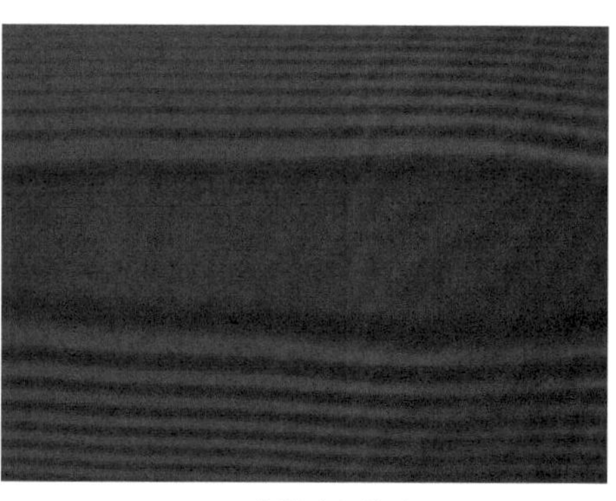

(d) t=2/12T，伺服电机转速：3r/min

(e) t=3/12T，伺服电机转速：2r/min

(f) t=3/12T，伺服电机转速：3r/min

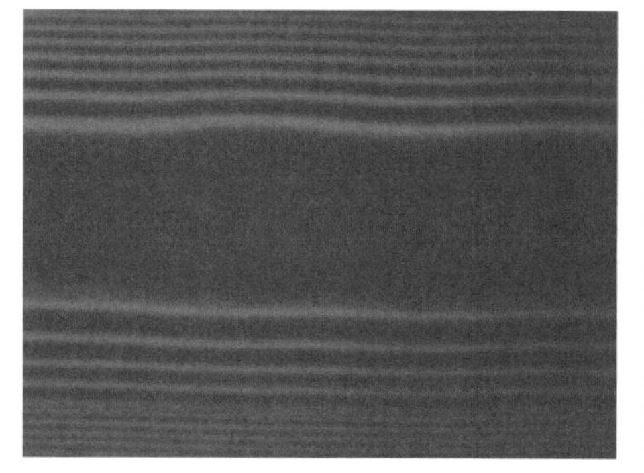

(g) t=4/12T，伺服电机转速：2r/min

(h) t=4/12T，伺服电机转速：3r/min

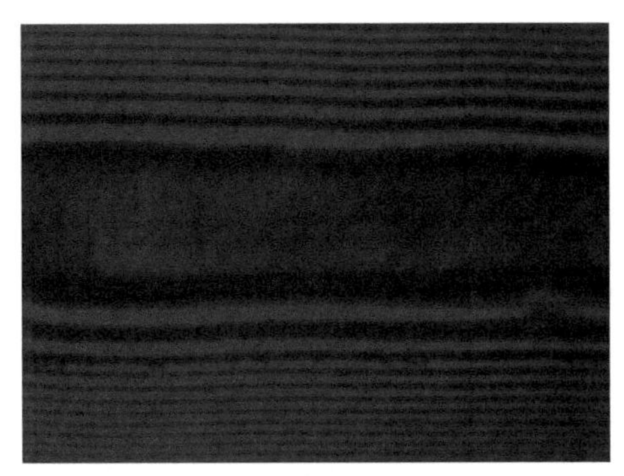

(i) t=5/12T，伺服电机转速：2r/min

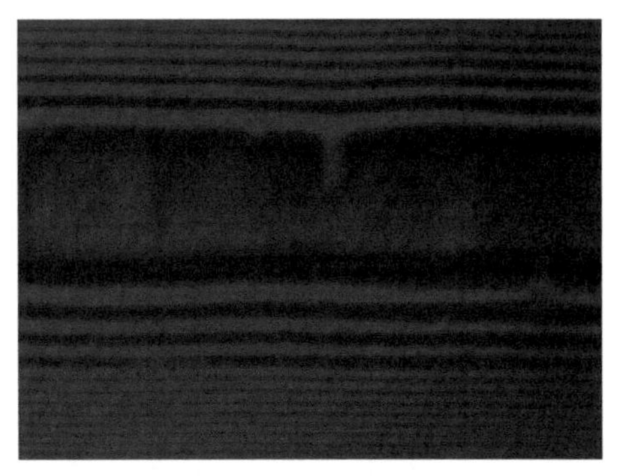

(j) t=5/12T，伺服电机转速：3r/min

图 7.36　不同转速下的光干涉图像

图 7.37 给出了不同转速下油膜厚度分布图。图中结果显示出往复运动频率增加后，在整个行程中油膜厚度都会发生增大，这是流体动压润滑效果增强的结果。对比不同转速下整个往复运动行程中的最小油膜厚度可以发现，往复运动频率增加后在加速阶

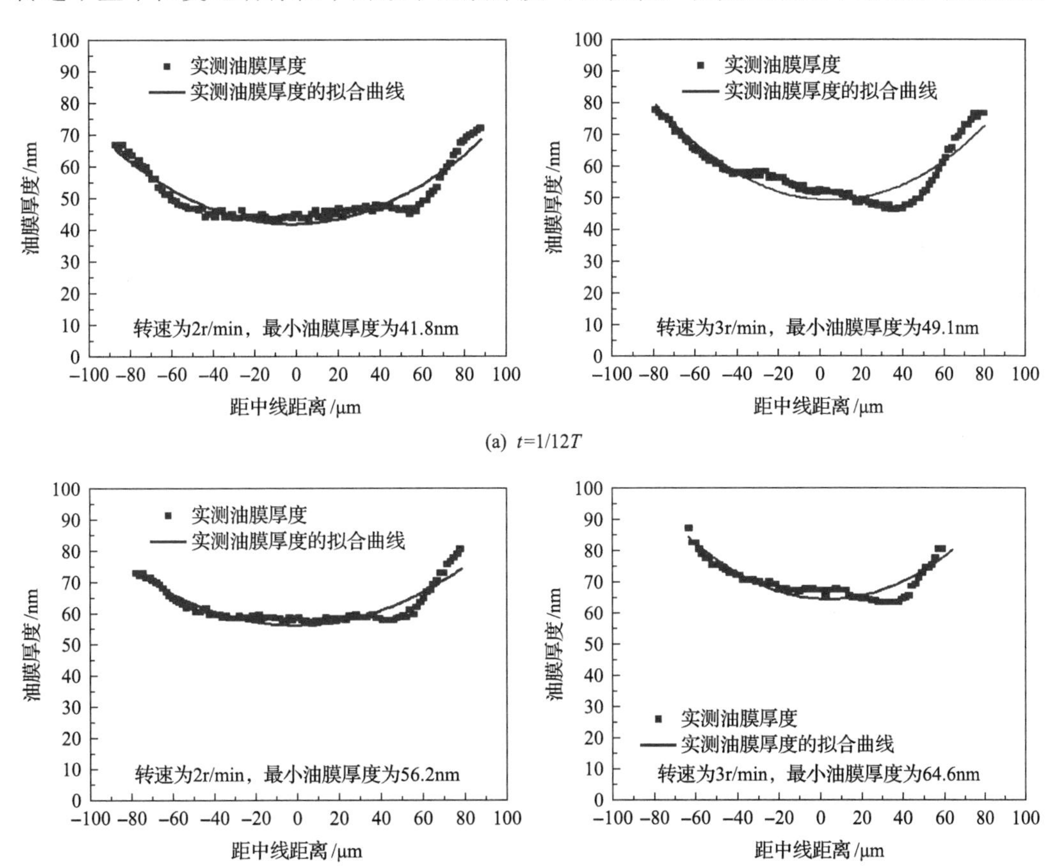

(a) t=1/12T

(b) t=2/12T

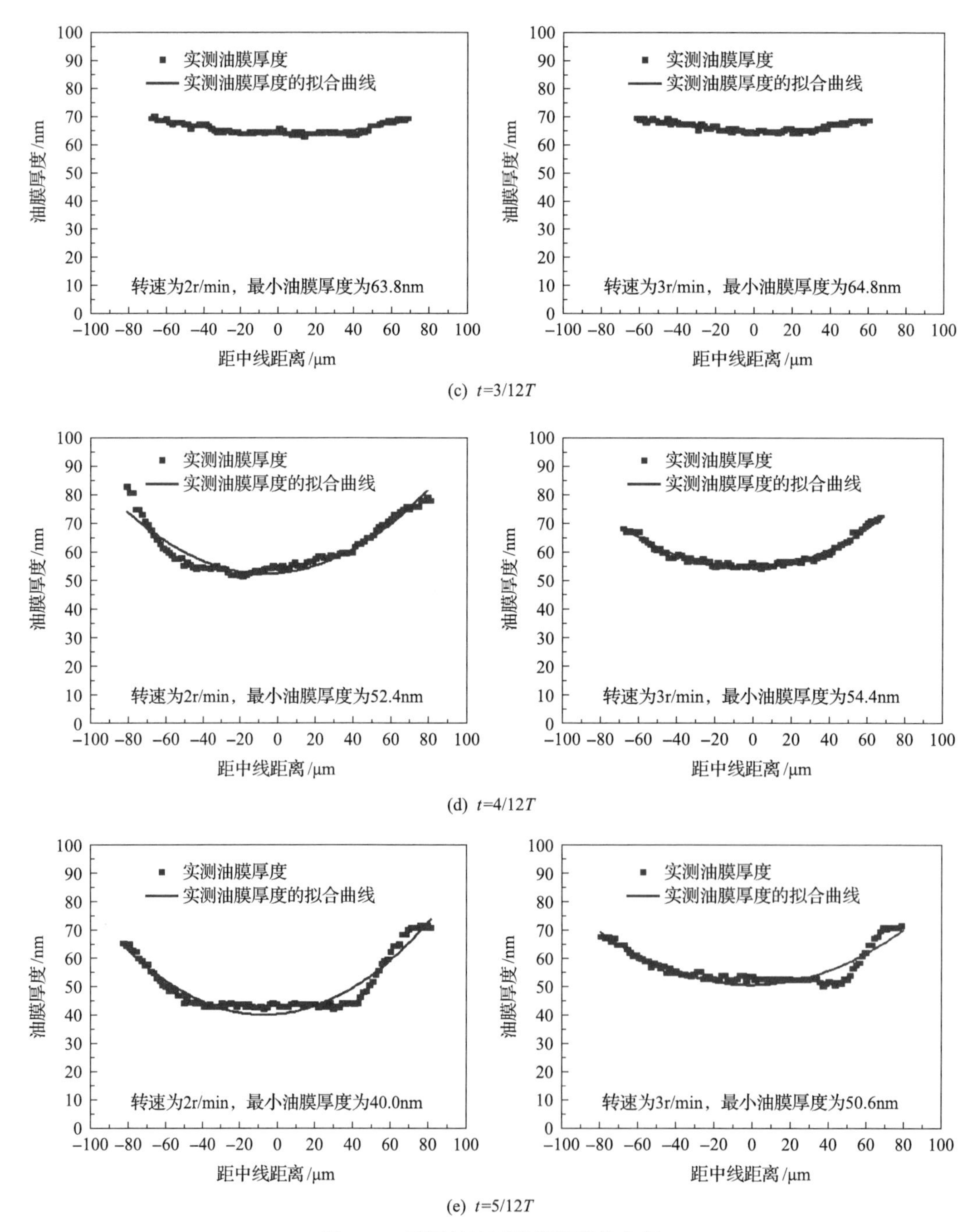

图 7.37 不同转速下油膜厚度分布图

段油膜厚度变化较快。当转速为 2r/min 时周期为 T_1，从 t=1/12T_1 时刻到 t=2/12T_1 最小油膜厚度变化值为 14.4nm，对应油膜厚度变化率为 dh_1=14.4/(1/12T_1)；转速为 3r/min 时周期为 T_2，从 t=1/12T_2 时刻到 t=2/12T_2 最小油膜厚度变化值为 15.5nm，对应油膜厚

度变化率为 dh_2=15.5/(1/12T_2)，由 2T_1=3T_2 可知 $dh_2 > dh_1$，即往复运动频率增加后油膜厚度变化加快。

3) 载荷对油膜厚度的影响

为了比较载荷变化对线接触区油膜厚度的影响，设定伺服电机的转速为 2r/min，而加载力分别为 60N 和 70N。图 7.38 为不同载荷下油膜厚度分布图，选取每次试验中相同时间点的膜厚分布进行比较。从图中可以看出，载荷增大后接触区面积明显增加，轴承试样弹性变形增大，而且在整个往复运动周期中油膜厚度都出现减小现象。在往复运动周期中，在 $t = 1/12T$ 对应最小速度条件下均能维持一定的油膜厚度，$t = 3/12T$ 时摩擦副的相对运动速度达到最大值，油膜厚度也达到最大值，通过对比可以发现，载荷增加导致最大油膜厚度值和最小油膜厚度值均减小；载荷变化对往复周期中能够达到的油膜厚度最大值影响很大；油膜挤压效应[61]在油膜形成和保持过程中也起到重要作用。

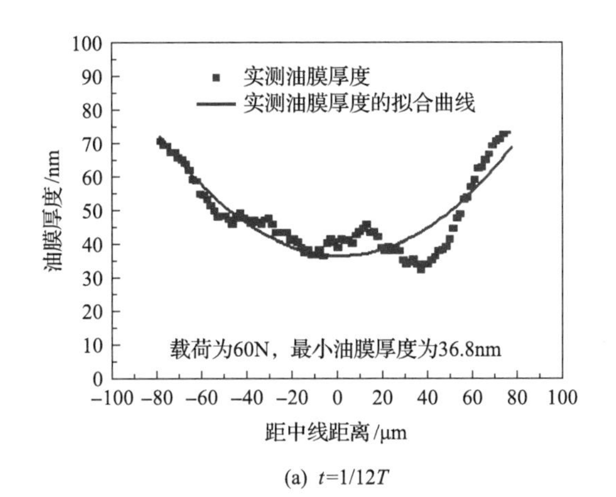

(a) t=1/12T

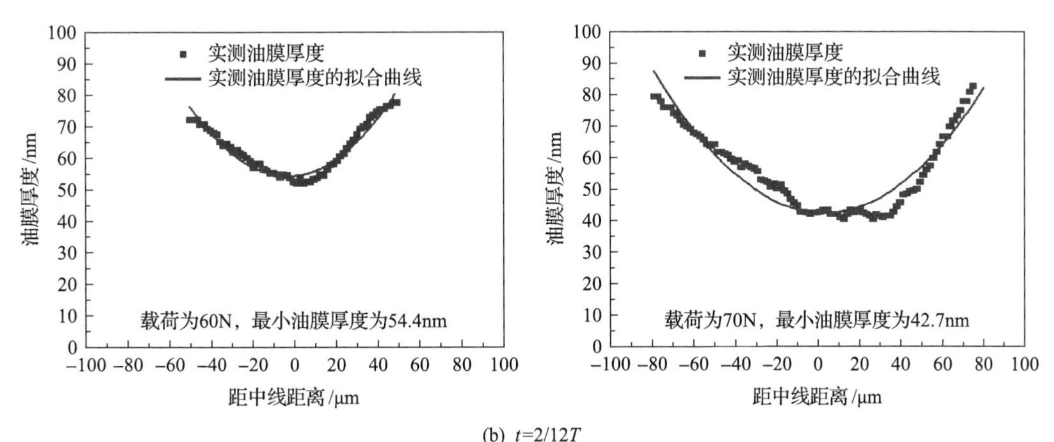

(b) t=2/12T

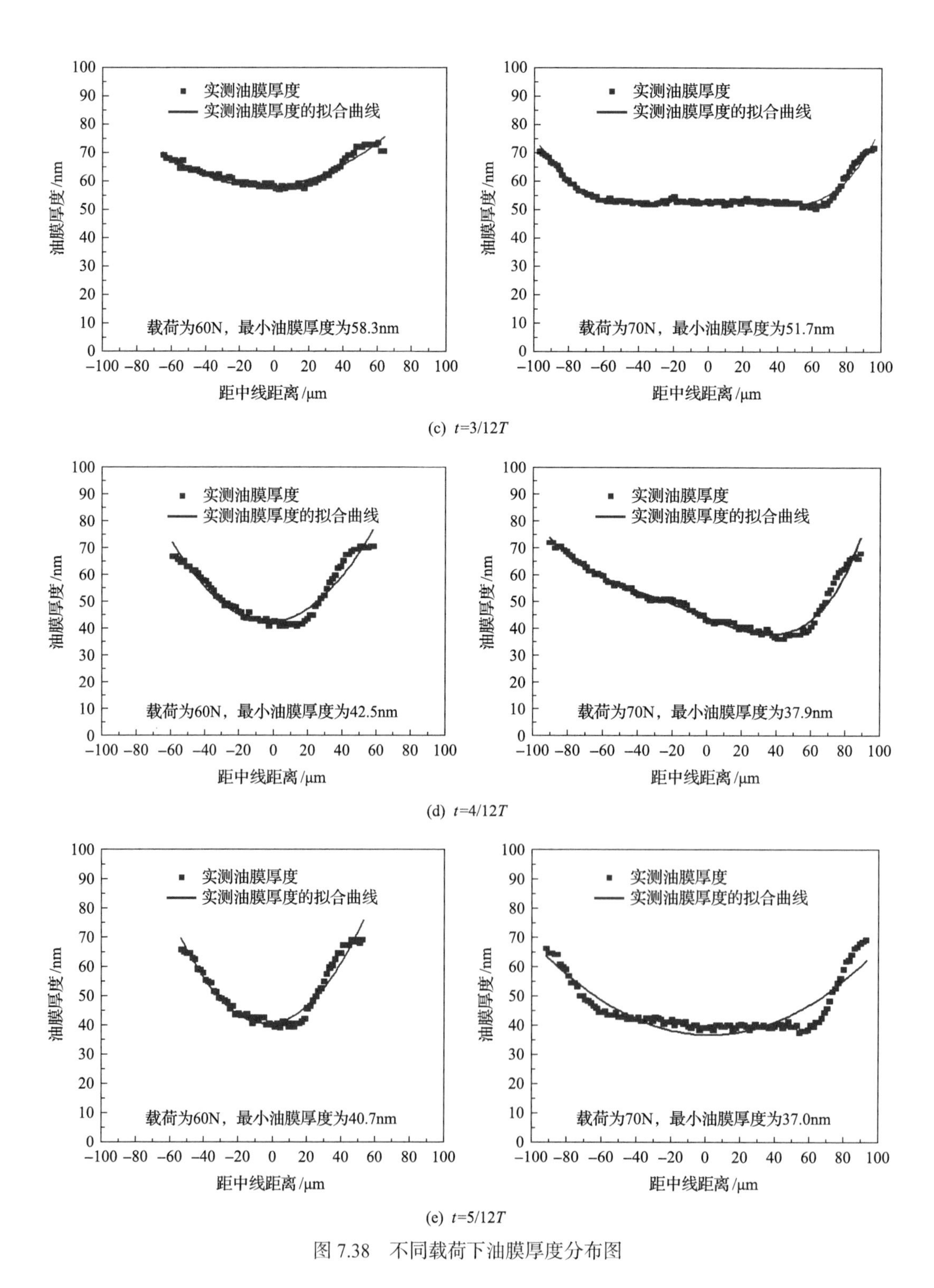

图 7.38　不同载荷下油膜厚度分布图

综上，采用光干涉试验测量了线接触摩擦副在非稳态条件下的油膜厚度，得出了线接触油膜厚度随速度和载荷的变化规律：在加速阶段流体动压润滑效应增强，油膜厚度增大；减速阶段流体动压润滑效应减弱，油膜厚度减小；低速工况下往复运动频率增加，加速阶段油膜厚度变化率也增大；低速工况下载荷对往复运动周期中的最大油膜厚度影响较大；在周期往复运动至最低转速时，由于油膜挤压效应的作用，表面之间均能够维持一定的油膜厚度。

7.2.4 基于球-盘摩擦副接触电阻的润滑特征

试验的目的是采用接触电阻法，研究球-盘点接触摩擦副的润滑特性与外载荷、滑动速度、润滑油黏度、接触面粗糙度四种参数的关系。接触电阻法通常需要用膜厚测量或者 Stribeck 曲线来校准后，才能对润滑状态进行判定。但 Stribeck 曲线是依据摩擦系数变化来判别润滑状态，而不同润滑剂的摩擦系数差别很大[62]，所以据此判定润滑状态的难度较大。本节采用膜厚比 λ(油膜厚度和综合粗糙度比值，通过光干涉法膜厚测量获得)确定润滑状态，建立不同膜厚比对应的接触电阻变化规律，实现用接触电阻判定球-盘点接触摩擦副的润滑状态。

1. 试验方案

采用旋转式点接触摩擦副接触电阻测试仪开展试验研究。试验主要建立载荷-接触电阻、滑动速度-接触电阻、润滑油黏度-接触电阻和接触面粗糙度-接触电阻的关联关系。试验法向载荷分别取 3.92N、5.88N、7.84N、9.8N、11.76N、13.72N、15.68N、17.64N、19.6N，滑动速度分别取 0.088m/s、0.132m/s、0.176m/s、0.220m/s、0.264m/s、0.308m/s、0.352m/s、0.396m/s、0.440m/s，润滑油黏度等级分别是 SAE 10W-30 和 SAE40，20℃下的动力黏度 η 分别是 0.126Pa·s 和 0.226Pa·s，钢球材料为轴承钢，圆盘的材料为 45 钢，圆盘表面粗糙度 Ra_2 分别为 0.4μm 和 0.9μm。其他试验材料参数如表 7.12 所示。

表 7.12 试验材料参数

参数	数值
钢球弹性模量 E_1/GPa	210
钢球泊松比 ν_1	0.28
钢球表面粗糙度 Ra_1/μm	0.022
圆盘弹性模量 E_2/GPa	206
圆盘泊松比 ν_2	0.27
圆盘表面粗糙度 Ra_2/μm	0.4，0.9

2. 试验结果和分析

1) 外载荷变化对接触电阻的影响

在摩擦副相对滑动速度分别是 0.088m/s、0.264m/s 和 0.440m/s 的条件下，测试并研究点接触摩擦副接触电阻随载荷的变化规律。润滑油黏度等级为 SAE40，圆盘表面粗糙度 Ra_2 为 0.4μm。

图 7.39 给出了依据试验获得的 3 种滑动速度下平均接触电阻与载荷的对应关系。3 组试验结果的趋势基本一致，即随着载荷增加，平均接触电阻先是迅速减小；当进一步增加载荷时，平均接触电阻减小趋势减缓，最后趋于稳定。这是因为载荷的增大必将导致流体膜逐渐减薄，微凸体接触数目增多，平均接触电阻逐渐减小；当微凸体的接触数目达到一定数量后，微凸体的变形将承担大部分载荷，膜厚比变化趋于平稳，导致平均接触电阻值变化比较平稳。

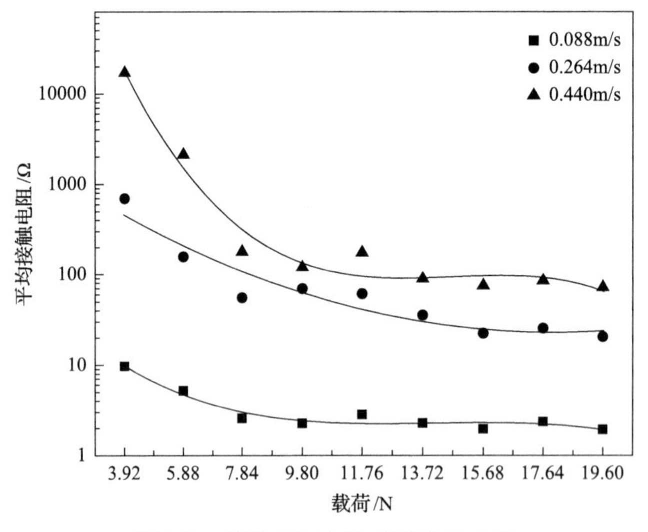

图 7.39 平均接触电阻-载荷关系曲线

在 3 种不同速度下平均接触电阻的变化体现了较一致的规律，并且当载荷为 11.76N 左右时，接触电阻由下降转变为平稳，表明在此区域出现较明显的润滑状态变化。

2) 滑动速度变化对接触电阻的影响

在载荷分别为 3.92N、11.76N 和 17.64N 的条件下，测试并研究点接触摩擦副的接触电阻随滑动速度的变化规律。选用黏度等级为 SAE40 的润滑油，圆盘表面粗糙度为 0.4μm。

图 7.40 为试验获得的在 3 种载荷工况下，平均接触电阻与滑动速度的对应关系曲线。3 组试验的总体趋势较为一致，随着滑动速度的增大，平均接触电阻的值逐渐增大。这是因为随着滑动速度的增大，流体动压效应使得油膜的厚度增加，微凸体接触数目减少，平均接触电阻值增大；但对于较大的两种载荷，滑动速度增加到 0.308m/s 以后，平均接触电阻值有逐渐趋于稳定的趋势。

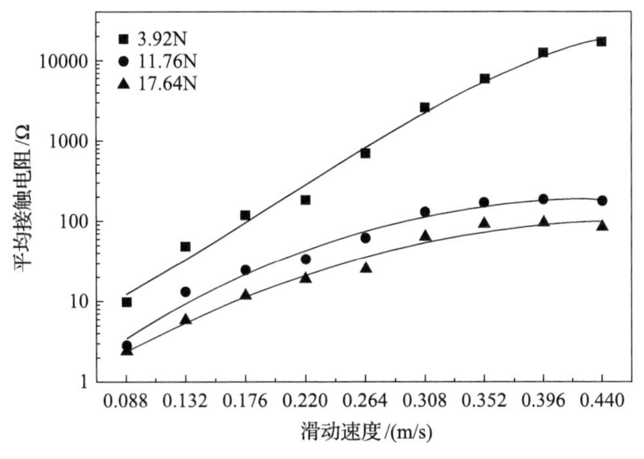

图 7.40　平均接触电阻-滑动速度关系曲线

进一步分析，当载荷为 3.92N 时，滑动速度增加时平均接触电阻值增加的幅度十分剧烈，表明膜厚增加，逐渐从边界润滑状态向混合润滑状态，或向形成全流体润滑状态过渡；而当载荷为 11.76N 和 17.64N 时，即载荷较大时，测得的平均接触电阻一直没有量级上的巨大变化，这说明接触区内膜厚比变化不大，据此估计，摩擦副处于以边界润滑状态为主的混合润滑状态。

3) 润滑油黏度变化对接触电阻的影响

通过选用两种不同黏度的润滑剂润滑，测试并比较黏度对平均接触电阻随滑动速度变化规律的影响。试验中外载荷分别设为 3.92N、11.76N 和 17.64N，润滑油黏度等级分别为 SAE40 和 SAE 10W-30，圆盘表面粗糙度为 0.4μm。

图 7.41～图 7.43 分别表示不同外加载荷条件下，针对两种不同黏度的润滑剂，通过试验获得的平均接触电阻随着滑动速度的变化曲线。由以上各接触电阻-滑动速度的变化曲线可见，随着载荷增大，SAE40 润滑剂对应的平均接触电阻均要大于 SAE 10W-30 作为润滑剂时的接触电阻，这说明润滑剂黏度越大其承载能力越强，润滑油膜越厚。

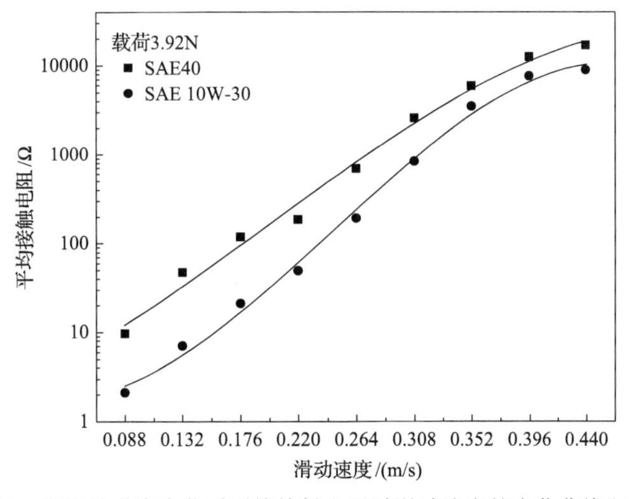

图 7.41　润滑油黏度变化时平均接触电阻随滑动速度的变化曲线(3.92N)

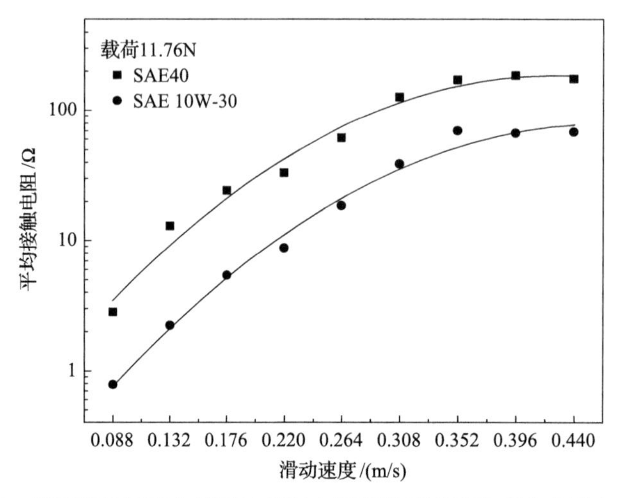

图 7.42　润滑油黏度变化时平均接触电阻随滑动速度的变化曲线(11.76N)

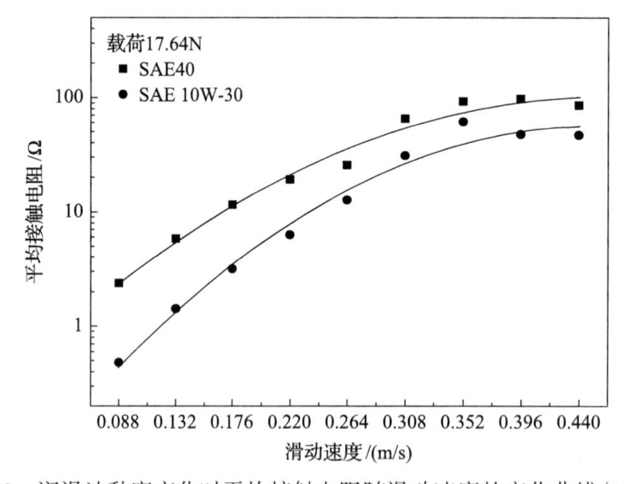

图 7.43　润滑油黏度变化时平均接触电阻随滑动速度的变化曲线(17.64N)

4)接触面粗糙度变化对接触电阻的影响

通过选用两种不同表面粗糙度的摩擦副，测试并比较粗糙度对平均接触电阻随滑动速度变化规律的影响。试验中外载荷分别设为 3.92N、11.76N 和 17.64N，润滑油黏度等级为 SAE40，两圆盘的表面粗糙度分别为 0.4μm 和 0.9μm。

图 7.44～图 7.46 分别表示不同外加载荷条件下，针对两种不同表面粗糙度的摩擦副试样，通过试验获得的平均接触电阻与滑动速度的对应关系。三组试验的结果非常一致，均表明摩擦副表面粗糙度越大，在相同外界条件下测得的接触电阻的值越小。这是因为表面粗糙度越大，摩擦副表面的微凸体在单位时间内发生碰撞和接触的数目就越多，实际接触面积随之增加，平均接触电阻值也就随着接触面积的增大而降低。根据图 7.45，当载荷为 11.76N、滑动速度达到 0.36m/s 时，曲线趋于平稳，表明开始进入部分膜润滑的混合润滑区，可以假设此时膜厚比为 1.0(图 7.15)。

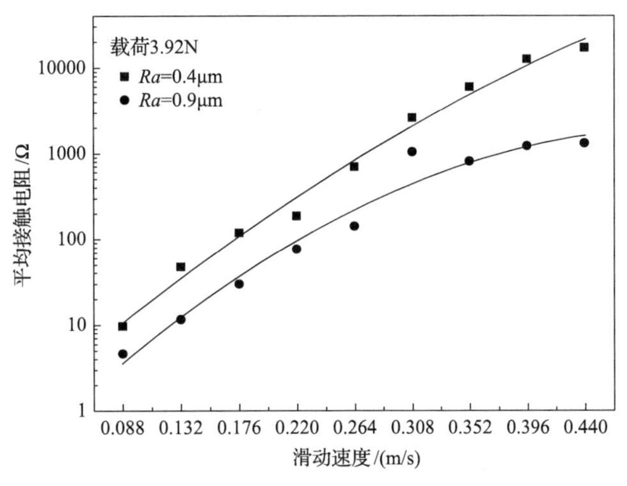

图 7.44 接触面粗糙度变化时平均接触电阻随滑动速度的变化曲线(3.92N)

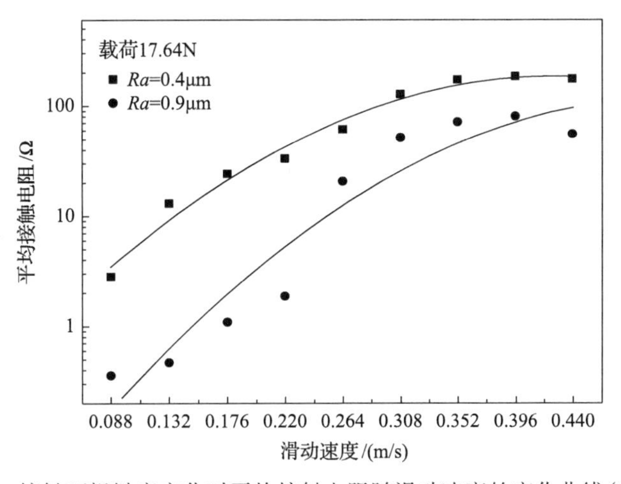

图 7.45 接触面粗糙度变化时平均接触电阻随滑动速度的变化曲线(11.76N)

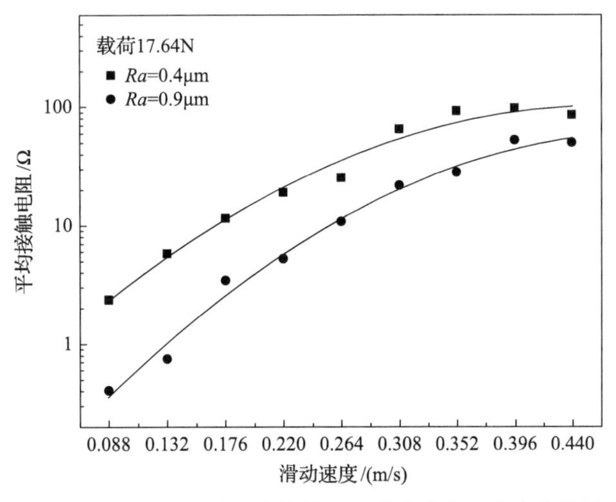

图 7.46 接触面粗糙度变化时平均接触电阻随滑动速度的变化曲线(17.64N)

5)平均接触电阻与膜厚比之间的关系

图 7.47、图 7.48 分别为载荷为 11.76N 和 17.64N 时，再次通过试验获得的速度与平均接触电阻的非对数坐标关系曲线。由图可以看出，当速度增大到一定程度后均出现了平均接触电阻由快速增加转变为缓慢变化的情况，说明润滑状态发生了改变。而依据分析，此转折处的膜厚比接近 1.0，此时速度还不足以形成流体润滑，而是发生由边界润滑到混合润滑的转变。

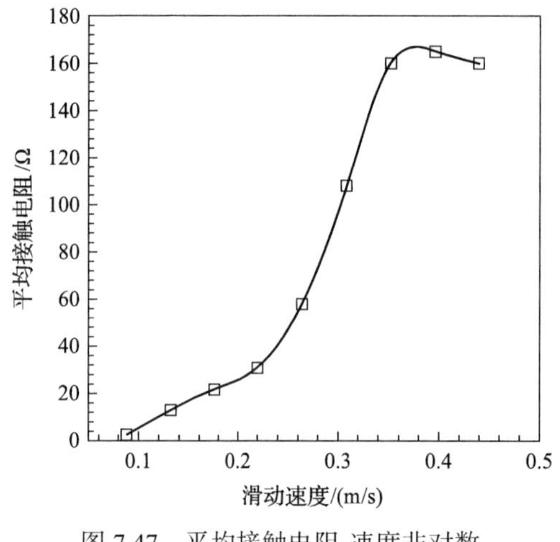

图 7.47　平均接触电阻-速度非对数坐标关系曲线(11.76N)

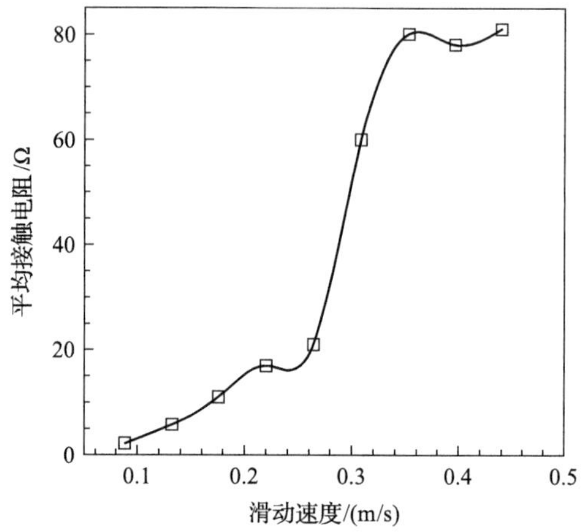

图 7.48　平均接触电阻-速度非对数坐标关系曲线(17.64N)

由前面分析可知，当载荷为 11.76N、滑动速度为 0.36m/s 时，膜厚比为 1.0，根据图 7.47 对应平均接触电阻值为 160Ω。根据前述膜厚比和接触电阻关系式(7.37)，可得到载荷为 17.64N、膜厚比为 1.0 时的接触电阻应为 80Ω。由图 7.48 可知，当滑动速度为 0.34m/s 时出现了接触电阻由快速增加转变为缓慢变化，对应的接触电阻正好约为 80Ω，故分析结果与试验结果吻合度较好。

图 7.49 和图 7.50 为依据试验结果建立的膜厚比-速度曲线。由图可知，当载荷为 11.76N 时，膜厚比随滑动速度增加，由 0.73 增至 1.0，最后徘徊在 1.0 左右，说明接触区内没有

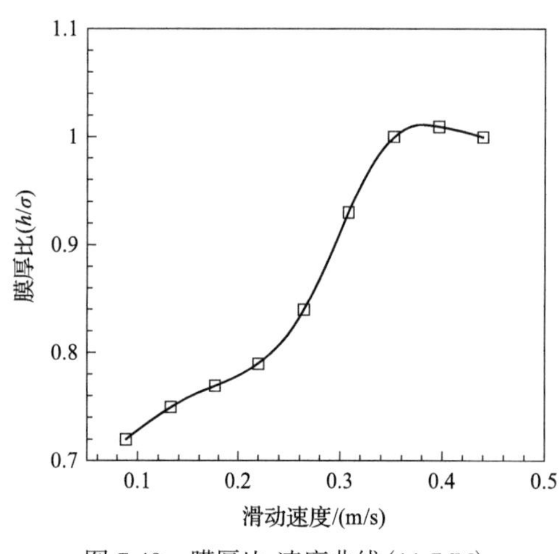

图 7.49　膜厚比-速度曲线(11.76N)

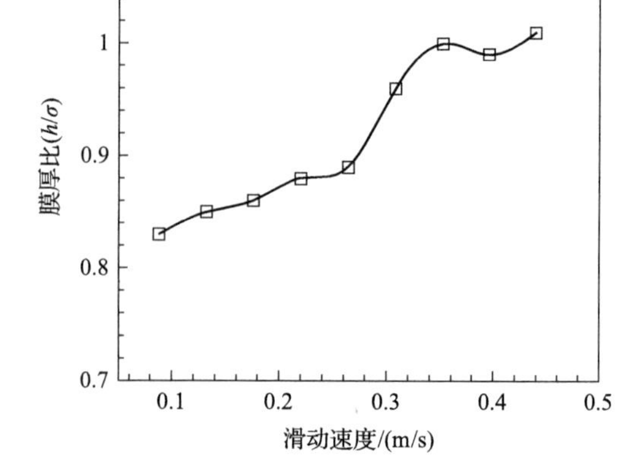

图 7.50　膜厚比-速度曲线(17.64N)

形成有效的流体膜。在速度较低时摩擦副处于边界润滑状态，随着速度增加，膜厚比接近 1.0 时过渡到以边界润滑状态为主的混合润滑状态。当载荷为 17.64N 时，随滑动速度增加，膜厚比由 0.83 增至 1.0 左右，润滑状态的变化与载荷为 11.76N 的情况基本一致。

图 7.51 为载荷为 3.92N 时速度与平均接触电阻的非对数坐标关系曲线，图 7.52 为对应工况的膜厚比-速度非对数坐标关系曲线。由图可见，当速度增加到 0.3m/s 以上时，接触电阻值随着滑动速度的增加而剧烈增高，同时膜厚比也由 0.41 增加到 2.16。从膜厚比的数值来看，摩擦副在试验过程中流体膜逐渐形成并占主导地位，润滑状态也从膜厚比为 0.41 的边界润滑状态过渡到以弹流润滑为主、膜厚比远大于 1.0 的混合润滑状态。此外，由图 7.52 可知，在载荷较小时，从边界润滑到混合润滑的过渡阶段区域没有大载荷时明显。

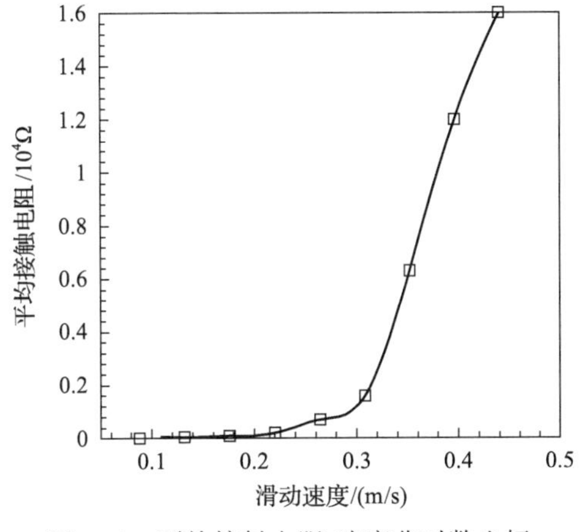

图 7.51　平均接触电阻-速度非对数坐标关系曲线(3.92N)

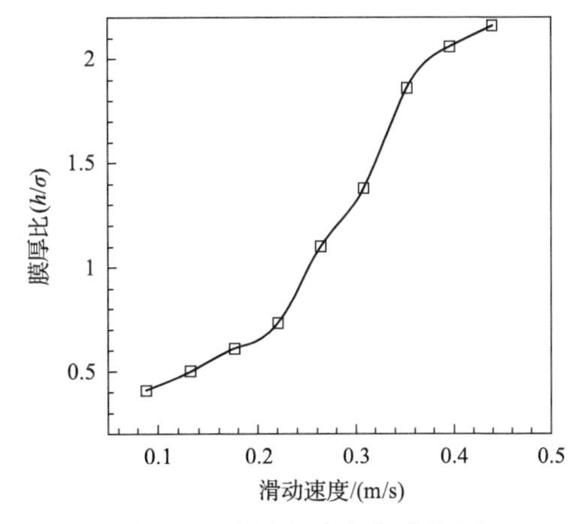

图 7.52　膜厚比-速度非对数坐标关系曲线(3.92N)

图 7.53 为速度为 0.088m/s 时载荷与平均接触电阻的关系曲线，图 7.54 为依据试验结果建立的载荷-膜厚比关系曲线。由图可见，膜厚比始终在 1.0 以下，并且接触电阻值不超过 10Ω，说明摩擦副始终处于边界润滑为主的润滑状态，并可能存在微凸体直接接触，没有形成有效的润滑油膜。由于表面之间存在有边界膜，接触电阻随载荷增加最终稳定在 2Ω。

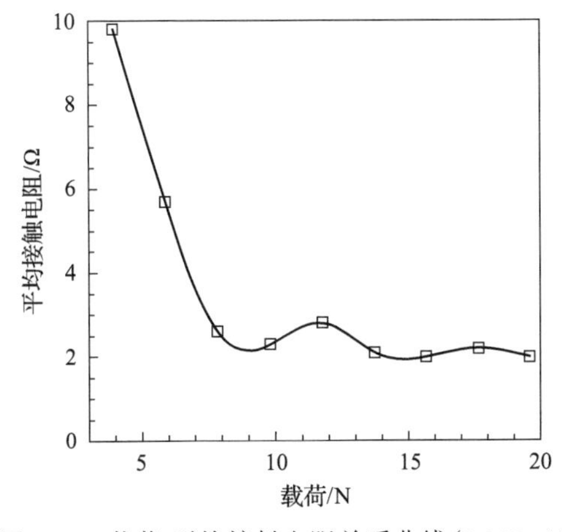

图 7.53　载荷-平均接触电阻关系曲线(0.088m/s)

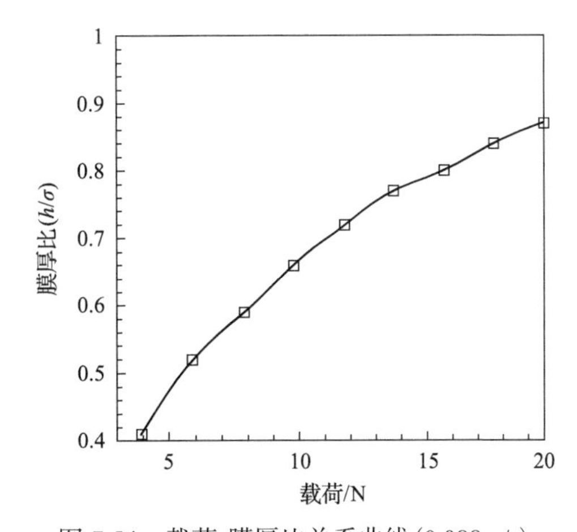

图 7.54　载荷-膜厚比关系曲线(0.088m/s)

图 7.55 为速度为 0.264m/s 时载荷与平均接触电阻的关系曲线，图 7.56 为依据试验结果建立的载荷-膜厚比关系曲线。由图可见，膜厚比先从 1.1 减小到 0.7，然后在 0.9 附近缓慢波动，说明在该速度下摩擦副先处于混合润滑状态，然后随载荷的增大由混合润滑状态向边界润滑状态过渡。

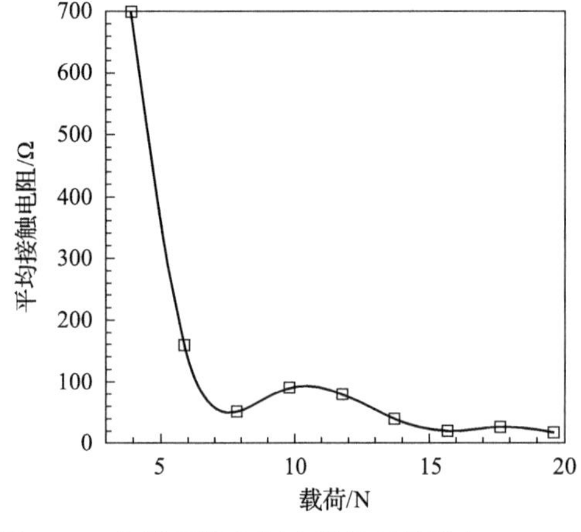

图 7.55 载荷-平均接触电阻关系曲线(0.264m/s)

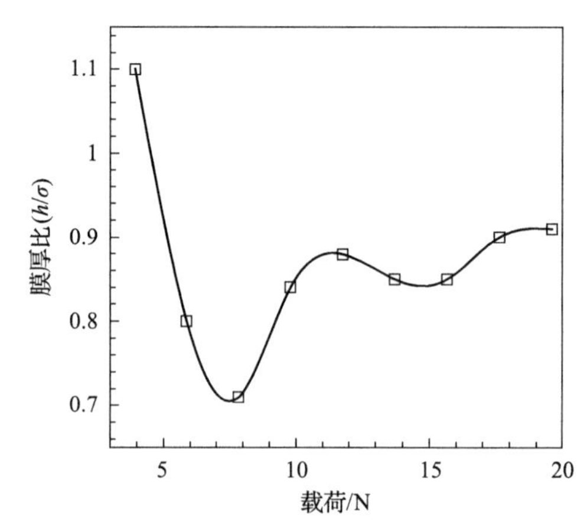

图 7.56 载荷-膜厚比关系曲线(0.264m/s)

图 7.57 为速度为 0.440m/s 时载荷与接触电阻的关系曲线，图 7.58 为依据试验结果建立的载荷-膜厚比关系曲线。由图可见，膜厚比由 2.16 下降至 0.9，然后略升高至 1.0 左右并平稳变化，说明在该速度下摩擦副先处于混合润滑状态，然后迅速过渡到边界润滑状态。

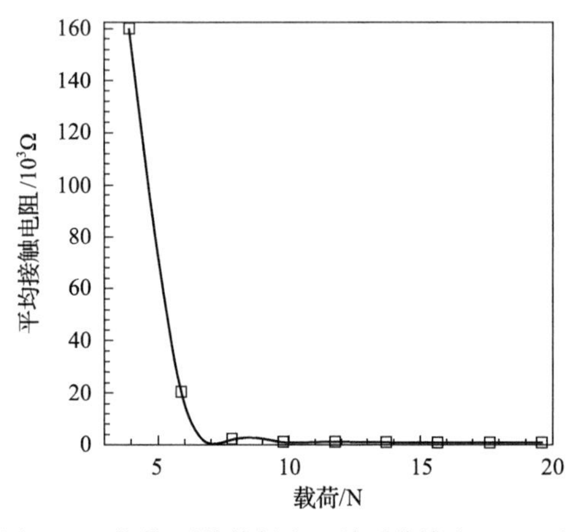

图 7.57 载荷-平均接触电阻关系曲线(0.440m/s)

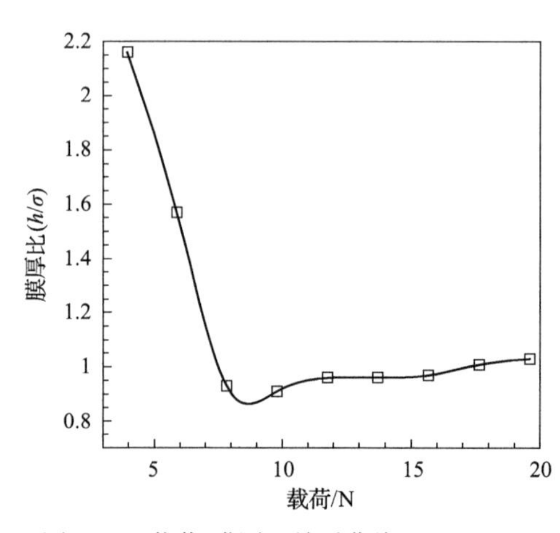

图 7.58 载荷-膜厚比关系曲线(0.440m/s)

综上，通过试验研究点接触膜厚比与平均接触电阻之间的关系，结果表明，平均接触电阻对润滑状态形成的各外部影响因素可做出灵敏反应。根据平均接触电阻形成理论，结合弹性变形模型，建立了点接触膜厚比与平均接触电阻的关系模型。据此模型可将试验结果转化并建立膜厚比-平均接触电阻关系，从而能更有效地确定点接触过程中的润滑状态，为接触电阻法应用于润滑状态实时测试奠定基础。

7.3 薄膜润滑数学模型的建立

薄膜润滑是存在于边界润滑到混合润滑之间的一个过渡区域，其膜厚大于边界润滑油膜吸附分子层厚度，而小于弹流润滑油膜亚微米厚度。薄膜润滑特性和过程较为复杂，一些在宏观润滑状态下可以忽略的参量，在薄膜润滑中则不可忽略；适用于边界润滑的物理化学理论和适用于弹流润滑的连续介质力学理论，均无法很好地解释薄膜润滑的规律，说明薄膜润滑是润滑体系中独立的一种状态。实践表明，在低速或重载荷摩擦表面、高温下工作的机械、超精密机械和微机械，以及水基介质润滑的表面等可能出现薄膜润滑状态。因此，开展薄膜润滑的理论和应用研究是十分必要的。本节从介绍传统弹性流体动压润滑模型入手，通过引入整体平均的等效黏度的修正公式，建立考虑薄膜润滑状态的摩擦副润滑模型，并对柴油机气缸套-活塞环摩擦副的润滑特性和规律进行研究。

7.3.1 等温线接触弹流模型的建立及验证

Dowson 和 Higginson[54]在 1961 年提出了线接触的弹性流体动压润滑理论，Hamrock 和 Dowson[63]在 1976 年又提出了点接触的弹性流体动压润滑模型，这两项研究成为弹性流体动压润滑的基础理论。在弹流润滑状态下，不能忽略摩擦表面的弹性变形，所以在求解压力分布、油膜厚度等参数时需要综合考虑雷诺流体润滑理论和赫兹弹性接触理论，需联立求解雷诺方程和弹性变形方程并反复迭代。

复合直接迭代法在应用中将弹性变形方程和雷诺方程部分地融合为一体，用压力直接表示雷诺方程中膜厚对压力的主要影响项 $\mathrm{d}(\rho h)/\mathrm{d}x$，使雷诺方程的右端未知项仅为压力，减小膜厚误差对压力计算的干扰，不仅加快了数值计算的收敛速度，还可以适应更高载荷的工况计算。应用复合直接迭代法，还可以较好地处理润滑剂的可压缩性，使模拟更符合实际工况中润滑剂的特性。

虽然目前弹流润滑数值模拟的研究对象基本为可压缩流体，但关于润滑剂可压缩性对数值计算的影响，仅见于少量文献[1]。因此，本节通过复合直接迭代法求解雷诺方程，详细讨论不同工况下润滑剂可压缩性对压力和油膜形状的影响。

1. 数学模型和计算方法

无量纲化的线接触弹流润滑模型[64]中雷诺方程为

$$\frac{\mathrm{d}}{\mathrm{d}X}\left(\varepsilon\frac{\mathrm{d}P}{\mathrm{d}X}\right)=\frac{\mathrm{d}(\rho H)}{\mathrm{d}X} \tag{7.41}$$

式中，H 为无量纲化的膜厚，$H=\dfrac{hR}{b^2}$；X 为无量纲化的坐标变量，$X=x/b$，x 为原始坐标变量，b 为赫兹接触半宽，$b=\sqrt{8WR/(\pi E')}$，R 为当量曲率半径，W 为单位长度上的载荷，E' 为综合弹性模量，$\dfrac{1}{E'}=\dfrac{1}{2}\left(\dfrac{1-\nu_1^2}{E_1}+\dfrac{1-\nu_2^2}{E_2}\right)$，$E_1$、$E_2$ 和 ν_1、ν_2 分别为两表面的弹

性模量及泊松比；P 为无量纲化的压力变量，$P=p/p_{\mathrm{H}}$，p 为有量纲压力，p_{H} 为最大赫兹压力，$p_{\mathrm{H}}=\dfrac{E'b}{4R}$，$\varepsilon=\dfrac{\rho H^3}{\eta\lambda}$，$\lambda=\dfrac{3\pi^2 U}{4w^2}$，$U$ 为无量纲速度，$U=\dfrac{\eta_0 u}{E'R}$，w 为无量纲化的单位长度上的载荷，$w=\dfrac{W}{E'R}$，η、ρ 分别为无量纲化的黏度、密度。

边界条件：入口区 $P(X_{\mathrm{a}})=0$，出口区 $P(X_{\mathrm{b}})=0$，$\dfrac{\mathrm{d}P(X_{\mathrm{b}})}{\mathrm{d}X}=0$。

无量纲化的膜厚方程为

$$H(X)=H_0+X^2/2-1/\pi\sum_{j=1}^{n}K_{i,j}P_j \tag{7.42}$$

式中，H_0 为无量纲最小膜厚；$\boldsymbol{K}$ 为变形矩阵。

无量纲化的密度-压力关系为

$$\rho=1.0+\frac{0.6\times10^{-9}Pp_{\mathrm{H}}}{1.0+1.7\times10^{-9}Pp_{\mathrm{H}}} \tag{7.43}$$

无量纲化的黏度-压力关系为

$$\eta=\exp\left((\ln\eta_0+9.67)[(1+5.1\times10^{-9}Pp_{\mathrm{H}})^z-1]\right) \tag{7.44}$$

无量纲化的载荷方程为

$$\int_{X_{\mathrm{a}}}^{X_{\mathrm{b}}}P\mathrm{d}X=\frac{\pi}{2} \tag{7.45}$$

采用中心差分将雷诺方程的左端项离散如下：

$$\left[\varepsilon_{i-1/2}P_{i-1}-(\varepsilon_{i-1/2}+\varepsilon_{i+1/2})P_i+\varepsilon_{i+1/2}P_{i+1}\right]/\delta^2 \tag{7.46}$$

式中，δ 为离散点的网格间距。

雷诺方程的右端项改写为

$$\frac{\mathrm{d}(\rho H)}{\mathrm{d}X}=H\frac{\mathrm{d}\rho}{\mathrm{d}X}+\rho\frac{\mathrm{d}H}{\mathrm{d}X} \tag{7.47}$$

将式(7.42)代入式(7.47)左端，并离散得到

$$\frac{\mathrm{d}(\rho_i H_i)}{\mathrm{d}X}=\frac{\mathrm{d}\rho_i}{\mathrm{d}X}\left(H_0+\frac{X_i^2}{2}-\frac{1}{\pi}\sum_{j=1}^{n}K_{i,j}P_j\right)+\rho_i\left(X_i-\frac{1}{\pi}\sum_{j=1}^{n}\frac{\mathrm{d}(K_{i,j}P_j)}{\mathrm{d}X}\right) \tag{7.48}$$

令 $L(P)=\dfrac{\mathrm{d}}{\mathrm{d}X}\left(\varepsilon\dfrac{\mathrm{d}P}{\mathrm{d}X}\right)-\dfrac{\mathrm{d}(\rho H)}{\mathrm{d}X}=0$，压力求解时采用 Gauss-Seidel 法进行迭代，利用

变形矩阵求解弹性变形。由于膜厚的变化对计算结果影响很大，所以在进行压力迭代求解 $\dfrac{\partial L_i}{\partial P_i}$ 时，H 的影响不能忽略。

$$\frac{\partial L_i}{\partial P_i} = -(\varepsilon_{i-1/2} + \varepsilon_{i+1/2}) / \delta^2 + \frac{1}{\pi} K_{i,i}(\rho_{i+1} - \rho_i) / \delta + \rho_i \frac{1}{\pi}(K_{i,i} - K_{i,i-1}) / \delta \qquad (7.49)$$

计算过程中最占资源的是弹性变形的计算，对于变形矩阵分量 $K_{i-1,j}$ 与 $K_{i+1,j}$ 的值，当离散时若采用等距网格，其值是相等的。为了减少弹性变形的计算量，在划分网格时采用等距网格，变形矩阵离散时采用向前差分格式。此外，由于存在弹性变形和耦合求解，网格较密，在保证收敛精度的前提下，迭代次数也要足够多。

2. 计算结果与讨论

采用文献[69]提供的工况，并利用上述数值模型计算所得的压力分布和膜厚，如图 7.59 所示。图 7.60 为文献[64]的计算结果。两种方法的计算结果无论在变化趋势方面还是数值结果方面都是比较接近的，本模型模拟计算结果的二次压力峰略平缓一些，其原因是在处理润滑剂可压缩性时采用了不同的简化方式。

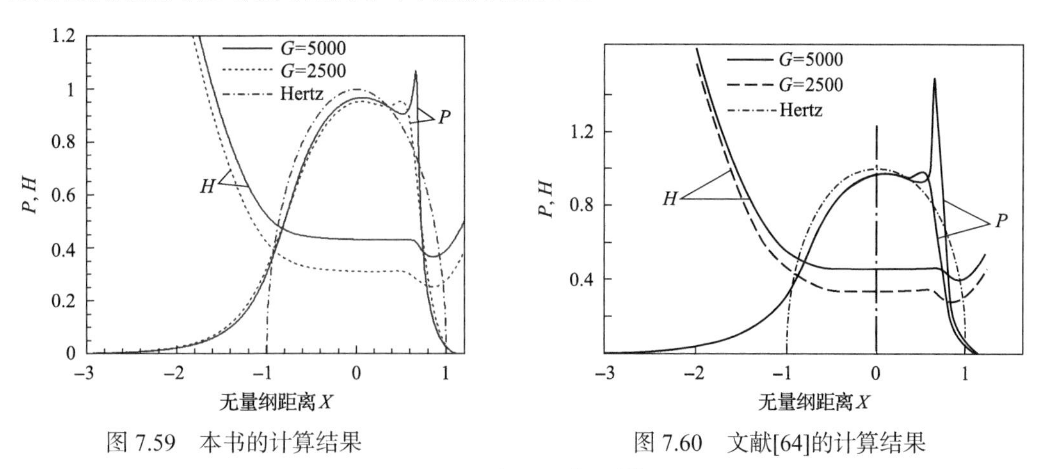

图 7.59 本书的计算结果　　图 7.60 文献[64]的计算结果

$G=\alpha E$，α 为 Barus 黏压系数

在考虑压缩性和不考虑压缩性的前提下，使用上述计算方法计算了多组不同工况下的无量纲压力和膜厚分布。

首先分析在不同的载荷下，可压缩性对膜厚和压力的影响。在无量纲卷吸速度 $U=1.0\times10^{-11}$、$G=5000$、初始黏度为 0.08Pa·s 工况下，图 7.61、图 7.62 和图 7.63、图 7.64 分别体现最大赫兹压力 $p_{\mathrm{H}}=0.4\mathrm{GPa}$（无量纲单位长度载荷 $w=3\times10^{-5}$）、1.58GPa（$w=3\times10^{-4}$）时可压缩性对压力及膜厚的影响。

计算结果显示，在不同的载荷作用下，二次压力峰的位置与大小受可压缩性的影响很大，考虑可压缩性不仅大幅降低了二次压力峰的峰值，还使二次压力峰的位置向出口区偏移，这种趋势在载荷较小时更加明显。可压缩性对膜厚的影响不显著，最小膜厚的位置与大小变化不大，但总体膜厚有所降低，最小膜厚的位置也稍向出口区移动。

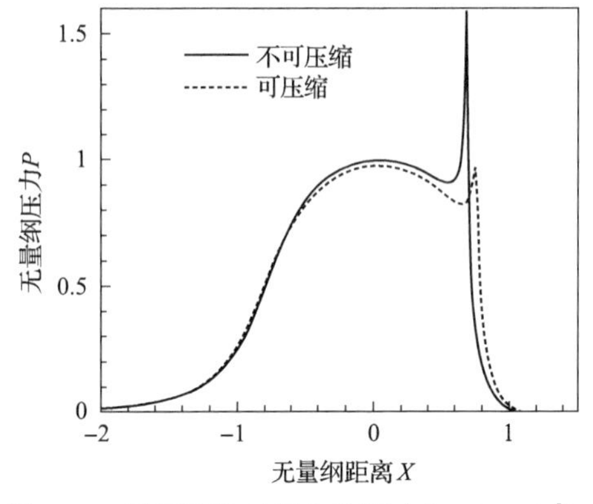

图 7.61 可压缩性对压力的影响($w=3\times10^{-5}$)

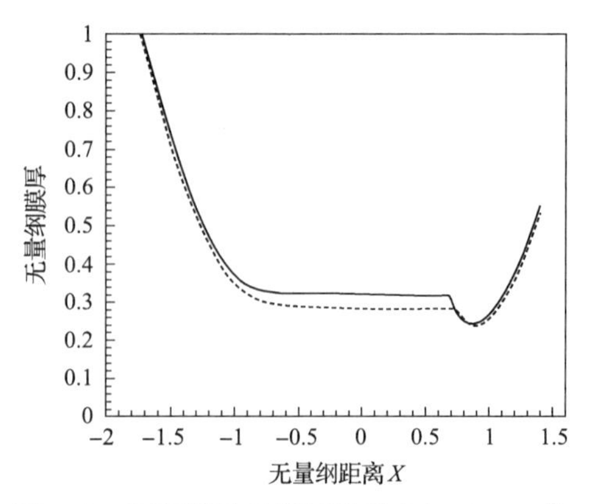

图 7.62 可压缩性对膜厚的影响($w=3\times10^{-5}$)

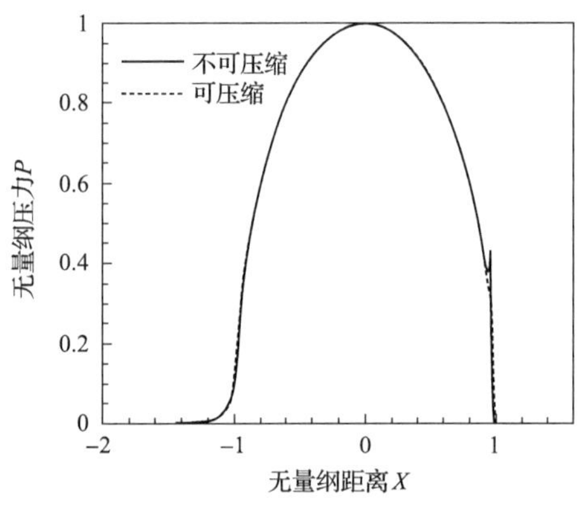

图 7.63 可压缩性对压力的影响($w=3\times10^{-4}$)

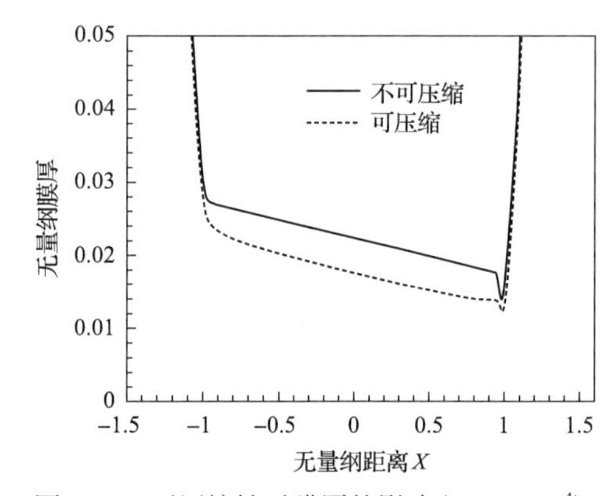

图 7.64 可压缩性对膜厚的影响($w=3\times10^{-4}$)

然后分析可压缩性在不同速度下对膜厚和压力分布的影响。在最大赫兹压力 p_H= 0.4GPa、G=5000、初始黏度为 0.08Pa·s 工况下，图 7.65、图 7.66 和图 7.67、图 7.68 分别体现了无量纲速度 $U=1.0\times10^{-12}$、$U=1.0\times10^{-10}$ 时可压缩性对压力及膜厚的影响。计算结果表明，在速度较大时可压缩性是必须考虑的因素。可压缩性对压力分布与膜厚的影响随着速度的增加而加剧，速度较大时，二次压力峰的峰值下降幅度和偏移幅度均很显著，最小膜厚的位置与大小均发生较大变化。

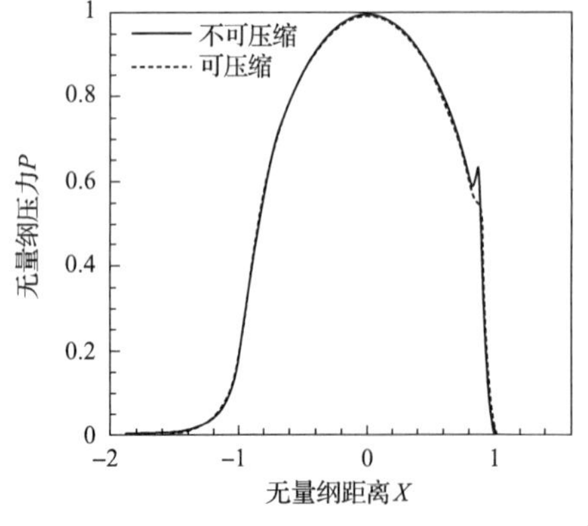

图 7.65 可压缩性对压力的影响($U=1.0\times10^{-12}$)

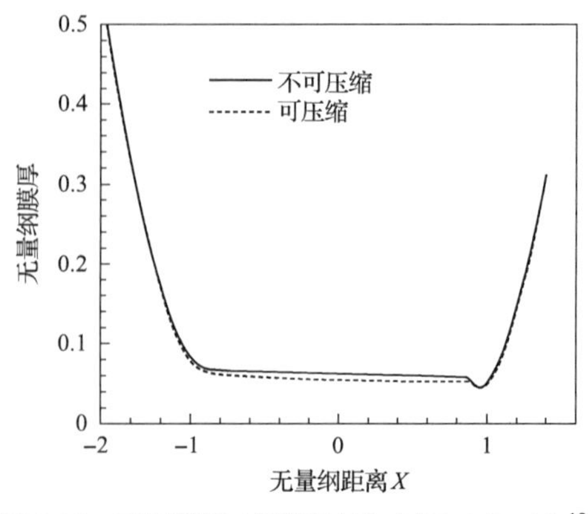

图 7.66 可压缩性对膜厚的影响($U=1.0\times10^{-12}$)

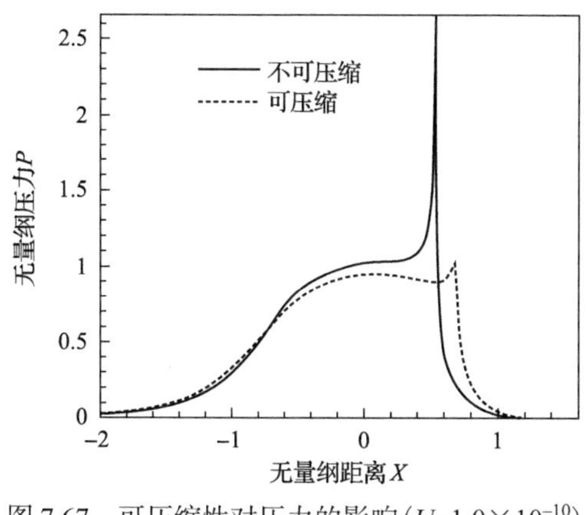

图 7.67 可压缩性对压力的影响(U=1.0×10^{-10})

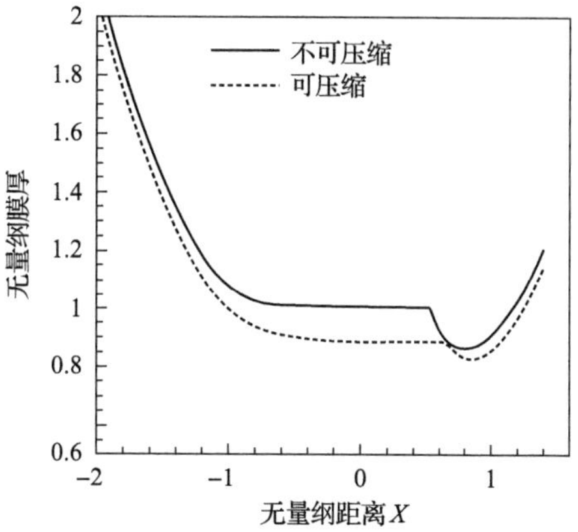

图 7.68 可压缩性对膜厚的影响(U=1.0×10^{-10})

基于以上分析，润滑剂可压缩性对油膜压力分布与膜厚均会产生影响，在有些情况下影响比较显著，因此在求解弹流润滑问题时，应考虑润滑剂可压缩性的影响，以提高数值计算的准确性。

7.3.2 点接触弹性流体模型的建立

在研究摩擦表面润滑状态时，常常遇到点接触区域润滑的模拟问题。点接触是两个椭圆体(或其中一个表面是平面)相接触而形成椭圆接触区的二维接触问题，其计算要比线接触问题复杂和困难得多。在弹流润滑(EHL)状态下，压力分布、油膜厚度等参数均需同时求解弹性变形方程和雷诺方程，并经反复迭代才能求出。

为保证数值计算效率和精度，本节针对点接触弹流问题，将弹性变形方程和雷诺方程部分地融合为一体，采用复合直接迭代法求解。另外，研究在弹流润滑条件下，点接触在不同速度、不同负载条件下，油膜压力分布和油膜厚度分布的特征。

1. 数学模型和计算方法

无量纲化的点接触弹流润滑模型中的雷诺方程如下：

$$\frac{\partial}{\partial X}\left(\varepsilon\frac{\partial P}{\partial X}\right)+\frac{\partial}{\partial Y}\left(\varepsilon\frac{\partial P}{\partial Y}\right)=\frac{\partial(\rho H)}{\partial X} \tag{7.50}$$

式中，X、Y 为无量纲化的坐标变量，$X=x/a$，$Y=y/a$，x、y 为原始坐标向量，a 为赫兹接触圆半径；P 为无量纲化的压力变量，$P=p/p_{\mathrm{H}}$，p_{H} 为最大赫兹压力；$\varepsilon=\dfrac{\rho H^3}{\eta\lambda}$，$\eta$、$\rho$ 分别为无量纲化的黏度、密度，$\lambda=\dfrac{12UE'R^3}{a^3p_{\mathrm{H}}}$，其中，$U$ 为无量纲卷吸速度，$U=\dfrac{\eta_0 u}{E'R}$，R 为接触体当量曲率半径；H 为无量纲化的膜厚，$H=\dfrac{hR}{a^2}$。

边界条件：求解域的全部边界上 P=0；在出口区的边界上：$P=\dfrac{\partial P}{\partial X}=\dfrac{\partial P}{\partial Y}=0$。

膜厚方程：

$$H(x)=H_0+\left(X^2+Y^2\right)/2+2/\pi^2\sum_{\substack{k=1\\l=1}}^{\substack{k=n\\l=n}}K_{i,j,k,l}P_{k,l} \tag{7.51}$$

密度-压力关系同式(7.43)，黏度-压力关系同式(7.44)。

载荷方程：

$$\iint P(X,Y)\mathrm{d}X\mathrm{d}Y=\frac{2}{3}\pi \tag{7.52}$$

将雷诺方程的左端项离散如下：

$$\begin{aligned}&\left[\varepsilon_{i-1/2,j}P_{i-1,j}-(\varepsilon_{i-1/2,j}+\varepsilon_{i+1/2,j})P_{i,j}+\varepsilon_{i+1/2,j}P_{i+1,j}\right]/\delta_x^2\\&\left[\varepsilon_{i,j-1/2}P_{i,j-1}-(\varepsilon_{i,j-1/2}+\varepsilon_{i,j+1/2})P_{i,j}+\varepsilon_{i,j+1/2}P_{i,j+1}\right]/\delta_y^2\end{aligned} \tag{7.53}$$

式中，δ 为离散点的网格间距。

雷诺方程的右端项改写为

$$\frac{\partial(\rho H)}{\partial X}=H\frac{\partial\rho}{\partial X}+\rho\frac{\partial H}{\partial X}$$

将式(7.51)代入上式左端，并离散得到

$$\frac{\partial(\rho_i H_i)}{\partial X}=\frac{\partial\rho_i}{\partial X}\left(H_0+\frac{X_i^2+Y_i^2}{2}+\frac{2}{\pi^2}\sum_{\substack{k=1\\l=1}}^{n}K_{i,j,k,l}P_{k,l}\right)+\rho_i\left[X_i+\frac{2}{\pi^2}\sum_{\substack{k=1\\l=1}}^{n}\frac{\mathrm{d}(K_{i,j,k,l}P_{k,l})}{\mathrm{d}X}\right] \tag{7.54}$$

令 $L(P)=\dfrac{\partial}{\partial X}\left(\varepsilon\dfrac{\partial P}{\partial X}\right)+\dfrac{\partial}{\partial Y}\left(\varepsilon\dfrac{\partial P}{\partial Y}\right)-\dfrac{\partial(\rho H)}{\partial X}=0$，采用 Gauss-Seidel 迭代法进行压力迭代时，求解 $\dfrac{\partial L_{i,j}}{\partial P_{i,j}}$ 不能忽略 H 的影响。

$$\begin{aligned}\frac{\partial L_{i,j}}{\partial P_{i,j}}=&-(\varepsilon_{i-1/2,j}+\varepsilon_{i+1/2,j})/\delta_x^2-(\varepsilon_{i,j-1/2}+\varepsilon_{i,j+1/2})/\delta_y^2\\&-\frac{2}{\pi^2}K_{i,j,i,j}(\rho_{i,j}-\rho_{i-1,j})/\delta_x-\rho_{i,j}P_{i,j}\frac{2}{\pi^2}(K_{i+1,j,i,j}-K_{i,j,i,j})/\delta_x\end{aligned} \tag{7.55}$$

在离散过程中为简化计算，使用了等距网格，采用前向差分的形式离散变形矩阵[65,66]。此外，因为求解点接触弹流问题时网格划分较细，所以要运行足够的迭代次数，才能确

保收敛精度满足要求。

2. 结果分析

使用上述数值模型计算了如表 7.13 所示工况下的点接触弹流问题，计算结果如图 7.69～图 7.77 所示。表中，w 为无量纲载荷，U 为无量纲卷吸速度，$G=\alpha E'$，R 为接触体等量半径，p_H 为最大赫兹接触应力。

表 7.13 点接触算例工况参数

工况号	$w/10^{-7}$	$U/10^{-11}$	G	R	η_0	p_H/GPa
1	6.569	2.036	4839	0.02	0.06	0.7
2	64.63	2.036	4839	0.02	0.06	1.5
3	153.2	2.036	4839	0.02	0.06	2.0
4	6.569	0.1357	4839	0.02	0.06	0.7
5	6.569	13.57	4839	0.02	0.06	0.7

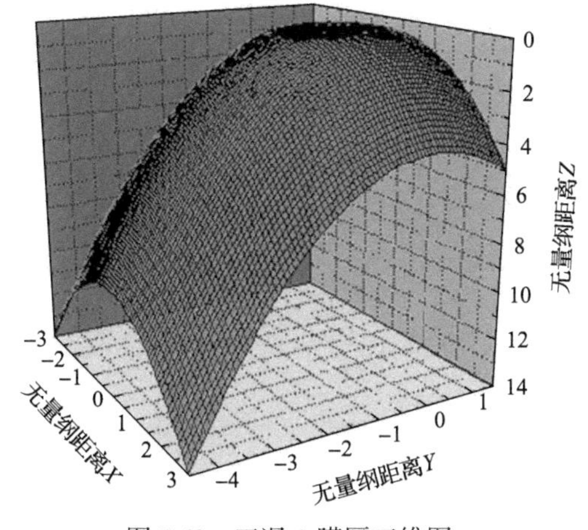

图 7.69 工况 1 膜厚三维图

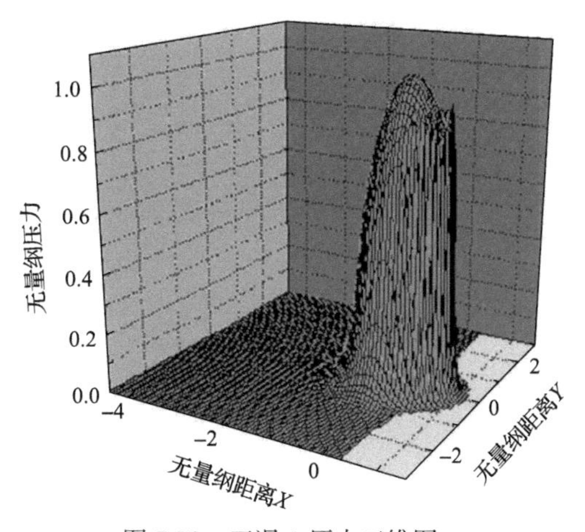

图 7.70 工况 1 压力三维图

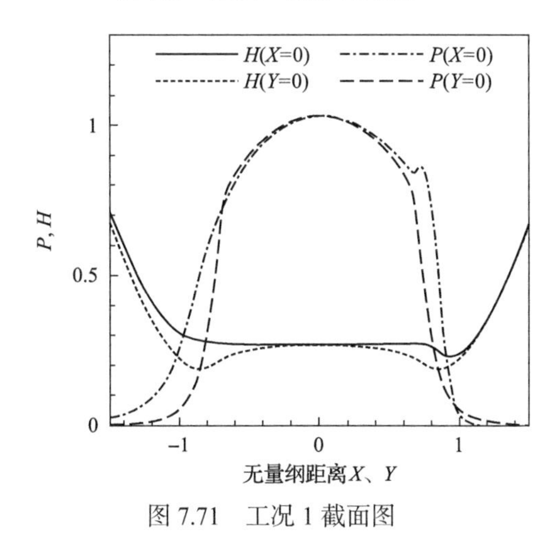

图 7.71 工况 1 截面图

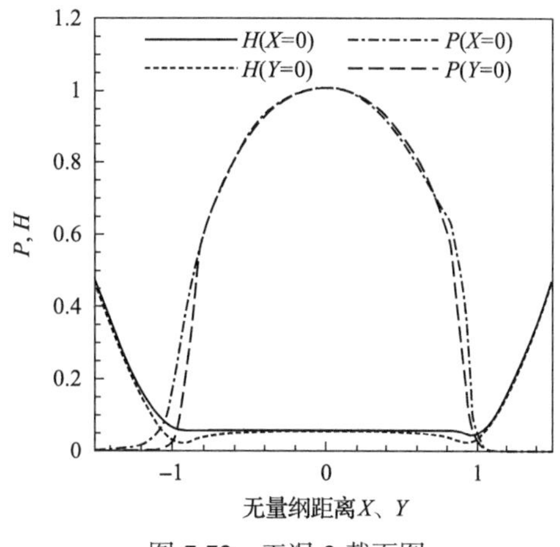

图 7.72 工况 2 截面图

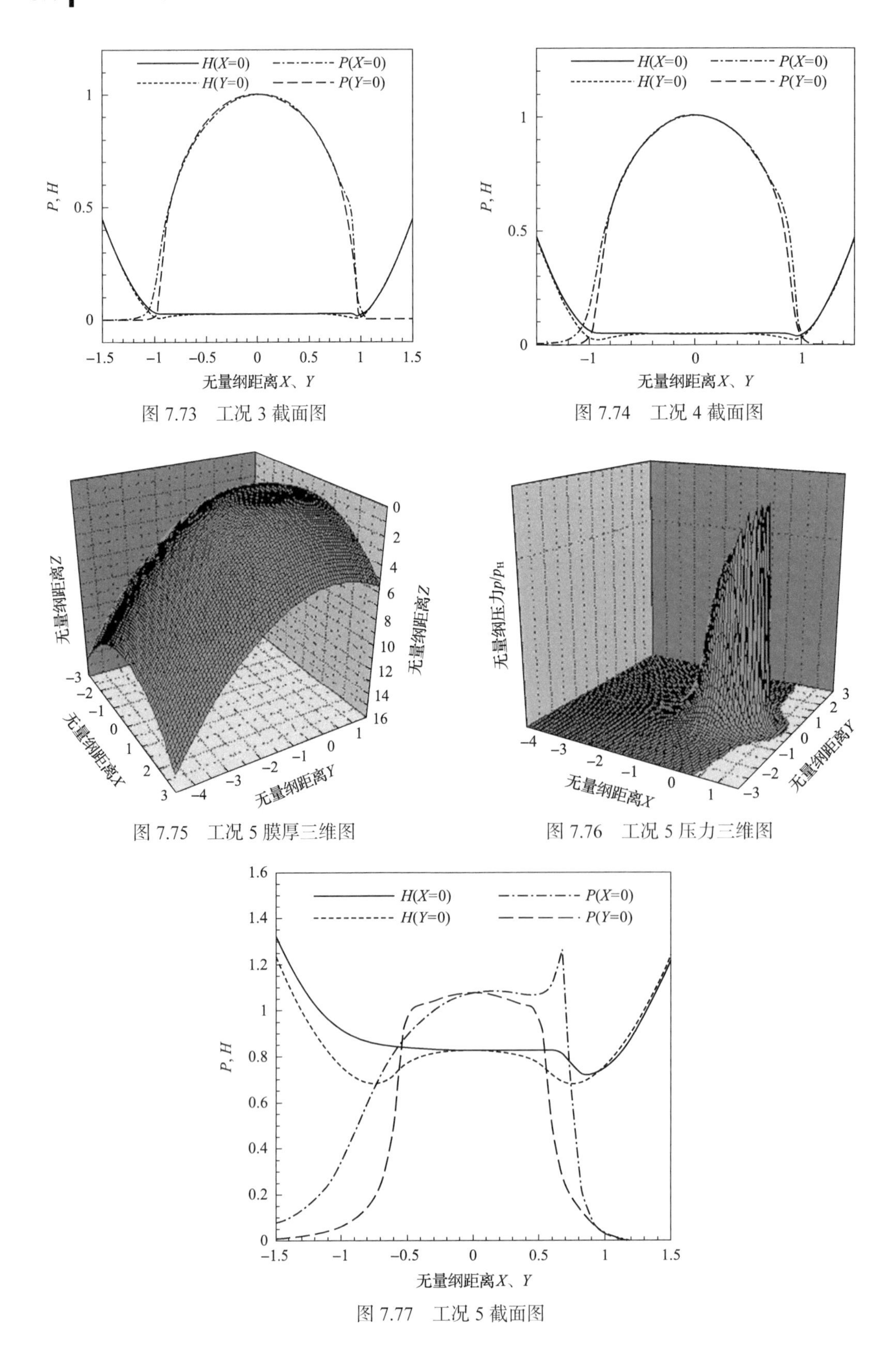

图 7.73　工况 3 截面图

图 7.74　工况 4 截面图

图 7.75　工况 5 膜厚三维图

图 7.76　工况 5 压力三维图

图 7.77　工况 5 截面图

由图 7.69～图 7.77 可见，在所有工况中均出现了中心部分油膜厚度分布的平行区、油膜出口区的颈缩现象和二次压力峰，体现了点接触弹流的三个典型特征，从本质上说明了本书所述方法的正确性。由各工况的截面图可明显看到点接触弹流油膜的马蹄形特征，在所有工况中，最小膜厚均不在对称轴上，而是在出口区两侧的耳垂处。

在其他参数不变的情况下，速度的提高不仅会使膜厚值显著增加，还会改变油膜和压力的分布情况，油膜厚度分布的平行区域缩小，二次压力峰的最大值增大。工况 1、4、5 的计算结果表明，相比于载荷的影响，速度对弹流膜厚的影响更大。由计算结果分析可知，载荷对膜厚及压力分布的影响要小得多，尤其当无量纲载荷达到 10^{-6} 量级以后，压力的分布形状趋于赫兹解，膜厚平行区增大，而膜厚值变动不大。

7.3.3 点接触薄膜润滑模型

1. 物理模型的建立与数学模型修正

为了在针对弹流状态的润滑模型基础上，建立适用于考虑薄膜润滑状态的数学模型，需要对弹流润滑模型进行修正。

针对纳米薄膜润滑问题，学者提出了几种薄膜润滑模型。Tichy 等提出附加方向黏度建模方法，这种建模方法不完全考虑局部问题，而是通过整体平均处理使问题简化[67-70]。随后又提出吸附介质建模方法[71-73]分析润滑薄膜特性，此模型是从流变学的观点出发，依旧采用整体平均的方法建模，其流变特性通过吸附层特性的变化反映。Miyamoto 等提出建立薄膜润滑数值模型时需考虑表面力的作用，此方式不考虑黏压效应，因而薄膜润滑效应不受液体性能的影响[74,75]。而 EHD 接触润滑的流变建模方法[76,77]则考虑弹流油膜在极限剪切应力作用下流变特性，把油膜考虑为受黏-弹-塑剪切复杂作用，并且认为该作用与时间有关。此外，还有二阶流体建模方式[78,79]，二阶流体是针对微小偏离牛顿流体本构关系，需考虑时间影响的一种流体，该方法在充分考虑油膜中时间滞后效应和流体本身材料参数的基础上，保留主要因素项，忽略弱作用项，从而推导出的模型。

薄膜润滑和弹流润滑是两种不同的润滑状态，其润滑机理不同，所采用的理论基础也相应差异较大，但从宏观油膜膜厚上分析，从弹流润滑状态到薄膜润滑状态却是一个连续变化的过程，以连续介质力学为基础的雷诺方程适用的极限膜厚为 30nm；对于更薄的润滑油膜，也有学者认为，在引入修正系数后仍可采用雷诺方程。基于这种思想，本节在介绍点接触弹流计算的基础上，阐述采用整体平均的等效黏度修正公式，建立运算速度快、结果更准确的模拟薄膜润滑状态的计算模型。

1) 薄膜润滑物理模型

温诗铸和黄平[80]利用自行研制的纳米级弹流润滑油膜厚度测量仪对薄膜润滑进行了系统的试验研究，基于试验分析，提出薄膜润滑油膜(图 7.78)是由吸附膜、有序液体膜和黏性液体膜三者组成的分层结构。最接近固体摩擦表面的是不再有流体性质、在润滑过程中不参与流动的吸附膜，即在润滑油膜流动过程中，非流动吸附膜层(其厚度相当于儿层润滑剂分子)的分子由于受到约束不参与流动。非流动层的厚度与表面粗糙度无关，即使粗糙峰高度大于非流动层厚度，非流动层厚度依旧保持不变。

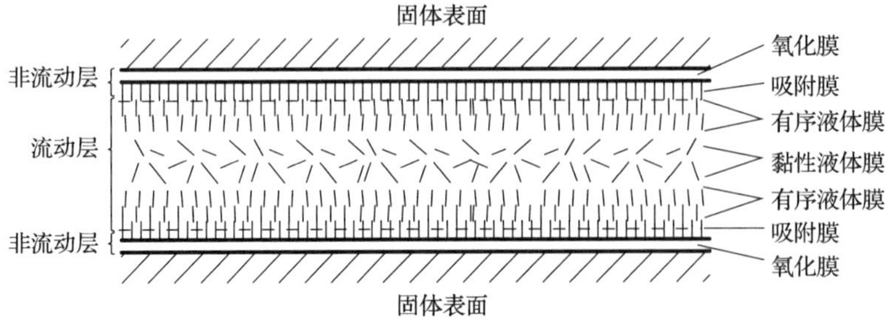

图 7.78 薄膜润滑物理模型

吸附膜的形成原因有两种，一种是静态接触吸附而形成，另一种是在摩擦表面的相对运动过程中，因润滑流体的剪切作用，一部分有序液体膜的结构变得更加规则和紧密，与表面连接更加牢固而动态形成。黏性液体膜处于润滑油膜的中间位置，分子分布杂乱，具有典型的流体特征，在宏观表现上符合弹流特征。介于黏性液体膜与吸附膜之间的是有序度高于黏性流体膜而低于吸附膜的有序液体膜。当油膜较厚时，黏性液体膜为主体，其润滑行为遵守弹流润滑规律；随着膜厚减小，有序液体膜成为主体，呈现薄膜润滑特征；而膜厚更小时则为边界润滑。

基于以上分析，在数学模型中，可以采用流变学的观点，以黏度的变化表达微间隙的变化，从而把薄膜润滑中的微观问题宏观化。

2) 考虑薄膜润滑效应的点接触数学模型修正

对于球-平面点接触润滑问题，膜厚方程为

$$H(X)=H_0+(X^2+Y^2)/2+2/\pi^2\sum_{\substack{k=1\\l=1}}^{\substack{k=n\\l=n}}K_{i,j,k,l}P_{k,l}+d_1+d_2 \tag{7.56}$$

式中，d_1、d_2为两表面不参与流动的吸附层无量纲厚度。

间隙变化所引起的黏度修正方程为

$$\eta'=\eta\left(\frac{H}{H-d_1-d_2}\right)^2\left[\frac{1.0}{1.0+\lambda\left(\dfrac{U}{H}\right)^2}\right] \tag{7.57}$$

式中，λ为与速度相关的系数，其变化规律由光干涉油膜厚度试验结果拟合得到，即

$$\lambda=\mathrm{e}^{AU+B}\times1.0\times10^{-10},\quad A=-615,\ B=1.677$$

在模型中，将吸附层分为静态接触时形成的吸附膜和剪切作用转化成的吸附膜，且

分别进行考虑。在给定静态吸附膜的前提下，将其他部分油膜综合考虑，兼顾类固化和剪切稀化的影响，采用式(7.57)修正间隙变化所引起的黏度改变，从而得出整体平均的等效黏度。

2. 光干涉法膜厚测量试验验证

采用基于光干涉法的润滑油膜厚度测量仪，测量不同润滑条件下的点接触润滑油膜厚度的变化规律。试验中选用的润滑油黏度等级为 SAE 10W-30 和 SAE40；试样为石英玻璃盘-钢球摩擦副，石英玻璃盘一面镀有半透半反铬膜，钢球为精密轴承钢球，通过对钢球表面试验区域进行抛光处理使其具有不同的表面粗糙度，用于测量钢球表面粗糙度对膜厚的影响。各试验相关参数如表 7.14 所示。

表 7.14 玻璃盘和钢球的相关参数

试验材料	弹性模量 E/GPa	泊松比 ν	粗糙度 Ra/nm	半径 R/mm
玻璃盘	85	0.17	4	50
1 号钢球	210	0.28	5	10
2 号钢球	210	0.28	15	10

使用指定的润滑油分别计算了载荷为 1.96N、3.92N 和 5.88N 工况下的油膜厚度及压力分布。图 7.79 为通过模拟得到的载荷为 1.96N 时的膜厚分布。

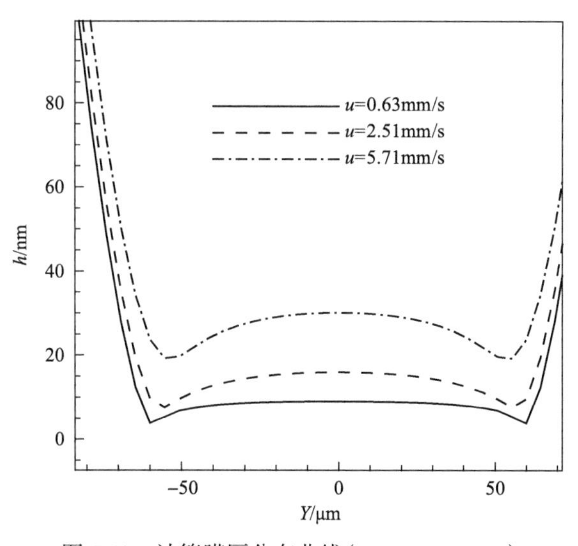

图 7.79 计算膜厚分布曲线(X=0，W=1.96N)

对该模型计算膜厚值(简称计算值)、试验值以及 Hamrock-Dowson 点接触弹流膜厚公式值(简称公式值)进行比较，比较结果如图 7.80～图 7.82、表 7.15～表 7.17 所示。

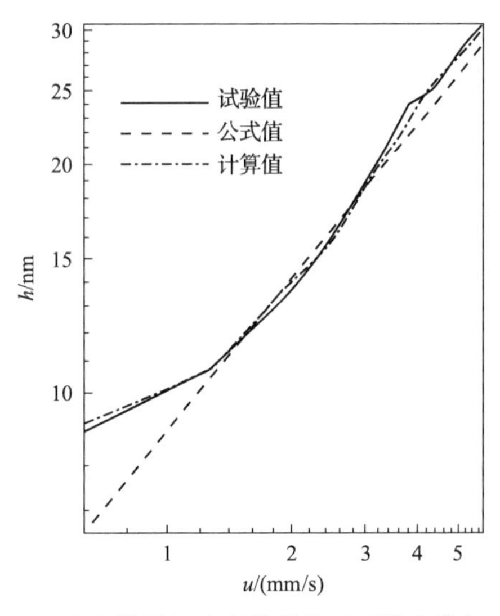

图 7.80 中心膜厚与速度关系的双对数曲线(1.96N)

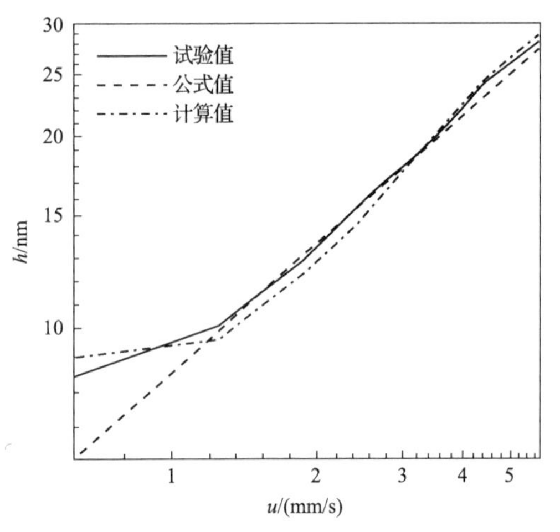

图 7.81 中心膜厚与速度关系的双对数曲线(3.92N)

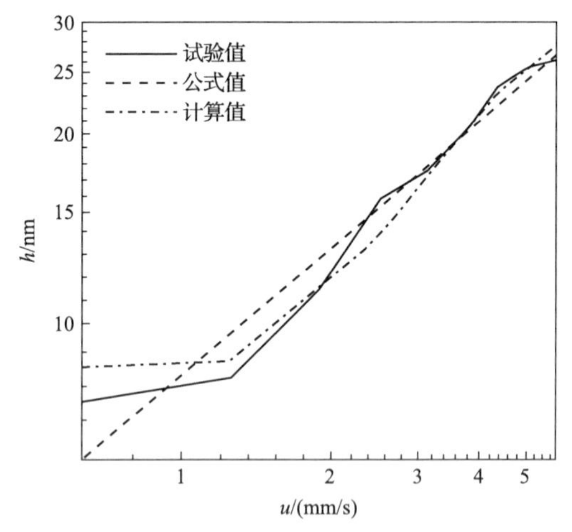

图 7.82 中心膜厚与速度关系的双对数曲线(5.88N)

表 7.15 中心膜厚的试验值、弹流公式值及计算值的比较(1.96N)

卷吸速度/(mm/s)	试验值/nm	公式值/nm	计算值/nm	试验值与计算值的误差/%	平均误差/%
0.63	8.90	6.31	9.1	2	2
1.25	10.7	10.0	10.6	1	
1.88	13.2	13.1	13.5	2	
2.51	16.1	16.0	15.9	1	
3.14	19.7	18.5	19.5	1	
3.88	23.9	21.0	22.7	5	
4.33	25.1	23.0	25.4	1	
5.02	28.2	25.3	27.7	2	
5.71	30.4	27.6	30.1	1	

表 7.16 中心膜厚的试验值、弹流公式值及计算值的比较(3.92N)

卷吸速度/(mm/s)	试验值/nm	公式值/nm	计算值/nm	试验值与计算值的误差/%	平均误差/%
0.63	8.4	6.02	9.0	7	3.6
1.25	10.1	9.55	9.6	5	
1.88	12.7	12.5	12.1	5	
2.51	15.9	15.2	14.9	6	
3.14	18.4	17.7	18.3	1	
3.88	21.2	20.1	21.5	1	
4.33	23.8	21.9	24.2	2	
5.02	26.1	24.2	26.5	2	
5.71	28.1	26.4	28.8	3	

表 7.17 中心膜厚的试验值、弹流公式值及计算值的比较(5.88N)

卷吸速度/(mm/s)	试验值/nm	公式值/nm	计算值/nm	误差/%	平均误差/%
0.63	7.5	5.86	8.5	13	5
1.25	8.2	9.3	8.7	6	
1.88	11.2	12.1	11.3	1	
2.51	15.8	14.8	13.8	13	
3.14	17.5	17.1	17.3	1	
3.88	20.6	19.6	20.5	1	
4.33	23.7	21.3	23.2	2	
5.02	25.5	23.6	25.4	1	
5.71	26.1	25.6	27.6	6	

通过模拟结果分析与试验数据对比，结果表明，测量值和模拟计算结果之间的平均误差小于 5%。应用基于有序分层模型建立的整体平均的等效黏度修正模型进行数值模拟，在弹流润滑区域膜厚分布显示了马蹄形的明显特征，而在薄膜润滑区域膜厚分布显示出了平坦端泄较小的典型特征，说明该模型适用于弹流和薄膜润滑状态。膜厚为 10nm 左右时，吸附膜所占比例较大，膜厚曲线趋于平缓，高于弹流模型预测的膜厚值；在膜厚为 15nm 左右时，剪切稀化作用强于类固化作用，整体黏度低于正常弹流的黏度，黏度的下降导致膜厚略微小于弹流模型预测的膜厚值。膜厚达到 30nm 左右时，膜厚的计算值及试验值均趋于弹流膜厚曲线，说明无论类固化作用还是剪切稀化作用，其影响都在减小。

7.3.4 表面粗糙度修正的点接触润滑数学模型

表面粗糙度对润滑特性(如油膜厚度)会产生影响，因此在润滑模型建立过程中应该考虑表面粗糙度的影响。

设润滑油为牛顿流体。假设 a 表面光滑，b 表面有粗糙峰，该粗糙峰的纹理可认为是横向纹理与纵向纹理的组合，假设其形状可以用余弦函数描述为

$$S(x)=\begin{cases} B\cos\left(\dfrac{2\pi}{\omega_x}x\right)\cdot\cos\left(\dfrac{2\pi}{\omega_y}y\right), & |x|\leqslant 0.75A,|y|\leqslant 0.75A \\ 0, & \text{其他} \end{cases} \tag{7.58}$$

式中，B 为粗糙峰高度，取 B=0.03μm；A 为赫兹接触半径；ω_x、ω_y 取 0.25A，ω_x 和 ω_y 分别为 x、y 方向的波动频率。

考虑固体表面粗糙峰，构造新的膜厚方程如下：

$$h(x,y)=h_{00}+\frac{x^2+y^2}{2R}+\frac{2}{\pi E'}\iint\frac{p(x',y')}{\sqrt{(x-x')^2+(y-y')^2}}\mathrm{d}x'\mathrm{d}y'-S(x) \tag{7.59}$$

式中，h_{00} 为最小膜厚；x'、y' 为弹性作用区域的坐标。

将以上修正膜厚方程代替 7.3.3 节所述的数学模型，就形成表面粗糙度修正的薄膜润滑数学模型。

采用以上修正模型对考虑固体表面粗糙峰的点接触润滑问题进行数值模拟。选择法向载荷为 5.88N，玻璃盘及钢球的当量弹性模量为 126.47GPa，钢球半径为 10mm，润滑油环境黏度 $\eta_0=0.226\,\mathrm{Pa\cdot s}$，卷吸速度为 5.71mm/s。图 7.83 和图 7.84 为依据模拟结果得

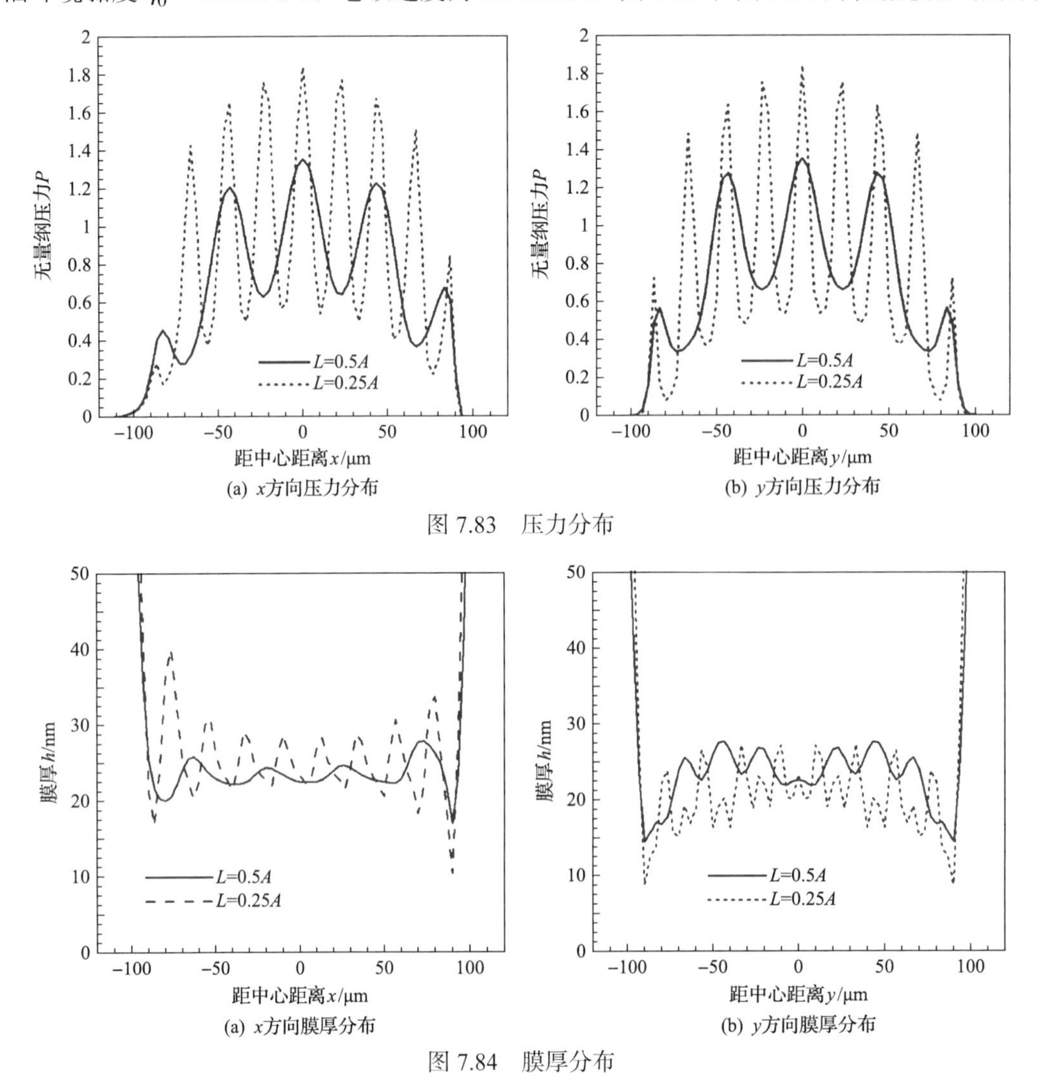

图 7.83　压力分布

图 7.84　膜厚分布

到的不同波长 L 下的压力和膜厚曲线。计算结果表明，在与每个粗糙峰对应的位置上都产生局部压力峰。局部压力峰的陡峭程度随着波长的变化而变化，波长减小时压力峰的峰值增大。

图 7.85 和图 7.86 为不同粗糙度幅值 B 下的压力分布和膜厚分布。局部压力峰的陡峭程度随着粗糙度幅值的增大而增加，膜厚随着粗糙度幅值的增大降得更低。特别是在入口处压力急剧增加，且膜厚极小，所以润滑状况很差。这也说明膜厚比较薄时，不同粗糙度幅值对压力分布和膜厚分布影响巨大。

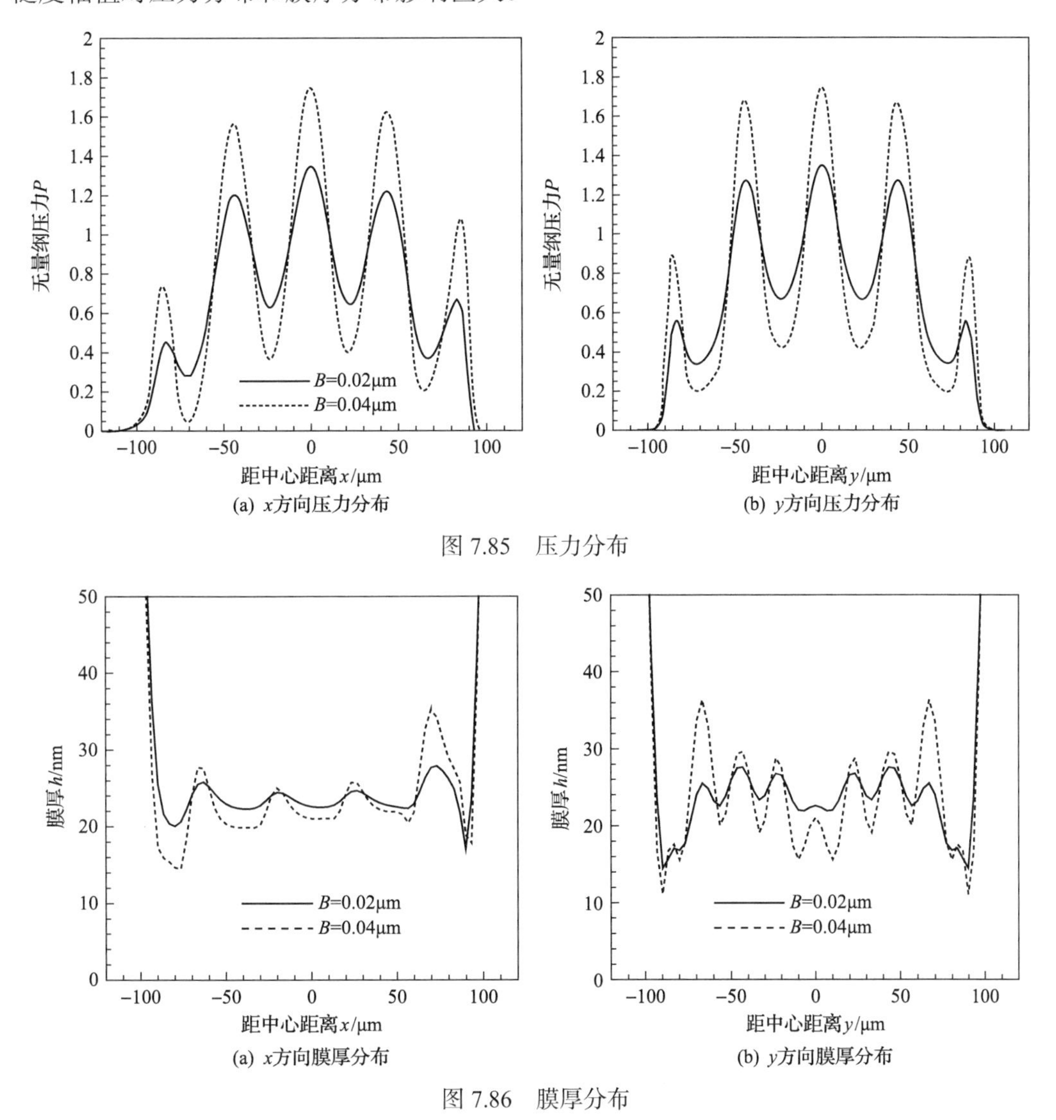

图 7.86　膜厚分布

综上，通过对薄膜润滑状态条件下的点接触问题开展研究，并与已有的试验结果进行验证，结果表明，无论变化趋势还是数值大小均相符合，数值模拟与试验数据对比，平均误差小于 5%；在弹流润滑区域膜厚分布显示了马蹄形的明显特征，而在薄膜润滑区域膜厚分布显示出了平坦端泄较小的典型特征。这说明本节建立的模型适用于考虑薄膜润滑和弹流润滑状态同时存在的复杂工况。另外，本节还分析了波纹表面的点接触薄膜润滑数学模型，即建立表面粗糙度修正的点接触薄膜润滑数学模型，进一步提高了模型的适用性。

7.4 活塞环-气缸套摩擦副润滑数值模拟

活塞环-气缸套摩擦副工作于非稳态条件，在往复运行过程中可能经历边界润滑、薄膜润滑、弹性流体动压润滑和流体润滑等状态。针对活塞环-气缸套摩擦副润滑过程的模拟比其他稳态运行摩擦副要复杂许多。针对活塞环-气缸套摩擦副润滑状态多变的现象，20 世纪 80 年代后，Rhode[81]通过将平均流量模型和 Greenwood 等[52]的微凸体接触模型结合起来，进行了缸套-活塞环的润滑分析，将研究扩展到混合润滑区域。Wu 等[82]提出的接触因子理论，大大简化了平均流量模型的复杂性。Ma 等[83-85]认为对活塞环-气缸套采用一维雷诺方程模拟太过于理想，只能符合周向摩擦条件不变的情况。而实际活塞环在制造环节、磨损环节、燃烧室的压力变化、热影响等方面都会使活塞环发生扭曲，从而与计算结果不符。因此，需要采用二维雷诺方程才能较准确地模拟摩擦副的摩擦状态。Dong-Chul 等[86]指出不能简单假设整个环面上布满油膜，提出了针对实际中的贫油及背压力下降的发散边界条件，进口区域采用空穴条件，且采用开放假设，算法采用流量连续以及最低压为气体饱和压力，从而得到了活塞环润滑过程的有效宽度只为整个环宽的 20%～30%。Krisada 等[87]在模拟中综合运用混合润滑模型、微凸体接触模型和漏气回爆流体模型等，建立了一种新的三维模拟模型和计算方法。卢熙群等[88]建立了考虑润滑表面粗糙度的活塞环-气缸套间混合润滑模型，通过求解平均雷诺方程，得到活塞环-气缸套间的总摩擦损失受表面粗糙度、环表面型线、润滑油黏度等因素的综合影响。

在行程的上下止点附近，因为相对速度小、油膜厚度薄，所以两摩擦副表面的粗糙峰不可避免地直接接触并承担一部分载荷，即处于混合润滑或称为部分膜流体润滑状态(包含边界润滑、薄膜润滑和流体润滑)，在这种状态下，摩擦副表面的粗糙度对润滑效果的影响很大[89-92]。

在进行润滑数值模拟分析时，目前主要有两种考虑粗糙度影响的方法：第一种方法是以试验测得真实的表面形貌作为模拟的边界条件[93,94]，这种方法求解计算量过大，故应用研究较少；另一种方法是采用基于平均概率分布的统计学方法求解，最具代表性的是由 Patir 等[95,96]提出的平均流量模型，该方法在经典雷诺方程中引入压力流量因子和剪切流量因子，以反映粗糙表面粗糙度对润滑性能的影响，统计学模型大大减少计算量，可有效地扩大计算区域，并能获得润滑问题的平均特性，同时其结果也基本能满足工程需要[97-105]。

本节将介绍活塞环-气缸套三维瞬态(非稳态)润滑的数值模型。该模拟方法综合考虑了摩擦副表面粗糙度、润滑油的黏度、缸套圆周方向的形变等因素，适合模拟包括薄膜润滑在内的复杂润滑状态。通过计算得到了最小油膜厚度、压力分布和摩擦力等润滑特性参数，且分析活塞环-气缸套摩擦副的润滑性能，这为活塞环-气缸套的摩擦状态分析提供了依据。

7.4.1 三维流体动压润滑模型

1. 基本假设

建立活塞环-气缸套三维瞬态流体动压润滑模型时采用以下假设：

(1) 润滑油为牛顿流体。

(2) 在行程运动过程中，活塞环没有发生倾斜、回转等现象。

(3) 由于润滑油膜厚为微米级或更薄，故可认为油膜压力沿厚度方向是一致的。

(4) 活塞环和气缸套整体表面不发生形变。

(5) 忽略惯性力的影响。

2. 模型建立

1) 考虑表面粗糙度的润滑模型

(1) 三维平均雷诺方程为

$$\frac{\partial}{\partial x}\left(\phi_x\rho\frac{h^3}{\eta}\frac{\partial p}{\partial x}\right)+\frac{\partial}{\partial y}\left(\phi_y\rho\frac{h^3}{\eta}\frac{\partial p}{\partial y}\right)=6U\frac{\partial(\rho\bar{h}_{\mathrm{T}})}{\partial x}+6U\sigma\frac{\partial(\rho\phi_{\mathrm{s}})}{\partial x}+12\frac{\partial(\rho\bar{h}_{\mathrm{T}})}{\partial t} \tag{7.60}$$

式中，ϕ_{s} 是剪切流量因子；ϕ_x 和 ϕ_y 分别为 x 和 y 方向上的压力流量因子；σ 为两粗糙表面综合粗糙度；$\bar{h}_{\mathrm{T}}$ 为实际油膜厚度期望值；p 为平均油膜压力。

(2) 压力和剪切流量因子。

粗糙表面方向参数表示粗糙表面微凸体的长宽比，定义为 $\gamma=\dfrac{\lambda_{0.5x}}{\lambda_{0.5y}}$，它表征了表面粗糙度的条纹方向。$\lambda_{0.5x}$ 和 $\lambda_{0.5y}$ 分别表示在 x 和 y 方向上粗糙表面轮廓曲线的自相关函数值，选用粗糙高度一半时的相关长度。如图 7.87 所示，粗糙表面流体的运动方向影响着粗糙表面方向参数的定义。

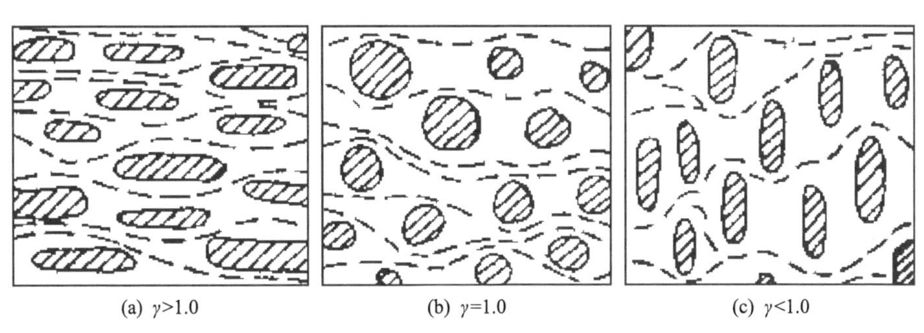

(a) $\gamma>1.0$　(b) $\gamma=1.0$　(c) $\gamma<1.0$

图 7.87 粗糙表面的方向参数

压力流量因子 ϕ_x 和 ϕ_y 分别表示 x 和 y 方向上的粗糙表面间与光滑表面间的压力流量之比。粗糙表面方向参数在 x 方向上与在 y 方向上互为倒数，因此 ϕ_x 和 ϕ_y 的表达式为

$$\phi_x = \begin{cases} 1 - C\mathrm{e}^{-rH}, & \gamma \leqslant 1.0 \\ 1 + C\lambda^{-r}, & \gamma > 1.0 \end{cases} \tag{7.61}$$

$$\phi_y(\lambda, \gamma) = \phi_x(\lambda, 1/\gamma) \tag{7.62}$$

式中，C、r 为设定的参数；λ 为膜厚比。

图 7.88 为参照表 7.18 的参数取值确定的压力流量因子分布图，横坐标为膜厚比（$\lambda = h/\sigma$），当膜厚比较大时，压力流量因子趋于 1.0，可以忽略其影响；而当膜厚比较小时，压力流量因子对膜厚比的变化极敏感，微小的膜厚比变化也会引起横向条纹压力流量因子的剧烈下降和纵向条纹压力流量因子的急剧攀升。

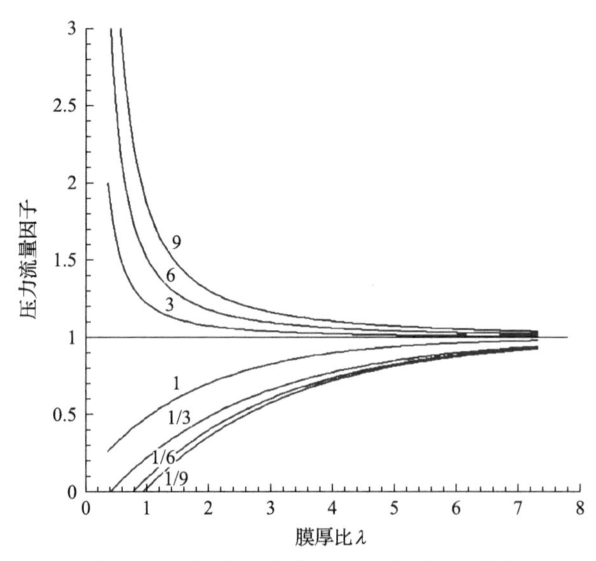

图 7.88　不同方向参数的压力流量因子分布

表 7.18　压力流量因子方程的参数取值

γ	C	r	范围
1/9	1.48	0.42	λ >1.0
1/6	1.38	0.42	λ >1.0
1/3	1.18	0.42	λ >0.75
1	0.90	0.56	λ >0.5
3	0.225	1.5	λ >0.5
6	0.520	1.5	λ >0.5
9	0.870	1.5	λ >0.5

两粗糙表面相对滑动时产生的附加流量的影响，可用剪切流量因子 ϕ_s 来反映，表达式为[91]

$$\phi_s = \left(\frac{\sigma_1}{\sigma}\right)^2 \Phi_s(\lambda,\gamma_1) - \left(\frac{\sigma_2}{\sigma}\right)^2 \Phi_s(\lambda,\gamma_2) \tag{7.63}$$

$$\Phi_s = \begin{cases} A_1\lambda^{a_1}\exp(-a_2\lambda + a_3\lambda^2), & \lambda \leqslant 5.0 \\ A_2\exp(-0.25\lambda), & \lambda > 5.0 \end{cases} \tag{7.64}$$

式中，A_1、a_1、a_2、a_3、A_2 为剪切流量因子计算的设定参数；λ 为膜厚比；σ_1、σ_2 为两表面各自的粗糙度；σ 为表面综合粗糙度；γ_1、γ_2 为两表面各自的粗糙表面方向参数。

图 7.89 为依据表 7.19 的参数取值确定的剪切流量因子分布图，横坐标为膜厚比（$\lambda = h/\sigma$）。由图可知，随着膜厚比增大，压力流量因子逐渐趋近于 0，这时可以忽略其影响；剪切流量因子的数值随膜厚比减小而增大，此时由两粗糙表面相对滑动时而产生的附加流量也会增加。

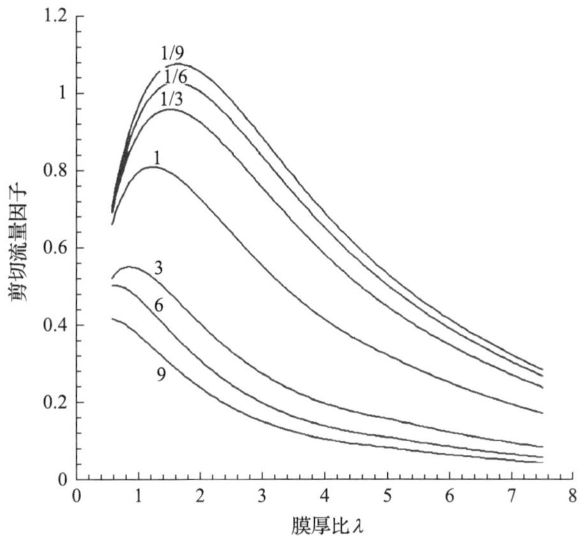

图 7.89　不同方向参数的剪切流量因子分布

表 7.19　剪切流量因子方程的参数取值

γ	A_1	a_1	a_2	a_3	A_2
1/9	2.046	1.12	0.78	0.03	1.856
1/6	1.962	1.08	0.77	0.03	1.754
1/3	1.858	1.01	0.76	0.03	1.561
1	1.899	0.98	0.92	0.05	1.126
3	1.560	0.85	1.13	0.08	0.556
6	1.290	0.62	1.09	0.08	0.388
9	1.011	0.54	1.07	0.08	0.295

(3)活塞环径向受力平衡方程为

$$F_{\mathrm{g}}+F_{\mathrm{Z}}=F_{\mathrm{p}}+W_{\mathrm{a}} \tag{7.65}$$

式中，F_{Z}为活塞环张力；F_{g}作用在活塞环背部的气体压力；F_{p}为总的作用在活塞环上的径向润滑油膜压力；W_{a}为微凸体接触力。

(4)微凸体接触模型。

采用 Greenwood 等[52]提出的接触理论，并假定微凸体高度为高斯分布，则微凸体接触力 W_{a}及实际接触面积 A_{c}可由以下公式求得，即

$$W_{\mathrm{a}}=\frac{16\sqrt{2}}{15}\pi(\eta''\beta\sigma)E\sqrt{\frac{\sigma}{\beta}}\iint_{A}F_{2.5}(\lambda)\mathrm{d}A \tag{7.66}$$

$$A_{\mathrm{c}}=\pi^{2}(\eta''\beta\sigma)^{2}\iint_{A}F_{2}(\lambda)\mathrm{d}A \tag{7.67}$$

式中，η''为峰元密度；β为峰元半径；σ为表面综合粗糙度，取$\eta''\beta\sigma=0.04$；$\sigma/\beta=10^{-3}$；E为两表面综合弹性模量；$F_{2.5}(\lambda)$和$F_{2}(\lambda)$可根据参考文献[106]得到。

(5)温度模型。

本书采用的是一个简单的温度变化关系[107]，即 Woschni 关系计算温度场：

$$T(x)=T_{\mathrm{tdc}}-(T_{\mathrm{tdc}}-T_{\mathrm{tbc}})\times(x/S)^{0.5} \tag{7.68}$$

式中，T_{tdc}、T_{tbc}分别为缸套上下止点温度；S为活塞环冲程。

(6)摩擦力的计算。

采用 Patir 等推导出来的润滑油流体摩擦力计算公式求解[108]，公式如下：

$$F_{1}=\iint_{A}\frac{\mu U}{h}\left[(\phi_{\mathrm{f}}-\phi_{\mathrm{fs}})+2\left(\frac{\sigma_{1}}{\sigma}\right)^{2}\phi_{\mathrm{fs}}\right]\mathrm{d}x\mathrm{d}y \tag{7.69}$$

式中，F_{1}为流体摩擦力；参数ϕ_{f}、ϕ_{fs}可参考文献[89]得到。

2)考虑薄膜润滑时的黏度修正模型

活塞环-气缸套表面原始轮廓如图 7.90 所示。

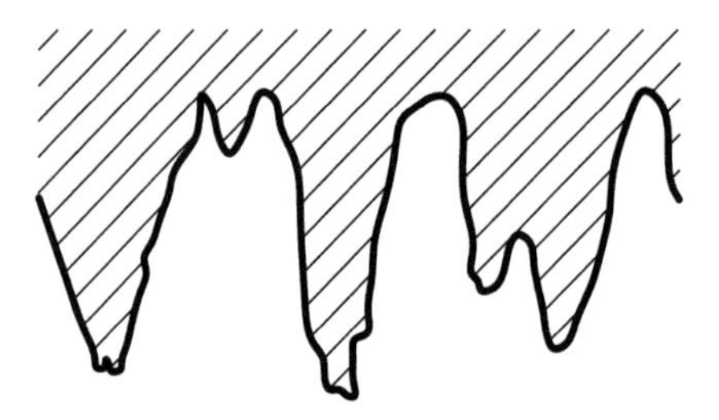

图 7.90 活塞环-气缸套表面原始轮廓

经过磨合，进入稳定磨损后的表面微凸体峰顶变钝，具有典型的平台特征，而平均波长在磨损前后变化不大，说明表面形貌空间特性变化不大，从而对表面形貌的储油性等并没有产生影响，故磨合后的表面轮廓如图 7.91 所示。

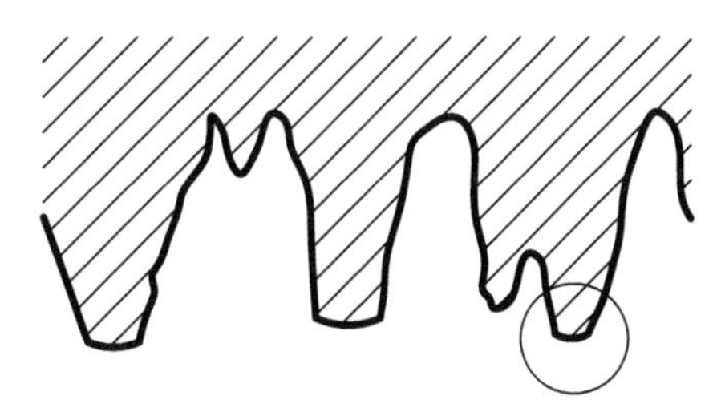

图 7.91　活塞环-气缸套表面磨合后轮廓

在行程中，有的微凸体峰顶达到极限油膜承载力，形成边界润滑状态，有的微凸峰没有达到极限油膜承载力，在微弹流的展平作用下，顶端由半径较大的球面展成平面，形成典型的薄膜润滑区域，如图 7.92 中圆内所示。

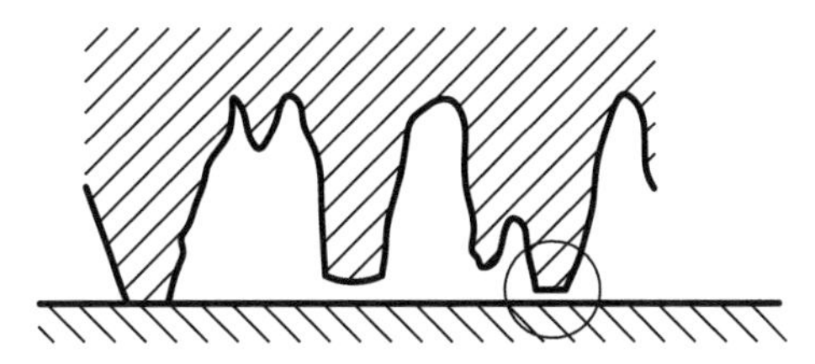

图 7.92　行程中的混合润滑状态

薄膜润滑区域的具体形貌变化如图 7.93 所示。

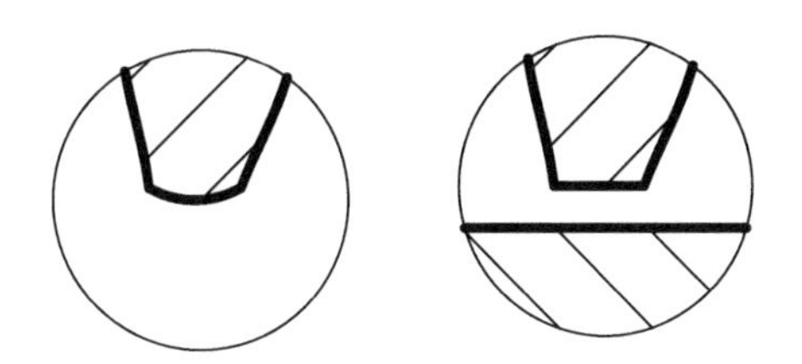

图 7.93　薄膜润滑状态下的展平作用

如果需要在活塞环-气缸套润滑模型中考虑薄膜润滑状态，则需要根据表面微凸体高度分布，计算两表面微凸体顶部之间距离的概率密度分布；然后对属于薄膜润滑的部分，采用黏度修正方法分析其润滑特征；类似地分析其他润滑状态下的润滑特征；将各种润滑状态的润滑特征参量(摩擦系数和承载力等)依据其分布的累计概率密度，加权后得到实际粗糙表面之间的平均润滑特征参量。以下简要介绍考虑薄膜润滑状态时，模型所采用的黏度修正模型和方法。

由于薄膜润滑存在于纳米尺度，故由微米尺度转为纳米尺度(图 7.94)，通过纳米尺度接触系数的计算判定润滑状态，当接触系数为 0 时，划分为流体润滑区域，若接触系数逐渐增大则过渡到薄膜润滑区域(接触系数为 0～1)和边界润滑区(接触系数接近于 1)。

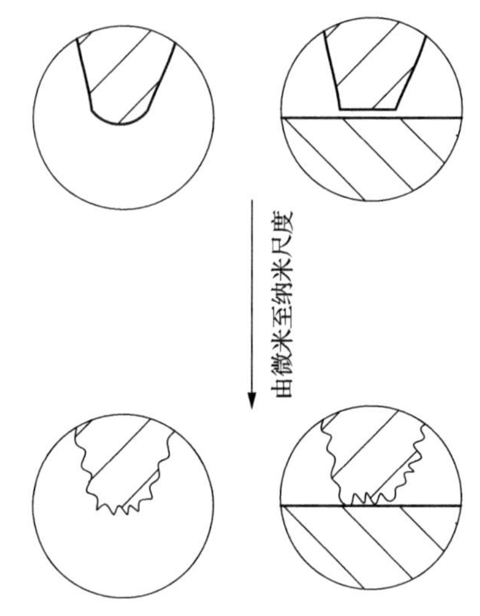

图 7.94　由微米尺度转为纳米尺度

接触系数 α 的计算公式如下：

$$\alpha = \exp\left(-\frac{\eta^2\left(0.1v^2 Ra^{-0.1} + \dfrac{Ra^{4.5}}{2.8\times10^7}\right)}{1.1\times10^4\times p_{\mathrm{H}}^{2.5}}\right) \tag{7.70}$$

式中，Ra 为微凸体表面综合粗糙度(nm)；v 为速度(mm/s)；η 为润滑油运动黏度(mm^2/s)；p_{H} 为最大接触应力。

由接触系数可得中心区纳米级平均油膜厚度 h_{av} 为

$$h_{\mathrm{av}} = -\ln\alpha / K \tag{7.71}$$

式中，K 为与接触特征相关的常数，取值为 0.32～0.40。

流体润滑区黏度为

$$\eta = \exp\left\{(\ln\eta_0 + 9.67)[(1+5.1\times10^{-9}Pp_{\mathrm{H}})^z - 1]\right\} \tag{7.72}$$

薄膜润滑区黏度为

$$\eta' = \eta\left(\frac{H}{H-d_1-d_2}\right)^2\left[\frac{1.0}{1.0+\lambda\left(\dfrac{U}{h}\right)^2}\right] \tag{7.73}$$

7.4.2　润滑模型的数值求解方法

下面介绍考虑表面粗糙度影响的润滑模型的数值求解过程和结果分析。数值模拟时，首先选定进气冲程中点附近的某一时刻，先预估取一个最小油膜厚度值，给定初始油膜压力、黏度、温度等参数，经过修改最小油膜厚度迭代求解得到修正的最小油膜厚度和油膜压力之后，然后求解下个时间步长，即下一个曲轴转角的结果，直到一个工作循环结束，修正初始最小油膜厚度，直至计算的膜厚误差值小于某个值时程序停止。流体润滑计算流程如图 7.95 所示。

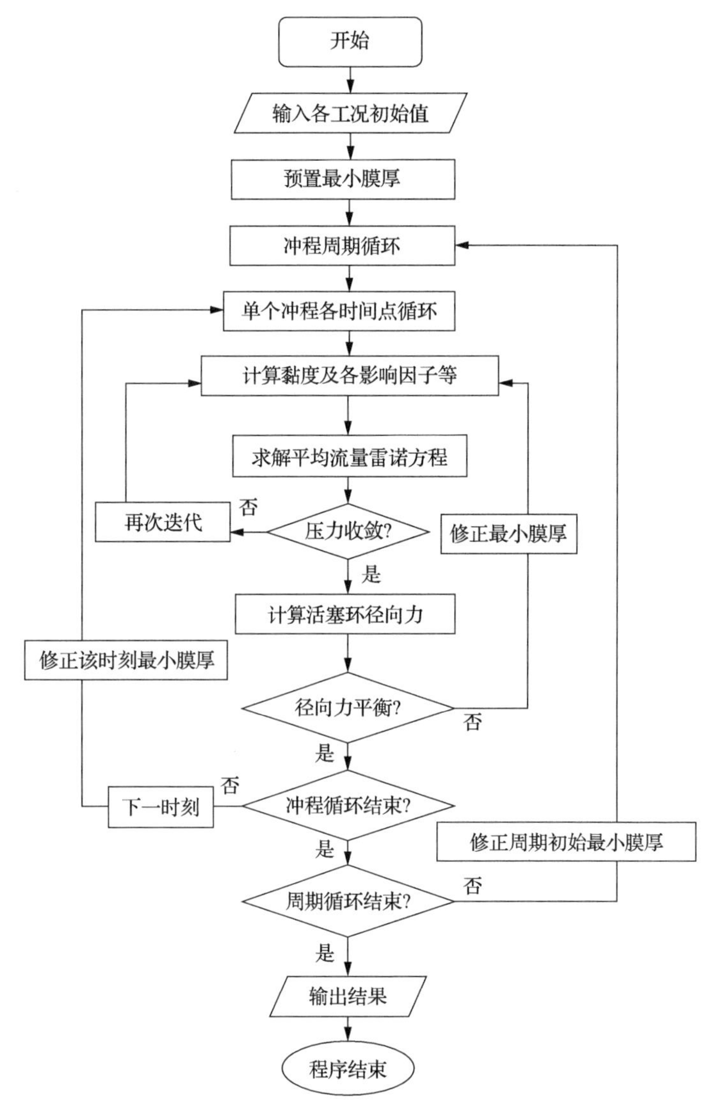

图 7.95 流体润滑计算流程图

目前针对气缸套-活塞环摩擦副的润滑油膜厚度还没有准确的测量手段，因此在验证模型的时候，采用摩擦系数间接评定模型的准确性。模型可以通过法向载荷和按式(7.69)确定的摩擦力计算出摩擦系数模拟结果，而摩擦系数也可通过试验方便测出，将两者对比可以验证模型模拟结果的准确性。

模拟验证在对置往复式摩擦磨损试验机上进行，检验参数为总摩擦力，活塞环-气缸套的运动形式如图 7.96 所示，往复运动行程为 30mm，摩擦副试样为从实际摩擦副切取得到。

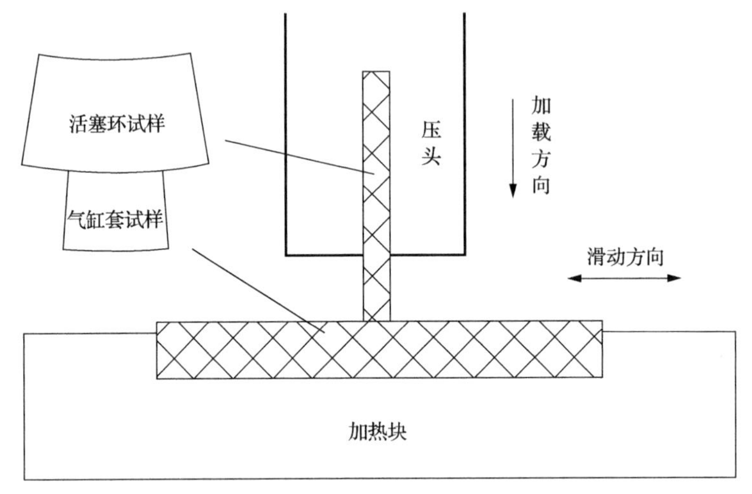

图 7.96 活塞环-气缸套运动形式及接触状态示意图

在试验过程中保持转速和温度不变，采用阶梯加载的方式改变试验条件，每次变载前需进行磨合，从而使摩擦系数可以保持在一个稳定值附近，整个试验过程连续充分供油。首先进行低载磨合，设置温度，然后在对应目标载荷下进行充分磨合，变载摩擦阶段从 5MPa 开始，每次增加载荷 5MPa，阶梯变载直至目标载荷，各阶段试验参数见表 7.20。

表 7.20 载荷试验各阶段的试验参数

低载磨合阶段	200r/min，120℃，10MPa，10min	
高载磨合阶段	200r/min，120℃，20MPa，60min	
变载摩擦阶段	转速/(r/min)	200
	温度/℃	120
	载荷/MPa	5→10→15→20
	时间/min	各 60

图 7.97 为在 5MPa、10MPa、15MPa、20MPa 载荷下实测摩擦力与模拟摩擦力的对比图。

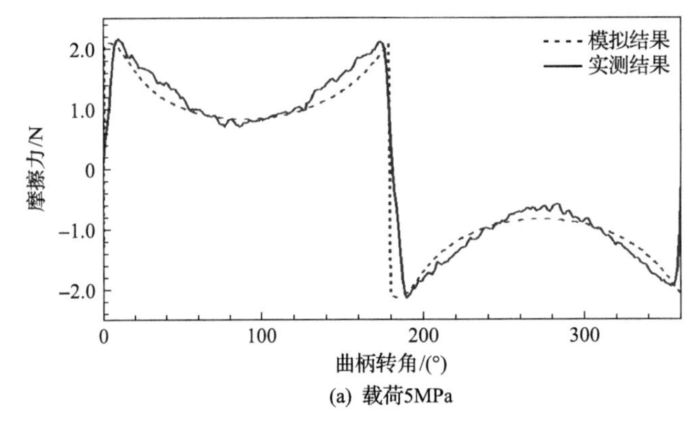

(a) 载荷5MPa

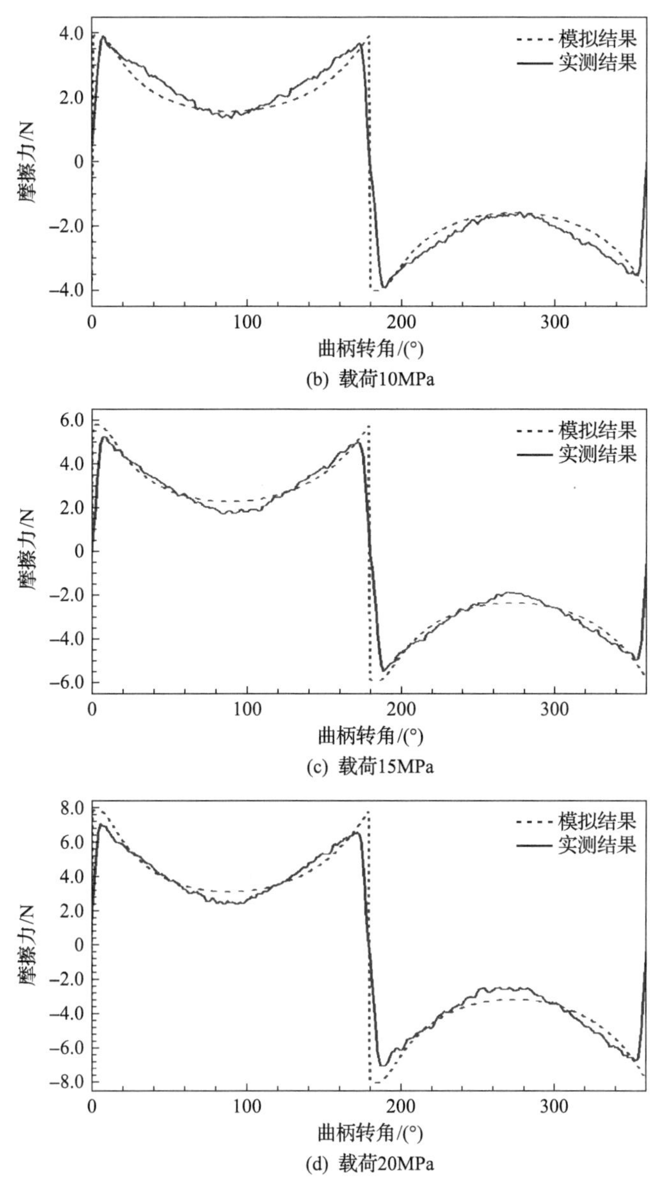

(b) 载荷10MPa

(c) 载荷15MPa

(d) 载荷20MPa

图 7.97　不同载荷下实测摩擦力与模拟摩擦力对比

从图 7.97 中可以看出，实测摩擦力与模拟摩擦力基本吻合，经过对比，误差值小于 9%。

7.4.3　模拟结果

计算中采用的主要参数为：缸径 D=50mm，曲柄半径 R=24.75mm，转速 N=4500r/min，连杆 L=94mm，活塞环径向厚度 a=2mm，轴向高度 b=0.7mm，活塞环桶面高度为 5.0μm，椭圆形气缸套长、短半轴之差为 5μm，活塞环表面平均粗糙度 Ra_2=0.8μm，气缸套表面

平均粗糙度 Ra_1=1.6μm。润滑油黏度为 0.13Pa·s。图 7.98 为燃烧室与顶环及第一道环、第二道环间压力曲线。

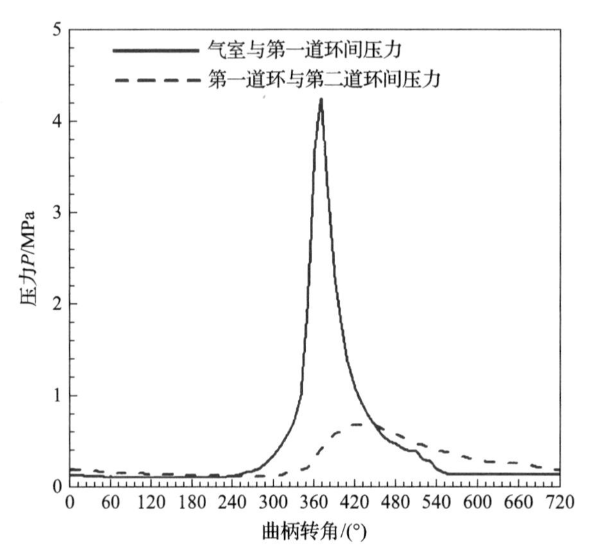

图 7.98 燃烧室与顶环及第一道环、第二道环间压力曲线

1. 活塞环表面环压分布

图 7.99 为柴油机一个工作循环中，活塞环油膜压力的三维分布图。图中 CA 为曲柄转角(crank angle)。

图 7.99 中，从开口处把活塞环整个求解域沿圆周方向展开后，离散为环向 40 个节点、厚度方向 40 个节点的网格。其中，图 7.99(a)和(b)为进气冲程中点位置和下止点位置的活塞环油膜压力分布，因为这两个位置燃烧室内压力及活塞环间的气体压力不大，所以油膜压力的峰值对应也不大；图 7.99(c)为压缩冲程中点位置，此时活塞环的相对运动速度达到最大值，

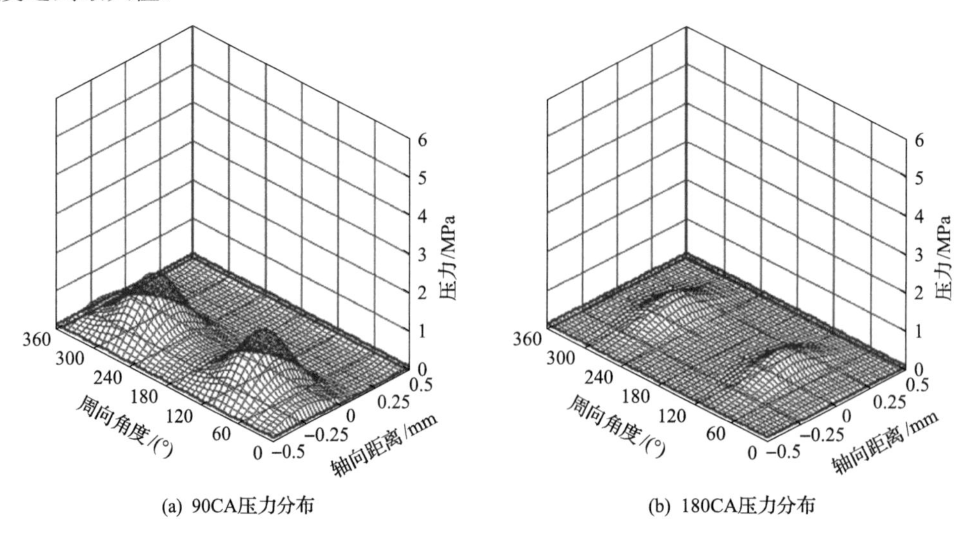

(a) 90CA压力分布　　(b) 180CA压力分布

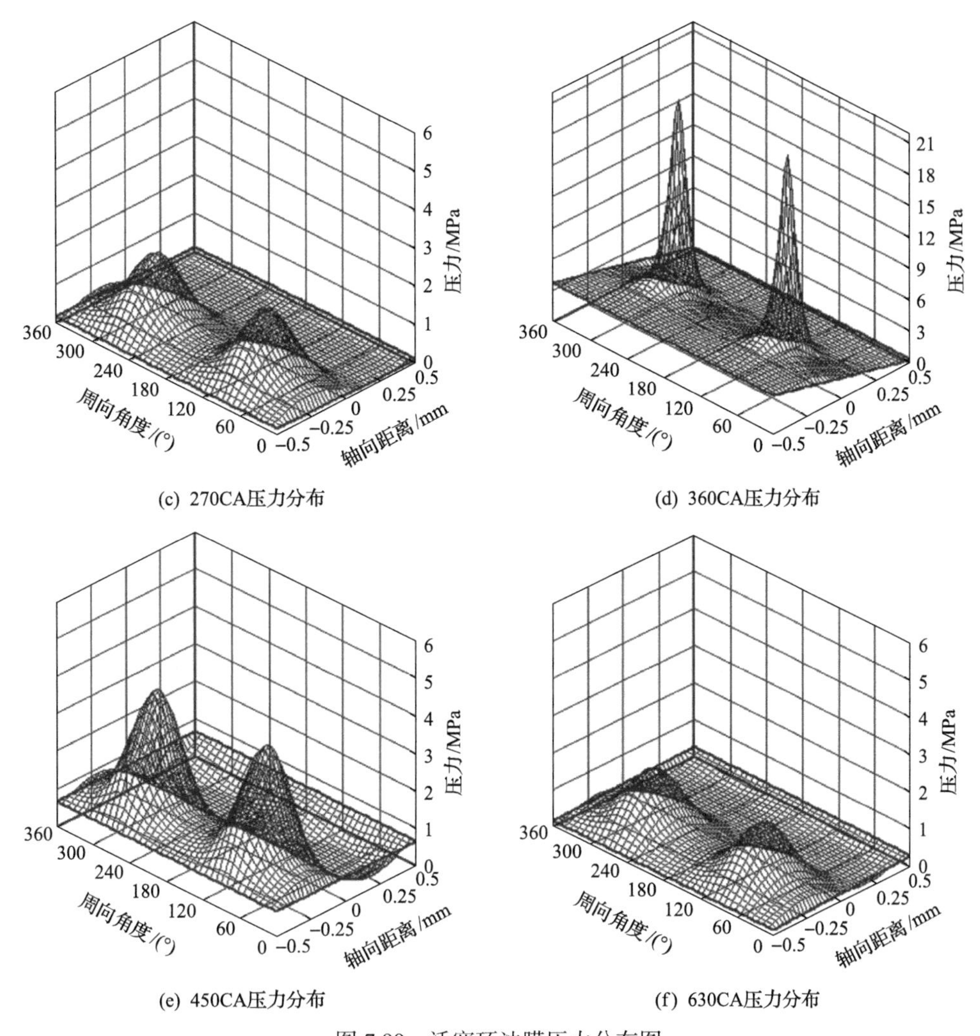

图 7.99 活塞环油膜压力分布图

油膜受到活塞环的挤压，同时，在该冲程中压缩混合气体造成缸内压力渐渐增大；图 7.99(d)为压缩冲程上止点位置，此时活塞环的相对速度接近为零，活塞环所受压力由于混合气体点火爆发而达到压力最大值，重载低速导致油膜厚度在此处最薄，微凸体接触数目最多，流体润滑油膜难以连续，润滑效果极差。图 7.99(e)为做功冲程中点位置，图 7.99(f)为排气冲程上止点位置的油膜压力分布，这两个位置上的压力较小，油膜厚度相对有所增加。

由于缸套的环向变形，作用在活塞环圆周方向上的油膜压力分布是不均匀的，在采用二维模型计算时不考虑缸套圆周变形，近似认为环向压力分布是一致的，因此采用三维润滑模型能够了解活塞环表面压力的三维分布情况，与二维模型相比更加全面。

2. 最小膜厚及摩擦力分析

图 7.100(a)为进气冲程中点位置的膜厚分布，图 7.100(b)为工作冲程上止点位置的

膜厚分布，而不同转角位置的最小膜厚分布如图 7.101 所示，横坐标为曲轴转角，纵坐标为不同时刻的最小油膜厚度，油膜厚度在微米尺度，最小值出现在工作冲程上止点附近，这是因为此时润滑条件最为恶劣，活塞环和气缸套摩擦副表面微凸体已大量接触，这种混合润滑状态必将导致磨损，这与实际使用的柴油机气缸套上、下两端磨损较严重，上端的磨损量大于下端的现象相吻合。

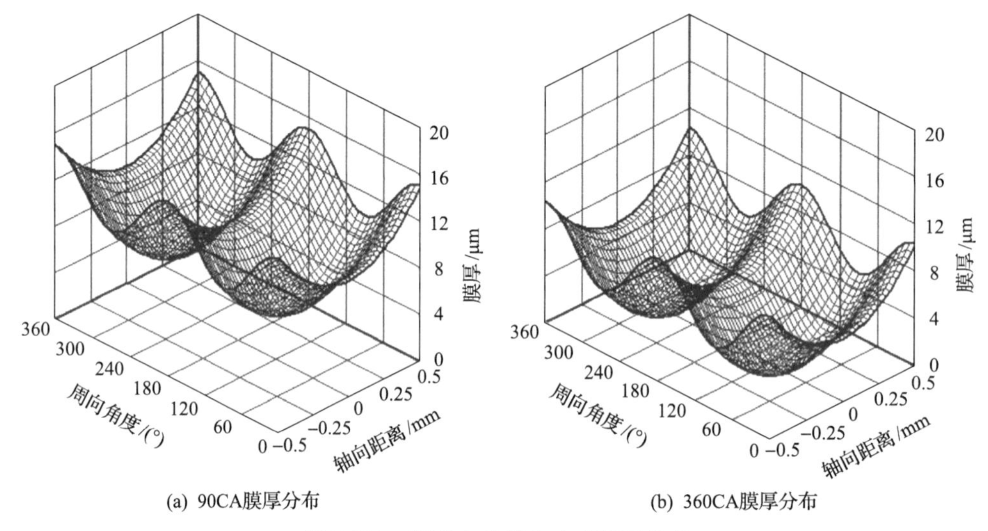

(a) 90CA膜厚分布　　(b) 360CA膜厚分布

图 7.100　行程中点及上止点膜厚分布

图 7.102 为不同转角位置的流体摩擦力分布，图 7.103 为不同转角位置的微凸体摩擦力分布，而不同转角位置的总摩擦力分布如图 7.104 所示。在柴油机每个行程中点位置，由于活塞环-气缸套相对速度较大，流体摩擦力比其他时刻的要大，但因为没有微凸体的接触，所以总摩擦力等于流体摩擦力，润滑状态较好，由于没有表面固体接触，因此摩擦磨损很小。在上下止点处，由于到达了冲程的终点，无相对速度，油膜很薄，活塞环润滑状态恶化，微凸体大量接触，所以此时的流体摩擦力很小，但总摩擦力达到极值。

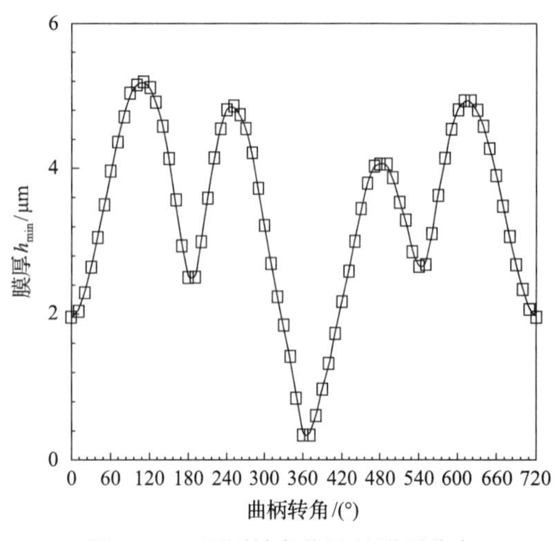

图 7.101　不同转角位置的膜厚分布

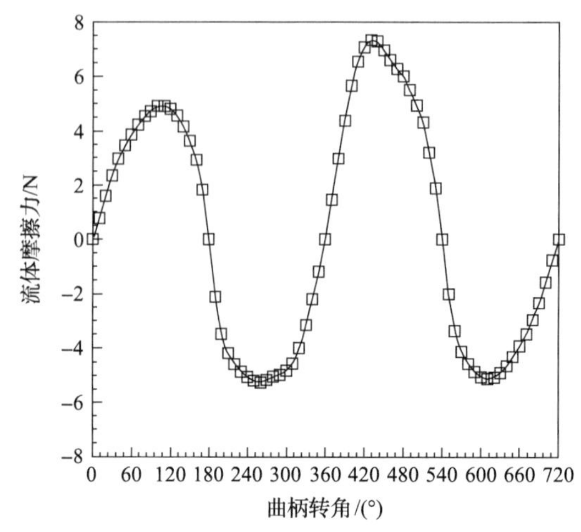

图 7.102　不同转角位置的流体摩擦力分布

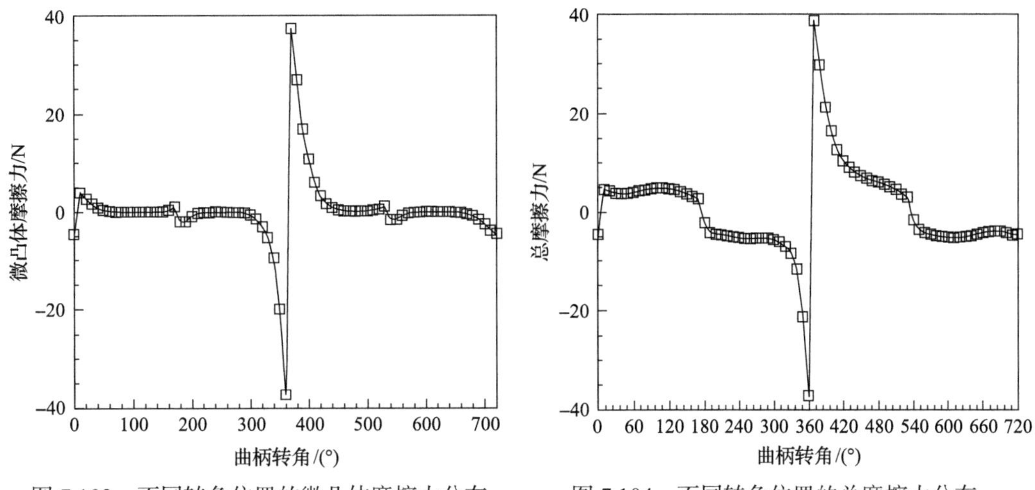

图 7.103 不同转角位置的微凸体摩擦力分布　　图 7.104 不同转角位置的总摩擦力分布

3. 桶面形状的影响分析

图 7.105 为三个不同算例的桶面形状。

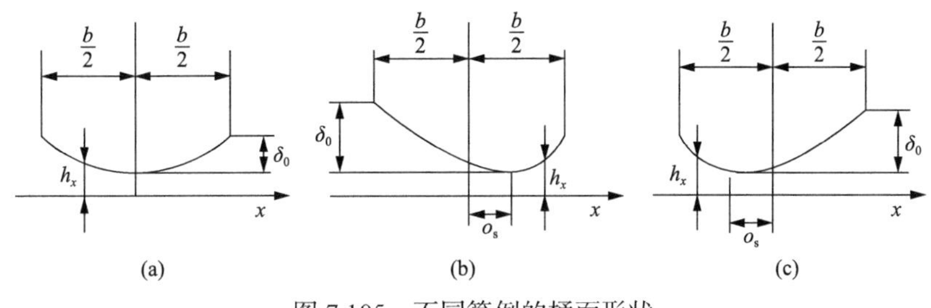

图 7.105 不同算例的桶面形状

在图 7.105(a)中，活塞环桶面高度 δ_0 为 5.0μm，桶面无偏移，在图 7.105(b)中桶面高度不变，桶面偏移 o_s=0.45mm，在图 7.105(c)中桶面高度不变，桶面偏移 o_s=–0.45mm，x 轴正向指向偏离燃烧室方向。

1) 最小膜厚分析

如图 7.106 所示，桶面正偏移在远离气室方向的运动中，即进气和做功行程中其桶面形状不利于流体动压效应的产生，油膜的形成困难，因此最小油膜厚度较对称桶面减小。在活塞向上运动过程中，即压缩和排气行程中，收敛油楔长度长，发散油楔长度短，有利于流体动压效应的产生，易于形成油膜，最小油膜厚度较对称桶面有所增加。活塞环桶面负偏移对最小油膜厚度影响效果相反，但机理是相同的。

2) 摩擦力分析

活塞环桶面偏移对流体摩擦力的影响如图 7.107 所示。桶面正偏移在活塞向下运动过程中，即进气和做功行程中，油膜厚度减小，作用在活塞环上流体摩擦力增加。在活塞向上运动过程中，即压缩和排气行程中，油膜厚度增加，作用在活塞环上的流体摩擦力减小。活塞环桶面负偏移对流体摩擦力的影响，与桶面正偏移的影响恰恰相反。

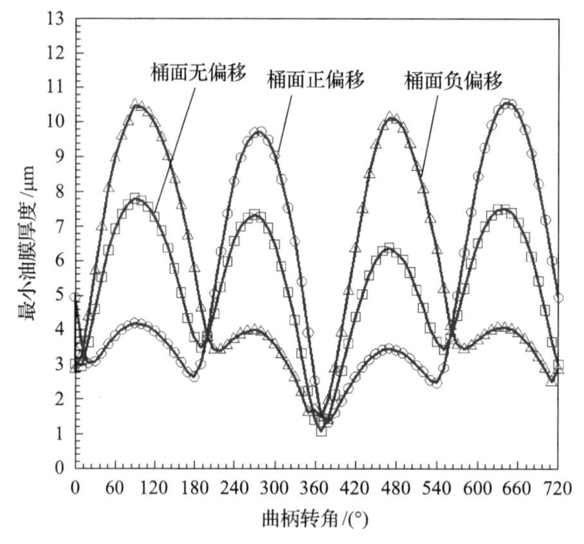

图 7.106 不同转角位置的最小膜厚

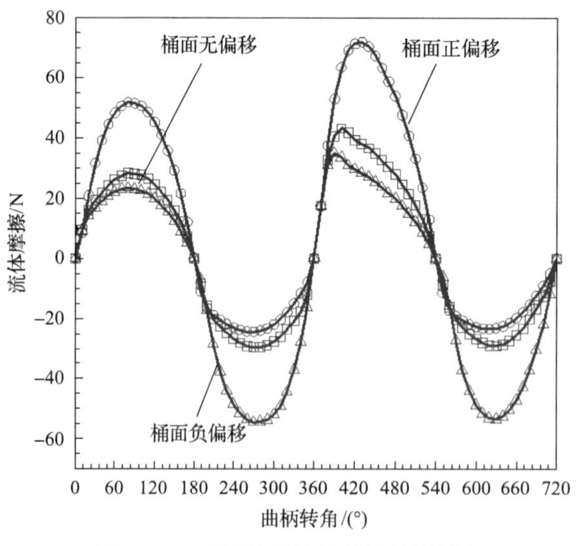

图 7.107 不同转角位置的流体摩擦力

活塞环桶面偏移对总摩擦力的影响如图 7.108 所示。桶面正偏移使上止点附近最大摩擦力增加，桶面负偏移使上止点附近最大摩擦力减小，在给定的计算参数下，选取对称桶面形状会获得总的最小摩擦功耗。

根据前面的计算结果，可以得到以下结论：活塞环桶面的偏移对活塞环在压缩、排气行程和进气、做功行程中润滑和摩擦性能的机理相似，但具体表现恰好相反。桶面正偏移使活塞环在向上运动过程中，流体润滑效应加强，油膜厚度增加，流体摩擦力减小，在活塞环向下运动的过程中，相对于对称桶面，油膜厚度减小，流体摩擦力增加，最大摩擦力增加，桶面负偏移作用相反。因此，进行活塞环桶面形状设计时,要结合工况条件，综合考虑活塞环在行程内的摩擦功耗，选取最优的桶面形状。

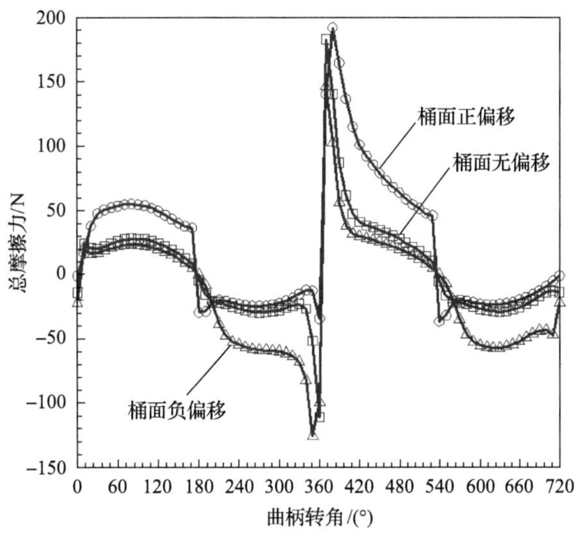

图 7.108　不同转角位置的总摩擦力

4. 不同工况对流体摩擦功比例的影响

随着柴油机强化指标的提升，尤其是转速、燃烧压力的大幅提高，出现了摩擦功耗显著升高、磨损加剧的问题，由于该摩擦副在工作中经历了多种润滑状态，有必要清楚转速、燃烧压力的变化对流体摩擦功耗与表面微凸体摩擦功耗比例变化的影响。

采用 7.5.3 节中的计算参数，分别计算气室最大压力为 7MPa、14MPa 和 22MPa，转速分别为 2000r/min、3000r/min 和 4000r/min 时活塞环-气缸套的摩擦功耗，并分析流体和微凸体摩擦功耗的比例分配问题。

图 7.109～图 7.114 分别为载荷为 7MPa、14MPa 和 22MPa 时，不同转速下的流体摩擦功耗分布和微凸体摩擦功耗分布。不同载荷下的规律比较一致，随着转速的增加，无论是流体摩擦功耗还是微凸体摩擦功耗均在增大。

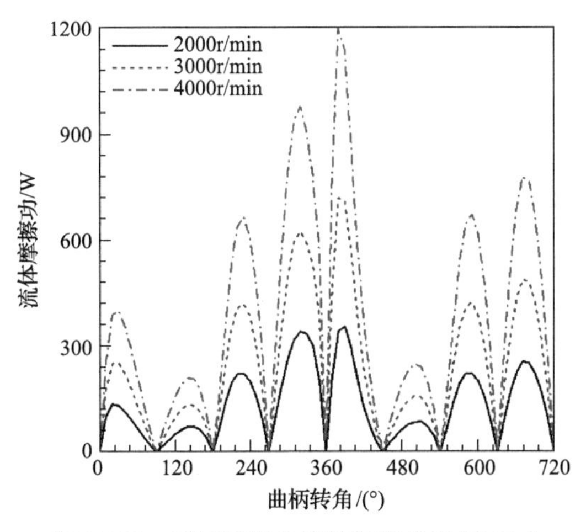

图 7.109　不同转速的流体摩擦功耗(7MPa)

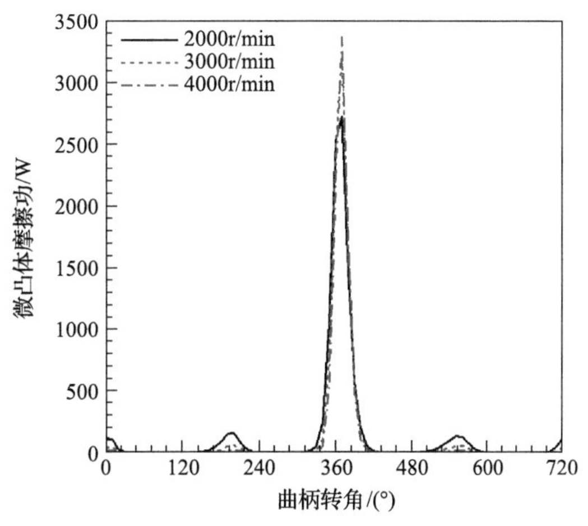

图 7.110　不同转速的微凸体摩擦功耗(7MPa)

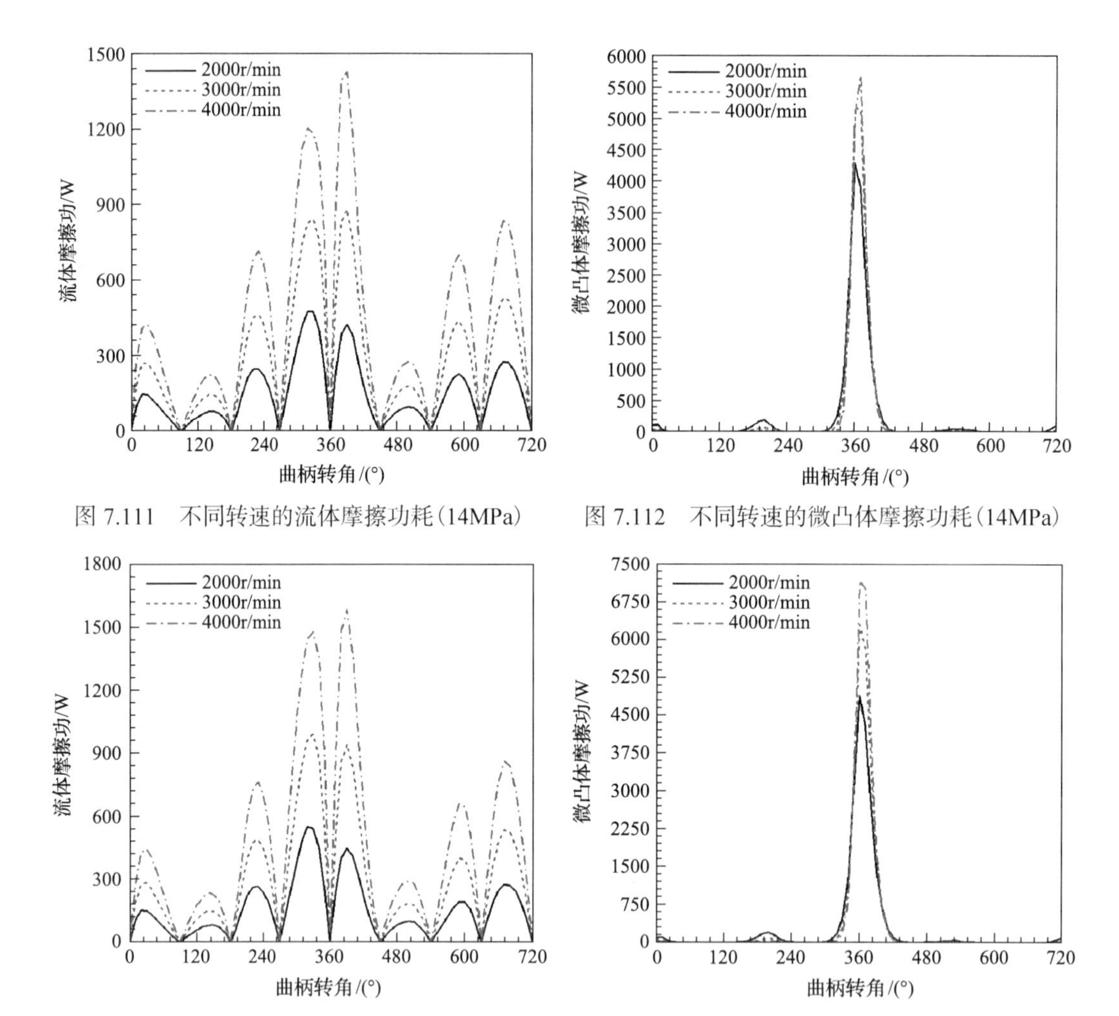

图 7.111　不同转速的流体摩擦功耗(14MPa)

图 7.112　不同转速的微凸体摩擦功耗(14MPa)

图 7.113　不同转速的流体摩擦功耗(22MPa)

图 7.114　不同转速的微凸体摩擦功耗(22MPa)

由图 7.115 和图 7.116 可以看出，流体摩擦功耗受速度影响远大于受载荷的影响。微凸体所造成的摩擦功耗主要受载荷的影响，但在高速时，随着速度的增加，活塞环-气缸套之间因微凸体摩擦而产生的功耗有增加的趋势。

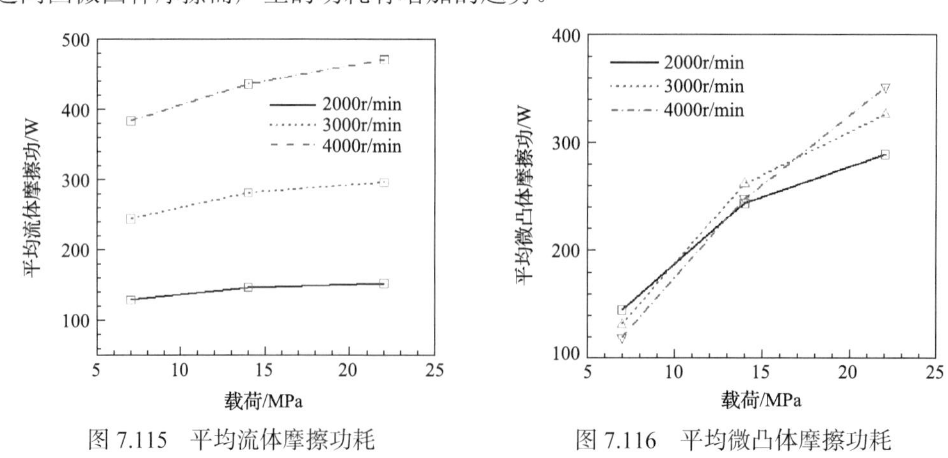

图 7.115　平均流体摩擦功耗

图 7.116　平均微凸体摩擦功耗

综上，本节介绍了建立活塞环-气缸套三维瞬态润滑的数值模型的方法和分析过程。该模型能综合考虑燃烧压力、转速、表面粗糙度、黏度、缸套形变等因素影响，分析气缸套-活塞环的润滑状态与性能，通过计算获得了不同时刻的最小油膜厚度、压力分布和摩擦力等，为气缸套-活塞环的设计分析提供了依据。

参考文献

[1] Cameron A, Gohar R. Theoretical and experimental studies of the oil film in lubricated point contact[J]. Proceedings of the Royal Society, London Series A, 1966, 291: 520-536.

[2] Gohar R, Cameron A. The mapping of elastohydrodynamic contacts[J]. American Society of Lubrication Engineers Transaction, 1967, 10: 215-225.

[3] Spikes H A, Guangteng G. Properties of ultra-thin lubricating films using wedged spacer[J]. Interface Dynamics, 1988, 12: 275.

[4] Homola A M, Israelachvili J N. Fundamental Studies in Tribology: The tramsition from interfacial fiction of undamaged molecularly smooth surface to “normal” fiction with wear[C]//Proceedings of the 5th International Congress on Tribolgy, Finland, 1989: 28-49.

[5] Johnston G J, Wayte R, Spikes H A. The measurement and study of very thin lubricant films in concentrated contact[J]. Tribology Transactions, 1991, 34: 187-194.

[6] Hartl M, Krupka I, Poliscuk R, et al. Computer-aided evaluation of chromatic interferograms[C]//Proceeding of the Fifth International Conference in Central Europe on Computer Graphics and Visualization, Plzen-Bory, Czech Republic, 1997: 45-54.

[7] 黄平, 雒建斌, 邹茜, 等. NGY-2 型纳米级润滑膜厚度测量仪[J]. 摩擦学学报, 1994, 14(2): 175-179.

[8] Luo J B, Wen S Z, Huang P. Thin film lubrication, part I : The transition between EHL and thin film lubrication[J]. Wear, 1996(194): 107-115.

[9] 雒建斌. 薄膜润滑理论和实验研究[D]. 北京: 清华大学, 1994.

[10] 雒建斌, 温诗铸. 纳米级润滑膜的测试研究[J]. 仪器仪表学报, 1995, 16(1): 148-152.

[11] 郭艳青, 褚晓东, 郭峰. 面接触油膜润滑测量系统[J]. 工程与试验, 2012, 52(3): 40-44.

[12] Guo F, Wong P L. A multi-beam intensity-based approach for lubricant film measurements in non-conformal contacts[J]. Proceedings of the Institution of Mechanical Engineers, Part J: Journal of Engineering Tribology, 2002, 216(5): 281-291.

[13] Spikes H A, Guangteng G. Paper XI(i)Properties of ultra-thin lubricating films using wedged spacer layer optical interferometery[J]. Tribology Series, 1987, 12: 275-279.

[14] Smeeth M, Spikes H A, Gunsel S. Boundary film lubrication by viscosity index improvers[J]. Tribology Transactions, 1996, 39(3): 726-734.

[15] Glovnea R P, Forrest A K, Olver A V, et al. Measurement of sub-nanometer lubricant films using ultra-thin film interferometry[J]. Tribology Letters, 2003, 15(3): 217-230.

[16] 雒建斌, 温诗铸, 黄平. 弹流润滑与薄膜润滑转化关系的研究[J]. 摩擦学学报, 1999, 19(1): 72-77.

[17] 付忠学, 郭峰, 王学锋, 等. 点接触润滑状态转化的实验观察[J]. 润滑与密封, 2006, 7: 76-78, 81.

[18] Wymer D G, Cameron A. Elastohydrodynamic lubrication of a line contact [J]. Proceedings of the Institution of Mechanical Engineers, 1974, 188: 221-238.

[19] 华同曙, 陈晓阳, 丁建宁. 摆动工况下有限长线接触弹流润滑的实验研究[J]. 摩擦学学报, 2010, 6: 25-29.

[20] Spikes H A. Mixed lubrication —An overview [J]. Lubrication Science, 1997, 9(3): 221-253.

[21] Krupka I, Hartl M, Poliscuk R, et al. An experimental study of elastohydrodynamic central and minimum film thicknesses for various material parameters[J]. Lubrication Science, 2000, 12: 239-251.

[22] Hartl M, Molimard J, Krupka I, et al. Thin film lubrication study by colorimetric interferometry[C]//Proceedings of the 26th Leeds-Lyon Symposium on Tribology. Amsterdam: Elsevier, 2000: 695-704.

[23] 雒建斌, 温诗铸. 薄膜润滑特性和机理研究[J]. 中国科学(A 辑: 数学、物理学、天文学、技术科学), 1996(9): 811-819.

[24] 沈明武. 纳米级油膜成膜机理及特性研究[D]. 北京: 清华大学, 2000.
[25] 谷高磊, 严志军, 朱新河, 等. 新型光干涉法纳米级润滑膜厚度测量仪[J]. 润滑与密封, 2012, 37(1): 86-89.
[26] 张世锋. 缸套-活塞环润滑状态跨尺度模拟及测试方法研究[D]. 大连: 大连海事大学, 2015.
[27] 雒建斌, 严崇年. 润滑理论中的模糊观[J]. 润滑与密封, 1989, 1(4): 16-23.
[28] Wen S Z. On thin film lubrication[C]//Proceedings of the Hrst International Symposium on Tribology, Beijing, 1993, 1: 30.
[29] Luo J B, Wen S Z. Mechanism and characteristics of thin film lubrication at nanometer scale[J]. Science in China(Series A), 1996, 39(12): 1312-1322.
[30] 陆思聪. 弹流参量的测量(三)[J]. 润滑与密封, 1984, 6: 40-48.
[31] Brix V H. An electrical study of boundary lubrication: Further rolls-royce investigations tending to confirm deductions from previous tests[J]. Aircraft Engineering and Aerospace Technology, 1947, 19(9): 294-297.
[32] Lane T B, Hughes J R. A study of oil film formation in gears by electrical resistance measurements[J]. Journal of Applied Physics, 1952, 3(10): 315-318.
[33] Furey M J. Metallic contact and friction between sliding surfaces[J]. American Society of Engineers Transaction, 1961, 4(1): 1-11.
[34] Tallian T E, Chiu Y P, Huttenlocher D F, et al. Lubricant films in rolling contact of rough surfaces[J]. 1964, 7(2): 109-126.
[35] Czichos H. Failure criteria in thin film lubrication: Investigation of the different stages of film failure[J]. Wear, 1976, 36(1): 13-17.
[36] 齐毓霖, 张鹏顺, 朱宝库, 等. 部分弹流润滑状态的初步测试[J]. 机械工程学报, 1983, 2(1): 13-19.
[37] 赵万清, 于守连. 用油膜电阻法监测水轮发电机组轴承的运行工况[J]. 水电站机电技术, 1993, 3: 28-31.
[38] 李瑛, 刘庆峋, 赵学墉. 点接触 CATT 齿轮润滑油膜厚度的实验研究[J]. 航空计测技术, 1994, 14(1): 7-9.
[39] 李瑛, 刘庆峋, 赵学墉. CATT 齿轮润滑油膜厚度研究[J].润滑与密封, 1996, 5: 39-40.
[40] 张有忱, 温诗铸. 用电阻法判断双圆弧齿轮润滑状态的实验研究[J]. 润滑与密封, 1994, 4: 11-13.
[41] 张有忱, 孟惠荣, 范迅, 等. 用接触电阻法判断蜗杆传动润滑状态的研究[J]. 煤炭科学技术, 1999, 27(9): 26-29.
[42] Tonck A, Martin J M, Kapsa P, et al. Boundary lubrication with anti-wear additives: Study of interface film formation by electrical contact resistance[J]. Tribology International, 1979: 209-213.
[43] So H, Lin Y C, Huang G G S, et al. Antiwear mechanism of zinc dialkyldithiophosphates added to paraffinic oil in the boundary lubrication condition[J]. Wear, 1993, 166: 17-26.
[44] 雷爱莲. 电阻法测试润滑油添加剂的抗磨膜形成及其应用[J]. 润滑油与燃料, 2007, 1: 22-26.
[45] 张明, 王晓波, 伏喜胜, 等. 含纳米添加剂的润滑体系在摩擦过程中的接触电阻研究[J]. 摩擦学学报, 2007, 27(6): 504-508.
[46] Rosenkranz A, Martin B, Bettscheider S, et al. Correlation between solid-solid contact ratios and lubrication regimes measured by a refined electrical resistivity circuit[J]. Wear, 2014, 320: 51-61.
[47] 王凯. 基于接触电阻法的润滑特性分析与研究[D]. 大连: 大连海事大学, 2012.
[48] 王凯, 严志军, 朱新河, 等. 基于接触电阻法的球-盘摩擦副点接触润滑状态的研究[J]. 润滑与密封, 2012, 9(37): 33-36.
[49] 程礼椿. 电接触理论及应用[M]. 北京: 机械工业出版社, 1985.
[50] 王斌球, 顾虎生, 姜彦. 部分弹流的测量电路及其参数选择[C]//摩擦学第四届全国学术交流会, 成都, 1987, 2: 89-101.
[51] Greenwood J A, Tripp J H. The elastic contact of rough spheres[J]. Journal of Applied Mechanics, 1967: 153-159.
[52] Greenwood J A, Tripp J H. The contact of two nominally flat rough surfaces[J]. Proceedings of the Institution of Mechanical Engineers, 1971, 185: 625-633.
[53] 刘薄. 接触电阻法在润滑状态测试中的应用研究[D]. 大连: 大连海事大学, 2012.
[54] Dowson D, Higginson G R. Elasto Hydrodynamic Lubricaiton[M]. London: Pergamon Press, 1977.
[55] 刘怀广. 基于光干涉原理的非稳态薄膜润滑特性研究[D]. 大连: 大连海事大学, 2013.
[56] 宋炳珅. 点接触混合润滑油膜厚度的实验研究与数值模拟[D]. 北京: 清华大学, 2004.
[57] 孙小龙. 非稳态条件下润滑状态实验研究[D]. 大连: 大连海事大学, 2014.

[58] 杨淑燕, 王海峰, 郭峰. 表面凹槽对流体动压润滑油膜厚度的影响[J]. 摩擦学学报, 2011, 31(3): 283-288.

[59] 付忠学, 郭峰, 黄柏林. 表面特性对纯滑弹流油膜形状和摩擦力的影响的试验研究[J]. 摩擦学学报, 2013, 33(2): 112-117.

[60] 张彬彬, 王静. 时变线接触热弹性流体动力润滑问题的高精度数值算法[J]. 润滑与密封, 2013, 38(12): 18-22.

[61] 孟庆睿, 侯友夫. 液体黏性调速起动瞬态过程数值模拟研究[J]. 摩擦学学报, 2009(5): 418-424.

[62] 雒建斌, 刘珊, 潘国顺, 等. 纳米级混合润滑研究[J]. 机械工程学报, 2003, 39(2): 2-7.

[63] Hamrock B J, Dowson D. Isothermal elasto-hydrodynamic lubrication of point contacts, Part Ⅲ: Fully flooded results[J]. ASME Journal of Lubrication Technology, 1976, 99(2): 264-276.

[64] 温诗铸, 杨沛然. 弹性流体动力润滑[M]. 北京: 清华大学出版社, 1998.

[65] 卢洪, 杨沛然. 用多重网格法准确计算弹流润滑膜厚度的方法[J]. 润滑与密封, 2010, 35(4): 5-9.

[66] 任伟, 陈家庆, 高岩. 多重网格法在非 Hertz 接触问题中的应用[J]. 轴承, 2008, 3: 1-5.

[67] Lin T R. Analysis of film rapture and reformation boundaries in a finite journal bearing with micro-polar fluids[J]. Wear, 1993, 161: 143-153.

[68] Tichy J A. Modeling of thin film lubrication[J]. ASME, Journal of Tribology, 1995, 38: 108-111.

[69] Lin T R. Hydrodynamic lubrication of journal bearing including micro-polar lubrication and three-dimensional irregularities[J]. Wear, 1996, 192: 21-28.

[70] 张朝辉, 雒建斌, 温诗铸. 薄膜润滑中的微极流体效应[J]. 力学学报, 2004, 36(2): 208-212.

[71] Tichy J A. A porous media model for thin lubrication[J]. ASME, Journal of Tribology, 1995, 117: 16-26.

[72] 曲庆文, 朱均. 流体吸附层厚度及位能界面的划分[J]. 机械科学与技术, 1998, 17(6): 895-897.

[73] 曲庆文, 贾庆轩, 马浩, 等. 流体吸附层厚度计算模型的研究[J]. 机械科学与技术, 2001, 20(1): 10-11.

[74] Miyamoto T. Interaction force between thin film disk media and elastic solids investigated by atomic force microscope[J]. ASME, Journal of Tribology, 1990, 112: 567-571.

[75] Jang S, Tichy J A. Rheological models for thin film EHD contacts[J]. ASME, Journal of Tribology, 1995, 117: 22-26.

[76] 张朝辉, 温诗铸, 雒建斌. 薄膜润滑中的应力偶效应[J]. 摩擦学学报, 2002, 22(6): 486-489.

[77] 于红英, 张鹏顺, 黄浩, 等. 非牛顿通用模型线接触弹流润滑的数值分析[J]. 摩擦学学报, 2000, 20(1): 55-58.

[78] Damiens B, Venner C H, Cann P M E, et al. Starved lubrication of elliptical EHD contacts[J]. Journal of Tribology, 2004, 16(1): 105-111.

[79] 黄平. 纳米薄膜润滑物理-数学模型及数值分析[J]. 摩擦学学报, 2003, 23(1): 60-64.

[80] 温诗铸, 黄平. 摩擦学原理[M]. 4 版. 北京: 清华大学出版社, 2012.

[81] Rhode S M. A mixed friction model for dynamically loaded contacts with application to piston ring lubrication[C]//Proceeding of 7th Leeds-Lyon Symposium on Tribology, Westbury House, 1980: 262.

[82] Wu C, Zheng L. An average reynolds equation for partial film lubrication with a contact factor[J]. ASME Journal of Tribology, 1989, 111: 188-191.

[83] Ma M T, Sherrington I, Smith E H. Analysis of lubrication and friction for a complete piston-ring pack with an improved oil availability model: Part Ⅰ-circumferentially uniform film[J]. Proceedings of the Institution of Mechanical Engineers, Part J: Journal of Engineering Tribology, 1997, 211: 1-15.

[84] Ma M T, Sherrington I, Smith E H. Analysis of lubrication and friction for a complete piston-ring pack with an improved oil availability model: Part Ⅱ-circumferentially variable film[J]. Proceedings of the Institution of Mechanical Engineers, Part J: Journal of Engineering Tribology, 1997, 211: 17-27.

[85] Ma M T, Sherrington I, Smith E H, et al. Development of a detailed model for piston-ring lubrication in IC engines with circular and non-circular cylinder bores[J]. Tribology International, 1997, 30 (11): 779-788.

[86] Dong-Chul H, Jae-Seon L. Analysis of the piston ring lubrication with a new boundary ondition[J]. Tribology International, 1998, 30(12): 753-760.

[87] Krisada W, Somchai C, Surachai S. Simulation algorithm for piston ring dynamics[J]. Simulation Modelling Practice and Theory, 2008, 16: 127-146.

[88] 卢熙群, 郭宜斌, 何涛. 活塞环润滑及摩擦损失仿真分析[J]. 船海工程, 2009, 38(5): 71-75.

[89] 范饮满, 陈云飞. 活塞环润滑状态的分析与应用[J]. 机械设计与制造工程, 2000, 29(1): 21-22.

[90] 洪玉芳, 瘳怀洲, 张益栋, 等. 润滑状态及其转化过程的测试方法[J]. 机电工程, 2002, 49(4): 65.

[91] Tung S C, McMillan M L. Automotive tribology overview of current advances and challenges for the future[J]. Tribology International, 2004, 37(7): 517-536.

[92] 温诗铸. 摩擦学原理[M]. 北京: 清华大学出版社, 1991.

[93] Hu Y Z, Zhu D. A full numerical solution to the mixed lubrication in point contacts[J]. Journal of Tribology, 2000, 122: 1-10.

[94] Hu Y Z, Wang H, Wang W Z, et al. A computer model of mixed lubrication in point contacts[J]. Tribology International, 2001, 34: 65-73.

[95] Patir N, Cheng H S. An average flow model for determining effects of three-dimensional roughness on partial hydrodynamic lubrication[J]. Transaction of ASME, Journal of Lubrication Technology, 1978, 100(1): 12-17.

[96] Patir N, Cheng H S. Application of average flow model to lubrication between rough sliding surfaces[J]. Journal of Lubrication Technology, 1979, 101(2): 220-230.

[97] Li W L, Weng C I, Hwang C C. An average reynolds equation for non-newtonian fluid with application to the lubrication of the magnetic head-disk interface[J]. Tribology Transactions, 1997, 40(1): 111-119.

[98] Tripp J H. Surface roughness effects in hydrodynamic lubrication: The flow factor method[J]. Journal of Tribology, 1983, 105(3): 458-463.

[99] Prat M, Plouraboué F, Letalleur N. Averaged Reynolds equation for flows between rough surfaces in sliding motion[J]. Transport in Porous Media, 2002, 48(3): 291-313.

[100] Hughes G D, Bush A W. An average Reynolds equation for non-Newtonian fluids in EHL line contacts[J]. Journal of Tribology, 1993, 115(4): 666-669.

[101] Bayada G. An average flow model of the Reynolds roughness including a mass-flow preserving cavitation model[J]. Journal of Tribology, 2005, 127: 793-802.

[102] Kim T W, Cho Y J. Average flow model with elastic deformation for CMP[J]. Tribology International, 2006, 39(11): 1388-1394.

[103] Harp S R, Salant R F. An average flow model of rough surface lubrication with inter-asperity cavitation[J]. Journal of Tribology, 2001, 123(1): 134-143.

[104] Markino T, Morohoshi S, Taniguchi S. Application of average flow model to thin film gas lubrication[J]. Journal of Tribology, 1993, 115(1): 185-190.

[105] Letalleur N, Plouraboué F, Part M. Average flow model of rough surface lubrication: Flow factors for sinusoidal surfaces[J]. Journal of Tribology, 2002, 124(3): 539-546.

[106] 叶晓明, 蒋炎坤, 陈国华. 活塞环-气缸套三维润滑性能分析[J]. 小型内燃机与摩托车, 2005, 34(2): 32-37.

[107] 邱国平. D 系列柴油机缸套轴对称稳定温度场的有限元分析[J]. 柴油机设计与制造, 1995, 2: 2-9.

[108] 刘昆, 谢友柏. 内燃机气缸套-活塞环表面流量因子的确定及混合润滑分析[J]. 内燃机工程, 1995, 16(3): 66-72.